Elektrostahlverfahren

Das Elektrostahlverfahren

Ofenbau, Elektrotechnik, Metallurgie und Wirtschaftliches

Nach

F. T. Sisco

„The Manufacture of Electric Steel"

Zweite deutsche erweiterte Auflage

von

Dr.-Ing. Heinz Siegel

Düsseldorf-Oberkassel

Mit 140 Abbildungen

Springer-Verlag

Berlin / Göttingen / Heidelberg

1951

ISBN-13: 978-3-642-48998-3   e-ISBN-13: 978-3-642-92564-1
DOI: 10.1007/978-3-642-92564-1

Vorwort zur zweiten Auflage.

Der „Sisco-Kriz", die erste Darstellung des Elektrostahlverfahrens in deutscher Sprache, geht zurück auf das Buch „The Manufacture of Electric Steel" von F. T. Sisco, das den Vorzug hatte, erstmalig den vorliegenden Gegenstand in außerordentlich glücklicher Weise zu behandeln, weshalb damals die stoffliche Gliederung und die Betrachtungsweise in die deutsche Bearbeitung übernommen worden sind. Da auch heute noch die angewandte Art der Darstellung als vorbildlich bezeichnet werden kann, so wurde sie auch in der Neuauflage beibehalten. Neue Ergebnisse und Erfahrungen mußten allerdings auch in anderer Form zur Darstellung kommen. Da ich in dem von Herrn Dr. Kriz ausgerichteten Betrieb lange Jahre tätig war und mich von der Eignung der hier angewandten Arbeitsweisen für ein denkbar umfassendes Qualitätsprogramm in allen Einzelheiten und gründlich überzeugen konnte, war es mir möglich, die erforderlichen Ergänzungen so vorzunehmen, daß die bereits vorhandenen wertvollen Grundlagen keine Beeinträchtigung erfuhren. Ich hoffe daher, auch in der zweiten Auflage einen klaren und einfachen Überblick über das gesamte Betriebsverfahren zu geben und das Buch im übrigen so abgestimmt zu haben, daß es auch dem reinen Praktiker etwas bedeuten wird. Nach wie vor bleibt es das Ziel des Buches, den Leser zu unterrichten, in welcher Weise einwandfreier Elektrostahl wirtschaftlich erschmolzen werden kann.

Der Niederfrequenzofen wurde ausführlich behandelt, obwohl er heute nicht mehr überall anzutreffen ist. Es wurde dabei einmal von dem Gesichtspunkt ausgegangen, daß gerade in letzter Zeit Induktionsöfen mit niedrigen Frequenzen erprobt worden sind und es also nicht ausgeschlossen ist, daß der Niederfrequenzofen in der einen oder anderen Form wieder auflebt. Ferner sind aber auch die gesammelten Erfahrungen zu wertvoll, als daß man sie schon heute vergessen sollte, zumal in Qualitätswerken von Ruf in Europa und Amerika immer noch Niederfrequenzöfen zur vollsten Zufriedenheit arbeiten. Aus ähnlichen Gründen wurde auch die Bodenbeheizung der Lichtbogenöfen noch erwähnt.

Der Umfang des Buches hat in der zweiten Auflage zugenommen. Die Bildbeigaben hätte ich gern hinsichtlich der ofenbauenden Firmen einer strengen Parität unterworfen, leider haben mich hierbei nicht alle Firmen in gleicher Weise unterstützt. Den Firmen Demag, AEG und

Siemens-Halske sei für ihr bereitwilliges Entgegenkommen an dieser Stelle bestens gedankt.

Einige Abschnitte des fertigbearbeiteten Konzepts der vorliegenden Auflage habe ich Sonderfachleuten zur kritischen Durchsicht vorgelegt, um die Gewähr zu haben, daß auch die Gebiete, für die ich selbst nicht ureigenster Fachmann bin, einwandfrei dargestellt sind. Es ist mir daher eine schöne Pflicht, allen diesen Herren an dieser Stelle meinen verbindlichen Dank für ihr Interesse und ihre Mühewaltung auszusprechen, und zwar Herrn Dipl.-Ing. A. Driller, Mülheim, für den elektrotechnischen Teil des Lichtbogenofens, den Herren Dipl.-Ing. O. Kaufmann und Obering. F. Linnhof für den elektrischen Teil des Hochfrequenzofens, Herrn Direktor Dr. Kuhlmann, Meitingen, für den Elektroden-Abschnitt und Herrn Direktor E. Müller, Weisweiler, und Herrn Dr. G. Volkert, Söllingen, für die Beschreibung der Ferrolegierungen.

Düsseldorf-Oberkassel, im Dezember 1950.

H. Siegel.

Inhaltsverzeichnis.

A. Einführende Betrachtungen.

I. Die Entwicklung des Elektrostahlverfahrens.

Einleitung.

Unter den Stahlgewinnungsverfahren der Gegenwart ist das Elektrostahlverfahren das jüngste; erst um die Jahrhundertwende trat es aus den Versuchsstätten in den gewerblichen Großbetrieb der Stahlwerke über. Prüft man heute, nach einer fast fünfzigjährigen Entwicklung, den Stand der Elektrostahlerzeugung, so wird man zugeben müssen, daß sich in diesem verhältnismäßig kurzen Zeitraum das Elektrostahlverfahren neben allen anderen Stahlerzeugungsmethoden, nämlich dem Thomas- und dem Martin-Verfahren und selbst dem Tiegelverfahren, einen gesicherten und sehr beachtenswerten Platz erkämpft hat. Wenn aber in der heutigen Zeit eine Stahlerzeugungsart einen derart raschen und stürmischen Siegeslauf zu durcheilen vermochte, so müssen diesem nicht nur besondere technische, sondern vor allem auch beachtliche wirtschaftliche Vorteile zu eigen sein. Diese technischen Vorteile, welche für die wirtschaftlichen die Voraussetzung bilden, können wie folgt zusammengefaßt werden:

Die metallurgische Eigenart des Lichtbogenofens ist so vielseitig, wie sie kein anderer Ofentyp aufzuweisen vermag. Während Birne und Martinofen ausgesprochen oxydierenden und das Tiegelverfahren neutralen bzw. reduzierenden Charakter besitzen, können im Lichtbogenofen von der kräftigen Oxydation bis zur schärfsten Reduktion alle Möglichkeiten selbst im Verlauf einer einzigen Schmelzung zur Anwendung gelangen. Darüber hinaus ist die Reduktion, also praktisch gesprochen die Führung einer kräftigen Karbidschlacke, auch heute noch ein alleiniges Kennzeichen des Elektrostahlverfahrens. Die heutigen Bestrebungen, auch im Martinofen ähnliche Verhältnisse anzustreben, werden nie die ausgezeichneten Möglichkeiten der Schlackenführung im Elektroofen im gleichen Umfang erreichen. Auch die Induktionsöfen stehen den Tiegelöfen hinsichtlich der Ausgarungs- und Feinungsmöglichkeiten kaum nach. Die bessere Wirtschaftlichkeit der Induktionsöfen und auch der Lichtbogenöfen hat das Tiegelverfahren fast vollständig verdrängt.

Die Temperaturführung ist unabhängig von metallurgischen Umsetzungen, wie z. B. den Kochvorgängen im Martinofen oder der Verbrennung von Legierungsbestandteilen in der Birne. Im Gegenteil kann im Elektroofen der Ablauf der Umsetzungen durch entsprechende Beheizung allein und vollkommen im Sinne der Qualitätsverbesserung geleitet werden.

Die mannigfaltigen Arbeitsmöglichkeiten machen vom Einsatz und seiner Zusammensetzung weitgehendst unabhängig. Ebenso wie die schon erwähnte Desoxydation können die Entphosphorung und Entschwefelung geradezu beliebig weit durchgeführt werden. Die hervorragende Entschwefelung ist in so weitgehendem Umfang nur im Lichtbogenofen durchführbar.

Die Möglichkeit zur Verunreinigung des Einsatzes durch Heizgase, wie Aufschwefelung, Wasserstoffaufnahme usw., entfällt bei jeder Art Elektroofen ganz. Es tritt, besonders während des Einschmelzens, eine Aufstickung im Lichtbogenofen auf und bei ungeeignetem Einsatz auch eine Wasserstoffaufnahme. Neuerdings sind aber die Bedingungen genau bekannt, unter denen Stickstoff und auch Wasserstoff ohne zusätzliche Arbeit möglichst weit und sicher während des Kochens entfernt werden können.

Die an sich teuere elektrische Energie kann in sehr günstiger Weise in Wärme umgesetzt werden. Sie wird unmittelbar dort erzeugt, wo sie auch verbraucht wird. Der Lichtbogen gibt seine Wärme unmittelbar an den Einsatz bzw. die Schlacke ab bei einem denkbar günstigen Temperaturgefälle. Im Induktionsofen wird die Wärme sogar im Schmelzgut selbst erzeugt. Der besondere Vorteil der elektrischen Energie, nämlich die ausgezeichnete Regelbarkeit bis zu höchsten Temperaturen, kommt auch dem Elektrostahlverfahren zugute.

Auf Grund aller dieser Vorgänge ist es möglich, den Schmelzungsgang beim Elektrostahlverfahren mit einem so hohen Maß an Sicherheit zu führen, wie sonst bei keinem anderen Stahlerzeugungsprozeß. Dieser Gesichtspunkt ist nicht nur wichtig vom Standpunkt der wirtschaftlichen Ausnutzung wertvoller Legierungsbestandteile, sondern vor allem auch im Hinblick auf die Gewährleistung einer wirklich gleichmäßigen Erzeugung für hohe Gütestufen, die allein als Ergebnis hervorragender Feinungsarbeit erreicht werden kann. Hinzu kommt noch die ausgezeichnete Treffsicherheit auch bei verhältnismäßig engbegrenzten Analysenvorschriften.

Die Anfänge der Elektrostahlerzeugung.

Den ersten „Elektrostahl" erschmolz Wilhelm von Siemens 1879 (Abb. 1) in einem kleinen Tiegel, zu dessen Beschickung ein Lichtbogen von einer Kohleelektrode übersprang. Seine Versuche hatten damals jedoch nur wissenschaftlichen Wert und kamen für eine Übertragung in die Großerzeugung nicht in Frage. Die elektrische Energie war noch zu teuer, um als Heizquelle für die Stahlerzeugung nutzbar gemacht werden zu können. Überdies war kurz zuvor das Siemens-Martin-Stahlverfahren erstanden, das eine wirtschaftliche Verwertung des stets steigenden Stahlschrottentfalls ermöglichte und dessen Vervollkommnung die Arbeit der Stahlwerker völlig in Anspruch nahm.

Es ist daher nicht verwunderlich, daß während der zwei Jahrzehnte von 1880 bis 1900 die Versuche, Stahl mittels Elektrizität zu erschmelzen, völlig ruhten. Dennoch war dieser Zeitraum für die Entwicklung der Elektrometallurgie nicht ergebnislos. Der allmähliche Ausbau der Wasserkräfte und die Fortschritte im Maschinenbau setzten die Elektrotechnik in Stand, die Gestehungs- und Fortleitungskosten der elektrischen Energie nach und nach so weit herabzusetzen, daß für Aluminium, für Ferrolegierungen und für Kalziumkarbid die elektrothermische Gewinnung lohnend wurde und in stets steigendem Maße zur Anwendung kam. Die Metallurgen lernten bei diesen Verfahren die wertvollen Besonderheiten kennen, die den elektrischen

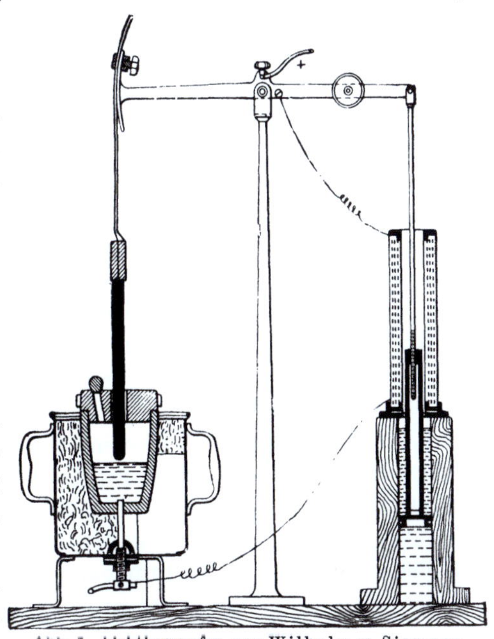

Abb. 1. Lichtbogenofen von Wilhelm v. Siemens. (Nach Wilhelm Siemens, Stahl u. Eisen 1881.)

Strom als Heizquelle auszeichnen: die hohe Intensität, die leichte Regelbarkeit und die weitgehende chemische Indifferenz.

Um die Jahrhundertwende waren schließlich auch in der Stahlindustrie die Voraussetzungen für die Einführung des Elektroofens gegeben. Der um diese Zeit einsetzende erhebliche Bedarf des Maschinen-, Schiff- und Fahrzeugbaus sowie des Waffenwesens an hochwertigem Stahl schuf einen starken Anreiz, an Stelle des für diese Zwecke bis dahin fast ausschließlich verwendeten Tiegelstahles einen gleich guten, aber billigeren Stahl zu erschmelzen. So setzten denn in dem Jahrfünft von 1900 bis 1905 Stassano in Turin, Kjellin in Gysinge (Schweden) und Héroult in Remscheid einen Elektrostahlofen eigener Bauart in Betrieb. Es ist bemerkenswert, daß mit diesen drei Öfen gleichzeitig die drei Grundformen vorweggenommen wurden, von welchen die spätere

Entwicklung aller Elektrostahlöfen ihren Ausgang genommen hat. Der Stassano-Ofen ist das Vorbild der Strahlungsöfen, bei welchen ein über der Beschickung freibrennender Lichtbogen die Heizquelle bildet. Der Héroult-Ofen ist der kennzeichnende Vertreter der unmittelbaren Lichtbogenöfen, bei welchem die Beschickung in den Elektrodenstromkreis eingeschaltet ist. Der Kjellin-Ofen schließlich ist die Urform der Induktionsöfen, bei welchen die Umwandlung der elektrischen Energie in Wärme als Widerstandsheizung des Einsatzes vor sich geht.

Die gewerbliche Entwicklung der Elektrostahlerzeugung.

Auf der durch die eben genannten Vorkämpfer geschaffenen Grundlage setzte in dem nun folgenden Jahrzehnt bis zum Ausbruch des Weltkrieges eine rege Erfinder- und Forschertätigkeit ein. Es galt zuerst die Öfen im Hinblick auf die hüttenmännischen Erfordernisse baulich durchzugestalten: Chaplet, Frick, Girod, Hiorth, Keller, Nathusius, Rennerfelt, Röchling-Rodenhauser, Snyder und andere traten mit ihren abgeänderten Bauarten auf den Plan. Weiterhin mußte zur Erzielung geringen Energieverbrauchs und somit niedriger Schmelzkosten die zweckmäßigste Stromart und Spannung erprobt und die elektrische Ofenausrüstung vervollkommnet werden: dieses neuen Arbeitsgebietes nahmen sich die führenden Elektrizitätsfirmen AEG, Bergmann, Brown-Boveri, Siemens und später in Amerika die General Electric Co. mit erfolgreichem Eifer an. Schließlich waren auch noch die metallurgischen Leitgedanken für die Schmelzungsführung des neuen Verfahrens auszuarbeiten; das Hauptverdienst, die hier dargebotenen Möglichkeiten zur Durchführung ganz neuer hüttenmännischer Arbeitsweisen erkannt und verwertet zu haben, gebührt insbesondere den Mitarbeitern Lindenbergs, Thallner und Eichhoff.

Mitten in diese stetige Fortentwicklung brach der Weltkrieg mit seinen ungeheuren Anforderungen an die Stahlerzeuger aller Länder ein. Dem Elektrostahlofen fiel dabei die Aufgabe zu, jene Stähle zu erschmelzen, deren einwandfreie Herstellung im Martinofen zu schwierig und im Tiegelofen zu kostspielig und zeitraubend gewesen wäre. Allerorts erstanden neue Elektroofenanlagen, um der stürmischen Nachfrage nach Geschoß-, Geschütz- und Panzerstahl zu genügen. Die Welterzeugung an Elektrostahl wuchs dementsprechend sprunghaft von 170000 t im Jahre 1913 auf 1150000 t im Jahre 1918 an. Leider hielt aber die metallurgische Durchbildung des Verfahrens mit der mengenmäßigen Entwicklung nicht gleichen Schritt. Im Gegenteil, die Hast und Unruhe der Kriegsarbeit verdarb die etwa noch vorhandene gute Überlieferung der Vorkriegszeit und stellte plötzlich und unvorbereitet eine Generation von Stahlwerkern an den Elektroofen, die durch die Macht der Verhältnisse allmählich und unwillkürlich dazu erzogen wurde, in ihm einen Apparat zu sehen, der sozusagen selbsttätig aus Sammelschrott, Drehspänen und altem Geschirr den feinsten Stahl hervorbrachte. Diese ungünstige Wendung in der Entwicklung des Elektrostahlverfahrens wurde durch einen weiteren Umstand verschärft. In den angelsächsischen Ländern hatte bis zum Kriegsausbruch das Elektrostahlverfahren noch nicht recht Fuß fassen können. Die Bedürfnisse der Kriegsführung verlangten jedoch auch dort die plötzliche Aufstellung zahlreicher Elektroofenanlagen. Da auf die Erfahrungen Deutschlands und Österreichs gar nicht und auf diejenigen Frankreichs nur in sehr beschränktem Maße zurückgegriffen werden konnte, entstanden in Amerika und England zahlreiche neue Bauarten, Booth-Hall, Greaves-Etchells, Grönwall-Dixon, Ludlum, Moore, Webb und andere, deren überstürzte Einführung naturgemäß das Auftreten mancher anderswo bereits überwundener Betriebsschwierigkeiten mit sich brachte.

Die eben geschilderte Sachlage läßt es begreiflich erscheinen, daß nach der Wiederherstellung einer einigermaßen ausgeglichenen Erzeugungsgrundlage unvermeidlich ein Rückschlag kommen mußte. Dieser trat denn auch gegen das Jahr 1920, als der allgemeine Stahlhunger der ersten Nachkriegsjahre einigermaßen befriedigt war, in mehr oder minder ausgeprägtem Maße in allen elektrostahlerzeugenden Ländern ein. Am fühlbarsten wurden wohl Amerika, England und Italien betroffen, wo ja auch die Entwicklung am stürmischsten vor sich gegangen war. Die Minderwertigkeit erheblicher Mengen bis zu diesem Zeitpunkt gelieferten Elektrostahles hatte vielerorts in den Verbraucherkreisen ein solches Mißtrauen entstehen lassen, daß die Bezeichnung „Elektrostahl" fast zu einem die Verkaufsmöglichkeit ausschließenden Entwertungsstempel wurde.

Erst im Laufe der Jahre nach dem ersten Weltkrieg gelang es den Elektrostahlwerkern, durch Anknüpfung an die qualitative Entwicklung der Vorkriegszeit, die metallurgische Überlegenheit des Elektrostahlverfahrens über das Siemens-Martin-Verfahren allmählich wieder zur Geltung zu bringen. Bei dieser Arbeit standen sie ganz allein auf dem Plan. Die gewerblichen und rein wissenschaftlichen Forschungsstätten haben nämlich ungefähr bis 1930 ihre Aufgabe ausschließlich darin erblickt, das Verhalten der Stähle im festen Zustand möglichst umfassend zu untersuchen; den Fragen, die mit den Umsetzungen im flüssigen Stahl verknüpft sind, sind sie leider aus dem Wege gegangen. Erst in neuer Zeit ist hierin ein grundlegender Wandel eingetreten. Nicht nur die Untersuchungen an Betriebsöfen jeder Art haben große Erfolge aufzuweisen, sondern auch die ganz hervorragenden Fortschritte in der Erforschung der physikalisch-chemischen Grundlagen der Stahlerzeugung haben dem Betriebsmann manche neue Einsicht erschlossen. Alle diese Ergebnisse haben sich in schönster Wechselwirkung zwischen Theorie und Praxis gegenseitig in bester Weise ergänzt und befruchtet und dadurch in den vergangenen zwei Jahrzehnten unsere metallurgischen Erkenntnisse und Einblicke in geradezu ungeahnter Weise vorwärts getrieben. Wenn früher im Stahlwerksbetrieb die Praxis der Forschung weit vorauseilte, so hat letztens die Forschung auch dem Betrieb schon manche Anregung zu geben vermocht und zur Erreichung vieler Erfolge beitragen können. Aber auch im Hinblick auf die elektrotechnischen Grundlagen der Öfen selbst konnten neue und wesentliche Ergebnisse gewonnen werden.

Der jetzige Stand.

Im Kreise der Stahlgewinnungsverfahren hatte sich der Elektroofen zunächst an der Grenze zwischen Tiegel- und Martinofen eingeschoben; seine endgültige Bedeutung mußte von dem Gebietsumfang abhängen, den er seinen beiden Nachbarn streitig machen konnte.

Gegenüber dem Tiegelofen ist er unleugbar Sieger geblieben und hat die Erzeugung der weitaus größten Menge an legiertem und unlegiertem Werkzeugstahl an sich gerissen. Sowohl in Europa wie in Amerika wurde allmählich ein Tiegelofen nach dem anderen abgestellt, und sicherlich wäre das Ende dieses Aussterbevorganges bereits erreicht, wenn nicht manche Tiegelstähle sich doch noch einen Rest des Rufes von Überlegenheit über den Elektrostahl bewahrt hätten. Auf welchen Umständen dieser Gütevorsprung beruhen kann, soll in diesem Buche noch dargelegt werden; daß er zumindest in der Beurteilung einiger Verbraucher noch immer wirklich besteht und auch willig anerkannt wird, beweist der höhere Preis, den diese vielfach für Tiegelstahl gegenüber Elektrostahl gleicher Zusammensetzung anlegen.

Im Gegensatz zum Tiegelofen hat sich der Martinofen im allgemeinen dem Elektroofen gegenüber gut behauptet und hat sogar Gebiete zurückzugewinnen vermocht, die ursprünglich dem letzteren vorbehalten schienen. Bei der Erzeugung von gewöhnlicher Handelsware — Schienen, Formeisen, Blechen usw. — kann der Elektroofen nur dort erfolgreich mit dem Martinofen in Wettbewerb treten, wo sehr niedrige Stromkosten hohen Preisen anderer Heizquellen (Kohle, Öl, Gas) gegenüberstehen. Aber auch bei der Erzeugung unlegierter und niedrig legierter Baustähle hat die Verbesserung des metallurgischen Arbeitens im Martinofenbetrieb dazu geführt, daß diese Stähle vielfach in durchaus ausreichender Güte statt im Elektroofen in großen Martinöfen erschmolzen werden. Sogar die Erschmelzung der billigeren Werkzeugstähle bleibt dem Elektroofen nicht unbestritten, da hier insbesondere der sauer zugestellte Martinofen in steigendem Maße herangezogen wird.

Auch heute nach der Entwicklung zu Elektroöfen großen Fassungsvermögens ist dieser Zustand erhalten geblieben. Vor dem letzten Krieg schien es einige Zeit, als ob der Elektroofen auch wirtschaftlich für einfache Qualitätssorten den Siemens-Martin-Ofen überflügeln würde. Während des Krieges hat in Deutschland der Mangel an Elektroofenkapazität der metallurgischen Entwicklung des Siemens-Martin-Ofens einen solchen Auftrieb verliehen, daß selbst Stahlmarken, die in ausgesprochener Weise dem Elektroofen vorbehalten waren, nur noch im Siemens-Martin-Ofen, und zwar ohne Minderung der Qualität er

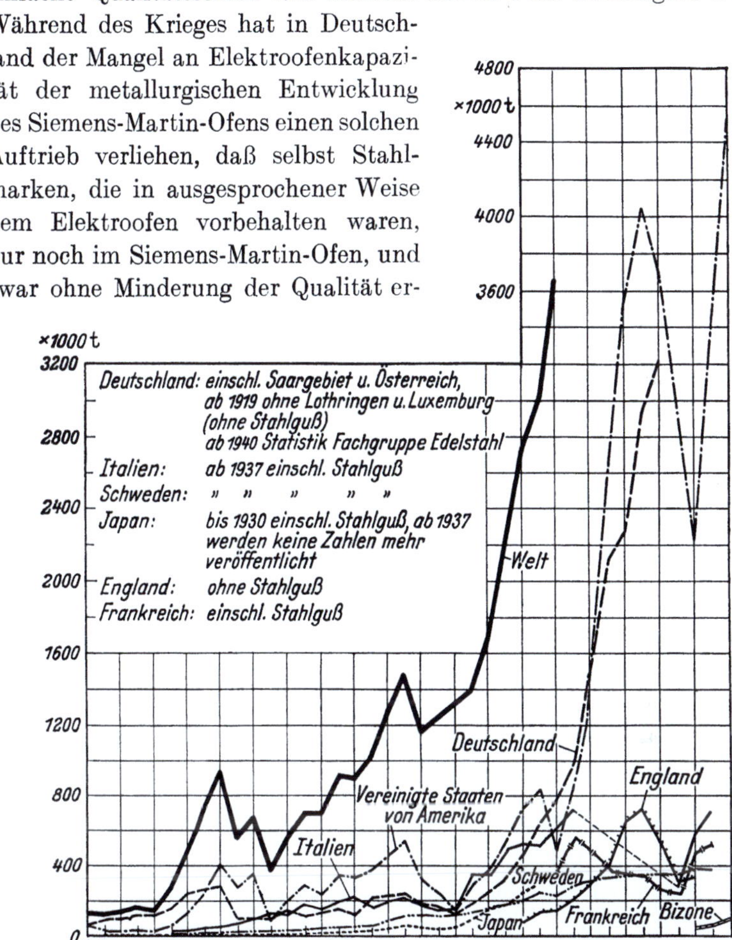

Abb. 2. Die Entwicklung der Elektrostahlerzeugung in den Hauptindustrieländern.
(Nach W. Rohland und Ergänzungen des Verfassers.)

zeugt werden durften. Je nach den metallurgischen Fortschritten, nach wirtschaftlichen und zeitbedingten Erfordernissen werden die verschiedenen Ofenarten bestrebt sein müssen, das jeweilige Erzeugungsprogramm günstigst aufzuteilen.

Den überaus raschen Siegeslauf, den die Erzeugung und damit auch die wirtschaftliche Bedeutung des Elektrostahls nahm, veranschaulicht sehr gut Abb. 2. Den verhältnismäßigen Anteil des Elektrostahls an der

Gesamtstahlerzeugung zeigt Abb. 3 für Deutschland und USA. Es ist zu erkennen, wie auch der prozentuale Anteil dauernd im Ansteigen

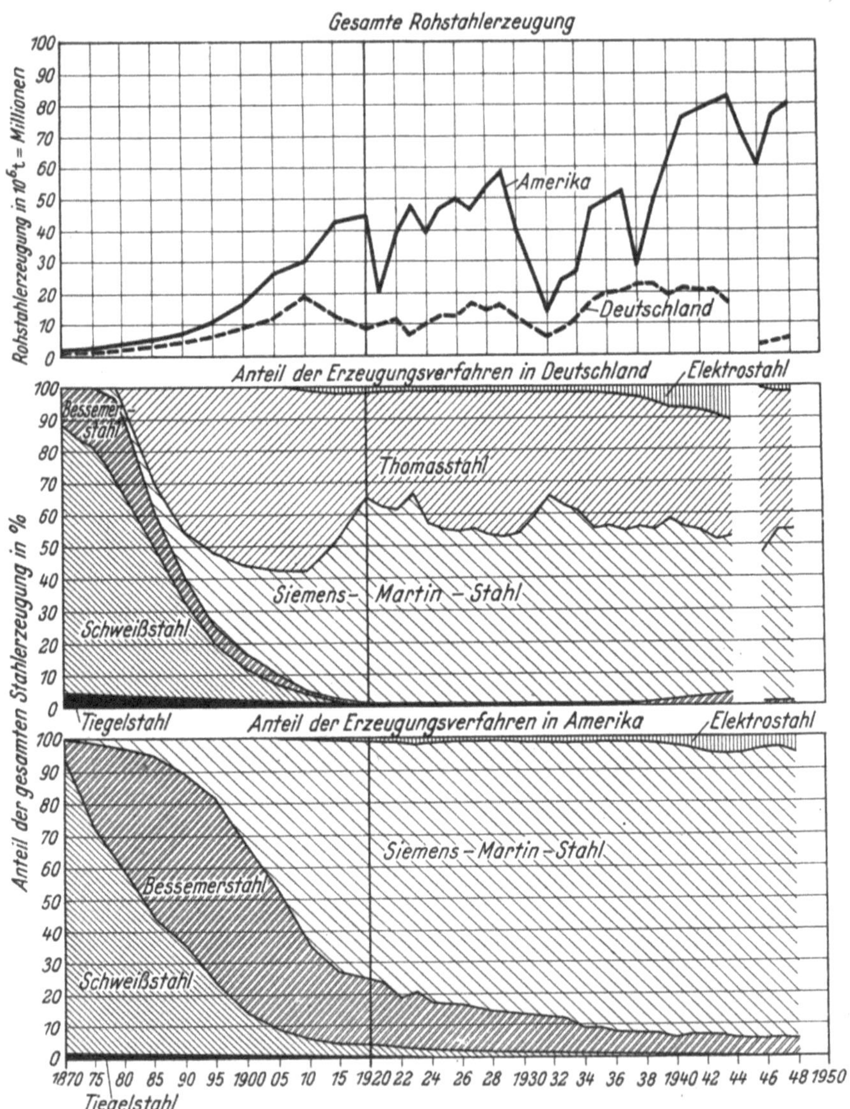

Abb. 3. Anteil der Erzeugungsverfahren an der Rohstahlmenge in Deutschland und in den Vereinigten Staaten von Amerika. (Nach H. Schmitz und Ergänzungen des Verfassers.)

begriffen war, und zwar besonders in Deutschland, das den hohen qualitätsmäßigen Stand seiner Industrie zum großen Teil der Anwendung hochwertiger Stähle verdankt. Zu beachten ist schließlich noch das fast vollständige Verschwinden des Tiegelstahls mit dem Auftreten des Elektrostahls, nachdem der gewaltige Aufstieg des Martinstahls den Tiegelstahl schon vorher erheblich zurückgedrängt hatte. Die wirtschaftliche Bedeutung des Elektrostahls aber ist wesentlich größer, als dies an Hand der Diagramme erscheint. Es muß dabei berücksichtigt werden, daß der wertmäßige Anteil infolge der hohen Preise für Elektrostahl ganz beträchtlich höher liegt.

Auch bei der Erzeugung von gewöhnlichem Stahlformguß setzt sich der Elektroofen allmählich stärker durch, da hier eine Reihe günstiger Umstände seine Wettbewerbsfähigkeit gegenüber dem Martinofen erheblich verbessert. Als solche sind zu nennen: niedrigere Anlagekosten, bessere Anpassungsfähigkeit an unterbrochenen Betrieb, geringere Einsatzkosten durch Wegfall des Stahleisens und Möglichkeit der nachträglichen Entschwefelung, leichte Umstellung von Stahlguß- auf Graugußerschmelzung, sowie vor allen Dingen besseres Ausbringen bei dünnwandigem und sperrigem Guß infolge wesentlich erleichterter Überhitzungsmöglichkeit.

II. Die Lichtbogenöfen.

Allgemeines.

In der Entwicklungsgeschichte der gewerblichen Verfahren pflegen anfangs meist bauliche Fragen das Feld zu beherrschen; erst später, wenn sich aus der ursprünglichen Vielheit der Formen einige wenige Regelbauarten herausentwickelt haben, tritt die technische und wirtschaftliche Vervollkommnung des Arbeitsganges selbst in den Vordergrund. Von dieser Regel hat auch das Elektrostahlverfahren keine Ausnahme gemacht. Das erste Jahrzehnt seiner Entwicklung war fast ausschließlich mit Auseinandersetzungen zwischen den Ofenerbauern angefüllt, von denen fast jeder die baulichen und elektrischen Eigenarten gerade seines Ofens als unerläßliche Voraussetzungen für den Betriebserfolg hinstellte. Die vorhandenen Unterschiede waren aber nur zum Teil von wesentlicher Bedeutung; vielmehr entsprang ihre Verfechtung und Beibehaltung oft nur dem an sich verständlichen Bestreben, patentfähige Merkmale für einen gesetzlichen Schutz zu schaffen.

Die allmählich einsetzende Auslese unter den einander gegenüberstehenden Bauarten wurde leider durch den ersten Weltkrieg in ihrem natürlichen Ablauf unterbrochen. Nach Kriegsende jedoch machte die Angleichung der verschiedenen Ofenarten, begünstigt durch das Erlöschen grundlegender Patente, so rasche Fortschritte, daß heute die Frage der Bauart im wesentlichen als geklärt angesehen werden kann.

Demgemäß braucht an dieser Stelle nur eine gedrängte Übersicht über die besonderen Merkmale der zu gewerblicher Bedeutung gelangten Öfen gegeben zu werden; die ausführliche Darlegung der allgemeingültigen baulichen, elektrischen, metallurgischen und wirtschaftlichen Verhältnisse soll den Inhalt der übrigen Abschnitte dieses Buches bilden.

Sämtliche Bauarten lassen sich in die beiden großen Gruppen der Lichtbogenöfen und der Induktionsöfen eingliedern. Die Lichtbogenöfen sind entweder mittelbar oder unmittelbar beheizte Öfen; bei letzteren stellt die fehlende oder vorhandene Herdbeheizung ein weiteres

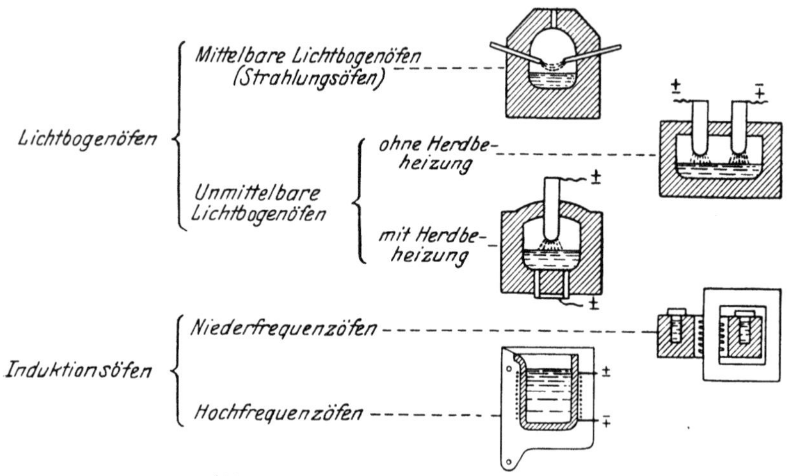

Abb. 4. Die Bauarten der Elektrostahlöfen.

Unterscheidungsmerkmal dar. Die Induktionsöfen lassen sich je nach der Wechselzahl des verwendeten Stromes in Niederfrequenz- und Hochfrequenzöfen einteilen. Abb. 4 veranschaulicht die allgemeine Gliederung in übersichtlicher Weise.

Da mit dem Bau größerer Hochfrequenzöfen mit der Wechselzahl immer weiter heruntergegangen und das eigentliche Gebiet der Hochfrequenz verlassen wurde, ist von mancher Seite nicht mehr in Hoch- und Niederfrequenzöfen gegliedert worden, sondern nach einem anderen Kennzeichen in eisengeschlossene und eisenfreie bzw. kernlose Induktionsöfen. Auch nach der Ofenform wurde in Rinnenöfen und Induktionstiegelöfen unterschieden. Im praktischen Sprachgebrauch aber hat sich die Unterscheidung nach der Wechselzahl bis heute erhalten.

Die Lichtbogenbeheizung.

Die Lichtbogenbeheizung, die eine der beiden Hauptarten elektrischer Schmelzofenbeheizung, beruht auf der im Lichtbogen erfolgenden Umformung elektrischer Energie in Wärme. Als Stromart wird ein-

oder mehrphasiger Wechselstrom meist von Netzfrequenz, hoher Stromstärke und niedriger Spannung benutzt. Wenn, wie es die Regel darstellt, der Ofen aus einem Werks- oder Überlandnetz hoher Spannung gespeist wird, so geschieht die Umwandlung auf die zwischen etwa 80 bis 300 Volt liegende Ofenspannung mittels ruhender Transformatoren. Als Träger für die Lichtbögen dienen, wie bei den elektrischen Bogenlampen, starke Kohlestifte, die Elektroden, die waagerecht, schräg oder senkrecht in das Ofengefäß eingeführt werden.

Bei waagerechter und schräger Elektrodenstellung treten die Lichtbögen, ohne das Stahlbad und die darüberliegende Schlackenschicht zu berühren, zwischen den einander genäherten Elektrodenspitzen selbst über. Man spricht in diesem Falle von mittelbaren Lichtbogenöfen oder Strahlungsöfen, weil die Hitze des Lichtbogens mittelbar durch Strahlung an das Beschickungsgut übertragen wird und vor allem, weil der Lichtbogen die Beschickung nicht unmittelbar berührt.

Bei senkrecht eingeführten Elektroden bilden sich die Lichtbögen zwischen den Elektroden und dem Einsatz aus; Stahlbad und Schlacke sind also in den Stromweg eingeschaltet. Der durch den Widerstand der Schlacke und des Metalls in Wärme umgesetzte Teil der elektrischen Energie ist freilich sehr geringfügig, und nach wie vor wird der weitaus überwiegende Teil durch die strahlende Wärme des Lichtbogens übertragen. Nichtsdestoweniger bezeichnet man diese Öfen nicht mehr als Strahlungsöfen, sondern als unmittelbare oder reine Lichtbogenöfen, weil eben der Lichtbogen die Beschickung unmittelbar berührt.

Bei den unmittelbaren Lichtbogenöfen unterscheidet man noch als besondere Untergruppe die Öfen mit Herdbeheizung; bei diesen wird der Strom zum Teil oder zur Gänze gezwungen, seinen Weg von der Beschickung durch den Ofenherd zu nehmen. Der sich dem Stromdurchgang entgegenstellende Widerstand des Bodens bewirkt eine entsprechende Umwandlung in Wärme, die sich dem im Lichtbogen umgesetzten Betrag hinzufügt. Heute ist die Herdbeheizung praktisch vollständig aufgegeben worden und hat daher nur noch historisches Interesse.

Die Besonderheiten der Strahlungsöfen.

Bei den Strahlungsöfen kommt, wie eben erwähnt, der Lichtbogen nicht in unmittelbare Berührung mit der Beschickung, sondern wird oberhalb derselben zwischen geneigten oder waagerechten Elektroden freischwebend ausgezogen. Die senkrechte Einführung der Elektroden verbietet sich bei dieser Beheizungsart; bei parallelen Elektroden könnten die an der Spitze gebildeten Lichtbögen sich nämlich beliebig weit aufwärts bis unmittelbar unter das Gewölbe fortsetzen.

Das Ofenfutter wird bei den Strahlungsöfen stark auf Abschmelzen beansprucht, da nicht nur beim Feinen des flüssigen Bades, sondern auch beim Einschmelzen des festen Einsatzes der Lichtbogen stets frei über der Beschickung schwebt und ohne Abschirmung an die Seitenwände und das Gewölbe ausstrahlt. Aus diesem Grunde benutzt man als Baustoff für die Ofenausfütterung meist den widerstandsfähigeren Magnesit an Stelle des weniger haltbaren Dolomits. Auch legt man den Lichtbogen so nahe an das Bad, daß gerade noch eine Berührung der Elektroden beim Aufwallen des flüssigen Stahls vermieden wird, die Entfernung zum Ofengewölbe hingegen wird möglichst groß bemessen.

Die Strahlungsöfen werden je nach ihrer Größe, mit Spannungen von 80 bis 130 Volt betrieben. Der infolge der Verwendung von Wechselstrom ruhend ausgebildete Ofentransformator ist meist so eingerichtet, daß er innerhalb dieser Grenzen zwei verschiedene Spannungen abzugeben vermag. Unmittelbar nach dem Beschicken mit festem Einsatz benutzt man die höhere Spannungsstufe; in dem Maße, wie die Ofenatmosphäre heißer und dadurch besser leitend wird, wächst bei gleichem Elektrodenabstand die durchfließende Strommenge und infolgedessen auch der in Wärme umgesetzte Energiebetrag. Da jedoch mit fortschreitender Verflüssigung des Einsatzes der Wärmebedarf des Ofens geringer wird, muß die Lichtbogenenergie herabgesetzt werden. Hätte man nur eine einzige Spannung zur Verfügung, so könnte man dieses Ziel nur durch Erhöhung des Lichtbogenwiderstandes, also durch Verlängerung des Lichtbogens, erreichen; man würde aber dadurch die zerstörende Einwirkung auf das Ofenfutter verstärken. Durch Umschalten auf eine niedrigere Spannungsstufe kann man die Lichtbogenenergie verringern, ohne den Lichtbogen verlängern zu müssen.

Übrigens wird, wenn die Ofenwände auf volle Hitze gekommen sind, die elektrische Energie nicht mehr ausschließlich im Lichtbogen umgesetzt. Bei hohen Temperaturen beginnen nämlich Magnesit und Dolomit, die in der Kälte Nichtleiter sind, in steigendem Maße stromleitend zu werden. An den Eintrittsstellen der Elektroden in den Ofenraum fließt alsdann ein Teil des Stromes in die Ofenwand über und wirkt dort durch Widerstandsbeheizung, sofern nicht für eine ausreichende Isolierung gesorgt ist.

Die Elektrodenzahl pflegt sich nach der verwendeten Stromart zu richten. Bei Ein- und Zweiphasenwechselstrom benutzt man meist ein bzw. zwei, bei Drehstrom ebenfalls meist zwei oder auch drei Elektroden.

Die Strahlungsöfen haben ihre Hauptanwendung als Betriebsschmelzöfen in kleinen Stahlformgießereien und als Versuchsschmelzöfen in Edelstahlwerken gefunden. Ofeneinheiten über 2 bis 3 t Fassung werden kaum gebaut, da bei größeren Elektrodendurchmessern die in den geneigten Elektroden auftretenden Biegungsbeanspruchungen leicht zu Elektrodenbrüchen führen.

Innerhalb ihres Verbreitungsgebietes bewähren sich die Strahlungs-öfen besonders dort, wo ein Anschluß an empfindliche und wenig leistungsfähige Stromnetze in Frage kommt. Die Lichtbögen brennen sehr ruhig, da das Beschickungsgut mit seinem stetig veränderlichen Widerstand nicht im Stromweg liegt. Die gleichmäßige und fast stoßfreie Stromentnahme gestattet den Verzicht auf die bei den unmittelbaren Lichtbogenöfen unentbehrlichen selbsttätigen Elektrodenregler; dieser Umstand bringt eine nicht unerhebliche Verringerung der Anlagekosten und eine merkliche Vereinfachung des Betriebes mit sich. Aus dem gleichen Grunde entfällt auch die Anwendung einer Drossel.

Die Bauarten der Strahlungsöfen.

Die beiden Bauarten, die bei der Entwicklung der Strahlungsöfen eine gewisse Rolle gespielt haben, sind der Stassano-Ofen und der Rennerfelt-Ofen.

Der Stassano-Ofen, nach dem Italiener Stassano benannt, ist einer der ältesten Elektrostahlöfen. Ursprünglich war das Ofengefäß auf einer schiefen Ebene um eine senkrechte Achse drehbar angeordnet, weil man nur auf diese Weise eine genügende Durchmischung der einzelnen Badschichten erzielen zu können glaubte. Die Drehbewegung machte zur Stromabgabe an den Ofen Schleifbürsten erforderlich, die bei den hohen Stromstärken ständig Anlaß zu Betriebsstörungen gaben. Die Bonner Maschinenfabrik Mönkemöller gestaltete deshalb später, als die Betriebserfahrungen die Überflüssigkeit der Drehbewegung dargelegt hatten, den Ofen in die heute allgemein benutzte Form eines Kippofens um (Bonner oder Mönkemöller-Ofen).

Einen schematischen Schnitt durch den Bonner Ofen zeigt Abb. 5.

Die seitlichen Elektrodeneintrittsöffnungen sind als doppelwandige, wassergekühlte Zylinder ausgebildet; die Elektrodenverstellung geschieht von Hand oder mittels wasserdruckbewegter Kolben. Die Verteilung der Elektroden auf den Ofenumfang richtet sich nach ihrer Stück-

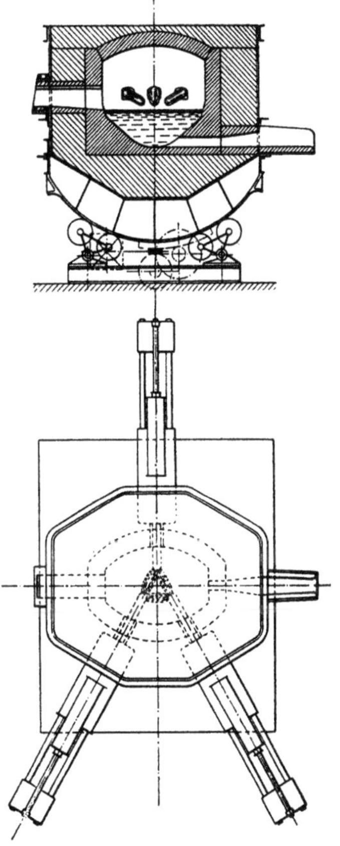

Abb. 5. Bonner Ofen. (Schematischer Schnitt.)

zahl; drei Elektroden sind um 120°, zwei um 180° gegeneinander versetzt angeordnet. Die nach oben strahlende Wärme greift die Deckelsteine und auch die Wände stark an; es sei denn, daß mit geringer Energie, also sehr langsam geschmolzen wird.

Der Rennerfelt-Ofen, nach dem schwedischen Ingenieur Rennerfelt benannt, ist ein zylindrischer, um eine waagerechte Achse auf Rollen drehbarer Strahlungsofen. Seine Elektrodenanordnung ist, wie Abb. 6 zeigt, von der des Stassano-Ofens verschieden. Zwei Elektroden werden seitlich waagerecht in den Ofen eingeführt; eine dritte Elektrode, die senkrecht von oben zwischen die Spitzen der beiden übrigen eintritt, gibt dem Lichtbogen eine Krümmung auf das Schmelzbad zu. Der Ofen

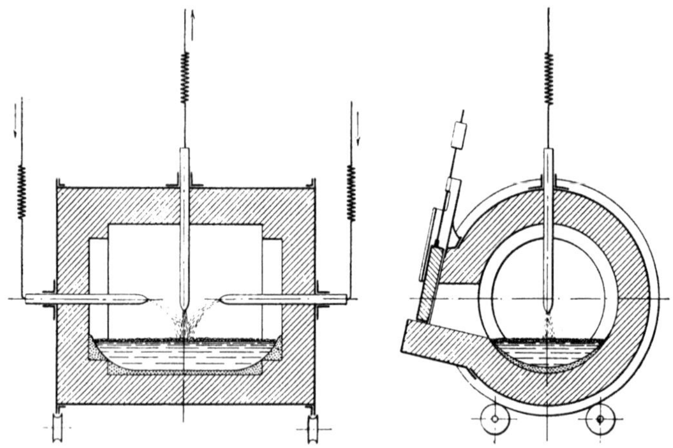

Abb. 6. Rennerfelt-Ofen. (Schematischer Schnitt.)

kann sowohl mit Einphasenwechselstrom wie auch mit Drehstrom betrieben werden; im letzteren Falle kommt meist die später zu besprechende Scottsche Schaltung zur Anwendung. Die Mittelelektrode führt, elektrischer Gesetzmäßigkeiten halber, einen $\sqrt{2}$ fach stärkeren Strom als die beiden Seitenelektroden; infolgedessen weist sie gegenüber diesen den $\sqrt{2}$ fachen Querschnitt, das heißt, den 1,3 fachen Durchmesser auf.

Die Beschränkung der Ofengröße infolge der auf die waagerechten Elektroden wirkenden Biegungsbeanspruchungen gilt für den Rennerfelt-Ofen in gleicher Weise wie für die übrigen Strahlungsöfen. Rennerfelt hat zwar größere Ofeneinheiten durch einfaches Aneinanderreihen mehrerer Elektrodensysteme in einem einzigen Ofengefäß (Multipel-Ofen) gebaut; wenn auch dieser Ausweg die mit der Elektrodenvergrößerung verknüpften Schwierigkeiten umgeht, so bringt er doch eine unerwünschte Vermehrung der Elektrodeneintrittsstellen mit sich.

Übrigens wurde mancherorts dazu übergegangen, die seitlichen Elektroden ebenfalls senkrecht durch das Gewölbe einzuführen und den

Ofen als unmittelbaren Lichtbogenofen zu betreiben. Beide Beheizungsarten können auch für den gleichen Ofen vorgesehen werden.

Rennerfelt-Öfen waren in schwedischen und englischen Stahlwerksbetrieben mehrfach anzutreffen; ihre Hauptverbreitung hatten sie jedoch in Schmelzbetrieben für Kupfer und andere Nichteisenmetalle gefunden.

Abb. 7. 500-kg-Lichtbogenofen mit schrägverstellbaren Elektroden. (Demag-AEG.)

Abb. 8. Drehstrom-Lichtbogen-Schaukelofen mit mittelbarer Beheizung.
Fassungsvermögen 1 t. (Siemens & Halske.)

Abb. 7 zeigt einen neuzeitlichen Demag-Ofen, der sowohl für direkte als auch indirekte Beheizung verwendet werden kann. Er wird auch heute noch in kleinen Einheiten für das Schmelzen von Stahl gebaut.

Abb. 8 zeigt einen modernen Schaukel-Ofen der Firma Siemens. Der Ofen ist in Form einer drehbaren, auf Rollen gelagerten Trommel ausgeführt, um auch die in der feuerfesten Zustellung gespeicherte Hitze dem Bad zu übertragen, und zwar durch Überspülen mit der Schmelze durch die Schaukelbewegung. Gleichzeitig wird dabei eine Durchmischung des Bades erzielt. Um eine hohe Leistung einbauen zu können, wird er mit zwei Paar Elektroden ausgestattet und mit zwei Phasen aus einem Drehstromnetz betrieben. Für das Schmelzen von Stahl ist dieser Ofentyp nicht verwendet worden, wohl aber zur Graugußüberhitzung. Sein Hauptanwendungsgebiet ist die Erschmelzung von Kupfer und seinen Legierungen.

Die Besonderheiten der unmittelbaren Lichtbogenöfen.

In den unmittelbaren Lichtbogenöfen werden die Lichtbögen nicht zwischen den Elektrodenspitzen selbst, sondern zwischen Elektroden und Einsatz gebildet; der feste Schrott oder das flüssige Bad mitsamt seiner Schlackendecke sind also in den Stromweg eingeschaltet. Als Lichtbogenträger dienen senkrecht durch das Ofengewölbe eingeführte Elektroden, deren Anzahl sich nach der Stromart, der Schaltungsweise und der Ofengröße richtet. Öfen mit einem Einsatzgewicht unter 3 t sind meist mit zwei oder drei, solche mit 3 bis 60 t Fassung fast ausschließlich mit drei Elektroden ausgerüstet. Die ganz vereinzelt mit einem noch größeren Fassungsvermögen gebauten Öfen weisen bis zu sechs Elektroden auf.

Die senkrechte Elektrodeneinführung und die Einbeziehung der Beschickung in den Stromkreis sind die beiden Umstände, welche die Entwicklung der unmittelbaren Lichtbogenöfen am nachhaltigsten beeinflußt haben. Die Elektroden sind nur mehr während der kurzen Zeit des Ofenkippens schädlichen Biegungsbeanspruchungen ausgesetzt; infolgedessen können ohne Gefahr dickere Elektroden verwendet werden, womit gegenüber den Strahlungsöfen einer der Gesichtspunkte für die Beschränkung der Ofenfassung wegfällt. Außerdem übernehmen die Elektroden eine gewisse Abschirmung des Ofengewölbes gegen die Lichtbogenstrahlung und erhöhen dadurch mittelbar die Haltbarkeit dieses empfindlichsten Teiles der feuerfesten Ofenzustellung.

In elektrischer Beziehung ist die Einschaltung der Beschickung in den Stromweg zunächst mit einer Erschwerung des Ofenbetriebes verknüpft gewesen, da namentlich beim Einschmelzen von festem Einsatz heftige Stromstöße auftreten können. Bei den Strahlungsöfen ist der den Lichtbogen durchfließende Strom plötzlichen Schwankungen kaum ausgesetzt, da in ihnen der Lichtbogenwiderstand, nämlich die überbrückte Luftstrecke zwischen den Elektrodenspitzen, annähernd unveränderlich bleibt. Bei den unmittelbaren Lichtbogenöfen hingegen ist während des Einschmelzens ein gleichbleibender Widerstand nicht vorhanden; denn sowohl die Hauptlichtbögen zwischen Elektrodenspitzen und Einsatzgut wie auch die zahlreichen Nebenlichtbögen an den Annäherungs- und Berührungsstellen der einzelnen Schrottstücke sind infolge des Zusammensinterns und Schmelzens der Beschickung fortwährend plötzlichen Längenänderungen unterworfen. Außerdem ändert sich dauernd ihre Anzahl.

Vom unmittelbaren Kurzschluß zweier Elektroden durch ein zwischen ihnen liegendes Metallstück bis zum gänzlichen Abreißen und Erlöschen des Lichtbogens findet ein stetiger Wechsel statt, der sich in starken Belastungsstößen auf das Netz auswirkt und an die Überlastungsfähigkeit der stromerzeugenden Betriebe harte Anforderungen stellen kann. Erklärlicherweise mußten bereits frühzeitig Mittel zur Abhilfe entwickelt werden; heute gehören sowohl selbsttätige Elektrodenregler für einen mechanischen Ausgleich der Lichtbogenschwankungen wie auch Drosselspulen für eine elektrische Dämpfung zum unentbehrlichen Rüstzeug aller unmittelbaren Lichtbogenöfen.

Der Anschluß an das Stromnetz wird, wie bei den Strahlungsöfen, heute durchweg mittels ruhender Transformatoren bewerkstelligt, die ofenseitig meist mehrere Spannungen im Bereiche von 80 bis 300 Volt abgeben. Während des Einschmelzens werden die höheren, nach beendeter Verflüssigung des Einsatzes die niedrigeren Spannungsstufen eingeschaltet.

Im äußeren Aufbau unterscheiden sich die unmittelbaren Lichtbogenöfen nicht sehr wesentlich von den Strahlungsöfen. Ein starker Blechmantel umschließt den meist zylindrischen, selten elliptischen oder rechteckigen Ofenraum, der mit einem abnehmbaren Gewölbe abgedeckt ist. Um leichtes und unbehindertes Abschlacken zu ermöglichen, ist das Ofengefäß durchweg auf Wiegen, Rollenbahnen oder in seitlichen Tragzapfen kippbar eingerichtet. Eine oder mehrere Arbeitstüren gewähren die vollkommene Zugänglichkeit des Herdraumes.

Die Elektroden werden entweder von galgenartigen Auslegern getragen, die sich in fest mit dem Ofengefäß oder der Wiege verbundenen Führungssäulen auf- und abwärts bewegen; oder sie hängen frei an Konstruktionen, welche die Bewegungen des Ofens nicht mit ausführen. Die Elektroden sind meist im Kreise, selten nebeneinander in einer Reihe angeordnet.

Die unmittelbaren Lichtbogenöfen sind die meist verbreitete Ofenbauart; man kann ihren Anteil an der Gesamtzahl der Elektrostahlöfen auf mehr als 80 % veranschlagen. Sie verdanken diese Beliebtheit vor allem ihrer einfachen und betriebssicheren baulichen Ausbildung sowie ihrer weitgehenden Anpassungsfähigkeit an die verschiedensten hüttenmännischen Anforderungen.

Die Bauarten der unmittelbaren Lichtbogenöfen.

Der Héroult-Ofen ist der Vorläufer und das Vorbild sämtlicher unmittelbaren Lichtbogenöfen. Der erste Ofen (Abb. 9) kam im Jahre 1906 unter Mitwirkung des französischen Erfinders auf einem deutschen Stahlwerk in Betrieb; 20 Jahre später arbeiteten bereits mehr als ein halbes Tausend dieser Öfen mit Fassungen bis zu 40 t in allen Ländern der Welt.

Es spricht für Héroults Weitblick, daß seine Bauweise sich heute trotz umfangreicher und grundsätzlicher Verbesserungsversuche, wie sie

Abb. 9. Der erste Héroult-Ofen, aufgestellt im Stahlwerk Richard Lindenberg, Remscheid.

im folgenden geschildert werden sollen, restlos durchgesetzt hat, ein Vorgang, der wohl auf den Ausbildungsgang und die jahrelange Betätigung des Erfinders in chemischen und metallurgischen Betrieben zurückzuführen ist.

Die ursprünglichen Héroult-Öfen wurden versuchsweise mit mehreren Elektroden ausgestattet. Die Spannung betrug 80 bis 120 Volt. Jeder Ofen wurde damals an einen besonderen Generator angeschlossen, dessen Spannung und Stromstärke innerhalb der Regelgrenzen von der Ofenschalttafel aus nach den jeweiligen Bedürfnissen eingestellt wurde. Die wegen der niedrigen Spannungen erforderlichen hohen Stromstärken und demzufolge kurzen Bogenlängen und die verwendeten dicken, meist Kohleelektroden erschwerten die Herstellung weicher Stähle.

Einen anderen Weg schlug später Snyder ein, indem er nur eine Elektrode höherer Spannung, nämlich 110 bis 220 Volt je nach Ofengröße, und außerdem Grafitelektroden verwandte. Den zu erwartenden höheren Verschleiß der Deckelsteine begegnete er durch Vergrößerung des Abstandes von Schaffplatte bis Gewölbeansatz. Außerdem konnte infolge der zentral geführten Elektrode der längere Lichtbogen die Wände nicht angreifen. Die auf diese Weise erreichten Vereinfachungen der Bauweise waren möglich, weil diese Öfen anfänglich durchweg für Stahlguß bestimmt waren bei saurer Arbeitsweise, während Héroult meist basisch arbeitete und schon sehr zeitig eine gute Entphosphorung und Entschwefelung erzielte. Er hat aber auch schon frühzeitig einwandfrei arbeitende sauer zugestellte Öfen in Betrieb gebracht.

Mit steigender Ofengröße mußte Héroult die Spannung und Snyder die Anzahl der Elektroden erhöhen. Der Vollständigkeit halber sei noch erwähnt, daß die ersten Snyder-Öfen mit Herdbeheizung arbeiteten. Da die ausführliche Behandlung der baulichen Fragen einem späteren Abschnitt vorbehalten ist, seien hier anschließend gleich die Merkmale der aus der Urform des Héroult-Ofens hervorgegangenen Sonderbauarten gekennzeichnet.

Der Webb-Ofen ist amerikanischen Ursprungs. Sein besonderes Merkmal ist eine außerordentlich hohe Ofenspannung. Während man bei den übrigen Lichtbogenöfen bis zu einem Einsatzgewicht von 5 t selten über eine Spannung von 150 Volt hinausgeht, wurden Webb-Öfen schon bei einer Fassung von 4 t während des Einschmelzens mit 230 Volt betrieben. Der Ansporn zur Spannungserhöhung ging aus dem Bestreben hervor, durch verstärkte Leistungszufuhr die Einschmelzdauer abzukürzen, ohne gleichzeitig den Querschnitt der Stromzuleitungen zum Ofen und den der Elektroden vergrößern zu müssen. Verstärkt man nämlich die Leistung durch erhöhte Stromstärke, so muß die Bemessung der stromführenden Teile der Steigerung Rechnung tragen, während die Höhe der Spannung in dieser Hinsicht ohne Einfluß bleibt. In einem späteren Abschnitt wird die Frage der Ofenspannungen ausführlich erörtert werden; hier genüge der Hinweis, daß beim Webb-Ofen der günstigste Spannungswert bereits überschritten worden ist.

Die drei Elektroden sind nicht im Kreise, sondern nebeneinander freihängend angeordnet. Die Mittelelektrode tritt senkrecht durch das Ofengewölbe in den Herdraum, die beiden Seitenelektroden werden geneigt eingeführt. Diese Maßnahme bezweckt, den hochgespannten Lichtbogen, der sich zwischen den Elektrodenspitzen bildet, bei einer Wanderung nach oben zum Erlöschen zu bringen.

Der Webb-Ofen hat keinen rechten Anklang gefunden; jedenfalls sind die beiden im Jahre 1918 gebauten Öfen bis zum Jahre 1924 die einzigen ihrer Art geblieben. Die zerstörenden Wirkungen langer, hochgespannter Lichtbögen auf die feuerfeste Ofenauskleidung, die Unzulänglichkeiten der schrägen Elektrodenstellung bei größeren Ofeneinheiten und die Schwierigkeiten sicherer Isolierung bei den hohen Betriebsspannungen scheinen ausreichende Gründe zur Erklärung der geringen Verbreitung zu sein.

Der Moore-Ofen, später auch Lectromelt-Ofen genannt, ist gleichfalls amerikanischen Ursprungs. Er weist gewöhnlich nur eine, der Abstichtür gegenüberliegende Arbeitsöffnung auf, die gleichzeitig auch zum Beschicken und zum Abschlacken dient. Um das Abschlacken an dieser Stelle vornehmen zu können, ist der Ofen nicht nur nach vorwärts, sondern auch um 30° nach rückwärts kippbar. Beim Moore-Ofen ist wohl auch erstmalig die Muldenbeschickung zur Anwendung gekommen; wie später noch zu zeigen sein wird, läßt man den Inhalt länglicher Mulden in den in Kippstellung befindlichen Ofen durch die Arbeitstür hineingleiten.

Die drei Elektroden stehen im Kreise und werden von Auslegern getragen, die gleichzeitig die Stromzufuhr besorgen. Die Ausleger bewegen sich in starren, rohrartigen Masten, die an einer Ofenseite angebracht sind; das Senken und Heben wird von Hand oder durch Seilzug vermittels außerhalb des Ofens liegender Windenmotoren betätigt. Die Elektroden können ganz aus dem Ofen herausgehoben und mitsamt den Elektrodenarmen nach auswärts geschwenkt werden; durch diese Vorrichtung soll das Auswechseln des Ofengewölbes erleichtert und beschleunigt werden.

Der Moore-Ofen hat sich in Amerika rasch eingebürgert. Anfang 1924 waren dort 53 Öfen dieser Bauart, meist sauer zugestellte Stahlformgußöfen bis zu 3 t Fassung, im Betrieb. In Deutschland wurde der Ofen von der Dameg (Deutsch-Amerikanische Elektroofen-Gesellschaft) geliefert.

Der Ludlum-Ofen ist ebenfalls in den Vereinigten Staaten entstanden. Er weist einen elliptischen Herdraum auf, an dessen Schmalseiten sich Abstich- und Arbeitstür befinden. Die drei senkrechten Elektroden stehen in einer Reihe nebeneinander. Die hervorstechendsten Kennzeichen des Ofens sind die niedrige Bauhöhe zwischen Gewölbe und Bad sowie die geringe Badtiefe. Von diesen beiden Besonderheiten sollte die erste eine Ersparnis an feuerfesten Ofenbaustoffen und eine Verringerung der Wärmeausstrahlungsverluste zur Folge haben; die zweite bedeutet eine Vergrößerung der Berührungsfläche zwischen Metall und Schlacke, und infolgedessen eine Erleichterung und Beschleunigung der an dieser Grenzschicht verlaufenden metallurgischen Umsetzungen.

Die Zahl der Ludlum-Öfen in den Vereinigten Staaten belief sich 1928 dem Vernehmen nach auf etwa 20; darunter befanden sich auch Öfen mit einem Einsatzgewicht von 10 t und darüber.

Der Volta-Ofen, der in Kanada einige Verbreitung gefunden hat, sowie der Snyder-, später Industrial-Ofen, den man in den Vereinigten Staaten und in England antraf, unterscheiden sich in ihrer endgültigen Form so wenig von dem gewöhnlichen Héroult-Ofen, daß sich eine gesonderte Besprechung erübrigt.

Der Vom-Baur-Ofen ist während des 1. Weltkrieges in Frankreich entstanden. Er weist, gleich wie der Ludlum-Ofen, einen elliptischen Herdraumquerschnitt und drei senkrechte, in einer Reihe angeordnete Elektroden auf. Die Elektrodenständer stehen nebeneinander an einer Ofenseite.

Die elektrische Schaltung des Ofens erinnert an die des Rennerfelt-Ofens. Die Elektroden werden nämlich während des Einschmelzens mittels Scottscher Schaltung in der Weise an ein Drehstromnetz angeschlossen, daß die Mittelelektrode einen $\sqrt{2}$fach stärkeren Strom als die Seitenelektroden führt. Diese Maßnahme bezweckt das beschleunigte Einschmelzen des in der Ofenmitte am dichtesten aufgehäuften Beschickungsgutes. Nach beendeter Verflüssigung des Einsatzes wird wieder jede Elektrode für sich in üblicher Drehstromschaltung angeschlossen, so daß alsdann die Leistungen der drei Lichtbögen annähernd gleich sind.

Der Stobie-Ofen ist englischen Ursprungs und wurde anfangs hauptsächlich zum Anschluß an Zweiphasenwechselstrom gebaut. In dieser Ausführung weist er vier Elektroden auf, von denen je eine mit dem Anfangs- und eine mit dem Endpunkt jeder einzelnen Phase verbunden ist. Der Ofen besitzt achteckigen Querschnitt; die Elektroden werden nicht von galgenartigen Auslegern, sondern von einer starren Brücke getragen, die sich beiderseits am Ofen abstützt. Beim Anschluß an Drehstromnetze unterscheidet sich der Ofen in keiner Weise vom Héroult-Ofen.

Der Greene-Ofen, der in den Vereinigten Staaten häufiger anzutreffen war, wurde in Größen bis zu etwa 3 t gebaut und war meist sauer zugestellt. Das Ofengefäß hat die Form eines liegenden Zylinders. An den beiden Stirnseiten sind die Arbeitstüren angebracht; die Abstichschnauze befindet sich in der Mantelmitte. Die senkrecht eingeführten Elektroden hängen nebeneinander in der Zylinderachse.

Ähnlich wie der Rennerfelt-Ofen war auch der Greene-Ofen außer in Stahlwerksbetrieben häufig in Schmelzbetrieben für Nichteisenmetalle zu finden.

Die Besonderheiten der Herdbeheizung.

Bei den herdbeheizten Öfen findet, wie bei den übrigen unmittelbaren Lichtbogenöfen, eine Stromzufuhr von den Spitzen der Lichtbogenelektroden zum Einsatz statt; außerdem ist aber auch der Ofenherd durch Einbau metallischer Körper leitend gemacht und in den

Stromweg einbezogen. Bei den älteren Bauarten waren zu diesem Zweck in die feuerfeste Auskleidung des Bodens Eisenstäbe eingebaut, die an ihrem oberen Ende mit dem Einsatz in unmittelbarer Verbindung standen und am untern Ende an die Stromableitung unter der Bodenplatte angeschlossen waren. Bei den späteren Bauarten wurde die unmittelbare Berührung mit dem flüssigen Metall beseitigt, da sie Anlaß zu zahlreichen Betriebsstörungen gab und man inzwischen erkannt hatte, daß auch eine ziemlich dicke Schutzschicht aus Dolomit oder Magnesit bei genügender Hitze den Stromdurchgang nicht unterbindet. Ferner leitete man später nicht mehr, wie bei den ersten Ausführungen, den gesamten Strom durch den Boden ab, sondern begnügte sich damit, mehr oder minder große Ausgleichströme darin fließen zu lassen.

Die Einführung der Herdbeheizung milderte zwei Schwierigkeiten, mit welchen die unmittelbaren Lichtbogenöfen in ihrer ersten Entwicklungsstufe zu kämpfen hatten, nämlich die stoßartige Stromentnahme beim Einschmelzen festen Einsatzes und die manchmal ungenügende Wärmezufuhr zu den unteren Badschichten. Da der leitende Herd einen annähernd gleichbleibenden Widerstand aufweist, vermindern sich nämlich die plötzlichen Stromschwankungen im Verhältnis der Energiebeträge, die im Lichtbogen und im Boden in Wärme umgesetzt werden. Darüber hinaus kann durch besondere elektrische Schaltungen eine noch weitergehende Dämpfung in der Weise erzielt werden, daß bei der Annäherung an einen Lichtbogenkurzschluß die Lichtbogenenergie selbsttätig vermindert und der Ausgleich in den Boden verlegt wird.

Neben der Verringerung der Stromstöße hat der Stromdurchfluß durch den Ofenherd auch noch eine Erhitzung desselben zur Folge; die zusätzliche Wärmezufuhr vom Boden her wird besonders bei jenen Schmelzungen angenehm empfunden, bei denen große Mengen schwer schmelzbarer Legierungsmetalle zugesetzt und von der Badsohle allmählich losgeschmolzen werden müssen.

Trotz dieser beiden unbestreitbaren Vorteile ging die Verbreitung der herdbeheizten Öfen, deren Zahl eine Zeitlang die der Öfen ohne Bodenbeheizung fast erreichte, sehr bald zurück. Der Grund dafür liegt darin, daß man auch bei den nicht herdbeheizten Öfen allmählich die obenerwähnten Schwierigkeiten beseitigen konnte, ohne als Kaufpreis die erschwerte Instandhaltung und verringerte Haltbarkeit des Ofenherdes zahlen zu müssen.

Die Bauarten der herdbeheizten Öfen.

Unter den herdbeheizten Öfen haben die Öfen von Girod, Keller, Electro-Metals, Greaves-Etchells, Nathusius und Fiat im Laufe der Entwicklung größere Bedeutung erlangt. Abb. 10 gibt eine Übersicht über die Schaltungsweise der einzelnen Bauarten. Der Girod-Ofen, französischen Ursprungs, weist eine oder mehrere Lichtbogenelektroden auf, die sämtlich an der gleichen Phase hängen. Da demnach kein Spannungsunterschied zwischen ihnen besteht, findet auch kein Stromfluß von einer Lichtbogenelektrode zur anderen statt. Der Strom geht vielmehr unter Lichtbogenbildung auf das Bad über und verläßt dieses

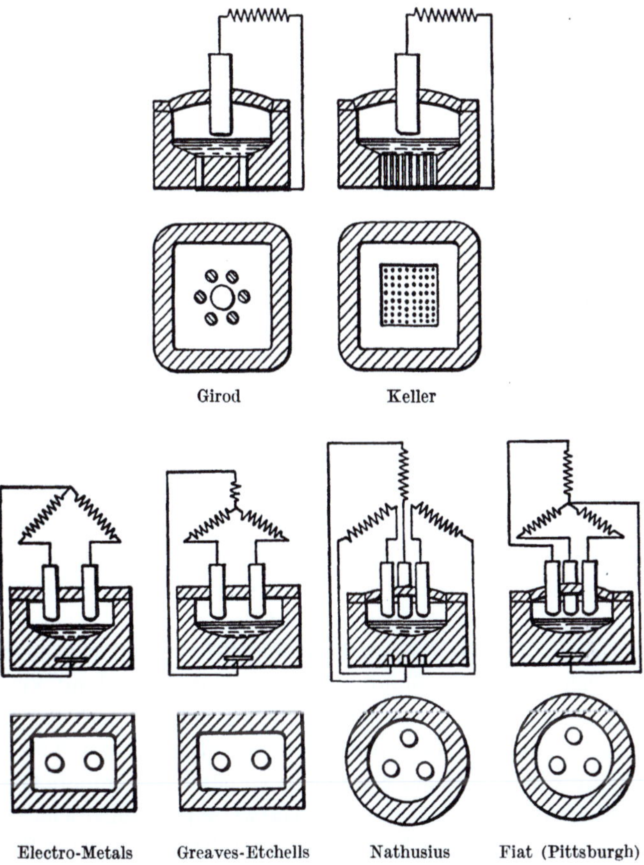

Abb. 10. Schaltungsweise der herdbeheizten Öfen.

auf dem Wege durch den Ofenherd, der an die andere Phase angeschlossen ist. Wie Abb. 10 zeigt, sind als Strombahnen in den Herd je nach der Ofengröße 6 bis 20 Eisenstäbe eingebaut, die etwa 100 mm stark sind, am oberen Ende in den Badraum hineinragen und am unteren Ende durch eine wasserdurchspülte Bohrung gekühlt werden. Sämtliche Bodenelektroden sind unter sich und mit dem Ofenblech leitend verbunden. Während des Betriebes schmelzen sie an ihrem oberen Ende so weit ab, wie es die Kühlung von unten her zuläßt; der nach dem

Abgießen in den Löchern zurückbleibende und erstarrende Stahl übernimmt beim Einsetzen der nächsten Schmelzung wieder die Stromleitung.

Anfangs wurden die Girod-Öfen fast ausschließlich mit Einphasenwechselstrom von etwa 60 bis 70 Volt Spannung betrieben, wobei, wie gesagt, die Lichtbogenelektroden an das eine Ende, die Bodenelektroden mit dem Ofenherd an das andere Ende der Stromerzeuger- oder Transformatorwicklung angeschlossen waren. Später wurden die Öfen mittels besonderer Schaltung auch an Drehstrom angeschlossen.

Der Girod-Ofen arbeitete zwar metallurgisch besonders im basischen Betrieb einwandfrei, hatte aber einen zu hohen Verbrauch an Energie, Elektroden und Steinen. Auch ließ seine Arbeitsgeschwindigkeit zu wünschen übrig. Die allerletzten Ausführungen unterschieden sich eigentlich kaum mehr von einem Héroult-Ofen: die drei Lichtbogenelektroden hängen an den drei Phasen eines Drehstromnetzes, und als Überrest der Herdbeheizung war lediglich eine tief im Herd eingebettete, mit dem Sternpunkt des Transformators verbundene Platte übriggeblieben, welche bei ungleicher Belastung der Lichtbogenelektroden die Ausgleichströme dem Boden zuführte.

Der Keller-Ofen, ebenfalls in Frankreich entstanden, ähnelte in seinem Aufbau vollkommen den ersten Girod-Öfen. Der Herd bestand aus zahlreichen auf einer gemeinsamen Grundplatte befestigten dünnen Eisenstäben, die in Magnesitstampfmasse eingebettet waren. Dieses bewertem Beton ähnliche Gefüge ist ohne weiteres stromleitend; beim Zurückschmelzen des Herdes wurde mit einer leitfähigen Mischung aus Magnesit und Eisenpfeilspänen geflickt.

Der Electro-Metals-Ofen, auch Grönwall-Dixon-Ofen genannt, hatte hauptsächlich in den Vereinigten Staaten und in England Verbreitung gefunden. Er wies (Abb. 10) zwei Lichtbogenelektroden auf, die an je einer Phase eines Zweiphasenwechselstromnetzes hängen bzw. war der Transformator in Scottscher Spannung vorgesehen. Größere Öfen waren mit vier Elektroden ausgerüstet, die paarweise parallel geschaltet waren.

Vom Knotenpunkt der beiden Phasen führte eine dritte Strombahn zum leitenden Herd. Die Schaltungsweise entsprach also vollkommen jener der Rennerfelt-Öfen, nur mit der Abweichung, daß die Mittelelektrode nicht als Lichtbogenelektrode ausgebildet, sondern als Bodenelektrode im Herd eingebettet war.

Die Bodenelektrode bestand aus Kohle, aus einer Kupferplatte oder aus Kupferstäben und war mit einer etwa 200 mm starken Schutzschicht aus reinem Dolomit überstampft. Dieses Merkmal bedeutete einen grundsätzlichen Fortschritt gegenüber der ursprünglichen Form der Öfen von Girod und Keller. Wenn bei letzteren der Herd durch irgendwelche Umstände seine Leitfähigkeit eingebüßt hatte, fand kein

Stromfluß im Ofen mehr statt, da ein von der Herdableitung unabhängiger Lichtbogen nicht entstehen konnte. Der Electro-Metals-Ofen hingegen konnte auch als reiner Lichtbogenofen betrieben werden; da zwischen den oberen Elektroden ein Spannungsunterschied besteht und daher auch eine Lichtbogenbildung lediglich auf dem Wege über die Beschickung möglich ist.

Die Bodenelektrode wurde erst dann eingeschaltet, wenn das überdeckende Dolomitfutter durch Erhitzung vom Einsatz her stromleitend geworden war.

Die Unabhängigkeit der Lichtbogenbildung von der Herdbeheizung findet sich auch bei den übrigen noch zu erörternden Bauarten als kennzeichnendes Merkmal wieder.

Der Greaves-Etchells-Ofen war während des ersten Weltkrieges in England ausgebildet worden. Zwei Phasen eines Drehstromnetzes wurden mit zwei Lichtbogenelektroden verbunden, während die dritte Phase einer über dem Bodenblech im Ofenherd angebrachten Kupferplatte zugeführt wurde. Diese Bodenelektrode war etwa 500 mm hoch überstampft, und zwar zunächst mit einer gut leitenden Schicht aus Kohle oder Grafit-Teermischung, darüber mit einer erst bei Rotglut leitfähig werdenden Lage aus Teermagnesit oder Teerdolomit. Eine Wasserkühlung der Bodenelektrode war infolge ihrer geschützten Anordnung nicht mehr notwendig. Der im Boden in Wärme umgesetzte Energieanteil betrug nur etwa 10 % der gesamten Energiezufuhr. Die Bodenelektrode erhielt zum Energieausgleich eine geringere Spannung als die beiden anderen Elektroden. Infolgedessen wurde durch besondere Transformatorbauart die ungleiche Belastung der beiden Lichtbogenphasen und der Bodenphase so weit ausgeglichen, daß sie im Stromnetz nicht störend in Erscheinung trat; auf die dabei angewendete Schaltungsart — netzseitig Dreieck, ofenseitig Stern — wird später noch ausführlich eingegangen werden. Bei größeren Öfen wurden die Deckelelektroden von 2 auf 4 oder 6 erhöht, wobei jeder Satz eine besondere Bodenelektrode hatte und an einem eigenen Transformator angeschlossen wurde, so daß die bei kleinen Öfen ungünstige, ungleichmäßige Belastung bei größeren Öfen mehr oder weniger ausgeglichen werden konnte.

Wenn für größere Ofeneinheiten die Zahl von zwei Lichtbogenelektroden nicht ausreicht, wurden auch an jede Phase statt einer einzigen zwei bis vier parallelgeschaltete Elektroden angeschlossen. Beispielsweise sind bei den seinerzeit größten Elektrostahlofen, dem etwa 60 t fassenden Greaves-Etchells-Ofen der Ford-Motor-Company in Detroit, acht Lichtbogenelektroden vorgesehen gewesen.

Greaves-Etchells-Öfen waren hauptsächlich in England und in den Vereinigten Staaten zu finden; insgesamt sollen etwa 60 Öfen dieser Art in Betrieb gewesen sein.

Der Ofen hat den Nachteil des rechteckigen Kessels und entsprechenden Deckels, der zur Einschränkung des Verwerfens sehr kräftig ausgeführt werden mußte. Er arbeitete ungünstig im Hinblick auf Energie- und Elektrodenverbrauch und hatte den Nachteil unausgeglichener Phasenbelastung.

Der Nathusius-Ofen ist deutschen Ursprungs und fast ausschließlich in Deutschland verbreitet. Er ist mit drei Lichtbogenelektroden ausgerüstet und kann mit diesen allein als regelrechter reiner Lichtbogenofen ohne Herdbeheizung betrieben werden. Im Ofenherd sind drei, bei größeren Öfen sechs pilzförmige Eisenelektroden eingebaut, die etwa 150 bis 300 mm hoch mit Teerdolomitmasse überstampft sind. Diese Bodenelektroden sind jeweils an dem einen Ende, die Lichtbogenelektroden am entgegengesetzten Ende der Transformatorspulen angeschlossen; der sogenannte Sternpunkt des Transformators ist in die Ofenbeschickung selbst verlegt. Durch diese Schaltungsart wird erreicht, daß sowohl zwischen den Lichtbogenelektroden unter sich und den Bodenelektroden unter sich wie auch zwischen den Lichtbogen- und Bodenelektroden verschiedene Spannungen herrschen und in allen Richtungen Stromfluß stattfindet. Die Spannung zwischen den Lichtbogenelektroden beträgt 100 bis 150 Volt, zwischen den Bodenelektroden 6 bis 25 Volt und zwischen Lichtbogen- und Bodenelektroden 60 bis 90 Volt.

Bei der üblichen Schaltung kann die Energieaufnahme des Bodens bis zu rund 10 % der zugeführten Energie betragen. Sonderschaltungen, bestehend in stufenweiser Zuschaltung eines Zusatztransformators für die Bodenelektroden, vermögen diesen Anteil noch zu steigern. In den weitaus·meisten Fällen macht man jedoch jetzt von der Möglichkeit der Bodenbeheizung keinen Gebrauch mehr und betreibt die Öfen als reine Lichtbogenöfen. Immerhin sind auch heute noch Öfen mit Bodenelektroden in Betrieb, wie beispielsweise in einigen kleineren englischen Werken und auch in Schweden.

Nathusius war der erste, der grundsätzlich die Tragvorrichtung der Lichtbogenelektroden von der Ofenwanne unabhängig machte und die Elektroden freihängend an Zugseilen in Laufschienen über dem Ofen anbrachte. Über die Vor- und Nachteile dieser Anordnung wird noch in einem späteren Abschnitt zu sprechen sein.

Der Fiat-Ofen steht, ähnlich dem Nathusius-Ofen, an der Grenze der bodenbeheizten und der reinen Lichtbogenöfen. Die Herdbeheizung beschränkt sich darauf, daß bei manchen Ausführungen über dem Boden·blech eine Kupferplatte angeordnet ist, die an dem Sternpunkt des Transformators angeschlossen wird. Infolge dieser Schaltung wird dem Boden der sogenannte Ausgleichstrom zugeführt, d. h. jener Energieunterschied, der bei ungleicher Leistung der drei Lichtbögen in den drei Phasen des Drehstromnetzes auftritt.

Die Erbauer des erst in Italien, später auch in Deutschland und anderen Ländern verbreiteten Fiat-Ofens können das Verdienst für sich in Anspruch nehmen, erstmalig bewußt viel stärkere Ofentransformatoren aufgestellt zu haben, als es früher üblich war. Der damit eingeschlagenen Entwicklungsrichtung, welche eine erhebliche Kürzung der Einschmelzdauer mit sich brachte, haben sich auch die übrigen Ofenerbauer allmählich angeschlossen.

Abb. 11. Fiat-Ofen. (Demag.)

Über den Wert einer weiteren Eigentümlichkeit des Fiat-Ofens, nämlich der kunstvoll aufgebauten Abdichtungsvorrichtung für die Elektrodeneintrittsstellen in das Ofengewölbe, gehen die Meinungen der Stahlwerker noch heute stark auseinander.

In Abb. 11 ist ein Fiat-Ofen dargestellt; charakteristisch ist die Unterbringung der Elektrodenhubeinrichtung auf einer abnehmbaren Brücke über dem Ofen.

Der Pittsburgh-Ofen, in den Vereinigten Staaten gebaut, ist in seiner Schaltungsweise vom Fiat-Ofen nicht verschieden; der gleichfalls amerikanische Booth-Hall-Ofen ähnelt in seiner Wirkungsweise und Schaltart dem Nathusius-Ofen.

III. Die Induktionsöfen.

Die Induktionsbeheizung.

Während die Vorzüge des Lichtbogenofens auf der Intensität der Energieentwicklung im Lichtbogen und dem damit zusammenhängenden hohen Temperaturgefälle beruhen, erfolgt die Wärmeentwicklung im Induktionsofen günstigerweise im Schmelzgut selbst durch induktive

Kopplung, indem die Schmelze gewissermaßen die Sekundärwicklung
eines ruhenden Trafos darstellt, in dessen Primärwicklung der anzuwendende Strom geschickt wird. Ein Transformator besteht im allgemeinen
aus einem Eisenkern, um welchen zwei voneinander getrennte Wicklungen gelegt sind. Ein die Primärwicklung durchfließender Wechselstrom kann ohne metallische Leitung, lediglich durch die induzierende
Wirkung seines magnetischen Feldes, seine gesamte Energie auf die
Sekundärwicklung übertragen. Die Spannungen von erzeugendem und
erzeugtem Strom stehen dabei im gleichen Verhältnis wie die Windungszahlen der beiden Wicklungen; die Stromstärken verhalten sich umgekehrt. Diese elektromagnetische Kopplung von Primär- und Sekundär-

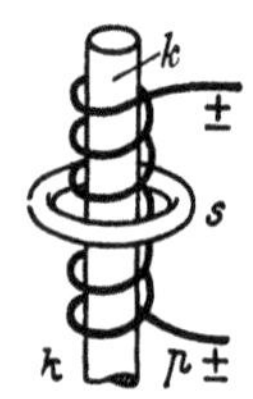

Abb. 12. Trans-
formatorkern
m. kurzgeschlos-
sener Sekundär-
windung.

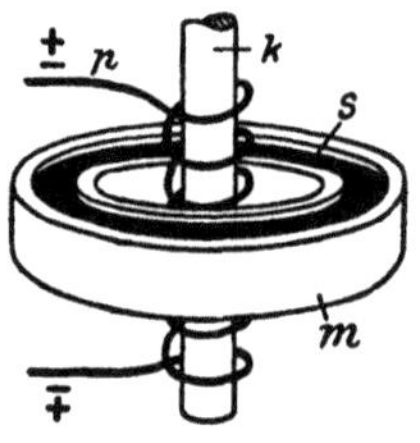

Abb. 13. Induktions-
beheizung.

strom ist es, die in den Induktionsöfen als Beheizungsmittel ausgenutzt
wird.

Der Niederfrequenzofen, der mit
üblicher Netzfrequenz betrieben wird,
besteht grundsätzlich (Abb. 12), gleich
einem Transformator, aus einem
Eisenkern k, einer Primärwicklung p
und einer Sekundärwicklung s. Die
Sekundärwicklung ist jedoch (Abb. 13) nichts anderes als
das in sich ringförmig geschlossene Eisenbad, welches in
einem feuerfesten Kanal m den Eisenkern und die Primärspule umschließt.
Wird in die Primärwicklung ein Wechselstrom hoher Spannung hinein-
geschickt, so kreist in der einen Sekundärwicklung, dem Stahlbade, ein
induzierter Strom von geringer Spannung, aber außerordentlich hoher
Stromstärke. Der enge Querschnitt und die große Länge des Bades in der
Schmelzrinne setzt der hohen Stromstärke einen beträchtlichen elektrischen Widerstand entgegen, welcher die Umsetzung in Wärme bewirkt und damit die Aufheizung des Beschickungsgutes besorgt. Durch
die auftretenden hohen Feldstärken wird eine heftige Bewegung des
Bades hervorgerufen. Aus der dargelegten Beheizungsweise ergeben sich
als natürliche Folge sämtliche baulichen, elektrischen und betrieblichen
Besonderheiten des Induktionsofens: die kanalartige Form des Bades,
die Notwendigkeit flüssiger Beschickung oder zumindest die Zurück-
lassung eines flüssigen Sumpfes nach dem Abstechen, die geringe Haltbarkeit der Ofenzustellung und die Umsetzungsträgheit der Schlacke,
die wegen ihrer geringen Leitfähigkeit induktiv nicht beheizt werden
kann und daher ihre Wärme allein vom Metallbad empfängt. Wegen
des vorhandenen Eisenkerns ist die elektrische Streuung gering und
der Leistungsfaktor entsprechend günstig.

Die vorstehenden Ausführungen gelten allerdings nur für die eisengeschlossenen Induktionsöfen. In den letzten zwei Jahrzehnten hat sich

nun ein neuer Ofentyp entwickelt, nämlich der kernlose Induktionsofen. Sein Hauptvorzug besteht in der Vermeidung des Eisenjoches, so daß das Bad nicht mehr die Form einer Rinne anzunehmen braucht, sondern die in metallurgischer und betrieblicher Hinsicht viel günstigere Tiegelform erhalten kann. Er stellt grundsätzlich nichts anderes als einen von der Primärspule umschlossenen feuerfesten Tiegel dar, in dessen Innenraum äußerst starke elektromagnetische Wechselfelder erzeugt werden, die auch festen Einsatz zum Schmelzen bringen. Selbstverständlich kann auch im Niederfrequenzofen die Leistungszufuhr so gehalten werden, daß fester Einsatz geschmolzen wird. Die Voraussetzung ist aber, daß der Einsatz so beschaffen ist, daß er einen geschlossenen Leiterkreis darstellt. Diese Schwierigkeit entfällt beim kernlosen Induktionsofen. Wegen des fehlenden Eisenkerns hat der kernlose Induktionsofen einen sehr schlechten elektrischen Leistungsfaktor. Erst die Entwicklung von Kondensatoren für hohe Leistungen hat die Voraussetzung geschaffen, die auftretenden hohen Blindleistungen zu bewältigen und einen wirtschaftlichen Ofenbetrieb zu ermöglichen. Von diesem Zeitpunkt an konnte der kernlose Induktionsofen seine ofentechnischen und metallurgischen Vorteile geltend machen und hat heute den Niederfrequenzofen im Stahlwerksbetrieb fast restlos verdrängt. Natürlicherweise ist auch bei diesem Ofentyp eine Beheizung der Schlacke nur mittelbar durch das Bad möglich. Daher ist in jedem Induktionsofen die Schlacke kälter als das Bad.

Die nachfolgenden Ausführungen über den Niederfrequenzofen haben daher für den Stahlwerker kaum noch praktisches Interesse. Sie dienen aber trotzdem nicht nur der Vollständigkeit und der Schilderung der geschichtlichen Entwicklung, sondern dienen auch zum Verständnis des Werdeganges der anderen Typen induktiv beheizter Öfen. Das Wissenswerte über die physikalischen Grundlagen der induktiven Beheizung wird später ausführlich dargestellt.

Der Ofenaufbau und die Badform der Induktionsöfen.

Die Lichtbogenöfen zeichnen sich durch einfachen und betriebssicheren Ofenaufbau aus. Das Ofeninnere ist in seiner ganzen Ausdehnung leicht zugänglich; ein etwaiger Durchbruch flüssigen Stahles durch das Ofenfutter nach außen hin kann keinen wichtigen Ofenteil gefährden und pflegt als einzige Störung einen mehrstündigen Zeitaufwand für sorgfältiges Flicken nach sich zu ziehen.

Bei den Niederfrequenzöfen jedoch, zu deren Wesen die lange schmale, das Transformatorjoch ringförmig umgebende Schmelzrinne gehört, ist der Herdraum der laufenden Beobachtung und Einwirkung teilweise entzogen. Die ungünstige Form erschwert sowohl die Zugänglichkeit des Bades bei der metallurgischen Behandlung von Stahl und Schlacke wie auch die der Ofenzustellung bei den laufenden Instandhaltungsarbeiten. Um diesen Nachteil der ursprünglichen „Einrinnenöfen" etwas auszugleichen, ist man bei den späteren Bauarten überwiegend zur „Doppelrinnenform" übergegangen. Ein Doppelrinnenofen entsteht durch Zusammenfügen zweier einfacher Schmelzrinnen (Abb. 14), deren Berührungsstelle sich zu einem geräumigen Arbeitsherd erweitert. Durch diese Verbesserung wird zwar der Mittelherd ebenso leicht zugänglich wie der Herdraum eines Lichtbogenofens; jedoch entziehen auch bei dieser Ausführungsform die beiden Seitenkanäle einen Teil des Schmelzbades und der Ofenzustellung der laufenden Überwachung und Einwirkungsmöglichkeit. Schadhafte Stellen im Ofenfutter entgehen leicht

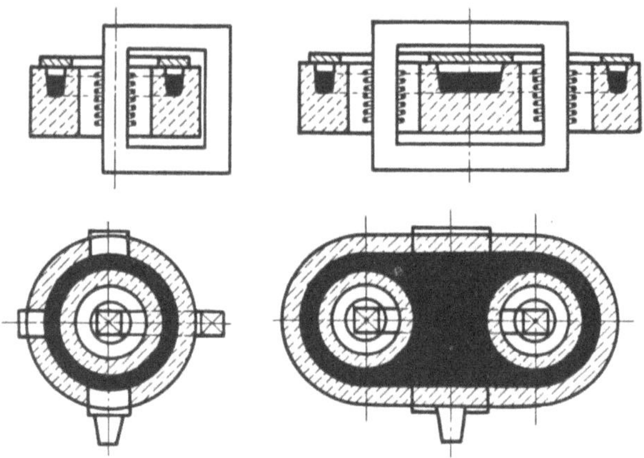

Abb. 14. Einrinnen- und Doppelrinnenofen.

der sofortigen Ermittlung; da sie mit Vorliebe an der inneren, dem Transformatorkern zugewandten Seite auftreten, hat ein Stahldurchbruch fast stets eine Beschädigung des Transformatorjoches und der Primärwicklung zur Folge. Zur Vermeidung längerer Betriebsstörungen sind deshalb Ersatzjoche und -wicklungen für den Ofentransformator auf Lager zu halten.

Natürlich stellt auch der Doppelrinnenofen keine ideale Lösung dar, indem die Unzuträglichkeiten der Rinne auch gewissermaßen verdoppelt werden. Man baut daher solche Öfen auch gern als Einrinnenöfen, wobei die Rinne in einen tiegelähnlichen Raum mündet, der über der Rinne angebracht ist. An die Stelle der Rinne allein tritt also eine Zusammenstellung von Rinne und Schmelzraum, wodurch die praktischen Unzuträglichkeiten des reinen Rinnenofens zum großen Teil behoben werden. Der Schmelzraum macht unabhängig von der Schrottbeschaffenheit, und die am Boden angeordnete Rinne wird vor Luftzutritt und Verschlackung

weitgehend geschützt. Abb. 15 zeigt ein solches Ausführungsbeispiel.
Es handelt sich um die Prinzipskizze eines Ajax-Wyatt-Ofens. In den
tiegelförmigen, von oben bequem einsetzbaren Schmelzraum mündet
am Boden die Rinne, welche die Spule mit dem Eisenkern umschließt.
Die Schaltskizze zeigt die unmittelbare Speisung vom Netz unter Einschaltung eines Regeltransformators mit mehreren Anzapfungen zur
Regulierung der Leistung. Bei dieser Konstruktion entleert sich beim
Abstechen die Rinne zuletzt. Diese Bauform hat sich besonders für
Kupfer und Kupferlegierungen gut bewährt und wird gelegentlich auch
für die Graugußveredelung verwendet. Im ersten Falle dient sie zum
Schmelzen mittels eines Sumpfes,
was bei gleichbleibender Zusammensetzung keine Schwierigkeiten bereitet, im zweiten Falle wird mit
flüssigem Einsatz aus dem Kuppel-
ofen gearbeitet. Dabei stellte sich
aber die Schwierigkeit heraus, daß
bei großer Leistungszuführung der
Temperaturunterschied des Bades in
Rinne und Tiegel stark anstieg und
bis zu 300° und mehr betragen
konnte. Damit wurde eine Temperatur erreicht, die für die saure Zustellung bereits kritisch wurde, um
so mehr als die Intensität der Badbewegung ebenfalls mit steigender
Leistung stark zunimmt. Der Ausweg konnte wieder nur in der Ver-

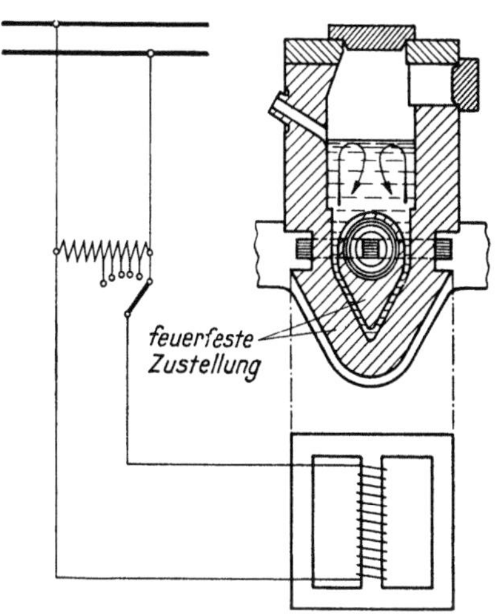

Abb. 15. Prinzipskizze eines Niederfrequenz-
Induktionsofens (Ajax-Wyatt).

wendung des Zweirinnenofens bestehen, wobei Temperatur und Badbewegung bei gleicher Leistungszufuhr stark gemindert werden konnten.
Auch für die leichtere Zugänglichkeit der Rinne wurden neue Wege gesucht.

Der Schmelzvorgang im Niederfrequenzofen geht in der Weise vor
sich, daß der feste Einsatz im Herd von dem heißen Material aus der
Rinne umspült, erhitzt und schließlich geschmolzen wird.

Bei den Hochfrequenz-Induktionsöfen ist das Ofeninnere allseits
leicht zugänglich. Um aber annehmbare elektrische Verhältnisse zu
erzielen, wird die Ofenwandung verhältnismäßig dünn ausgeführt; die
dem Induktionsofen eigentümliche starke Badbewegung kann aber im
Ofenfutter leicht Auswaschungen bewirken, die dem Stahlbade den
Weg zu der den Ofen umschließenden Primärspule freigeben können.
Diese ursprünglich großen Schwierigkeiten können aber heute für die
saure Zustellung als restlos und für die basische Zustellung als weitgehend behoben betrachtet werden.

Die flüssige Beschickung bei Niederfrequenzöfen.

Damit im Sekundärstromkreis des Niederfrequenzofens Strom fließen und Wärme entwickelt werden kann, ist eine geschlossene Strombahn unbedingte Voraussetzung; sie wird durch Eingießen flüssigen Metalls in die Schmelzrinne erfüllt. Zum Einschmelzen nur festen Beschickungsgutes ist der Ofen so wenig geeignet, daß diese Betriebsweise kaum jemals angewendet worden ist. Dagegen läßt sich das Schmelzen in einer abgewandelten Weise durchführen. Es muß lediglich nach dem Abgießen einer jeden Schmelzung am Ofenboden ein zusammenhängender Sumpf flüssigen Metalls zurückgelassen werden, in welchen nach und nach der Einsatz für die neue Schmelzung eingetragen wird. Im Stahlwerk hat man sich aber meist mit der Nachbehandlung flüssigen Einsatzes begnügt.

Als Vorschmelzöfen für den Induktionsofen dienen in der Regel Martinöfen, seltener sauer zugestellte Kleinkonverter mit zugehörigen Kuppelöfen. Da für das gleiche Gewicht das Einschmelzen im Martinofen bedeutend länger zu dauern pflegt als das Feinen im Induktionsofen, findet man manchmal mit dem Fertigschmelzofen zwei Vorschmelzöfen gekuppelt, die den verflüssigten Einsatz wechselweise abgeben. In jedem Fall ist ein gutes Zusammenspiel der Abstichzeiten unerläßlich, da für die Induktionsöfen längere Wartezeiten bei vollständig entleertem Herd gefährlich sind. Ist nämlich das Ofenfutter zu kalt geworden, so kann es vorkommen, daß der vorgeschmolzene Stahl während des Einfüllens erstarrt, bevor er die Schmelzrinne vollkommen ausgefüllt hat. Der Ofen ist dann zur Energieaufnahme nicht befähigt, weil der notwendige Kurzschluß der Strombahn nicht vorhanden ist. Bei einer derartigen Störung bleibt nichts anderes übrig, als die Rinnenabdeckung abzuheben, die Unterbrechungsstelle aufzusuchen und in diese so viel flüssiges Metall nachzugießen, daß sich die Strombahn schließt.

Natürlich müssen die Induktionsöfen auch bei längeren Stillständen, beispielsweise des Sonntags, mit flüssigem Metall gefüllt bleiben und schwach beheizt werden. Der Verbrauch an Heizstromenergie während der Pausen und Stillstände macht, wie gleich hier nebenbei bemerkt sei, bei Induktionsöfen 20 bis 60 kWh je Tonne flüssigen Stahl aus.

Auch in der Anpassungsfähigkeit an wechselnde Einsatzverhältnisse ist also nach dem Vorgesagten der Induktionsofen dem Lichtbogenofen unbestreitbar unterlegen. Die Schwierigkeiten für den Niederfrequenzofen, festen Einsatz im wesentlichen Ausmaße mitzuverarbeiten, macht sich insbesondere in Edelstahlbetrieben unangenehm fühlbar, da dort der Entfall an Blockköpfen, Drehspänen, Knüppel- und Stabstahlenden fast ein Drittel der Ofenerzeugung ausmacht. Werden diese Abfälle im

Martinofen für den Induktionsofen vorgeschmolzen, so gehen die wertvollen Legierungselemente zum großen Teile unwiederbringlich in die Schlacke über; im Lichtbogenofen hingegen kann das Einschmelzen mit sehr geringfügigem Verschlackungsverlust durchgeführt werden.

Die elektrische Ausrüstung der Niederfrequenzöfen.

Für den Einschmelzbetrieb der Lichtbogenöfen sind, wie bereits erwähnt, Belastungsstöße kennzeichnend, die trotz selbsttätiger Regelvorrichtungen bisweilen mehr als die doppelte Höhe der eingestellten Leistung erreichen können. In einem nicht sehr leistungsfähigen Leitungsnetz können diese plötzlichen Schwankungen die Gleichmäßigkeit der Stromabgabe an andere Verbraucher empfindlich stören.

Die Energieentnahme der Induktionsöfen erfolgt im Gegensatz dazu vollkommen stoßfrei, da sie auf der Widerstandsbeheizung eines flüssigen Leiters beruht, dessen Form plötzlichen Änderungen nicht unterworfen ist. Der entschiedene Vorteil der gleichmäßigen Stromentnahme wird aber durch einen schweren Nachteil in elektrischer Beziehung wieder aufgehoben, nämlich durch den geringen Leistungsfaktor der Induktionsöfen. Die dabei in Betracht kommenden Verhältnisse seien hier kurz dargelegt.

Die Primärwicklung des in den Induktionsofen eingebauten Transformators ist beim Stromdurchgang von einem magnetischen Wechselfeld umgeben, dessen Energie in der Sekundärspule, dem Bade, in Stromwärme umgesetzt wird. Der Anteil des im Bad induzierten Stromes, der nicht in Wärme umgewandelt wird, wirkt auf den Primärkreis zurück und kehrt damit in das Netz, also zum Stromerzeuger zurück. Aus diesem Grunde muß für einen hohen Widerstand in der Rinne gesorgt werden, was nur durch enge Querschnitte möglich ist. Wird die Rinne im Betrieb ausgewaschen und ihr Querschnitt vergrößert, so sinkt der Widerstand und damit die Stromausbeute. Das Verhältnis zwischen der wirksamen, d. h. in diesem Falle der in Wärme umgesetzten Energie zu der gesamten zur Verbrauchsstelle entsandten Energie entspricht dem Leistungsfaktor cos φ. Bei den Lichtbogenöfen ist, wie später noch erörtert werden soll, der Leistungsfaktor sehr hoch und beläuft sich auf etwa 0,85; bei den Induktionsöfen beträgt er jedoch nur 0,30 bis 0,65. Der niedrige Leistungsfaktor bedeutet, daß der Stromerzeuger dauernd etwa anderthalb- bis dreimal soviel Strom zum Induktionsofen entsenden muß, als dieser tatsächlich verbraucht.

Die andere Möglichkeit, den Widerstand zu vergrößern, besteht in der Verlängerung der Rinne. Ganz abgesehen von den dann zu erwartenden metallurgischen Schwierigkeiten ist auch deshalb keine günstige Leistungsaufnahme zu erwarten, weil die Streuung mit der Vergrößerung des Durchmessers ansteigt. Primärseitig läßt sich die Spule so eng um den Eisenkern legen, daß der Kraftfluß keine nennenswerte Streuung aufweist. Für den Sekundärkreis, also die Schmelzrinne, ist dies nicht mehr möglich, weil die Stärke der feuerfesten Auskleidung und der Durchmesser des Kühlrohres für die Spule aus Gründen der Betriebssicherheit ein gewisses Maß nicht unterschreiten dürfen. Die dadurch zwangsweise auftretende Streuung vermindert aber den Leistungsfaktor, und jede weitere Vergrößerung des Rinnendurchmessers muß den Leistungsfaktor noch mehr verschlechtern. Die Verlängerung der Rinne zur Erreichung der genannten Vorteile ist jedoch möglich durch Einbau mehrerer Rinnen, die bei Mehrphasenstrom an jeweils eine andere Phase angeschlossen werden.

Der Kraftfluß ist abhängig vom Quadrat der Windungszahl. Aus baulichen Gründen ist aber der Vergrößerung der Windungszahl eine Grenze gesetzt. Es bleibt daher nur die Möglichkeit, die günstige Wirkung der Permeabilität durch Anwendung eines geschlossenen Eisenjoches zu nutzen, das die Primärspule möglichst restlos ausfüllen muß. Außerdem muß die Länge der mittleren Kraftlinie möglichst kurz gehalten werden, da mit ihrer Länge der magnetische Widerstand wächst. Dies ist durch Anwendung flacher Spulen möglich.

Da die Änderung des Kraftflusses mit der Frequenz wächst, könnte angenommen werden, daß deren Erhöhung eine bessere Leistungsaufnahme zur Folge hat. In Wirklichkeit aber ist das Gegenteil der Fall, und zwar aus dem Grunde, weil gemäß der Gleichung $\operatorname{tg}\varphi = \dfrac{\omega L}{R}$ der Tangens des Phasenwinkels mit steigender Frequenz zunimmt, wobei der Leistungsfaktor, also der Cosinus des Phasenwinkels, abnimmt. In gleicher Weise wie die Frequenz wirken die Induktivitäten, was wiederum mit aller Deutlichkeit auf den Einfluß gerade der Kopplung hinweist; dagegen wirken die Ohmschen Widerstände im günstigen Sinne.

Infolge dieser ungünstigen Verhältnisse ist ein unmittelbarer Anschluß von Induktionsöfen an bestehende Stromnetze mit Schwierigkeiten verbunden. Um einen für den Stromerzeuger wenigstens halbwegs erträglichen Leistungsfaktor zu schaffen, griff man früher zu dem Aushilfsmittel der Verringerung der Stromwechselzahl. Denn je niedriger die Periodenzahl des dem Ofen zugeführten Wechselstromes ist, um so höher liegt unter sonst gleichen Umständen der Leistungsfaktor. In Europa wird der Wechselstrom in der Regel mit 50, in Amerika mit 60 Perioden je Sekunde (Hertz) erzeugt. Für den Induktionsofenbetrieb wurde anfänglich dieser Wert auf 3 bis 25 Hertz, je nach Ofenbauart und Ofengröße, herabgesetzt; je größer die Ofenfassung, um so niedriger wurde zur Erzielung des gleichen Leistungsfaktors die Periodenzahl gewählt.

War der Ofen mit einem eigenen Stromerzeuger ausgerüstet, so wurde dieser von vornherein mit einer der benötigten Periodenzahl entsprechenden geringen Polzahl gebaut. Beim Anschluß an Netzstrom üblicher Periodenzahl geschah die Herabsetzung der Stromwechselzahl in den sogenannten Periodenumformern. Es sind dies Maschinensätze, die aus einem Motor und einem unmittelbar damit gekuppelten Generator mit geringer Polzahl bestehen. Die Periodenumformer sind auch bei kleinen Leistungen große und teure Sondermaschinen, deren Anschaffung und Wartung den Induktionsofenbetrieb beträchtlich belasten. Dieser Weg wird aber heute kaum noch beschritten. Die zur Zeit gebauten Niederfrequenzöfen arbeiten sämtlich mit Netzanschluß und unter sorgfältiger Berücksichtigung aller elektrotechnischen und ofentechnischen Gesichtspunkte, wie sie im vorstehenden geschildert wurden. Hierbei werden Leistungsfaktoren bis höchstens 0,8 erreicht.

Eine andere Möglichkeit, die nicht ausgenutzte Leistung, die Blindleistung, zu verringern, liegt in der Anwendung von Kondensatoren. Aber auch diese Möglichkeit kommt praktisch nicht in Betracht. Wenn schon die Anwendung eines besonderen Umformers oder einer Kondensatorenbatterie vorgesehen werden muß, so ist es betrieblich richtiger, den Bau eines kernlosen Induktionsofens vorzusehen. Für den Niederfrequenzofen bleibt neben den erwähnten elektrischen Maßnahmen nur die Sicherung einer hinreichend engen Schmelzrinne von möglichst geringem Durchmesser, um einen günstigen Leistungsfaktor zu gewährleisten, gegebenenfalls unter Verwendung des Zweirinnensystems. Damit wird sein Anwendungsbereich eine Frage der Haltbarkeit der feuerfesten Zustellung. In der Tat wird er heute nur noch dort verwendet, wo das feuerfeste Material eine genügende Festigkeit gegenüber allen hier auftretenden Beanspruchungen aufweist. Dieses ist im vollen Umfang beim Schmelzen von Kupfer und seinen Legierungen der Fall. Es kann auch die Möglichkeit eintreten, daß das Metall sehr leicht oxydiert und in der Rinne Ansätze bildet und diese stark verengt, wie dieses z. B. bei zinkreichen Messinglegierungen und Aluminium und seinen Legierungen der Fall ist. Um jede unnötige Überhitzung und Oxydationsmöglichkeit zu vermeiden, kann auch hier die Verwendung des Zweirinnenofens von Vorteil sein.

Infolge der hohen Schmelztemperatur des Stahles tritt ein Auswaschen der Rinne auf. Berücksichtigt man die für das Vergießen notwendige Überhitzung und zusätzlich die ohnehin höhere Rinnentemperatur — denn die Wärmeaufnahme findet nur in der Rinne selbst statt —, so wird ohne weiteres klar, daß Temperaturgebiete erreicht werden, bei denen die Bewältigung der Beanspruchung des feuerfesten Materials große Schwierigkeiten bereitet.

Dieser Zusammenhang stellte einen wesentlichen Grund dar, weshalb dieser Ofentyp für die Stahlindustrie keine große Bedeutung zu erlangen vermochte. Die Zustellungsfrage ist heute lediglich bis zu Temperaturen von etwa 1500° als wirtschaftlich gelöst zu betrachten.

In bezug auf die elektrotechnischen Verhältnisse ergibt sich also bei einem Vergleich zwischen Lichtbogen- und Induktionsöfen das folgende Bild: bei Lichtbogenöfen unmittelbarer Anschluß an bestehende Stromnetze durch ruhende Transformatoren von hohem elektrischem Wirkungsgrad, ferner hoher elektrischer Leistungsfaktor, dagegen beim Einschmelzen unstetige Belastung, die allerdings nur bei wenig leistungsfähigen Stromnetzen zu nachteiliger Auswirkung kommt; bei Induktionsöfen stetige, gleichmäßige Stromentnahme, dagegen niedrigerer Leistungsfaktor. An Stelle der Zwischenschaltung teurer drehender Umformer mit wenig günstigem Wirkungsgrad und gegebenenfalls der Anwendung von Kondensatoren ist heute durchweg der einfache Netzanschluß getreten.

Die feuerfeste Zustellung der Niederfrequenzöfen.

Die grundsätzlich als enger Ring ausgebildete Schmelzrinne der Niederfrequenzöfen läßt sich infolge ihrer mangelnden Übersichtlichkeit und Zugänglichkeit nur schwierig instand halten. Die Beanspruchung des Ofenfutters wird noch durch die elektromagnetisch bedingte Badbewegung verschärft, die durch zusätzlich erodierende Wirkung einem raschen Verschleiß der Zustellung Vorschub leistet. Das Schmelzbad rollt nämlich, wie in Abb. 16 schematisch dargestellt, senkrecht zu seiner

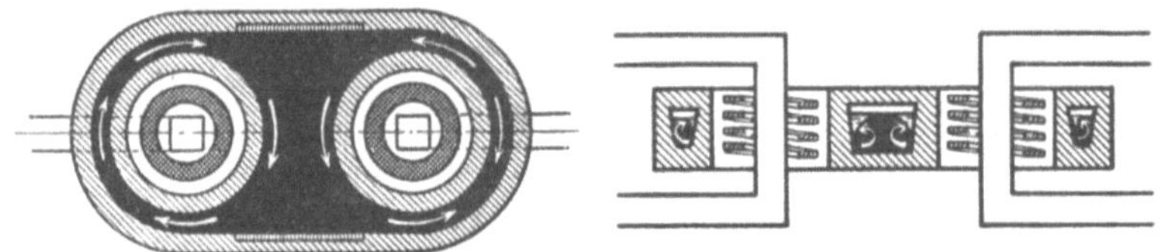

Abb. 16. Waagerechte und senkrechte Badbewegung bei Induktionsöfen.

Längsachse und kreist außerdem, wenn auch in minder heftiger Weise, parallel dazu. Durch diese Bewegung werden fortwährend von der wie bei den Lichtbogenöfen aus Teerdolomit oder Teermagnesit bestehenden Zustellung kleine Körner oder Brocken losgelöst; der beim Flicken nur örtlich und unvollkommen zugängliche Schmelzraum erweitert sich also im Verlauf einer Schmelzreise ständig. Diese Erscheinung hat eine Reihe von Übelständen zur Folge. Einmal wird die Dicke der Schutzschicht zwischen Bad und Transformator verkleinert und damit die Gefahr eines Durchbruches und einer Zerstörung des Transformators nahegerückt. Ferner verschlechtert sich der Leistungsfaktor des Ofens, da der Ohmsche Widerstand des Bades infolge des aufgeweiteten Querschnittes sinkt. Schließlich wird die Zusammenarbeit zwischen Vorschmelzofen, Induktionsofen und Gießgrubenbetrieb erschwert; bei stark ausgewaschener Rinne kann es vorkommen, daß das Gewicht des Einsatzes zum Schlusse der Schmelzreise bis auf den doppelten Wert des Anfangsgewichtes erhöht werden muß. Es ist einleuchtend, daß das Schritthalten mit der vergrößerten Ofenfassung gerade im Induktionsofenbetrieb, der in bezug auf gutes Zusammenspiel der Abstichzeit von Vorschmelz- und Fertigschmelzofen besonders empfindlich ist, erhebliche Mühe verursachen kann.

Noch eine letzte Schwierigkeit bedarf der Erwähnung. Um die vollständige Entleerung eines Ofens beim Abgießen sicherzustellen, muß die Herdsohle mit allmählicher Steigung in die Abstichschnauze übergehen. Bei Induktionsöfen ist nun diese Schräge gleichfalls der ausspülenden Wirkung des Bades ausgesetzt; infolgedessen bleibt beim Auskippen leicht ein Sumpf im Ofen zurück, der in manchen Fällen den unvermittelten Übergang von einer Stahlsorte auf eine andere, verschieden legierte, unmöglich macht. Die Anwendung eines Kippofens bzw. ausreichenden Kippwinkels vermag diesen Nachteil zu beheben.

Die Herstellung des Ofenfutters für die Induktionsöfen weist einige Besonderheiten auf. Zuerst wird der Ofenherd in später zu erörternder Weise mit Teerdolomit- oder Teermagnesitmischung vollgestampft. Alsdann wird eine der Rinnen- und gegebenenfalls Mittelherdform entsprechende, nach oben sich erweiternde Holzschablone aufgesetzt und das Stampfen der Seitenwände vollzogen. Sodann zieht man die Holzschablone heraus, setzt lose in die Rinnen einige kurzgeschlossene Eisenringe ein und legt endlich das aus einzelnen Abschnitten bestehende Gewölbe auf. Die Eisenringe haben den Zweck, beim Anheizen des Ofens anstatt des fehlenden Bades den Sekundärstrom aufzunehmen. Die Stromzufuhr wird allmählich so gesteigert, daß die Heizringe rotglühend werden und schließlich schmelzen, wobei die Zustellungsmasse unter Verkokung des Teeres festbrennt. Man beschickt nun den Ofen mit flüssigem Roheisen und steigert die Beheizung so lange, bis der Schmelzraum Weißhitze angenommen hat. Nach dem Ausgießen des Roheisens ist der Ofen zur Beschickung mit der ersten Stahlschmelzung bereit.

Anstatt beim Ausstampfen eine Holzschablone zu benutzen, macht man öfter von einer in sich geschlossenen Gußeisenschablone Gebrauch. Dieselbe wird nach dem Stampfen nicht entfernt, sondern bleibt als Heizring im Ofen liegen. Das nach beendetem Aufheizen verflüssigte Gußeisenbad wird in eine vorbereitete Sandform gegossen und dient wiederum als Zustellungsschablone für die nächste Herderneuerung. Bei dieser Ausführungsart muß darauf gesehen werden, daß beim

Stampfen die Eisenschablone mit seitlichen Schalbrettchen eingesäumt wird; andernfalls könnte der sich beim Anheizen ausdehnende Eisenkörper die Seitenwände aufsprengen und Veranlassung zu gefährlichen Rißbildungen in der Zustellung geben.

Läßt man die Stampfschablone gleich als Heizring im Ofen, so erzielt man neben der Vereinfachung der Zustellungsarbeit noch einen weiteren Vorteil. Man kann nämlich gemäß Abb. 17 den Querschnitt der seitlichen Schmelzrinne und des Mittelherdes sich nach oben verengen statt erweitern lassen. Die Anfressung des Rinnenquerschnittes im Verlauf einer Schmelzreise vollzieht sich in erster Linie am oberen Badspiegel; hat man also die Möglichkeit, hier die Wandstärke zu vergrößern, so wirkt sich diese Maßnahme in einer erhöhten Zustellungshaltbarkeit aus.

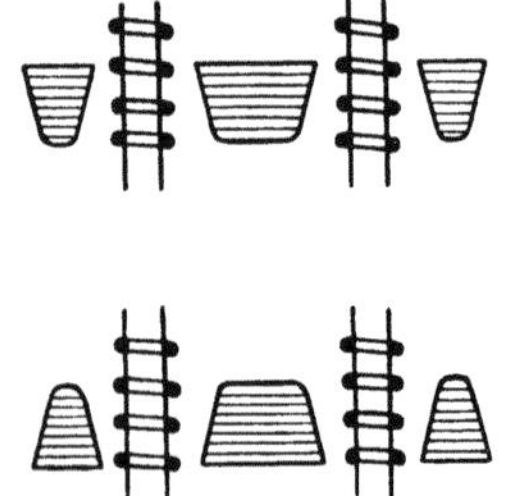

Abb. 17. Zustellungsformen: oben verbreiterte und oben verengte Schmelzrinne.

Die Zustellung der Niederfrequenzöfen hält je nach dem Ausmaße der Schlackenarbeit und je nach der Häufigkeit von Zwischeninstandsetzungen 60 bis 200 Schmelzungen aus; im Durchschnitt muß nach etwa 120 Schmelzungen eine vollständige Erneuerung vorgenommen werden. Da der Niederfrequenzofen zum Feinen vorgesehen ist, so wird allgemein die basische Zustellung gewählt. Entfällt dieser Gesichtspunkt, so kann auch sauer, bei Gußeisen allenfalls auch halbsauer gearbeitet werden.

Die Bauarten der Niederfrequenzöfen.

Die Bauarten der Niederfrequenzöfen unterscheiden sich hauptsächlich durch die Art der Primärwicklung und deren Anordnung um den Transformatorkern.

Beim Kjellin-Ofen, dem ersten gewerblichen Induktionsofen, umgab, wie aus Abb. 18 ersichtlich, die Primärwicklung röhrenförmig den senkrechten Transformatorschenkel in der Höhenlage des Eisenbades. Eine auffällige Erscheinung, die bei dieser Ausführungsform infolge elektromagnetischer Abstoßkräfte zwischen Primär- und Sekundärstrom auftrat, war die starke Schrägstellung der Badoberfläche in der Schmelzrinne. Für die Schlackenarbeit bedeutet diese Eigentümlichkeit, die sich bei allen Induktionsöfen in mehr oder minder ausgeprägter Weise wiederfindet, zweifellos eine gewisse Erschwerung.

Beim Frick-Ofen und beim Hiorth-Ofen, die sich voneinander nur unwesentlich unterscheiden, ist gemäß Abb. 19 die Primärwicklung unterteilt. Ein Teil umgibt in Rohrform den senkrechten Transformatorschenkel, der Rest ist scheibenförmig oberhalb und unterhalb der

Schmelzrinne angeordnet. Diese Unterteilung vermindert die Schiefstellung der Badoberfläche, die beim Kjellin-Ofen etwa 25° beträgt, auf etwa 5°. Jedoch wird diesem metallurgischen Vorteil zuliebe die Zugänglichkeit der Schmelzrinne noch weiter verschlechtert.

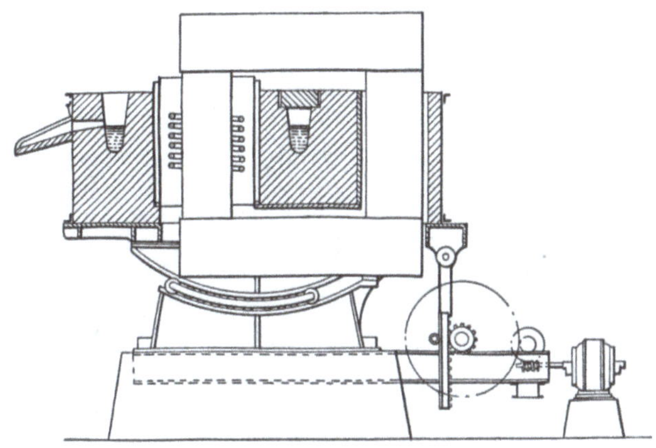

Abb. 18. Kjellin-Ofen.

Ein in den Vereinigten Staaten in mehreren Einheiten und auch heute noch vertretener Ofen ist der General-Electric-Ofen, dessen Aufbau Abb. 20 zeigt. Die scheiben-

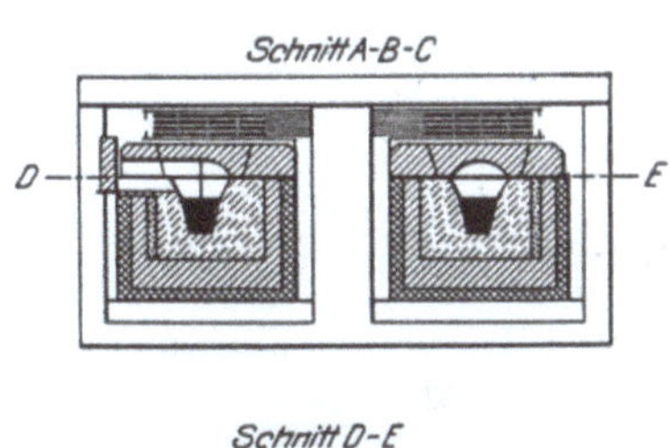

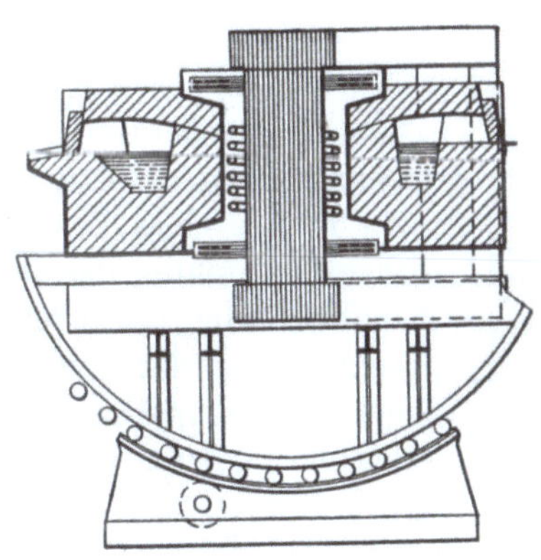

Abb. 19. Frick-Ofen.

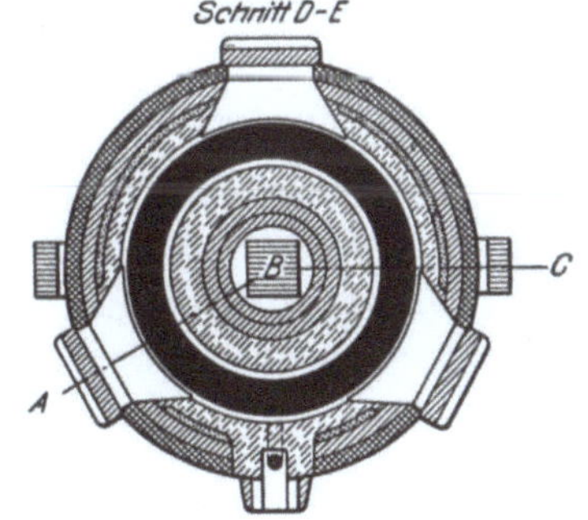

Abb. 20. Aufbau des General-Electric-Ofens.

förmig ausgebildete Primärwicklung ist vollständig oberhalb des Bades angeordnet, um sie der Gefährdung durch Ofendurchbrüche möglichst zu entziehen. Abb. 21 zeigt das etwa 35 t schwere Transformatorjoch eines 6-t-Ofens. Der fertig zugestellte Ofen ist aus Abb. 22 ersichtlich. Die erkennbare breite Seitentür dient dem Zugang zur Schmelzrinne.

Dieser wahrscheinlich noch heute im Betrieb befindliche Ofen ist mit geschmolzener Magnesia zugestellt, da er hauptsächlich zum Einschmelzen von niedrig gekohlten, nicht rostenden Qualitäten dient. Die Zustellung hält über 1000 Schmelzen. Er wird von einem 800 kW Generator mit 2200 Volt und 900 Ampere bei 8,6 Hertz betrieben. Der

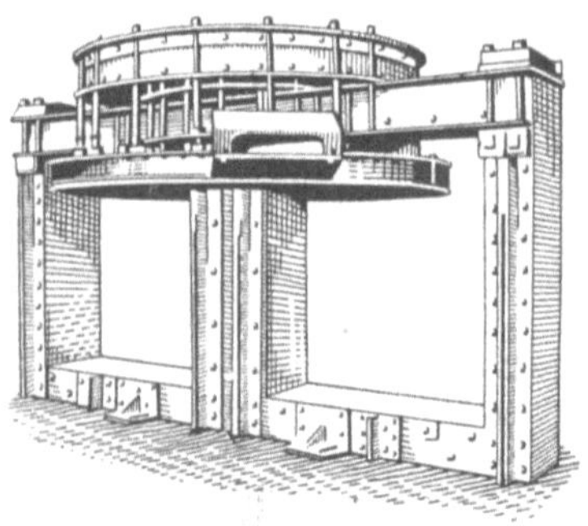

Abb. 21. Transformatorjoch mit Primärwicklung eines 6-t-General-Electric-Ofens.

Querschnitt der Rinne ist unten 18 cm, oben 38 cm bei einer Badtiefe von ebenfalls 38 cm. Etwa 4 t werden jeweils abgestochen, der Rest als Sumpf zurückgelassen. Infolge der niedrigen Frequenz ist die Badbewegung so stark, daß selbst bei reichlicher Schlackenabdeckung ein Teil des Bades frei bleibt, so daß Stickstoffaufnahmen festzustellen sind, die allerdings keinen schädlichen Umfang annehmen. Wasserstoffaufnahmen wurden nicht beobachtet[1].

Um die Wicklungsisolierung vor Zersetzung durch die strahlende Wärme des Schmelzbades zu schützen, wird, wie übrigens bei sämtlichen Induktionsöfen, der in den Ofen eingebaute Transformatorschenkel während des Betriebes durch Ventilatorluft gekühlt. Die Primär-

Abb. 22. 6-t-Niederfrequenzofen, Bauart General-Electric (nach Farnsworth-Johnson).

wicklung wird durch einen geschlitzten Mantel aus unmagnetischem, hochschmelzendem Metall umgeben und begrenzt Kühlkessel und feuerfeste Zustellung. Der Kühlwind wird mittels eines beweglichen Blechrohres, das der Kippbewegung des Ofens folgen kann, dem eingekapselten Transformatorschacht von unten her zugeführt und bläst an der Ofenoberfläche ins Freie.

Der Röchling-Rodenhauser-Ofen hat von allen Induktionsöfen die weiteste Verbreitung gefunden. Die Bevorzugung des Ofens ist auf zwei Ursachen zurückzuführen, nämlich auf die den hüttenmännischen Erfordernissen verhältnismäßig gut angepaßte Herdform, auf den vergleichsweise

---

[1] Farnsworth, W. M., u. E. R. Johnson: J. Iron Steel Inst. 138 (1938) S. 289/303.

günstigen Leistungsfaktor und der geringen Temperaturerhöhung in den Rinnen gegenüber dem Herd. Der Röchling-Rodenhauser-Ofen war nämlich der erste Induktionsofen, der sich die Vorteile der

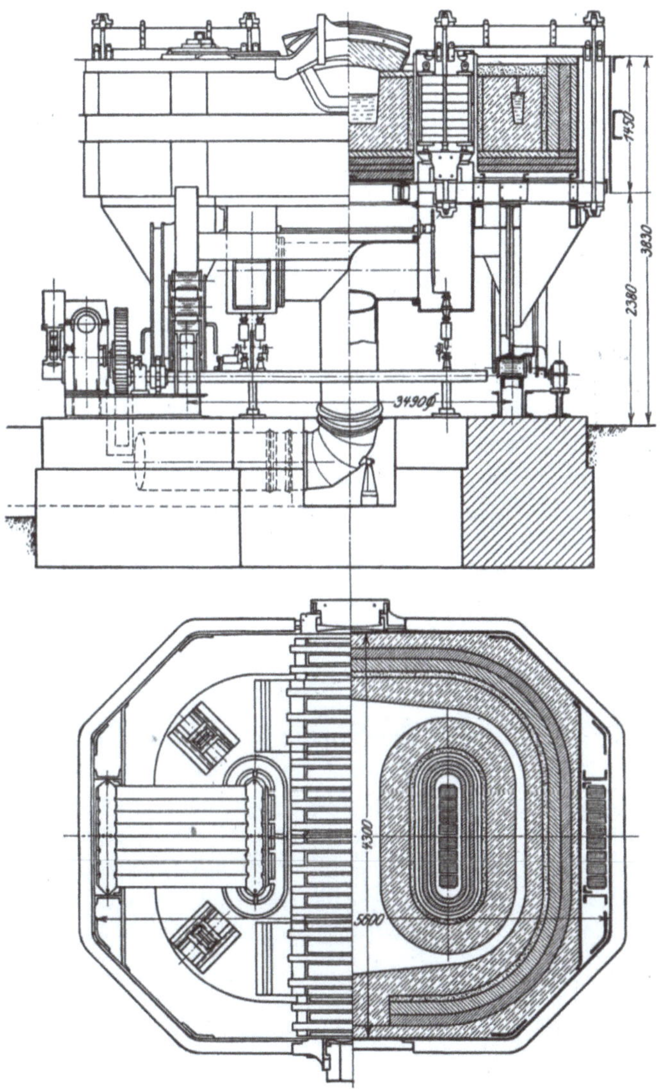

Abb. 23. Röchling-Rodenhauser-Zweiphasenofen für eine Fassung von 8 t.

Doppelrinnenform zunutze machte. Wie Abb. 23 zeigt, ist in der Ofenmitte ein geräumiger Arbeitsherd von guter Zugänglichkeit geschaffen; die davon ausgehenden beiden Seitenrinnen bewirken infolge ihrer großen Länge und ihres geringen Querschnittes eine Steigerung des Ohmschen Widerstandes, die sich in einer merklichen Verbesserung des Leistungsfaktors äußert. Der Ofen ist in seinen letzten Ausführungen fast stets als Zweiphasenofen mit zwei getrennten Transformatorjochen gebaut worden; beim Anschluß an Drehstromnetze wurde früher in solchen Fällen der Generator des Periodenumformers als Zweiphasen-Wechselstromgenerator ausgebildet.

Die Regelung der Energiezufuhr zum Bade wurde ursprünglich beim Röchling-Rodenhauser-Ofen, wie bei den meisten übrigen Induktions-öfen, durch Spannungsänderung am Generator des Periodenumformers bewirkt. Durch feinstufige Regelung der Erregerspannung läßt sich die Spannung des Generatorstromes in den Grenzen von Null bis zur Höchstspannung (gewöhnlich 2000, 3000 oder 5000 Volt) beliebig einstellen.

Für hohe Leistungen muß auch aus einem anderen Grunde das Zweirinnensystem zur Anwendung kommen, und zwar weil wegen des angewandten Drehstromes die Beanspruchung einer einzelnen Phase nicht zulässig ist. Dagegen gestattet die Scottsche Schaltung die Möglichkeit einer einigermaßen symmetrischen Beanspruchung des Drehstromnetzes bei Zweiphasenbetrieb, also dem Zweirinnensystem.

Die bauliche Entwicklung des Zweirinnenofens in jüngster Zeit bemüht sich, durch bessere Zugänglichkeit der Rinnen deren Instandsetzung und Erneuerung zu erleichtern.

Die Verbreitung der Niederfrequenzöfen.

Im ersten Jahrzehnt des Elektrostahlverfahrens wiesen, in Deutschland wenigstens, Induktionsöfen und Lichtbogenöfen etwa die gleiche Verbreitung auf. Seither hat sich das Verhältnis eindeutig zugunsten der Lichtbogenöfen verschoben, und die Zahl der Induktionsöfen ist von Jahr zu Jahr zurückgegangen. In den außerdeutschen Ländern hat der Induktionsofen überhaupt nie, auch zu Beginn der Entwicklung nicht, eine ähnliche Bedeutung wie in Deutschland zu erringen vermocht.

Man greift wohl nicht fehl, wenn man die Bevorzugung des Lichtbogenofens in erster Linie auf seine anerkannten Betriebsvorteile zurückführt. Sie bestehen, wie bereits zur Genüge betont, in der weitgehenden Unabhängigkeit von der Art und Zusammensetzung des Einsatzes, in der steten Betriebsbereitschaft auch bei unterbrochenem Betrieb, sowie in der besseren Haltbarkeit und leichteren Instandhaltungsmöglichkeit der Zustellung; auch wirtschaftliche Erwägungen, wie beispielsweise die bessere Ausnutzung der legierten Stahlabfälle, ferner die Möglichkeit, den Anschluß an die Stromnetze durchweg mit ruhenden Umspannern

und dazu hohem Leistungsfaktor zu bewerkstelligen, mögen zu dieser
Entwicklung beigetragen haben. Vor allem ist aber die Möglichkeit zur
Ausführung von Schlackenarbeiten im Lichtbogenofen eine viel bessere.
Entphosphorung, Entschwefelung und Desoxydation durch Schlacken-
reaktionen sind in ihrer Durchführung im Lichtbogenofen am sichersten
gewährleistet.

Gütemäßige metallurgische Gesichtspunkte für den Vorsprung der
Lichtbogenöfen ins Feld zu führen, wäre ein müßiges Beginnen; bisher
jedenfalls ist die Überlegenheit des in der einen oder anderen Ofenart
erzeugten Stahles nicht zu beweisen gewesen. Derartige Gütevergleiche
könnten, wenn überhaupt, nur an wenigen Stellen mit einiger Aussicht
auf Erfolg durchgeführt werden; es kämen dafür vorzugsweise solche
Werke in Betracht, die nebeneinander beide Ofenarten auf das gleiche
Ergebnis betreiben und in der Lage sind, dessen Bewährung auf groß-
zahlmäßiger Grundlage nachzuprüfen. Solche Vergleiche sind auf dieser
Grundlage tatsächlich zwischen Stählen aus dem Lichtbogen- und
Hochfrequenzofen durchgeführt worden mit dem Ergebnis, daß bei
sorgfältigster Arbeitsweise beide Ofenarten gleich gute Stähle zu liefern
vermögen. Der Anwendungsbereich für die jeweiligen Qualitäten wird
daher vornehmlich nach betriebstechnischen Gesichtspunkten bestimmt.

Der kernlose Induktionsofen bzw. Hochfrequenzofen.

Seit etwa zwei Jahrzehnten hat sich der kernlose Induktionsofen
aus bescheidensten Anfängen, nämlich kleinen Laboratoriumsöfen in
kurzer Zeit zum Betriebsofen bis zu 8 t und mehr Fassungsvermögen
entwickelt. Die Bezeichnung ist bis heute noch keine einheitliche. Die
noch immer gebräuchlichste ist „Hochfrequenzofen" und stammt aus
der Zeit der ersten Anfänge, als tatsächlich mit sehr hohen Frequenzen,
z. B. 100000 Hertz und mehr, gearbeitet wurde. Mit steigendem Ofenfassungsvermögen konnte die Frequenz heruntergesetzt werden, z. B. auf
500 Hertz und weniger, so daß die Bezeichnung „Hochfrequenzofen"
strenggenommen nicht mehr am Platze ist, es sei denn, es soll allein
die im Vergleich zum Niederfrequenzofen noch immer höhere Frequenz
angedeutet werden. Da sich beide Ofenarten rein baulich durch das
beim Hochfrequenzofen fehlende Eisenjoch unterscheiden, wurde der
letztere auch häufig als kernloser Induktionsofen bezeichnet. Wohl
wegen ihrer Einfachheit hat sich aber die erste Bezeichnung in der
Umgangssprache behauptet. Zudem ist die zweite Bezeichnungsweise
seit dem Aufkommen des rinnenlosen und trotzdem eisengeschlossenen
Drehstromofens, dessen technische Bedeutung zwar vorerst sehr gering
ist, auch nicht mehr ganz zutreffend, andererseits gibt es vereinzelt
auch kernlose Induktionsofen, die mit Netzfrequenz betrieben wurden,

so daß eigentlich beide Namen aufgegeben werden müßten. Der Vorschlag, die Bezeichnung „Induktionstiegelofen" einzuführen, hat bis heute wenig Anklang gefunden. Aber auch diese kann beanstandet werden, da der Niederfrequenzofen sehr wohl auch eine ausgesprochene Tiegelform annehmen kann. Im vorliegenden Buch gelangen daher die ersten beiden gebräuchlichsten Bezeichnungen zur Verwendung. Da bei dem heutigen Stand der Technik die Bezeichnung kernloser Induktionsofen wohl als die richtigste erscheint, soll auch hier das zur Zeit herrschende Bestreben zur allgemeinen Einführung dieses Namens insofern unterstützt werden, als er bevorzugt zur Anwendung kommt. Trotzdem soll aber auf die neuestens aufgekommene Bezeichnung „Mittelfrequenzofen" hingewiesen werden, die den Bereich zwischen Hoch- und Niederfrequenz umfaßt und damit alle Betriebsöfen der hier gekennzeichneten Art in einer Weise bezeichnet, die sich auch im Sprachgebrauch einbürgern könnte, und die außerdem den Vorzug hat, mit den elektrotechnischen Normen übereinzustimmen.

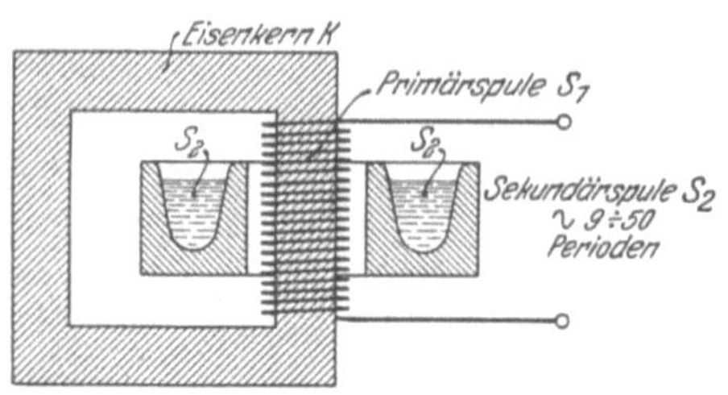

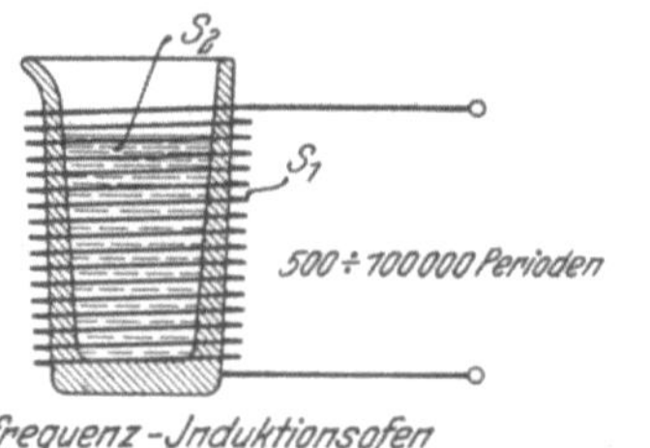

Abb. 24. Niederfrequenz- und Hochfrequenzbeheizung.

Das Kennzeichen dieses Schmelzofens besteht darin, daß die Primärspule mit Wechselstrom im allgemeinen hoher Periodenzahl (500 Hertz und darüber) gespeist wird. Bei diesen Frequenzen ist es möglich, auf die Eisenkopplung und damit auf die Schmelzrinne zu verzichten.

Abb. 24 stellt diese Verhältnisse schematisch dar und läßt erkennen, daß der Hochfrequenzofen im wesentlichen nur aus einer Primärspule besteht, in derem Innern sich ein Tiegel oder aufgestampfter Herd zur Aufnahme des Einsatzes befindet. Der Einsatz stellt im Grunde genommen nichts anderes dar, als die Sekundärwicklung eines Transformators, dessen Primärwicklung die Spule bildet. Da die Sekundärwicklung gewissermaßen kurzgeschlossen ist, so entstehen im Einsatz niedergespannte Ströme hoher Stromstärke.

Elektrisch gesehen ähneln Hoch- und Niederfrequenzofen einander, beide können als Transformatoren betrachtet werden, aber beide unterscheiden sich durch die beim Niederfrequenzofen unerläßliche Rinnenform des Einsatzes. Die großen Nachteile der Schmelzrinne, vor allem für das Schmelzen von Stählen, haben den Hochfrequenzofen gerade dem Stahlwerker interessant gemacht, und seine Entwicklung zum Betriebsofen hat er auch hauptsächlich in der Stahlindustrie zurückgelegt. Nachdem er zum betriebssicheren Ofen auch für große Fassungsvermögen entwickelt worden war, hat er auch den Niederfrequenzofen praktisch aus den Stahlwerken verdrängt. Auf Grund der besonderen Vorteile gegenüber anderen Öfen, insbesondere auch dem Lichtbogenofen bei der Erschmelzung gewisser Stahlqualitäten, hat er sich einen festen Platz im Stahlwerksbetrieb gesichert.

Als Stromerzeuger werden bei Ofenanlagen von etwa 20 kg Fassung aufwärts Hochfrequenzmaschinen benutzt, die einphasigen Wechselstrom mit einer Frequenz von etwa 10000 bis 500 Hertz abgeben.

Wegen der kernlosen Bauweise ist die Kopplung sehr lose, und der Leistungsfaktor des Ofens liegt bei nur 0,10 bis 0,15. Die Erstellung großer Kondensatoren für die Aufnahme der hohen Blindströme war daher die unerläßliche Voraussetzung für die wirtschaftliche Arbeitsweise dieser Öfen.

Da der Hochfrequenzofen bei weitem nicht die langwierige Entwicklung durchzumachen hatte, wie dies bei der Einführung der anderen beiden Elektroofentypen in den praktischen Betrieb der Fall war, wobei schließlich auch alle Schwierigkeiten zu überwinden waren, die der Anwendung der elektrischen Energie im rauhen Stahlwerksbetrieb überhaupt entgegenstanden und deren Erfahrungsergebnisse dem Hochfrequenzofen von vornherein zur Verfügung standen, so mag dieser einführende Abschnitt hiermit geschlossen sein. Dies um so mehr, als das Verständnis der näheren Einzelheiten seiner Arbeits- und Bauweise ein tieferes Eingehen auf seine Grundlagen zur Voraussetzung hat.

B. Der Lichtbogenofen.

I. Die bauliche Gestaltung der Lichtbogenöfen.

Das Ofengefäß.

Das eigentliche Ofengefäß, aus dem in der Regel zylindrischen, selten elliptischen oder rechteckigen Ofenmantel und dem meist gewölbten, selten ebenen Ofenboden bestehend, wird aus kräftigen, mindestens 20 mm starken Eisenblechen zusammengenietet oder geschweißt. Die Ausschnitte für die Türen und für die Abstichschnauze werden durch winkelförmiges Stahlgußgeschränk verstärkt; desgleichen wird zweckmäßig die obere Begrenzung des Ofenmantels durch einen außen umlaufenden Winkelring versteift. Die gleichen Stellen werden auf der Innenseite zweckmäßigerweise ebenfalls durch starke Bleche verstärkt, da bei vorzeitigem Verschleiß der Wände gerade diese oberen Teile leicht verbrennen. Durch die Verstärkung wird das eigentliche Ofengefäß geschützt.

Bei großen Öfen dienen manchmal senkrechte Blechrippen an der Außenwand, einem Verzug des Gefäßes zu begegnen. Größtmögliche Starrheit des Ofengefäßes erleichtert den Betrieb wesentlich. Wenn sich durch das Wachsen des Mauerwerks bei ungenügenden Dehnungsfugen, durch das Gewicht der Elektrodenwinden, soweit diese am Kessel angebracht sind, durch örtliche Erwärmung oder ähnliche Ursachen der Boden oder der Ofenmantel verziehen, treten beim Auswechseln des Gewölbes lästige Unzuträglichkeiten auf. Mantel und Gewölbering passen nicht mehr recht zusammen, Türen und Geschränk verklemmen sich, und die in ihrer Lage verschobenen Elektrodenhalter und Elektrodenöffnungen im Gewölbe liegen nicht mehr genau lotrecht zueinander. Scheuern sich aber die Elektroden am Durchgang durch den Deckel, so sind Elektrodenbrüche und vorzeitige Zerstörung des Gewölbes die unvermeidliche Folge. Die Entwicklung zu Öfen großen Fassungsvermögens mußte folgerichtig dazu führen, daß die Elektrodenständer und auch andere Einrichtungen nicht mehr am Kessel befestigt wurden, sondern frei aufgestellt oder von einem Portal oder Halbportal aufgenommen wurden, so daß der Kessel ganz entlastet wurde und daher auch bei großem Durchmesser seine ursprüngliche Form selbst bei langer Betriebsdauer beibehalten konnte.

Ofenmantel und Bodenplatte werden zweckmäßig mit einer größeren Anzahl etwa 10 mm weiter Löcher versehen, um beim Austrocknen und Anheizen eines frisch zugestellten Ofenfutters der Mörtelfeuchtigkeit oder den Teerdämpfen ungehinderten Abzug zu gewähren.

Die Abmessungen des lichten Herdraumes.

Der eigentliche Badraum, also der Raum zwischen der Herdsohle und der Ebene der Türschwellen, paßt sich in seiner Form und Größe dem Einsatzgewicht des Ofens an. Als Anhalt für die Bemessung mag die Schaulinie der Abb. 25 gelten, welche die gebräuchlichen Fassungen der Herdmulde für die verschiedenen Ofengrößen wiedergibt. (In Abb. 25 sowie den nächstfolgenden bedeuten die Punkte die Durchschnittswerte nach St. Kriz vom Jahre 1929, die ausgezogenen Linien die Ergänzungen nach H. Kral vom Jahre 1941. Vertrauliche Ber. VDEh Nr. 22.)

Rechnet man überschlägig mit etwa 5% Schlackenzusatz und nimmt man für das spezifische Gewicht der Schlacke den Wert von 2,5 an, so bleiben für das Stahlbad etwa 80% des im Schaubild angegebenen

Fassungsraumes übrig, was beispielsweise für den 6-t-Ofen 1,10 m³ ergibt. Ein solcher Raum genügt zwar rein rechnungsmäßig für etwa 8½ t Stahlinhalt; jedoch ist bei dieser Überlegung zu berücksichtigen,

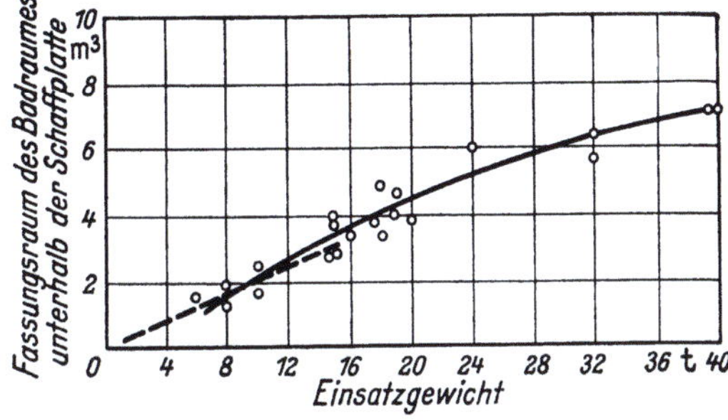

Abb. 25. Fassungsraum der Herdmulde für Lichtbogenöfen bei Neuzustellung. (Nach St. Kriz und H. Kral.)

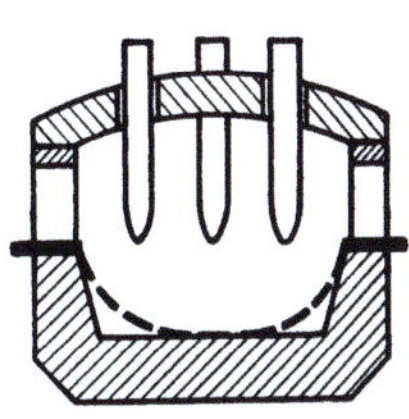

Abb. 26. Form der Herdmulde bei Neuzustellung (voll ausgezogen) und während des Betriebes (gestrichelt).

daß sich die Werte der Abb. 25 auf die „ideale" Herdform beziehen, die der Neuzustellung zugrunde gelegt ist. Im Betriebe verkleinert sich

durch den beim Flicken der Schlackenzone herabrieselnden Dolomit oder Magnesit der Herd rasch nach der in Abb. 26 gestrichelt angedeuteten Weise und nimmt die Form einer flachen Schale an.

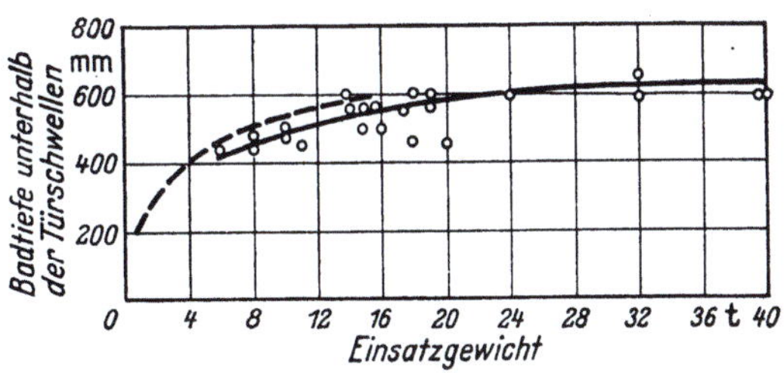

Abb. 27. Badtiefe bei Lichtbogenöfen in Abhängigkeit vom Einsatzgewicht. (Nach St. Kriz und H. Kral.)

Die Tiefe des Badraumes — von den Türschwellen bis zum tiefsten Punkt der Herdsohle gemessen — bewegt sich, wie Abb. 27 erkennen läßt, zwischen etwa 250 und 650 mm für Einsatzgewichte von 1 bis 40 t. Abb. 28 zeigt die Abhängigkeit der Bautiefe vom Kesseldurchmesser bei verschiedenen Schlakkenmengen nach H. Schweiger. Aus der Fassung und der Tiefe ergeben sich die in Abb. 29 dargestellten Badoberflächen, die so

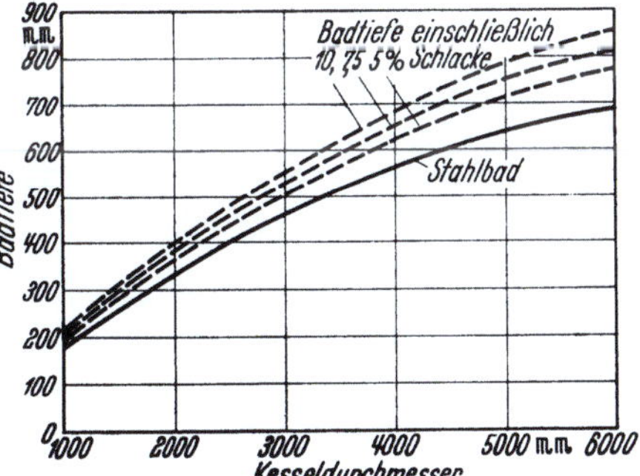

Abb. 28. Badtiefe bei Lichtbogenöfen bei verschiedenen Kesseldurchmessern. (Nach H. Schweiger.)

groß sein müssen, daß die Elektrodenfassungen über dem Gewölbe sich nicht gegenseitig behindern; andernfalls muß eine seichtere Badform gewählt werden. Hierauf ist in erster Linie bei kleinen Öfen zu achten.

Zur bequemeren Vergleichsmöglichkeit seien in Abb. 30 die der Abb. 29 entsprechenden lichten Durchmesser des Herdraumes bei zylindrischen Öfen wiedergegeben.

Bei der Festlegung der Herdraumabmessungen an Hand der Abbildungen ist zu bedenken, daß die darin zusammengestellten Maße Durchschnittswerte darstellen. Sie können demgemäß nur als Anhalt benutzt werden und lassen, den jeweiligen Betriebsverhältnissen entsprechend, Abweichungen zu, wobei die nachfolgenden Erwägungen maßgebend sind. Je tiefer der Badraum bei gleicher Fassung ist, um so rascher kann der Einsatz eingeschmolzen

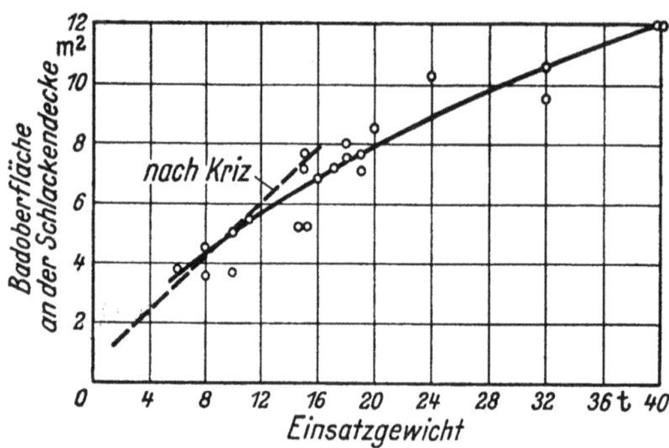

Abb. 29. Badoberfläche an der Schlackendecke bei Lichtbogenöfen. (Nach St. Kriz und H. Kral.)

werden, da er zum überwiegenden Teile im unmittelbaren Lichtbogenbereich der abwärtsgehenden Elektroden liegt. Bei seichterer Herdform hingegen können beim Niederschmelzen je nach dem Elektrodenabstand entweder am Ofenrande oder in der Ofenmitte Schrotthügel übrigbleiben, die nur allmählich von dem bereits verflüssigten Teil des Einsatzes aufgelöst werden. Der Anreiz zur Wahl möglichst großer Badtiefen findet aber eine Reihe von Hemmungen. Ist nämlich der Einsatz einmal verflüssigt, so ist die unterste Badschicht infolge ihrer weiten Entfernung von den Lichtbögen leicht der Gefahr des „Einfrierens" ausgesetzt; die Bildung fester Ansätze an der

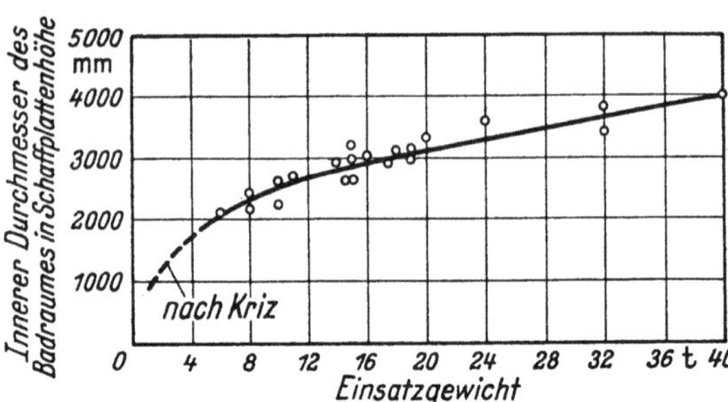

Abb. 30. Innendurchmesser des Badraumes in Schaffplattenhöhe bei Lichtbogenöfen. (Nach St. Kriz und H. Kral.)

Herdsohle wird noch begünstigt, wenn regelmäßig während des Feinens größere Mengen schwer schmelzbarer Legierungsmetalle zugesetzt werden. Bei den in modernen Öfen eingebauten elektrischen Leistungen ist diese Gefahr jedoch sehr gering. Werden die Legierungszusätze genügend vorgewärmt und nicht in zu großen Mengen auf einmal, sondern in kleineren Mengen nacheinander zugesetzt, so werden sich auch keine Ansätze an der Herdsohle bilden.

Viel wichtiger sind metallurgische Erwägungen zur Begrenzung der zulässigen Badtiefe. Beispielsweise geht die Abscheidung des im Stahl enthaltenen Sauerstoffs während der Feinungsperiode vornehmlich unter Mitwirkung der Schlacke vor sich. Es ist daher einleuchtend, daß das Verhältnis des Einsatzgewichtes zur Berührungsfläche zwischen Bad und Schlacke auf die Schnelligkeit und Vollständigkeit der Feinungsvorgänge von Einfluß ist. Außerdem wird der Diffusionsweg und der Abscheidungsweg von und zur Schlackendecke durch die höhere Badtiefe vergrößert und damit die Schmelzungsdauer für die gleiche Güte verlängert. Dieser Umstand läßt es begreiflich erscheinen, daß bei der Herstellung von gewöhnlichem Stahlformguß, wo die Feinung an Bedeutung zurücktritt, eine mehr becherförmige, bei der Edelstahlerzeugung hingegen eine mehr scha-
lenförmige Herdmulde gebräuchlich ist. Bei gelegentlichen Untersuchungen zur Ermittlung einer größtmöglichen Erzeugung wurde von St. K r i z und H. K r a l gefunden, daß eine klare Abhängigkeit des günstigsten Einsatzgewichtes vom Kesseldurchmesser besteht. Dies führte zur Aufstellung einer Richt-

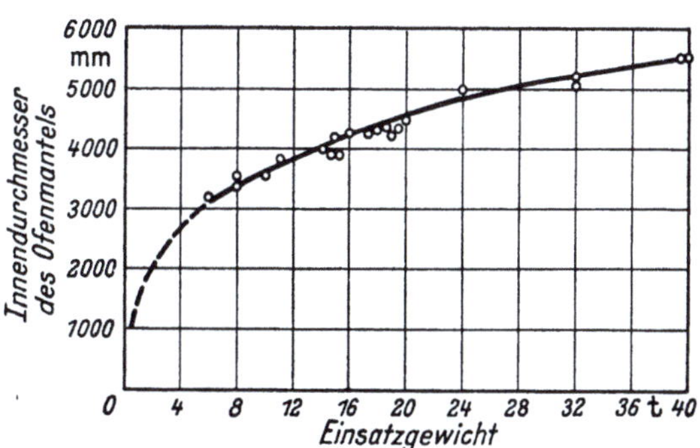

Abb. 31. Innendurchmesser des Ofenmantels bei Lichtbogenöfen in Abhängigkeit vom Einsatzgewicht. (Nach St. K r i z und H. K r a l.)

kurve gemäß Abb. 31. Hierbei ist nun zu beachten, daß diese Kurve die höchsten Einsatzgewichte für den jeweiligen Kesseldurchmesser darstellt, bei denen noch die Gewähr für die Erschmelzung einer hochwertigen Qualität gegeben ist, die besonders hohe Anforderungen zu erfüllen hat. Dabei wird bereits vorausgesetzt, daß alle anderen Bedingungen, wie richtig bemessener Umspanner, gut eingearbeitete Belegschaft usw. erfüllt sind. Als die Kriegserfordernisse die Notwendigkeit zur Ausweitung der Erzeugung hochwertiger legierter Baustähle bedingten, führte dies dazu, die Begrenzung der in Abb. 31 angegebenen Einsatzgewichte zu übersteigen. Es hat sich indessen herausgestellt, daß dies ohne Minderung der Stahlgüte in einem Umfang zulässig ist, wie es Abb. 32 gemäß den Kurven von F. B a d e n h e u e r und H. S c h w e i g e r[1] zeigt. In USA, wo teilweise noch einfachere Stahlmarken im Lichtbogenofen erschmolzen werden, wird auch dieses Maß noch bis zu mehr als 20% überschritten, und zwar bemerkenswerterweise in erster Linie bei großen Öfen. Dagegen entsprechen die englischen Lichtbogenöfen gemäß ihrem

---

[1] B a d e n h e u e r, F., u. H. S c h w e i g e r: Stahl u. Eisen Bd. 70 S. 403 bis 409 (1950).

Erzeugungsprogramm auch mehr den Kurven von St. Kriz und H. Kral, wenn auch teilweise der tatsächliche Einsatz im Vergleich zum nominellen bis etwa 20% erhöht wird. Die Kurve nach I. G. Ess[1] in Abb. 32 stellt, soweit die Abmessungen amerikanischer Öfen hier bekannt sind, etwa die obere Begrenzung des Einsatzgewichtes für den jeweiligen Kesseldurchmesser dar. Tatsächlich liegen die meisten amerikanischen Öfen zwischen dieser Kurve und derjenigen von F. Badenheuer, während die englischen Öfen meist nahe der Kurve von H. Kral liegen

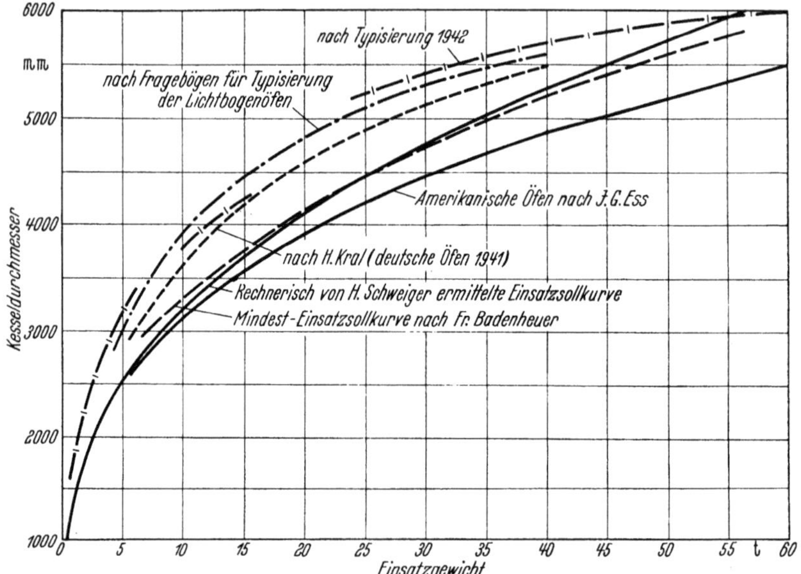

Abb. 32. Innendurchmesser des Ofenmantels bei Lichtbogenofen in Abhängigkeit vom Einsatzgewicht. (Nach Badenheuer, H. Kral, H. Schweiger und J. G. Ess.)

bzw. zwischen dieser und derjenigen von F. Badenheuer. Damit gibt Abb. 32 ein zuverlässiges Bild über den heutigen Stand und kann für die Auswahl des Kesseldurchmessers als Grundlage dienen, mit der Maßgabe, daß die jeweils zu erzeugenden Qualitäten in der angegebenen Weise Berücksichtigung finden. Übrigens ist F. Badenheuer der Auffassung, daß die Einsatzgewichte seiner Kurve ohne Schaden um 10 bis 15% erhöht werden dürfen, womit die Übereinstimmung mit der amerikanischen Praxis gegeben ist. Andererseits hält I. G. Ess seine Kurve für eine solche „höchster Leistungsfähigkeit", die den durchschnittlichen Ofeninhalt um 30 bis 50% überschreitet, womit wiederum der Anschluß an Öfen gefunden ist, die höheren Qualitätsanforderungen genügen müssen. Abb. 32 zeigt außerdem noch die Werte nach den Typisierungs-

---

[1] Ess, J. G.: Iron Steel Engr. 1944 AF-29.

bestrebungen, die aus verständlichen Gründen nach geringen Einsatz-
gewichten verschoben sind.

Die Kurve von H. Schweiger ist rechnerisch gefunden worden durch
Anwendung einer Formel für den Kegelstumpf als Badform:

$$V = \frac{1}{3}\,\pi\,h\left[\left(\frac{D}{2}-b\right)^2 + \left(\frac{D}{2}-b\right)\left(\frac{D}{2}-a\right) + \left(\frac{D}{2}-a\right)^2\right],$$

wobei V das Badvolumen, D der Kesseldurchmesser, h die Badtiefe,
a und b die Wandstärke an Herdsohle und in Türschwellenhöhe bedeuten. Die Größen für a, b und h sind statistischen Ursprungs und den
Diagrammen in Abb. 28 und 36 zu entnehmen, wo auch eine Skizze
zur Verdeutlichung der Maße eingefügt ist; das spezifische Gewicht
ist mit 7 angenommen.
Wenn auch grundsätz-
lich die Festlegung der
einzelnen Abmessungen
eines Lichtbogenofens
an Hand von Diagram-
men den Vorzug der An-
schaulichkeit hat, so
muß doch andererseits
der Wert der Bestre-
bungen anerkannt wer-
den, einfache Berech-

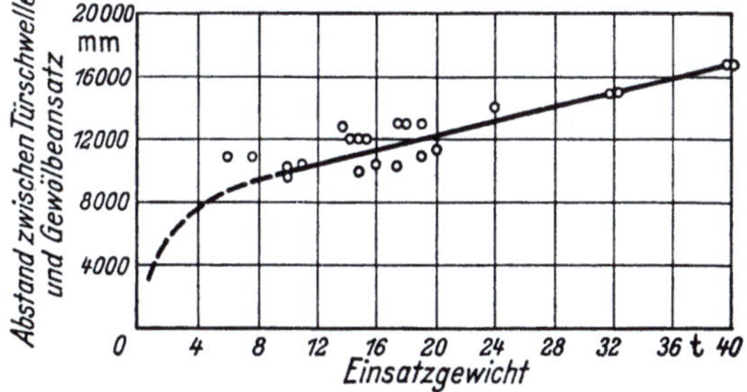

Abb. 33. Abstand zwischen Türschwelle und Gewölbeansatz
bei Lichtbogenöfen. (Nach St. Kriz und H. Kral.)

nungsmethoden zu finden, deren Grundlage die Beachtung metallurgischer Gesichtspunkte weitestgehend zuläßt.

Die Höhe des Ofenraumes zwischen der Ebene der Türschwellen
und dem Gewölbe ergibt sich aus folgenden Erwägungen. Die lichte
Höhe der Türöffnungen muß mindestens um ein Geringes mehr als
der Elektrodendurchmesser betragen, es sei denn, daß der Ofen mit ab-
nehmbarem Deckel ausgestattet ist, wie dies bei Korbbeschickung üblich
ist. Für den Abstand von der Türschwelle bis zur Gewölbeauflage
gelten die in Abb. 33 dargestellten Werte.

Dieses Maß ist sowohl für die Haltbarkeit des Gewölbes als auch für
den Energieverbrauch des Ofens von Wichtigkeit. Je näher nämlich das
Gewölbe an die Lichtbögen herangerückt wird, um so leichter kann
eine örtliche Überhitzung und ein Abschmelzen eintreten; je höher es
gesetzt wird, um so besser ist es der unmittelbaren Einwirkung der
Lichtbogenhitze entzogen. Andrerseits steigt jedoch mit wachsendem
Gewölbeabstand der Energieverbrauch, da die Wärme abgebende Ofenoberfläche vergrößert wird. Die zweckmäßige Mitte zwischen beiden
Grenzfällen zu finden, ist Sache der Erprobung im Betriebe. Ein zu
knapper Gewölbeabstand kann durch Einlegen einer entsprechend star-

ken Zwischenschicht zwischen Ofenwand und Gewölbe vergrößert und ausgeglichen werden. Abb. 33 zeigt die nach langer praktischer Erfahrung sich als brauchbar erwiesenen Werte.

Das feuerfeste Ofenfutter.

Die feuerfeste Auskleidung der Elektrostahlöfen besteht bei basischem Betrieb aus Dolomit oder Magnesit, bei saurem in der Regel aus Silika. Eigenschaften und Anwendungsbereich der einzelnen feuerfesten Stoffe werden in einem späteren Abschnitt eingehend besprochen, so daß sich eine Erörterung an dieser Stelle erübrigt.

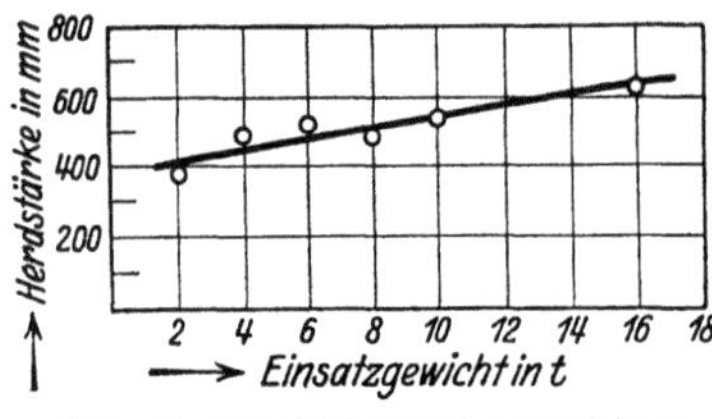

Abb. 34. Durchschnittliche Herdstärke bei Lichtbogenöfen.

In das Ofengefäß wird zunächst der Herd eingemauert, eingestampft und eingebrannt. Seine Stärke beträgt gemäß Abb. 34 etwa 400 mm bei 2-t-Öfen und etwa 600 mm bei Öfen von 12 t und darüber. Bei noch größeren Öfen steigt die Herdstärke nur noch geringfügig an.

Bei basischer Zustellung legt man zuunterst meist eine 65 mm starke Flachschicht aus Schamotteziegeln, darüber eine Lage Magnesitsteine und stampft den Rest des Herdes aus Teerdolomit oder Teermagnesitmasse auf. Die Einzelheiten dieses Vorganges sowie des manchmal noch ausgeübten „Einbrennens" der Herde werden weiter unten behandelt.

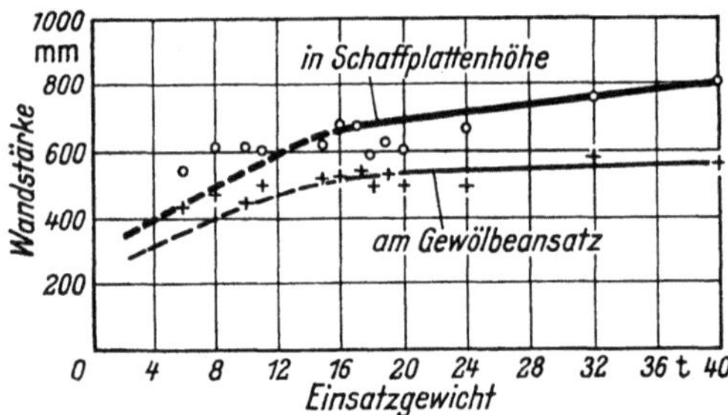

Abb. 35. Durchschnittliche Stärke der Seitenwände bei Lichtbogenöfen. (Nach St. Kriz und H. Kral.)

Anschließend an den Herd werden die Seitenwände aufgemauert oder aufgestampft. Die zweckmäßigste Wandstärke für die verschiedenen Ofengrößen ist aus den Schaulinien der Abb. 35 und 36 zu entnehmen. Wie ersichtlich, verstärkt man die Wände vom Gewölbe her bis zur Herdsohle, da senkrechte Wände schlechter haltbar und schwerer zu flicken sind als geneigte.

Bei der Bemessung der Wand- und Herdstärke läßt man sich im Einzelfalle einigermaßen von Rücksichten auf die Betriebsweise der Öfen leiten. Bei ununterbrochen schmelzenden Öfen wählt man vorteilhaft ein stärkeres Ofenfutter, da man damit die Außentemperatur des Ofengefäßes und infolgedessen die Ausstrahlungsverluste niedrig hält. Bei Gießereiöfen jedoch, die täglich nur eine oder zwei Schmel-

zungen machen und dann bis zum nächsten Tage abgestellt bleiben,
würde in diesem Falle der Verlust durch jedesmaliges Aufheizen der
großen Zustellungsmasse auf Betriebstemperatur den Gewinn durch
verminderte Ausstrahlung erheblich übersteigen. Um einen Anhalt über
die Größe des dabei in Frage kommenden Verlustes zu geben, sei erwähnt,
daß die Zustellung eines basischen 5-t-Ofens (Wände 330 bis 450 mm,
Herd 600 mm, Gewölbe 200 mm stark) nach 18 stündigem Stillstand etwa
550 kWh zur Aufheizung auf Betriebstemperatur benötigt; um diesen
Betrag erhöht sich gegenüber ununterbrochenem Betrieb der Energieverbrauch der ersten Schmelzung nach dem Stillstand.

Der Baustoff für die Wände
ist in der Regel einheitlich, bei
saurer Zustellung Silika, bei basischer Dolomit oder Magnesit.
Manchmal führt man bei Magnesitöfen aus Ersparnisgründen
die Wände nur bis zu etwa
120 mm über der Türschwelle
aus Magnesit, darüber aus Silikaziegeln aus. Im Edelstahlbetrieb ist diese Silikawand jedoch wenig empfehlenswert, da
sie während der langen Feinungsdauer durch den Kalkgehalt der Ofenatmosphäre
stark angegriffen wird, was
schwierigere Schlackenführung
und vermehrte Flickarbeit mit

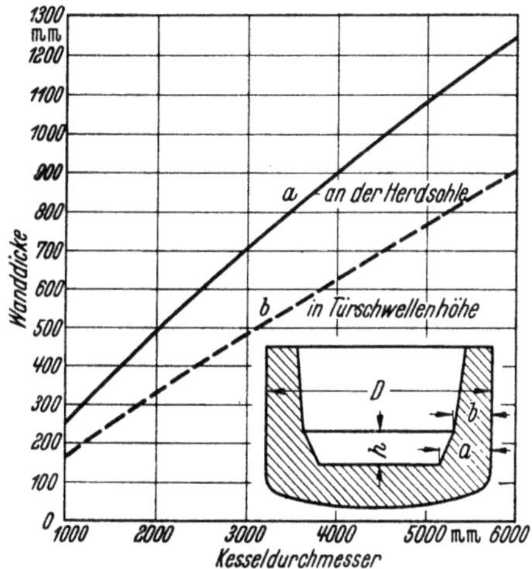

Abb. 36. Die Wanddicke von Lichtbogenöfen bei
verschiedenen Kesseldurchmessern.
(Nach H. Schweiger.)

sich bringt. Bei Stahlgußöfen treten diese Nachteile weniger in Erscheinung, da bei ihnen Zeitdauer und Ausmaß der Feinungsarbeit geringer sind. Hier schadet auch die Zwischenlage aus Chromerzziegeln
nicht, die vielfach als neutrale Trennschicht zwischen saurem und
basischem Baustoff eingefügt wird, und die im Edelstahlbetrieb Veranlassung zu unerwünschter Chromaufnahme des Bades geben kann.
Die Verunreinigung mit wenigen Zehntelprozenten Chrom ist wohl für
Formguß in der Regel ohne nachteiligen Einfluß, für manche Edel-
stähle aber untragbar.

Anstatt die Seitenwände oberhalb der Schlackenlinie in ganzer
Stärke aus Silikasteinen aufzumauern, wählte man bei größerer Wandstärke unter Umständen auch den Ausweg, die äußere, halbstein-
starke Futterschicht aus Schamotteziegeln, die eigentliche Innenwand
dagegen aus Magnesitsteinen oder Teermagnesitmasse auszuführen.
Bei Öfen mit Dolomitfutter ist dieses Vorgehen nicht gebräuchlich,

da der Preisunterschied zwischen Dolomit und Schamotte nur unerheblich ist.

Die Haltbarkeit des Ofenfutters hängt stark von der Betriebsweise sowie von der Gewissenhaftigkeit der Ofenbedienung ab. Eine stets sorgfältig geflickte Wand hält hundert und noch mehr Schmelzungen aus, ehe sie — vorteilhafterweise beim Deckelwechsel oder an Sonntagen — bis zur Schlackenlinie abgebrochen und erneuert werden muß. Der Ofenherd hält, wenn er richtig hergestellt ist und instand gehalten wird, fast unbegrenzt; immerhin ist es angezeigt, ein- bis zweimal jährlich auch von anscheinend guten Herden die oberste Schicht in einer Stärke von 100 bis 200 mm loszubrechen und neu zu stampfen oder einzubrennen. Bei Öfen mit Bodenbeheizung, deren Herd naturgemäß stärker beansprucht wird, empfiehlt sich eine noch kurzfristigere Wiederholung. Die Rechtfertigung für diese Maßnahme, die doch immerhin jedesmal einen mindestens zweitägigen Stillstand zur Folge hat, liegt darin, daß die oberste Herdschicht sich allmählich während des Einschmelzens und Frischens mit eisenoxydulhaltiger Schlacke anreichert, die den einwandfreien Ablauf des Feinungsvorganges empfindlich beeinträchtigen kann. Besser noch ist es, den Herd halbjährlich ganz auszubrechen und vollständig zu erneuern, selbst dann, wenn keine Bodenbeheizung vorliegt.

Als Durchschnitt an einer größeren Anzahl von Lichtbogenöfen sind folgende Haltbarkeitszahlen früher festgestellt worden:

Dolomitwände	etwa	75	Schmelzungen
Dolomitherde	„	400	„
Magnesitwände	„	140	„
Magnesitherde	„	650	„

Diese Haltbarkeitsziffern sind zur Zeit in vielen Werken erheblich überschritten worden, insbesondere ist nach Einführung der Teerdolomitpreßsteine die Haltbarkeit der Dolomitwände bedeutend erhöht worden. Die Verbesserung kann für Dolomitwände und -herde mit etwa 50% über der früheren Haltbarkeit angegeben werden.

Auf der anderen Seite sind auch große Anstrengungen zur Erhöhung der Haltbarkeit der Magnesitzustellung gemacht worden. So sind beispielsweise aus USA Ergebnisse bekanntgeworden, die für Seitenwände von Haltbarkeiten bis zu 300 Schmelzungen berichten. Hierbei wurden mit Blecheinlagen vermauerte Magnesitsteine verwendet. Bei einem Verbrauchsvergleich an Hand der obengenannten früheren Zahlen, der den Bedarf für die laufenden Flickarbeiten einbegreift, betrug der Dolomitverbrauch rund das dreifache desjenigen für Magnesit. Dieses für Magnesit günstigere Bild ist wohl hauptsächlich darauf zurückzuführen, daß bei Magnesitöfen öfters als bei Dolomitöfen eine Futterschicht aus Schamottesteinen zur Anwendung kommt. Jedenfalls beleuchten diese Ziffern deutlich den Wettbewerbskampf, den beide Zustellungsmaterialien heute auskämpfen. In untenstehender Abb. 37 sind neuere Zahlen für den Flickdolomitverbrauch für verschiedene Ofenfassungen im Zusammenhang mit der Herdfläche zur Darstellung gebracht[1]. Hierbei ist die Feststellung bemerkenswert, daß der Flickdolomitverbrauch je t Einsatz in Abhängigkeit von der auf den Einsatz bezogenen Herdfläche linear ansteigt, wogegen der Verbrauch bezogen auf die Herdfläche und Schmelze in Abhängigkeit von der Ofengröße schon bei etwa 20 t Fassungsvermögen einem Mindestwert zustrebt. Es bedarf wohl keines besonderen Hinweises, daß es sich bei diesen Ziffern nur um Anhaltszahlen handeln kann, indem die Schrottbeschaffenheit,

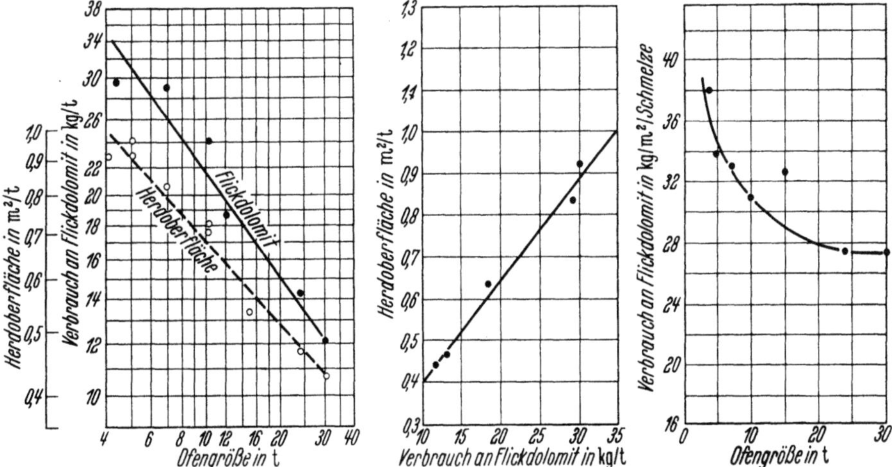

Abb. 37. Flickdolomitverbrauch bei Lichtbogenöfen in Abhängigkeit von Ofenfassung und Herdfläche.

die Arbeitsweise, die Geschicklichkeit der Schmelzer usw. ebenfalls einen großen Einfluß ausüben. Schließlich konnte noch festgestellt werden, daß die kalk- und eisenreichen Schlacken den Herd besonders stark angreifen. Ob die Zustellungskosten je Tonne Stahl bei Anwendung von Dolomit oder von Magnesit geringer sind, ist eine nicht allgemeingültig zu beantwortende Frage; die Entscheidung hängt von dem örtlichen Preisverhältnis dieser beiden Baustoffe ab.

Im Anschluß an die vorstehenden Erörterungen über Art, Abmessungen und Haltbarkeit des Ofenfutters sei der Vorgang bei der Herstellung von Dolomit- und Magnesitherden näher beschrieben; auf die Einzelheiten bei der Zustellung saurer Öfen soll in einem späteren Abschnitt näher eingegangen werden.

Bei der Herstellung eines Dolomitfutters verwendet man einen bis auf mindestens Haselnußgröße zerkleinerten Sinterdolomit; das bei der Zerkleinerung entfallende Mehl kann, solange es noch vollkommen frisch

---

[1] J. Iron Steel Inst. Spec. Rep. 35.

und nicht verwittert ist, mitbenutzt werden. Der Dolomit wird mit etwa 8% seines Gewichtes an wasserfreiem Stahlwerksteer gemischt. Große Stahlwerke nehmen die Mischung in besonderen Teerdolomitkollergängen vor; für Elektrostahlwerke lohnt sich jedoch die Anschaffung derartiger Maschinen nur selten, da Teerdolomit nur bei Neuzustellungen benötigt wird. Um dennoch mit behelfsmäßigen Mitteln ein einwandfreies Mischgut zu erzielen, verfährt man zweckmäßig in folgender Weise: Der Teerkessel wird durch gelinde Hitze auf etwas über 100° erwärmt, damit der Teer gut dünnflüssig wird und ein etwa vorhandener Wassergehalt entweichen kann; gleichzeitig wird auf einfachen Blechplatten über einem Kohlen- oder Gasfeuer der Dolomit in dünnen Lagen stark aufgeheizt. Dann werden Dolomit und Teer in dem eben angegebenen Verhältnis auf der Platte gemischt und tüchtig umgeschaufelt. Wenn der Teerzusatz in richtiger Höhe erfolgt ist, sieht das fertige Mischgut mattdunkelbraun aus und beginnt soeben als Folge nicht aufgesaugten Teeres zu glänzen.

Die Mischung wird sodann in den Ofen, an dessen Sohle schon eine Schamotte- und Magnesitlage eingelegt zu sein pflegt, in etwa 80 mm starken Schichten eingefüllt. Das Stampfen wird meist mit Preßluftstampfern, deren Stampfschuh zuvor angeheizt worden ist, vorgenommen und so lange fortgesetzt, bis die Lagen vollständig hart geworden sind und sich nicht mehr zusammendrücken. Enthält die Mischung zu viel Teer, so wird die Masse beim Stampfen breiig, weicht unter den Schlägen nach der Seite aus und wird infolgedessen nicht fest; enthält sie zu wenig Teer, so bindet sie nicht und wird durch die Stöße zu einem feinen Pulver zerschlagen. In beiden Fällen muß die betreffende Schicht wieder herausgenommen und durch einwandfreies Mischgut ersetzt werden. Die fertiggestampften Lagen werden mit Meißeln oder Spitzhacken an der Oberfläche wieder aufgerauht, damit sie sich mit der nächstfolgenden Lage zu einem fugenlosen Ganzen verbinden können. Neuerdings ist in manchen Werken das Stampfen des Herdes durch Einmauern von Teerdolomitpreßsteinen abgelöst worden.

Das Mischen und Einstampfen von Teermagnesit erfolgt in gleicher Weise wie bei Teerdolomit; nur erhöht sich der Anteil des Teeres, auf Sintermagnesit bezogen, von 8 auf etwa 10 bis 12%. Ein weiterer Unterschied besteht darin, daß bei Magnesitöfen meist nur die oberste Herdsohle in einer Stärke von etwa 200 mm eingestampft wird, während die tieferen Schichten aus Magnesitziegeln gemauert werden. An Stelle des Teeres kann auch verdünntes Wasserglas zur Anwendung kommen.

Wenn die Stampfarbeit bis zur Ebene der Herdsohle vorgeschritten ist, wird eine, dem lichten Ofenraumprofil entsprechende, nach oben sich etwas erweiternde Blechschablone in den Ofen eingesetzt. Der Raum zwischen Ofenmantel und Blechschablone, die Ofenwand, wird in gleicher Weise wie der Herd vollgestampft; zwecks schnelleren Stampfens, das im Gegensatz zum Herd für die Wände zulässig ist, darf der Teerzusatz um ein weniges erhöht werden. Heute wird für die Wände mehr und mehr auf das Mauern mit Teerdolomitpreßsteinen übergegangen, wodurch weit bessere Haltbarkeiten erzielt werden bei gleichzeitiger erheblicher Verkürzung der Zustellungszeit. Die Türpfeiler pflegen bei Magnesit- als auch bei Dolomitöfen aus Magnesitziegeln gemauert zu werden. Manche Werke stampfen oder mauern mit gutem Erfolg auch Pfeiler und Türbögen in Teerdolomit.

Bei Magnesitzustellung werden die Wände mit Magnesitsteinen gemauert. Da diese Steine nicht wachsen, sondern bei hoher Temperatur schrumpfen, wird fugenlos gemauert. Oberhalb der Türschwelle werden häufig Blecheinlagen vorgesehen, um das Mauerwerk so dicht als möglich zu machen.

Nach Fertigstellung des Ofenfutters wird das Gewölbe aufgelegt und der Ofen unter Feuer gesetzt. Das Anheizen erfolgt anfangs durch Holz- und Koksfeuer, später durch Stromzufuhr und Lichtbogenbildung zwischen Elektrodenspitzen und Koksbett. Die Dauer des Anheizens beträgt bis zur vollständigen Verkokung der dem Feuer ausgesetzten Lagen je nach der Ofengröße 24 bis 48 Stunden. Da die tieferliegenden Schichten, vor allem des Herdes, auch später noch Teerdämpfe entwickeln, welche die Güte des Stahls ungünstig beeinflussen können, ist es empfehlenswert, als erste Schmelzung eine weniger empfindliche Stahlsorte zu wählen.

Statt des eben geschilderten Einstampfens der Herdsohle wurde früher manchenorts noch das weniger einfache Einbrennen ausgeübt. Vorgestampfter Magnesit oder Dolomit wird mit einem geringen Zusatz an basischer Martinofenschlacke und Teer oder Melasse in dünner Schicht eingefüllt. Sodann wird eine Lage kleiner Elektrodenbruchstücke vorsichtig aufgetragen und der Ofen unter Strom gesetzt; sobald alles festgesintert ist, werden die Elektrodenstücke herausgezogen. Der gleiche Vorgang wiederholt sich so oft, bis der Herd die gewünschte Stärke erreicht hat. Das Einbrennen eines 500 mm starken Herdes nimmt etwa 48 bis 60 Stunden in Anspruch.

Das Ofengewölbe.

Das Ofengewölbe als der stärkst beanspruchte Teil des Lichtbogenofens muß sich rasch und ohne erhebliche Störung des Ofenbetriebes auswechseln lassen. Seine Bauweise ist auf diese Forderung zugeschnitten: ein kräftiger Winkelrahmen aus Stahlguß, geschweißten oder genieteten Blechen, der als Einfassung für das feuerfeste Mauerwerk dient, ist mit mehreren starken Ösen oder Haken versehen. In diese greift beim Deckelwechsel, nachdem die Elektroden aus den Spannern herausgenommen worden sind, die Krankette ein und hebt das verschlissene Gewölbe als Ganzes vom Ofen ab. In der gleichen Weise wird sodann der bereitgehaltene, fertiggemauerte und vorgetrocknete und vorgewärmte Ersatzdeckel aufgelegt. Um beim Losreißen des alten Deckels die Seitenwände möglichst wenig zu beschädigen, legt man gewöhnlich zwischen Ofenmauerwerk und Gewölbering eine etwa 60 mm starke Zwischenschicht ein, und zwar Magnesitziegel oder Magnesitmehl bei basischem Futter, Silika bei saurer Zustellung. Das neu aufgelegte Gewölbe wird mittels Zwingen oder Bolzen und Keilen am Ofenmantel befestigt, um ein Abgleiten beim Ofenkippen zu verhindern.

Eine Zeitlang baute man gerne — zumal in Amerika — kleine Öfen mit aufklappbarem Deckel, um das Einfüllen des Einsatzes und das Flicken zu erleichtern. Die Klappbewegung wurde durch ein Zurückneigen des Elektrodenständers, an dem der Deckel befestigt war, bewerkstelligt, so daß die Elektroden nur so hoch gefahren werden mußten, daß sie nicht gegen die Oberkante des Ofengefäßes stoßen konnten. Heute hat sich mit der Verbreitung der Korbbeschickung der abnehmbare Deckel gerade für große Öfen durchgesetzt, wobei nach senkrechtem Anheben des Deckels dieser selbst oder das Ofengefäß in waagerechter Richtung fortgefahren oder weggeschwenkt wird. Der Deckel wird dabei für kurze Zeit erheblich abgekühlt, und von vielen Seiten wurden anfänglich schwerste Bedenken für die Deckelhaltbarkeit gehegt. Es hat sich aber herausgestellt, daß die Haltbarkeitsziffer nach Einführung der Korbbeschickung nicht zurückgeht. Scheinbar schützt die Glasur die darunterliegenden reinen Silikaschichten vor zu starker Abkühlung.

Als Gewölbebaustoff werden fast ausschließlich Silikasteine verwendet; die übrigen feuerfesten Stoffe sind, wie später noch auszuführen sein wird, entweder unwirtschaftlicher oder den Beanspruchungen des Elektroofenbetriebes noch weniger gewachsen als Silika. Die Ziegel werden meist in konzentrischen Lagen unter Aussparung der Elektrodenöffnungen in den Gewölbering eingesetzt; man benutzt passende Sonderformen, deren Querschnitt sich jedoch zweckmäßigerweise an den des Normalziegels ($65 \times 120 \times 250$ mm) anlehnt. Die Steine sind doppelt keilförmig, so daß sowohl in radialer als auch peripherer Richtung eine Gewölbewirkung erreicht wird, wodurch auch bei starker Abnutzung noch ein sicheres Halten des Deckels erwirkt wird. Sehr große Steine sind weniger zu empfehlen, obzwar sie die Maurerarbeit beschleunigen und verbilligen; sie neigen stärker zum Abplatzen. Die Steinlänge, also die Gewölbestärke, beträgt durchweg 250 bis 350 mm. Als Bindemittel wird meist dünner Silikamörtel, selten wasserfreier Stahlwerksteer verwendet; sehr genau geformte Ziegel können auch, ohne daß unzulässige Spalten bestehenbleiben, trocken zusammengefügt werden.

Schließlich sei noch nachdrücklich darauf hingewiesen, daß das Mauern der Ofendeckel, wenn irgend möglich, mit durchgehendem Stich vorgenommen werden soll. Bei einer Abflachung des mittleren Gewölbeteiles tritt nach stärkerem und ungleichmäßigem Steinverschleiß viel leichter ein Verwerfen ein, als dies bei durchgehendem Stich der Fall zu sein pflegt. Die Folge ist, daß ein Deckel mit durchgehendem Stich günstigere Eigenschaften in bezug auf die Sicherheit vor dem Einfallen hat. Diese Sicherheit spielt eine um so größere Rolle, je größer ein Ofen ist und besonders, wenn maschinentechnische Teile über dem Ofen eingebaut werden müssen, wie dies heute bei den großen Öfen mit Korbbeschickung der Fall ist. Aber auch bei kleinen Öfen ist das Einstürzen des mittleren Gewölbeteiles oder gar des ganzen Gewölbes eine sehr unangenehme Erscheinung, besonders dann, wenn der Stahl noch nicht fertig ausgefeint ist und noch nicht die Gießtemperatur erlangt hat. Die eingefallenen Steine säuern die Schlacke stark an, machen sie über alle Maßen dünnflüssig und kühlen sie außerdem stark ab. Ein Aufheizen des Bades ist bei einer solchen Schlacke bei fehlendem Gewölbe unmöglich. Es bleibt hier nur die Möglichkeit des sofortigen Abstechens.

Silikasteine dehnen sich beim Anheizen sehr stark aus; fehlt ihnen der Raum dazu, so werden sie durch den beim „Wachsen" auftretenden Druck zertrümmert. Infolgedessen schaltet man beim Mauern konzentrisch und radial mehrere etwa 0,4 bis 0,8 cm starke Holzzwischenlagen ein, die beim Anheizen des Deckels verkohlen und die benötigten Dehnfugen freigeben. Anderwärts legt man mit dem gleichen Erfolg dünne Dachpappe zwischen jede Steinlage. Der Spielraum für das Wachsen wird vielfach auch in den Gewölbering verlegt, der in diesem Falle meist dreigeteilt ist; nachgiebige Holzeinlagen zwischen den Anschlußflanschen gestatten eine allmähliche Lockerung der Verschraubung, sobald das Wachsen des Gewölbes einsetzt.

Durch das Einmauern dieser Einlagen sind die Schwierigkeiten aber keineswegs behoben. Da der stärkste Ausdehnungssprung schon bei 250° eintritt, können die Zwischenlagen auch noch nicht verbrannt sein. Es ist daher notwendig, noch andere Maßnahmen zu treffen. Zunächst sollte es vermieden werden, den Deckel kalt auf den Ofen zu legen. Die Anwärmung geschieht am einfachsten durch ein Koks- oder Gasfeuer, das genügend tief unter dem Deckel vorzusehen ist, um eine allmähliche, gleichmäßige An- und Durchwärmung des ganzen Deckels zu erzielen. Wird z. B. nur die Mitte oder überhaupt zu schnell angeheizt, so kann es vorkommen, daß schon beim Anwärmen die Steine abplatzen. Das Anwärmen wird zweckmäßig ein oder zwei Tage vor dem Deckelwechsel vorgenommen und erfolgt am besten auf etwa 300°, um den Ausdehnungssprung unter gleichmäßigen Wärmeverhältnissen vorzunehmen.

Meist begnügt man sich aber mit einer geringeren Temperatur. Da diese Umwandlung umkehrbar ist, muß im anderen Fall eine zwischenzeitliche Abkühlung vermieden werden.

Nach dem Auflegen des Deckels muß beim Anfahren verhindert werden, daß der Lichtbogen direkt unter dem Deckel zustande kommt. Das bedeutet praktisch, daß der Ofen nach dem Deckelwechsel nicht übermäßig hoch beschickt werden soll. Außerdem muß angestrebt werden, daß sich die Elektroden möglichst rasch in den Schrott hineinarbeiten und dadurch der Lichtbogen abgeschirmt wird. Dies läßt sich durch Anwendung eines geeigneten Schrottes ohne Schwierigkeiten erreichen. Wird der Deckel vorher nur getrocknet und schwach vorgewärmt, so muß der Ausdehnungssprung beim Anfahren überwunden werden, was wiederum besondere Vorsicht beim Anheizen erforderlich macht. Aber nicht nur fehlerhaftes Mauern und Anheizen können zum vorzeitigen Verschleiß des Deckels führen. Hierher gehört auch die Erscheinung des ungleichmäßigen Deckelverschleißes, die durch verschiedenste Ursachen hervorgerufen werden kann. Solche Gründe müssen, da sich diese unangenehme Erscheinung ständig wiederholt, herausgefunden und abgestellt werden. Als häufige Ursachen sollen hier nur ungleichmäßige Belastungen der einzelnen Phasen und unbeabsichtigte und ungleichmäßige Kühlung des Deckels durch ungünstige Luftzugverhältnisse, wie schlecht schließende Türen u. dgl., genannt werden. Wenn auch die betriebsmäßige Ursache des Abplatzens nicht immer leicht zu erkennen ist, da das Abfallen der abgeplatzten Teile meist einige Schmelzen später stattfindet als das Abplatzen selbst, so muß nachdrücklichst darauf verwiesen werden, daß beim Anheizen die Gefahr viel größer ist als beim Abkühlen und daß dem beginnenden Schmelzen besondere Aufmerksamkeit zu widmen ist. Selbst eine längere Abkühlung des Deckels durch eine Störung bei der Kübelbeschickung wirkt erfahrungsmäßig nicht schädlich, sofern beim Anfahren die dargelegten Gesichtspunkte beachtet werden. Dieser Umstand wird allgemein auf die schützende Glasur zurückgeführt.

Der englische Elektrostahlausschuß[1] hat vor einigen Jahren eine umfangreiche Untersuchungsarbeit zur Hebung der Deckelhaltbarkeit veröffentlicht, derzufolge die hier angeführten praktischen Erfahrungen bestätigt worden sind. Es wird an Hand einer statischen Berechnung der Nachweis erbracht, daß das Abplatzen der Steine allein auf Ausdehnungskräfte zurückzuführen ist. Es werden Einheitsdeckel in drei Größen (1½ bis 2½ m, 2½ bis 3½ und 3½ bis 4½ m Durchmesser) in Vorschlag gebracht, die jeweils aus insgesamt 9 Steinformaten erstellt werden. Bei diesen Deckeln wird ein durchgehendes Gewölbe mit einem Stich von 8½ %, als dem günstigsten Erfahrenswert, vorgesehen.

---

[1] Iron Steel Inst. Spec. Rep. Nr. 32 (1946) S. 349 bis 379).

Die Steinformate sind ungefähr von der Größenordnung der Normalsteine, wodurch fabrikatorisch der Maßgenauigkeit entsprochen werden kann und zugleich der besseren Verteilung der Ausdehnungskräfte über das gesamte Mauerwerk. Dadurch werden die Elastizitätsverhältnisse und der Widerstand gegen örtliche Beanspruchung günstiger. Die Deckelstärke wird mit 300 mm (Widerlager 350 mm) für alle Deckel festgelegt. Für die Ausdehnung werden Einlagen vorgesehen von allerdings nur 1%. Dies ist einmal auf die Steingröße und zum anderen auch darauf zurückzuführen, daß auf Grund von eingehenden Untersuchungen die Verwendung von Holzbrettchen als ungeeignet erkannt worden ist und an seine Stelle bestimmte teergetränkte Pappen in Vorschlag gebracht wurden, welche die besondere Eigenschaft haben, gerade bei den Temperaturen des Ausdehnungssprunges im Silikastein nachzugeben, nämlich zwischen 150 und 250°. Weiterhin haben Betriebsversuche ergeben, daß die Anheizgeschwindigkeit der Steine zwischen Widerlager und Gewölbemitte sehr große Unterschiede zeigt und daß deshalb dem Anheizen unter allen Umständen erhebliche Aufmerksamkeit gewidmet werden muß. Die Einheitsdeckel und die gegebenen Arbeitsanweisungen haben sich in vielen Werken sehr gut bewährt.

Das Mauern der Deckel geschieht meist auf einer Holzschablone. Der gegenseitige Abstand der Elektrodenöffnungen muß genau eingehalten werden, damit im Betriebe die Elektroden sich nicht an den Durchgangsstellen scheuern und beim Auf- und Niedergang schädlichen Biegungsbeanspruchungen ausgesetzt sind. Der allseitige Spielraum zwischen Elektrodenöffnung und Elektrode soll zweckmäßig bei den genau runden Grafitelektroden 15 bis 20 mm, bei den meist weniger genau runden, blechummantelten Kohleelektroden 25 bis 30 mm nicht übersteigen; die Elektrodenöffnung soll sich um 10 bis 20 mm nach unten erweitern, damit der fertiggemauerte Deckel ohne Schwierigkeit von der Schablone abgehoben werden kann. Die Einfassung der Elektrodenöffnungen wird häufig als gesonderter Ring außerhalb des übrigen Steinverbandes gemauert; man hat auf diese Weise die Möglichkeit, die oft früher als das übrige Gewölbe verschlissenen Steinringe in der Pause zwischen zwei Schmelzungen auszubrechen und fertiggemauerte Ersatzringe in die entstandene Öffnung einzulassen.

Die Haltbarkeit des Gewölbes beträgt bei basischer Zustellung im Edelstahlbetrieb 50 bis 70 Schmelzungen, im Stahlformgußbetriebe mit seinen kürzeren Feinungszeiten 70 bis 140 Schmelzungen. Abb. 38 gibt die durchschnittliche Haltbarkeit von Silikagewölben bei festem Einsatz und basischer Schmelzungsführung in Abhängigkeit von der Feinungsdauer wieder. Die Kreise stellen die Durchschnittswerte einzelner Werke dar und zeigen größere Schwankungen. Die Durchschnittswerte, als Kreuze gekennzeichnet, liegen etwas höher für größere

Öfen als die seinerzeit von Kriz für kleine Öfen ermittelten, was offensichtlich mit der verhältnismäßig größeren Entfernung des Gewölbes vom Badspiegel bei größeren Öfen zusammenhängt. Der Verbrauch von Silikaziegeln für das Gewölbe beläuft sich, je nach der Haltbarkeit, auf 10 bis 40 kg je Tonne Stahlausbringen. Beim sauren Verfahren steigen die Haltbarkeitszahlen auf das Doppelte, weil die zerstörende Einwirkung des Kalkstaubs im Ofenraum wegfällt. – Übrigens ist es oft unwirtschaftlich, das Auswechseln eines zu dünn gewordenen Gewölbes durch Kühlung mit Ventilatorwind oder ähnliche Mittel hinauszuzögern; der erhöhte Energieverlust durch Wärmestrahlung an die Umgebung kann die Ersparnisse im Silikaverbrauch erheblich überwiegen.

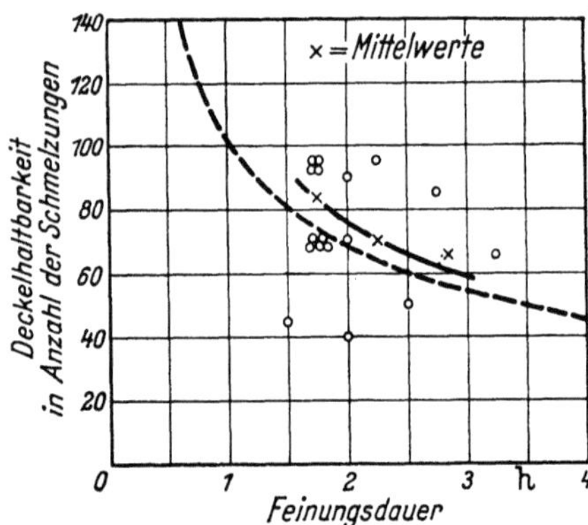

Abb. 38. Deckelhaltbarkeit bei Lichtbogenöfen in Abhängigkeit von der Feinungsdauer. (Nach St. Kriz und H. Kral.)

Das abschmelzende saure Dekkelmaterial rinnt teilweise über die basischen Seitenwände und greift diese stark an. Ihre Haltbarkeit beträgt daher je nach Beanspruchung nur 1 bis 2 Deckelreisen und muß dann eine vollständige Erneuerung vorgenommen werden. Es ist daher sehr verständlich, daß zur Verminderung der Kosten für Deckel und Wände und des durch die Zustellung bedingten Produktionsausfalles nach anderen haltbareren Materialien gesucht wurde. So berichtet O. Kukla[1] über Versuche mit Siliziumkarbid- und Korundsteinen mit 65% Al_2O_3. Letztere waren temperaturempfindlich und bildeten bald eine porige bröcklige Masse. Das Siliziumkarbid vermag oxydierenden Einflüssen nicht zu widerstehen. Es verbrennt, und durch die entstehende Kieselsäure bildet sich eine poröse und voluminöse und daher abrieselnde Masse. F. Sommer[2] berichtet über das Verhalten von Sillimannit. Sowohl das gestampfte Material als auch solches von vorher gebrannten Steinen blätterte im Betrieb stark ab. An anderer Stelle wurden keine wesentlichen Abblätterungen beobachtet, wohl aber ein Verschleiß, der dem der Silikasteine nahekommt. Weiter berichtet F. Sommer[3] über die Erprobung von Teerdolomit und Teermagnesit bei Anwendung vorher gepreßter oder gestampfter und gebrannter Steine. Diese Ausführungsart vertrug keinen Temperaturwechsel und vor allem keine Luftfeuchtigkeit. Interessanter waren die Versuche mit Kohlen-

[1] Kukla, O.: Stahl u. Eisen Bd. 50 (1930) S. 800 bis 803.
[2] Sommer, F.: Stahl u. Eisen Bd. 50 (1930) S. 804.
[3] Sommer, F.: Stahl u. Eisen Bd. 52 (1932) S. 897 bis 900.

stoffsteinen. Sie brannten je Schmelzungsstunde mit einem knappen Zentimeter ab. Gestampfte und gepreßte Deckel aus Elektrodenmasse verhielten sich noch ungünstiger. Schließlich seien noch Versuche von H. Kral[1] angeführt mit feuerfesten Sondersteinen. Die auf Magnesitbasis hergestellten Steine neigten meist zum Abplatzen. Teilweise waren sie so dicht, daß die Wärmeleitfähigkeit so hoch anstieg, daß die Steine außen rot-warm wurden und unzulässige Abstrahlungsverluste eintraten. Die gleiche Erscheinung zeigten Steine, die aus mehr als 99% Tonerde bestanden. Ihre Abnutzung war geringer als bei Silikasteinen. Silikasteine von besonders hohem Kieselsäuregehalt zeigten eine bessere Haltbarkeit als gewöhnliche Silikasteine. Eigenartigerweise sind aus den USA Berichte bekanntgeworden, nach denen sich Sillimanitsteine wesentlich besser bewährt haben sollen. Während in Deutschland sehr kleine Öfen schon lange mit gestampften Sillimanitdeckeln erfolgreich zugestellt wurden, vermochten sich Sillimanitsteine nicht durchzusetzen. Wenn in Amerika bessere Ergebnisse erzielt werden konnten, so sind dafür wohl zwei Gründe anzuführen. Einmal ist das verwendete Rohmaterial ausschlaggebend, und zwar sowohl qualitätsmäßig als auch preislich und zum anderen die Anwendung der inzwischen erworbenen gründlichen Erkenntnisse in der Erforschung gerade dieser Steinart. Während die deutschen Versuche nunmehr rund zwei Jahrzehnte zurückliegen, ist in USA gerade seit etwa einem Jahrzehnt der Sillimanitdeckel immer wieder erprobt worden und es sind jetzt Haltbarkeiten bis zu 200 Schmelzen und mehr erzielt worden. Allerdings scheint es sich hier vornehmlich um Gießereibetriebe zu handeln, die nicht durchgehend arbeiten und außerdem kurze Schmelzungszeiten haben. Hier kann der Sillimanitdeckel mit seiner großen Unempfindlichkeit gegen weitgehende Abkühlung zwischen den einzelnen Schmelzen auch bei etwas geringerer Feuerstandsfestigkeit gegenüber Silikasteinen im Vorteil sein. Über die neuerlichen englischen Versuche mit halbstabilisierten Dolomitsteinen wird im Abschnitt Dolomit berichtet.

Das Endergebnis aller dieser Versuche kann dahingehend zusammengefaßt werden, daß es kaum Steine gibt, die der scharfen und vielseitigen Beanspruchung im Elektroofen besser widerstehen als Silikasteine. Werden tatsächlich in einer Hinsicht bessere Ergebnisse erzielt, so ergeben sich andere Nachteile. Andererseits sind alle Sondersteine durchweg so teuer, daß ihre wirtschaftliche Verwendung nicht in Betracht kommt, weil die Preise ein Vielfaches der verbesserten Haltbarkeit betragen.

Da diese Ergebnisse im Widerspruch standen zu den teilweise geradezu hervorragenden Werten, wie sie im Laboratorium erzielt werden konnten, wurde der Gedanke verfolgt, die Deckelkonstruktion den Eigenschaften

---

[1] Kral, H.: Stahl u. Eisen Bd. 56 (1936) S. 1000 bis 1008.

der Steine besser anzupassen. So wurden zum Teil sehr sinnreiche Konstruktionen entworfen und ausgeführt, welche die Steine von jeglicher Druckbeanspruchung entlasten sollten. Aber auch diese Versuche vermochten die Erwartungen nicht zu erfüllen.

Aus allen diesen Gründen ist auch heute noch der Silikastein als Deckelstein fast allein im Gebrauch.

Es wurden nunmehr andere Möglichkeiten gesucht, die Haltbarkeit der Silikasteine zu erhöhen. So berichtet Bremer[1] über die erfolgreiche Anwendung des sogenannten Rippendeckels. Sein besonderes Merkmal ist die Verwendung von längeren Steinen neben den üblichen Formaten, deren Überlänge nach außen verlegt wird, so daß nach dem Verschleiß der kürzeren Steine noch ein tragendes Gerippe stehenbleibt. Die Rippensteine werden in radialen Streifen eingebaut, und zwar zwischen einem äußeren Ring am Widerlager und einem Ring am Kreuz, die beide ebenfalls aus Rippensteinen ausgeführt werden. Selbst bei einem ungleichmäßigen Verschleiß des Deckels kann der stärkere Teil nicht durch sein Gewicht die abgenutzten Teile hochdrücken. Die Rippensteine erhalten die ursprüngliche Form. Selbst wenn ein Teil des Gewölbes einstürzt, bleiben die Rippen meist erhalten, und die Folgen sind bei weitem nicht so unangenehm.

Während des Krieges wurden zur Vereinfachung der Steinerzeugung Mauerungsweisen eingeführt, die sich wohl bewährt haben, aber heute kein Interesse mehr beanspruchen. Dagegen muß die Einführung wassergekühlter Zylinder an Stelle der Ringsteine erwähnt werden, die sich besonders in Werken, die mit hohen Abstichtemperaturen arbeiten müssen, gut bewährt haben. Die Ringe werden unabhängig vom Deckelmauerwerk befestigt, so daß sie nicht in den Ofen stürzen können und sogar das Gewölbe tragen helfen, sobald dieses schon stärker verschlissen ist[2]. Solche Deckel haben wesentlich günstigere Deckelhaltbarkeiten aufzuweisen, und zwar bis zum doppelten Betrag und mehr. Die Kühlverluste sollen infolge der Verstaubung und Verkrustung in erträglichen Grenzen bleiben.

Die Arbeitstüren und die Abstichöffnung.

Um den Ofen beschicken, die Zustellung instand halten und den Schmelzungsgang überwachen zu können, sind in der Ofenwand Arbeitsöffnungen ausgespart, deren Anzahl, Größe und Verteilung auf den Ofenumfang kurz erörtert sei. Grundsätzlich sind die beiden in Abb. 39 schematisch dargestellten Anordnungen möglich. Im ersten Falle befindet sich dem Abstich gegenüber eine große Arbeitsöffnung; die Elektrodenhalter sind um 90° gegen Arbeitstür und Abstich versetzt

---

[1] Bremer, P.: Stahl u. Eisen (1940) S. 763 bis 764.
[2] Müller, H.: Stahl u. Eisen Bd. 63 (1943) S. 217 bis 221.

an der dem Transformator benachbarten Ofenseite angeordnet. Im
zweiten Falle liegen dem Abstich gegenüber die Stromzuführungen;
um etwa 90° versetzt sind zwei seitliche Arbeitsöffnungen angebracht.

Beide Arten haben ihre Vor- und Nachteile. Die Öfen mit einer dem
Abstich gegenüberliegenden Arbeitstür können mittels einfacher Mulden
in später zu erörternder Weise beschickt werden. Da bei ihnen das Abschlacken des Bades über die Schwelle der Arbeitstür vorgenommen zu
werden pflegt, muß der Kippantrieb auch ein Rückwärtsneigen des
Ofens zulassen.

Bei den mehrtürigen Öfen läßt sich die Ausbesserung des Ofenfutters
bequemer vollziehen, die Handbeschickung kann rascher durchgeführt
werden, und schließlich geht die Vorwärmung größerer Mengen von
Legierungssätzen auf den Türschwellen schreller vonstatten.

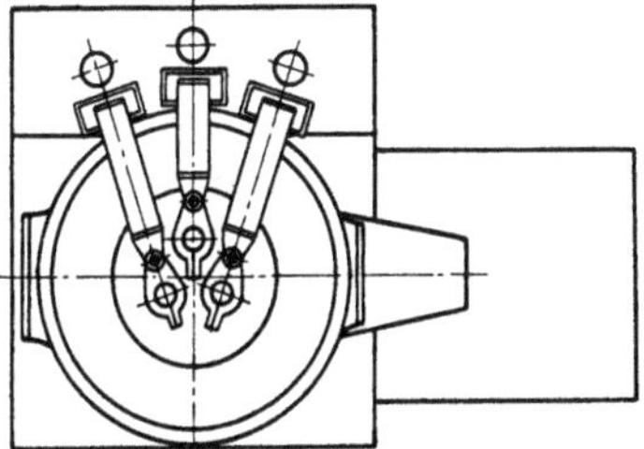
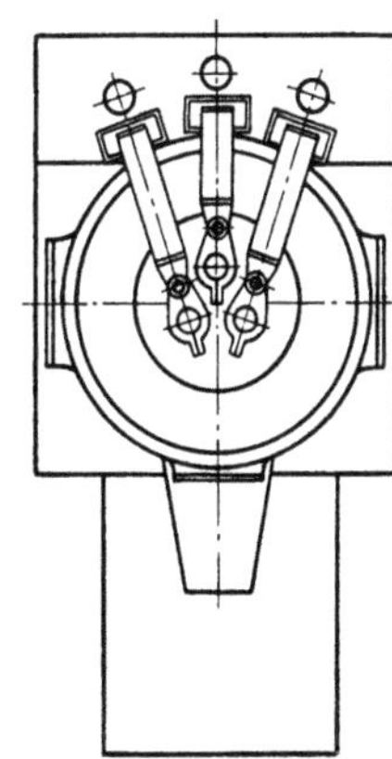

Abb. 39. Anordnungsmöglichkeiten für
die Arbeitstüren und die Abstichöffnung
an Lichtbogenöfen.

Von besonderer Wichtigkeit ist die Anordnung der Türen für den
Edelstahlbetrieb. Eine gründliche Entphosphorung verlangt zur Vermeidung jeglicher Rückphosphorung eine restlose Entfernung der Oxydationsschlacke, zumal wenn Phosphorgehalte unter 0,015% angestrebt
werden. Ein sauberes Abschlacken erfordert aber eine leichte Zugänglichkeit der gesamten Badfläche, um auch die geringen Schlackenreste
am Rand des Bades sicher entfernen zu können. Demnach hätte mit
größer werdendem Ofenfassungsvermögen die Zahl der Türen auf mindestens zwei festgelegt werden müssen. In Wirklichkeit haben aber
gerade die großen Öfen fast ausnahmslos nur eine Tür gegenüber
dem Abstich, und soweit eine seitliche Hilfstür vorgesehen war, wurde
diese häufig wieder ganz geschlossen. Gerade namhafte Edelstahlwerker
haben anfänglich diese Entwicklung mit großer Skepsis verfolgt. Die
Praxis hat aber doch den Beweis erbracht, daß z. B. bei einem Kesseldurchmesser von 4,5 m das Abschlacken von einer Tür aus noch einwandfrei durchzuführen ist. Bei noch größeren Öfen pflegt von der Abstichtür
aus nachgeholfen zu werden. Da die Ofentüren außerdem erhebliche

Wärmeverluste verursachen, ist man heute immer mehr dazu übergegangen, nur eine Arbeitstür vorzusehen.

Die Türen bestehen aus starken, mit Silikaziegeln ausgemauerten Winkeleisen oder Stahlgußrahmen. Sie werden mittels eines durch Gegengewicht ausgeglichenen Hebels betätigt und sind, um rasch und leicht ausgewechselt werden zu können, mit einem einfachen Haken am Türgehänge befestigt. Um das Klaffen während des Betriebes zu verhindern, versieht man die Türrahmen mit schrägen Gleitflächen, an welche sich die Türen vermöge ihres Eigengewichtes dicht anlegen; anderwärts findet man vor den Türen Anschlagnocken, welche ein festes Anpressen bewirken. Den unteren Abschluß der Arbeitsöffnung bildet die sogenannte Schaffplatte, ein außen am Ofenmantel befestigter, bankartig gestalteter Stahlgußwinkel. Die Höhe der Schaffplatte über Arbeitsflur soll etwa 800 mm betragen; diese Entfernung ermöglicht dem Schmelzer die zweckmäßigste Körperhaltung beim Beschicken, Abschlacken, Probenehmen und den übrigen Ofenarbeiten.

Trotzdem die Türen durch die häufige Betätigung während des Schmelzungsganges sowie durch die bei der Schlackenbildung herausschlagenden Flammen stark beansprucht werden, lohnt sich die Benutzung wassergekühlter Türen und Türrahmen meistens nicht; der mit dem Wärmeentzug verbundene Energieverlust pflegt die Ersparnisse an kleinen Instandsetzungsarbeiten zu überwiegen.

Die Höhe der Türöffnungen muß, sofern der Deckel nicht abnehmbar ist, mindestens den Elektrodendurchmesser um ein geringes übersteigen, damit etwaige Bruchstücke von Elektroden unbehindert aus dem Ofen herausgezogen werden können. Im übrigen sind für die Bemessung auch die Schrottverhältnisse maßgebend. Je größer man die Beschickungsöffnung wählt, um so weniger Beschränkung braucht man sich in der Stückgröße des Einsatzes aufzuerlegen. – Bei Rutschen- und Muldenbeschickung muß die Tür natürlich etwas größer gehalten werden.

Der Abstich ist entweder als Abstichloch oder als offener Abstich ausgebildet. Ein Abstichloch hat etwa 100 mm Durchmesser und ist während der Schmelzung mit losem Dolomit oder Magnesit abgeschlossen. Ein offener Abstich weist eine etwas geringere lichte Höhe wie die Arbeitsöffnungen und etwa die Hälfte bis zwei Drittel von deren lichter Breite auf; mit zunehmender Ofengröße und besonders bei Vorsehung nur einer Arbeitstür werden diese Unterschiede größer, indem der Abstich im Verhältnis kleiner gehalten wird. Er ist, wie die übrigen Öffnungen, mit einer Türe versehen und kann zugleich als Abschlacköffnung dienen. Die offenen Abstiche sind häufiger anzutreffen als die Abstichlöcher; letztere werden dort angewandt, wo auf getrenntes Ausfließen von Stahl und Schlacke beim Ofenentleeren Wert gelegt wird. Auf die Beurteilung beider Absticharten wird später noch zurückzukommen sein.

Die mit Schamottesteinen rinnenförmig ausgemauerte Gießschnauze übernimmt beim Abgießen die Führung des Stahl- und Schlackenstrahles zwischen Abstichöffnung und Gießpfanne. Sie muß so lang sein, daß der Ofen vollkommen entleert werden kann, ohne daß insbesondere durch die Elektrodenhalter das Gießpfannen- und Krangehänge behindert wird.

Die Elektroöfen sind heute sämtlich, wie bereits mehrfach hervorgehoben, kippbar eingerichtet. Als Kippantrieb dient entweder ein wasserdruckbewegter Kolben oder ein Elektromotor. Hydraulische und elektrische Kippvorrichtungen bewähren sich gleich gut; wenn bereits ein Wasserdrucknetz im Werk vorhanden ist, gab man ersteren wegen ihrer Einfachheit und Unempfindlichkeit gerne den Vorzug. Neuerdings findet auch im Stahlwerk der elektrische Antrieb immer mehr Verwendung.

Der Kippwinkel des Ofens pflegt in der Richtung der Gießschnauze 35 bis 50° gegen die Waagerechte zu betragen. Wird nicht über die Abstichschnauze, sondern durch die gegenüberliegende Arbeitstür abgeschlackt, so muß der Ofen auch um etwa 10 bis 20° nach rückwärts gekippt werden können.

Die Lagerung des Ofengefäßes erfolgt in seitlichen Lagerböcken, auf einer Rollenbahn oder auf einer Wiege. Die Zapfenlagerung in Böcken wird heute nur noch bei kleinen Öfen angewendet, da für große Gewichte diese Lagerungsart immerhin unzweckmäßig ist und beim Kippen einen erheblichen Kraftaufwand erfordert. Rollenbahnen sind ebenfalls nur selten anzutreffen, da bei dieser Ausführungsform der Auslauf der Gießschnauze sich während des Kippens stark nach rückwärts verschiebt, was dem Kranführer das Nachfolgen mit der Gießpfanne erschwert. Die Lagerung auf einer Wiege kann als die Regelbauart angesehen werden. Die Wiege, aus Stahlgußplatten oder genietetem bzw. geschweißtem Walzstahl bestehend, rollt beim Kippen auf einer ebenen Schiene ab. Die Krümmung der Wiege ist so berechnet, daß die Gießschnauze im wesentlichen nur eine Abwärtsbewegung vollzieht. Als Sicherung gegen unbeabsichtigte Gleitverschiebung des Ofens beim Kippen können Wiege und ebene Kufe zahnförmig ineinandergreifen; häufig sind früher für diese Aufgabe bei kleinen Öfen Stahldrahtseile vorgesehen worden, die den Endpunkt der Wiege mit dem Ofenfundament verankern.

Die Elektrodenhalter.

Die Elektrodenhalter sind entweder starr mit dem Ofengefäß verbunden oder unabhängig vom Ofen angeordnet. Ganz allgemein sind an einer Ofenseite Fahrsäulen angebracht, innerhalb welcher die Elektrodenwagen mit ihren Auslegern durch elektromotorisch betätigten Seilzug (Abb. 40 und 41) oder durch Wasserkolbenhub (Abb. 42) auf- und abwärts bewegt werden. Auch die Übertragung der Bewegung mittels

Zahnrad und Zahnstange hat sich bewährt (Abb. 43). Das Gewicht der Fahrsäulen, der Tragarme und der Elektroden soll von der Bodenplatte bzw. dem Wiegenrahmen des Ofens aufgenommen werden. Die bei kleinen Öfen öfter anzutreffende Befestigung mittels Konsolen am Ofenmantel verbietet sich bei größeren Ofenfassungen infolge der schweren in Betracht kommenden Massen; die der Ofenhitze ausgesetzten Befestigungsschrauben wären nämlich übermäßigen Biegungsbeanspruchungen unterworfen, und die an und für sich schon bestehende Neigung des Ofenmantels zum Verziehen würde so verstärkt werden, daß bald der ganze Aufbau windschief wäre. Fahrsäulen, die sich auf die Bodenplatte des Ofens abstützen, sind u. a. auf den Abb. 41 und 43 zu sehen. — Eine seltener angewandte Art der starren Elektrodenführung,

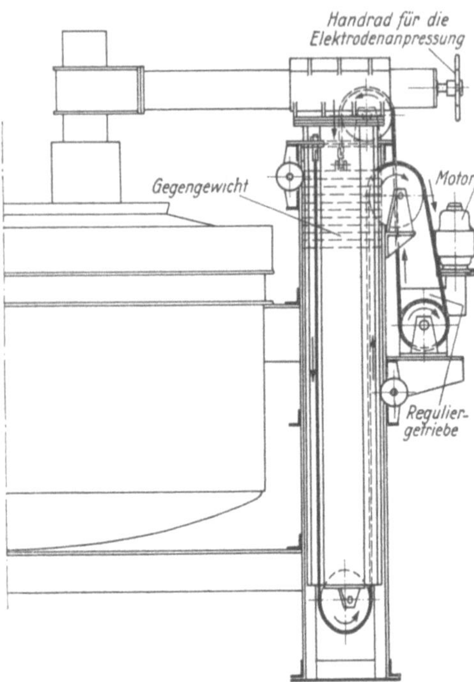

Abb. 40. Seilzug für die Elektrodenbewegung.
(Siemens & Halske.)

Abb. 41 Elektromotorisch betätigter Seilzug für die Elektrodenbewegung eines Ofens mit 20-t-Fassung. (Bauart Siemens & Halske.)

die sogenannte Elektrodenbrücke, ist beispielsweise in der Abb. 11 dargestellt. Auf portalartig ausgebildeten mit der Bodenplatte bzw. dem Wiegenrahmen verbundenen Stützen ruht über dem Ofengewölbe ein

Abb. 42. Hydraulisch betätigte Elektrodenbewegung eines 32-t-Ofens mit über die Rinne abfahrbarem Portal. (Demag-AEG.)

Abb. 43. 18-t-Ofen mit ausfahrbarem Gefäß und elektrischer Regulierung über Zahnstange und Zahnrad. (Demag-AEG.)

Aufbau, welcher die Elektrodenwinden mitsamt ihren Motoren trägt. Beim Gewölbewechsel muß freilich der gesamte, zu diesem Zweck abnehmbar eingerichtete Brückenaufbau zuvor mit dem Kran abgehoben werden. Bei Öfen mit einseitigen Auslegern genügt zur Freigabe des Gewölbes das Hochfahren der Tragarme und die Herausnahme der Elektroden.

Die Elektrodentrag- und Hubvorrichtung wurde gelegentlich ganz unabhängig vom Ofen angebracht. In diesem Falle hängen die Elektrodenfassungen lose in Laufrollen oder kleinen Laufwagen, die auf waagerechten Tragschienen über dem Ofen bewegt werden. Bei dieser Anordnung müssen vor dem Ofenkippen zum Abgießen der Schmelzung die Elektroden zuerst vollständig aus dem Ofengefäß herausgefahren werden; für die geringe Kippbewegung zum Abschlacken ist dagegen diese Maßnahme nicht erforderlich, da die Elektrodenlöcher im Gewölbe einen genügenden Spielraum lassen. Die freihängenden Elektroden sind weniger verbreitet als die starr geführten, trotzdem sie manche Vorteile aufweisen. Das Ofengefäß ist allseits frei zugänglich, sämtliche Trag- und Hubvorrichtungen sind der Ofenhitze entzogen und an geschützter Stelle untergebracht, und schließlich treten Brüche der Elektrodennippel seltener auf, da die Biegungsbeanspruchung beim Kippen wegfällt. Andererseits wird der Elektrodenabbrand verstärkt, weil die herausgefahrenen glühenden Elektroden ungehemmtem Luftzutritt ausgesetzt sind. Schwerer als dieser verhältnismäßig unbedeutende Nachteil fällt jedoch ein anderer Umstand ins Gewicht, nämlich die unzulässig rasche Ofenabkühlung beim Kippen. Die offenen Elektrodenlöcher üben nämlich im gekippten Ofen eine ausgeprägte Schornsteinwirkung aus; ein Strom von kalter Luft tritt am Abstich und an den Arbeitsöffnungen ein und führt nach dem Vorbeistreichen an den Ofenwänden und am Gewölbe eine derartig große Wärmemenge mit sich fort, daß bei den nachträglichen Instandsetzungsarbeiten das einwandfreie Festsintern des eingetragenen Flickgutes gefährdet ist. Man hat versucht, diesen Übelstand durch Abdecken der Elektrodenlöcher nach dem Herausfahren der Elektroden zu beseitigen, doch ist früher keine betriebssichere und einfache Vorrichtung für diesen Zweck gefunden worden. Leider ist die Lösung dieser Frage gerade bei großen Öfen besonders schwierig, also dort, wo die Vorteile der freihängenden Elektroden sich am stärksten ausprägen könnten. Infolgedessen wurde diese interessante Ausführungsart über zwei Jahrzehnte ganz aufgegeben. Erst heute tritt sie von neuem in den Betrachtungskreis zurück, und zwar im Zusammenhang mit dem Bau sehr großer Öfen und den dabei notwendig werdenden Maßnahmen zur Verringerung der Verluste in den Hochstromleitungen und der besseren Zugänglichkeit des Ofengefäßes von allen Seiten, gegebenenfalls zum Anbringen zweier Arbeitstüren.

Die Elektrodenhalter können von den Säulen der Hallenkonstruktion aufgenommen werden. Die flexiblen Kabel können dann sehr kurz gehalten werden, und die Zuführung kann von der den Elektrodenhaltern gegenüberliegenden Seite durchgeführt werden, so daß die Nähe von Eisenkonstruktionen weitgehend gemieden wird (Abb. 106 und 107).

Eine weitere Sonderanordnung ist einer kurzen Erörterung wert, nämlich die in der Abb. 44 veranschaulichte Ausrüstung zweier Ofengefäße mit einem einzigen Transformator und einem Satz von Elektrodenhaltern. Die beiden Ofengefäße stehen einander auf einer rollengelagerten Drehscheibe gegenüber; die Elektrodenhalter laufen in einem unabhängig vom Ofen gestützten Gerüst. Während der eine Ofen einschmilzt, kann der andere instand gesetzt und beschickt werden. Unmittelbar nach dem Abstich wird die Scheibe um 180° gedreht, die Elektroden werden in das nunmehr die Stelle des ersten Ofens einnehmende zweite Ofengefäß eingeführt und schmelzen dort den inzwischen vorgewärmten Schrott ein. Auf

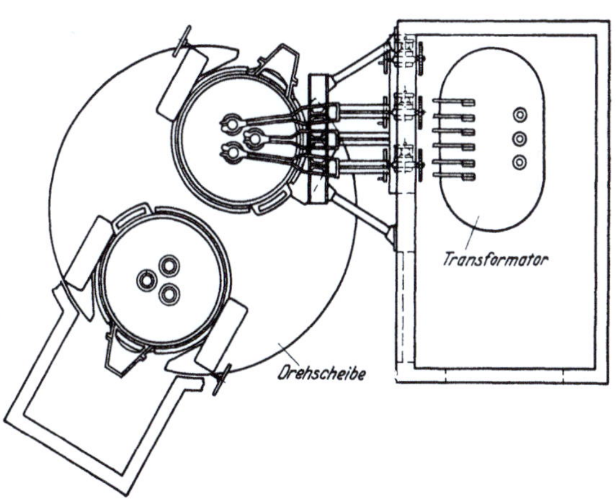

Abb. 44. Anordnung der Öfen bei einer Doppelofenanlage.

diese Weise wird ein pausenloser Betrieb erreicht, dessen Vorteile sich besonders bei kleinen Stahlgußöfen mit kurzer Einschmelz- und Feinungszeit auswirken. Natürlich kann die kurze Einschmelzzeit auch durch Duplizieren oder Halbduplizieren erreicht werden. Sobald aber die gesamte Schmelzungsdauer den zum Flicken und Beschicken erforderlichen Zeitraum weit überschreitet, fällt der Verlust durch die Wärmeausstrahlung des wartenden Ofens stärker ins Gewicht als die Ersparnis an Anlagekosten, die man durch den Fortfall der zweiten elektrischen Ausrüstung erzielt.

Auch der Elektrodenverbrauch entsprach nicht den Erwartungen, so daß diese an sich ganz interessante Ausführung bald wieder aufgegeben wurde.

Der Elektrodenhub, also das Maß zwischen tiefster und höchster Stellung der Elektrodenhalter, soll möglichst der Entfernung zwischen Gewölbe und Herdsohle entsprechen. Man kann dann, ohne im Lauf einer Schmelzung ein zeitraubendes Umspannen vornehmen zu müssen, die Elektroden einerseits beim Beschicken so hoch ziehen, daß sie nicht durch aufprallende Schrottstücke bzw. beim Ausfahren zur Korbbeschickung gefährdet sind, andererseits sie beim Einschmelzen bis zum Grunde des Schmelzkraters niederfahren lassen.

Innerhalb des Herdraumes sind die Elektroden so verteilt, daß die Lichtbögen die Badoberfläche möglichst gleichmäßig bestrahlen. Bei zylindrischen Öfen wird dieser Forderung durch kreisförmige Anordnung der Elektroden entsprochen, und zwar nimmt man zweckmäßig als Durchmesser des Elektrodenteilkreises etwa 0,35 bis 0,45 des lichten Herdraumdurchmessers in Türschwellenhöhe.

Abb. 45. 20-t-Ofen mit 700 mm Söderbergelektroden. (Bauart Demag-AEG.)

Stehen die Elektroden weiter dem Rande zu, so wird leicht die Zustellung durch die Lichtbögen in unzulässiger Weise angegriffen; ferner geht das Einschmelzen des Schrottes ungleichmäßig vor sich, so daß zum Schluß Schrotthügel in der Ofenmitte übrigbleiben, die nur langsam von dem sie umspülenden verflüssigten Metall aufgelöst werden. Im umgekehrten Falle, das heißt bei zu nahe aneinander gerückten Elektroden, wird das zwischen den Elektroden liegende Gewölbestück sehr stark beansprucht und das Einschmelzen des Schrottes am Rande ungebührlich verzögert. Bei besonders krassen Abweichungen von der Regel kann es sogar vorkommen, daß die Schlacke am Badrande steif und umsetzungsträge bleibt, was natürlich eine sofortige Änderung der Elektrodenstellung erforderlich macht.

Die Bemessung des Teilkreises ist auch von der Elektrodenart abhängig, in dem die dickeren, z. B. Söderberg- und Kohleelektroden einen größeren Teilkreis erfordern als dünne, z. B. Grafitelektroden bei sonst gleichem Baddurchmesser.

Zur Veranschaulichung dieser Zusammenhänge ist in Abb. 45 ein Ofen mit Söderbergelektroden dargestellt. Es ist ohne weiteres zu erkennen, daß allein schon die dickeren Spanner einen größeren Teilkreis erforderlich machen. Außerdem ist ersichtlich, daß durch so wesentlich dickere Elektroden die Beheizung der Badfläche gleichmäßiger werden muß, weil der Lichtbogen auf größeren Kreisumfängen wandert und die Abschirmung nach oben besser wird. Bei der Beurteilung des Umfanges dieser Wirkung muß allerdings berücksichtigt werden, daß Söderberg- und Kohleelektroden viel spitzer zubrennen als Grafitelektroden.

Manchmal wurden früher auch, wie bei der Erörterung der einzelnen Ofenbauarten erwähnt, die Elektroden in einer Linie nebeneinander angeordnet; der Querschnitt des Badraumes ist in diesem Falle elliptisch, um tote, der Lichtbogenwirkung stärker entzogene Ecken zu vermeiden.

Die Elektrodenfassungen.

Die Elektrodenfassungen oder Elektrodenspanner haben neben der Aufgabe, die Elektroden zu fassen, noch die weitere, ihnen durch leitende Berührung die elektrische Energie zuzuführen. Sie sind wohl stets als mehrgliedrige Klemmbacken ausgebildet, die genau auf den Elektrodendurchmesser ausgebohrt sind. Mittels eines, die einzelnen Glieder zusammenhaltenden Stahlbandes, einer rechts- und linksgängigen Schraubenspindel oder ähnlicher Vorrichtungen können sie einfach und rasch beim Auswechseln oder Nachlassen der Elektroden gelockert und festgezogen werden. Das Festklemmen der Elektroden kann auch von der Rückseite aus vorgenommen werden, indem im Tragarm eine Spindel verlegt wird, die über den Ständer hinausragt und von hier aus betätigt wird (Abb. 41). Der Schmelzer braucht dann den eigentlichen Ofen nicht mehr zu besteigen. Zur genauen Einstellung der Elektroden auf die Durchtrittsöffnungen im Gewölbe läßt die Anordnung der Fassungen an den Tragarmen meist eine leichte allseitige Verschiebbarkeit zu. Diese Verstellmöglichkeit ist auch für den Übergang von einer Elektrodenart auf eine andere erforderlich oder bei einer sonstigen Abänderung des Teilkreises.

Als Baustoff für die Fassungen benutzt man unterschiedslos Kupfer, Rotguß, Messing oder Eisen. Entgegen einer verbreiteten Auffassung lassen sich Gründe elektrotechnischer Art für den Gebrauch von Kupfer, Rotguß oder Messing kaum ins Feld führen, da für Stahlöfen die zusätzlichen Verluste infolge der Stromverdrängung nicht besonders ins Gewicht fallen. Der Übergangswiderstand zwischen Fassung und Elektrode hängt nämlich in erster Linie von der Innigkeit der Berührung ab; je genauer rund die Elektrode ist und je schmiegsamer sich die Spannvorrichtung auf Grund ihrer baulichen Durchbildung anlegen kann, um so geringer sind die an dieser Stelle entstehenden Energieverluste. Außerdem sinkt der Übergangswiderstand sehr stark mit steigendem Druck, unter dem die Kontaktstellen aufeinandergepreßt werden. Für die Stromleitung innerhalb der Klemmbacken selbst steht immer ein solch ausreichender Querschnitt zur Verfügung, daß auch bei Verwendung von Eisen ein Erglühen infolge Stromüberlastung nicht einzutreten braucht. Für einen niedrigen Übergangswiderstand ist noch ein zweiter Umstand von Wichtigkeit, nämlich die Blankhaltung der Berührungsflächen. Kupferlegierungen überziehen sich in der Hitze mit einer Oxydschicht, die eine geringere Leitfähigkeit aufweist; Anflug von Zunder auf Eisen wirkt in dieser Hinsicht weit weniger verschlechternd. Aus diesem Grunde ist man meist gezwungen, Kupferklemmbacken hohl zu gestalten und sie durch einen Wasserstrom kühlzuhalten, während eine Kühlung von richtig ausgeführten Eisenfassungen auch bei hohen Strombelastungen nicht erforderlich ist. Trotzdem wird sie gern vorgesehen, um die Bildung eines Lichtbogens zu verhindern oder seine Auswirkungen zu verringern. Die Elektrodenarme sind entweder beweglich an den Säulen befestigt oder aber mit der Säule fest verbunden, so daß sie bei der Elektrodenbewegung zusammen auf- und abwärts gleiten. Die Elektrode muß jedenfalls genau und fest geführt werden, damit sie in keiner Weise durch zusätzliche Beanspruchungen gefährdet werden kann. Übrigens wird das Festklemmen der Elektrode mancherorts an Stelle der Verschraubung durch Verkeilung bewirkt oder auch pneumatisch. Es soll auch auf den Umstand aufmerksam gemacht werden, daß die pneumatische oder auch hydraulische Bedienung der Elektrodenfassungen eine Reihe praktischer Vorteile zu bieten vermag, so daß durchaus die Möglichkeit besteht, daß sie zukünftig auch im Elektrostahlbetrieb die gebührende Stellung einnehmen wird. In letzter Zeit hat die Entwicklung Ausführungen gebracht, bei denen die Betätigung der Bewegung der Fassung von der gleichermaßen festen Andrückung der Elektrode getrennt ist, womit die Voraussetzung für ihre betriebssichere Anwendung gegeben ist. Es gibt sogar schon Konstruktionen, die das Nachlassen der Elektroden selbst ohne Inanspruchnahme eines Kranes ermöglichen.

Da die Fassungen den Strom noch fast mit voller Transformatorspannung empfangen, müssen sie gegen die mit dem Ofengefäß in Verbindung stehenden Ständer ausreichend isoliert sein. Meist werden zu diesem Zweck die Tragarme unterteilt und an den Trennflächen mit Glimmer- oder Asbestplatten versehen; häufig wird auch diese Isolierung auf der Trennfläche zwischen Arm und Ständer angebracht. Teilweise wurde auch die Isolierung in die Laufrollen der Elektrodenwagen verlegt, so daß über dem Ofen, der unmittelbaren Hitze ausgesetzt, sich nur feste metallische Verbindungen befinden.

Die Kühl- und Abdichtungsvorrichtungen.

An sämtlichen Lichtbogenöfen werden die Eintrittsstellen der Elektroden in das Ofengewölbe durch aufgelegte Wasserkühlringe geschützt. Die Kühlringe haben einen dreifachen Zweck: erstens sollen sie die Gewölbesteine an dieser hochbeanspruchten Stelle durch Wärmeentzug schonen, zweitens eine gewisse Abdichtung des ringförmigen Spaltes zwischen Elektroden und Gewölbe bewirken und schließlich die aus dem Spalt herausschlagenden Ofengase so weit abkühlen, daß ein Erglühen und Abzundern der Elektroden oberhalb des Gewölbes vermieden wird. Die Zu- und Ablaufrohre der Kühlringe müssen durch eingefügte Gummischlauchstücke gegen den Ofenmantel und gegeneinander isoliert werden, da sonst Kurzschlüsse zwischen den einzelnen Phasen oder zwischen den Phasen und dem Ofenmantel die Folge wären. Die Kühlwasserableitungen sind zweckmäßig mit sichtbarem Strahl einem gemeinsamen trichterförmigem Ablauf zuzuführen. Bei Öfen mit freihängenden Elektroden müssen die Kühlringe gegen Abrutschen beim Ofenkippen durch isolierte Spreizwinkel geschützt werden.

Außer den Elektrodenkühlringen sind manchmal auch wassergekühlte Gewölbewiderlager, Türrahmen, Türbögen und Ofentüren anzutreffen. Alle diese Kühlungen bezwecken eine verbesserte Haltbarkeit der Ofenzustellung an den besonders gefährdeten Stellen, finden aber aus einem doppelten Grunde bei den Stahlwerkern meist wenig Gegenliebe. Erstens sind sie, wenn sie wirksam sein sollen, ziemliche Wärmefresser, was in einem späteren Abschnitt noch zu erörtern sein wird; zweitens hat ein Leckwerden und als Folge davon ein Wassereintritt in den Ofen viel verheerendere Wirkungen auf die Stahlgüte als beispielsweise beim Martinofen.

Aus diesen Grunden wird heute die Kuhlung der zuletzt aufgeführten Ofenteile auf die der Türbögen beschränkt.

Zum Schlusse sei noch mit einigen Worten auf die Abdichtung der Elektrodeneintrittsstellen im Ofengewölbe eingegangen. Für diesen Bauteil ist während der letzten Jahre eine Fülle von Ausführungsformen vorgeschlagen worden, von denen sich jedoch nur sehr wenige beim Gebrauch bewährt haben. Die beste, billigste und einfachste Abdichtung wird nach wie vor dadurch gewährleistet, daß nur genau runde Elektroden zur Verwendung gelangen, die mit einem einseitigen Spiel von höchstens 5 mm durch den Kühlring durchgeführt werden und deren Fassungen eine gewisse Verschiebbarkeit zulassen, so daß ein Scheuern an den Durchtrittsstellen vermieden wird. Die dann noch austretenden Flammen können leicht durch flache mehrteilige Schamotte- oder Gußringe (ähnlich Abb. 46, S. 76) abgedeckt werden, die auf den Kühlring aufgelegt werden. Die einfachste Lösung besteht wohl darin, daß auf den Kühlring ein Winkelring gelegt wird und der Hohlraum mit Schlackenwolle abgedichtet wird. Diese Dichtung leistet während des Feinens gute Dienste.

Im übrigen bestehen fast ungezählte Lösungsversuche, eine einwandfreie Elektrodenabdichtung zu erzielen. Verhältnismäßig einfach ist die Anordnung eines Kühlzylinders mit rechteckigem Querschnitt, der im Innendurchmesser genügend Spiel für die Elektrode läßt. Auf diesen Ring wird ein zweiter Ring gelegt, der aus zwei flachen Blechringen besteht, zwischen denen sich gußeiserne Segmente befinden, deren Innendurchmesser nur noch ein geringes Spiel für die Elektrodenbewegung zuläßt. Der gekühlte Zylinder mit größerem Spiel schützt den ungekühlten Ring mit dem geringen Spiel, der sich auf dem Zylinder nach jeder Richtung waagerecht verschieben kann. Bei einer anderen interessanten Konstruktion wurden die Kühlzylinder gleichzeitig benutzt, um den Elektroden-Abbrand zu verhindern. Dies wurde

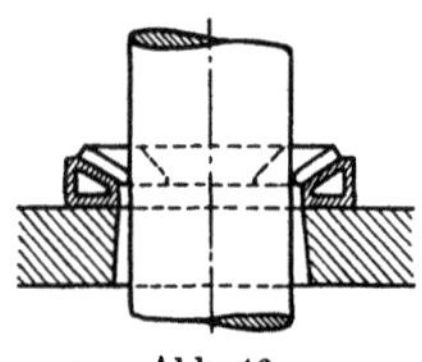

Abb. 46.
Einfache Abdichtung der Elektrodeneintrittsstelle.

auch tatsächlich erreicht, indem die Kühlzylinder in senkrechter Richtung erheblich verlängert wurden. Da diese Verlängerung wegen des Elektrodenhubes beschränkt ist, wurde ein zweiter Zylinder vorgesehen, der sich in dem ersten teleskopartig bewegen konnte. Beim Heben der Elektroden zogen sich die beiden Zylinder auseinander und schützten die glühendheiße Elektrode durch Kühlung und Fernhalten der Luft. Aber auch diese Einrichtung wurde wieder fallengelassen, da die Kühlung sehr intensiv war und der verringerte Elektroden-Abbrand durch einen hohen Energieverlust erkauft werden mußte. Infolge der engen Umhüllung der Elektroden waren auch die elektrischen Verluste recht hoch. Wie für alle anderen Ofenteile gilt auch hier, daß die einfachste Lösung die beste ist.

Während des Kochens müssen die entstehenden Gase den Ofen verlassen können. Sind die Elektroden gut abgedichtet, so müssen die Gase aus Abstich und Arbeitstür entweichen, was bei heftigem Kochen unerwünscht sein kann. Beim Feinen dagegen muß der Ofen an den Elektroden und den Türen unbedingt abgedichtet sein. Es erfüllt also die obenerwähnte Abdichtung mit Schlackenwolle die betrieblichen Erfordernisse am besten. — Bei sehr großen Öfen bevorzugen jedoch viele Betriebsleute eine Abdichtung, die aus einem Kühlzylinder und darüber angeordneten Segmenten besteht.

Die bauliche Gestaltung der großen Lichtbogenöfen.

Die in den vorhergehenden Abschnitten beschriebene Ausführung der einzelnen Teile der kleineren Lichtbogenöfen gilt im großen und ganzen auch für die großen Lichtbogenöfen, so daß darauf nur insoweit zurückzukommen ist, als die Erfordernisse der großen Öfen entsprechende Abwandlungen notwendig machen. Die gewaltige Entwicklung, welche die großen Öfen in kurzer Zeit genommen haben, ist nicht zuletzt auf die großzügige Lösung der Beschickungsfrage zurückzuführen. Es ist leicht einzusehen, daß die Handbeschickung beispielsweise eines 40-t-Ofens viel zu große Zwischenzeiten erforderlich gemacht hätte. Die Rutschenbeschickung muß beim Einsetzen großer Gewichte notwendig zu heftigen mechanischen Erschütterungen des Ofens führen, die sich

Abb. 47. 12-t-Ofen bei abgefahrenem Portal im Augenblick des Hochziehens des Korbes bei der Beschickung. (Demag-AEG.)

besonders auf die Haltbarkeit der Elektroden nachteilig auswirken müssen. Die in Amerika häufige Muldenbeschickung ist noch am ehesten geeignet, tragbare Beschickungszeiten zu erzielen. Die beste Lösung ist zweifellos die Korbbeschickung.

Diese Korbbeschickung setzt aber voraus, daß der Deckel des Ofens entfernt werden kann. Hierfür gibt es nun drei Möglichkeiten, die im Betrieb alle durchgeführt worden sind und die je nach den örtlichen Verhältnissen zur Anwendung gelangen.

Die erste Möglichkeit (Abb. 47), die auch anfangs allgemein üblich war, sieht ein Portal über dem Ofengefäß vor, an dem der Deckel aufgehängt wird und an dem mechanische Einrichtungen zum Heben des Deckels angebracht sind. Zum Beschicken wird der Deckel angehoben, und das Portal fährt in Richtung des Abstiches oder der Arbeitstür aus, um das Ofengefäß für das Hineinsenken des Korbes freizugeben. Später wurde dazu übergegangen, an Stelle des Portals das Ofengefäß selbst auszufahren (Abb. 43). Die Vorteile dieser Bauweise sind darin zu erblicken, daß das Portal auf der Wiege befestigt werden kann und der ganzen Ofenkonstruktion eine größere Stabilität verleiht. Außerdem können in diesem Falle die Kupferseile, die zu den Elektroden führen, wesentlich kürzer gehalten werden. Auch hier kann das Ofengefäß in Richtung des Abstichs oder der Arbeitstür ausgefahren werden. Im letzten Falle wird die Beschickung in der Ofenhalle, im ersten Falle in

Abb. 48. 18-t-Ofen mit Schwenkportal beim Fortbewegen des angehobenen Deckels. (Demag-AEG.)

der Gießhalle vorgenommen, so daß im letzten Falle ein sinngemäßer Materialfluß vom Schrottplatz über den Ofen zur Gießhalle eingehalten werden kann. Außerdem werden die Gießkräne von einer ihnen an sich fremden Arbeit freigehalten.

Bei der dritten Möglichkeit (Abb. 48 u. 49) wird der Deckel angehoben und seitwärts ausgeschwenkt. Diese Lösung hat die Vorzüge, daß weder das Ofengefäß noch der Elektrodenständer von der Kippwiege heruntergefahren werden müssen. Infolge der großen Gewichte und des notwendigen Spielraums zwischen der Wiege und den festen Gleisen ist das Fahren niemals ohne Erschütterungen durchzuführen. Wird aber der Deckel mit dem Elektrodenständer in einem Halbkreis geschwenkt, so läßt sich diese Bewegung vollkommen erschütterungsfrei durchführen.

Je größer der Baddurchmesser eines Ofens ist, um so größer müssen auch die sogenannten toten Ecken werden, die sich jeweils zwischen dem Schmelzbereich zweier Elektroden befinden. Daher muß mit zunehmender Ofengröße das Einschmelzen immer größere Schwierigkeiten bereiten. Um aber auch bei großen Öfen normale Einschmelzzeiten zu sichern, wurde dazu übergegangen, das Ofengefäß drehbar einzurichten. Die Abb. 50 zeigt diese Verhältnisse schematisch. Das rechte Bild stellt die Verhältnisse dar, wenn die Elektroden feststehen und zeigt in klarer Weise die toten Ecken. Im linken Bild wird die Verringerung der toten Ecken für den Fall dargestellt, daß das Ofengefäß einmal 30° nach links und einmal 30° nach rechts gedreht wird. Die Einrichtung der drehbaren

Abb. 49. 18-t-Ofen mit Schwenkportal beim Einsenken des Beschickungskorbes. (Demag-AEG.)

Ofenwanne hat sich so gut bewährt, daß sie heute durchweg vorgesehen wird, und zwar wird im allgemeinen so verfahren, daß das Ofengefäß erst ganz nach der einen Seite gedreht wird und nachdem die Elektroden den Herd erreicht haben, ganz nach der anderen Seite. Nach dem zweiten Niederfahren wird erst in die eigentliche Grundstellung zurückgedreht. Die drehbare Wanne hat auch große Vorzüge beim Niederschmelzen der Feinungsschlacke, indem deren Verflüssigung ebenfalls rasch und gleichmäßig durchgeführt werden kann. Auch die Herstellung der Karbidschlacke wird erleichtert. An sich läßt sich aber auch in großen Öfen eine gleichmäßige Karbidschlacke erzielen ohne Inanspruchnahme einer Möglichkeit, das Ofengefäß zu drehen.

Um nun das Ofengefäß unabhängig vom Deckel, der wegen der feststehenden Elektroden nicht mitbewegt werden kann, drehen zu können. muß für eine besondere Abdichtung zwischen Ofen und Deckel gesorgt werden. Dies wird durch eine Sandtasse am Ofenkessel und ein Schwert am Deckelring bewerkstelligt (Abb. 48 u. 49). Die Abdichtung kann aber auch so erfolgen. daß das Schwert außerhalb der Dichtungsrinne liegt, die zum Schutz des Deckelringes ebenfalls nach außen gezogen ist. Im ersten Fall muß aber darauf geachtet werden, daß bei eintretendem Verzug des Kessels oder des Deckelringes sich beim Drehen der Sand nicht aus der Tasse herausmahlen kann. Der Sand darf nicht auf die basische Zustellung der Wände kommen. Da es sich auf der Innenseite nicht vermeiden läßt, daß zwischen Wand und Deckel ein Zwischenraum entsteht, muß längs des Schwertes eine Kühlung vorgesehen werden. Da diese Kühlung leicht zu Unzuträglichkeiten führt, wird sie gern an der Außenseite des Deckels angebracht. Wird die Sandtasse weit genug nach außen verlegt, so kann u. U. auf die Kühlung verzichtet werden.

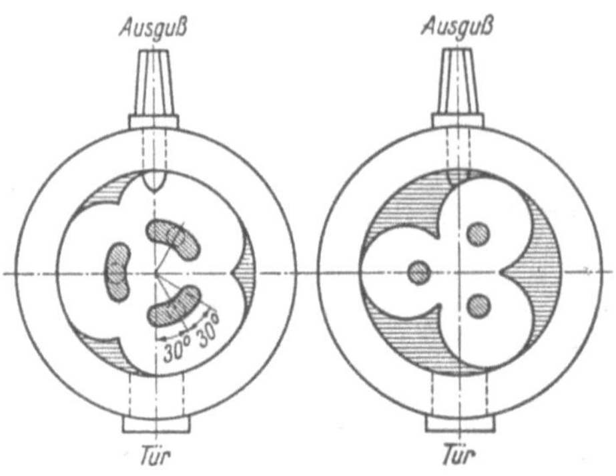

Abb. 50. Schmelzbereich der Lichtbögen mit und ohne drehbarem Ofengefäß.

Abb. 51. 20-t-Ofen in der Montagehalle, Seitenansicht. (Siemens & Halske.)

Die Elektrodenständer sind, wie bei kleineren Öfen, auf der Wiege befestigt, sofern sie nicht mit dem Portal ausgefahren werden. Das Portal, oder bei abschwenkbarem Deckel das Halbportal, dient allein zum Anheben des Deckels. Die Elektrodenständer sind also an sich unabhängig vom Portal, werden aber aus mechanischen Gründen stets mit diesem verbunden. Das Drehen des Ofengefäßes kann durch Zahnrad und Zahnstange (Abb. 51) bzw. auch durch entsprechend verlegte Seile oder Ketten erfolgen. Das Drehen des Ofens wie das Heben des Deckels werden elektrisch bewerkstelligt. Aber auch der hydraulische Antrieb kommt für viele der hier genannten Bewegungen zur Anwendung. Die Motoren sowie die erforderlichen Triebwerksteile müssen so angeordnet sein, daß sie niemals in den Bereich strahlender Hitze

Abb. 52. 20-t-Ofen in der Montagehalle, Gesamtansicht. (Siemens & Halske.)

kommen und bei Durchbrüchen nicht beschädigt werden können. Dies geschieht, indem beispielsweise das Fahrwerk seitwärts unter dem Ofen angeordnet wird (Abb. 51), das Drehwerk ebenfalls seitlich (Abb. 51) und das Hubwerk entweder auf der einen Seite des Portals (Abb. 53) oder ebenfalls seitlich unter dem Ofen (Abb. 51). Folgerichtig werden daher nicht nur alle Triebwerksteile, sondern neuerdings sogar die Kippwiege selbst nach Möglichkeit seitwärts angeordnet. Daraus ergeben sich auch Vorteile für die Gießrinne.

Zusammenfassend ist zu sagen, daß heute auch die großen Öfen durchweg in ihrem mechanischen Teil zufriedenstellend arbeiten. Die

Bauweisen der verschiedenen Firmen ähneln sich weitgehendst. Die Unterschiede in der Ausführung einzelner Teile gehen meist auf bewährte Konstruktionselemente bei kleineren Öfen zurück und haben sich auch an großen Öfen bewährt.

Zur Vermeidung von Fehlbewegungen, wie z. B. Kippen des Ofens ohne Verriegeln des Ofenfahrwerkes oder Drehen des Ofens ohne hochgefahrene Elektroden bei Einschmelzspannung, werden alle diese Bewegungen elektrisch so verriegelt, daß keine Beschädigungen eintreten können.

Abb. 53. 15-t-Ofen beim Abstich. (Demag-AEG.)

Zum Abschluß der vorstehenden Ausführungen ist in Abb. 52 das Montagebild zweier 20-t-Öfen wiedergegeben, dem die Gesamtanordnung eines Lichtbogenofens zu entnehmen ist, und zwar von der Regulierungsseite gesehen. Solcher Anblick mag bei dem Beschauer den Eindruck erwirken, als ob es sich hier mehr um Schmelzmaschinen als um Öfen handelt. In der Tat haben die Betriebsleute dieser Entwicklung durchaus mit unverhohlener Skepsis entgegengesehen. Es kann aber wiederholt gesagt werden, daß schon in kurzer Zeit diese Konstruktionen so vervollkommnet werden konnten, daß sie heute den Forderungen des Stahlwerksbetriebes gewachsen sind. Das Gleiche gilt auch für die Verbesserungen der Einzelteile, wie z. B. der mechanischen oder pneumatischen Bewegung der Arbeitstüren, die gerade für große Öfen, und insbesondere für Muldenbeschickung, notwendig wird, weiterhin der Vervollkommnung der Deckelkonstruktionen, ohne daß beim Wechsel zeitraubende Einpaßarbeiten erforderlich sind und dergleichen mehr.

II. Die elektrische Ausrüstung der Lichtbogenöfen.

Allgemeines.

Die Lichtbogenöfen werden mit Wechselstrom betrieben. An sich könnte als Heizquelle selbstverständlich auch Gleichstrom dienen, doch stehen seiner Verwendung im Ofenbetrieb erhebliche Schwierigkeiten im Wege. Erstens wird Gleichstrom im allgemeinen nur in verhältnismäßig geringen Spannungen erzeugt; dieser Umstand bedingt starke Leitungsquerschnitte oder hohe Energieverluste und demgemäß beträchtliche Kosten für die Fortleitung. Infolgedessen müßte der Strom in unmittelbarer Nähe des Ofens erzeugt werden. Da es sich hier aber um empfindliche, umlaufende Maschinen handelt, müßten sie vor Staub, wie er gerade in Lichtbogenstahlwerken nicht unterdrückt werden kann, besonders geschützt werden. Die erzeugte Spannung muß in weiten Grenzen regelbar sein, daher muß jeder Ofen einen eigenen Generator erhalten. Die Stromabnahme aus einer Sammelschiene kann nicht erfolgen, da andere Öfen, je nach dem Betriebszustand, andere Spannungen verlangen.

Eine weitere Schwierigkeit besteht darin, daß ein auftretender Kurzschluß nur durch Ohmschen Widerstand begrenzt werden kann, so daß die Maschine durch sekundärseitige Schnellschalter geschützt werden muß. Längere Kurzschlüsse führen zur Zerstörung der Maschine. Durch zusätzliche Schnellentregung kann die Dauer der Kurzschlüsse verringert werden.

Dagegen hat Wechselstrom den großen Vorteil der leichten und vorteilhaften Transformierbarkeit in ruhenden Umformern. Diese Stromart, deren Erzeugungs- und Zuleitungskosten wegen der Möglichkeit hoher Spannungen geringer sind, am Ofen selbst in Gleichstrom umformen zu wollen, wäre ein überflüssiger und verteuernder Umweg; denn man würde dazu entweder drehende Umformer oder Quecksilberdampfgleichrichter benötigen, die ständige Wartung erfordern und deren Anschaffungskosten nicht gering sind.

Ein weiterer Vorzug des Drehstroms ist die Leistungsverteilung auf drei Elektroden und der völlige Fortfall der Rückleitungen, wodurch Leitungsmaterial eingespart und Stromverluste vermieden werden.

Gegen den Gleichstrom als Lichtbogenerzeuger spricht, wenigstens bisher, ein weiterer Grund, nämlich seine elektrolytische Wirksamkeit. Bekanntlich übt Gleichstrom beim Durchfluß durch manche Lösungen auf die gelösten Bestandteile eine von deren Natur abhängige elektrolytische Wirkung aus, die eine Entmischung der Lösung und damit eine Veränderung ihrer Zusammensetzung zur Folge haben kann. Diese in ihren Auswirkungen auf schlackenbedeckte Stahlbäder noch nicht erprobte Eigentümlichkeit des Gleichstromes hat aber andererseits auch schon Veranlassung dazu gegeben, für Gleichstrom-Lichtbogenöfen Patentschutz nachzusuchen. Zwar sind solche Öfen noch nie zur Ausführung gelangt, doch ist es nicht ausgeschlossen, daß die mit diesem Gedankengang eingeleitete Entwicklung im Hinblick auf die Abscheidung gelöster Sauerstoffverbindungen aus dem Stahlbad einmal zu verwertbaren Ergebnissen führen kann. Vorläufig stehen aber der Verwirklichung noch ungelöste Probleme der feuerfesten Zustellung entgegen.

Nach dem Vorausgesagten kommt für den Betrieb der Elektrostahlöfen nur Wechselstrom in Frage, und zwar wegen seiner elektrotechnischen Vorzüge fast ausschließlich der dreiphasige Wechselstrom, der Drehstrom. Er wird heute von den Stätten billigster Krafterzeugung, den Wasserkraftgebieten und den zutage liegenden Kohlenlagern in Spannungen von 25000 bis 100000 Volt und selbst darüber den Verbrauchern zugeleitet. Damit hat sich der Wechselstrom auch für den Elektrostahlbetrieb aus ähnlichen wirtschaftlichen Erwägungen durchgesetzt wie bei den meisten anderen Anwendungsgebieten elektrischer Energie.

Früher hat man es vermieden, derartig hochgespannte Ströme dem Betrieb unmittelbar zuzuführen und deshalb in günstig gelegenen Umformergebäuden zunächst eine Umspannung auf 3000 bis 6000 Volt vorgenommen und den Strom in diesem Zustand mittels Erdkabel an den Betrieb weitergeleitet, wo er in unmittelbarer Nähe des Ofens auf die erforderliche Betriebsspannung gebracht wurde. Neuerdings geht man schon mit Hochspannungen bis etwa 45 bis 60 kV unmittelbar zum Ofentransformator und erspart damit die Kosten für die Anlage des Zwischenumspanners und für die Umformung. In Anbetracht dieser Vorteile fallen die Kosten für die besonderen Hochspannungskabel nicht ins Gewicht. Außerdem wurde diese Entwicklung auch erst durch die inzwischen erzielten Fortschritte der Kabelindustrie ermöglicht.

Die physikalischen Grundlagen der Lichtbogenbeheizung zur Erreichung eines ruhig brennenden Lichtbogens.

Die physikalischen Grundlagen der Lichtbogenbeheizung sind heute leider noch nicht so weitgehend geklärt, wie dies beispielsweise für die Gasfeuerung der Fall ist. Der Verfasser hat sich in einer eingehenden Arbeit (Stahl und Eisen 1939 S. 1261 bis 1267), die sich besonders mit Betriebsuntersuchungen an Lichtbogenöfen befaßt, bemüht, zur Klärung dieser Fragen beizutragen. Die folgenden Ausführungen stammen in weitgehender Anlehnung aus dieser Veröffentlichung.

Die Ursache, weshalb es schwierig ist, einen gleichmäßigen, ruhig brennenden Lichtbogen zu erzielen, liegt darin, daß der Lichtbogenwiderstand nicht dem Ohmschen Gesetz folgt, sondern eine eigene Charakteristik hat, deren innerer Grund wieder die bessere Leitfähigkeit des Lichtbogens mit steigender Temperatur ist, die wieder mit

dem Quadrat der Stromstärke, also sehr rasch ansteigt. In Abb. 54
sind die Verhältnisse für einen Gleichstromlichtbogen mit einer gleichbleibenden Bogenlänge von 7 mm dargestellt[1]. Das Schaubild zeigt, daß
mit wachsender Stromstärke der Widerstand stark abnimmt, der Lichtbogen hat also eine fallende Kennlinie $R\,Q\,S\,S'$. Der Verlauf entspricht
in hoher Annäherung einer Hyperbelfunktion, deren Asymptoten die e-
und eine Parallele zur J-Achse darstellen. Außer der Lichtbogenkennlinie ist im Bilde noch die Widerstandslinie $A\,P\,S$ der übrigen Leitung
des Lichtbogenstromkreises wiedergegeben. Bei einer beliebigen Stromstärke T beträgt der Spannungsabfall im Vorwiderstand $B\,P$ und der
Spannungsabfall im Lichtbogen $T\,Q$, es verbleibt somit ein Mehr an
Spannung $P\,Q$. Der Spannungsüberschuß bewirkt jetzt ein Ansteigen
der Stromstärke, bis im Punkt S dieser

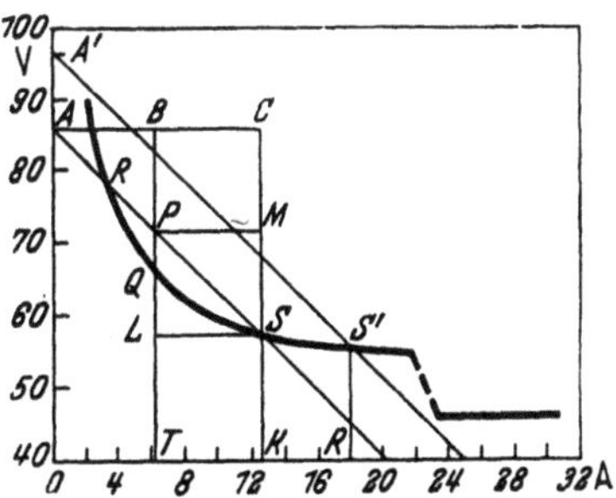

Abb. 54. Charakteristik des Gleichstrom-
lichtbogens bei gleichbleibender Bogenlänge. (Nach Grimschl.)

Überschuß auf Null gesunken ist, d. h.
ein ruhiges Brennen des Bogens eintritt. Es ergibt sich somit, daß bei einer
bestimmten Lichtbogenlänge Spannung
und Strom einander genau zugeordnet
sein müssen, um ein ruhiges Brennen
zu erzielen. Eine Erhöhung der Spannung auf A' würde einen ruhigen Lichtbogen im Punkt S' ergeben. Bei höheren Stromstärken ziehen Stromschwankungen nur geringe Spannungsschwankungen nach sich, die bei geringen
Stromstärken erheblich sein können. Man bezeichnet daher R als la-
bilen und S als stabilen Brennpunkt. Bei geringeren Spannungen und
höheren Stromstärken, im vorliegenden Fall bei etwa 21 A, ändert
sich die Beziehung zwischen Strom und Spannung unstetig; der bis
dahin ruhig brennende Lichtbogen geht in einen zischenden über.
Schließlich sagt das Bild noch aus, daß die Arbeitsverhältnisse dann
am günstigsten sind, wenn der Verlauf der Widerstandslinie möglichst
steil ist; denn in diesem Fall ist die Änderung der Stromstärke bei verschiedener Vorspannung nur gering. Es ist also festzustellen, daß bei
geringen Stromstärken und hohen Spannungen ein labiler Brennpunkt
besteht, bei dem nach beiden Richtungen der Lichtbogen sofort sehr
unruhig arbeitet. Mit steigender Stromstärke kommt man in stabilere
Bereiche, die ein ruhiges und gleichmäßiges Brennen des Lichtbogens
gewährleisten (stabiler Brennpunkt) und gelangt schließlich in das Gebiet des zischenden Lichtbogens. Zur Erzielung eines ruhig arbeitenden
Lichtbogens kommt daher nur ein bestimmtes Gebiet in Frage, das nach
beiden Seiten durch Gebiete unruhigen Brennens abgegrenzt wird.

---

[1] Grimschl: Lehrbuch d. Physik, 5. Aufl., 2. Bd. S. 355.

Diese genannten Gesetzmäßigkeiten wurden durch Untersuchungen des Lichtbogens zwischen Kohleelektroden gefunden. Natürlich ist die Kennlinie unter anderem abhängig vom Elektrodenwerkstoff, der Gasatmosphäre, den Abkühlungsverhältnissen u. a. m. Geht man zum Lichtbogen im Elektroofen über, so ist hier auch noch die Polarität von Einfluß. Es ist bekannt, daß der Lichtbogen zwischen Bad oder Schlacke und einer Kohle- oder Grafitelektrode ruhiger brennt, wenn die Elektrode als Minuspol gewählt wird. Schaltet man aber das Bad als Minuspol, so spritzt dieses heftig gegen die Elektrode, der Lichtbogen wird unruhiger und unter sonst gleichen elektrischen Verhältnissen ist die Länge des stabil zu haltenden Lichtbogens viel geringer.

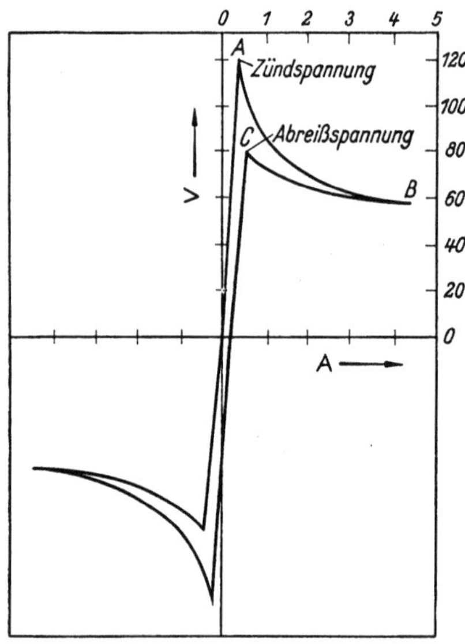

Abb. 55. Dynamische Charakteristik des Wechselstromlichtbogens. [Grimsehl-Tomaschek: Lehrbuch der Physik Bd. II (1940) S. 528.]

Betrachtet man nun den Wechselstromlichtbogen, so ist zu beachten, daß mit jeder Periode die gezeigte Kennlinie von Null bis zur höchsten Stromstärke in wechselnder Richtung durchlaufen wird, und zwar entsprechend der Netzfrequenz fünfzigmal je Sekunde. Es darf aber nicht übersehen werden, daß Unterschiede gegenüber dem Gleichstromlichtbogen bestehen, und zwar besonders darin, daß die Zündvorgänge andere sind. Insgesamt finden während einer Sekunde, entsprechend dem Wechsel von Plus zu Minus und umgekehrt, 100 Zündungen statt. Da der Zündvorgang von der Emission des betreffenden Stoffes abhängt, die einmal Kohle oder Grafit, auf der anderen Seite festes oder flüssiges Eisen oder Schlacke von wechselnder Zusammensetzung ist, so ergeben sich unter bestimmten Umständen deutliche Gleichrichterwirkungen. Außerdem zeigt der Stromspannungsverlauf des Wechselstromlichtbogens während einer Periode einen den Hysteresiserscheinungen ähnlichen Verlauf, der wieder von Strom, Spannung und Lichtbogenlänge, Zündvorgängen und weiteren Einflüssen abhängig ist[1].

Diese kennzeichnenden Vorgänge mögen kurz an Hand der dynamischen Charakteristik des Wechselstromlichtbogens erklärt werden (Abb. 55). Das Wesen dieser Zusammenhänge beruht auf der Verschieden-

---

[1] Simon, H. Th.: Phys. Z. 6 (1905) S. 297 bis 319.

heit zwischen Zünd- und Abreißspannung. Ein Wechselstromlichtbogen, dessen Strom gerade den Nullpunkt durchschreitet, besitzt in diesem Augenblick keinen Lichtbogen. Da aber die Kohlen und die Luft zwischen den Kohlen noch heiß sind, besteht sofort nach Ansteigen der Spannung wieder ein Strom, der sogenannte Glimmstrom. Erst wenn die Spannung einen gewissen Wert erreicht hat, und das ist laut Abb. 55 sehr rasch der Fall, erwärmen sich Kathode und Luft so rasch, daß wieder ein Lichtbogen zustande kommt. Dieser Punkt entspricht der Zündspannung A. Nunmehr muß sich die fallende Charakteristik bemerkbar machen, und die Spannung sinkt bis zum Punkt B ab bei

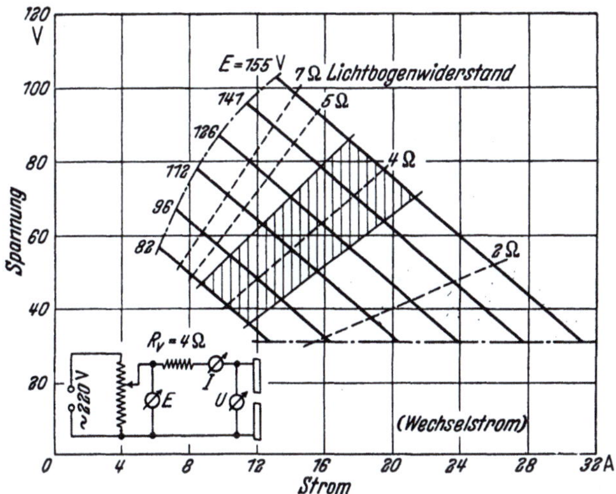

Abb. 56. Lichtbogenspannung bei verschiedenen äußeren Spannungen und veränderlicher Lichtbogenlänge. (Nach K. Mertens.)

wachsender Stromstärke. Inzwischen nimmt der Strom vom Netz her wieder ab, die Temperatur sinkt, der Lichtbogen bedarf einer steigenden Spannung zu seiner Aufrechterhaltung, bis er im Punkt C der Abreißspannung erlischt und an seine Stelle tritt wieder der Glimmstrom mit geringer Stromstärke bis zum Abfall der Spannung auf Null. Anschließend wiederholen sich die Vorgänge in umgekehrter Phase. Diese Charakteristik gilt aber nur für den Fall schlechter Ionisierungsverhältnisse, wie sie etwa zu Beginn des Einschmelzens bestehen. Bei guter Leitfähigkeit, etwa während des Feinens, verwischen sich die Spitzen in A und C und die Kurve nähert sich mehr der Sinuskurve, allerdings mit einer gewissen Abflachung des Bogenteiles. Wird der Bogen mit einer Spannung betrieben, die etwa der Zündspannung entspricht, so löst sich der Sinusbogen in oszillatorische Entladungen auf, deren Frequenz 5000 und mehr Hertz beträgt.

Auf alle anderen angedeuteten Vorgänge soll hier nicht weiter eingegangen werden, da sie noch nicht restlos geklärt sind und ihre Einflüsse auf den Lichtbogenofenbetrieb noch unbekannt sind. Daß die Gesetze für den Wechselstromlichtbogen aber sehr ähnlich sind denen für Gleichstromlichtbogen, zeigt ein einfacher Versuch von K. Mertens (Abb. 56, S. 87). In Abhängigkeit von Stromstärke und Spannung sind hier die Verhältnisse für den Wechselstromlichtbogen zwischen Kohleelektroden dargestellt. – Lediglich im schraffierten Feld war ein ruhig brennender Lichtbogen zu erzielen. Auf beiden angrenzenden Gebieten trat Flackern und Verlöschen ein.

Als die ersten praktischen Messungen stattfanden, waren diese Verhältnisse noch nicht genügend bekannt, und es wurde angenommen, daß im Lichtbogenofen diese Zusammenhänge nicht so klar in Erscheinung treten würden. Die ersten tastenden oszillographischen Aufnahmen ließen auf den ersten Blick keine Zusammenhänge erkennen. Es bestand Grund zu der Annahme, daß der Lichtbogen mit steigender Stromstärke und fallender Spannung ruhiger brennt. Wenn inzwischen auch erkannt worden ist, daß dieser Zusammenhang nicht ganz

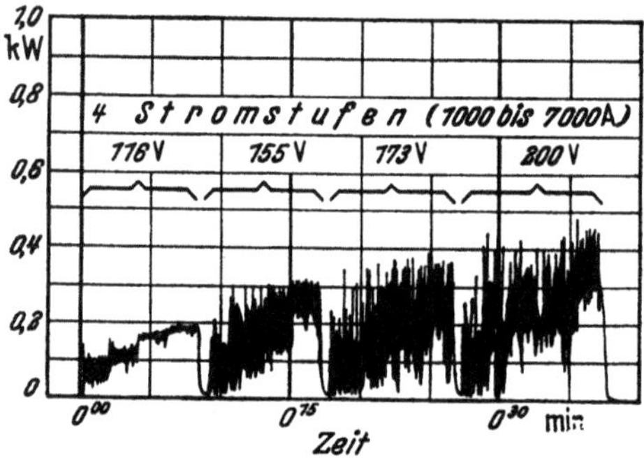

Abb. 57. Leistungsschwankungen während des Einschmelzens bei einem 7,5-t-Ofen. (2500 kVA.)

richtig ist, so trifft dies für die praktischen Verhältnisse doch meistens zu. Jedenfalls wurden damals nach dieser Richtung Versuchsreihen zur Klarstellung der Abhängigkeit durchgeführt. Abb. 57 zeigt die Schwankungen des Leistungsschreibers eines 7,5-t-Ofens mit einer Umspannerleistung von 2500 kVA bei 325 kVA Drosselleistung und 24% Kurzschlußspannung des Umspanners einschließlich der Drossel. Für die Stufen 116 Volt und 155 Volt ist die Beruhigung des Lichtbogens mit steigender Stromstärke ohne weiteres zu erkennen, während für 173 Volt und 200 Volt die größte Stromstärke von 7000 A zur Beruhigung des Lichtbogens nicht ausreichte. Außerdem wurden an einem 5-t-Ofen mit einem 2000-kVA-Umspanner und einer 396-kVA-Drossel bei 25% Kurzschlußspannung des Umspanners einschließlich Drossel für die Spannungsstufen 100 Volt und 173 Volt Oszillogramme bei ansteigender Stromstärke aufgenommen. Die Reihe A_1 bis A_4 (Abb. 58) zeigt die aufgenommenen Oszillogramme bei 100 Volt. A_1 läßt das stoßweise Arbeiten und leichte Abreißen des Lichtbogens wegen der geringen Leistung erkennen. Mit steigender Stromstärke A_2 sind die Stöße noch vorhanden, das Abreißen hat aber schon nachgelassen und hört bei weiter steigender

Stromstärke A_3 bereits ganz auf, wobei die Schwankungen schon etwas gemildert sind. Eine weitere Stromerhöhung bringt auch eine weitere Beruhigung des Lichtbogens, bis zuletzt in A_4 ein außerordentlich gleichmäßiges Arbeiten erreicht wird. Die Bilder B_1 bis B_4 (Abb. 59) geben die Verhältnisse in ähnlicher Weise für 173 Volt wieder. Die Oszillogramme unterscheiden sich auch grundsätzlich kaum von denen der Reihe A. Durch höhere Spannung wird in B_1 und B_2 das vollständige Abreißen des Lichtbogens verhindert. Bei der höchsten Stromstärke ist auch hier ein sehr ruhiges Arbeiten des Lichtbogens zu erkennen. Da diese Oszillogramme in sehr anschaulicher Weise die unangenehmen Erscheinungen des Lichtflimmerns veranschaulichen, so sei hier eingeschaltet, daß die gleichmäßigen Zustände nach A_4 und B_4 völlig einwandfrei sind. Besonders A_1 bis A_3 und B_1 bis B_3 lassen erkennen, daß die auftretenden Stromstöße sich in der Sekunde etwa vier- bis siebenmal wiederholen. Berücksichtigt man, daß Lichtschwankungen bei gewöhnlichen Glühlampen vom menschlichen Auge schon bei 1% Spannungsschwankungen wegen der starken Spannungsabhängigkeit der Lichtausbeute wahrgenommen werden und daß diese Empfindlichkeit bei einer Frequenz des Lichtflimmerns von etwa 4 bis 8 auf etwa 0,5% Spannungsschwankung in der Lampe gesteigert wird, so erkennt man an den Oszillogrammen, daß der Lichtbogenofen als Störeinfluß bei denkbar unglücklichsten Verhältnissen arbeitet. Die unangenehme Störfrequenz ist leider bei allen störenden Öfen vorhanden, und es ist bis jetzt auch kein Weg gefunden worden, die Frequenz auf andere Bereiche, die dem Auge nicht mehr erkennbar sind, abzudrängen.

Aber nicht nur der Stromversorger, sondern auch der Stahlwerker selbst legt Wert auf ruhiges Arbeiten des Lichtbogens. Je größer nämlich die Schwankungen bei der höchsten Stromstärke sind, um so geringer ist die zulässige mittlere Leistung. Es kann daher leicht der Zustand eintreten, daß der Transformator einer Ofenanlage nicht genügend ausgenutzt werden kann, wodurch zu lange Einschmelzzeiten und damit unnötige wirtschaftliche Belastungen hervorgerufen werden können. Die eingehende Untersuchung eines 20-t-Ofens (wegen Einzelheiten sei auf die Arbeit selbst verwiesen) hat wiederum die gleichen Zusammenhänge gezeigt. Außerdem stellte sich heraus, daß die Wirkung der Drossel zur Beruhigung des Lichtbogens bei weitem nicht so viel beiträgt, wie gewöhnlich angenommen wird. Diese Erscheinung ist zum großen Teil darin begründet, daß große Öfen schon an sich eine genügende natürliche Reaktanz besitzen. Die Drossel begrenzt wohl die Stromstöße nach oben, die Schwankungen nach unten bleiben dagegen erhalten. Zur eigentlichen Beruhigung des Brennens selbst trägt sie durch die Vergrößerung der Phasenverschiebung bei, deren Wirkungs-

weise ohne weiteres einleuchtet unter Berücksichtigung der Verhältnisse, wie sie bei der Betrachtung der dynamischen Charakteristik des
Wechselstromlichtbogens dargelegt wurden.

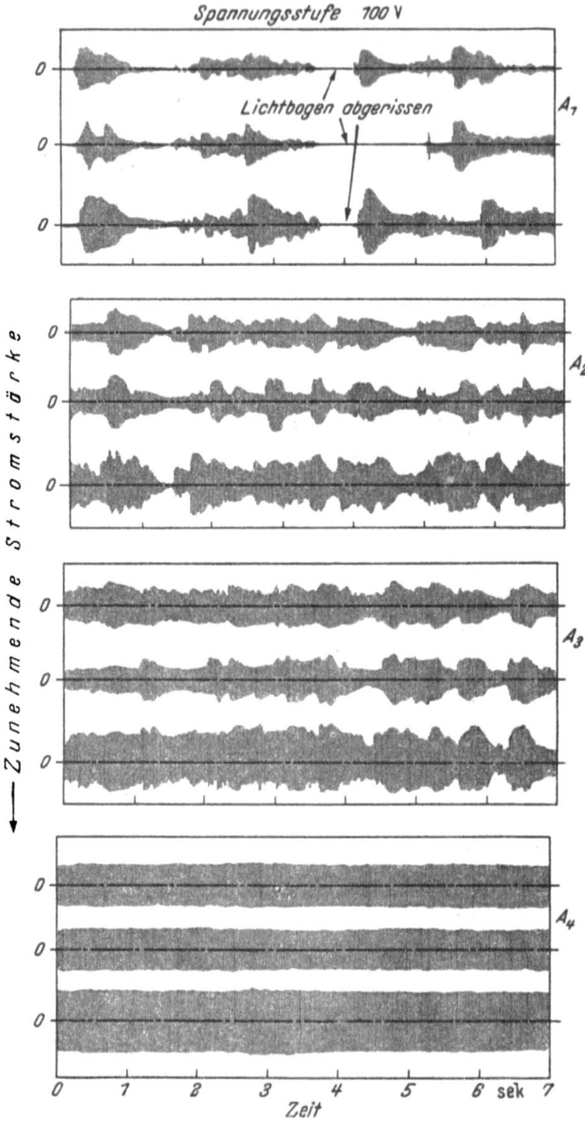

Abb. 58. Oszillographische Aufnahmen an einem 2000-kVA-Lichtbogenofen (5 t) bei einer
Spannung von 100 V und verschiedenen Stromstärken. (Drosselleistung 396 kVA.)

Zur besseren Deutung der Verhältnisse soll nochmals auf die Lichtbogenkennlinie zurückgegriffen werden (Abb. 54). Es war ausgeführt
worden, daß der Lichtbogen um so ruhiger brennt, je geringer das Ge-

fälle der Hyperbel und je steiler der Verlauf der Widerstandslinie ist.
Nun ist aber der Verlauf des induktiven Spannungsabfalls bei verschiedenen Spannungsstufen und Drosselleistungen so beschaffen, daß

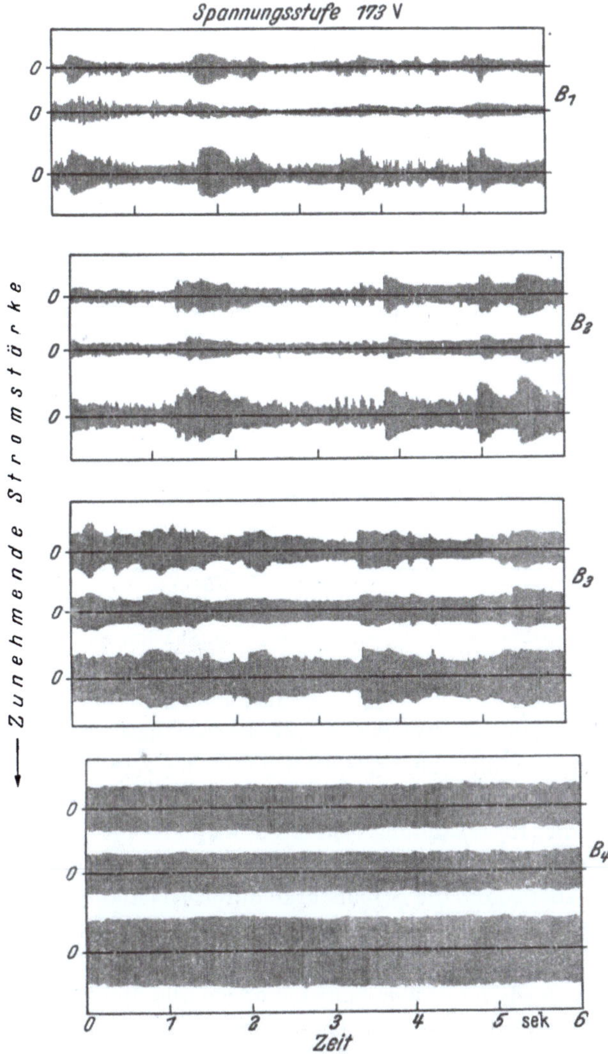

Abb. 59. Oszillographische Aufnahmen an einem 2000-kVA-Lichtbogenofen (5 t) bei einer
Spannung von 173 V und verschiedenen Stromstärken. (Drosselleistung 396 kVA.)

er erst bei höheren Stromstärken in nennenswertem Umfang in Erscheinung tritt, sich aber selbst dann noch in mäßigen Grenzen hält.
Um mit Hilfe der Drossel ein ruhiges Arbeiten zu erzwingen, müßte
diese so bemessen werden, daß die Senkung der Spannung etwa auf den

Betrag erfolgt, welcher der sinngemäßen Abstimmung von Strom und Spannung entspricht. Es ist daher richtiger, diesen Betrag von vornherein vorzusehen und erst dann die Größe der Drossel festzulegen, um die Anlage besser ausnutzen zu können und einen möglichst günstigen Leistungsfaktor zu erzielen. Bei Verfolgen dieses Weges sind die in Abb. 60 wiedergegebenen Zusammenhänge zu beachten. Die unter 45° nach oben verschoben gezeichneten Hyperbeln entsprechen zunehmenden Lichtbogenlängen. Aus diesem Schaubild ist zu erkennen, daß die zur Beruhigung des Lichtbogens erforderliche Stromstärke mit wachsender Lichtbogenlänge größer sein muß. Nun liegen aber die Verhältnisse im Lichtbogenofen nicht so, daß mit gleichbleibender Lichtbogenlänge gefahren wird, sondern es wird bei gleichbleibender Spannung die Stromstärke durch Änderung des Lichtbogenwiderstandes, also vor allem der Lichtbogenlänge, geregelt. Das bedeutet aber, daß mit abnehmender Stromstärke der Lichtbogen länger wird und damit die Lichtbogenkennlinie für den Elektrostahlofen noch viel steiler verläuft, etwa längs $A\,B$, so daß dadurch der Einfluß der Stromstärke noch viel schärfer in Erscheinung treten muß. Bei geringen Stromstärken ist die Änderung der Gleichförmigkeit des Lichtbogens sehr groß, so daß mit recht verwickelten Verhältnissen gerechnet werden muß. Denn wegen dieser Empfindlichkeit wird der Einfluß der Leistung, der Drossel, der Schrottverhältnisse usw., hier stärker in Erscheinung treten, wozu noch der Einfluß der Zündvorgänge wegen des leichten Abreißens des Lichtbogens kommt. Da bei geringen Stromstärken die Restspannung sehr groß wird, ist die Neigung zur besonders raschen Zunahme der Stromstärke vorhanden, die Regelung vermindert aber sofort die Stromstärke durch Hochfahren der Elektroden, die unter Umständen bis zum Verlöschen führen kann, um dann beim Senken von neuem zu zünden. Tatsächlich wurde auch beobachtet, daß im Bereich der großen Schwankungen alle drei Elektroden dauernd auf und nieder gingen, dementsprechend schlugen Leistungsschreiber und Amperemeter in regelmäßigen Zeitabständen vom niedrigsten bis zum höchsten Wert wechselnd aus.

Es bleibt jetzt noch zu überlegen, von welchen weiteren Einflüssen das gleichmäßige Arbeiten des Lichtbogens abhängig ist, um vielleicht durch Erfassung aller Zusammenhänge ein Bild über die Reichweite der vorgeschlagenen Maßnahmen zu erhalten. Der Einfluß der Elektroden ist noch nicht genügend bekannt. Die Kohleelektrode wird — worauf

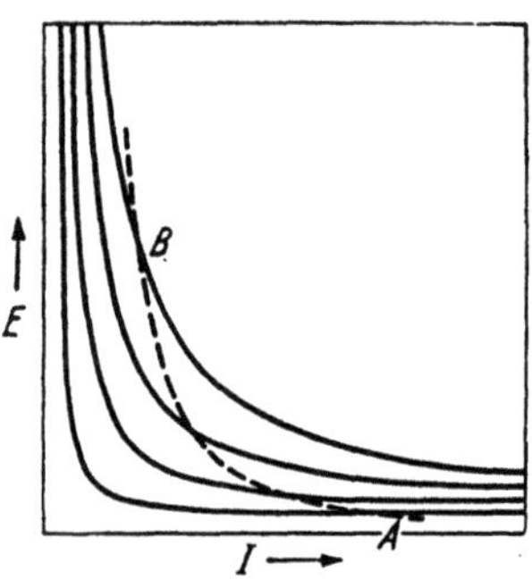

Abb. 60. Schematische Darstellung der Lichtbogenverhältnisse für verschiedene Lichtbogenlängen und -spannungen.

schon der doppelt so hohe Abbrand hinweist — wahrscheinlich eine
bessere Ionisierung ermöglichen als die Grafitelektrode. Dafür aber hat
bei gleicher elektrischer Belastung wegen der besseren Leitfähigkeit die
Grafitelektrode nur den halben Querschnitt der Kohleelektrode, so daß
der Lichtbogen bei der Grafitelektrode nur auf einem kleinen Bereich
„wandern" kann und damit die Aufrechterhaltung guter Ionisierungsverhältnisse gewährleistet ist. Die Wärmeleitfähigkeit der Elektroden
dürfte für die Gleichmäßigkeit des Lichtbogens im Elektrostahlofen
keine allzu große Rolle spielen, da die Elektroden ohnehin schon beim
Einschmelzen eine hohe Temperatur haben. Über den Einfluß des
Elektrodendurchmessers ist kaum etwas bekannt. Es könnte sein, daß
durch die bessere Abschirmungswirkung dickerer Elektroden eine gewisse Beruhigung des Brennens hervorgerufen wird. Über die praktische
Bewährung wird im Abschnitt „Die Elektroden" noch zu sprechen sein.
Der Teilkreisdurchmesser ist durch die Herdabmessung und den Elektrodendurchmesser zur Erzielung einer gleichmäßigen Ofenbeheizung
festgelegt. Es ist zu erwarten, daß mit steigendem Teilkreisdurchmesser
der Ofenbetrieb gleichmäßiger wird, weil der Widerstand im Schrott von
Zufälligkeiten in der Schrottlagerung unabhängiger wird. Wesentlich
wichtiger ist natürlich die Beeinflussung durch den Schrott selbst. Je
grobstückiger der Schrott ist, um so unruhiger ist das Arbeiten des
Lichtbogens. Ferner spielt es eine Rolle, ob der Schrott einigermaßen
gleichmäßig den Ofen ausfüllt. Ist er sehr ungleichmäßig verteilt, so
werden Stromstöße die Folge sein. Diese letzten Überlegungen sind aber
jedem Stahlwerker geläufig und finden größte Berücksichtigung, soweit
es eben die Schrottverhältnisse gestatten.

Durch die obengenannten Einflüsse werden die vorgeschlagenen
Maßnahmen nicht beeinflußt, so daß nur noch die Frage zu beantworten
ist, ob irgendwelche unerwünschten Erscheinungen zu erwarten sind.
Nun ist bereits bekannt, daß bei hohen Stromstärken und geringer
Spannung der Elektrodenverbrauch ansteigt. Da dieser einen wichtigen
Posten in den Selbstkosten darstellt, ist er besonders zu beachten. Die
Schwierigkeiten beziehen sich nun in erster Linie auf die Einschmelzzeit,
während dieser Zeit ist aber die Spannung noch hoch und die Elektroden
vom kalten Schrott umgeben, so daß eine Erhöhung des Elektrodenverbrauchs nicht eintritt. Auf keinen Fall dürfen aber die Spannungen
so gewählt werden, daß auch während des Feinens hohe Stromstärken
erforderlich werden. Immerhin wird auch für das Einschmelzen zu
empfehlen sein, Spannungen und Stromstärken so zu wählen, daß
gerade ein ruhiger Betrieb gewährleistet ist und weitergehende Maßnahmen unbedingt zu vermeiden sind.

Abschließend muß zur Vermeidung von Mißverständnissen noch auf
einen sehr wesentlichen Einflußfaktor hingewiesen werden. Die Be-

ruhigung des Lichtbogens ist neben den bereits angeführten und zum Teil aus diesen Gründen auch von der Größe des Ofenraumes und damit vom Fassungsvermögen abhängig. Aus diesem Grunde dürfen die Zusammenhänge gemäß Abb. 57 bis 59 auch nicht verallgemeinert werden, denn sie gelten zunächst nur für die jeweilig untersuchten Öfen. Bereits bei veränderter Bauweise können, bei anderen Ofengrößen müssen wesentliche Abweichungen erwartet werden. Zur Zeit können daher noch keine genauen zahlenmäßigen Unterlagen angegeben werden. Der Vollständigkeit halber muß noch erwähnt werden, daß natürlicherweise auch die Elektrodenregulierung einen großen Einfluß auf das gleichmäßige Arbeiten des Lichtbogens hat. Auf diese Zusammenhänge wird bei der Beschreibung der Regulierungen näher einzugehen sein.

Die Zuordnung von Strom und Spannung zur Erreichung einer bestimmten Leistung.

Nachdem im vorhergehenden Abschnitt die Bedingungen erörtert wurden, die ein ruhiges Arbeiten des Lichtbogens gewährleisten und die damit die Voraussetzung für seine technische und wirtschaftliche Nutzung bilden, interessiert nunmehr diejenige Leistung, die er in Wärme umzuwandeln vermag, also die Nutzleistung. Zum leichteren Verständnis müssen zuerst die Verhältnisse für den Gleichstrom-Lichtbogenofen erörtert werden.

Vorausgeschickt sei, daß hier nur die Leistung des Lichtbogens in Betracht gezogen wird, da sie bei weitem die Hauptquelle der Schmelzleistung darstellt. Natürlich wird auch ein Teil der zugeführten Energie im Ofen in Ohmsche Wärme umgewandelt, nämlich durch die im Einsatz zwischen den einzelnen Phasen wirksamen Ströme. Die Ohmsche Wärme ist abhängig vom Widerstand des Einsatzes und wechselt daher mit der Zusammensetzung und den Abmessungen des Schrottes. In gleicher Weise wechselt aber auch die Wärmeleitfähigkeit, die für die Leistungsaufnahme insofern eine Rolle spielt, als örtliche Überhitzungen vermieden werden müssen. Noch wichtiger ist aber in dieser Hinsicht die Verteilung des Einsatzes auf den Ofenraum. Sie muß so erfolgen, daß die Wärme auch rasch genug zu den von den Lichtbögen nicht unmittelbar beheizten Teilen abfließen kann.

Die Gesamtleistung setzt sich zusammen aus der im Lichtbogen erzielten Nutzleistung und der Verlustleistung, die in erster Linie auf den Ohmschen Widerstand der Zuleitung einschließlich der Elektroden zurückzuführen ist. Bei gleicher Spannung wächst die Leistung W, die sich bekanntlich als Produkt aus Stromstärke I und Spannung E

$$W = E\,I$$

berechnet, mit der Stromstärke geradlinig an.

Die Verlustleistung dagegen, die auf die Stromwärme in den Zuleitungen zurückzuführen ist, wächst bei gleicher Spannung mit dem Quadrat der Stromstärke an, denn unter Berücksichtigung des Ohmschen Gesetzes wird

$$W = I^2 R.$$

Wenn aber die Gesamtleistung linear und die Verlustleistung mit dem Quadrat der Stromstärke ansteigen, so muß deren Differenz, also die Nutzleistung, immer mehr hinter der Gesamtleistung zurückbleiben. Diese Verhältnisse werden in übersichtlicher Weise in Abb. 61 für einen

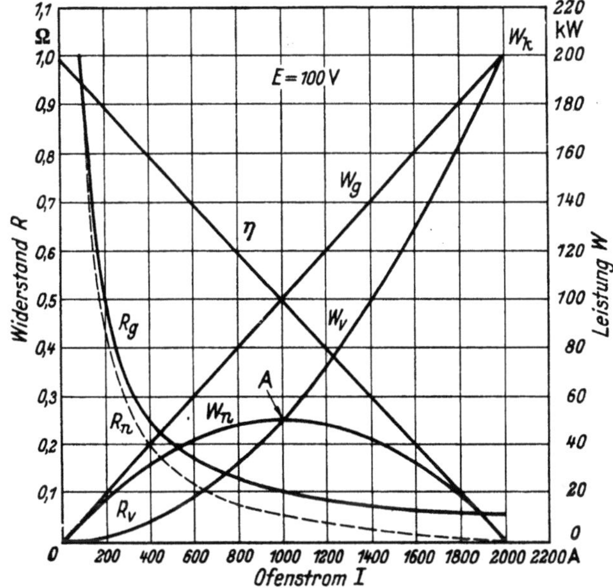

Abb. 61. Kennlinien eines Gleichstromlichtbogenofens. (Nach J. Wotschke.)

bestimmten Widerstandsbetrag veranschaulicht[1]. Bei einer bestimmten Stromstärke wird die Nutzleistung W_n gleich der Verlustleistung W_v. Mit weiter steigender Stromstärke wird die Verlustleistung größer als die Nutzleistung, d. h. daß für die Nutzleistung ein Höchstwert besteht und bei dessen Überschreitung diese trotz höherer Stromzufuhr sogar abfällt. Die Lage dieses Höchstwertes ist von der Größe des Verlustwiderstandes abhängig. Der Wirkungsgrad ist gleich dem Quotienten aus der Differenz aus Gesamt- und Verlustleistung zu Gesamtleistung. Er nimmt daher von einem Höchstwert mit steigender Stromstärke beständig ab.

Für den Wechselstromlichtbogen muß das Hinzutreten der induk-

---

[1] Diese und die nächsten Abbildungen wurden entnommen den „Grundlagen des elektrischen Schmelzofens" von Joh. Wotschke (1933).

tiven (ωL) und kapazitiven Widerstände $\dfrac{1}{(\omega C)}$ beachtet werden. Für eine Lichtbogenanlage ist der kapazitive Widerstand im Vergleich zum induktiven sehr gering, so daß er bei überschlägigen Betrachtungen und Berechnungen meist vernachlässigt wird. Das Ohmsche Gesetz für Wechselstrom lautet nun:

$$J = \frac{E}{\sqrt{(R_1 + R_2)^2 + (\omega L)^2}} = \frac{E}{Z},$$

wobei R_1 den Lichtbogenwiderstand und R_2 den Ohmschen Widerstand der Zuleitung bedeuten. E und J bedeuten die effektiven Werte für Spannung und Stromstärke, Z wird Scheinwiderstand genannt, $Z \cos \varphi$ Wirkwiderstand und $Z \sin \varphi$ Blindwiderstand. In entsprechender Weise teilt sich die Gesamtleistung, die Scheinleistung, in Wirk- und Blindleistung auf. Nur der Wirkstrom vollbringt eine tatsächliche Leistung, während der Blindstrom ein wattloser Strom ist. Der Verlauf von Strom und Spannung ist um den Phasenwinkel φ verschoben, dessen cos den schon oft erwähnten Leistungsfaktor darstellt. Die Leistung des Wechselstroms ist

$$W = E J \cos \varphi.$$

Der Phasenwinkel ist mit den jeweiligen Widerständen wie folgt verknüpft:

$$\operatorname{tg} \varphi = \frac{\omega L}{R_1 + R_2}.$$

Je kleiner der Phasenwinkel, um so höher ist die Wirkleistung und um so niedriger die Blindleistung. Ist die Phasenverschiebung $\varphi = 0°$, also $\cos \varphi = 1$, d. h. Strom und Spannung sind in Phase, so wird die Leistung so groß, wie die des entsprechenden Gleichstromes. Mit zunehmender Phasenverschiebung, also abnehmendem $\cos \varphi$ geht die Wirkleistung zurück und sinkt für $\varphi = 90°$ auf den Betrag 0, d. h. der gesamte Strom ist Blindstrom.

Nach dieser Abschweifung über Sinn und Wesen des Leistungsfaktors sollen nunmehr die gleichen Betrachtungen, wie sie über die Energieverhältnisse des Gleichstromofens angestellt wurden, für den Wechselstromofen durchgeführt werden (Abb. 62). Was im ersten Falle die Gesamtleistung darstellte, entspricht jetzt der Scheinleistung Wsch. Nach Abzug der Blindleistung Wb bleibt die Wirkleistung Ww, die wegen des starken Anstieges der Blindleistung mit der Stromstärke wieder einen ausgesprochenen Höchstwert besitzt. Die Blindleistung steigt nämlich quadratisch mit der Stromstärke vervielfacht mit dem Faktor ωL, der übrigens bei den hier vorliegenden Verhältnissen stets größer ist als der entsprechende Faktor R für den Ohmschen Wider- stand. Wird nunmehr noch die Verlustleistung abgezogen, so wird die endgültige Nutzleistung erhalten, die natürlich ebenfalls einen Höchstwert besitzt, der gegenüber derjenigen der Wirkleistung nach geringen Stromstärken verschoben ist. Folgerichtig müssen alle diese Höchstwerte auf der Blindleistungskurve liegen.

Aus der Tatsache dieser Leistungshöchstwerte folgt nun die äußerst wichtige Erkenntnis, daß die höchste Leistungsausbeute eines Elektroofens nicht identisch ist mit den Höchstwerten der zugeführten Leistung, wie sie aus den Schalttafelinstrumenten zu entnehmen sind.

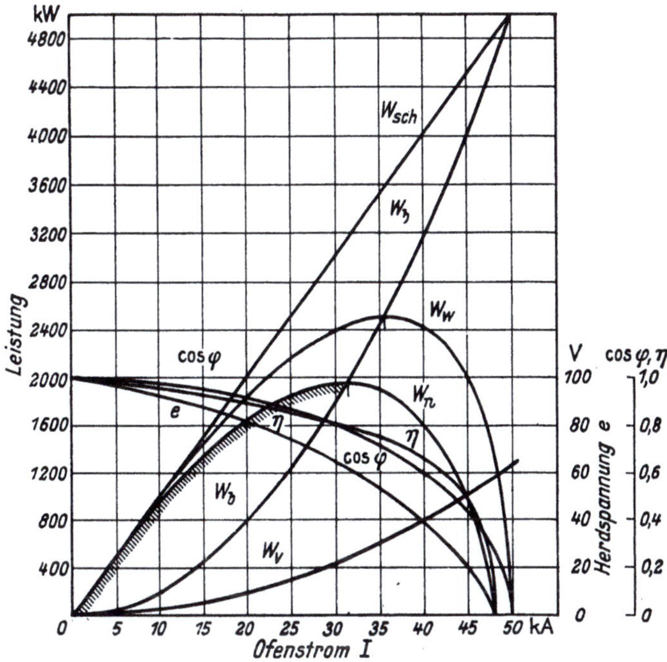

Abb. 62. Kennlinien eines Wechselstromofens. (Nach J. Wotschke.)

Dieser Höchstwert ist bei gegebener Spannung und festliegenden Ohmschem und induktivem Widerstand vom Leistungsfaktor und damit auch von der Stromstärke abhängig. Seine Lage ist durch den Betrag der Verlust- und Blindleistung bestimmt. Die Leistung eines Elektroofens muß deshalb so bemessen werden, daß dieser Höchstwert nicht erreicht und noch weniger überschritten werden kann. Das bedeutet aber, daß die Leistung unter allen Umständen auf dem steil ansteigenden Ast der Nutzleistungskurve liegen muß. Für den Ofenbauer und auch für den Stahlwerker ist nun die genaue Lage dieser Höchstwerte von bedeutendem Interesse. Für den Gleichstromofen liegen die Verhältnisse ziemlich einfach. Der Höchstwert ist, wie bereits angedeutet, dadurch bestimmt, daß Nutz- und Verlustleistung gleich werden, bzw. daß der

Nutzwiderstand gleich dem Verlustwiderstand ist. Beim Wechselstromofen tritt zusätzlich die Blindleistung und somit der Leistungsfaktor in Erscheinung. Der Höchstwert muß bei einer bestimmten Phasenverschiebung liegen, und man braucht zur mathematischen Berechnung nur von dem Umstand Gebrauch zu machen, daß im Maximum der Differentialquotient 0 ist, also:

$$\frac{dW}{d\varphi} = 0.$$

Für den Fall, daß außer dem Lichtbogenwiderstand R_1 ein rein induktiver Widerstand vorliegt, ergibt sich für die Lichtbogenleistung

$$W = R_1 J^2 = R_1 \frac{E^2}{Z^2},$$

da, wie oben gezeigt,

$$Z = \frac{\omega L}{\sin\varphi} \quad \text{und} \quad R_1 = \frac{\omega L}{\operatorname{tg}\varphi}$$

wird

$$W = \frac{E^2}{\omega L} \sin\varphi \cos\varphi.$$

Dann folgt für die maximale Leistung

$$\frac{dW}{d\varphi} = \frac{E^2}{\omega L}(\cos^2\varphi - \sin^2\varphi) = 0,$$

$$\cos\varphi = \sin\varphi = \frac{1}{\sqrt{2}} = 0{,}707,$$

$$W_{\max} = \frac{E^2}{2\,\omega L}.$$

Die Anwendung eines geringeren Leistungsfaktors als 0,7 ist also technisch ohne Sinn. Diese Grenze liegt in Wirklichkeit etwas höher, wie anschließend bei Berücksichtigung des Ohmschen Widerstandes deutlich werden wird.

Wie die Rechnung zeigt, ist die Höchstleistung im Lichtbogen allein durch die Klemmspannung und den induktiven Spannungsabfall in den Zuleitungen bestimmt. In diesem Fall wird der Lichtbogenwiderstand $R_1 = \omega L$.

Wird die Verlustleistung R_2 berücksichtigt, so ändert sich der Ausdruck für R_1 in

$$R_1 = \frac{\omega L}{\operatorname{tg}\varphi} - R_2$$

und die Lichtbogenleistung wird bei sonst gleichem Rechnungsgang wie oben

$$W = R_1 \frac{E^2}{Z^2} = \frac{E^2}{\omega L} \sin\varphi \cos\varphi - \frac{E^2 R_2}{(\omega L)^2} \sin^2\varphi.$$

Bei

$$\frac{dW}{d\varphi} = 0$$

wird

$$\cos^2\varphi - \sin^2\varphi = \frac{2 R_2}{\omega L} \sin\varphi \cos\varphi.$$

Durch entsprechende Umformung ergibt sich schließlich für den Leistungsfaktor bei der maximalen Leistung

$$\cos \varphi = \frac{1}{\sqrt{2}} \sqrt{1 + \frac{R_2}{\sqrt{R_2^2 + (\omega L)^2}}}$$

und entsprechend

$$\sin \varphi = \frac{1}{\sqrt{2}} \sqrt{1 - \frac{R_2}{\sqrt{R_2^2 + (\omega L)^2}}} .$$

Dann wird die maximale Leistung

$$W_{\max} = \frac{E^2}{\omega L} \left(\sin \varphi \cos \varphi - \frac{R_2}{\omega L} \sin^2 \varphi \right)$$

$$= \frac{E^2}{2\sqrt{R_2^2 + (\omega L)^2}} = \frac{E^2}{2(R_1 + R_2)} .$$

Im Vergleich zum oben errechneten Betrag bei Abwesenheit der Ohmschen Leitungsverluste wird der Leistungsfaktor durch den Ohmschen Widerstand größer, die Höchstleistung um die Zuleitungsverluste in der formulierten Weise verringert. Auch hier ist der Spannungsverlust im Lichtbogen gleich dem der Zuleitungen. Der Lichtbogenstrom bei der Höchstleistung ist:

$$J = \frac{E}{\sqrt{R_2^2 + 2(\omega L)^2}} .$$

Wird der Strom weiter gesteigert, so nimmt die Leistung ab, bis sie beim Strom

$$J = \frac{E}{\sqrt{R_2^2 + (\omega L)^2}}$$

Null wird. Dies entspricht dem Kurzschlußstrom. Der Lichtbogen ist erloschen. Schließlich sei noch die Leistung des Lichtbogens in Abhängigkeit von der Stromstärke angegeben:

$$W = E J \left[\sqrt{1 - \left(\frac{\omega L J}{E}\right)^2} - \frac{R J}{E} \right] .$$

Diese Gleichung besagt, daß der höchste Wert für $E \cdot I$ um die Beträge des induktiven und Ohmschen Spannungsabfalls gekürzt wird. Von überragender Wichtigkeit ist der Zusammenhang zwischen Leistungsfaktor und Strom:

$$\cos \varphi = \sqrt{1 - \left(\frac{\omega L J}{E}\right)^2} .$$

Der Leistungsfaktor fällt also mit zunehmender Stromstärke. Diese Erscheinung ist von größter Bedeutung für den Bau großer Ofeneinheiten, in dem dann der induktive Widerstand unbedingt klein gehalten werden muß. Bei der Besprechung der Einzelteile der Lichtbogenofenanlage wird auf diesen Umstand wieder zurückzukommen sein. Die Abb. 62 zeigt den Abfall des Leistungsfaktors mit zunehmender Stromstärke sehr deutlich. Außerdem läßt die Gleichung erkennen, daß der Leistungsfaktor mit zunehmender Frequenz und zunehmender Induktivität abnimmt und mit steigender Spannung zunimmt.

Dieser Einfluß der Spannung soll nunmehr noch eingehender dargelegt werden. Wie bereits angeführt, ist die elektrische zur Verfügung

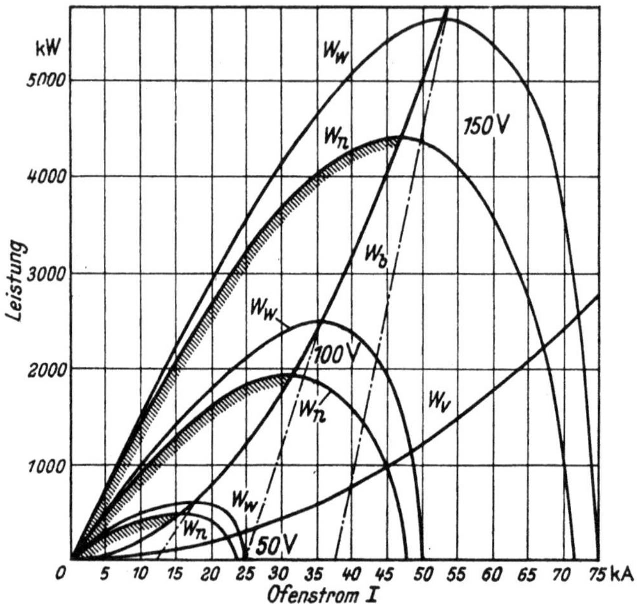

Abb. 63. Die Leistungskurven eines Wechselstromofens bei verschiedenen Betriebsspannungen. (Nach J. Wotschke.)

stehende Leistung vom Quadrat der Spannung abhängig entsprechend

$$W = \frac{E^2}{R}.$$

Wenn also die Höhe der Stromstärke begrenzt ist, so muß die Leistung mittels der Spannung erhöht werden.

Die Abb. 63 zeigt den starken Einfluß der Spannung für 50, 100 und 150 Volt. Die wirtschaftlich nutzbaren Leistungen liegen selbstverständlich wiederum auf den ansteigenden Ästen und sind zur Kennzeichnung mit Schraffur angelegt. Die obere Grenze liegt dabei aber nicht im Scheitelpunkt, sondern dort, wo der Leistungsanstieg beginnt, geringfügig zu werden. Die Scheitelpunkte liegen, wie dies ebenfalls dargelegt wurde, alle auf der Blindleistungskurve. Da der Scheitelpunkt der Wirkleistung jeweils einem $\cos \varphi = 0{,}707$ entspricht, veranschaulicht das

Schaubild auch, daß mit steigender Spannung der cos φ mit zunehmender Stromstärke immer langsamer abnimmt, denn die Scheitelpunkte wandern mit höherer Spannung immer weiter zu höheren Stromstärken. Einen entsprechend günstigen Verlauf nimmt dann auch der Wirkungsgrad (Abb. 64). Es sei an dieser Stelle hervorgehoben, daß es ein günstiger Umstand ist, daß die für die Stabilisierung des Lichtbogens erforderlichen Spannungsverhältnisse genügend weit vor den Scheitelwerten liegen, so

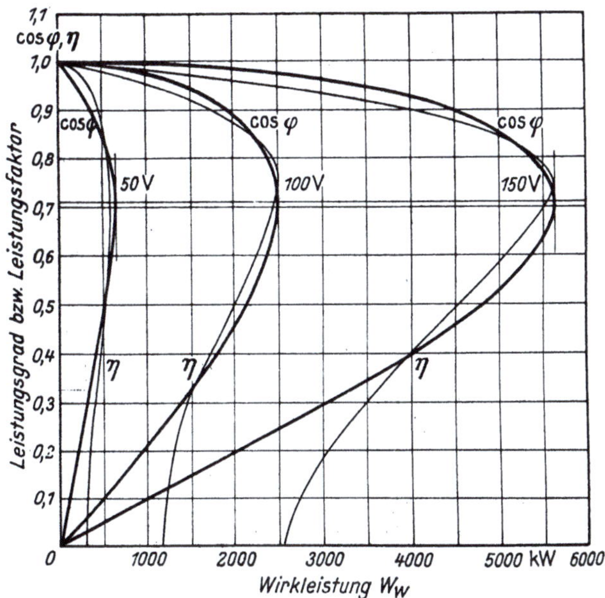

Abb. 64. Wirkungsgrad und Leistungsfaktor eines Wechselstromofens bei verschiedenen Betriebsspannungen. (Nach J. Wotschke.)

daß deren Berücksichtigung von dieser Seite her keine Schwierigkeiten entgegenstehen.

Für den Betriebsmann ergibt sich daraus eine wichtige Erkenntnis. Die Ofenanlagen werden so gebaut, daß die höchst zulässige Strombelastung der höchsten Spannung entspricht. Wird nun während des Feinens mit niedriger Spannung gearbeitet, so dürfen auch die höchsten Stromstärken nicht mehr verwendet werden, wenn man auch dann noch mit günstigem Wirkungsgrad arbeiten will. Es ist daher erforderlich, daß dem Schmelzer für die verschiedenen Spannungsstufen die höchst zulässige Stromstärke angegeben wird, um so mehr, als diese geringer ist als diejenige, die zum Aufsetzen der Elektrode auf die Schlacke führt. An sich kann der Schmelzer sich durch Beobachtung des Leistungsmessers überzeugen, ob mit steigender Stromstärke die Leistung auch zunimmt. Zu Beginn des Einschmelzens ist dies natürlich

wegen der fortwährenden starken Schwankungen der Zeiger der Meßinstrumente kaum möglich. Einfacher wäre eine entsprechende Verriegelung bei den einzelnen Spannungsstufen oder auch der Einbau
einer Meßeinrichtung für den cos φ, der niemals unter 0,7 absinken darf.

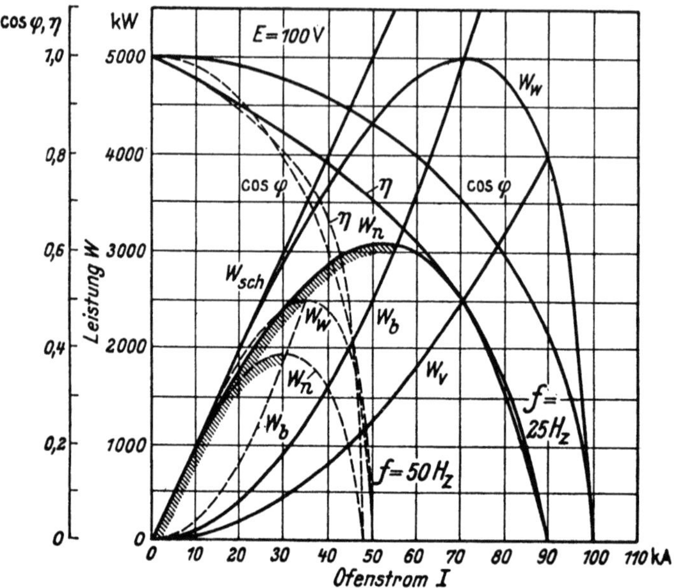

Abb. 65. Kennlinien eines Wechselstromofens bei verschiedenen Frequenzen $f = 25\,\text{Hz}$
und $f = 50\,\text{Hz}$. (Nach J. Wotschke.)

Endlich sei noch auf den Einfluß der Frequenz kurz eingegangen.
Der Höchstwert, der dem Netz entnommenen Wirkleistung ist, wie
oben bereits rechnerisch gezeigt wurde, der Frequenz umgekehrt proportional. Die Abb. 65 zeigt diese Zusammenhänge, außerdem den viel
rascheren Abfall des cos φ und des Wirkungsgrades mit steigender
Frequenz. Auf diese Zusammenhänge wird bei der Besprechung der
technischen Grundlagen der Induktionsöfen noch ganz besonders einzugehen sein.

Die Wahl der Ofenspannung.

Die für den Lichtbogenbetrieb benötigte Spannung liegt in dem
Bereich von 80 bis etwa 300 Volt. Die obere Grenze ist gleicherweise
durch die Sicherheit der Bedienungsmannschaft und durch die Gewährleistung eines einwandfreien Ofenganges bedingt. Diese Spannung ist
als noch verhältnismäßig ungefährlich zu bezeichnen; nur unter außer-
gewöhnlich ungünstigen Umständen, beispielsweise bei gut leitender
Verbindung mit sehr feuchtem Erdreich, könnte der Schmelzer bei zu-
fälliger Berührung eines stromführenden Teils durch diese Spannung

Schaden nehmen. Außerdem werden heute dem Schmelzer Arbeitsschuhe mit gut isolierender dicker Gummisohle zur Verfügung gestellt.

Auch die Erfordernisse des Ofenganges wirken sich in einer Begrenzung der zulässigen Höchstspannung aus. Mit wachsender Spannung nimmt nämlich die Länge des Lichtbogens und damit die Einwirkung auf das feuerfeste Mauerwerk des Ofens, namentlich das Gewölbe, beträchtlich zu. Deshalb ist während des Einschmelzens, wenn die Lichtbögen allseits von Schrott umhüllt sind und nicht frei gegen Ofenwände und Gewölbe ausstrahlen können, eine höhere Spannung zulässig als während des Feinens, wenn nur die Elektroden selbst eine gewisse Abschirmung bewirken. Zu der Rücksicht auf die feuerfeste Zustellung tritt als weitere Erwägung die Sicherung einer gleichmäßigen Stromentnahme.

Je höher nämlich die Lichtbogenspannung ist, um so heftiger werden die Stromstöße bei den ständigen Widerstandsänderungen, die im Stromweg beispielsweise durch das Zusammensintern des Einsatzes auftreten.

Die untere Grenze der Ofenspannung ist durch Rücksichten auf die Bemessung der stromführenden Teile und vor

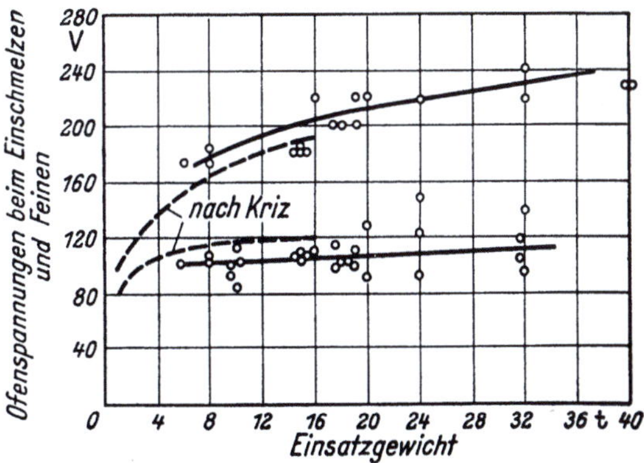

Abb. 66. Einschmelz- und Feinungsspannungen für Lichtbogenöfen. (Nach St. Kriz und H. Kral.)

allem durch die mit der Stromstärke stark anwachsenden induktiven Verluste in der Zuleitung gegeben. Je geringer nämlich die zur Verfügung stehende Spannung ist, um so höhere Stromstärken müssen dem Lichtbogen zur Erzielung der gleichen Heizwirkung zugeführt werden. Hohe Stromstärken bedingen außerdem große und nicht immer leicht unterzubringende Leitungsquerschnitte für sämtliche stromführenden Teile. Transformator, Stromzuleitungen zum Ofen und Elektroden werden bei zu geringen Ofenspannungen unnütz vergrößert und verteuert. Bei größeren Öfen, etwa von 15 t Fassung aufwärts, steigen die Zuleitungsverluste so stark an, daß ihnen besondere Aufmerksamkeit zugewandt werden muß.

Die Bestimmung der einzelnen Größen der elektrischen Ausrüstung eines Lichtbogenofens erfolgt am besten nicht auf rechnerischem Wege. Sie wird zweckmäßigerweise an Hand von in Diagrammen zusammengefaßten Erfahrungswerten vorgenommen, die in steter Übereinstimmung und engster Anlehnung an die Praxis gewonnen worden sind, und die auch hier bei der Besprechung der jeweiligen Einzelheiten angeführt werden sollen.

In Abb. 66, S. 103, sind die Ofenspannungen für das Einschmelzen und Feinen angegeben[1]. Gegenüber den früheren Werten von St. Kriz wird heute für das Einschmelzen eine geringfügige Erhöhung und für das Feinen eine leichte Senkung vorgenommen. Interessant sind die Werte für große Öfen. Die angegebenen Werte gelten für basische Schmelzungsführung. Da halbsaure und saure Schlacken im oxydierenden Zustand wie auch beim Fertigmachen schlechte Ionisierungsfähigkeit und auch geringe Leitfähigkeit aufweisen, empfehlen sich für das Kochen und Feinen im sauren Elektrostahlbetriebe etwas höhere Spannungen.

Die Wirkungsweise der Transformatoren.

Gemäß den vorausgegangenen Erörterungen ergibt sich für den Lichtbogenofenbetrieb die Notwendigkeit, den dem Stromnetz entnommenen Wechselstrom hoher Spannung in solchen von Betriebsspannung umzuändern. Diese Umwandlung wird in Transformatoren oder, wie man neuerdings sagt, Umspannern vorgenommen.

Ein Transformator besteht dem Wesen nach aus einem Eisenkern, der mit zwei voneinander getrennten Kupferspulen verschiedener Windungszahl umwickelt ist. Der in die eine Spule hineingeschickte Wechselstrom erzeugt, „induziert", im Eisenkern ein magnetisches Wechselfeld, das seinerseits wieder in der zweiten Spule einen Strom gleicher Leistung hervorruft. Die Spannung des erzeugten „Sekundärstroms" verhält sich zu der des erzeugenden „Primärstroms" wie die jeweiligen Windungszahlen der beiden Kupferwicklungen; die Stromstärken verhalten sich natürlich, da die beiden Ströme gleiche Leistungen aufweisen, umgekehrt wie die Spannungen und die Windungszahlen. Zusammenfassend gesagt besteht also die den hochgespannten Strom geringerer Stromstärke führende Wicklung aus zahlreichen Windungen mit geringem Querschnitt, die Wicklung für den niedriggespannten Strom höherer Stromstärke aus wenigen Windungen mit starkem Querschnitt.

Der Eisenkern des Transformators besteht aus dünnen, voneinander isolierten Blechen aus Siliziumstahl. Diese Stahlsorte zeichnet sich dadurch aus, daß sie bei der ständigen Ummagnetisierung im Wechselstrom nur sehr wenig magnetische Energie durch Umwandlung in Wärme verlorengehen läßt, sie vielmehr fast restlos für die Induzierung des Sekundärstromes wieder abgibt. Außer den eben genannten durch Umwandlung von Magnetismus in Wärme bedingten „Hysteresisverlusten" entstehen in einem von einer stromdurchflossenen Spule umgebenen Eisenkern weitere Verluste durch Ausbildung elektrischer Wirbelströme, die sich gleichfalls in Wärme umsetzen. Der Herabminderung dieser

---

[1] Kral, H.: Vertr. Ber. VDEH Nr. 22.

Verlustquelle dient die Unterteilung des Transformatorkerns in einzelne dünne Bleche, da die Wirbelströme, auch Foucaultsche Ströme genannt, mit der Massigkeit des Eisenkörpers zunehmen.

Bei Drehstrom wird jede der drei Phasen für sich in einem aus Hochspannungsspule, Eisenkern und Niederspannungsspule bestehenden Joch umgespannt. Man könnte also für jede Phase einen getrennten Einphasentransformator vorsehen und hat auch früher, als die Transformatoren noch nicht zu ihrer heutigen Betriebssicherheit durchgebildet waren, von dieser Möglichkeit oft Gebrauch gemacht. Da die drei Einzeltransformatoren gleich waren, brauchte man als Ersatz für plötzliche Störungen nur einen auf Lager zu halten. Bei dem heutigen Entwick-

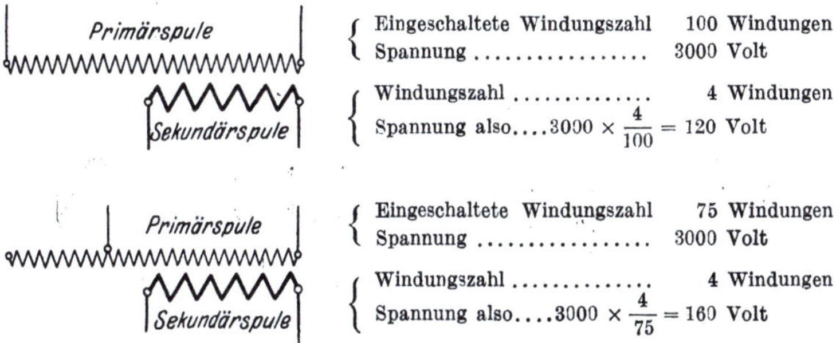

$$\text{Spannung also} \ldots 3000 \times \frac{4}{100} = 120 \text{ Volt}$$

$$\text{Spannung also} \ldots 3000 \times \frac{4}{75} = 160 \text{ Volt}$$

Abb. 67. Erhöhung der Sekundärspannung des Transformators durch Anzapfen der Primärspule.

lungsstand des Transformatorenbaues fällt jedoch dieser Gesichtspunkt weg und man verwendet jetzt wohl ausschließlich die billigere Dreiphasenbauart, deren Joche in einem Gefäß vereinigt sind.

Wie bereits vorhin erwähnt, ist für den Ofenbetrieb die Möglichkeit, verschiedene Niederspannungen benutzen zu können, wichtig. Um das Einschmelzen zu beschleunigen, ist während dieser Zeit eine möglichst hohe Spannung wünschenswert, während beim Feinen eine geringere Spannung zweckmäßig ist. Die Änderung der Sekundärspannung wird auf zweierlei Art bewirkt: entweder durch „Anzapfen" oder durch Umschaltung der Verbindung zwischen den Primärspulen. Nach den früheren Darlegungen stehen die Spannungen von Primärstrom und Sekundärstrom im Verhältnis der Windungszahlen der Kupferwicklungen. Wenn man nun einen Teil der Primärspule aus dem Stromweg ausschaltet, so ist im Verhältnis zum zurückbleibenden Rest die Windungszahl der Sekundärspule größer, die Sekundärspannung also höher. Durch Anbringen verschiedener solcher „Zapfstellen" für die Zufuhr des Primärstroms hat man gemäß nebenstehendem Schema (Abb. 67) die Möglichkeit, beliebige Sekundärspannungen zu erzeugen.

Die andere Umänderungsmöglichkeit, die freilich auf ein einziges nicht willkürlich zu bestimmendes Umstellungsverhältnis beschränkt ist, beruht auf folgendem Grundsatz. Man kann die drei Primärspulen eines Drehstromtransformators in der Weise miteinander verbinden, daß die drei Endpunkte in einen einzigen Punkt zusammengeführt werden. Gemäß den in Abb. 68 wiedergegebenen elektrotechnischen Schaltbildern heißt diese Schaltungsart Sternschaltung, im Auslande bisweilen nach der Ähnlichkeit des Schaltbildes mit dem griechischen Buchstaben λ auch Lambdaschaltung. Der gemeinschaftliche Endpunkt heißt Sternpunkt; weil er im Falle gleichmäßiger Belastung der drei Phasen spannungslos ist, wird er auch Nullpunkt (Nullschiene, Nulleiter) genannt.

Statt dieser Schaltungsart kann man aber auch den Endpunkt jeder Primärspule mit dem Anfangspunkt der nächsten Spule verbinden. Den dafür gebräuchlichen elektrotechnischen Schaltbildern und Abkürzungen (Abb. 69) gemäß heißt diese Schaltungsart Dreieckschaltung. nach dem griechischen Buchstaben Δ auch Deltaschaltung.

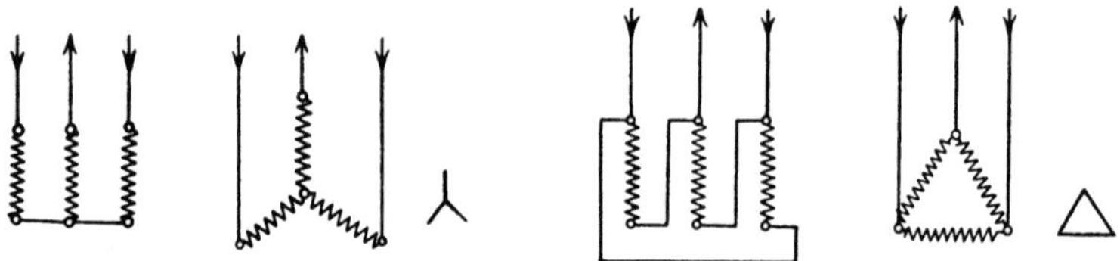

<table>
<tr><td>Abb. 68. Elektrotechnische Schaltbilder
für die Sternschaltung bei Drehstrom.</td><td>Abb. 69. Elektrotechnische Schaltbilder
für die Dreieckschaltung bei Drehstrom.</td></tr>
</table>

Man kann nun den Drehstromtransformator eines Lichtbogenofens so ausbilden, daß die Primärspulen durch einen Schalter von Dreieck auf Stern umzuschalten sind. Durch diese Umschaltung wird auf Grund elektrotechnischer Verhältnisse, deren Darlegung hier zu weit führen würde, die Sekundärspannung im Verhältnis $\sqrt{3} : 1$ herabgesetzt. Die Sekundärseite eines Ofentransformators ist bei kleineren Öfen häufig im Stern und bei großen Öfen meist im Dreieck geschaltet; an ihrer Schaltungsweise ändert sich bei der Umschaltung der Primärspulen nichts.

Abb. 70 und 71 stellen die Verhältnisse vor und nach dem Umschalten dar. Ergibt beispielsweise ein Ofentransformator bei Dreiecksternschaltung aus einer Primärspannung von 3000 Volt eine Sekundärspannung von 173 Volt, so wird bei Stern-Sternschaltung aus einer Oberspannung von 3000 Volt eine Niederspannung von nur $173 : \sqrt{3}$ = 100 Volt erzeugt. Beim Betrieb kleiner Öfen fährt man häufig während der ersten Viertelstunde des Einschmelzens mit der niedrigeren Spannung der Sternschaltung, da ein hochgespannter Lichtbogen infolge der kalten Ofenatmosphäre und des kalten Einsatzes unruhig brennt und gerne abreißt. Für den Rest der Einschmelzzeit benutzt man die höhere Spannung der Dreieckschaltung und schaltet sie erst nach beendeter

Verflüssigung des Einsatzes wieder ab, da dann der kürzere Lichtbogen der niedrigeren Sternspannung das nunmehr wenig geschützte Gewölbe besser schont. Auf diese Weise können also besondere Anzapfungen erspart werden.

Bestand schon bei kleineren Öfen der Wunsch nach der Verwendungsmöglichkeit weiterer Spannungsstufen, so mußte mit zunehmender Ofengröße dieser Wunsch zur Forderung erhoben werden. Heute hat jeder Ofentransformator eine Reihe von Anzapfungen, die jeweils auf Dreieck und Stern geschaltet werden können. Dadurch wird eine Gruppe von hohen und eine solche von niederen Spannungen erreicht, deren erste so

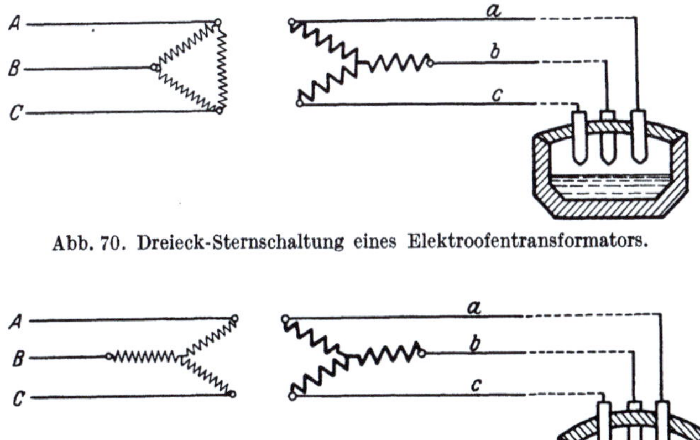

Abb. 70. Dreieck-Sternschaltung eines Elektroofentransformators.

Abb. 71. Stern-Sternschaltung eines Elektroofentransformators.

gewählt werden muß, daß allen Erfordernissen während des Einschmelzens Rechnung getragen wird, und deren zweite allen Anforderungen während des Feinens gerecht werden muß. Häufig werden beide Gruppen so aufeinander abgestimmt, daß nicht unnötig viel Anzapfungen erforderlich werden. Dies läßt sich deshalb durchführen, weil die Auswahl der einzelnen Spannungen durchaus eine gewisse Beweglichkeit zuläßt. Andererseits werden neuerdings oft noch so viel Anzapfungen vorgesehen, daß die Spannungsunterschiede so gering werden, daß die Umschaltung unter Last vorgenommen werden kann. Solche Lastschalter werden hauptsächlich an sehr großen Öfen vorgesehen und bieten nicht nur dem Stahlwerker Vorteile, sondern vor allem auch dem Stromlieferer, indem das vollständige Zu- und Abschalten sehr hoher Leistungen zur Veränderung der Spannung in Fortfall kommt.

Häufig liegt die Aufgabe vor, an ein Drehstromnetz kleinere unter 1000 kg fassende Öfen anzuschließen, ohne sie mit allen drei den Drehstromphasen entsprechenden Elektroden ausrüsten zu müssen. Die

Beschränkung auf zwei Elektroden ergibt bei kleinen Öfen eine genügend gleichmäßige Beheizung des Herdraumes, schwächt wegen des Fortfalls einer Durchführungsöffnung das Gewölbe weniger und vereinfacht überhaupt den Ofenbetrieb merklich. Wird der Ofen von einem sehr leistungsfähigen Drehstromnetz gespeist, so kann man die beiden Elektroden einfach an zwei Drehstromphasen anschließen; die ausfallende Belastung der dritten Phase tritt bei der vergleichsweise kleinen Leistungsentnahme des Ofens kaum störend in Erscheinung. Bei weniger leistungsfähigen Stromnetzen verbietet sich jedoch diese ungleiche Phasenbelastung mit Rücksicht auf die übrigen Stromverbraucher, es sei denn, daß durch entsprechende elektrische Maßnahmen für einen Ausgleich der Belastung der einzelnen Phasen gesorgt wird.

Die Bauart der Transformatoren.

Die Eisenkerne der Transformatoren mit ihren isolierten Primär- und Sekundärwicklungen sind in ölgefüllten Behältern untergebracht. Die Ölfüllung hat den doppelten Zweck, als wirksames Isolationsmittel zu dienen sowie die beim Stromdurchgang entwickelte Wärme den Kupferleitungen und dem Eisenkern rasch zu entziehen. Da der Ölspiegel infolge von Temperaturschwankungen steigt und sinkt, ist oberhalb des Transformators zweckmäßigerweise ein Ölausgleichgefäß anzubringen, das ständig für vollkommene Füllung des Transformatorbehälters sorgt.

Die von den Kupferspulen und dem Eisenkern beim Stromdurchgang entwickelte und an das Öl abgegebene Wärme muß rasch abgeführt werden, da die aus organischen Stoffen bestehende Isolierung der Spule sich bei 80 bis 100° C zu zersetzen beginnt. Die Kühlung des Transformatoröls wird auf verschiedene Arten bewirkt, von denen für Ofentransformatoren zwei in Betracht kommen, nämlich die selbsttätige Luftkühlung und die außenliegende Wasserkühlung. Bei den Transformatoren mit Selbstkühlung wird die Abkühlung des Öles dadurch erzielt, daß das warmgewordene Öl im Transformatorgefäß hochsteigt und durch außenliegende Rohre unter Wärmeabgabe wieder zum Boden des Gefäßes niedersinkt. Oft ist auch die Außenwand des Behälters lediglich mit zahlreichen Kühlrippen versehen, welche die Wärme ausstrahlen und dadurch gleichfalls eine selbsttätige Luftkühlung des Öls besorgen. Bei der Bauart mit Wasserkühlung wird das heiße Öl am oberen Ende des Transformatorgefäßes herausgeführt, durch einen Wasserkühler geleitet und mittels einer kleinen Pumpe dem Transformator wieder zugeleitet.

Beide Bauarten haben ihre Vor- und Nachteile für den Ofenbetrieb. Transformatoren mit Selbstkühlung müssen in einem großen, ausreichend gelüfteten Raum aufgestellt sein, der gerade im Stahlwerksbetrieb in der Nähe des Ofens manchmal nur schwierig bereitgestellt werden kann. Bei großen Trafoleistungen wird meist mittels eines Ventilators Frischluft zugeführt, die durch ein Filter gereinigt werden muß und zweckmäßig durch eine Rohrleitung aus großer Entfernung vom Betrieb angesaugt wird.

In kleinen und schlecht gelüfteten Räumen kann es, namentlich während der heißen Jahreszeit, vorkommen, daß das Öl seine Wärme so langsam abgibt, daß der Transformator nicht mehr voll belastet werden darf oder gar zur Erzielung einer genügenden Abkühlung länger als für die Dauer der Zwischenpause zwischen zwei Schmelzungen stillgesetzt werden muß. Bei der Bauart mit außenliegender Wasserkühlung wiederum ist es wichtig, bei Störungen der Umlaufpumpe oder der Kühlwasserzufuhr den Transformator gegen unbemerkten Temperaturanstieg zu sichern. Dieser Schutz kann durch Selbstläutezeichen oder durch eine selbsttätige Abschaltvorrichtung bei Überschreitung der zulässigen Öltemperatur erzielt werden. Die früher bei Ofentransformatoren manchmal angewendete Kühlung durch eine in den Transformator eingebaute Wasserschlange hat sich als unzweckmäßig und bedenklich erwiesen. Undichtigkeiten in der Kühlschlange können sich längere Zeit der Beobachtung entziehen und erhebliche Wassermengen in das Transformatoröl übertreten lassen, wodurch dessen elektrische Durchschlagsfestigkeit ernstlich gefährdet wird. Bei schlechten Wasserverhältnissen können Korrosionserscheinungen im Laufe der Jahre die Kühlrohre zerstören und Kurzschlüsse zur Folge haben. Es ist daher zweckmäßig, die wasserführenden Rohre aus geeignetem Material herzustellen. Der gleiche Fehler kann natürlich auch bei Außenkühlung eintreten. Heute werden diese Gefahrenpunkte meist durch Anwendung der Luftkühlung vermieden.

Vor der Entscheidung über die aufzustellende Bauart ist im Einzelfall zweckmäßigerweise der Rat der Transformatorbaufirma einzuholen. Überhaupt ist die Lieferung der Ofentransformatoren nur an bewährte Hersteller zu vergeben, da nur erstklassige Ausführungen der im Ofenbetrieb auftretenden Gewaltbeanspruchung auf die Dauer standzuhalten vermögen. Bei jedem Stromstoß werden nämlich infolge elektromagnetischer Kräfte die Kupferspulen auf Verschiebung beansprucht; sind die Wicklungen nicht sehr kräftig und sorgsam abgestützt, so lockern sich mit der Zeit die Kabelendverschlüsse und Befestigungspunkte, die Isolierung wird stellenweise durchgescheuert und damit die Gefahr eines zerstörenden Kurzschlusses in gefährliche Nähe gerückt.

Die Wartung der Transformatoren.

Ein baulich richtig durchgebildeter Ofentransformator bedarf keiner besonderen Wartung. Die einzige Zerstörungsgefahr, die ihm droht, ist ein Kurzschluß infolge Durchscheuerns oder Verkohlens der Isolierung. Zur Verhütung dieser beiden Gefahrenquellen muß der Transformator durch selbsttätig wirkende Sicherungsvorrichtungen gegen Überlastungen geschützt werden. Eine solche unentbehrliche Sicherung ist beispielsweise ein Überstromschutz an dem Ölschalter, der zum Anschluß des Transformators an das Stromnetz dient. Dieses Kurzschlußrelais ist ein elektromagnetisch betätigtes Triebwerk, das bei Überschreitung von beliebig einstellbaren Stromstärke- und Zeitgrenzen den Ölschalter zur Auslösung bringt. Ist schon eine regelmäßige Überwachung der Kontakte des Ölschalters und der Ölbeschaffenheit erforderlich, so gilt dies ebenfalls von den Hochspannungsschaltern, die heute immer stärkere Verbreitung finden. Um die Häufigkeit der Stromunterbrechungen bei Last zu verringern, wird manchenorts die gleichzeitige Anwendung zweier Relaisarten empfohlen, und zwar die eine für niedrigen Überstrom mit langer Zeitdauer und die andere für hohen Überstrom bei kurzer Zeitdauer.

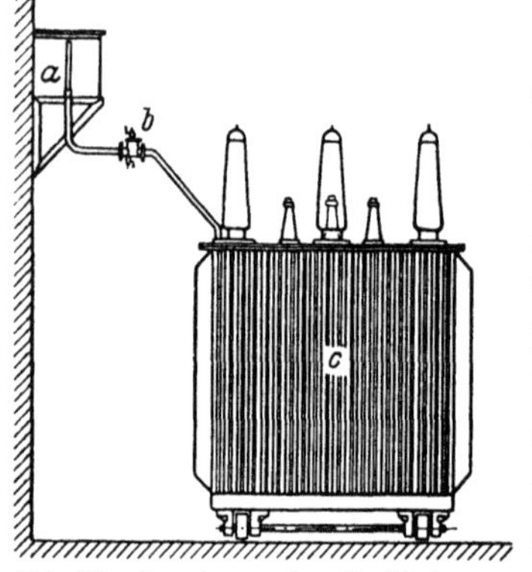

Abb. 72. Anordnung des Buchholzschutzes bei Transformatoren. (Nach Thierbach.)

a Ausgleichgefäß. *b* Buchholzschutz, *c* Transformator.

Wenn dennoch im Laufe der Zeit die Isolierung stellenweise angegriffen wird, so muß dieser Schaden durch selbsttätige Warnungszeichen so früh gemeldet werden, daß rechtzeitig Abhilfe möglich ist. Als einfache Warnungsvorrichtung dient oft ein in das Transformatorgefäß eingetauchtes Thermometer, das eine unzulässige Erhöhung der Öltemperatur durch Auslösung eines elektrischen Läutewerkes anzeigt. Naturgemäß gibt aber ein solches Instrument nur die jeweilige Temperatur der Meßstelle an; etwaige davon abseits liegende örtliche Überhitzungsstellen werden nicht gemeldet. Diesem Mangel hilft in einfacher und sinnreicher Weise der sogenannte „Buchholzschutz" für Transformatoren ab (Abb. 72). Seine Wirkungsweise beruht darauf, daß jede, auch die geringste Fehlstelle in der Isolierung Anlaß zu kleinen Funken und Lichtbogen gibt, die örtlich das Öl zersetzen und Gasbildung verursachen. Die Gasbläschen steigen aufwärts und sammeln sich in einem Röhrchen, dessen Anfüllung sich durch Warnungszeichen und Auslösung des Ölschalters kundgibt.

In einem, wie vorbeschrieben gegen Überlastungen gesicherten und gegen Kurzschlußgefahr selbsttätig überwachten Transformator braucht lediglich alle paar Jahre das Öl abgelassen, gereinigt und ausgekocht zu werden. Mit der Zeit setzt sich nämlich aus der Isoliermasse doch etwas Schlamm ab, dessen örtliche Ansammlung unzulässige Wärmestauungen zur Folge haben könnte. Desgleichen läßt sich im Laufe der Zeit eine gewisse Feuchtigkeitsaufnahme nur schwer vermeiden.

Zur Verhinderung von Bränden bei Beschädigung des Transformators wird unterhalb desselben eine mit einem Kiesbett abgedeckte Ölgrube vorgesehen, damit sich dort etwa auslaufendes Öl sammeln kann und vom Zutritt der Luft abgeschlossen wird. Die gleiche Einrichtung wird auch bei der Drossel vorgesehen.

Die Bemessung der Transformatoren.

Bei der Aufstellung einer Elektroofenanlage ist die Bemessung des Transformators eine der wichtigsten Fragen. Ein Transformator mit zu geringer Leistung verzögert die Schmelzleistung des Elektroofens in ähnlicher Weise wie eine zu knappe Gaserzeugeranlage die des Martinofens.

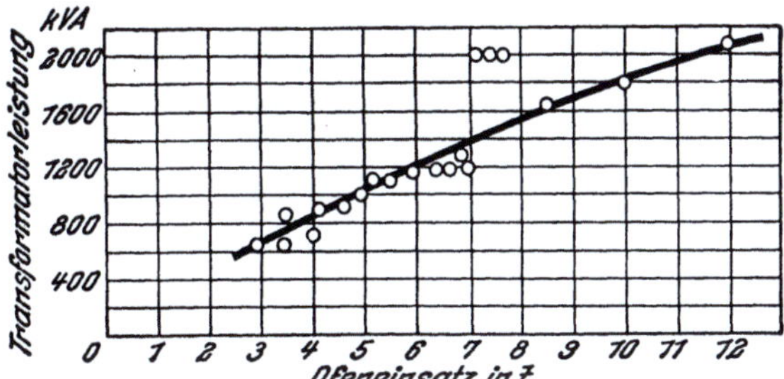

Abb. 73. Früher verwendete Transformatorleistungen deutscher Lichtbogen-Elektrostahlöfen.

Die verlängerte Schmelzungsdauer erhöht die Gestehungskosten nicht unerheblich, da sie, auf die Tonne Erzeugung bezogen, vermehrte Wärmeausstrahlungsverluste des Ofens sowie höheren Lohn- und Hilfsmittelaufwand zur Folge hat. Ein zu reichlich bemessener Transformator, dessen volle Ausnutzung auch während des Einschmelzens nicht möglich ist, bedeutet eine unnötige Erhöhung der Anschaffungskosten, die indessen im Vergleich zum ersten Fall weit weniger ins Gewicht fällt. Da ein gut gebauter, einwandfrei gewarteter und nicht überlasteter Transformator sehr lange zu halten pflegt, tritt der Mehrbetrag an Verzinsungs- und Tilgungskosten bei den Gestehungspreisen nicht wesentlich in Erscheinung. Da ferner ein nur teilweise belasteter Transformator keinen schlechteren Wirkungsgrad als ein vollbelasteter aufweist, spricht auch dieser Gesichtspunkt nicht gegen eine eher zu reichliche als zu knappe Bemessung der Transformatornennleistung.

In Deutschland war anfänglich, wie die in Abb. 73 wiedergegebene Zusammenstellung zeigt, eine Transformatorleistung von 180 bis 200 kVA

je Tonne Einsatz üblich. Mit dieser Leistung konnte der Einsatz in etwa
3 bis 4 Stunden eingeschmolzen werden. In der Zeit vor dem ersten
Weltkrieg hat sich jedoch, dem Vorgang italienischer Stahlwerke folgend,
die Erkenntnis durchgesetzt, daß durch schnelleres Einschmelzen die Erzeugung verbilligt wer-
den kann, indem, wie
bereits erwähnt, die Aus-
strahlungsverluste des
Ofens je Tonne Einsatz
und demgemäß der
Energieverbrauch her-
abgesetzt werden. Diese
Ersparnismöglichkeit
ausnutzend, hat man in
Deutschland und Ame-
rika danach aufgestellte

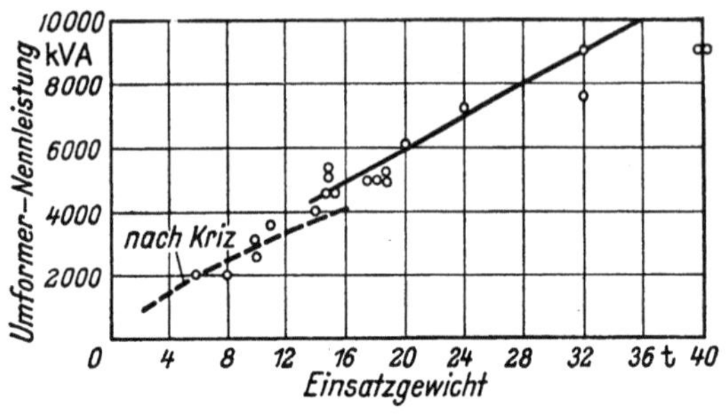

Abb. 74. Umformerleistungen für Lichtbogenöfen in Abhängigkeit vom Einsatzgewicht. (Nach St. Kriz und H. Kral.)

Öfen mit stärkeren Transformatoren ausgerüstet, daß eine Einschmelzdauer von 2 bis 3 Stunden gewährleistet wurde. Weiterhin ging man
daran, die schwachen Einheiten in stärkere umzubauen oder gegen
solche auszuwechseln. Abb. 74
zeigt, welche Transformatorleistungen heute für das Arbeiten
mit festem Einsatz als zweckmäßigste angesehen werden.
Gegenüber den damaligen Angaben von Kriz ist nur noch
eine geringfügige Erhöhung eingetreten. Mit Abb. 75 wird den
Bestrebungen entsprochen, den
Kesseldurchmesser als Bezugs-
größe zu wählen. Die eingetragenen Punkte entsprechen
den früheren Lichtbogenöfen in
Nordwestdeutschland. Darüber
hinauszugehen, ist im allgemeinen nicht ratsam. Das feuerfeste
Mauerwerk wird bei stärkeren

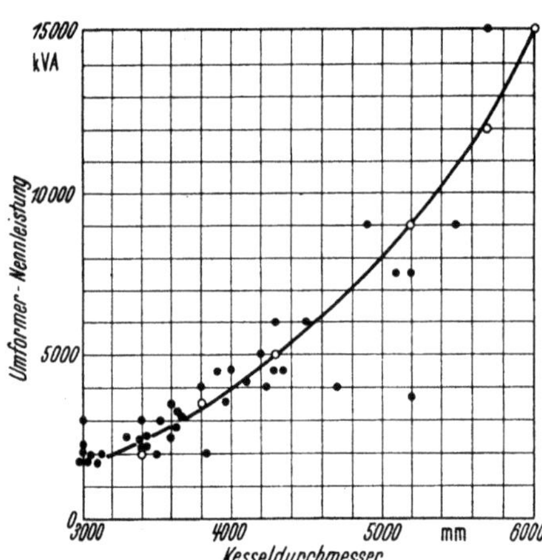

Abb. 75. Umformerleistungen für Lichtbogenöfen
in Abhängigkeit vom Kesseldurchmesser.
(Nach Typenblatt.)

als den in Abb. 74 wiedergegebenen Lichtbogenleistungen leicht ange-
griffen, sobald der Lichtbogen nicht mehr vollkommen von ungeschmol-
zenem Schrott umhüllt ist. Außerdem legt auch die Rücksicht auf die
Gestehungskosten eine Beschränkung auf. Ein Transformator, der dem
Netz in regelmäßiger Folge beispielsweise durchschnittlich 2500 kW beim
Einschmelzen. 500 kW beim Fertigmachen und keine Leistung während

der Zwischenpause entnimmt, zwingt den Stromerzeuger zur jederzeitigen Bereithaltung einer Leistung von 2500 kW. Bei großen Schwankungen in der Leistungsentnahme pflegen die Stromlieferer den Preis für den Strombezug zu unterteilen in eine Bereitstellungsgebühr für jedes zur Verfügung gehaltene kW sowie einen festen oder gleitenden Preis für jede entnommene Kilowattstunde.

Die durch Aufstellung eines sehr großen Transformators bedingte Ersparnis beim Einschmelzen könnte in diesem Fall durch den höheren Preis des entnommenen Stromes wieder aufgezehrt werden.

Öfen, die lediglich mit flüssigem Einsatz betrieben werden, kommen mit schwächeren Transformatoren aus. Die Zeitdauer des Feinens wird, wie später ausführlich zu erörtern sein wird, hauptsächlich durch den Ablauf chemisch-metallurgischer Vorgänge beeinflußt und kann durch verstärkte Stromzufuhr nur wenig verkürzt werden. Abb. 76 gibt eine Zusammenstellung des durchschnittlichen Leistungsbedarfes

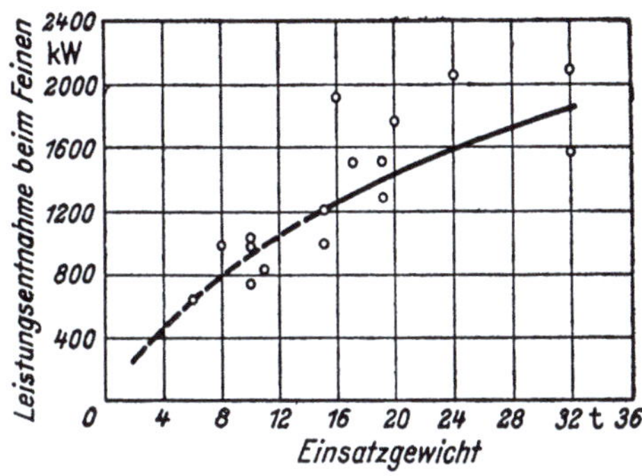

Abb. 76. Leistungsbedarf von Lichtbogenöfen während des Feinens. (Nach St. Kriz und H. Kral.)

von Lichtbogenöfen während des Feinens. Es wäre jedoch unzweckmäßig, den Transformator flüssig zu beschickender Öfen lediglich für die in Abb. 76 dargestellten Leistungen bemessen zu wollen; man würde sich der Möglichkeit begeben, notfalls auch festen Einsatz einigermaßen wirtschaftlich einschmelzen zu können.

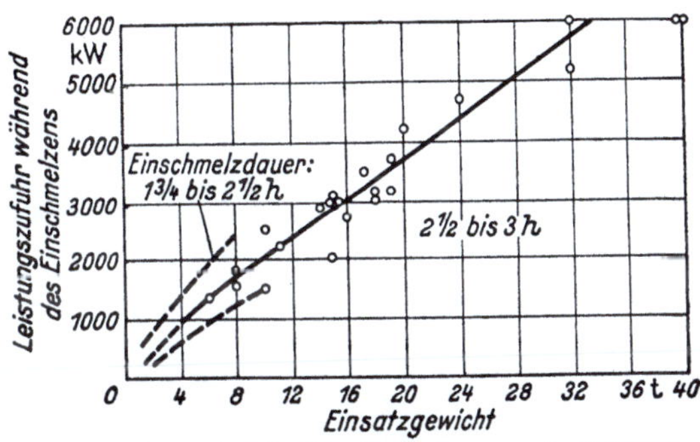

Abb. 77. Abhängigkeit der Einschmelzdauer von der Leistungszufuhr und dem Einsatzgewicht. (Nach St. Kriz und H. Kral.)

Um auch für eine veränderte Betriebsweise gerüstet zu sein, soll man den Transformator mindestens so groß wählen, daß auch das Einschmelzen von festem Einsatz in etwa 2 bis 3 Stunden möglich ist. Da allein während des Einschmelzens Zeiteinsparungen zur Leistungssteigerung vorgenommen werden können, sind heute auch nur bei sehr großen Öfen längere Einschmelzzeiten gebräuchlich. Den Zusammenhang zwischen Einsatzgewicht, elektrischer Leistung und Einschmelzdauer bei modernen Öfen zeigt Abb. 77.

Unter der Voraussetzung, daß Einsatzgewicht und Bad bzw. Kesseldurchmesser einigermaßen den optimalen Verhältnissen entsprechen, besteht natürlich auch ein Zusammenhang zwischen der Einschmelzleistung in t/h und der Trafo-Nennleistung. Das von E. Pakulla stammende Diagramm in Abb. 78 ist durch Zugrundelegung eines Einschmelzverbrauches von 430 kWh/t entstanden und stellt deshalb günstigste Werte dar, die nur bei störungsfreiem Betrieb erreicht werden können. Interessanterweise konnten Zusammenhänge zwischen dem mittleren Einsatzgewicht und der zugehörigen Schmelzleistung nicht gefunden werden. Die elektrischen und mechanischen Besonderheiten der einzelnen Betriebe sind offenbar zu verschieden. Jedenfalls verdeutlicht der Verlauf dieser Kurve die Berechtigung der Forderung, durch konstruktive und andere Maßnahmen die elektrischen Verhältnisse zu verbessern,

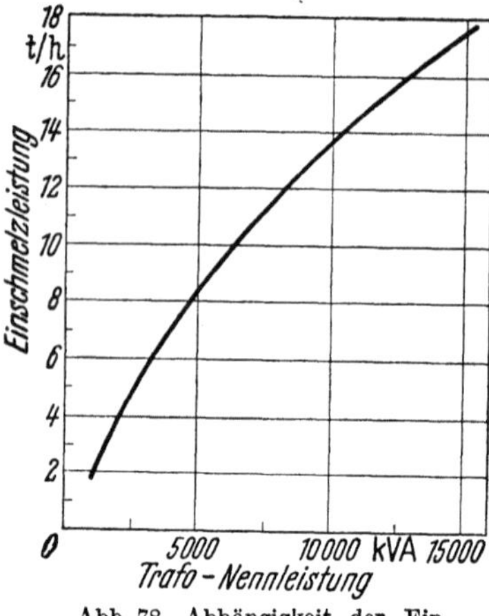

Abb. 78. Abhängigkeit der Einschmelzleistung von der Trafo-Nennleistung. (Nach E. Pakulla.)

Maßnahmen, die gerade bei großen Leistungen erfolgversprechend sind und die andererseits ergriffen werden müssen, da der Erhöhung der Spannung Grenzen gesetzt sind. Es mag deshalb nicht unerwähnt bleiben, daß z. B. bei Karbidöfen, die mit besonders hohen Leistungen ausgestattet werden, solche Maßnahmen bereits sehr beachtliche Erfolge erbracht haben. Allerdings liegen für Elektrostahlöfen die Verhältnisse schwieriger.

Die Überlastbarkeit der Transformatoren.

Beim Einschmelzbetrieb des Lichtbogenofens treten dauernd kurzzeitige Stromstöße auf, die durch die stets wechselnden Strombahnen im einschmelzenden Schrott bedingt sind. Je beträchtlicher die Stückgröße des Einsatzes und je höher die Lichtbogenspannung ist, um so heftiger äußern sich die plötzlichen Schwankungen der Stromstärke. Mittels der weiter unten zu besprechenden selbsttätigen Elektrodenregler, mittels Drosselspulen und anderen Vorrichtungen kann man die Stromstöße zwar dämpfen, doch nicht ganz verhindern. Der Transformator wird also kurzzeitig mit Stromstärken belastet, die weit über die seiner Nennleistung entsprechenden hinausgehen, und es erhebt sich die Frage, ob dadurch nicht seine Lebensdauer verkürzt und seine Betriebssicherheit beeinträchtigt wird. Diese Befürchtung ist bei gutgebauten Transformatoren grundlos. Die elektrotechnischen Verhältnisse des Wechselstromes lassen nämlich die Stromstärke selbst bei unmittelbarem Kurzschluß von zwei oder drei Phasen nur bis zu einem gewissen

Höchstwert ansteigen. Die Stromleitungen zwischen Transformator und Ofen besitzen eine von der Gestaltung ihres Führungsweges abhängige sogenannte „Selbstinduktion", welche zusammen mit derjenigen des Trafos selbst einschließlich der Drossel die Kurzschlußleistung auf etwa den zweifachen Wert der Transformatornennleistung begrenzt. Ein solcher Stromstoß ist weit davon entfernt, ein Durchschmelzen der Kupferwicklungen des Transformators nach sich zu ziehen, sondern ruft lediglich eine stärkere Erwärmung des Kupfers hervor. Diese zusätzliche Wärmemenge wird vom Öl aufgenommen und an das Kühlmittel — Luft oder Wasser — wieder abgegeben.

Die im Ofenbetrieb üblichen Stromstöße beruhen nun meist nicht auf vollständigen, sondern nur auf teilweisen Kurzschlüssen zwischen den Elektroden und pflegen dementsprechend die Nennleistung meist um nicht mehr als 50 bis 75% zu überschreiten. Da beim Einschmelzen auf jeden plötzlichen Anstieg der Stromstärke ein ebensolcher Abfall unter den Ausgangswert zu folgen pflegt, findet keine unzulässige Erwärmung des Transformatoröls und der Wicklungsisolierung statt. Sollte sich jedoch die Stromstärke einmal mehrere Sekunden lang auf unzulässiger Höhe halten, so tritt der S. 110 erwähnte Selbstausschalter in Tätigkeit und unterbricht die Stromzufuhr zum Transformator.

Als weitere Folge der Stromstöße wirken, wie bereits erwähnt, auf die Kupferspulen des Transformators elektromagnetisch bedingte Abstoßkräfte ein, die zu einer Lockerung der Anschlüsse oder zu einer Durchscheuerung besonders hoch beanspruchter Stellen führen können. Bei baulich gut durchgebildeten Transformatoren ist diese Gefahr durch sorgfältige Abstützung der Wicklungen beseitigt. Zusammenfassend kann demnach festgestellt werden, daß die im Einschmelzbetrieb der Elektroöfen praktisch auftretenden Stromstöße in ihrem Umfang und ihrer Auswirkung bekannt sind und daher bei einwandfrei gebauten Ofentransformatoren keinen nachteiligen Einfluß auf deren Belastungsfähigkeit und Lebensdauer hervorrufen können.

Die Belastungsweise der Ofentransformatoren weist neben diesen plötzlichen Stromstößen noch eine weitere kennzeichnende Eigentümlichkeit auf, nämlich den regelmäßigen Wechsel von Vollbelastung beim Einschmelzen, Teilbelastung beim Feinen und Stillstand während der Zwischenpause zwischen zwei Schmelzungen. Dieser Wechsel wirkt sich im günstigen Sinne auf die Belastungsfähigkeit aus, da das Transformatoröl einen Teil der bei Vollast aufgenommenen Wärme während der Teilbelastung und des Stillstandes an das Kühlmittel wieder abgeben kann. Die Temperatur des Transformators geht nennenswert zurück, so daß beim Wiedereinsetzen der Vollast sogar eine gewisse Überlastung zulässig ist, deren Betrag von dem Verhältnis der Einschmelzdauer zur Dauer des Feinens und Einsetzens abhängig ist.

Bei den alten, in Ermangelung der inzwischen gesammelten Erfahrungen und Erkenntnisse noch besonders kräftig gebauten Umspannern konnte eine bestimmte Überlastung mit Vorteil ausgenutzt werden. Bei den heute eingebauten, durchweg größeren Leistungen muß von solchen Überlastungen in jedem Fall abgeraten werden.

Die Elektrodenregler.

Die Heizwirkung der Lichtbögen hängt von der Höhe der in ihnen in Wärme umgesetzten elektrischen Leistung ab. Um die Ofenbeheizung zu verstärken oder abzuschwächen, muß die Lichtbogenleistung entsprechend geändert werden. Eine Regulierung der Leistung müßte sich demnach auf die Nutzleistung beziehen. Dabei ist aber zu bedenken, daß in der Nähe der Höchstleistung die Leistungsänderung in Abhängigkeit von der Stromstärke nur gering ist und damit eine solche Regulierung zu unempfindlich wird. Außerdem könnte sich die gleiche Leistung, zumal bei den tieferen Spannungsstufen, auf beiden Seiten des Höchstwertes, d. h. bei zwei verschiedenen Ofenstromstärken, einstellen. Aber auch nach günstigsten elektrischen Verhältnissen kann keine Regulierung vorgesehen werden, indem Wirkungsgrad und Leistungsfaktor mit sinkender Stromstärke laufend zunehmen. Schließlich ist die Leistung in sehr hohem Maße auch noch von der Spannung abhängig, deren wärmetechnisch günstigste Anwendung nur allzuoft den metallurgischen Erfordernissen zuwiderläuft.

Es verbleibt daher nur der eine Weg, nach den jeweiligen metallurgischen Bedingungen die Spannung frei zu wählen und bei dieser festliegenden Spannung die Leistung mittels der Stromstärke zu regeln. Somit wird die Leistungsregulierung auf eine Regulierung der Stromstärke zurückgeführt.

Der Elektrodenstrom wird vornehmlich durch den Widerstand des Lichtbogens bestimmt; da nun Lichtbogenwiderstand und Lichtbogenlänge voneinander abhängig sind, so genügt letzten Endes zur Einstellung der gewünschten Stromstärke die Regelung des Abstandes zwischen Elektrodenspitze und Einsatz.

Diese Aufgabe ist während des Feinens unschwer zu erfüllen, da durch Anheben oder Senken der Elektroden jede beliebige Entfernung von dem ebenen Badspiegel festgehalten werden kann. Bedeutend schwieriger ist die Einhaltung einer bestimmten Stromstärke beim Einschmelzen, da das fortwährende Zusammensinken und Wegschmelzen des Einsatzes im Elektrodenbereich unausgesetzt plötzliche und erhebliche Schwankungen der Lichtbogenlänge nach sich zieht. Eine Regelung der Elektroden durch Steuerung von Hand zur Gleichhaltung des Ofenstromes ist nur schwer durchzuführen; außerdem ist bei Handregelung die Ofenmannschaft während des Einschmelzens jeder anderen Tätigkeit entzogen.

Hier setzt nun die Aufgabe der selbsttätigen Elektrodenregler ein, die ein unentbehrliches Rüstzeug aller neuzeitlichen Ofenanlagen darstellen. Diese Regler sind elektromagnetisch gesteuerte Vorrichtungen, die jede Abweichung von der einmal eingestellten Stromstärke rasch und zuverlässig beseitigen. Eine nähere Beschreibung der einzelnen Reglerbauarten, die heute zu hoher Vollkommenheit ausgebildet sind, würde nicht mehr im Rahmen dieses Buches liegen. Es soll jedoch an dieser Stelle das Grundsätzliche dargestellt werden, um dem Betriebsmann die funktionellen Zusammenhänge zwischen der Regulierung und den Vorgängen im Ofen verständlich zu machen. Entsprechend dem Bewegungsmechanismus für die Elektroden unterscheidet man elektrohydraulische oder rein elektrische Regler. Wie schon erwähnt, wird durch die Bewegung der Elektroden der Lichtbogenwiderstand und damit die Stromstärke geändert. Durch die Elektrodenregelung kann nun entweder der Elektrodenstrom oder aber der Widerstand in der Strombahn konstant gehalten werden. Früher hat man im allgemeinen den Elektrodenstrom als Regelgröße verwendet, während man heute immer mehr dazu übergeht, auf gleichbleibenden Widerstand zu arbeiten, und zwar auf gleichbleibende Impedanz, d. h. die vektorielle Summe des Ohmschen und induktiven Widerstandes der Strombahn. Diese Impedanz ist $Z = \dfrac{E}{J}$.

Das Regelmeßwerk hat dementsprechend außer dem Strommeßwerk noch ein Spannungsmeßwerk. Beide sind so geschaltet, daß sie gegeneinander arbeiten. Die Stromregelung und die Impedanzregelung unterscheiden sich grundsätzlich dadurch, daß bei ersterer Änderungen unter einer Elektrode sich auch auf die Regler der anderen Elektrode auswirken, da der Strom der einen Elektrode durch die anderen Elektroden sozusagen zurückfließt. Tritt also eine Stromänderung in einer Elektrode ein, so regeln alle drei Elektroden, zumindest jedoch zwei. Dadurch werden Stromschwankungen schnell auf erträgliche Werte gemindert. Bei der Impedanzregelung spricht nur der Regler der Elektrode an, bei dem sich eine Widerstandsänderung in der Strombahn ergeben hat. Dadurch arbeitet die Impedanzregelung grundsätzlich ruhiger als die Stromregelung, die jedoch wieder schneller ansprechen kann.

Die Regelung hat die Aufgabe, entstehende Abweichungen in der Strom- bzw. Leistungsaufnahme in möglichst kurzer Zeit zu beseitigen. Dazu wäre es erwünscht, eine möglichst große Regelgeschwindigkeit zu verwenden. Da jedoch vielfach nur kleine Elektrodenwege zur Wiedereinstellung des Sollwertes notwendig sind, würde es bei großer

Elektrodengeschwindigkeit leicht zum Überregeln und damit zum Pendeln der Elektroden kommen. Das muß aber unbedingt vermieden werden, und es gehört mit zur wichtigsten Aufgabe einer Elektrodenregelung, den Regelvorgang ohne Überregeln und Pendeln durchzuführen. Bei richtiger Ausführung der Regler, nämlich Verwendung einer geeigneten Rückführung und einer geeigneten Elektrodengeschwindigkeit, entsprechen heute alle modernen Regelungen diesen Bedingungen. Im allgemeinen werden die Regler so ausgeführt, daß die Elektrodengeschwindigkeit etwa proportional der Abweichung des einzustellenden Wertes ist, also z. B. des Elektrodenstromes vom Sollwert; das bedeutet, daß sich bei kleinen Abweichungen kleine Regelgeschwindigkeiten ergeben, bei großen Abweichungen größere. Dadurch wird ein Überregeln verhindert und ein weiches, elastisches Arbeiten der Regelung erreicht. Grundsätzlich arbeiten auf diese Weise die elektrohydraulischen Regelungen und die Regelungen nach dem Leonard-Verfahren, während bei der Schützensteuerung mit gleichbleibender Elektrodengeschwindigkeit gearbeitet wird.

Bei dieser Schützensteuerung werden die Elektrodenmotoren, und zwar im allgemeinen Gleichstrommotoren, durch Schaltschütze im Hub- oder Senksinne geschaltet. Der Sollwerteinsteller arbeitet entweder auf gleichbleibenden Strom oder gleichbleibende Impedanz und gibt bei Abweichungen vom Sollwert Kontakt, wodurch das betreffende Schütz für die Hub- oder Senkbewegung eingeschaltet wird. Der Motor wird dabei immer auf gleiche Geschwindigkeit eingeschaltet, unabhängig von der Größe der Abweichung vom Sollwert. Bei Erreichen des Sollwertes wird der Motor abgeschaltet und durch Kurzschließen über einen Ruhekontakt am Schütz über einen Widerstand abgebremst. Bei größeren Elektrodengeschwindigkeiten genügt dieses Abbremsen jedoch nicht mehr, um ein Überregeln zu vermeiden. Man kann dann durch besondere Schaltungen am Relais erzielen, daß der Motor schon vor Erreichen des Nennwertes abgeschaltet wird und der Motor dann sozusagen in den gewünschten Sollwert hineinläuft. Durch diese Schaltung kann auch ein impulsweises Arbeiten der Regelung bei kleinen Sollwertabweichungen erreicht werden.

Während bei der Schützensteuerung die Betätigung der Motoren durch Schaltung des Ankerstromes über Schütze erfolgt, ist bei der sogenannten Leonard-Regelung der Elektrodenmotor, der ein Gleichstrommotor ist, mit seinem eigenen Generator, dem Leonard-Generator verbunden und die Steuerung der Umdrehungszahl des Motors erfolgt durch die Änderung der Erregung des Leonard-Generators. Die Größe dieser Erregung ist der Umdrehungszahl des Motors etwa proportional. Man kann nun leicht die Erregung des Generators proportional den Abweichungen des Meßwertes vom Sollwert steuern, so daß sich bei dieser Regelungsart eine Proportionalität zwischen Sollwertabweichung und Elektrodengeschwindigkeit ergibt. Der Leonard-Generator hat im allgemeinen zwei Erregerwicklungen. Die Steuerung dieser Felder erfolgt nun durch irgendeinen Regler, z. B. durch den bekannten Tirrill-Regler. Man kann aber auch direkt über Gleichrichter vom Stromwandler des Elektrodenstromes und der Elektrodenspannung die Felder steuern, wobei man dann keinerlei Kontakte in der ganzen Regelung mehr benötigt.

In USA ist die Leonard-Steuerung in den letzten Jahren nach dem Amplidyne und Rototrolverfahren weiter entwickelt worden. Diese Systeme zeichnen sich durch eine besonders schnelle Feldänderung im Leonard-Generator aus, wobei nur sehr geringe Steuerleistungen notwendig sind.

Da die Elektrodenregelungen grundsätzlich bei ihrer Betätigung Stromschwankungen im Ofen zur Voraussetzung haben und erst auf diese ansprechen können, muß Wert darauf gelegt werden, daß die Regelung schnell und ohne Verzögerung in Tätigkeit tritt und die Elektroden sofort in Bewegung gesetzt werden. Natürlich sind dieser Ansprechgeschwindigkeit und auch der Elektrodengeschwindigkeit Grenzen gesetzt, da andernfalls sehr starke Kräfte, also bei rein elektrischen Regelungen sehr große Motoren benötigt würden. Mit der hydraulischen Elektrodenverstellung kann man leichter größere Geschwindigkeiten erreichen, da bei ihr nur noch die Masse der Elektroden und Tragkonstruktionen zu beschleunigen und zu bewegen ist, wogegen die Bewegung der Anker der Motoren in Wegfall kommt. Infolgedessen hat die hydraulische Regelung dann Vorteile, wenn große Regelgeschwindigkeiten erwünscht sind oder große Elektrodengewichte in Frage kommen.

Wie bei allen hydraulischen Einrichtungen werden für die Bewegung der Elektroden Stellzylinder verwendet, deren Druckwasser über Ventile gesteuert wird und das in einer Druckwasseranlage erzeugt wird. Das Wasser wird einem Behälter entnommen und nach dem üblichen Kreislauf diesem wieder zugeführt. Die Steuerung des Druckwassers und damit der Elektrodenbewegung erfolgt über einen Steuerwasserschieber, der entweder das Wasser von der Druckwassererzeugungsanlage in den Stellzylinder fließen läßt und die Elektrode anhebt oder im anderen Falle die Stellzylinderleitung mit der Abwasserleitung verbindet, so daß die Elektrode durch ihr eigenes Gewicht sinkt. Die Geschwindigkeit ergibt sich aus der Größe des Querschnittes, den der Steuerwasserschieber freigibt, und natürlich auch aus der Höhe des Wasserdruckes. Dieser Steuerwasserschieber wird durch das Regelorgan betätigt. Man hat Regelungen, bei denen diese Schieber direkt von einem vom Elektrodenstrom und der Elektrodenspannung beeinflußten Drehmotor bewegt werden. Im allgemeinen ist jedoch eine Zwischensteuerung über Öl oder Wasser notwendig, da die Kraft des Sollwerteinstellers nicht für die Bewegung des Steuerwasserschiebers ausreicht. Man erreicht durch diese Zwischensteuerung über einen sogenannten Servomotor auch eine größere Empfindlichkeit.

Damit ist das Grundsätzliche über diese drei Reglerbauarten gesagt. Die jeweiligen Ausführungen unterscheiden sich im wesentlichen nur in ihren Einzelheiten.

Die durch den Regler gesteuerte Elektrodenverstellung soll jederzeit in einfacher Weise auf Fernsteuerung von Hand umschaltbar sein. Anlaß dazu bietet beispielsweise das Hochfahren der Elektroden beim Einsetzen, Abschlacken und Abgießen. Die Fernsteuerung geschieht bei elektrisch betätigten Elektrodenhaltern z. B. durch Kontroller für die Windenmotoren, bei hydraulisch betätigten durch Handsteuerschieber in der Preßwasserleitung. Die Regulierung der einzelnen Elektroden soll ferner unabhängig voneinander erfolgen, um einzelne Elektroden selbsttätig, die anderen von Hand steuern zu können.

Des weiteren soll durch Nullspannungsrelais oder ähnliche Vorrichtungen dafür gesorgt sein, daß beim Ausbleiben der Ofenspannung die Elektrodenbewegung sofort zum Stillstand kommt; anderenfalls würden die eingeschaltet bleibenden Regler in dem Bestreben, die eingestellte Stromstärke zu erzwingen, die Elektroden so lange abwärts steuern, bis sie den Schrott berühren oder ins flüssige Bad eintauchen. Ein dreiphasiger Kurzschluß beim Anfahren sowie unerwünschte Aufkohlung des Bades wären die Folge. Noch besser ist es, wenn in solchen Fällen die Elektroden nicht nur zum Stillstand kommen, sondern vorher noch um einen Betrag gehoben werden. Damit wird nicht nur eine Sicherheit gegen ein Eintauchen in das Bad gegeben, sondern während des Einschmelzvorganges können beim Wiedereinschalten keine Kurzschlüsse auftreten. Da bei großen Öfen der Elektrodenhub sehr groß wird, ist es zur Zeiteinsparung angebracht, die nicht automatische Hubbewegung schneller als die Regulierungsgeschwindigkeit zu wählen. Heute sind bei Handsteuerung Geschwindigkeiten von 30 bis 50 mm/sec und mehr gebräuchlich geworden.

Es erhebt sich nun die Frage nach den Vor- und Nachteilen der elektrischen und der hydraulischen Regelung. Vom mechanischen Standpunkt wird oft angeführt, daß die hydraulische Regelung das Betriebsmittel Preßwasser neu hinzutreten läßt und damit eine weitere Störungsquelle schafft. In der Tat haben sich in der ersten Zeit der Einführung solcher Regulierungen viel Schwierigkeiten herausgestellt, die besonders auf die Verschmutzung der empfindlichen Ventilteile zurückzuführen waren. Nachdem aber heute der Preßwasserbetrieb den rauhen Betriebsbedingungen im Stahlwerk angepaßt worden ist, können solche Schwierigkeiten als überwunden betrachtet werden. Heute sind daher die rein elektrische und die hydraulische Regulierung zu etwa gleichen Teilen vertreten.

Zu Beginn dieses Abschnittes wurde davon gesprochen, daß die Regelung auf eine solche des Stromes bzw. der Lichtbogenlänge zurückzuführen ist, d. h. also, es wird entweder die Stromstärke eingestellt oder aber besser der Widerstand oder richtiger, die Impedanz. Demnach muß eine solche Regulierung eine Strom- und Spannungsregelung darstellen. Andererseits ist auch rein betrieblich gesehen die Einbeziehung der Spannung in den Regelvorgang erforderlich, da das Eintauchen der Elektrode in das Bad verhindert werden muß und beim Schmelzen ein Aufsetzen der Elektrode, sofern die beiden anderen noch keinen Kontakt gefunden haben. Beim Unterschreiten einer bestimmten Spannung wird daher ein Anheben der betreffenden Elektrode bewirkt.

Jede Regulierung aber versagt, wenn die Elektrode auf isolierendes Material, beispielsweise einen Kalkbrocken, trifft. Dann bleibt die Spannung erhalten, und die Stromstärke will sich durch Senken der Elektrode vergrößern. Die Folge ist, daß die Elektrode mit dem Gewicht ihrer Tragkonstruktion auf Biegung beansprucht wird und nur zu leicht bricht. Der Betriebsmann muß daher bestrebt bleiben, keine grobstückigen Schlackenbildner in den Einsatz kommen zu lassen. Auch vom Deckel abgebrochene Silikasteine können von gleicher schädlicher Wirkung sein.

Der Einbau von Drosselspulen und der Leistungsfaktor von Lichtbogenöfen.

Die beim Einschmelzen von festem Einsatz plötzlich auftretenden Stromstöße werden meist durch den Kurzschluß von zwei, in selteneren Fällen durch den gleichzeitigen Kurzschluß von drei Elektroden hervorgerufen und durch den Widerstand, und zwar in der Hauptsache durch den Blindwiderstand in der Strombahn, d. h. der Reaktanz, auf zulässige Werte begrenzt. Bei großen Öfen genügt häufig die natürliche Reaktanz in der Anlage, bei kleinen Öfen ist eine zusätzliche Drossel erforderlich. Der anteilige Ohmsche Widerstand ist mit Rücksicht auf die hohen Ströme und deshalb verlegten großen Leitungsquerschnitte verhältnismäßig klein, er beeinflußt die Größe der Stromstöße nur wenig. Die unvermeidlichen Belastungsspitzen, deren Dauer durch gute Elektrodenregler auf möglichst kurze Zeit eingeschränkt werden soll, gefährden den Ofentransformator nicht. Ihre Dämpfung ist auch aus einem anderen Grunde erwünscht. Je weniger leistungsfähig nämlich die den Ofen speisende Stromerzeugungsanlage ist, um so notwendiger erweist sich eine Begrenzung des Höchstwertes der vom Ofen aufgenommenen Leistung. Hohe Belastungsspitzen von längerer Dauer können leicht die

Überlastungsfähigkeit kleiner Zentralen überschreiten und eine Unterbrechung der Stromlieferung verschulden; auf jeden Fall stören sie den gleichzeitig angeschlossenen Lichtverbrauch in empfindlicher Weise durch lästige Flimmererscheinungen, die in den Spannungsschwankungen des Netzes begründet sind.

Der Blindwiderstand wird neben anderen Umständen wesentlich durch die Führung und Anordnung des Stromweges beeinflußt. Im Gegensatz zum Wirkwiderstand hat der Blindwiderstand keine Energieverluste durch Umwandlung in Wärme oder andere Energieformen zur Folge; er zwingt lediglich einen Teil des Stromes zur Rückkehr in den Stromerzeuger. Dieser „Blindstrom" pendelt also dauernd, ohne Arbeit zu leisten, zwischen Stromerzeuger und Verbrauchsstelle hin und her, wovon auch seine Bezeichnung, nämlich wattlose Komponente, herrührt. Das Verhältnis zwischen der Wirkleistung des Stromes, das heißt der in der Zuleitung und am Verbrauchsort in Wärme oder andere Energieformen umgesetzten Leistung, zu der vom Stromerzeuger hinausgeschickten Scheinleistung (Wirkleistung zusätzlich Blindleistung), wird als Leistungsfaktor oder mit einem in der Elektrotechnik sehr verbreiteten Ausdruck als cos φ bezeichnet. Die Verknüpfung dieser Größen kann also dargestellt werden durch die Beziehung: Scheinleistung in Kilovoltampere (kVA) mal Leistungsfaktor ist gleich Wirkleistung in Kilowatt (kW).

Dem Stromlieferer ist ein niedriger Leistungsfaktor stets unerwünscht, da er eine nutzlose Belastung der stromerzeugenden Maschinen und stromführenden Leitungen mit Blindstrom bedeutet, die volle Ausnutzung in Form von Wirkleistung verhindert und letzten Endes eine Verteuerung der Stromgestehung verursacht.

Aus diesen Gedankengängen heraus ist es ohne weiteres verständlich, daß in manchen Stromtarifen der Preis für die Kilowattstunde auf der Grundlage des Leistungsfaktors gestaffelt ist: bei niedrigerem Leistungsfaktor als dem vereinbarten erhält der Stromlieferer einen höheren Kilowattstundenpreis, umgekehrt kommt ein niedrigerer zur Anrechnung. Lichtbogenofenanlagen weisen im allgemeinen einen ausgezeichneten Leistungsfaktor, nämlich 0,80 bis 0,90 auf. Solche Öfen bilden also in dieser Hinsicht eine durchaus willkommene Belastung, die den Stromlieferer die anderen, weniger erwünschten Begleiterscheinungen des Ofenbetriebes, nämlich die Stromstöße beim Einschmelzen und die verschieden hohe Leistungsentnahme beim Einsetzen, Einschmelzen und Feinen, mit in Kauf nehmen läßt.

Die Drosselspulen sind als Kupferspiralen ausgebildet, die in ölgefüllten Behältern untergebracht sind und einen Eisenkern umschließen. Sie sind fast stets dem Transformator hochvoltseitig vorgeschaltet, da die geringen Stromstärken der Hochspannungsseite dünnere Kupferquerschnitte und somit geringere Anlagekosten ermöglichen. Da ihre Einschaltung den Leistungsfaktor der Anlage erniedrigt, werden sie mit Anzapfungen und Überbrückungsschaltern versehen, die ein teilweises oder gänzliches Abschalten zulassen, sobald bei fortgeschrittener Verflüssigung des Einsatzes die Lichtbögen ruhiger brennen. Die Bemessung der Drosselspule richtet sich nach der Höhe des in der Ofenanlage ohnehin vorhandenen Blindwiderstandes sowie nach der gewünschten Begrenzung der Belastungsspitzen.

Nach Darlegung dieser Verhältnisse auf allgemeinster Grundlage mag zum Abschluß noch eine Zusammenfassung in der Sprache des Elektrotechnikers gegeben werden. Berührt eine Elektrode das Bad oder den Schrott, so wird der Lichtbogen kurz geschlossen und der Ofenstrom I_0 steigt auf den Betrag des Kurzschlußstromes I_K an. Je kleiner das Kurzschlußverhältnis $K = \dfrac{J_K}{J_0}$ ist, um so geringer werden natürlicherweise die Spannungsschwankungen im Netz. Durch entsprechend große, vorgeschaltete Drosseln kann dieser Faktor jedoch geradezu beliebig nahe an 1 herangebracht werden. Die Verhältnisse liegen aber derart, daß der Leistungsfaktor mit zunehmender Drosselleistung stark abfällt. Für $K = 1,5$ beträgt er noch 0,74. Im Betrieb wird der Wert für $\cos \varphi$ auf mindestens 0,75 bis 0,8

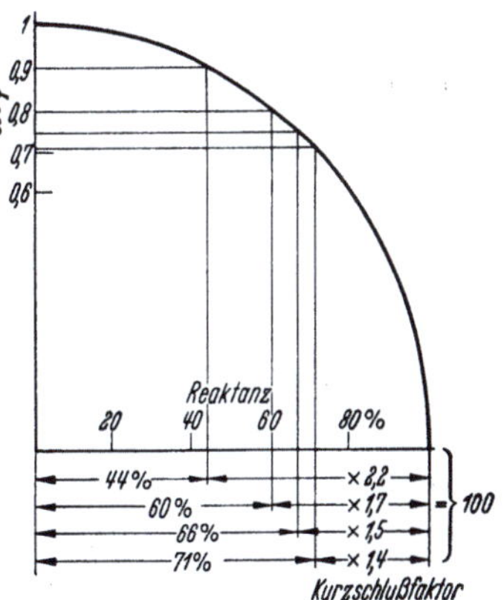

Abb. 79. Leistungsfaktor, Reaktanz und Kurzschlußfaktor des Lichtbogenofens.

gehalten, meistens 0,85 bis 0,90, wobei die zugelassenen Stromstöße etwa den 1,7- bis 2fachen Nennwert betragen. Hierbei ist noch zu beachten, daß der bei Nennlast durch die Reaktanz der Ofenanlage bedingte $\cos \varphi$ in keiner Weise mit dem mittleren Leistungsfaktor übereinstimmt, wie ihn die Elektrizitätswerke durch Messung von Blind- und Wirkleistung über längere Zeiträume ermitteln, der also auch die viel günstigeren Feinungszeiten mit einbegreift.

Da also die höchstmögliche Höhe der Stromstöße durch die Induktivität in der Anlage gegeben ist und diese wiederum den Leistungsfaktor bestimmt, so besteht zwischen beiden ein gesetzmäßiges Verhältnis, das in seinen zahlenmäßigen Zusammenhängen aus Abb. 79 zu ersehen ist. Auf der Ordinate ist der Leistungsfaktor eingetragen, auf der Abszisse die Reaktanz und gleichzeitig der sogenannte Kurzschlußfaktor, der das Verhältnis vom höchstmöglichen Stromstoß zum Nennstrom darstellt. Nun ist zu erwähnen, daß die höchsten Stromstöße im Laufe der Schmelzung doch nicht so häufig auftreten, im allgemeinen liegen die Schwankungen bei erheblich kleineren Werten. Außerdem sei darauf hingewiesen, daß die Stromstöße wegen der stark induktiven Natur des Kurzschlußkreises nur zu einem Teil Wirkstrom sind. Die Verhältnisse bei Überstrom und Kurzschluß sind durch die Kurven der Abb. 62 schon dargestellt worden. Die Kurzschlüsse in der Ofenanlage entstehen durch Verkleinerung oder gänzlichen Fortfall des Ohmschen Widerstandes im Lichtbogen bei gleichbleibendem induktiven Widerstand. Das bedeutet, daß je nach Größe des Kurzschlusses das Verhältnis des induktiven Widerstandes zum Ohmschen größer wird. Je größer also die Kurzschlußströme sind, um so schlechter wird der Leistungsfaktor. Mit linear steigendem Strom steigt die Aufnahmewirkleistung, wie aus den Kurven zu ersehen ist, immer langsamer an, sie erreicht ihr Maximum, wo Wirkleistung gleich Blindleistung ist, das ist bei einem Leistungsfaktor von 0,707. Wird der Ohmsche Widerstand weiter verringert, so fällt die Wirkleistung wieder ab bis zu einem kleinsten Wert bei sattem Kurzschluß; hierbei ist die noch vorhandene Aufnahmewirkleistung praktisch nur noch Verlustleistung. Die Kurve Wv zeigt die Verluste, die im Kurzschluß gleich der Aufnahmewirkleistung werden. Die Differenz von Aufnahmewirkleistung Ww und Verlustleitung Wv ergibt die Nutzleistung, d. h. die wirklich im Lichtbogen umgesetzte Leistung. Während das Maximum der Aufnahmewirkleistung, wie schon erwähnt, bei einem Leistungsfaktor von 0,707 liegt, also dann, wenn Wirkleistung gleich Blindleistung wird, liegt das Maximum der Lichtbogenleistung bei einem etwas höheren Leistungsfaktor.

Die Kurven zeigen, daß man also den Lichtbogenofen zur Erzielung größtmöglicher Lichtbogenleistung und Wirtschaftlichkeit immer im aufsteigenden Ast der Aufnahmewirkleistung und Lichtbogenleistung betreiben soll. Damit berühren sich diese Zusammenhänge in etwas anderer Beleuchtung wieder mit den auf S. 97 ff. dargestellten Ausführungen.

Es wird begreiflicherweise gern der Hauptanteil der Reaktanz in die Drossel verlegt und diese nur bei unruhigem Betrieb und dann nach Möglichkeit nur teilweise eingeschaltet. Je größer die Reaktanz einer Ofenanlage ist, um so größer ist nicht nur der Spannungsunterschied am Trafo zwischen Leerlauf und Vollast und zwischen Leerlauf und Kurzschluß, um so kleiner ist auch die Kurzschlußleistung im Trafo.

Dieser mit abnehmendem Kurzschlußfaktor zunehmende Spannungsunterschied bzw. die damit zusammenhängende Vergrößerung der Phasenverschiebung zwischen Strom und Spannung wirkt sich günstig auf die Zündvorgänge aus, wodurch die Zündung des Lichtbogens erleichtert und seine Beständigkeit erhöht wird.

Somit ergibt sich abschließend ein interessanter Rückblick auf die

Ausführungen über die Einflüsse der Stabilität des Lichtbogens auf die Leistungsaufnahme. Jeder überflüssige Drosselbedarf schädigt die wirtschaftliche Ausnutzung der elektrischen Energie, und deshalb ist die verständnisvolle Auswertung der Zusammenhänge zwischen Strom und Spannung aber auch die vernünftige Durchführung der Beschickung von größter Wichtigkeit.

Die Schaltanlage der Lichtbogenöfen.

Die Schaltanlage ist gemeinsam mit dem Transformator in einem geschlossenen, vor Staub geschützten, gut beleuchteten und bequem zugänglichen Raum möglichst in unmittelbarer Nähe des Ofens unterzubringen (Abb. 80).

Die ankommenden Kabel werden zuerst zu einem Haupttrennschalter geführt, der gemäß den behördlichen Sicherheitsvorschriften als sichtbares Trennmesser ausgebildet sein muß. Dieser Trennschalter dient dazu, bei Instandsetzungsarbeiten oder bei längeren Stillständen beispielsweise an Sonntagen, die gesamte Ofenanlage spannungslos zu machen. Er darf, wie alle offenen Trennschalter, nicht betätigt werden, solange der Ofen belastet ist.

Vom Trennschalter aus werden die Leitungen dem Hauptleistungsschalter zugeführt, der das Ein- und Ausschalten des Transformators während des Schmelzungsganges zur Aufgabe hat. Dem Wesen nach besteht ein Leistungsschalter ebenfalls aus Trennmessern, welche jedoch nicht offen liegen. Durch eine kräftige Federung oder durch Preßluftantrieb wird ein blitzartiges Ein- und Ausschnappen der Schaltkontakte bewirkt. Der beim Schalten unter Last entstehende Lichtbogen wird durch besondere Mittel zum Erlöschen gebracht. Früher wurden solche Leistungsschalter als Ölschalter ausgeführt, heute wird mit Rücksicht auf größere Betriebssicherheit gern von den in den letzten 20 Jahren entwickelten öllosen und ölarmen Schaltern Gebrauch gemacht. Bei den öllosen Schaltern wird als Löschmittel Preßluft oder Wasser verwendet. Bei den ölarmen Schaltern ist nur eine kleine Ölmenge als Löschmittel erforderlich, die kaum noch eine Gefahr für die Anlage bedeutet.

Der Leistungsschalter ist zweckmäßigerweise mit einem Überstrom- und einem Nullspannungsrelais auszustatten. Das Überstromrelais schaltet beim Überschreiten einer bestimmten Stromstärke nach einer einstellbaren Zeit, gewöhnlich 4 bis 8 Sekunden, den Ölschalter ab, um einer Überlast des Transformators vorzubeugen und auch die vorgeschalteten Anlagen vor Überstrom zu schützen. Das Nullspannungsrelais ist eine ebenfalls elektromagnetisch gesteuerte Vorrichtung, welche den Leistungsschalter selbsttätig auslöst, sobald die Spannung ausbleibt oder einen bestimmten Mindestwert unterschreitet. Das sofortige Abschalten des Leistungsschalters bei einer derartigen Störung soll der

Ofenmannschaft genügend Zeit lassen, um etwa mit dem Einsatz in Berührung stehende Elektroden vor der Wiederkehr der Spannung hochzufahren, soweit dies nicht schon automatisch geschieht. In neuester Zeit werden beispielsweise in England gern an Stelle eines Maximalrelais deren zwei angeordnet, nämlich eines für hohe Ströme und kurze Zeit und eines für niedrigere Überströme und längere Zeiteinstellung. Damit wird eine geringere Häufigkeit der Betätigung des Hauptschalters erreicht und seine Betriebssicherheit verbessert und seine Wartung erleichtert.

Zwischen Leistungsschalter und Transformator liegt die Drosselspule mit ihrem Überbrückungsschalter, weiterhin der Spannungsumschalter. Dieser stellt die für die verschiedenen Spannungen notwendigen Schaltungen der Hochvoltwicklung des Umspanners her, d. h. er schaltet die verschiedenen Anzapfungen und es wird mit ihm die bereits erwähnte Umschaltung der Wicklung in Dreieck und Stern vorgenommen. Hierfür wurden in der früheren Zeit Leistungsschalter oder Trennschalter verwendet. Heute werden diese Schaltvorrichtungen als sogenannte Drehumsteller mit in den Umspanner eingebaut und vom Schaltpult ferngesteuert. Der Drehumsteller muß im spannungslosen Zustand geschaltet werden. Er ist mit dem Leistungsschalter derart zu verriegeln, daß die spannungslose Schaltung immer gewährleistet ist. Bei großen Transformatoren werden jedoch heute die sogenannten Lastregelschalter verwendet, bei denen die Schaltung für verschiedene Spannungsstufen unter Last vorgenommen werden kann. Dies hat sich sowohl für den Ofenbetrieb wie für den Stromlieferer als angenehm ergeben. Vom Umschalter fließt der Strom zum Transformator und von dort durch die Niederspannungsleitungen zum Ofen. Auf einige bei der Anlage der Niederspannungsleitungen zu beachtende Grundsätze wird später noch zurückzukommen sein.

In Abb. 80 ist die eben erörterte Aufeinanderfolge der Schaltelemente auf der Hochspannungsseite an einem Beispiel dargestellt. Aus Zweckmäßigkeitsgründen und mit Rücksicht auf die geltenden Sicherheitsvorschriften wird, wie ersichtlich, jeder Teil der Hochspannungsanlage für sich in einer besonderen Zelle eingebaut. Die Niederspannungsanlage des Ofens besteht aus den selbsttätigen Elektrodenreglern, den Motoren für das Ofenkippwerk, Wannendrehwerk, Deckelhubwerk, Wannen- bzw. Portalfahrwerk, dem Ölpumpenmotor für die Kühlung des Transformatoröls oder dem Ventilatormotor für die Lüftung des Transformatorraumes bei luftgekühltem Transformator und schließlich der Schalttafel oder dem Schaltpult des Ofenwärters.

Der Schaltstand soll eine ungehinderte Übersicht über den Ofen zulassen und sämtliche Instrumente enthalten, welche der Schmelzer zur einwandfreien Beurteilung der elektrischen Verhältnisse des Ofens

benötigt. Es sind dies ein Spannungsanzeiger für die Hochspannungsseite, um bei Störungen darüber unterrichtet zu sein, ob die Anlage
unter Spannung steht; Spannungsanzeiger auf der Niedervoltseite für
die einzelnen Phasen zum Ablesen der Ofenspannung; je ein Strom-
anzeiger für jede Niederspannungsphase, ein Leistungsanzeiger oder
-schreiber zur Beobachtung und Kontrolle der jeweils dem Netz entnommenen Leistung; ein Energiezähler, dessen Stand zu Beginn und

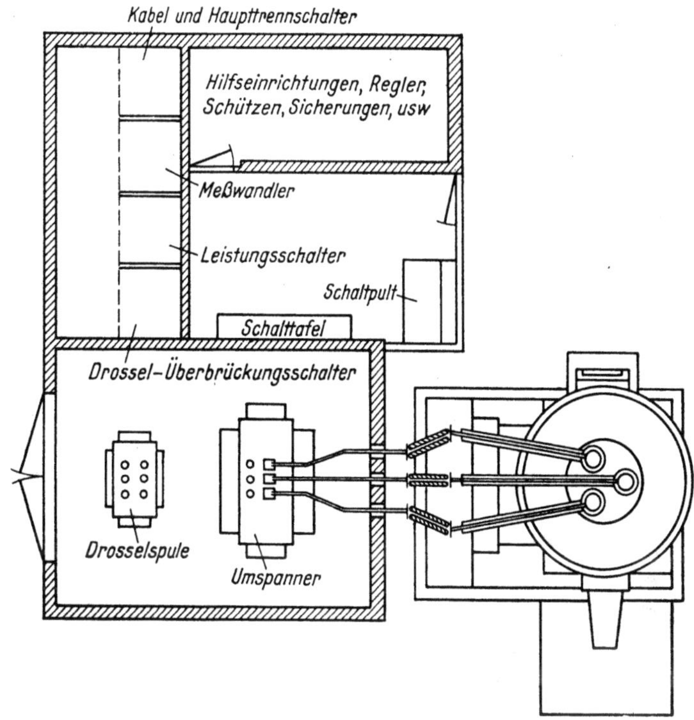

Abb. 80. Beispiel für die Anordnung der Schaltanlage eines Lichtbogenofens.

Ende jeder Schmelzung in den Schmelzungsbericht aufzunehmen ist
und schließlich eine zuverlässige Uhr.

Weiterhin soll der Schaltstand unmittelbar betätigte oder elektrisch
ferngesteuerte Schaltvorrichtungen zum Schalten des Leistungsschalters,
der selbsttätigen Elektrodenregelung und der Handsteuerung für die
Elektrodenbewegung aufweisen.

Für die günstigste Unterbringungsmöglichkeit der gesamten elektrischen Ausrüstung läßt sich keine feste Regel aufstellen, da die örtlichen
Platzverhältnisse zu verschiedenartig sind. Unbedingte Geltung hat
jedoch stets der eine Grundsatz, den Transformator zur Verminderung
der hohen Energieverluste in der Niederspannungsleitung möglichst

nahe an den Ofen heranzurücken. Steht der Ofen, wie es meist der Fall ist, auf Hüttensohle, so stellt ein Transformatorraum auf gleicher Höhe fast immer die zweckmäßigste Lösung der Platzfrage dar. Mit Rücksicht auf bessere Übersichtlichkeit des Stahlwerkes und besonders bei knappen Raumverhältnissen, wird der Umspanner auch wohl in einem Keller aufgestellt, d. h. also unter Flur, was natürlich größere Baukosten bedingt. Auf die Grundwasserverhältnisse ist selbstverständlich stets Rücksicht zu nehmen; desgleichen soll möglichst eine Stelle des Transformatorraums in einem Kranbereich liegen, um durch eine ausgesparte Deckelöffnung hindurch den auf Rollen verschiebbar eingerichteten Transformator anheben oder auch den Trafokern zur Kontrolle herausheben zu können.

Steht der Ofen auf einer erhöhten Arbeitsbühne, so ist der Raum unter dieser Bühne fast immer für die Aufstellung des Transformators und der übrigen elektrischen Anlage verfügbar, auf der Arbeitsbühne selbst braucht dann meist nur der Schaltstand eingerichtet zu werden. Die Anordnung des Transformators unterhalb des Ofens ist auch für große Öfen zweckmäßig.

Typenbeschränkung für Lichtbogenöfen.

Nachdem im vorhergehenden alle Einzelheiten des elektrischen und mechanischen Teiles einer Lichtbogenanlage beschrieben worden sind, soll nun zum Abschluß ein Auszug der wichtigsten Daten gegeben werden, wie sie 1942 mit dem Ziele der Typenbeschränkung festgelegt worden sind. Die ofenbauenden Firmen sind dadurch in die Lage versetzt, den jeweiligen Kunden viel rascher zu bedienen, in dem die Hauptabmessungen festliegen und lediglich kleinere Sonderwünsche zu berücksichtigen sind. Die Abstufung nach dem Fassungsvermögen ist so erfolgt, daß sich bestimmt jeder Stahlwerker leicht die ihm erwünschte Ofengröße auswählen kann. Den ofenbauenden Firmen wird eine Unmenge konstruktiver Planung erspart und eine ganz wesentlich vereinfachte Ausführung in der Werkstatt ermöglicht.

Für die Transformatoren und Drosseln sind ebenfalls weitgehende Normungen vorgenommen worden. Die Leistungen und jeweiligen Leistungsstufen sind in der obigen Tabelle bereits enthalten. Außerdem ist der Bereich der Primärspannungen festgelegt worden. Sie betragen bis 1200 kVA 6/10/20 kV, bis 3500 kVA 6/10/20/30 kV, bis 5000 kVA 10/20/30 kV, bis 1500 kVA 20/30 kV. Die Transformatorenverluste betragen durchschnittlich 2,5%. Die Überlastbarkeit ist in der Weise begrenzt worden, daß nach 10stündigem Betrieb mit halber Nennleistung 30% Überlastung während einer Stunde und 10% während drei Stunden zugelassen wird. Außerdem sind noch die Gewichte und Abmessungen festgelegt worden.

Bei der augenblicklichen in Deutschland herrschenden Lage haben solche Normungen natürlich keine allzu große Bedeutung. Die Angaben über die Durchmesser der Grafitelektroden werden bereits schon von vielen Seiten als überholt betrachtet. Immerhin gibt die Tabelle einen Überblick über den Entwicklungsstand.

Typenbeschränkung für Lichtbogenöfen.

	Verbindliche Werte				Richtwerte				
Ofen-größe	Durch-messer d. Ofen-kessels mm	Trafo-leistung kVA	Elektroden-durchmesser mm		Teilkr.-durchm. mm	Span-nungs-stufen V	Stärke des Kessel-bleches		Abstand Schaffpl. bis Deckel-aufl.
			Grafit	Kohle			Mantel	Boden	
L 0,6	1600	500	130	—	400	140/80	10	10	800
L 1,6	2200	800	150	—	600	150/87	13	13	900
L 3	2600	1200	200	—	700	165/87	15	15	1000
L 6	3400	2000	250	350 (b. 6600 A)	950/850	180/90	20	20	1100
L 10	3800	3500	300	500	1150/1050	200/90	20	20	1200
L 16	4300	5000	350	550	1300/1200	220/90	23	28	1300
L 25	5200	9000	500	—	1400	240/90	26	28	1450
L 40	5700	12000	500	—	1500	270/110	28	32	1550
L 60	6000	15000	500	—	1700	270/110 (300)	28	32	1600

Der Kippwinkel beträgt für alle Öfen: abstichseitig 42°, türseitig 15°, Korbbeschickung erst ab Größe L 6.

Außer den in der Tabelle genannten Werten sollen bis auf weiteres noch zulässig sein:

Ein Ofendurchmesser von 3100 mm und
ein Ofentransformator von 7500 kVA.

III. Die Elektroden.

Allgemeines.

Die Elektroden der Lichtbogenöfen leiten den Strom in das Ofeninnere und sind an ihren unteren Enden die Träger des Lichtbogens. Als Werkstoff für die Elektroden kommt lediglich Kohlenstoff wegen seiner großen Widerstandsfähigkeit gegen hohe Temperaturen, seiner weitgehenden Unschädlichkeit für die Zusammensetzung des Stahlbades, seiner günstigen elektrischen Leitfähigkeit und seiner Billigkeit in Frage. Es sind wohl für besondere Zwecke auch schon andere Stoffe vorgeschlagen worden, so z. B. für die Herstellung rostfreien, weichen Eisens Elektroden aus weichem Ferrochrom, die sich durch allmähliches Abschmelzen mit dem Stahlbad legieren sollten. Es ist aber nicht bekanntgeworden, ob derartige Versuche wirklich durchgeführt worden sind und zu einem Erfolg geführt haben.

Die Kohleelektroden kommen in zwei nach Herstellung und Eigenschaften wohl unterschiedenen Arten zur Anwendung: als amorphe Kohleelektroden (auch kurz Kohleelektroden genannt) und als Grafitelektroden (auch grafitierte Elektroden bezeichnet).

Die Herstellung und Eigenschaften der amorphen Kohleelektroden.

Für die Elektrodenerzeugung werden als Grundstoffe Anthrazit und Petrolkoks oder ähnliche künstliche oder natürliche kohlenstoffhaltige Stoffe, als Bindemittel Teer und Pech oder sonst geeignete Teerprodukte, verwendet. Diese an und für sich schon reinen Kohlensorten werden noch einer Aufbereitung unterzogen, wobei sie nach einem Glühprozeß unter Luftabschluß auf bestimmte Körnungen zerkleinert werden. Das so vorbereitete Material wird nach bestimmten Rezepten in beheizten Mischmaschinen oder Kollergängen mit dem Bindemittel zu einer plastischen Masse verarbeitet.

Sodann wird das Gemisch in der Wärme zu der benötigten Form unter hohen Drücken gepreßt oder gestampft. Zum Schluß werden die Formlinge in meist gasgefeuerten Ringöfen einer Sinterung bei über 1000° unterworfen, wobei sie zum Schutz gegen oxydierende Einflüsse in Kohlenklein eingepackt werden. Bei diesem Brennvorgang entweichen die flüchtigen Bestandteile des Teeres und lassen einen als harte Kittmasse wirkenden Koks zurück. Die Erhitzung und die Abkühlung beim Brennen müssen zur Vermeidung von Spannungen und Rissen sehr langsam und gleichmäßig durchgeführt werden und erfordern demgemäß eine Zeitspanne von je 10 bis 20 Tagen und mehr. Nach dem Brennen wird die Oberfläche der Elektroden geputzt, jedoch genügt es in den seltensten Fällen, hierdurch bereits die Voraussetzung für ein inniges Anliegen im Elektrodenhalter und einen verlustlosen Stromübergang zu erreichen. Durchweg werden die Elektroden auf Drehbänken auf den genauen Durchmesser überdreht. Wegen der Härte des Materials können im allgemeinen nur Hartmetallstähle Verwendung finden. Schließlich wird an beiden Enden das Gewinde für später zu besprechende fortlaufende Vernipplung eingeschnitten.

Die Eigenschaften der Elektroden aus amorpher Kohle sind, soweit sie für den Stahlwerker von Belang sein können, in nachstehender Zusammenstellung angeführt:

Physikalische und chemische Werte:

Scheinbares spezifisches Gewicht	1,45—1,60
Wirkliches spezifisches Gewicht	1,80—2,05
Spezifischer Widerstand von Elektroden	
bis zu 1600 cm² Querschnitte . . .	40—45 Ohm
von 1600—4000 „ „ . . .	45—60 „
von 4000—8000 „ „ . . .	55—65 „

Mittlerer linearer Temperatur-Koeffizient
des spezifischen Widerstandes zwischen 20 und 1600° C:
bei einem spez. Widerstand von 40 Ohm minus 0,00020
„   „   „   „   „ 65 Ohm minus 0,00028
Linearer Ausdehnungs-Koeffizient
zwischen 20 bis 1000° . . . . 0,0000043—0,0000055
Wärmeleitzahl bei 200° 3,5 kcal/m/h° und höher
wahre spez. Wärme bei 100° C . . . . ca. 0,20
Aschegehalt . . . . 2,5—6 %
Phosphorgehalt . . . . ca. 0,02 %
Gesamtschwefelgehalt . . . . ca. 1,2 %

Die Bemessung der amorphen Kohleelektroden.

Aus der Größe des elektrischen Leitwiderstandes ergibt sich der für einen Ofen bestimmter Leistung benötigte Elektrodenquerschnitt, wobei folgende Erwägungen maßgebend sind. Je höher die Querschnittseinheit mit Strom belastet wird, um so stärker erwärmt sich die Elektrode. Bei zu hoher Stromdichte tritt ein Erglühen der Elektrode und infolgedessen ein rasches Verzundern und Abbrennen des aus dem Ofen herausragenden Teils ein. An sich erfolgt der Stromdurchgang bei Verwendung von Wechselstrom vornehmlich an der Oberfläche entsprechend der Eindringungstiefe. Diese ist aber wegen des hohen Betrages des spezifischen Widerstandes so groß, daß sie erst bei sehr dicken Elektroden, etwa über 500 mm in Erscheinung treten kann. Wie aus der Tabelle S. 129 zu erkennen ist, steigt der elektrische Widerstand mit zunehmendem Durchmesser; ein Umstand, der fabrikatorische Ursachen hat. In-

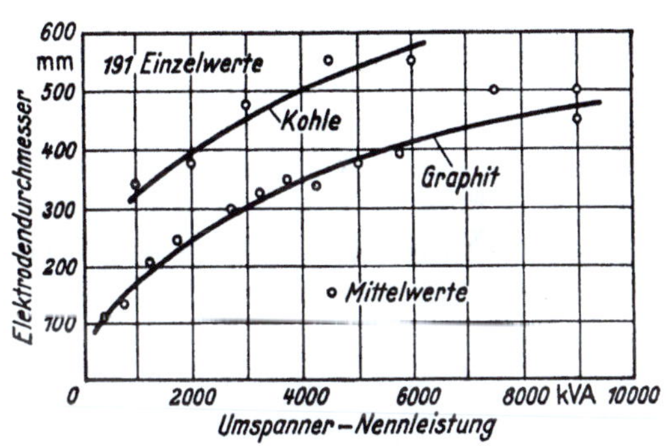

Abb. 81. Abhängigkeit des Elektrodendurchmessers von der Umspannernennleistung. (Nach H. Kral.)

folgedessen dürfen dickere Elektroden auf die Querschnittseinheit nur schwächer belastet werden als dünnere. Erfahrungsgemäß hat sich eine Belastung von 8 bis 6 A je cm² bei Elektroden unter etwa 350 mm Durchmesser, eine solche von 6 bis 4 A je cm² bei dickeren Elektroden als noch zulässiger Wert erwiesen. Abb. 81 gibt den Elektrodendurchmesser in Abhängigkeit von der Umspannernennleistung an.

Die im Elektrostahlbetrieb verwendeten Elektroden sind durchweg zylindrisch, weil diese Form ein bequemes und genaues Fassen im Halter ermöglicht und ein leichtes Anstücken der teilweise abgebrannten Elektroden gestattet.

Wenn auch jede Abweichung von der Kreisform und jede Abweichung
im Durchmesser einen verschlechterten Stromübergang in der Elektrodenfassung bedeutet, so gelten doch die folgenden Abweichungen
im Durchmesser noch als handelsüblich: bei 200 mm ± 3 mm, bis
350 mm ± 4 mm und bis 500 mm ± 5 mm.

Der Elektrodenverbrauch bei Anwendung von Kohleelektroden.

Der Verbrauch an Kohleelektroden in Abhängigkeit vom Einsatzgewicht beträgt bei festem Einsatz, wie Abb. 82 zeigt, etwa 14 bis 16 kg,
bei flüssigem Einsatz durchschnittlich 6 kg je Tonne Einsatz. Auf
1000 kWh bezogen beträgt bei beiden Betriebsarten der Verbrauch
etwa 16 kg. Die Höhe des Verbrauches hängt von vielerlei Umständen
ab, die teilweise unter die
Verantwortlichkeit des
Elektrodenerzeugers, teilweise unter die des Stahlwerkers fallen. Die eigentliche Elektrodenabnützung,
nämlich die im Lichtbogen
ständig stattfindende Zer-
stäubung oder Verdampf-
ung der Elektrodenspitze,
ist verhältnismäßig gering.
Größer ist schon der teilweise unvermeidliche Ab-

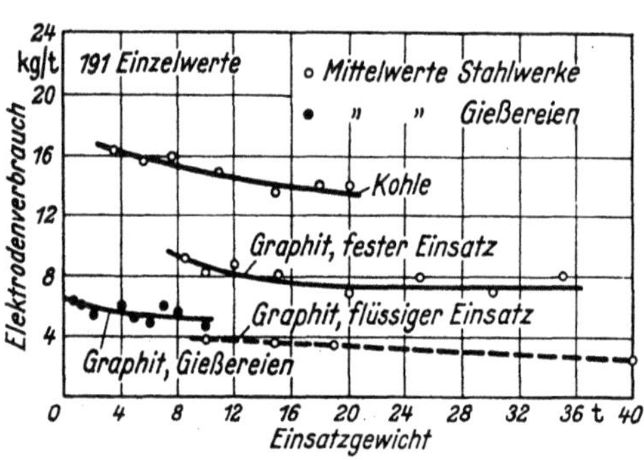

Abb. 82. Elektrodenverbrauch in Beziehung zum Ofenfassungsvermögen. (Nach H. Kral.)

brand der Elektrode durch die in den Ofen eintretende Luft. Weitere
Verlustquellen sind: Unachtsamkeit beim Transport, beim Zusammenschrauben, beim Einsetzen in die Elektrodenhalter, unvorsichtiges Einbringen des festen Einsatzes in den Ofen sowie stoßweises Kippen des
Ofens beim Abschlacken oder Abstechen. Unzweckmäßige Einlagerung
im Stahlwerk kann ebenfalls Elektrodenverluste verursachen: Elektroden müssen unbedingt trocken und warm eingelagert werden. Hierauf
kann nicht nachdrücklichst genug verwiesen werden. Allzu schroffer
Temperaturwechsel und eingedrungene Feuchtigkeit können nur allzu
leicht Rißbildungen und Brüche hervorrufen. Aus dem gleichen Grunde
ist ein Auswechseln der Ofenelektroden, namentlich bei großen Durchmessern während der Schmelzung, wenig empfehlenswert; ist es nicht zu
umgehen, so ist mindestens die neue Elektrode nur ganz allmählich in
den heißen Ofen einzulassen. Schlechter Zustand der Elektrodenfassungen führt infolge des großen Übergangswiderstandes an der betreffenden Stelle zum Erglühen und Abbrennen der Elektrode, desgleichen,
wie bereits erwähnt, übermäßig gesteigerte Stromzufuhr. Ungenau aus-

gesparte Elektrodenöffnungen im Ofengewölbe beanspruchen die hindurchgezwängten Elektroden auf Biegung und haben neben raschen Gewölbeverschleiß leicht Elektrodenbrüche zur Folge. Schließlich sind während des Einschmelzens Elektrodenbrüche durch zusammenstürzenden Schrott oder durch zu heftiges Aufprallen der Elektroden auf feste Schrottstücke nicht immer zu vermeiden.

Wenn hier alle im Stahlwerk möglichen Quellen eines gesteigerten Elektrodenverbrauches aufgezählt worden sind, so muß aber auch darauf hingewiesen werden, daß selbst bei sorgfältigster Ausschaltung aller Gefahrenpunkte unerklärliche Elektrodenbrüche auftreten können. Diese fallen dem Elektrodenerzeuger zur Last und können auf ungeeigneter Auswahl des Rohstoffes, auf unzweckmäßiger Körnung und auf Unzulänglichkeiten des Herstellungsverfahrens beruhen, wobei jedoch neuerdings in Deutschland weniger die Auswahl als die Beschaffungsmöglichkeit geeigneter Ausgangsstoffe dem Hersteller große Schwierigkeiten bereitet. Insbesondere muß betont werden, daß es den Elektrodenerzeugern noch nicht gelungen ist, für Kohleelektroden mit Durchmessern von 550 mm und darüber das Herstellungsverfahren zu der gleichen Vollkommenheit wie bei dünneren Elektroden durchzubilden. Beispielsweise ist bei Kohleelektroden von 550 mm Durchmesser auch bei sorgsamstem Arbeiten mit einem Elektrodenverbrauch von mindestens über 20 kg je Tonne festen Einsatzes zu rechnen. Der Grund liegt vor allem in der Verschlechterung der Festigkeitseigenschaften mit steigendem Durchmesser, und zwar besonders in dem starken Abfall der Biegefestigkeit.

Die Festigkeit beträgt für Elektroden mit einem Querschnitt

	Bis 1600 cm² kg/cm²	Von 1600 bis 4000 cm² kg/cm²	Von 4000 bis 6000 cm² kg/cm²	Über 6000 cm² kg/cm²
Druckfestigkeit	300—500	300—450	300—400	250—350
Biegefestigkeit	60—100	50—80	30—60	20—40
Zugfestigkeit	15—30	15—25	12—20	10—16

Wie aus obigen Angaben hervorgeht, sinkt die Biegefestigkeit bei einer Vergrößerung der Querschnitte von 1600 cm² auf über 6000 cm² auf rund den dritten Teil des ursprünglichen Betrages. Hinzu tritt als weiterer erschwerender Umstand von vielleicht noch größerem Einfluß die schlechtere Wärmeleitfähigkeit gegenüber dem Grafit, wodurch der Wärmeabfluß vom Kern der Elektrode zum Rande nicht schnell genug vor sich geht. Es konnte nämlich einwandfrei beobachtet werden, daß Elektroden dieser großen Durchmesser nach dem Abstich infolge der Abkühlung schrumpfen. Da der Kern der Elektrode nicht in demselben Maße mitschrumpft wie die äußeren Teile, bilden sich allmählich Risse, die sich erweitern und vertiefen und dann später zu Brüchen führen müssen. Das Problem, große Elektroden der vorgenannten Durchmesser auch im Stahlofen mit Erfolg zu verwenden, wäre erst dann gelöst, wenn auch die Wärmeleitfähigkeit des Kohlenstoffmaterials ganz erheblich verbessert werden könnte. Dieses ist aber nur möglich, wenn die Elektrode aus reinem Grafit besteht oder aber die Abkühlung zwischen Abstich und Neueinschaltung des Ofens vermieden werden könnte. Der erste Weg läßt sich nur auf Kosten der preislichen Vorteile durchführen, der zweite verlangt arbeitsmäßige und konstruktive Änderungen, die sich zur Zeit mit der neueren Entwicklung nicht ohne weiteres vereinbaren lassen.

Auf die Bedeutung dieser Umstände für die Wettbewerbsfähigkeit dicker Kohleelektroden gegenüber anderen Elektrodenarten soll später noch eingegangen werden.

Die Herstellung und Eigenschaften der Grafitelektroden.

Die Erzeugung geht in der Weise vor sich, daß sich an den Herstellungsgang der amorphen Kohleelektroden ein weiterer Vorgang, die Grafitierung anschließt. Die Grafitierung besteht in einer Kristallisation des amorphen Kohlenstoffes zu Grafit und vollzieht sich bei sehr hoher Temperatur unter dem Einfluß bereits im Schüttmaterial vorhandener oder absichtlich zugefügter Katalysatoren (Metalloxyde!). Zur Grafitierung werden die fertig gebrannten Elektroden aus amorpher Kohle in ein Sand- und Kohlegemisch gebettet und während etwa 30 Stunden als elektrischer Widerstand in einen Stromkreis von hoher Stromstärke gelegt. Durch die beim Stromdurchgang entwickelte Joulesche Wärme werden die Elektroden auf über 2400° C erhitzt, wobei die Aschenbestandteile sich größtenteils verflüchtigen und die amorphe Kohle in Grafit umgewandelt wird. Elektroden aus Naturgrafit haben daher einen höheren Aschegehalt und, da das Bindemittel nicht grafitiert ist, auch eine schlechtere elektrische Leitfähigkeit. Als Energieverbrauch für das Grafitieren werden 6000 bis 10000 kWh für die Tonne Elektroden angegeben. Dieser hohe Energiebedarf macht es erklärlich, daß früher die von Acheson erfundene Grafitierung der Kohleelektroden ausschließlich in den amerikanischen Niagara-Werken der Acheson-Gesellschaft durchgeführt wurde. Erst später ist mit der fortschreitenden Verbilligung der elektrischen Energie auch in anderen Ländern, darunter auch in Deutschland, die Herstellung von Grafitelektroden mit Erfolg aufgenommen worden.

Die wichtigsten Eigenschaften der Grafitelektrode gehen aus nachstehender Zusammenstellung hervor:

Chemische und physikalische Eigenschaften.

Spezifisches Gewicht der Elektrodenmasse . . . . . 2,21 . . . 2,23 g/cm³
Raumgewicht . . . . 1,55 . . . 1,70 g/cm³
Porenvolumen dementsprechend . . . . 23 . . . 30 %
Druckfestigkeit . . . . 200 . . . 500 kg/cm²
Zugfestigkeit . . . . 80 . . . 250 kg/cm²
Biegefestigkeit . . . . 60 . . . 250 kg/cm²
Wärmeleitfähigkeit bei 20° C etwa . . . . 100 kcal/m/h°

Mittlere spezifische Wärme für den Temperaturbereich

von 20 . . . . . 500° C etwa . . . . 0,3 kcal/kg°
von 20 . . . . . 1300° C etwa . . . . 0,4 kcal/kg°

Linearer Ausdehnungskoeffizient für den Temperaturbereich von 20 . . . 1000° C
     längs . . . . 0,0000025—0,0000030/grad
     quer . . . . 0,0000040—0,0000050/grad
Oxydation . . . . Beginn merklich oberhalb von 500° C.

Im allgemeinen besitzen auch die Grafitelektroden geringeren Querschnittes größere Druck- und Zugfestigkeit pro cm² als diejenigen größeren Querschnittes.

Der spezifische Widerstand der Elektrografitelektroden schwankt je nach dem Durchmesser

$$\text{zwischen 6 und } 13 \; \frac{\text{Ohm mm}^2}{\text{m}}.$$

Die Elektrografitelektroden zeichnen sich vor allem durch außergewöhnliche Reinheit aus: Der Aschegehalt liegt normalerweise unter 0,5%.

Die Bemessung der Grafitelektroden.

Der elektrische Leitwiderstand der Grafitelektroden beträgt, wie aus obiger Zusammenstellung ersichtlich, nur etwa ein Viertel desjenigen von amorphen Kohleelektroden. Es darf daher die Grafitelektrode mit der vierfachen Stromstärke gegenüber einer Kohleelektrode gleichen Durchmessers belastet werden, was umgekehrt für gleiche Strombelastung nur ein Viertel des Querschnitts oder die Hälfte des Durchmessers ergibt. Die Abhängigkeit des Durchmessers von der Umspannernennleistung zeigt Abb. 81.

Der Elektrodenverbrauch bei Verwendung von Grafitelektroden.

Da, wie oben erwähnt, bei gleicher Ofenleistung der Durchmesser der Grafitelektroden nur die Hälfte desjenigen von Kohleelektroden zu betragen braucht, glaubte man früher darin den Grund zu erblicken, weshalb sich auch der Elektrodenverbrauch nur auf die Hälfte der für Kohleelektroden angegebenen Zahlen beläuft. Auf Grund der neuesten Beobachtungen und Erfahrungen bei der Verwendung dickerer Elektroden als üblich, scheint der geringere Verbrauch nicht auf den Einfluß des Durchmessers, sondern auf die höhere Beständigkeit des Grafits gegenüber der Oxydation zurückzuführen zu sein. Als guten Durchschnittswert kann man einen Verbrauch von 7 kg auf die Tonne flüssig ausgebrachten Stahls bei festem Einsatz ansehen; bei fest eingesetzten Schmelzungen mit geringer Feinungsdauer (Stahlguß) kann man unter Umständen auf 6 kg und weniger je Tonne Stahlausbringen im Dauerbetrieb kommen, bei flüssigem Einsatz auf 2 bis 4 kg. Der Verbrauch auf 1000 kWh beträgt durchschnittlich 7 kg.

Den Einfluß der Ofengröße auf den Grafitverbrauch zeigt Abb. 82.

Der Vergleich zwischen Kohle- und Grafitelektroden.

Ein lediglich auf der Grundlage der Elektrodenkosten durchgeführter Vergleich der Wirtschaftlichkeit beider Elektrodenarten führt zu folgendem Ergebnis für festen Einsatz bei Zugrundelegung der Vorkriegsverhältnisse:

Elektrodenart	Ungefährer Preis je kg Elektrode DM	Durchschn. Elektroden- verbrauch je t Stahl kg	Mithin Elektroden- kosten je t Stahl DM
Kohleelektroden	0,33	16	16 × 0,33 = 5,28
Grafitelektroden	1,40	8	8 × 1,40 = 11,20

Die sich aus diesem Vergleich ergebende Erhöhung der Stahlgestehungskosten bei Verwendung von Grafitelektroden schränkt deren Wettbewerbsfähigkeit im allgemeinen ein, solange es nicht gelingt, die Grafitierung durchgreifend zu verbilligen. Lediglich bei sehr großen und sehr kleinen Ofenleistungen liegen die Verhältnisse für die Grafitelektroden günstiger. Sobald nämlich die Höhe der Stromzufuhr einen Kohleelektrodendurchmesser von über 500 mm erforderlich macht, häufen sich die Betriebsschwierigkeiten beträchtlich. Wie bereits erwähnt, ist bei diesen dicken Elektroden mit mehr oder minder häufigen Brüchen zu rechnen, so daß Verbrauchsziffern von 20 bis 30 kg und darüber je Tonne Stahl keine Seltenheit sind. Dazu kommt, daß die schwierige, zeitraubende und anstrengende Arbeit des Herausfischens dicker, in den Ofen hineingebrochener Elektrodentrümmer meist nicht vermag, die Schmelzung vor unerwünschter Aufkohlung und ihren unangenehmen Folgen zu bewahren. Außerdem treten bei ihrer Entfernung stets hohe Wärmeverluste ein. Berücksichtigt man außerdem noch die erschwerte Handhabung beim Transport, beim Einsetzen in die Elektrodenhalter und beim Anstücken, so wird man die wirtschaftliche Gleichwertigkeit oder Überlegenheit der leichteren, handlicheren und kaum zu Brüchen neigenden Grafitelektroden für den eben umgrenzten Anwendungsbereich (Stromzufuhr über etwa 10000 Amp. je Phase) kaum in Abrede stellen können. Schließlich muß noch erwähnt werden, daß eine ganze Reihe von Stahlwerken, deren Belegschaft nicht über die notwendigen Erfahrungen über die Benutzung von Kohleelektroden verfügt, es vorzieht, die viel leichter zu handhabenden Grafitelektroden trotz ihres höheren Preises auch für die Bereiche zu verwenden, bei denen die Kohleelektrode an sich wirtschaftlicher ist. Auch bei sehr kleinen Elektrodendurchmessern, solchen unter 200 mm, wie sie für Öfen von weniger als 1000 kg Fassungsvermögen in Frage kommen, schaltet die Kohleelektrode aus. Ihr grobes Korn gestattet in diesem Falle nicht das Eindrehen eines solch feinen Gewindes, wie es für das im nächsten Abschnitt zu behandelnde fortlaufende Anstücken der Elektroden notwendig ist.

Die Beurteilung der Elektrodenfrage sollte aber nicht allein nach diesen Gesichtspunkten erfolgen, denn zweifellos haben die Elektroden durch ihre Abmessung auch einen Einfluß auf die Schmelz- und Feinungsvorgänge. Wird z. B. ein kleiner Ofen, der im Interesse einer geringen Badtiefe einen verhältnismäßig großen Durchmesser hat und dessen elektrische Leistung etwas knapp bemessen ist, mit Grafitelektroden ausgerüstet, so kann sehr leicht der Fall eintreten, daß, je nach der Größe des Teilkreisdurchmessers, am Rand oder in der Mitte der letzte Teil des Schrottes schwer zu verflüssigen ist. In solchen Fällen hilft sich der Schmelzer leicht durch vorzeitiges Erzwerfen. Aber auch beim Feinen kann es Mühe machen, die Schlacke an Rand und Mitte bei gleichmäßiger Beschaffenheit zu erhalten. Alle diese Schwierigkeiten sind sofort behoben, sobald auf Kohleelektroden übergegangen wird. Auf dickere Grafitelektroden überzugehen war bisher nicht üblich und verbot sich schon im Hinblick auf den erwarteten größeren Abbrand infolge der Zunahme der Oberfläche. Diese Annahme hat sich aber als nicht richtig erwiesen. Versuche mit dickeren Elektroden in einigen Werken (bisher noch nicht veröffentlicht) ergaben keine nennenswerte Zunahme des Elektrodenverbrauches. Andererseits zeigte sich nach eigenen Beobachtungen beim Arbeiten mit besonders dünnen Elektroden keine merkliche Abnahme des Verbrauches. Diese Feststellung bedeutet aber, daß die Bemessung des Elektrodendurchmessers nach metallurgischen Gesichtspunkten vorgenommen werden darf, sofern den elektrischen Erfordernissen entsprochen worden ist. Bei der Verwendung dickerer Elektroden ergaben sich als weitere Vorteile günstigeres Einschmelzen, weniger Brüche und geringerer Zeitverlust durch Nachlassen und Annippeln. Diese Vorteile lassen es angezeigt erscheinen, sofern die Richtigkeit dieser Feststellungen noch durch Versuche bei einer Reihe weiterer Werke bestätigt wird, in Zukunft bei Neubauten von vornherein größere Durchmesser vorzusehen, als dies zur Zeit üblich ist.

Es ist auch bestimmt kein Zufall, daß die Anwendung der Kohleelektrode besonders von Werken mit alter Praxis und Erfahrung und einer alten gut eingearbeiteten Belegschaft verfochten wird. Gerade in solchen Werken kann die Erleichterung der metallurgischen Arbeit am besten beurteilt werden und ist ihre größere Geschicklichkeit erforderliche Anwendung durch die erfahrenere Bedienung gesichert. Schließlich sind es auch gerade diese Werke gewesen, die viel Mühe darauf verwendet haben, Kohleelektroden auch mit Durchmessern über 550 mm in den laufenden Betrieb einzuführen. Leider mußten diese Versuche wegen Rißbildung und Nippelbrüchen aufgegeben werden, und es soll auch an dieser Stelle die Hoffnung zum Ausdruck gebracht werden, in ruhigeren Zeiten und bei günstigerer Rohstofflage die Versuche wieder aufzunehmen. Vielleicht läßt sich inzwischen auch eine günstigere Lösung des Problems durch andere Maßnahmen oder Änderungen erzielen.

Es erübrigt sich wohl, zu sagen, daß gegenüber diesen Vorzügen der Kohleelektrode der Vorteil der leichteren Handhabung und bequemeren Anwendung der Grafitelektrode nicht so sehr ins Gewicht fallen sollte. Falls sich aber die dickere Grafitelektrode die Vorteile der Kohleelektrode zusätzlich zu eigen machen sollte, so wird die Kohleelektrode einen schweren Stand haben, sich weiter zu behaupten. Sofern ihr Preis, was wenigstens für Deutschland im Rahmen des Möglichen liegt, im Verhältnis zur Grafitelektrode wesentlich teurer wird, kann der Fall eintreten, daß die Grafitelektrode die Kohleelektrode immer mehr verdrängt.

Das Anstücken der Elektroden.

Die Elektroden der Elektrostahlöfen sind heute sämtlich für fortlaufendes Anstücken eingerichtet. Wie Abb. 83 zeigt, sind die beiden Kopfenden der Elektrode mit Innengewinde versehen. In diese Bohrungen wird ein zylindrischer Nippel gleicher Zusammensetzung wie die Elektrode eingeschraubt und damit die fortlaufende Verbindung hergestellt. Das Anstücken vollzieht sich auf folgende Weise: Die zu kurz gewordene Elektrode wird mit dem Kran aus dem Elektrodenhalter des Ofens herausgehoben und mit dem unteren, zugespitzten Ende senkrecht in ein Loch passenden Durchmessers gestellt, wobei sie mindestens einen halben Meter über Hüttenflur hinausragen soll. Zum Transport der Elektroden dienen Tragnippel aus Eisen oder Aluminium, die mit einer Öse versehen und der Handlichkeit halber hohl ausgebildet sind. Der Elektrodenstumpf wird mittels einer Holz- oder Eisenschelle in seiner Stellung festgehalten, worauf in seine Nippelöffnung, die vorher mit Preßluft gereinigt worden ist, ein allseits mit Elektrodenkitt reichlich bestrichener Kohlenippel unter sanftem Druck bis zum völligen Festsitzen eingeschraubt wird. Die neue Elektrode wird sodann mit dem

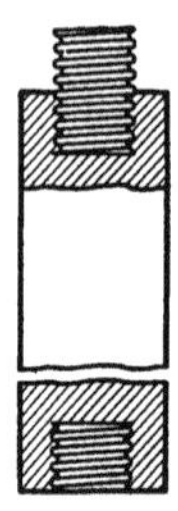

Abb. 83. Elektrodenverbindung durch zylindrische Nippel.

Kran oder noch zweckmäßiger mit einem Flaschenzug senkrecht über den so vorbereiteten Stumpf gefahren und durch allmähliches Senken des Traghakens in das überstehende Nippelende eingeschraubt, bis die beiden Stirnflächen der Elektroden sich dicht berühren und der überschüssige Kitt herausgepreßt ist. Der Elektrodenkitt, eine aus Elektrodenmehl und einem Bindemittel bestehende Masse, wird vom Elektrodenerzeuger mitgeliefert und dient dazu, zwischen Elektroden und Nippel allseitig eine innige Berührung herbeizuführen, damit beim Stromdurchgang die Bildung kleiner örtlicher Lichtbögen und damit das Erglühen der Elektrode an der Nippelverbindung vermieden wird. Beim Zusammenschrauben von Grafitelektroden ist der Gebrauch von Elektrodenkitt nicht nötig, da sie infolge ihrer Weichheit und Feinkörnigkeit das Eindrehen eines genauen und vollkommen anliegenden Feingewindes gestatten.

Abb. 84. Elektrodenverbindung durch konisch ausgebildete Gewindezapfen u. Innengewinde.

Bei dünnen Grafitelektroden ist meist statt der Verbindung durch zylindrische Nippel die Anstückungsmöglichkeit in der Weise vorgesehen, daß das eine Ende der Elektrode mit Innengewinde, das andere Ende mit dazu passendem Außengewinde versehen ist. Bei dicken Elektroden findet sich diese Verbindungsart immer häufiger, wobei jedoch in der Regel das Innengewinde und der Gewindezapfen konisch ausgebildet sind (Abb. 84).

Dieses konische Gewinde hat im Laufe des letzten Jahrzehnts den zylindrischen Nippel fast vollkommen verdrängt, da die Anstückelung leichter zu handhaben und schneller durchzuführen ist. Als weiterer Vorteil verdient hervorgehoben zu werden, daß der Übergangswiderstand bei dieser Verbindungsart wegen der größeren Flächenauflage geringer ist als bei losem zylindrischen Nippel. Bei Grafitelektroden wird der konische Nippel noch für sich verwendet, so daß also die Elektroden nur Innengewinde haben; Kohleelektroden werden jedoch mit Gewindeloch und -zapfen geliefert.

Da beim Zusammenschrauben die Senkgeschwindigkeit des Kranes und die von dem damit beschäftigten Arbeiter anzuwendende Drehgeschwindigkeit der Elektrode in Einklang gebracht werden muß, was bei der meist hohen Senkgeschwindigkeit des Kranes recht schwierig ist, kommt es leicht zu einer Beschädigung der Gänge. Um dies zuverlässig zu verhüten, wird heute häufig die Elektrode an ein Gewinde von gleicher Steigung gehängt, so daß der Kran die Elektrode nur zentrisch über den alten Elektrodenstrang zu fahren braucht und beim Drehen die Elektrode sich in verlangter Weise senkt.

Das Anstücken selbst ist eine Arbeit, die sehr sorgfältig vorgenommen werden muß, da die Nippelverbindung die schwächste Stelle der Elektrode ist und am leichtesten zu Brüchen Anlaß gibt. Wenn die

Verbindung lose ist und Spiel aufweist, ist der Nippel bei schräger Stellung der Elektroden im Ofen der auftretenden Biegungsbeanspruchung nicht gewachsen und bricht leicht entzwei. Außerdem kann durch das Erglühen der Elektrode an dieser Stelle das Gewinde so verzundert werden, daß Bruch erfolgt und der Stumpf zum weiteren Anstücken untauglich wird. Zur Verminderung des Übergangswiderstandes sind die Nippel manchenorts auch mit Erfolg in Grafit ausgeführt worden. Diese Arbeitsweise ist aber seit Einführung der festen konischen Nippel wieder aufgegeben worden. Die Durchführung des Anstückens muß unbedingt besonders angelernten und zuverlässigen Arbeitskräften anvertraut werden.

Die Söderberg-Dauerelektrode.

Die in den vorhergehenden Abschnitten geschilderten Schwierigkeiten bei Verwendung dicker Kohleelektroden legten den Gedanken nahe, in den Elektrostahlbetrieb eine Elektrodenart zu übertragen, die sich im elektrochemischen Großbetrieb, namentlich an Kalziumkarbidöfen, auch in dicksten Durchmessern, gut bewährt hat, nämlich die Söderberg-Dauerelektrode.

Die Dauerlektrode in ihrer ursprünglichen Form unterscheidet sich von den bisher beschriebenen (Stück-) Elektroden dadurch, daß sie über dem Schmelzofen selbst fortlaufend in dem Maße, wie sie unten abbrennt, am oberen Ende frisch angestampft und gebrannt wird, weshalb sie auch selbstbrennende oder kontinuierliche Elektrode genannt wird. Im Elektrostahlbetrieb läßt sich zwar die fortlaufende Herstellung über dem Ofengewölbe selbst nicht durchführen, doch bleiben auch hier die übrigen Eigentümlichkeiten dieser Elektrodenart erhalten.

Die Söderberg-Dauerlektrode besteht aus einem dünnen, etwa 1 bis 2 mm starken Blechmantel, in welchen die Elektrodenmasse eingestampft wird. Diese Elektrodenmasse wird zunächst, je nach Zusammensetzung, auf etwa 120 bis 150° vorgewärmt, um sie zu erweichen. Es sei hier eingefügt, daß auch Massen zur Anwendung gekommen sind, die der Anwärmung und des Stampfens nicht bedürfen. Bei der Anwärmung ist nicht nur die genaue Einhaltung der Temperatur zu beachten, sondern es muß vor allem auch jede Möglichkeit einer Entmischung ausgeschaltet werden. Dies wird erreicht durch absolut gleichmäßige Erwärmung, beispielsweise auf elektrischem Wege und durch Vermeidung zu großer Behälter und Verwendung kleinerer Kästen von etwa 5 kg Inhalt, die in einem gut wärmeisolierten und gleichmäßig temperierten Heizschrank untergebracht werden. Weiterhin muß das Anheizen langsam genug, je nach Masse ungefähr in etwa 2 bis 3 Stunden, und das Durchwärmen in etwa einer Stunde vorgenommen werden.

Vor dem Einstampfen ist der Stumpf zu säubern, beispielsweise mit Preßluft abzublasen, gut anzuwärmen, in einer Länge bis zu ½ m gewissermaßen aufzutauen, wofür elektrische Widerstandsheizung oder auch Gasbrenner mit Erfolg verwendet worden sind. Gegebenenfalls ist vor dem Auffüllen die oberste Schicht abzukratzen, und zwar höchstens 100 mm. Während des Einfüllens soll die Masse tüchtig durchstampft werden, was meist mit Eisenstangen von Hand geschieht, damit Hohlräume und Ungleichmäßigkeiten vermieden werden. Zur Erleichterung des Auftauens und Durcharbeitens der alten Masse geschieht das Auftauen zweckmäßigerweise nur bis 250 mm unterhalb des Mantelrandes.

Auch während des Einstampfens kann die Masse, etwa durch einen um den Blechmantel gelegten Heizwiderstand, zur Erzielung guter Knetbarkeit gut angewärmt, oder richtiger, warm gehalten werden. Die Blechhülle, welche der Elektrode die verlangte Form und Standfestigkeit gibt, ist an der Innenseite mit Längsrippen, deren Anzahl meist 5 beträgt, versehen, um ein gutes Anhaften der Masse zu gewährleisten und die elektrische Leitfähigkeit zu verbessern.

Der Verlängerungsschuß hat in der Regel eine Länge von 1,5 bis 2 m, je nach der Ofenhöhe, und wird autogen angeschweißt. Die Rippen werden mit Öffnungen von etwa 100 mm × 50 mm versehen, damit ein Abrutschen der Masse und die Ablösung der Masse vom Blech verhindert wird. Durch die beim Stromdurchgang entwickelte und vom Ofeninnern empfangene Hitze vollzieht sich das Brennen, das bei den Stückelektroden in besonderen Brennöfen vorgenommen wird, hier im Schmelzofen selbst. Der in das Ofeninnere hineinragende Teil der Elektrode sintert durch Verkokung des Bindemittels rasch fest, und die Blechhülle schmilzt ab. Die durch die Elektrode nach oben geführte Wärme leitet auch in dem über dem Ofen befindlichen Teil das Festbrennen ein, wobei die sich bildenden Teerdämpfe durch den siebartig durchlöcherten Blechmantel entweichen. Die Löcher sollen einen Durchmesser von 5 mm und einen Abstand von 100 mm haben. Über der Elektrodenfassung jedoch muß die Elektrodenmasse zwecks guter Bindung beim späteren Weiterstampfen weich und knetbar bleiben; aus diesem Grunde verlangt die Dauerelektrode im Gegensatz zur Stückelektrode stets eine stark wassergekühlte Elektrodenfassung. Aus dem gleichen Grunde wird vor dem Weiterstampfen, wie bereits ausgeführt, eine Anwärmung vorgenommen. Da die Elektrode oben noch weich ist, muß der Spanner ringschließend sein, um ein Unrundwerden zu vermeiden.

Ein Vorbrennen der Elektroden ist nicht notwendig. Trotzdem führen es verschiedene Stahlwerke durch. Es werden dafür einfache Schachtöfen vorgesehen oder meistens die Stillstandszeiten an Sonntagen ausgenutzt und das Brennen im Elektroofen selbst vorgenommen. Auf jeden

Fall aber ist zu beachten, daß die gebrannte Söderbergelektrode sehr wärmeempfindlich ist und leicht bricht. Besteht keine Möglichkeit, sie vor dem Einsetzen genügend vorzuwärmen, so muß sie sehr langsam in den heißen Ofen gesenkt werden, was etwa eine Stunde in Anspruch nimmt. Zur Verkürzung dieser Zeit werden häufig jeweils zwei Elektroden zur gleichen Zeit gewechselt. Ganz neu hergestellte, sogenannte grüne Elektroden werden — am besten sonntags — in den heißen Ofen eingesetzt und ungefähr 6 Stunden gebrannt. Bei gänzlicher Neuzustellung, also kaltem Ofen, muß zunächst auf Koks gefahren werden, wobei die Strombelastung nur ganz allmählich und vorsichtig gesteigert werden darf.

Wenn die Elektrode zu kurz geworden ist, wird sie ausgewechselt und zum Stampfort zurückgebracht. Dort wird auf den alten Blechschuß ein neuer aufgeschweißt, in welchen dann in der eingangs beschriebenen Weise neue Elektrodenmasse eingestampft wird.

Bei der Herstellung des Verlängerungsschusses kann beispielsweise so verfahren werden, daß die Blechstreifen in Länge des Schusses so gebogen werden, daß ein Teil ein Fünftel des Mantelumfanges und der andere Teil die Radialrippe bildet. Diese Teile werden in den Längsnähten durch einige Nieten zusammengehalten und anschließend punktgeschweißt. Manche Werke ziehen das autogene Schweißen vor. Zur Versteifung der Rippen werden entsprechende Laschen eingeschweißt.

Der wesentliche Vorteil der Dauerlektrode gegenüber gleichstarken Stückelektroden ist die Verringerung der Bruchgefahr wegen Fehlens der Nippelverbindungen, die sich bei Durchmessern von 400 bis 500 mm erfahrungsgemäß in einem um etwa 10% verringerten Elektrodenverbrauch auswirkt. Berücksichtigt man außerdem noch, daß die Kosten der Blechhülle, des Schweißens und der Elektrodenkühlung reichlich durch den Fortfall der Brennkosten aufgewogen werden, so kann man getrost die Übertragung der Söderberg-Elektrode in den Elektrostahlbetrieb als beachtenswerte Neuerung bezeichnen.

Von den Befürwortern der selbstbrennenden Dauerlektrode wird als weiterer Vorteil die Tatsache ins Feld geführt, daß die aus der Elektrode im Ofen entweichenden Teerdämpfe einen wolligen Rußkranz an den Elektrodenkühlringen absetzen, der eine vollkommene Elektrodenabdichtung darstellt und die an dieser Stelle entstehenden Wärmeverluste vermindert.

Leider ist diese Elektrode sehr spröde und bricht sehr leicht während des Einschmelzens durch in Bewegung geratene Schrottstücke. Dieser Nachteil macht sich vor allem dann bemerkbar, wenn ihre Länge sehr groß ist, also bei hohem Abstand des Gewölbes vom Badstand. Andererseits gewinnt diese Elektrode gerade bei größeren Öfen an Interesse. Die Vermeidung zu großer Schrottstücke im Einsatz schafft merkliche Erleichterung. In jedem Fall müssen die großen Stücke auf dem Herd eingesetzt werden. Auch sonstige Erschütterungen müssen nach Möglichkeit vermieden werden. Nach Auflegen eines neuen Deckels muß auch genau beachtet werden, daß die Elektrode genügend Spiel hat. Aus dem gleichen Grunde sollen auch die Kühlzylinder nicht zu eng gehalten werden.

Abschließend ist zu sagen, daß es Stahlwerker gibt, die seit langer Zeit mit Söderberg-Elektroden arbeiten und mit ihren Ergebnissen durchaus zufrieden sind. Auf der anderen Seite gibt es auch Stahlwerker, die diese Elektrodenart grundsätzlich ablehnen mit dem Hinweis, daß die sorgfältige Erschmelzung der hochwertigen Stähle keine Ablenkung der Aufmerksamkeit durch schwierig zu bedienende Elektroden zuläßt. Außerdem wird auch die Gefahrenquelle angeführt, die entstehen kann, wenn bei Brüchen auch größere Mengen nicht fertiggebrannter Masse in den flüssigen Stahl rutschen und explosionsartige Vorgänge auslösen können. Jedenfalls ist der Übergang auf Söderberg-Elektroden sehr schwierig, wenn noch keine Betriebserfahrungen vorliegen und die Arbeiter erst neu geschult werden müssen.

Die eisenummantelten Stückelektroden.

Seit längerer Zeit ist man mancherorts dazu übergegangen, die normalen Kohleelektroden mit einem Eisenmantel zu versehen. Die Kosten des Ummantelns, die etwa 0,06 DM je kg Elektrode betragen, werden durch die Verringerung des Elektrodenabbrandes ausgeglichen. Die dicht anliegende Blechhülle schützt nämlich die aus dem Ofen herausragenden Elektrodenteile wirksam gegen Verbrennung; außerdem bewirkt die Schmiegsamkeit des dünnen Bleches meist eine Verbesserung des Stromüberganges zwischen Spanner und Elektrode.

Neben dieser „Schutzummantelung" hat man auch eine „Leitungsummantelung" versucht. Der elektrische Leitwiderstand der Kohleelektroden ist bei hoher Temperatur um etwa 25% geringer als bei Raumtemperatur; umgibt man nun eine Kohleelektrode mit einem dicken Eisenmantel, so übernimmt dieser einen erheblichen Anteil der Stromleitung bis in das Ofeninnere und gestattet demgemäß eine Verkleinerung des Elektrodendurchmessers. Im Ofen selbst genügt nach dem Abschmelzen des Mantels die nunmehr glühende Elektrode durchaus für die Weiterleitung des Stromes. Die auf der Grundlage dieser Erwägungen vorgenommenen Versuche sind jedoch bisher daran gescheitert, daß das abschmelzende Ende des dicken Blechmantels sich meist zackig und blättrig aufweitet und aufbeult; der Durchgang der Elektrode durch die Kühlringöffnung wird damit zur Unmöglichkeit.

IV. Die Energiewirtschaft der Elektrostahlöfen.

Der Energieverbrauch der Elektrostahlöfen.

Da die Ausgaben für die elektrische Energie einer der wesentlichsten Beträge in den Umwandlungskosten des Elektrostahles sind, ist es verständlich, daß die Höhe des Energieverbrauches bei allen Selbstkostenerörterungen die Hauptrolle spielt. Beispielsweise pflegt diese Frage bei der Neuaufstellung eines Elektroofens dem Erbauer als erste vorgelegt zu werden, trotzdem gerade die Eigentümlichkeiten der jeweiligen Bauart erst in letzter Linie den Energiebedarf beeinflussen und andere, vornehmlich von der Absicht

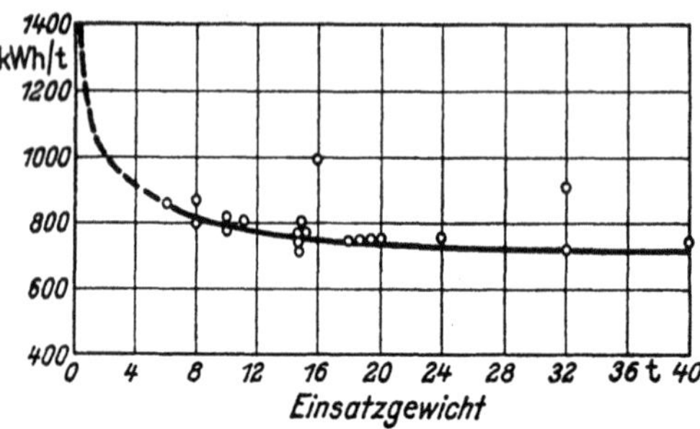

Abb. 85. Spezifischer Gesamtstromverbrauch in Abhängigkeit vom Einsatzgewicht bei Lichtbogenöfen. (Nach H. Kral.)

des Bestellers abhängige Umstände den Hauptausschlag geben. Als solche sind zu nennen: die Größe des Ofens, das Verhältnis der Transformatorleistung zur Ofenfassung, die Art des Erzeugnisses und die Betriebsweise des Ofens.

Was zunächst die Ofengröße anbetrifft, so nimmt im allgemeinen mit steigendem Einsatzgewicht der Energieverbrauch je Tonne Stahl ab (Abb. 85). Die wärmeabgebende Ofenaußenfläche wächst nämlich nur im Quadrat, indes die Ofenfassung im Kubus zunimmt. Der auf die Tonne entfallende Betrag an Wärmeverlusten des Ofens wird demgemäß bei steigender Ofengröße geringer. Die Abb. 85 zeigt, daß oberhalb eines Fassungsvermögens von ungefähr 20 bis 25 t keine nennenswerten Einsparungen im Gesamtstromverbrauch mehr erzielt werden können. Die Aufteilung des Stromverbrauches für Einschmelzen und Feinen zeigt Abb. 86.

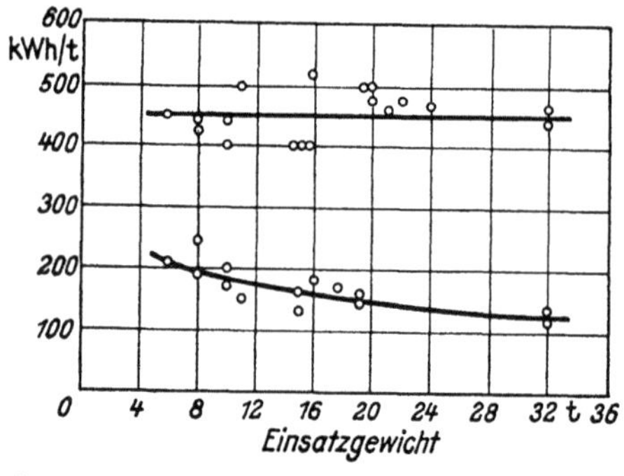

Abb. 86. Spezifischer Stromverbrauch für das Einschmelzen (oben) und Feinen (unten) in bezug auf das Einsatzgewicht bei Lichtbogenöfen. (Nach H. Kral.)

Auch das Verhältnis zwischen Ofengröße und Transformatorleistung ist von Einfluß. Je stärker die Transformatorleistung für einen bestimmten Ofen bemessen ist, um so kürzer ist die Einschmelzdauer

und um so geringer die Dauer der Ofenverluste. Der Zusammenhang
zwischen Ofengröße, Transformatorleistung und Einschmelzleistung ist
in Abbildung 77 dargestellt worden.

Maßgebend für den Energieverbrauch ist fernerhin die Art des Erzeugnisses. Bei der Herstellung von gewöhnlichem Stahlformguß, der nach beendeter Verflüssigung des Einsatzes nur 1 bis 2 Stunden gefeint zu werden
braucht, kommt man naturgemäß mit einem geringeren Energieverbrauch
aus als bei der Erzeugung von Edelstahl, für den eine Feinungsdauer von
2½ bis 3½ Stunden die Regel bildet. Schließlich ist es nicht gleichgültig,
ob der Ofen, wie in den Blockgießereien, dauernd, oder wie in vielen Stahlformgießereien, unterbrochen betrieben wird; je länger nämlich die
Pausen zwischen Abstich und Wiederanfahren sind, um so vollständiger
geht die im Ofenmauerwerk aufgespeicherte Wärme durch Ableitung
und Ausstrahlung wieder verloren und um so größer wird der für das
Wiederaufheizen aufzuwendende zusätzliche Energiebetrag.

Wenn auch, wie eben erwähnt, der Energieaufwand je Tonne Stahl
in wechselndem Maße von der Art der Anlage und von der Betriebsweise des Ofens beeinflußt wird, so lassen sich doch immerhin einige
allgemeine Anhaltszahlen geben, die unter Berücksichtigung der eben
angedeuteten Verhältnisse unschwer auf einen bestimmten Sonderfall
übertragen werden können.

Für das Einschmelzen von einer Tonne festen Einsatzes werden, wie
Abb. 86 zeigt, im Dauerbetrieb etwa 450 bis 480 kWh benötigt. Die
günstigsten laufend erzielbaren Werte liegen bei 430 kWh. Diese Zahl
ist an einer großen Reihe von Öfen dadurch ermittelt worden, daß der
Stand des Energiezählers zu Beginn der Schmelzung und nach beendeter
Verflüssigung des Bades abgelesen wurde; der letztere Zeitpunkt läßt
sich durch Abrühren mit Rührstangen genügend genau feststellen. Aus
der spezifischen Wärme des Eisens zwischen 0° und dem Schmelzpunkt
läßt sich als theoretischer Wärmebedarf für die Verflüssigung von einer
Tonne der Betrag von 340 kWh errechnen; in diesem Wert ist bereits
der Wärmeaufwand mit berücksichtigt, der für das Einschmelzen des
gleichzeitig aufgegebenen Schlackenzuschlages erforderlich ist. Dieser
theoretische Energiebedarf von 340 kWh kann zwanglos als die Nutzwärme oder Nutzarbeit der Einschmelzperiode angesehen werden. Da
nun in Wirklichkeit 450 bis 480 kWh/t dem Netz entnommen werden,
geht der Restbetrag von 110 bis 140 kWh/t für die Deckung der Verluste der Ofenanlage während der Einschmelzzeit verloren. Der Ein-
schmelzwirkungsgrad, also das Verhältnis zwischen Nutzwärme und
insgesamt zugeführter Stromwärme, errechnet sich aus den eben mit-
geteilten Zahlen zu etwa $\frac{340}{465} \backsim 0{,}73$. Während der Feinungsperiode,
von der beendeten Verflüssigung des festen Einsatzes bis zum Abstich

gerechnet, beträgt der Verbrauch an elektrischer Energie 120 bis 250 kWh/t. Die Größe dieser Spanne hängt mit der Verschiedenheit der metallurgischen Anforderungen an das fertige Erzeugnis und der dadurch bedingten Feinungsdauer zusammen. Für gewöhnlichen Stahl oder Stahlformguß gilt die untere, für hochwertigen Edelstahl die obere Grenze. Als Nutzarbeit der Feinungsperiode kann das Überhitzen des flüssigen Bades um 100 bis 200° sowie das Schmelzen der Legierungszusätze und der Schlackenzuschläge angesehen werden; für diese Arbeiten beträgt, wie sich rechnerisch ermitteln läßt, der Energiebedarf etwa 100 kWh/t. Zur Deckung der Verluste der Ofenanlage während des Feinens muß tatsächlich ein Mehrbetrag von 120 bis 200 kWh/t aufgewendet werden, woraus sich für die Feinungsperiode ein thermischer Wirkungsgrad von 0,50 bis 0,80 ergibt. — Unter Zusammenfassung des Vorausgesagten kann man bei der Elektrostahlherstellung mit folgenden Durchschnittswerten des Energieverbrauches je Tonne Einsatzgewicht rechnen:

Bei der Erzeugung von hochwertigem Edelstahl

  aus festem Einsatz . . . . 650—800 kWh/t,
  aus flüssigem Einsatz . . . . 300—450 kWh/t.

Bei der Erzeugung von gewöhnlichem Stahl oder Stahlformguß

  aus festem Einsatz . . . . 600—700 kWh/t,
  aus flüssigem Einsatz . . . . 250—350 kWh/t.

Die Zahlen gelten für Öfen mittlerer Fassung und für eine Transformatorleistung von etwa 300 kVA je Tonne Einsatz. Bei kleineren Öfen und schwächeren Transformatoren stellen sich die Werte entsprechend höher, im umgekehrten Falle niedriger.

Die für flüssigen Einsatz angeführten Anhaltszahlen gelten sowohl für Lichtbogen- als auch für Niederfrequenzöfen. Bei den letzteren sind zwar die Wärmeverluste des Ofengefäßes geringer; jedoch wird dieser Vorteil wieder dadurch aufgehoben, daß Induktionsöfen ein Leerstehen schlecht vertragen und demgemäß bei Sonntagsstillständen und bei erzwungenem Warten auf den Vorschmelzofen mit flüssigem Metall gefüllt bleiben und beheizt werden müssen.

Die Bedeutung der Energieverluste bei der Elektrostahlerzeugung.

Von der dem Netz entnommenen elektrischen Energie gehen, wie eben ausgeführt wurde, während des Einschmelzens etwa 70% und während des Feinens 40 bis 80%, im Mittel 60% als Nutzwärme in den Stahl und die Schlacke über; die restlichen 30% bzw. 40% gehen demnach auf dem Wege zum Ofen und an der Außenfläche des Ofens verloren. Die Höhe dieses Verlustbetrages legt es nahe, seine Verteilung auf die einzelnen Quellen zu erörtern und Anhaltspunkte für eine Herabminderung zu gewinnen.

Die Energieverluste an Lichtbogen-Elektrostahlöfen sind dreierlei Art:

1. Die elektrischen Verluste bei der Energiezufuhr zum Ofen. Sie setzen sich aus Transformator-, Kabel- und Elektrodenverlusten zusammen.

2. Wärmeverluste des Ofens. Sie bestehen in der Wärmeabgabe des Ofengefäßes durch Leitung und Strahlung an die Umgebung und an das Kühlwasser, ferner in der Ausstrahlung des Ofeninnern durch Ritzen und offene Türen (Öffnungsstrahlung).

3. Die Verluste durch abziehende Ofengase.

Die Bedeutung der verschiedenen Verlustquellen sei nachstehend etwas ausführlicher erörtert.

Die Transformatorverluste.

Die Transformatorverluste gliedern sich in Eisen- und Kupferverluste. Die Eisenverluste entstehen durch Wirbelströme und Ummagnetisierungsarbeit (Hysteresis-Arbeit) im Transformatorkern; sie sind von der Stromstärke unabhängig und wachsen etwa mit dem Quadrat der Spannung. Wenn also beispielsweise ein Transformator nach beendetem Einschmelzen von Dreieck/Stern- auf Stern/Sternschaltung umgeschaltet wird, wobei die Spannung im Verhältnis $\sqrt{3} : 1$ sinkt, verringern sich die Eisenverluste im Transformator im Verhältnis $3 : 1$.

Die Kupferverluste des Transformators entstehen durch den Ohmschen Widerstand der Kupferwicklungen. Sie wachsen quadratisch mit der Stromstärke an und treten im Gegensatz zu den Eisenverlusten praktisch nicht in Erscheinung, wenn der Transformator, ohne stromdurchflossen zu sein, lediglich unter Spannung steht.

Die gesamten Transformatorverluste betragen etwa 2 bis 3% der zugeführten elektrischen Energie. Sie sind der niedrigste Posten in der Verlustrechnung des Elektroofens und lassen auch kaum für Ersparnismöglichkeiten Raum.

Die Stromleitungsverluste.

Die Verluste in den Stromzuführungen vom Transformator bis zum Eintritt in den Ofen entstehen zum Teil durch den Ohmschen Widerstand der Kupferleitungen und der außerhalb des Ofens befindlichen Elektrodenteile. Dieser Verlustanteil wächst quadratisch mit der Stromstärke an und ist im übrigen abhängig von der Länge und Beschaffenheit der Stromleitungen und von der Höhe des Übergangswiderstandes an den Elektrodenfassungen. Außer den Ohmschen entstehen vor allem Verluste durch das Auftreten von Wirbelströmen und durch Ummagnetisierungsarbeit in sämtlichen dem Stromweg benachbarten Eisenteilen.

Als Mittelwert der Stromleitungsverluste kann man den Betrag von etwa 6% der dem Transformator zugeführten Energie in Rechnung setzen. Um die Ohmschen Verluste möglichst niedrig zu gestalten, sind die Stromwege so kurz wie möglich zu bemessen und mit ausreichendem

Querschnitt auszustatten. Dabei werden für starre Leitungen statt massiver Schienen unterteilte Schienen verwendet, um den sogenannten Skin- oder Hauteffekt, der die Überbelastung der Randzone massiver Leiter verursacht, möglichst auszuschalten. Zur Verringerung des Übergangswiderstandes kann man die Anschlußstellen sämtlicher Kupferleiter verzinnen.

Zur Gewährleistung eines niedrigen Übergangswiderstandes ist es ferner erforderlich, daß die Elektroden genau rund sind und schmiegsam von der Spannvorrichtung gefaßt werden. Um die Ohmschen Verluste, deren Hauptanteil im Elektrodenwiderstand liegt, herabzumindern, sollen die Elektroden nicht unnötig hoch gefaßt werden, sondern nur so weit, daß sie ohne Nachlassen eine ganze Schmelzung durchhalten können. Besonderes Augenmerk ist auf das feste Anpressen der Spannbacken an die Elektroden zu richten, da der Übergangswiderstand mit zunehmendem Flächendruck geringer wird. Da der Hauptanteil der Ohmschen Verluste auf den Widerstand in der Elektrode fällt, sind keine nennenswerten Einsparungsmöglichkeiten vorhanden.

Diese eben geschilderten Gesichtspunkte waren ausreichend, solange verhältnismäßig kleine Leistungen zur Anwendung kamen. Sobald aber auf große Öfen mit kurzer Einschmelzdauer übergegangen wurde, mußte den Leitungsverlusten besondere Beachtung geschenkt werden. Mit den steigenden Stromstärken mußten auch die Verluste ansteigen, und zwar nicht nur die Ohmschen, sondern ganz besonders die induktiven Verluste. Eine beachtliche Verlustquelle werden bei großen Öfen immer die flexiblen Kabel darstellen, auf die aber, mit Rücksicht auf die Elektrodenbewegung und auch auf die Kippbewegung des Ofens, nicht verzichtet werden kann.

Bei hohen Stromstärken sind demnach zwei Verlustquellen zu beachten. Die erste ist die sich ergebende erhebliche Induktivität. Die zweite ist in der Stromverdrängung, im sogenannten Skineffekt zu suchen. Dieser bewirkt eine Verdrängung des Stromes in die Außenteile des Leiters, hervorgerufen durch das vom Wechselstrom erzeugte, den Leiter verschieden stark durchflutende magnetische Wechselfeld. Bei Nichtbeachtung dieser Erscheinung ergeben sich unter Umständen bei den großen Strömen und Leiterquerschnitten erhebliche zusätzliche Verluste und damit Erwärmung der Leitung. Die Widerstandserhöhung gegenüber Gleichstrom kann ganz erheblich sein. Betrachtet man z. B. einen runden massiven Einzelleiter, dessen magnetisches Feld nicht durch Nachbarfelder gestört ist, so beträgt bei Wechselstrom von 50 Hertz die Widerstandserhöhung gegenüber Gleichstrom bei einem Durchmesser von 30 mm etwa 15 %, bei einem Durchmesser von 40 mm etwa 35 % und bei 100 mm schon 300 %. Da die Querschnitte bei diesen Öfen erheblich größer sein können, ist ersichtlich, welche Beachtung dieser Erscheinung gewidmet werden muß. Um sie zu vermeiden bzw. zu verringern, sind die Stromleitungen so zu verlegen, daß dort, wohin der Strom gedrängt wird, auch der größte Querschnitt liegt. Es werden nicht massive Leiter verwendet, sondern man unterteilt sie in hohe rechteckige Schienen oder auch Hohlleiter und versucht außerdem die magnetischen Felder durch entsprechende Verlegung ganz oder zum Teil aufzuheben. Durch letzteres kann die Reaktanz verringert werden, was unter Umständen erwünscht sein kann, wie das bereits geschildert wurde. Es muß außerdem vermieden werden, die Stromschienen in der Nähe von Eisen zu führen, da die magnetischen Kraftlinien darin wenig Widerstand finden und noch zusätzliche Verluste durch Wirbelströme entstehen.

Bei den festen Leitungen vom Umspanner bis zur Anschlußstelle der flexiblen Kabel können die induktiven Verluste durch eine kompensierte, d. h. bifilare Leitungsführung so klein gehalten werden, daß sogar der alte Grundsatz, den Transformator so dicht wie möglich an den Ofen zu rücken, an Bedeutung verloren hat. Es kann daher ohne hohe Verluste der Umspanner auch unter Hüttenflur oder sonst in etwas größerer Entfernung vom Ofen aufgestellt werden. Bei der kompensierten bzw. bifilaren Leitungsführung werden Stromschienen verschiedener Phasen bzw. gegenläufiger Stromrichtung möglichst dicht nebeneinander verlegt. Dadurch werden die bei den hohen Stromstärken sonst starken magnetischen Felder weitgehend unterdrückt und damit die induktiven Verluste verringert. Außerdem werden auch eine gleichmäßige Stromverteilung und dementsprechend geringe Stromverdrängungsverluste erzielt, denn mit der Gleichmäßigkeit der magnetischen Feldstärke längs eines stromführenden Leiters ist auch eine Gleichmäßigkeit der Stromdichte längs dieses Leiters verbunden.

Dazu sei noch ergänzend bemerkt, daß die Dicke des Stromträgers zur günstigsten Ausnutzung des Materials in der Abmessung der Eindringtiefe gehalten wird, bei Kupfer etwa 10 mm. Handelt es sich um zusammengesetzte Leiter, die gleichgerichtete Ströme führen, so sind die einzelnen Streifen nicht als selbständige Leiter zu betrachten und ihre gesamte Stärke im Betrag der Eindringtiefe zu halten. Schließlich sei noch erwähnt, daß für die Stromverluste die Eindringtiefe bei Kohleelektroden bis 500 mm ohne Bedeutung ist.

Die Kühlwasserverluste.

Um die höchstbeanspruchten Stellen der feuerfesten Ofenzustellung vor vorzeitiger Zerstörung zu bewahren, werden sie durch eingebaute Kühlwassergefäße geschützt. So werden wohl stets die Elektrodenöffnungen im Gewölbe mit Kühlringen oder gar Kühlzylindern, zuweilen auch die Türpfeiler und Türbogen mit Kühlkästen versehen; in vereinzelten Fällen findet man auch das eiserne Gewölbewiderlager als wassergekühlten Ring ausgebildet, besonders aber bei Öfen mit drehbarer Wanne. Da die Kühlung ihrem Wesen nach eine beabsichtigte Wärmeentziehung ist, wird die Schonung der Ofenzustellung durch einen Mehraufwand an Wärme, d. h. in diesem Falle an elektrischer Energie, erkauft. Wie mehrfache Messungen ergeben haben, entspricht die durch drei Elektrodenkühlringe abgeführte Wärmemenge bei 5-t-Öfen einer Leistung von etwa 40 kW und bei 7-t-Öfen einer solchen von etwa 60 kW.

Die Kühlringe wirken naturgemäß nicht nur wärmeentziehend, sondern verbrauchen noch einen erheblichen Teil elektrischer Energie durch induktive Erwärmung. Aus diesem Grunde ist heute die Verwendung von größeren Kühlzylindern, die auch eine merkliche Verringerung des Elektrodenabbrandes herbeiführten, wieder aufgegeben worden; die Energieverluste sind zu hoch. Ferner wurden an einem 7-t-Ofen noch folgende Verlustzahlen festgestellt: für den wassergekühlten Gewölbering 10 kW, für die wassergekühlte Abstichöffnung 12 kW, für drei wassergekühlte Elektrodenfassungen aus Messing 30 kW. Der bei drehbarem Ofengefäß erforderliche Kühlring ist ebenfalls eine hohe Verlustquelle, besonders nach erfolgtem weitgehendem Verschleiß des oberen Teiles der feuerfesten Wandzustellung und des Deckels. Nach diesem Verschleiß steigen natürlich auch die übrigen Kühlwasserverluste am Türbogen usw. an. So konnte an einem 15-t-Ofen festgestellt werden, daß im Zuge einer Deckelreise die Kühlwasserverluste von 47 kW auf 64 kW ansteigen (Anhaltszahlen für die Wärmewirtsch. 1947 S. 96). Mit Rücksicht auf die nicht unbeträchtliche Höhe dieser Verluste wird es sich im allgemeinen empfehlen, die Kühlung auf die unbedingt notwendigen Stellen, nämlich auf die Elektrodenöffnungen im Gewölbe, zu beschränken. Im Gegensatz zu kupfernen Elektrodenfassungen ist bei Verwendung eiserner Fassungen die Wasserkühlung nicht unbedingt erforderlich. Gekühlte Elektrodenspanner sind aber bei selbstbrennenden Dauerelektroden unentbehrlich, um das obere Elektrodenende knetbar zu erhalten. Was schließlich die Wasserkühlung von Pfeilern, Türbögen, Türen und Gewölbewiderlagern betrifft, so werden die oben angeführten Zahlen ein Urteil darüber gestatten, ob der Energieverlust durch Ersparnis an kleinen Instandsetzungsarbeiten aufgewogen wird. Meistens wird dies nicht der Fall sein. Außerdem ist zu bedenken, daß die Vermehrung der Kühlkästen auch eine metallurgische Gefahr bedeutet. Leckstellen, die sich nach dem Ofeninnern öffnen und einige Zeit unentdeckt bleiben, führen unweigerlich eine schwere Beeinträchtigung des Ofenganges und der Stahlgüte herbei. Bei großen Öfen wird der Bogen über der Arbeitstür gern mit Wasserkühlung versehen. Insgesamt gesehen, sollten die Kühlwasserverluste nicht mehr als 4 bis 5% der zugeführten Leistung betragen.

Die Wärmeleitungs- und Ausstrahlungsverluste des Ofengefäßes.

Die Wärmeleitungs- und Ausstrahlungsverluste des Ofengefäßes sind der erheblichste Posten in der Energiebilanz des Lichtbogenofens. Ihre Höhe ist durch den Temperaturunterschied zwischen der Ofenaußenfläche und der Umgebung bedingt und hängt demgemäß wesentlich von dem Zustand, der Stärke und der Wärmeleitfähigkeit der Ausmauerung und des Gewölbes ab. Der auf diese Verlustquelle entfallende Betrag läßt sich auf verschiedene Weise messen und errechnen. An einer größeren Anzahl von Öfen mit 5 bis 8 t Fassungsvermögen wurden 90 bis 130 kW bei frischer und 160 bis 220 kW bei abgenutzter Zustellung als Durchschnittsbeträge ermittelt. Ein 6-t-Ofen bedarf beispielsweise einer durchschnittlichen Leistungszufuhr von etwa 140 kW zum bloßen Ausgleich der Wandverluste.

Von diesen Verlusten entfällt der Hauptteil auf das Gewölbe. Durch ein neues Gewölbe geht etwa ebensoviel Wärme verloren wie durch die gesamte restliche Ofenfläche; durch ein abgenutztes und dünngewordenes Gewölbe bis zum dreifachen Betrag.

Die Aussicht, durch bauliche Maßnahmen hier erhebliche Ersparnisse zu erzielen, sind leider sehr gering. Der an sich richtige und naheliegende Gedanke, durch einen geeigneten Wärmeschutz eine wirksame Herabsetzung der Wärmeverluste zu erzielen, scheitert an der unzulänglichen Feuerfestigkeit der Ofenbaustoffe und der Isoliermittel. Bei dem fast ausschließlich verwendeten Gewölbebaustoff Silika muß geradezu peinlich jede Wärmestauung, beispielsweise auch die unbeabsichtigte Isolierung durch Hüttenstaubablagerung, vermieden werden, um die Temperatur an der Innenseite der Ziegel nicht unzulässig hoch ansteigen zu lassen. Auch eine Isolierung der Seitenwände und des Herdes verspricht keine merkbaren Erfolge. Der Hauptbestandteil aller Isoliermassen, Kieselgur, erleidet nämlich bei etwa 850° eine durchgreifende Gefügeänderung, welche das Wärmeschutzvermögen vernichtet. Der Ausweg, die vorgebauten Dolomit- oder Magnesitwände stärker auszubilden, als es aus rein betriebsmäßigen Erwägungen nötig wäre, führt ebenfalls nicht zum Ziel. Man erreicht zwar durch diese Maßnahmen eine Temperaturerniedrigung in der Isolierschicht, vergrößert jedoch gleichzeitig die im Mauerwerk aufgespeicherte Wärmemenge, die ja in jeder Betriebspause zum Teil und bei jedem längeren Stillstand gänzlich verlorengeht.

Dagegen hat man mit Erfolg einen anderen Weg zur Verringerung der Wärmeleitungs- und Strahlungsverluste beschritten. Da es bisher nicht gelungen ist, den Betrag je m² Ofenfläche und Stunde wesentlich herabzumindern, ist man dazu übergegangen, die Zeitdauer dieser Verluste abzukürzen. Da die Feinungsdauer durch metallurgische Erfordernisse festgelegt ist, hat man die Einschmelzdauer durch Aufstellung starker Transformatoren verringert, die damit im Zusammenhang stehenden Fragen sind in dem Abschnitt über die Bemessung der Transformatorleistung ausführlich erörtert.

Die Isolierung der Seitenwände ist übrigens auch an Betriebsöfen erprobt worden[1]. Es konnten deutliche Wärmeeinsparungen festgestellt werden, die sich in einer geringen Verkürzung der durchschnittlichen Einschmelzzeit auswirkten. Dieser Gewinn ist aber zu gering, als daß es sinnvoll erscheinen könnte, die Einfachheit der Zustellungsweise deshalb aufzugeben.

Um einen Anhalt über den Umfang dieser Verluste zu geben, seien die Zahlen für den bereits erwähnten 15-t-Lichtbogenofen genannt:

	Neues Gewölbe	Altes Gewölbe
Gewölbestrahlung . . .	114 kW	200 kW
Mantelstrahlung	49,5 kW	71,5 kW
Bodenstrahlung	32,5 kW	53,5 kW

Die Verluste durch Öffnungsstrahlung.

Die bei der Ausstrahlung durch geöffnete Türen, undichte Türspalten und Elektrodenringöffnungen entstehenden Wärmeverluste sind beträchtlich, da sie mit der vierten Potenz der Temperatur der strahlenden Fläche (Ofeninnenwand und Lichtbogen!) wachsen. Sie betragen je m² strahlende Öffnung durchschnittlich 600 kW. Während des Beschickens und Einschmelzens sind sie etwas niedriger, ungefähr 450 kW, während des Feinens infolge der höheren Ofentemperatur und der freien Lage und ungehinderten Ausstrahlung der Lichtbögen etwas höher, etwa 800 kW.

Der im Durchschnitt der Schmelzdauer für die Deckung der Öffnungsstrahlung aufzuwendende Betrag hängt von der Größe der strahlenden Öffnungen und von der Öffnungsdauer ab. Im allgemeinen wird bei Öfen von 5 bis 7 t Fassung eine Leistung von 50 bis 80 kW zum Ausgleich dieser Verlustquelle erforderlich sein. Messungen am 15-t-Ofen haben 33 bis 42 kW ergeben, was wahrscheinlich auf das Vorhandensein nur einer Arbeitstür zurückzuführen ist, während die angegebenen 5- bis 7-t-Öfen deren zwei hatten.

Die zur Verfügung stehenden Gegenmaßnahmen bestehen in möglichster Verkürzung der Beschickungszeit durch Verwendung handlichen und massigen Schrotts und in der Anwendung moderner Beschickungsvorrichtungen, soweit es die Bauweise des Ofens zuläßt. Ferner ist auf gute Abdichtung der Türen und Elektrodenöffnungen zu achten.

---

[1] Weitzer, H.: Stahl u. Eisen Bd. 57 (1937) S. 697/702.

Da natürlich auch bei der Korbbeschickung große Verluste durch die großen ausstrahlenden Flächen von Ofengefäß und Deckel entstehen, so gilt auch hier, die Beschickung so rasch als irgend möglich durchzuführen.

Die Verluste durch abziehende Ofengase.

Durch die Umsetzungen beim Frischen und Desoxydieren, ferner bei der Bildung der Kalziumkarbidschlacke aus Kalk und Kohlenstoff entsteht Kohlenoxyd, welches mit der durch die Essenwirkung der Elektrodenöffnungen angesaugten Außenluft teilweise zu Kohlensäure verbrennt. Dieses aus dem Ofen entweichende Gasgemisch entführt eine Wärmemenge, die bei Öfen von 5 bis 25 t einer elektrischen Leistung von 30 bis 60 kW entspricht.

C. Der kernlose Induktionsofen.

Die physikalischen Grundlagen der Beheizung des kernlosen Induktionsofens.

Die Theorie der kernlosen Induktionsöfen wurde auf rein physikalischer Grundlage, und zwar unter Anwendung der allgemeinen Feldgleichungen auf den Hochfrequenzofen von K. Reche[1] behandelt. Vorher wurde eine Berechnungsgrundlage von gleicher Genauigkeit von W. Esmarch[2] entwickelt. An dieser Stelle soll auf diese Dinge nur insoweit eingegangen werden, als sie dem Stahlwerker Verständnis für Zusammenhänge vermitteln, deren Auswirkungen sich auch im praktischen Betrieb bemerkbar machen. Da die zweite Arbeit auf vereinfachenden Annahmen fußt, deren Berechtigung sich aber bei der praktischen Nachprüfung als zutreffend erwiesen hat und außerdem auch eine gewisse Anschaulichkeit besitzt, sollen sich die folgenden Erörterungen an diese Untersuchung anlehnen.

Durch die Spule eines kernlosen Induktionsofens wird einphasiger Wechselstrom geschickt, der in seiner Umgebung ein elektromagnetisches Wechselfeld erzeugt. Treffen diese Wellen auf einen Metallkörper, z. B. den Einsatz, so wird die Wellenlänge und damit die Ausbreitungsgeschwindigkeit der eindringenden Energie sehr stark vermindert bei gleichzeitiger Dämpfung, also Verminderung der Amplitude. Die dabei der einfallenden Welle entzogene Energie tritt als „Joulesche Wärme" auf, die auf den im Leiter induzierten Strom zurückzuführen ist. Die Dämpfung der eindringenden Energie ist für Metalle sehr groß, so daß die induzierten Ströme nur in unmittelbarer Nähe der Oberfläche fließen. Es entspricht dies dem sogenannten Hauteffekt. Die Dämpfung erfolgt

---

[1] Reche, K.: Wiss. Veröff. Siemens-Werk 1933 S. 1 bis 33.
[2] Esmarch, W.: Wiss. Veröff. Siemens-Werk 1931 S. 172 bis 196.

nach einem exponentiellen Gesetz, und man nennt diejenige Schicht, in der die Amplitude von ihrem ursprünglichen Beitrag auf den e-ten Teil abgeklungen ist, die Eindringungstiefe. Sie ist

$$\delta = \frac{1}{2\pi} \sqrt{\frac{\sigma}{\nu\mu}}.$$

$\sigma =$ spezifischer Widerstand,
$\nu =$ Frequenz,
$\mu =$ Permeabilität.

Mit zunehmender Frequenz nimmt also die Eindringungstiefe ab, desgleichen mit dem Betrag der Permeabilität. Für flüssigen Stahl beträgt sie bei:

$$\begin{array}{rl} 10\,000 \text{ Hz} & \ldots\ldots\ldots 0,5 \text{ cm} \\ 1000 \text{ Hz} & \ldots\ldots\ldots 1,58 \text{ ,,} \\ 500 \text{ Hz} & \ldots\ldots\ldots 2,24 \text{ ,,} \end{array}$$

Der weiteren Berechnung wird nun folgende vereinfachende Annahme zugrunde gelegt. Der Einsatz des Hochfrequenzofens möge durch einen konzentrisch angeordneten Hohlzylinder von der Wandstärke der Eindringungstiefe dargestellt werden. Dann ergibt die Rechnung, daß der Widerstand des induzierten Stromes so groß ist, als ob er gleichmäßig über diese Wandstärke verteilt wäre. Vorausgesetzt ist lediglich, daß δ klein gegen den Durchmesser d des Einsatzes ist, was für praktische Öfen allerdings stets zutrifft. Im anderen Falle treten Beugungserscheinungen auf, wobei ein Teil der Wellen im Leiter sich durch Interferenz aufhebt und daher die Energieaufnahme so verschlechtert wird, daß dieser Fall für die praktische Anwendung ausgeschaltet werden muß. Die Theorie hat ergeben, daß die unterste Grenze bei $d = 4\,\delta$ liegt. Da δ proportional $\sqrt{\frac{1}{\nu}}$ ist, muß ν so gewählt werden, daß δ kleiner als $\frac{d}{4}$ bleibt. Das bedeutet aber, daß kleine Öfen mit höherer und größere Öfen mit geringerer Frequenz betrieben werden müssen. Wie bei der Berechnung des Wirkungsgrades noch gezeigt werden wird, muß d noch größer gewählt werden.

Ist also der äußere Durchmesser des Einsatzes d, so kann der Widerstand R dem einer geschlossenen Windung von Querschnitt $[d - (d - \delta)]\,l$ gleichgesetzt werden, wobei l die Höhe dieses gedachten Zylinders ist. Wird $d - \delta = d'$ gesetzt, so ist

$$R = \sigma \frac{\pi d'}{l\,\delta} = 2\pi^2 \frac{d'}{l} \sqrt{\sigma\mu\nu} \quad \text{abs. } E.$$

Ist J_0 die gesamte im Zylinder induzierte Stromstärke, so ist die sekundlich erzeugte Wärme

$$W_0 = 6,25 \cdot 10^{-6} \frac{d'}{l} \sqrt{\sigma\mu\nu}\, J_0^2 \text{ Watt.}$$

Es hat sich nun herausgestellt, daß die Bestimmung von J_0, der induzierten Gesamtstromstärke, die einer unmittelbaren Messung nicht zugänglich ist, dann geschehen kann, wenn der erwähnte Hohlzylinder und die Ofenspule als Lufttransformator behandelt werden. Diese Rechnung, die hier nicht näher ausgeführt werden soll, führt über die Ermittlung des Wirkwiderstandes der Ofenspule und des Übersetzungsverhältnisses der Stromstärke zu einem Ausdruck für die Leistungsaufnahme des Einsatzes:

$$W_0 = 6{,}1 \cdot 10^{-10} Q\,A\,\sqrt{\sigma\,\mu\,\nu}\;Z^2 \text{ kW}.$$

Dabei bedeuten:

$Z =$ die Amperewindungszahl der Spule,

$Q =$ eine Funktion des Argumentes $\dfrac{d'}{l}$,

$A =$ eine Funktion des Argumentes

$$\frac{d_1}{l_1} \text{ und } \frac{l_1}{l}\,,$$

$d_1 =$ innerer Spulendurchmesser,

$l_1 =$ Höhe der Spule,

$l =$ Höhe des Einsatzes.

(Für genaue Rechnungen muß l_1 noch eine Korrektur erfahren durch Abzug des Betrages $0{,}5\,n\,\varDelta$, wobei $\varDelta$ den Abstand zwischen den Windungen in der Größenordnung 2 bis 4 mm darstellt.)

Die Werte dieser beiden Funktionen sind aus den Diagrammen in Abb. 87 und Abb. 88 zu entnehmen. Sie stellen den Zusammenhang her zwischen der Leistungsaufnahme des Ofens und dessen geometrischen Verhältnissen, also den Abmessungen von Spule und Einsatz. Q ist nur

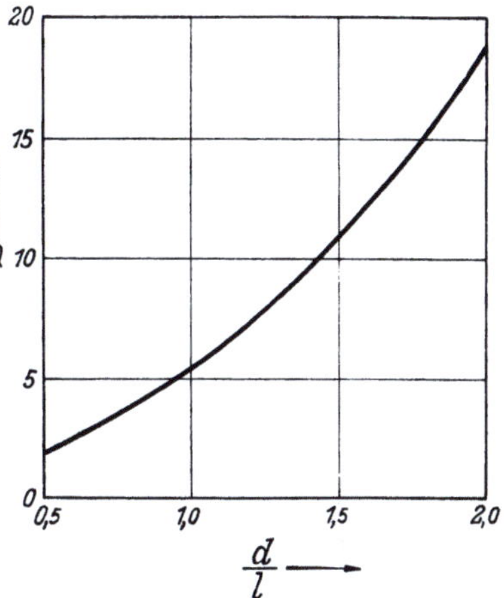

Abb. 87. Werte der Funktion $Q = \dfrac{(d/l)^3}{[F(d/l)]^2}\,10^3$. (Nach Esmarch.)

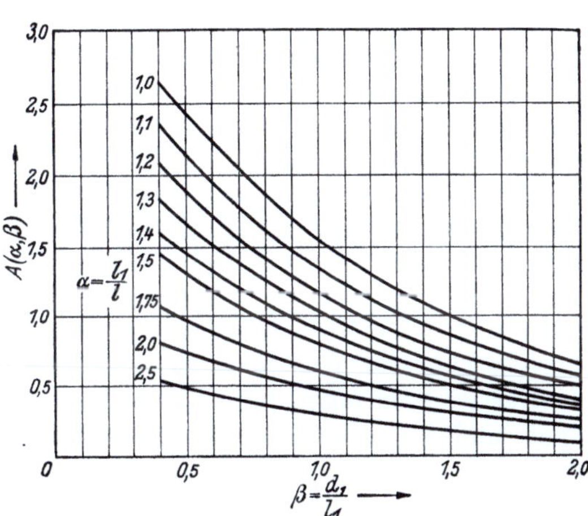

Abb. 88. Werte der Funktion: $A\,(a, \beta)$. (Nach Esmarch.)

vom Einsatz, A von Einsatz und Spule abhängig. Die Nachprüfung dieser Formel ergab eine Genauigkeit von 2 bis 3%. Zu beachten ist besonders die geringe Abhängigkeit der Leistungsaufnahme von der Frequenz im Vergleich zur Amperewindungszahl.

Zur Beurteilung des elektrischen Wirkungsgrades fehlt jetzt noch die Kenntnis der Spulenverluste. Ihrer Berechnung kann eine ähnliche Betrachtung zugrunde gelegt werden wie bei der Berechnung des Einsatzwiderstandes R. Da der innere Spulendurchmesser groß ist im Vergleich zur Eindringungstiefe im Kupfer, dem ausschließlich verwendeten Spulenmaterial, kann auch hier die Berechnung so erfolgen, als ob der Strom auf der Innenseite der Spule im Querschnitt der Eindringungstiefe in gleichmäßiger Verteilung fließt. Selbst wenn der Spulenquerschnitt auf der Innenseite ein Mehrfaches dieses Betrages ausmacht, so wird der Widerstand nicht geringer. Der Widerstand, der im Querschnitt der Eindringung vorhanden ist, stellt also einen Mindestwert dar. Er ist

$$R_1 = 8{,}1 \cdot 10^{-7} \frac{d_1}{l_1} \sqrt{\nu}\; n^2 \text{ Ohm},$$

wobei n die Windungszahl der Spule bedeutet; entsprechend betragen die Leitungsverluste in der Spule

$$W_1 = 8{,}1 \cdot 10^{-10} \frac{d_1}{l_1} \sqrt{\nu}\; Z^2 \text{ kW}.$$

Der elektrische Wirkungsgrad ist nun

$$\eta_0 = \frac{W_0}{W_0 + W_1}$$

durch Einsetzen der Werte für W_0 und W_1 und entsprechende Umformung wird:

$$\eta_0 = \frac{\sqrt{\sigma\mu}\; Q A}{\sqrt{\sigma\mu}\; Q A + 1{,}33 \dfrac{d_1}{l_1}}.$$

Da, wie bereits angeführt, für praktische Öfen d' durch d ersetzt werden kann, welcher Wert in Q enthalten ist, ergibt sich, daß η_0 weitgehend unabhängig von der Frequenz ist. Sowohl W_0 wie auch W_1 sind proportional $\sqrt{\nu}$. Das heißt in dem Maße, wie die Leistungsaufnahme mit der Frequenz ansteigt, nehmen auch die Spulenverluste zu. Dagegen ist der elektrische Wirkungsgrad von den Abmessungen der Spule und des Einsatzes abhängig, insbesondere durch den Kopplungsgrad zwischen Spule und Einsatz. Schließlich sind noch die Materialkonstanten des Einsatzes von Einfluß.

Ist aber d nicht groß gegen δ, so besteht eine Abhängigkeit in dem Sinne, daß der Wirkungsgrad mit zunehmenden $\frac{d}{\delta}$ ansteigt. Oberhalb $\frac{d}{\delta} = 10$ ändert sich η nur unwesentlich. Damit ist der Mindestdurchmesser mit $d = 10\,\delta$ festgelegt.

Hierbei ist natürlich zu beachten, daß wegen der Änderung des Widerstandes mit steigender Temperatur und dem gleichzeitig erfolgenden Absinken der Permeabilität, die bei hohen Temperaturen praktisch auf Null sinkt, die Eindringungstiefe je nach Temperatur und je nach flüssigem oder festem Zustand wechselt. Sie verschiebt sich mit steigenden Temperaturen nach höheren Werten. Schließlich soll nicht unerwähnt bleiben, daß auch schon bei oberflächlicher Betrachtung leicht einzusehen ist, daß große Öfen sogar mit geringer Frequenz betrieben werden müssen, denn im anderen Falle ist das Verhältnis der Eindringungstiefe zum Durchmesser so klein, daß von einer guten und durchgreifenden Beheizung nicht mehr gesprochen werden kann. Die Kopplung kann nun nicht beliebig eng vorgesehen werden, da die Tiegelwandstärke und die Wärmeisolierung bestimmte Beträge keineswegs unterschreiten dürfen. Für eine abschließende Beurteilung der Verhältnisse muß aber der Gesamtwirkungsgrad, also auch der thermische Wirkungsgrad, berücksichtigt werden. Eingehende Messungen haben ergeben, daß der Gesamtwirkungsgrad bei einer bestimmten Wandstärke wohl einen Höchstwert besitzt, daß aber dieser Höchstwert nicht stark ausgeprägt ist und Veränderungen der Wandstärke in seiner Nähe kaum den Gesamtwirkungsgrad beeinflussen. Damit ist dem Betriebsmann die Möglichkeit gegeben, Tiegelwandstärke und Isolierung so zu wählen, wie es mechanische, thermische und betriebliche Rücksichten erforderlich machen. Dabei muß natürlich die untere Grenze gewählt werden, um nicht die Blindleistung, deren Betrag in hohem Maße durch den Kopplungsgrad bestimmt wird, unnötig zu erhöhen.

Es sei hier kurz eingeschaltet, daß W. Esmarch auch versucht hat, die Spulenverluste zu verringern. Dies ist möglich durch Vergrößerung des nutzbaren Leitungsquerschnittes, in dem der Strom gezwungen wird, sich über einen größeren Querschnitt gleichmäßig zu verteilen. Zu diesem Zweck wird der Spulenleiter aus mehreren parallelgeschalteten, übereinanderliegenden und untereinander isolierten Kupferbändern hergestellt, die so angeordnet sind, daß sie alle hinsichtlich Selbstinduktion, Widerstand und Lage gegenüber dem Einsatz untereinander gleichwertig sind. Dieser Zustand wird erreicht durch mehrfache Änderung der gegenseitigen Lage der einzelnen Bänder. Dann sinken beispielsweise bei Anordnung von 4 Bändern die Spulenverluste auf den halben Betrag. Leider ergab die praktische Anwendung Unzuträglichkeiten, so daß seitens der Betriebsleute im Interesse eines störungsfreien Arbeitens auf diese Möglichkeit der Stromeinsparung verzichtet wurde.

Es erhebt sich nunmehr die Frage, wie verhalten sich Leistungsaufnahme und Wirkungsgrad bei stückigem Einsatz, also unter den üblichen praktischen Verhältnissen, vor der Verflüssigung des Einsatzes. Auch hier konnten vereinfachende Annahmen gemacht werden. Es hat sich nämlich herausgestellt, daß, sofern der Einsatz nicht zu kleinstückig ist, die Leistungsaufnahme annähernd die gleiche ist, als wenn der Tiegel mit zylindrischen Stäben gefüllt wäre, die etwa dem mittleren Durchmesser der Schrottstücke entsprechen. Weiter hat sich gezeigt, daß der

Gesamtwirkungsgrad einen Bestwert erreicht, sobald der Durchmesser dieser Stäbe rund das Vierfache der Eindringungstiefe erreicht. Sowohl größere als auch besonders kleinere Schrottstücke verringern den Wirkungsgrad. Im praktischen Betrieb setzt man daher ungünstige Abmessungen gern in den flüssigen Sumpf nach.

Bei der Behandlung der Leistungsaufnahme im Lichtbogenofen war dargelegt worden, daß für jede Spannung ein Optimum der Leistung besteht. Ähnlich gelagerte Verhältnisse bestehen selbstverständlich auch für den Hochfrequenzofen. Infolge der laufend fallenden Induktivität und des sich bessernden Kopplungsgrades des Ofens während des Einschmelzens steigt der Ofenstrom in dieser Zeit um rund das Doppelte an. Der gleiche Anstieg gilt wegen der Abstimmungsverhältnisse auch für den Kondensatorstrom, indem bei großer Induktivität ein kleinerer und bei kleiner Induktivität ein größerer Kondensatorstrom auftritt. Wie bereits dargelegt wurde, steigen die Ofenstromverluste mit dem Quadrat der Stromstärke an. Die Kondensatorenverluste hängen im wesentlichen vom Quadrat der Spannung und vom Verlustwinkel des Dielektrikums ab und sind im Vergleich zu den Spulenverlusten erheblich geringer. Während die Spulenverluste für große Öfen 10 bis 12% erreichen, betragen die Kondensatorenverluste 1 bis 3%. Weiterhin steigen mit zunehmendem Ofenstrom die Hysteresis und Wirbelstromverluste im eigentlichen Ofenkörper an, soweit dieser nicht durch entsprechende Konstruktion, Materialauswahl oder Abschirmung genügend geschützt ist. Da nun trotz der viel höheren Spannung als beim Lichtbogenofen die Stromstärke für den Hochfrequenzofen wegen seines geringen Leistungsfaktors von ähnlicher Größenordnung ist, so muß auch hier für jede Ofengröße ein günstigster Leistungswert bestehen, oberhalb dessen eine Steigerung der Stromstärke wegen der stark ansteigenden Verluste keinen wirtschaftlichen Gewinn mehr bringt.

Die Leistungen sind in Deutschland nach folgenden Typen vorläufig festgelegt worden:

Type	Fassungsvermögen in kg	Generatorleistung in kW
HF 1	25	30
HF 2	50	64
HF 3	100	75
HF 4	250	150
HF 5	500	250
HF 6	1000	450
HF 7	2000	650 oder 700
HF 8	5000 oder 6000	1600
HF 9	10000	2200

Die Leistung der Type HF 9 müßte wohl besser um etwa 10% höher liegen.

Schließlich muß noch auf Wesen und Art der für den Hochfrequenzofen charakteristischen Badbewegung eingegangen werden. Die Richtung der Badbewegung geht aus Abb. 89 hervor. Sie verläuft also in der Weise, als ob die auf den Einsatz auftreffenden elektromagnetischen Wellen einen Druck senkrecht zur Mantelfläche erzeugen und die Schmelze in Richtung der Zylinderachse nach oben und unten herausdrücken. Der Druckunterschied zwischen zwei Punkten in Richtung der Strahlung ist gleich der Differenz der mittleren Energiedichte dieser Strahlung. Unter gewissen Umständen kann dieser Druck so groß werden, daß ein regelrechter Springbrunnen entsteht. Auch kleinstückiger Schrott, z. B. Mondnickel, kann zum Ofen herauswachsen. Die Größe dieses Druckes wird von Esmarch angegeben mit

$$P = 31{,}6 \sqrt{\frac{\mu}{\nu\,\sigma}\,\frac{W_0}{f}} \text{ at},$$

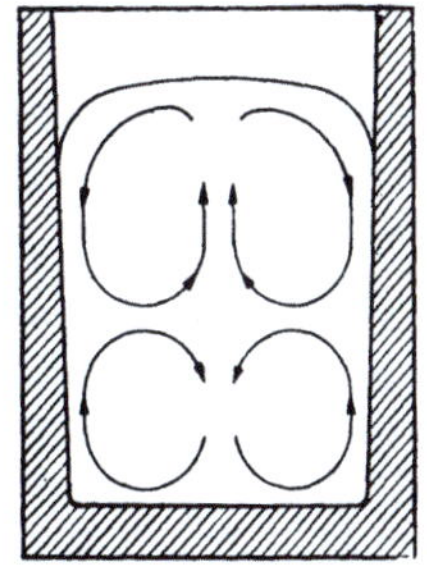

Abb. 89. Badbewegung im kernlosen Induktionsofen.

wobei f die Mantelfläche des flüssigen Zylinders ist. Hieraus folgt als wichtigste Erkenntnis, daß die Badbewegung mit fallender Frequenz zunimmt und außerdem in noch stärkerem Maße mit kleiner werdender Mantelfläche. Den Haupteinfluß aber hat die Leistungsaufnahme, die der Badbewegung direkt proportional ist.

Damit sind die Grundlagen gegeben, die bei der Wahl der Frequenz ausschlaggebend sind. Es wurde dargelegt, daß der Wirkungsgrad von ihr unabhängig und die Leistungsaufnahme nur in geringem Umfang abhängig ist, sofern das erwähnte Mindestmaß $d > 10\,\delta$ beachtet wird. Bei der Betrachtung des gesamten Frequenzbandes für Hochfrequenzöfen muß natürlich beachtet werden, daß die Leistungsaufnahme mit der Wurzel aus der Frequenz ansteigt. Somit können andere praktische Gesichtspunkte in den Vordergrund treten. Diese bestehen darin, daß das Umformeraggregat, insbesondere der Generator, für den erforderlichen Einphasenstrom mit sinkender Frequenz billiger und auch wirtschaftlicher im Betrieb wird. Außerdem sinkt mit abnehmender Frequenz die Blindleistung, so daß sich auch die Kosten für die Kondensatorenbatterie verringern. Bei sehr niedrigen Frequenzen, und zwar bei der Größenordnung der Netzfrequenz, werden allerdings wegen der hohen Stromstärken die erforderlichen Kondensatoren in ihrer Ausführung wieder erheblich kostspieliger, so daß unter Umständen selbst der Fortfall des teueren Umformers aufgewogen werden kann. Ein weiterer Vorzug der geringeren Frequenz liegt in der Möglichkeit, höher gespannte Ströme erzeugen zu können, da mit sinkender Polzahl des Generators genügend Raum für eine gute Isolierung verbleibt, ein Umstand, der gerade wieder für große Öfen wichtig ist. Solche Generatoren arbeiten außerdem, wie schon oben erwähnt, mit günstigerem Wirkungsgrad als Hochfrequenzmaschinen.

Endlich muß als weiterer Vorteil der niedrigen Frequenz erwähnt werden, daß unabhängig von der Gesamtwindungszahl der Ofenspule bei sonst gleicher Leistung die Spannung zwischen den einzelnen Windungen geringer wird; was für den praktischen Betrieb sehr erwünscht ist. Die Spannung zwischen zwei Windungen steigt mit der $^3/_4$ sten Potenz der Frequenz. Auch dieser Umstand ist gerade für große Öfen sehr wichtig.

Aus allen diesen Gesichtspunkten folgt, daß die Frequenz nicht unnötig hoch gewählt werden soll. Die untere Grenze, deren erste Voraussetzung $d > 10 \, \delta$ bei Betriebsöfen im allgemeinen ohnehin erfüllt ist, wird schließlich dadurch bestimmt, daß die Badbewegung kein unerträgliches Maß annehmen darf. Die praktischen Erfahrungen haben dazu geführt, daß die Frequenzen in folgender Weise nach dem Ofenvolumen eingestuft werden:

$$\begin{array}{lr} \sim \quad 10 \; l & 6\text{—}10\,000 \; \text{Hz,} \\ \sim 15\text{—}60 \; l & 2\,000 \; \text{Hz,} \\ \text{mehr als } 60 \; l & 500 \; \text{Hz,} \end{array}$$

das bedeutet:

$$\begin{array}{lr} \text{für Stahl bis } 50 \; \text{kg} & 10\,000 \; \text{Hz,} \\ 100 \text{ bis } 500 \; \text{kg} & 2\,000 \; \text{Hz,} \\ 500 \; \text{kg und mehr} & 500 \; \text{Hz.} \end{array}$$

praktisch werden also hauptsächlich die Frequenzen 10000 für sehr kleine Öfen, 2000 und 500 bzw. 600 für Betriebsöfen zur Anwendung gebracht. Wenn diese Angaben auch im allgemeinen durchaus zutreffen, so darf doch nicht übersehen werden, daß bei besonderen Verhältnissen, wie z. B. Schrottbeschaffenheit oder auch legierungstechnischen Erfordernissen u. a. m. selbst erhebliche Abweichungen notwendig werden können.

Der Leistungsfaktor ist, wie oben ausgeführt, für eine Hochfrequenzofenanlage sehr niedrig und beträgt nur 0,10 bis 0,15. Die Ursache hierfür ist das große Streufeld des als Lufttransformator wirkenden Ofens. Um diese Streuung zu vermeiden, wird der Niederfrequenzofen mit einem Eisenkern ausgestattet. Da dessen Fortfall gerade ein wesentlicher Vorzug des Hochfrequenzofens darstellt, muß primärseitig die Amperewindungszahl besonders groß sein, um so mehr, als die Induktivität mit der Stromstärke ansteigt. Infolgedessen arbeitet dieser Ofentyp mit sehr großer Blindleistung, die zur wirtschaftlichen Ausnutzung des Generators mit einer veränderlichen Kondensatorenbatterie aufgenommen werden muß. Diese Kondensatoren bilden daher einen wesentlichen Bestandteil jeder Hochfrequenzofenanlage. Grundsätzlich wird

der Ofen mit der Kondensatorenbatterie in Strom- oder Spannungsresonanz geschaltet (Abb. 90a und 90b). Der Generator braucht nur
die Leistung zu liefern, die im Ofen in Wärme umgesetzt wird, zuzüglich
der sonstigen Verlustleistungen. Bei Betriebsöfen sind noch weitere
Induktivitäten und Kapazitäten erforderlich, um den günstigsten Aus-
nutzungsgrad des Generators zu ermöglichen, nämlich seine Anwendung
bei höchstmöglicher Leistung. Für diesen Zweck wird häufig gemäß
Schema (Abb. 90c und 90d) gearbeitet. Diese Vollbelastung setzt aber
voraus, daß der induktive Widerstand des Generators stets gleich demjenigen des Ofenkreises ist. Der Ofen verändert seine Induktivität aber
dauernd, in dem sich mit steigender Temperatur die Permeabilität und
der spezifische Widerstand des Einsatzes und bei beginnendem Schmelzen der Füllfaktor und der Kopplungsgrad laufend ändern. Aus letzt-
genanntem Grunde ist
auch der Abnutzungs-
grad der Tiegelwand-
stärke von Bedeutung.

Der Anpassung dieses
wechselnden Wirkwider-
standes an den inneren
Widerstand des Genera-
tors dienen die zusätz-

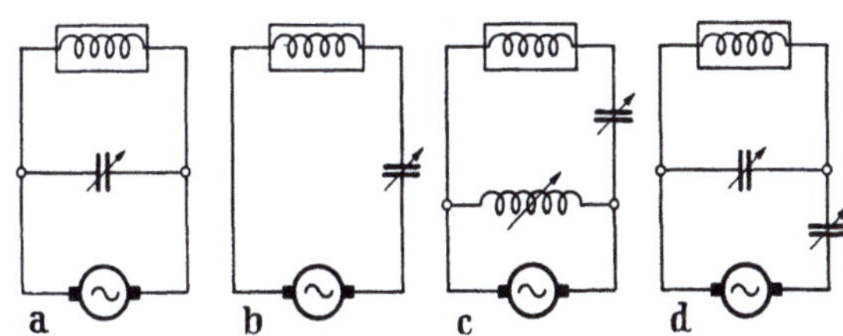

Abb. 90. Schaltschemas für HF-Öfen. (Nach Esmarch.)

lichen veränderlichen Induktivitäten und Kapazitäten gemäß Abb. 90c
und 90d. Das Verhältnis von Ofenstrom zum Maschinenstrom wird
durch den dem Ofen parallelgeschalteten Kondensator bzw. Spartransformator festgelegt, während die Abstimmung durch den dem Ofen vorgeschalteten Kondensator vorgenommen wird. Der ersterwähnte Kondensator beeinflußt die Abstimmung nicht. Im Falle der Spannungsresonanz-
schaltung wird seine Aufgabe vom Spartransformator übernommen.

Die Verhältnisse in der Praxis können dahingehend charakterisiert
werden, daß die Stromresonanzschaltung mit ihren großen Vorzügen
der Übersichtlichkeit und Einfachheit bis zu Frequenzen von 2000 Hz
zur Anwendung gelangt; d. h. praktisch bei allen Betriebsöfen. Diese
Frequenzabhängigkeit ergibt sich aus der Bauweise der Generatoren,
in dem die Voraussetzung für diese Schaltungsart, nämlich die Gleichheit
von Ofen und Generatorspannung bei der meist üblichen Betriebsspannung von 3000 Volt, sich nur bis zur angegebenen Frequenz erfüllen
läßt. Bei höherer Frequenz, z. B. 10000 Hz, ist infolge der hohen Polzahl im Ständer kein ausreichender Platz für die notwendige Isolierung
vorhanden. Für 10000 Hz, also für kleine Öfen, kommt oder richtiger
kam die Spannungsresonanz in Anwendung, meist unter Verwendung
eines besonderen Spartransformators (Abb. 90c), oder es wird auch die
Ofenspule selbst als Spartransformator geschaltet.

Um trotz der bereits erwähnten Änderung des induktiven Widerstandes der Ofenspule während des Einschmelzens auch bei Stromresonanzschaltung eine gleichbleibende Leistungsaufnahme zu erreichen, kann, außer dem bereits angegebenen, auch folgender Weg beschritten werden. Es wird eine Bauweise für den Generator gewählt, die über einen größeren Spannungsbereich gleichbleibende Leistung abzugeben vermag. Dieser Bereich umfaßt, z. B. für 3000 Volt Höchstspannung, 2300 bis 3000 Volt und ist für die üblichen Schrottverhältnisse einschließlich der Einflüsse des Tiegelverschleißes ausreichend.

Abschließend soll noch kurz auf das Problem eingegangen werden, kernlose Induktionsöfen mit Netzfrequenz zu betreiben. Auf den ersten Blick entsteht der Eindruck, als ob eine solche Lösung besondere Vorteile erbringen würde, insbesondere die Anlagekosten, die bei diesem Ofentyp besonders hoch sind, verringern könnte. Da die Entwicklung zu immer größeren Öfen führt, ist grundsätzlich die Anwendung der Netzfrequenz in den Bereich der Möglichkeit gerückt. Sofern sich diese Anwendung nur auf große Öfen beschränkt, sind ofentechnische Schwierigkeiten kaum zu erwarten. Die Hinderungsgründe liegen daher hauptsächlich auf dem Gebiet der Stromversorgung, indem Einphasenstrom benötigt, jedoch im allgemeinen Dreiphasenstrom, sogenannter Drehstrom, geliefert wird. Das Umformeraggregat besteht in der Regel eben aus Drehstrommotor und Einphasengenerator. Da es sich gerade bei großen Öfen auch um große Leistungen handelt, kann der Ofen nicht an eine einzelne Phase angeschlossen werden, es würden sich dann unzulässig hohe unsymmetrische Belastungen ergeben. Auch der Vorschlag, die Spule dreifach zu unterteilen und den mittleren Teil mit entgegengesetzter Windungsrichtung auszuführen, vermag die unsymmetrische Belastung nicht ausreichend zu beseitigen. Der einfachste Weg wäre noch derjenige, welcher den Anschluß der Spule an die eine Phase und die Belastung der beiden anderen durch Induktivität und Kapazität bis zum Ausgleich der Unsymmetrie vorsieht. Dann entfallen aber großenteils die erwähnten und angestrebten wirtschaftlichen Vorteile. Übrigens bereitet die Badbewegung, die bei Netzfrequenz für den einen oder anderen Zweck doch zu heftig sein könnte, keine unüberwindlichen Schwierigkeiten, da sie durch einfache Maßnahmen, nämlich Abschalten der oberen Windungen nach dem Einschmelzen, wenigstens an der Oberfläche ganz wesentlich verringert werden kann. Schließlich sei ausdrücklich nochmals darauf hingewiesen, daß die Anschaffungskosten eines solchen Ofens nicht um den Betrag des fortfallenden Umformers billiger werden, da bei niedriger Frequenz die erforderlichen Kondensatoren in ihrer Ausführung teurer werden. Endlich hat ein Ofen mit niedriger Frequenz die unangenehme Eigenschaft, daß die Leistungsaufnahme von den Abmessungen der Schrottstücke stark abhängig wird. Aus allen diesen Gründen wird es daher verständlich, wenn es heute um den kernlosen Induktionsofen mit Netzanschluß erheblich stiller geworden ist und eine Frequenz bis zu 500 Hz als vorteilhaft angesehen wird, wenn das Für und Wider der mannigfaltigen Gesichtspunkte insgesamt betrachtet wird.

Die technischen Verhältnisse des mit Netzfrequenz betriebenen kernlosen Induktionsofens sind auch schon praktisch untersucht worden[1]. Es ergab sich, daß selbst ein kernloser Ofen noch mit 25 Hz betrieben werden kann, sofern er elektrisch richtig konstruiert ist. Der Entwurf geschah in Anlehnung an die Theorie von W. Esmarch, die im wesentlichen bestätigt werden konnte. Die Leistungsaufnahme bei 25 Hz wurde allerdings etwas günstiger ermittelt, als die theoretische Berechnung ergibt. Vor allem ergab sich, wie zu erwarten war, eine starke Abhängigkeit der aufgenommenen Leistung von der Stückgröße des Schrottes; die günstigste Dicke lag bei der Eindringungstiefe. Auch diese Abweichung ist im Hinblick auf das hohe Maß der Eindringungstiefe bei 25 Hz durchaus verständlich. Weiterhin hat sich die alte Erfahrung bestätigt, daß die Leistungsaufnahme viel besser wird, sobald sich ein Sumpf gebildet hat oder ein den Tiegelquerschnitt ganz ausfüllendes Schrottstück eingesetzt wird. In der ersten Entwicklungszeit wurde das Schmelzen mit Sumpf oft empfohlen. Da aber gerade die Vermeidung dieses Sumpfes ein besonderer Vorteil des Hochfrequenzofens ist und außerdem allmählich durch bessere Spulenkonstruktion und entsprechende Unterweisung der Schmelzer günstigere Ergebnisse erzielt werden konnten, ist das Arbeiten mit Sumpf heute ganz in Fortfall gekommen. Jedenfalls zeigten die praktischen Schmelzversuche von Mars die Überlegenheit der hohen Frequenz bei kleinen Öfen mit dünnwandigem Schrott und die Vorteile der niedrigen Frequenz bei großen Öfen und dickem Schrott. Obwohl der Ofen ohne Kondensator und daher wegen der geringen Frequenz mit einem Leistungsfaktor von 0,2 bis 0,4 betrieben wurde, soll laut Bericht ein Gesamtwirkungsgrad von 57%, also nicht viel weniger als bei höherer Frequenz, ermittelt worden sein. So interessant diese Ergebnisse an sich auch sind, so wird die praktische Durchführung sich schwerlich mit den Wünschen der Elektrizitätswerke in Einklang bringen lassen. Bei Anwendung niedriger Frequenzen sind natürlich viel höhere Stromstärken als bei hoher Frequenz erforderlich. Den höheren Spulen und Leitungsverlusten steht der Fortfall der Umformer- und Kondensatorenverluste gegenüber. Grundsätzlich konnte im 25-Hz-Ofen auch Kleinschrott mit Sicherheit niedergeschmolzen werden. Es erscheint jedoch ausgeschlossen, daß dabei der erwähnte Wirkungsgrad auch nur annähernd erreicht wurde. Mit abnehmendem Füllfaktor steigen natür-

---

[1] Mars, G.: Stahl u. Eisen Bd. 58 (1938) S. 833 bis 840, 865 bis 868.

lich Einschmelzzeit und Stromverbrauch an. Die sehr kräftige Badbewegung ließ keinen nachteiligen Einfluß auf den Schmelzbetrieb erkennen. Der Ofen hat keinerlei praktische Bedeutung erlangt.

Die elektrische Ausrüstung der Hochfrequenzöfen.

Der elektrische Teil einer Hochfrequenzofenanlage besteht aus dem Umformeraggregat, der Kondensatorenbatterie und der Schaltanlage. Das Umformeraggregat, das in der Regel Wechselstrom üblicher Netzfrequenz in Einphasenstrom der verlangten Frequenz umzuwandeln hat, besteht aus Motor, Generator und Erregermaschine, die alle auf einer Achse angeordnet sind. Bei hohen Frequenzen, und zwar etwa oberhalb 1000 Hz, wird der Generator als Gleichpolmaschine gebaut. Der Ständer enthält außer der Ständerwicklung auch die Erregerwicklung, während der Läufer aus einem Stück mit zwei Reihen eingefräßter Zähne besteht, welche die Pole der Maschine bilden, die an den Polen des Ständers vorbeigeführt werden. Diese Konstruktion muß zur Erzielung der hohen Wechselzahl gewählt werden, indem aus Platzgründen der Läufer nur Polzähne und keine Windungen enthalten kann. Diese Bauweise konnte sich um so eher einführen, als die hohen Frequenzen nur für kleine Leistungen vorgesehen wurden. Bei geringeren Frequenzen als der oben angegebenen Grenze wird der Generator als Wechselpolmaschine ausgebildet, also ähnlich dem normalen Wechselstromerzeuger. Der Läufer nimmt die Erregerwicklung auf und hat ausgeprägte Pole. Der Wirkungsgrad solcher Generatoren soll 85% mindestens betragen.

Die Kondensatoren bestehen aus Metallfolien mit mehreren Papiereinlagen als Dielektrikum. Das Ganze ruht in ölgefüllten eisernen Kästen. Die im Dielektrikum auftretende Verlustwärme, die übrigens mit der Periodenzahl zunimmt, kann durch Luft- oder Wasserkühlung abgeführt werden. Im ersteren Falle wird die Oberfläche des eisernen Gefäßes mit der erforderlichen Anzahl Kühlrippen versehen, durch die das Öl im Umlauf hindurchströmt. Im anderen Falle wird in das Ölbad eine Kühlschlange eingesetzt. Die Vorzüge und Nachteile dieser beiden Kühlungsarten entsprechen weitgehend denen der Kühleinrichtungen der Transformatoren für Lichtbogenöfen. Auch hier ist es zweckmäßig, die Öltemperatur durch Kontaktthermometer und Signalanlagen zu überwachen. Die Kondensatoren werden auf Gestellen untergebracht und sollen zur Verringerung der Leitungsverluste möglichst nahe am Ofen aufgestellt werden. Um allen Erfordernissen der Abstimmungsmöglichkeit Rechnung zu tragen, muß ein Teil der Kondensatoren einzeln bzw. serienweise abschaltbar angeschlossen werden. Die modernste Entwicklung zielt darauf ab, an Stelle von Öl und Papier als Dielektrikum ein Material zu wählen, welches keine Wärmeentwicklung aufweist und daher nicht mehr aus Gründen der Kühlung flüssig sein muß, sondern fest sein kann. Der Name dieses neuen Dielektrikums ist Polystyrol, ein gewalzter und anschließend gereckter Kunststoff, der in diesem Zustand mit Styroflex bezeichnet wird.

Wegen der hohen Frequenzen müssen die Leitungen von den Kondensatoren zum Ofen unbedingt verschachtelt werden. Außerdem müssen die Stromschienen zur Vermeidung von Verlusten so verlegt werden, daß sie weit genug von metallischen, insbesondere Eisenkonstruktionen entfernt sind.

Die Schalttafelinstrumente sollen vor allem die Beobachtung der Kondensatorenspannung und des Ofenstromes gestatten, wodurch aber Überspannungs- bzw. Überstromrelais zur Sicherung der Anlage nicht überflüssig werden. Beim Zusammenfallen des Schrottes während des Schmelzvorganges können plötzliche Erhöhungen der Leistungsaufnahme stattfinden, die sich der sofortigen Beobachtung entziehen. Sodann muß die Möglichkeit zur Beobachtung der Abstimmungsverhältnisse vorhanden sein, um die günstigste Leistungsaufnahme zu gewährleisten. Dies geschieht durch Vergleich des Ofenstromes mit dem Kondensatorenstrom mittels zweier Amperemeter oder noch praktischer durch eines mit zwei Zeigern, die bei richtiger Zusammenschaltung der Kondensatoren den gleichen Ausschlag zeigen müssen. Jede Abweichung der Zeiger voneinander erinnert den Schmelzer in sinnfälliger Weise an die notwendig gewordene Umschaltung.

Die Schaltung der Kondensatoren kann von Hand, gegebenenfalls unter Einschaltung eines Zwischenmittels, wie Preßluft, oder auch rein elektrisch vorgenommen werden. Für den Betriebsmann ist hierbei wichtig, daß die Schalteinrichtung möglichst einfach gehalten wird, da im anderen Fall nach längerer Betriebsdauer mit gelegentlichen Störungen gerechnet werden muß. Daß die gesamte elektrische Einrichtung vor Staub, Erschütterung und anderen schädlichen Einwirkungen des Stahlwerksbetriebes sorgfältig geschützt werden muß, ist wohl selbstverständlich. Die Staubfrage ist insbesondere bei Verwendung von Luft als Kühlungsmittel besonders zu beachten. Auch hier muß sie unbedingt in ähnlicher Weise wie bei der Kühlung der Transformatoren vorher durch Filter gereinigt werden.

Gleichzeitiger Betrieb zweier Öfen mit einem Generator.

Wie bereits dargelegt, nimmt die Leistungsaufnahme des Ofens während des Einschmelzens ständig zu. An sich soll dies nicht der Fall sein, trifft jedoch bei den meist vorhandenen Schrottverhältnissen durchaus zu. Das bedeutet aber, daß das Umformeraggregat erst gegen Ende des Einschmelzens voll ausgenutzt werden kann. Noch krasser werden die Verhältnisse, wenn nach dem Einschmelzen nur noch die Wärmeverluste gedeckt werden müssen und je nach Ofengröße nur etwa 10 bis 20% der eingebauten Leistung benötigt werden. Um diese teure Anlage aber wirtschaftlicher arbeiten zu lassen, besteht die Möglichkeit, die nicht genützte Energie einem zweiten Ofen zuzuführen. Beide Öfen müssen dann in der Weise zusammenarbeiten, daß der zweite Ofen nach beendetem Einschmelzen des ersten Ofens zugeschaltet wird. Denn von diesem Zeitpunkt an kann die Energiezufuhr des ersten Ofens von ihrem Höchstwert stark gesenkt werden, während die Energieaufnahme des zweiten Ofens laufend ansteigt; wenn der erste Ofen abgestochen hat, muß der zweite Ofen dem Ende des Einschmelzens zustreben. Beim Zusammenspiel beider Öfen kommt es also darauf an, daß die Einschmelzzeit ungefähr gleich der Zeit des Fertigmachens zuzüglich des Abstechens und des Einsetzens wird. Das läßt sich noch am leichtesten bei großen Fassungsvermögen erreichen und außerdem bei hoher elektrischer Leistung. Das sind aber gerade die Bedingungen, unter denen die

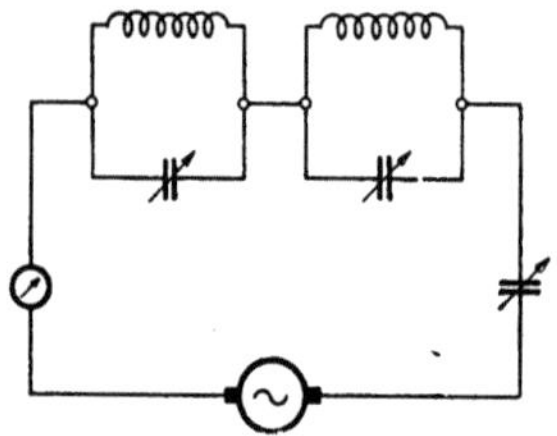

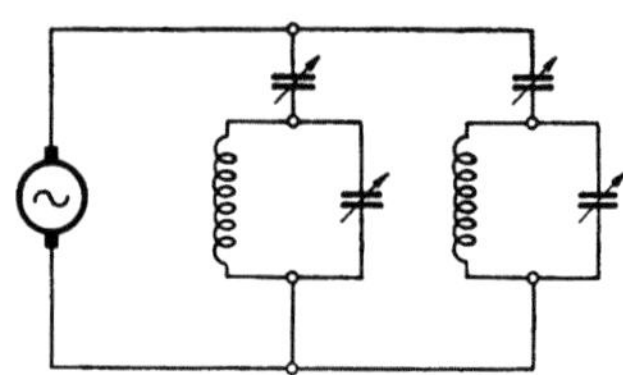

Abb. 91. Zwei HF-Öfen an einem   Abb. 92. Zwei HF-Öfen an einem
Generator (Reihenschaltung).   Generator (Parallelschaltung).

wirtschaftliche Ausnutzung der eingebauten Generatorleistung von Interesse ist. Daher ist es durchaus sinnvoll, für solchen Parallelbetrieb die Generatorleistung so hoch als möglich zu wählen. Es sei noch bemerkt, daß es selbstverständlich nicht erforderlich ist, daß die beiden Öfen gleiche Fassungsvermögen haben. Je nach den besonderen betrieblichen Verhältnissen kann es vorkommen, daß das Zusammenarbeiten beider Einheiten nur bei verschiedenen Fassungsvermögen am günstigsten ist.

Die gemeinsame Speisung zweier Öfen aus einem Generator bedingt die Möglichkeit, sowohl jeden Ofen für sich als auch beide Öfen auf den Generator, also den Leistungsfaktor 1 abstimmen zu können. Werden beide Ofenkreise in Reihe (Abb. 91) geschaltet, so muß für letztgenannten Zweck beiden Öfen insgesamt eine veränderliche Kapazität vorgeschaltet werden, während jeder Ofenkreis durch seine ebenfalls veränderliche Kapazität auf die ihm zugemessene Leistung reguliert wird. Werden die beiden Ofenkreise parallel geschaltet (Abb. 92), so muß jedem einzelnen Ofenkreis eine veränderliche Kapazität vorgeschaltet werden zwecks Abstimmung auf die Generatorleistung. Es hat sich indes herausgestellt, daß bei dieser letzten Schaltungsart die gegenseitige Beeinflussung der

Öfen kaum zu vermeiden ist, während die Reihenschaltung diesen Nachteil nicht aufweist. Sie hat sich im Betrieb sehr gut bewährt, auch dann, wenn beide Öfen verschiedene Fassungsvermögen haben. Schließlich kann die unabhängige Leistungsaufnahme der beiden Öfen bei Parallelbetrieb auch noch dadurch erreicht werden, daß sie wechselweise unmittelbar an den Generator oder mittelbar über einen Regeltransformator angeschlossen werden. Dies hat sich praktisch ebenfalls vorzüglich bewährt, und zwar sogar bei dreifachem Parallelbetrieb.

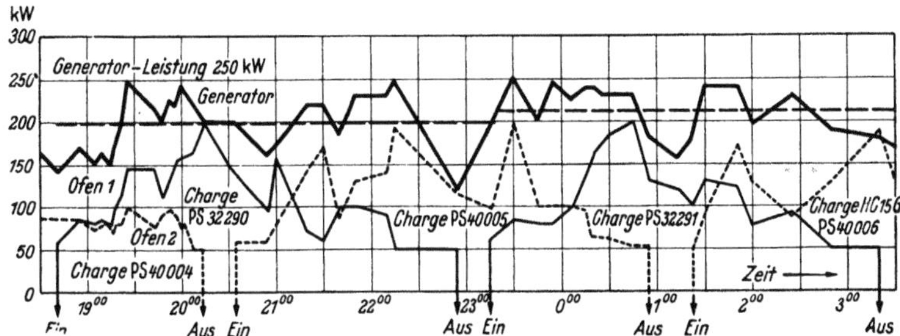

Abb. 93. Belastungsdiagramm des Generators während des Arbeitens der beiden angeschlossenen Öfen. (Nach Groß.)

Mit einem solchen Doppelbetrieb läßt sich die Erzeugung bis zu 80% steigern. Darüber hinaus kann es zweckmäßig sein, bei dieser Anordnung ein drittes Ofengefäß bereitzuhalten, damit bei Tiegelzustellungen oder Reparaturen kein Stillstand im Schmelzbetrieb einzutreten braucht. Abb. 93 zeigt ein praktisches Beispiel des Doppelofenbetriebes. Die wesentlich größere Leistungsaufnahme ist ohne weiteres zu erkennen, obwohl die einzelnen Öfen ihre jeweilig erforderliche Leistung weitgehend nach eigenem Bedarf entnehmen, also ohne besondere Rücksicht auf den anderen Ofen.

Die bauliche Gestaltung der Hochfrequenzöfen.

Der grundsätzliche Bau ist gegeben durch die von der Spule umgebene Tiegelform. Die Spule mit dem Tiegel bedurfte zur Handhabung des Ofens des Einbaues in ein Gestell. Dieses bestand bei den ersten kleinen Versuchsöfen aus Holz. Später wurden isolierende Materialien höherer Festigkeit gewählt. Als das Fassungsvermögen allmählich anstieg, mußte auf metallische Werkstoffe übergegangen werden. Solche Öfen bestanden gewissermaßen aus einem Käfig aus Winkelprofilen aus Messing oder Bronze, die untereinander isoliert waren. Der Boden wurde mit Schamottesteinen ausgelegt, ebenso wie der obere Teil des Ofens. Zwischen diesen beiden Auskleidungen wurde die Spule angeordnet, deren Windungen durch geeignete Einrichtungen in Form und Abstand gehalten wurden. Hierfür können Prismen aus geschich-

teten Isolierstoffen, wie z. B. Lynax, genommen werden, deren Kammstärke dem Windungsabstand der Spule entspricht. Auch Hartholz
mit eingelegten Abstandsplättchen aus Pertinax ist in Anwendung.
Der Gebrauch organischer und noch dazu leicht brennbarer Materialien in so unmittelbarer Nähe des flüssigen Stahles, selbst bei
großen Öfen, ist nur auf die intensive Kühlwirkung der wasserdurchflossenen Spule zurückzuführen. Kommt es aber einmal bei gelegentlichen Durchbrüchen zu Verkohlungen dieser organischen Isolationsmittel, so müssen diese angesengten Stellen entfernt werden, da
Kohle den Strom leitet und neue Überschläge oder sogar Brände die

Folge sein können. Die Seitenflächen des Käfigs wurden schließlich mit leicht abnehmbaren oder
als Türen ausgeführte Schiefer-Asbestplatten verkleidet. Diese Bauweise hat sich in ihrer Einfachheit
so gut bewährt, daß sie auch heute
noch für kleine Öfen ausgeführt
wird. Mit weiter steigendem Fassungsvermögen, und zwar von etwa
½ t aufwärts, lassen sich Eisenkonstruktionen nicht mehr vermeiden, es sei denn, daß die Ofenbauweise eine grundsätzlich andere
wird. Da die großen Öfen aber mit
geringeren Frequenzen betrieben

Abb. 94. Ausführungsbeispiel einer Ofenspule.
Bauart Siemens & Halske.

werden, sind auch die Verluste entsprechend geringer. Außerdem
kann die Anordnung der Metallteile so gewählt werden, daß die Verluste ohnehin klein bleiben. In diesem Falle wird die oben beschriebene Bauart grundsätzlich beibehalten. Die Spule wird in besonders kräftiger Form ausgeführt (Abb. 94), da sie in erster Linie
den Tiegel mit seinem Inhalt zu halten hat. Auch die Leisten aus
Isoliermaterial mit den Abstandskämmen werden in kräftiger Ausführung zur Anwendung gebracht. Der aus Eisenprofilen und Blechen
erstellte Käfig umgibt die Spule in großem Abstand und läßt genügend
Raum für die Zugänglichkeit der Spule für Ausbesserungen und ähnliche
Zwecke, wodurch allerdings das Gestell etwas umfangreich wird. Gegebenenfalls durchbrechender Stahl kann ohne weiteres nach unten
abfließen (Abb. 95, 96, 97).

Bei einer grundsätzlich anderen Bauweise wird die Spule nicht in
ein Gerüst aus Profilen, sondern in einen Blechkessel gestellt, der wiederum im Boden und im Oberteil mit Schamottesteinen ausgestattet ist
(Abb. 98). Diese Ausführung hat sich auch von kleinen Öfen ausgehend

entwickelt. Es werden nun, je nach Abschirmung des Wechselfeldes durch Eisenlamellen oder Kupferblech, zwei Ausführungsarten unterschieden. In diesen beiden Fällen wird die Spule verhältnismäßig leicht

Abb. 95. 4-t-Hochfrequenzofen. Bauart Siemens & Halske.

ausgeführt, dafür aber vielfach abgestützt und befestigt. Die Gewährleistung der genau zylindrischen Form der Spule und ihre vorgeschrie-

Abb. 96. Rückansicht eines 350-kg-Hochfrequenzofens. Bauart Siemens & Halske.

benen Windungsabstände geschieht grundsätzlich in ähnlicher Bauweise wie bei der erstgenannten Bauart. Die Abstandsleisten werden auf Rahmen befestigt, die in ihrer Breite dem Abstand zwischen Spule und Kessel entsprechen und die der Erhaltung der genauen zentrischen Lage

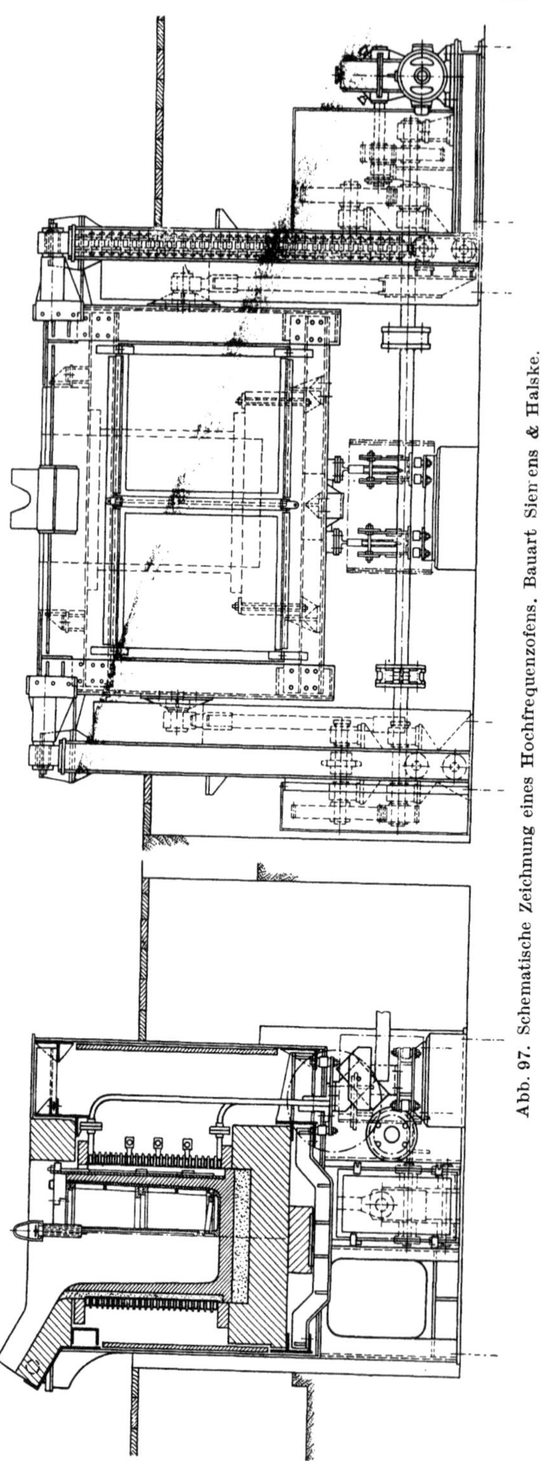

Abb. 97. Schematische Zeichnung eines Hochfrequenzofens. Bauart Siemens & Halske.

der Spule innerhalb des Kessels dienen. Wird ein Kupferkessel zur Anwendung gebracht, so wird wieder zwischen Spule und Kessel ein größerer Abstand gelassen, der Reparaturen leicht ermöglicht und vor allem im Falle eines Durchbruchs den flüssigen Stahl leicht abfließen läßt. Im Boden befinden sich trichterförmige Steine, durch die der flüssige Stahl den Ofen verlassen kann. Die Abstützung der Spule geschieht durch die bereits erwähnten Rahmen und gleich lange schmale Keile, die zusammen mit dem Rahmen radial angeordnet und befestigt werden. Die Rahmen werden im Kessel durch U-Profile aus Kupfer geführt. Der Zwischenraum zwischen beiden wird durch die in Messing ausgeführten Keile bis zum satten Anliegen des Rahmens an der Spule ausgefüllt. Außerdem wird die Spule in senkrechter Richtung durch Niederhalteeisen und im Boden abgefederte Stangen festgehalten. Die Rahmen werden beispielsweise in Eichenholz mit Isolierleisten aus Materialien, wie sie in der Elektrotechnik für Isolationszwecke üblicherweise verwandt zu werden pflegen, hergestellt. Für die Eisenteile wird gern austenitischer Stahl verwendet. Selbstverständlich muß überall zwischen Kessel und Spule auf sorgfältigste Isolierung geachtet werden. Äußerlich ähnelt der Ofen dem in Abb. 96 gezeigten mit dem Unterschied, daß an die Stelle der Kastenform die runde Kesselform tritt bei wesentlich gedrängterer Bauweise. Die Isolierung zwischen den Spulenwindungen wird hierbei nicht durch Kammleisten, sondern durch Asbest- oder Klingeritringe vorgenommen.

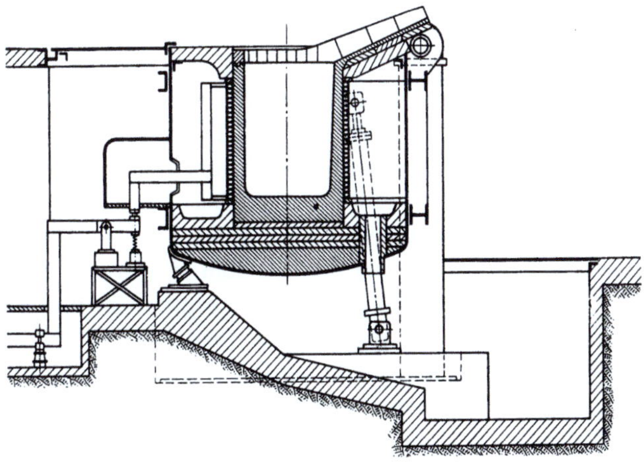

Abb. 98. Schematische Zeichnung eines Hochfrequenzofens. Bauart AEG.

Wird für die Abschirmung und für den magnetischen Rückschluß der Kraftlinien als zweite Möglichkeit die Anwendung lamellierten Eisens vorgesehen, so läßt sich eine sehr stabile und gedrängte Bauweise erzielen (Abb. 99). Außerdem wird dann noch ein Teil der Kondensatoren eingespart. Die Lamellen übernehmen gleichzeitig die Führung der Spule und werden zusammen mit dieser in einem Eisenkessel verankert. Der Nachteil dieser Konstruktion tritt im Falle eines Durchbruches zutage. Nicht nur das zusätzliche Vorhandensein von Einrichtungen, die durch den flüssigen Stahl beschädigt werden können und der Möglichkeit weitgehender Verschweißungen, können die Wiederinstandsetzung erschweren, sondern auch die gedrungene, schwer zugängliche Bauweise. Auf eine möglichst einfache Durchführung dieser Konstruktion, insbesondere leichte Auswechselbarkeit der einzelnen Teile, muß daher besonders Bedacht genommen werden.

Jede dieser Bauweisen hat ihre Vor- und Nachteile. Die elektrischen Verluste im Gestell sind nicht wesentlich voneinander verschieden. Der Praktiker dürfte daher gut daran tun, wenn er die Betriebssicherheit und leichte Ausbesserungsfähigkeit in seinen Anforderungen an die erste

Stelle setzt. Es liegt nun einmal in der Natur der Tiegelzustellung, daß auch bei Anwendung noch so guter feuerfester Massen mit Durchbrüchen gerechnet werden muß. In weitaus den meisten Fällen wird die Ursache auf Unachtsamkeit oder fehlerhaftes Arbeiten des Schmelzers zurückzuführen sein. Wenn man aber bedenkt, daß selbst im Herdofenbetrieb zuweilen Durchbrüche auftreten, so wird dies beim Hochfrequenzofen bestimmt leichter der Fall sein. Es hat deshalb nicht an Versuchen gefehlt, Warneinrichtungen zu schaffen, die einen Durchbruch rechtzeitig anzeigen. So berichtet z. B. D. F. Campbell[1] über eine solche Signalanlage, die auch den Ofen automatisch abschaltet, sobald der Stahl mit der Spule Kontakt bekommt. Nun ist aber dieser Zeitpunkt, streng genommen, schon zu spät, und bei einem Abschmelzen der Spule sind gelegentlich durch das Zusammentreten von Wasser und flüssigem Stahl Explosionen erfolgt. Es wird daher gleichzeitig eine starke Verdickung der Innenseite der Spule vorgeschlagen, um durch das wassergekühlte Kupfer das Eisen abzuschrecken. Werden aber mehrere Windungen durch den flüssigen Stahl kurzgeschlossen, so wird bei nicht rechtzeitigem Ausschalten die Spule durch den Spulenstrom zerstört. In Deutschland wurde von solchen Schutzmaßnahmen bisher abgesehen und der Schmelzer lediglich angehalten, die Spannung laufend an der Spule bzw. den Kondensatoren zu verfolgen. Sinkt diese bei gleicher Belastung nach der Verflüssigung oder bei sonst gleichen Verhältnissen ab, so ist Gefahr im Verzuge. Meist tritt auch gleichzeitig ein fortwährendes Schwanken des Spannungsanzeigers ein. Unter allen Umständen muß in diesem Falle der Zwischenraum der Spulenwindungen beobachtet werden, ob nicht rotglühende Flecken zu erkennen sind, die den Durchbruch anzeigen. Der zur Spule vordringende Stahl wird infolge des günstigen Kopplungsgrades besonders stark beheizt und somit überhitzt, wodurch die Durchbruchsgefahr sehr rasch erhöht wird. Es muß daher in solchen Fällen für schnelles Abschalten und, soweit möglich, auch schnelles Ausleeren des Tiegels Sorge getragen werden. Der beste Schutz ist aufmerksames und sorgfältiges Arbeiten. An dieser Stelle sei noch bemerkt, daß wegen dieser Gefahren Ofen- und Pfannengrube absolut trocken bleiben müssen und die meist vorhandene Zementsohle durch eine Sand- oder Kiesschicht geschützt werden muß. Noch besser ist eine Grube mit Senkschacht und darübergelagertem Kiesbett. Bei genügend grober Körnung kann bei gleichzeitigem Ausbrechen von Stahl und Wasser das Wasser durchlaufen, während der Stahl durch die Kiesschicht abgeschreckt wird. Hinsichtlich des Schutzes der Schmelzer vor der elektrischen Spannung wird entweder für die Abdeckung isolierendes Material vorgesehen oder es kann die metallische und geerdete Ausführung gewählt werden.

---

[1] Campbell, D. F.: J. Iron Steel Inst. Bd. 138 (1938) S. 305 bis 318.

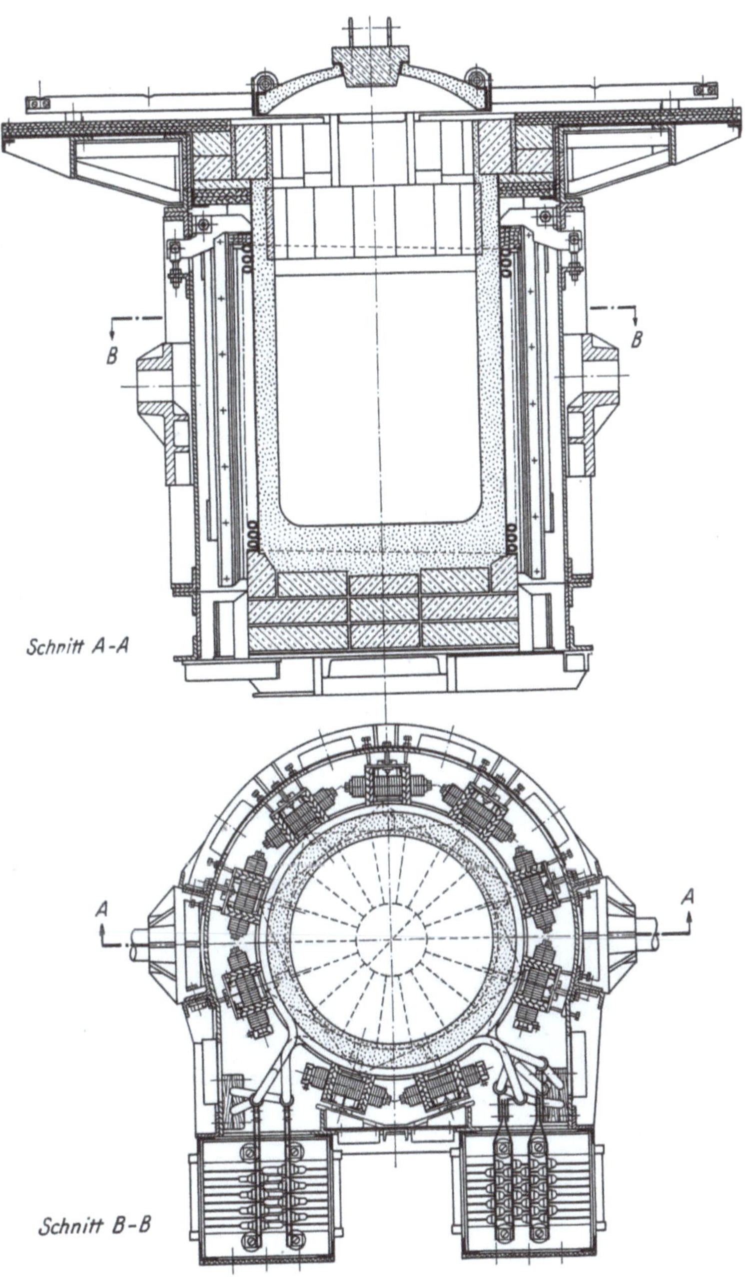

Abb. 99. Schematische Zeichnung des eisenarmierten Hochfrequenzofens. (Nach D. F. Campbell.)

In Deutschland wird der erste Weg vorgezogen. In beiden Fällen ist es
zweckmäßig, dem Schmelzer isolierendes Schuhzeug mit Holz- oder noch
besser Gummisohlen zur Verfügung zu stellen.

Über die Ausführung der Spule selbst wurde das Nötige schon gesagt
Ursprünglich war an Stelle der Wasser- eine Luftkühlung vorgesehen.
Im Falle eines Durchbruches waren, selbst bei kleinen Öfen, die Folgen
katastrophal, so daß sehr rasch und endgültig zur Wasserkühlung übergegangen wurde. Bei kalkreichem Wasser muß auf die Ablagerung von

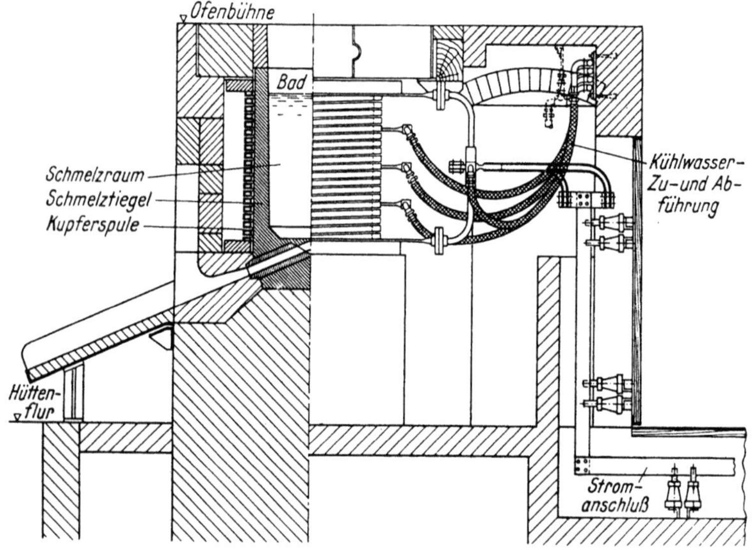

Abb. 100. Feststehender Hochfrequenzofen mit Bodenabstich. (Siemens & Halske.)

Kesselstein und die dadurch bedingte schlechtere Kühlwirkung Obacht
gegeben werden. Selbst bei Vorsehung einer Permutitanlage soll die
Wassertemperatur nicht zu hoch ansteigen. Aus diesem Grunde wird die
Spule auch je nach Größe mehrfach unterteilt und jede Windungsgruppe
für sich gekühlt (Abb. 94).

Abschließend sei noch eine Sonderausführung erwähnt, wie sie bereits für Gießereien durchgeführt worden ist. Dieser Ofen wird nicht
durch Kippen entleert, sondern durch einen im Boden vorgesehenen
Abstich (Abb. 100), der in ähnlicher Weise betätigt wird wie der Abstich
am Kupolofen. Abgesehen von gewissen betrieblichen Vorteilen für Son-
derzwecke hat dieser Ofen den besonderen Vorzug, daß außer der Spule
sämtliche Metallteile entfallen können und die Spule mit ihrer Armierung
aus Isolationsmaterial in einem Mauerwerk eingebaut werden kann. Auf
diese Weise können die Verluste im Ofenkörper ganz vermieden werden,
wodurch bis zu 8% Energie eingespart werden kann.

Im Gegensatz zum Lichtbogenofen wird beim Hochfrequenzofen die Stromzuführungsleitung beim Kippen unterbrochen. Entweder wird ein Trennschalter in besonders kräftiger Ausführung vorgesehen, bei dem ein einwandfreier Stromübergang durch genügend große Kontaktflächen bei kräftiger Anpressung gewährleistet ist, oder der Ofentrennschalter wird in einer Sonderausführung gebaut. Beispielsweise finden einfache Kontaktschalter Verwendung, die aus einer Reihe von mit Silber belegten Kupferschienen bestehen, die rechtwinkelig aufeinander treffen und eine Federung erhalten. Das Gewicht des Ofens drückt die Schienen aufeinander, und zwar sind die Berührungsstellen wegen der rechtwinkelig angeordneten Gegenkontakte nur Punkte, um so mehr, als an der Berührungsseite die Schienen zylindrisch abgerundet sind, so daß auch bei größeren Verschiebungen ein zuverlässiger Übergang gewährleistet ist. Das Silber schützt vor Oxydation, und die federnden Elemente sollen stromlos sein. In jedem Fall aber ist es zweckmäßig, dafür zu sorgen, daß das Kippen so verriegelt wird, daß es unter Strom nicht durchführbar ist. Das Kippen selbst wird häufig hydraulisch vorgenommen (Abb. 98). Jedoch sind auch elektrische Kippvorrichtungen (Abb. 97) anzutreffen. Beide Ausführungsarten haben sich im Betrieb bewährt. Die Kippbewegung selbst erfolgt durchwegs um eine Achse, die unmittelbar unter der Gießrinne angeordnet ist.

Die feuerfeste Zustellung der Hochfrequenzöfen.

In der ersten Entwicklungszeit der Hochfrequenzöfen war die Herstellung betriebssicherer Tiegel ein wichtiges Problem. Da bei kleinen Versuchsöfen die Bedeutung der Wirtschaftlichkeit zurücktritt und wegen der Kleinheit gewisse Schwierigkeiten in nur geringem Umfang auftreten, waren für diesen Zweck sehr bald brauchbare Massen zusammengestellt worden. Für die Herstellung größerer Tiegel wurde zunächst auf die alten bewährten Materialien zurückgegriffen. Für saure Tiegel wurde Klebsand, ein tonhaltiger Sand, mit einigermaßen befriedigenden Ergebnissen, verwendet. Für den basischen Betrieb wurde zunächst Teerdolomit mit Martinschlacke oder Ton als zusätzliche Bindemittel zur Anwendung gebracht. Da die Ergebnisse keineswegs entsprachen, wurde sehr bald der Teer und auch der Ton fortgelassen und zum anderen auch die Anwendung des Dolomits aufgegeben. An seine Stelle trat Magnesit, der schon frühzeitig als allein geeigneter basischer Grundstoff erkannt wurde. Als Frittmittel wurde gemahlene Martinschlacke, Glaspulver, selbst Flußspat für sich oder in verschiedenen Mischungsverhältnissen verwendet. Ton wurde für diesen Zweck wegen der Begünstigung des Schrumpfens bald gemieden oder nur in ganz geringen Mengen zugesetzt. Auch Borsäure, Wasserglas, Dextrin, Sulfitlauge u. a. m. wurde zeitweilig als Bindemittel erprobt und mit mehr oder weniger Erfolg angewendet.

Die Herstellung der Tiegel geschah grundsätzlich auf zwei verschiedene Weisen. Einmal wurde der Tiegel im Ofen gestampft und anschließend mittels Grafitkern oder einfacher, mittels der zum Stampfen verwendeten Eisenschablone gesintert, die bei der ersten Schmelzung mit eingeschmolzen wurde. Im anderen Falle wurde der Tiegel außerhalb des Ofens mit einem lufthärtenden Bindemittel, z. B. gelöschtem Kalk, gestampft, von der Form gelöst und nach dem Erhärten in den Ofen gesetzt. Während im ersten Falle ein einheitliches Material bis zur Spule bzw. deren Verkleidung reicht, kann im zweiten Fall hinter dem eingesetzten Tiegel noch ein anderes Material „hinterstampft" werden. Von dieser Möglichkeit wurde auch Gebrauch gemacht, indem z. B. hinter dem Magnesittiegel eine leicht frittende Masse, meist sogar saurer Natur, eingestampft wurde, die etwa durchbrechenden flüssigen Stahl eine Zeitlang aufhalten sollte, indem durch die Wärme des durchsickernden Stahles ein dichter Scherben infolge Sinterung entstand. Bei Anwendung hochfrittenden Materials sollte durch scharfe Abkühlung — die durch hohe Wärmeleitfähigkeit zu erzielen war — der Stahl zum Erstarren gebracht werden. Da bei großen Betriebsöfen die Herstellung des Tiegels außerhalb des Ofens nicht in Frage kommt, wurde eine Stampfform konstruiert, die grundsätzlich die gleiche Herstellungsart einschließlich der Hinterstampfung auch für große Öfen gestattet (Abb. 97). Allerdings wurde hierbei die Lufthärtung nicht mehr abgewartet, sondern nur noch eine Trocknung durchgeführt. Auf diese Weise konnten die Erfahrungen an luftgehärteten Tiegeln auch auf größere Öfen übertragen werden. Bei dieser Stampfform ist folgende Arbeitsweise vorgesehen: Zunächst wird der Boden mit der Tiegelmasse aufgestampft; darauf wird eine zerlegbare Schablone für die Innenwand des Tiegels genau zentrisch eingesetzt und desgleichen eine zerlegbare Schablone für die Außenwand. Nach dem Aufstampfen des Tiegels wird die äußere Schablone herausgenommen und die Hinterstampfung durchgeführt, zum Schluß wird die innere Schablone entfernt. Diese Arbeitsweise setzt voraus, daß das verwendete Tiegelmaterial in angefeuchtetem Zustand gestampft wird. Das Trocknen kann durch leichte induktive Beheizung der Innenschablone bewerkstelligt werden und benötigt, je nach der Größe des Tiegels, bis zu mehreren Stunden. Die innere und äußere Schablone sind teilbar, um sie nach dem Stampfen bzw. Trocknen entfernen zu können. Sie wird also nicht mit eingeschmolzen. Das Fritten wird in diesem Fall durch die erste Schmelze vorgenommen, für die gern Gußeisen wegen seines niedrigen Schmelzpunktes verwendet wird.

Der Nachteil dieser Arbeitsweise ist die geringere Tiegelwandstärke, die sich in einer kürzeren Haltbarkeit auswirken muß. Aus diesem Grunde können die Möglichkeiten, die durch sinngemäße Verwendung zweier Stampfmassen bei risseempfindlichem Tiegelmaterial bestehen.

nicht recht ausgenutzt werden, so daß heute meist das einfachere und zeitsparende Rohnsche Verfahren bevorzugt wird. Dies um so mehr, als bei dieser Arbeitsweise auch trocken gestampft oder gerüttelt werden kann.

Dieses Rohnsche Verfahren ist dadurch gekennzeichnet, daß die meist trockene, zuweilen auch feuchte Zustellungsmasse zwischen eine Eisenschablone, welche die Form des Tiegels hat, und den der Spule anliegenden Asbestzylinder gefüllt und gestampft wird. Die Schablone wird dann induktiv erhitzt und nach dem Trocknen und Fritten des Tiegels schließlich mit der Beschickung zusammengeschmolzen. Mitunter wird die Schablone auch noch von einem Asbestmantel oder ähnlichem Material umgeben, um die Schablone nach dem Abkühlen entfernen zu können, so daß der Asbestmantel den Tiegel schützt und bei der ersten Schmelze mit verschlackt. Gut bewährt hat sich auch das hohe Sintern mittels Grafitkern vor dem Einsatz der ersten Schmelze.

Für saure Tiegel wird heute durchweg Quarz bzw. Quarzit in Form von Kies, Sand und feingemahlenem Mehl in geeigneter Körnung, z. B.

35%	Gewicht	2 bis 3	mm	Korngröße,
45%	„	0 „ 1	„	„
20%	„	0 „ 0,2	„	„

verwendet unter Zusatz eines Frittmittels. Hierzu eignet sich vorzüglich wasserfreie Borsäure in geringen Gehalten, nämlich 1 bis 3%. Aber auch andere Sintermittel oder Mischungen aus solchen können mit Erfolg verwendet werden. Klebsand wird für Stahl kaum noch verwandt, da die erzielte Haltbarkeit nicht hoch genug ist. Der Quarz wird zur Vermeidung zu starken Wachsens vorher einem entsprechenden Brennvorgang unterworfen. Für gestampfte Magnesittiegel wird, wie schon angedeutet wurde, Sintermagnesit verschiedener Zusammensetzung, Körnung und verschiedenen Sintergrades verwendet, über deren rezeptmäßige Zusammensetzung heute noch gern geschwiegen wird. Die Herstellung der Tiegel erfolgt jetzt bei Betriebsöfen stets im Ofen. Nach Einlegen eines Asbestzylinders zum Schutze der Spule und zur Verhinderung des Herausrieselns der Masse zwischen den Spulenwindungen wird zuerst der Boden aufgestampft, dann die Schablone genau zentrisch eingesetzt und die Wände hochgestampft. Den oberen Abschluß bilden die vorher gebrannten Kragensteine, da gestampfte Materialien wegen mangelhafter Sinterung dort nicht halten.

Nachdem es gelungen war, einigermaßen betriebssichere und haltbare Tiegel herzustellen, wurde versucht, bessere Haltbarkeitsziffern zu erreichen. Bei allen diesen Bemühungen wurden Erkenntnisse und Erfahrungen gewonnen, die in wesentlichen Zügen nachstehend zusammengefaßt sind.

Ein Gesichtspunkt, dessen Bedeutung sehr bald erkannt wurde, besteht in der richtigen Wahl der Korngröße, ihren Mengenverhältnissen

und besonders bei basischer Zustellung auch ihren jeweiligen feuerfesten
Eigenschaften. Es hat sich herausgestellt, daß der Tiegel am widerstands-
fähigsten ist, wenn er so dicht als möglich gestampft wird. Dazu gehört,
daß die Korngrößen so aufgeteilt werden, daß der Porenraum so klein als
möglich wird. Das grobe Material soll eine tunlichst hohe Feuerbeständigkeit besitzen, während das feine Korn zusammen mit dem Sintermittel
schon bei tieferen Temperaturen erweichen soll, um dem Tiegel die notwendige Zähigkeit zu verleihen und damit die Rißgefahr zu verringern.
Nun liegt es aber im Wesen der keramischen Gesetzmäßigkeiten, daß
diese Grundmasse immer so viel von dem hochfeuerfesten Material auflöst, als ihrem Sättigungszustand entspricht, so daß im Laufe der Zeit der
Tiegel doch spröde werden muß. Um diesen Vorgang zu unterbinden,
mußte die Wärmeleitfähigkeit der angewandten Stoffe genügende Berücksichtigung finden. Ist die Leitfähigkeit gering genug, so wird nur eine
schmale Zone sintern, das dahinterliegende Material frittet nur eben zusammen, und in der Nähe der Spule bleibt es pulverförmig. Je schmaler
aber die vollkommen gesinterte Zone ist, um so weniger wird der Tiegel
zum Reißen neigen. Ist das Wärmeleitvermögen aber groß, so muß das
stärkere Durchsintern auf andere Weise verhindert werden. Der eine Weg
besteht in der stärkeren Wärmeabfuhr, der andere in der Heraufsetzung
der Sintertemperatur. Dieser Temperatur ist aber im Schmelzpunkt des
Stahles eine obere Grenze gesetzt, so daß mehr oder minder die Wärmeabfuhr erhöht werden muß. Das Durchbrechen des Stahles, das bei Anwendung einer verhältnismäßig dünnen, leicht sinternden, hinterstampf-
ten Schicht durch Bildung eines dichten Scherbens verhindert werden
sollte, wird nunmehr durch starke Abkühlung des durchgebrochenen
Stahles zu bekämpfen versucht. Da aber die Energieaufnahme des durchgebrochenen Stahles in der Nähe der Spule durch die engere Kopplung
eine besonders günstige ist, wird die Frage des Schutzes der Spule eine
solche der Zeitdauer, d. h. es ist nach wie vor erforderlich, den Durchbruch rechtzeitig zu erkennen, wenn auch der Zeitraum verlängert wird,
es sei denn, daß die Kühlung so scharf ist, daß der Stahl in jedem Fall
erstarren muß. Eine schroffe Kühlung ist aber für Elektroöfen nicht
erwünscht.

Es wurde übrigens auch versucht, basische Tiegel durch Mauern herzustellen[1]. Es wurde von dem Gesichtspunkt ausgegangen, die Schrumpf-
risse auf viele Fugen bzw. kleine Bereiche zu verteilen. Es wurden innen
dickere Steine mit Nut und Feder vorgesehen, die außen mit schmaleren
in den Fugen versetzten Steinen ummauert wurden. Der Zwischenraum
wurde mit Magnesitmehl ausgefüllt, in gleicher Weise wie der Zwischenraum zwischen dem der Spule anliegenden Asbestmantel und der Hinter-

---

[1] Bottenberg, W., u. P. Bardenheuer: Mitt. K.-Wilh.-Inst. Eisenforschg.
Bd. 24 (1942) S. 13 bis 15.

mauerung. Waren die Steine genügend hoch gesintert und in den Abmessungen klein genug, was besonders für den Bodenstein wichtig ist, so konnten sich die Steine im laufenden Betrieb bewähren. Die Haltbarkeit gegen Schlackenangriff ist gegenüber den gestampften Tiegeln nicht besser. Die gemauerte Zustellung ist naturgemäß in erster Linie für größere Öfen geeignet. Auch hier kann für die Hintermauerung ein anderes Material Verwendung finden, wie z. B. solches hoher Wärmeleitfähigkeit, etwa Siliziumkarbid.

Elektrische Versuchsöfen.

Die Behandlung dieses Gegenstandes geschieht nicht nur aus Gründen der Vollständigkeit, sondern es kann hierbei zum Teil auch die Entwicklung verfolgt werden, die für das Verständnis der heutigen Ofenformen grundlegend ist, und die nun einmal normalerweise von kleinen Öfen ihren Ausgang nehmen muß.

Während noch vor wenig mehr als zwei Jahrzehnten sich der Tammannofen als Laboratoriumsofen fast allein behauptete, hat er inzwischen schärfste Wettbewerber gefunden. Der Tammannofen ist ein Widerstandsofen, der mit höherer Stromstärke und niedriger Spannung betrieben wird, Ströme also, die nicht dem Netz entnommen werden können, sondern vorher transformiert werden müssen. Der Ofen selbst, ein Kohlerohrofen, ist im Betrieb etwas empfindlich. Als der Gedanke der induktiven Beheizung aufkam, wurde sehr bald versucht, einen schneller und sicher arbeitenden Versuchsofen auszubilden, was auch sehr bald in Form des Funkenstreckenofens gelang. Bei diesem Ofen bildeten die Ofenspule und eine veränderliche Kapazität einen Schwingungskreis von bestimmter Eigenfrequenz, der durch die Funkenstrecke angeregt wurde (Abb. 101). Der hierfür benötigte Wechselstrom hoher Spannung, nämlich

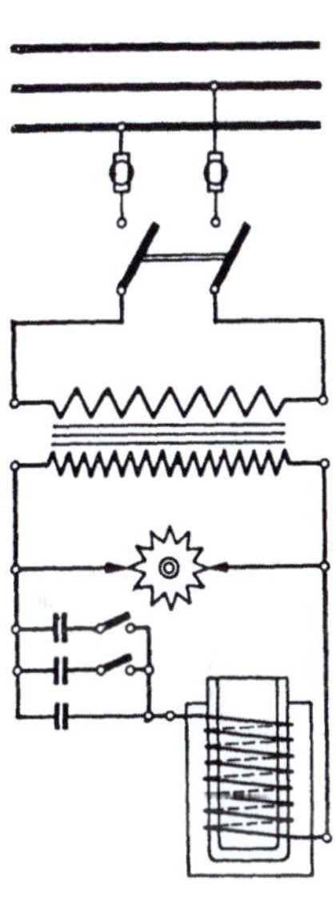

Abb. 101. Schema des Funkenstreckenofens.

6000 bis 8000 Volt, wurde über einen Transformator dem Netz entnommen. Die Funkenstrecke war meist eine rotierende. Sie bestand anfangs aus einer Scheibe mit aufgelegten Backen, die in geringem Abstand, etwa 1 mm und weniger, an den unter der hohen Spannung stehenden festen Backen vorbeigeführt wurden. Da ein solcher Ofen den Nachteil hat, mit gedämpften Schwingungen zu arbeiten, mußte die Umlaufgeschwindigkeit der Dämpfung entsprechend eingestellt werden. Da mit zunehmender Leistung diese Konstruktion zu Unzuträglichkeiten führte, wurde die Scheibe durch ein Rad ersetzt, an dessen Armen die Backen saßen, so daß zwischen diesen Backen ein genügend großer Luftraum entstand. Diese

Ausführung wirkte gleichzeitig als Ventilator. Auf diese Weise wurde das Abreißen des Funkens in der gewünschten Weise erzielt. An sich kann die Anregung des Schwingungskreises auch über eine Löschfunkenstrecke erfolgen, sofern eine geeignete Anregungsmöglichkeit für diese vorhanden ist. Da es meist nicht der Fall ist und die rotierende Funkenstrecke eine viel robustere und daher wesentlich betriebssichere Ausführung darstellt, hat sich dieser Ofen eine Zeitlang durchsetzen können. Es war dies die Zeit des damals noch viel bestaunten Wunders, nämlich des „flüssigen Stahles in der Zigarrenkiste". Die schnelle Einschmelzzeit, der verhältnismäßig dünnwandige Tiegel, die ebenfalls dünne Wärmeisolierung und die umgebende wassergekühlte Spule ermöglichten eine sehr gedrungene Bauart und die Anwendung eines Holzgestelles in geringster Entfernung vom flüssigen Stahl. Wenige Jahre später wurden fast doppelt so hohe Temperaturen innerhalb der wassergekühlten Spule in kleinsten Räumen erreicht. Heute ist an die Stelle der geräuschvollen Funkenstrecke der viel elegantere Senderöhrenbetrieb getreten, wobei der besondere Fortschritt erzielt wurde, daß an die Stelle der gedämpften Schwingungen, die durch die Funkenstrecke erzeugt wurden, ungedämpfte Schwingungen treten konnten. Dadurch wurde nicht nur ein ruhiges Arbeiten und größere Sicherheit erreicht, sondern auch die Möglichkeit. noch bei hohen Frequenzen beachtliche Leistungsaufnahmen zu gewährleisten.

An die Stelle der Funkenstrecke tritt die Senderöhre. Diese läßt bekanntlich nur den Strom in einer Richtung durch, der durch den Einfluß der Gitterspannung moduliert .wird. Es kann dies also nur ein von Wechselstrom überlagerter Gleichstrom sein. Die Gitterspannung wird unmittelbar an die Induktivität des Ofenkreises angeschlossen, also entsprechend dem Rückkopplungsprinzip. Diese Induktivität wird groß gehalten gegenüber der Selbstinduktion des Ofens. Ein großer Vorteil dieser Schaltungsart ist darin zu erblicken, daß die hohen Ströme nur im eigentlichen Ofenkreis fließen, der auch hier wieder aus der Ofenspule und den zugehörigen Kondensatoren besteht. Der Ofenkreis liegt parallel an der erwähnten hohen Induktivität und ist durch sie mit dem eigentlichen Schwingungskreis gekoppelt. Die Röhren selbst müßten eigentlich mit hochgespanntem Gleichstrom betrieben werden. Um aber dieses besondere Aggregat zu ersparen, wird Wechselstrom verwendet, der in einem geeigneten Umspanner auf die erforderliche Spannung gebracht worden ist. Infolge der Eigenart der Röhre kann aber nur die eine Halbwelle ausgenutzt werden. Um aber auch die Energie der anderen Halbwelle dem Ofen zuzuführen, muß eine zweite Senderöhre zur Anwendung gelangen, und zwar in der sogenannten Gegentaktschaltung (Abb. 102). Damit ist die aus dem Netz entnommene Energie voll ausgenutzt. Bei Verwendung von hochgespanntem Gleichstrom für die Senderöhre genügt bereits eine Röhre bei gutem Wirkungsgrad. Der Senderöhrenbetrieb kommt hauptsächlich für Frequenzen oberhalb, etwa 50000 bis 100000 Hertz, in Frage. Daher können in solchen Öfen wegen der geringen Eindringungstiefe Metallpulver und sogar als Schlamm gewonnene Metalle, selbst ohne vorherige Bildung eines Sumpfes, zusammengeschmolzen werden. Bei Legierungsarbeiten muß beachtet werden, daß die Badbewegung wegen der hohen Frequenz nur noch geringfügig ist, und eine automatische Lösung der Metalle nicht immer ohne weiteres gesichert ist, insbesondere dann, wenn das Fassungsvermögen größer ist, als es der angewandten Frequenz entspricht. Die besondere Stärke dieses Ofens beruht darin, daß sich die Durchführung der Schmelzen in wenigen Minuten bewerkstelligen läßt, so daß auch umfangreiche Versuchsreihen bewältigt werden können. Es sei jedoch besonders betont, daß für metallurgische Untersuchungen, wie Schlackenreaktionen u. dgl., der

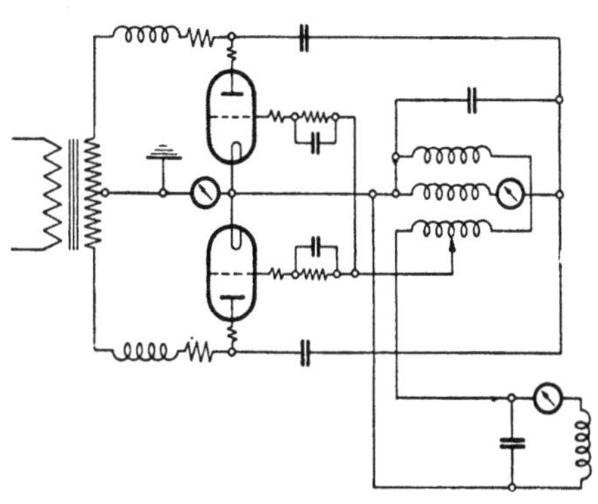

Abb. 102. HF-Ofen mit Röhrenbetrieb. Gegentaktschaltung. (Nach W. Esmarch.)

Hochfrequenzofen ungeeignet ist wegen der mangelhaften Schlackenbeheizung. In diesem Fall ist besser der Kohlerohrofen zu verwenden. Dagegen eignet sich der Hochfrequenzofen besser für Vakuumöfen als der Kohlerohrofen. Dieser gibt aus der glühenden Kohle viel Gas ab, und ihm fehlt mangels der automatischen Rührbewegung die ausreichende Durchmischung der Schmelze.

Für größere Versuchsöfen, etwa von 20 kg Fassung aufwärts, wird der Hochfrequenzofen mit Generatorbetrieb verwendet, ab 100 kg kann der Lichtbogenofen mit zwei Elektroden zur Anwendung gelangen. Neuerdings wird für die erwähnte Größenordnung auch der Grafitstabofen benutzt, der im folgenden Abschnitt näher beschrieben wird.

D. Verschiedene Öfen.

Der Rohn-Ofen.

Der Wunsch, einen rinnenlosen Induktionsofen mit Netzanschluß und Drehstrom zu betreiben, führte zur Entwicklung des Rohnofens. Dieser stellt im Grunde genommen nichts anderes dar als einen Drehstrommotor, dessen Rotor durch das Stahlbad ersetzt wird. Wie Abb. 103 zeigt, tritt an die Stelle des Eisenjoches des Niederfrequenzofens der Statorkörper mit den drei Spulenwindungen, die so dicht als möglich an das

Bad herangerückt werden. Das Bad selbst hat die Form einer Kalotte und steht somit zwischen Tiegel und Herdform. Die Zustellungsverhältnisse ähneln weitgehend denen des Hochfrequenzofens. Auch hier muß die Wandstärke dünn gehalten werden im Interesse einer günstigen Leistungsaufnahme. Im Gegensatz zum kernlosen Induktionsofen ist aber für den Rohnofen die Zustellungsfrage wegen der heftigen und außerdem andersgearteten Badbewegung viel schwieriger zu lösen. Es findet vor jedem Pol eine kreisende Bewegung um eine waagerechte Achse und zusätzlich eine langsamere Kreisbewegung um die senkrechte Ofenachse statt. Infolgedessen ist das Bad in der Mitte tiefer als am Rand. Hierdurch beträgt die zum Abdecken des Bades erforderliche Schlackenmenge etwa so viel wie im Herdofen, nämlich 5 bis 7%. Dies bedeutet schon einen beachtlichen Vorzug gegenüber dem Hochfrequenzofen.

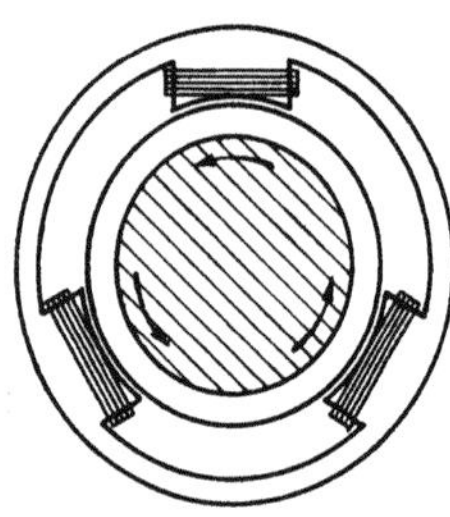

Abb. 103. Schematische Darstellung des Wirbelstromofens.

Dazu kommt die durch die heftige Badbewegung bewirkte bessere Durchwärmung und Durchmischung der Schlacke als in anderen Induktionsöfen. Im Gegensatz zum Hochfrequenzofen hat die Schlacke die Neigung, sich vom Badrand zur Badmitte zu bewegen, so daß am Rand kein so heftiger Angriff erfolgt. Durch die starken kreisenden Bewegungen wird aber bei starker Energiezufuhr die Schlacke in das Bad hineingezogen, wodurch die Schlackenreaktionen stark beschleunigt werden, aber auch gleichzeitig ein heftiger Angriff der Zustellung eintritt, und zwar besonders zwischen den Polen. Dieser Angriff ist nicht nur chemischer, sondern vor allem auch erodierender Natur. Aus diesem Grunde ist bis heute trotz Verwendung wertvollster feuerfester Massen noch keine befriedigende Zustellung für den Rohnofen gefunden worden.

Über die metallurgischen Eigenschaften dieses Ofens berichten A. Niedenthal und H. Wentrup[1]. Der 1,5 t fassende Ofen war mit 1800 kVA bei 37 Hz ausgerüstet. Die Phasenspannung betrug 250 Volt, und unter Vollast wurden bei Sternschaltung bis zu 340 kW aufgenommen. Der Leistungsfaktor betrug 0,14 bis 0,16. Bei basischer Zustellung wurde einmal mit einer Mischung aus 88% elektrisch geschmolzener Magnesia, 10% Magnesit und 2% Glaspulver und zum anderen mit 50% elektrisch geschmolzener Magnesia, 45% Zirkonsand (86% ZrO_2), 3% Ton und 2% Borsäure gearbeitet. Beide Zustellungen waren von geringer Haltbarkeit. Für die saure Zustellung wurde Klebsand mit unbefriedigendem Ergebnis verwendet. Die Frischversuche ergaben nur oberhalb 1% C eine schnellere Entkohlung als üblich. Dagegen verliefen die Ent-

---

[1] Niedenthal, A., u. H. Wentrup: Stahl u. Eisen Bd. 61 (1941) S. 557 bis 566, 588 bis 591.

phosphorung und Entschwefelung überraschend schnell und weitgehend. Zur Anwendung kamen Schlacken aus Kalk und Soda, denen im ersten Fall Erz und im zweiten Fall Desoxydationslegierungen zugesetzt wurden auf der Grundlage Aluminium, Kalziumaluminium, Kalzium-Silizium-Aluminium, Kalziumsilizium und Ferrosilizium. Die schärftse Wirkung wurde bei Aluminium und Kalzium-Aluminium, die schwächste bei Ferro-Silizium erzielt. Eine gewisse Auflegierung war natürlich nicht zu vermeiden, die Schlacken wurden jedoch rein weiß. Die Schlackenreinheit erreicht die des Stahles aus dem Lichtbogenofen.

Damit hat dieser Ofentyp sehr beachtliche und interessante metallurgische Eigenschaften gezeigt. Leider sind die elektrischen Verhältnisse unbefriedigend, in dem wegen der schlechten Leistungsaufnahme nur mit flüssigem Einsatz oder fester Schablone gearbeitet werden kann. Zum Niederschmelzen von Schrott ist der Ofen noch ungeeignet. Es ist daher versucht worden, ihn mit Lichtbogenbeheizung zu vervollständigen, worüber in einem späteren Abschnitt noch zu berichten sein wird.

Der Grafitstabofen.

Eigenartigerweise spielte die elektrische Widerstandsheizung für die Stahlerzeugung bis vor kurzem kaum eine Rolle, obwohl der Kohlespiralofen, nämlich der Tammannofen, schon länger bekannt waf. Der Widerstandsofen wurde nun neuerdings durch den Grafitstabofen technisch weiter verbessert und hat sich nicht nur als Laboratoriumsofen, sondern bereits auch als Betriebsofen bis 1 t Fassungsvermögen entwickeln können, womit allerdings nicht gesagt sein soll, daß er auch bereits die gleiche technische Durchbildung erlangt hat wie die anderen Ofentypen. Wie der Name sagt, wird das Heizelement durch einen oder mehrere Grafitstäbe gebildet, die über einem herdförmigen Bad angeordnet und durch ihren elektrischen Widerstand erhitzt werden. Ist nur ein Grafitstab vorgesehen und handelt es sich um kleine Fassungsvermögen, so wird dem Ofen gern die Trommelform gegeben. Bei 1 bis 3 Stäben und großem Inhalt wird zur breiteren Herdform übergegangen. Die neuere Entwicklung hat übrigens auch zur Anwendung nur eines Stabes und der Herdform beim 1-t-Ofen geführt. Beide Formen haben wegen ihrer Schmalheit den Vorzug, daß Arbeits- und Abstichtür zusammenfallen können. Sie wird in Badhöhe auf der Mitte einer Längsseite angeordnet. Die Rückwand ist frei von Unterbrechungen. Der Heizstab wird auf der einen Schmalseite mittels eines wassergekühlten Kontaktstückes eingeführt und berührt auf der entgegengesetzten Seite ein in gleicher Weise eingeführtes, kugelig ausgedrehtes Grafitnäpfchen, das durch Federkraft an den Grafitstab angedrückt wird, der an seinem freien Ende ebenfalls kugelig abgedreht ist. Durch diese Anordnung wird den auftretenden Ausdehnungskräften in einfacher Weise Rechnung getragen. Beide Kontaktstücke ruhen in beweglichen Schlitten.

Die angewandten Spannungen betragen etwa 20 bis 80 Volt, die Stromstärke beträgt bis etwa 3000 A. Der Ofenstrom wird von einem stehenden Umformer mit einer größeren Zahl von Regelstufen geliefert. Der Ofen arbeitet ähnlich wie der Hochfrequenzofen ohne Stromstöße. Um jeden unnötigen Abbrand des Stabes und des Einsatzes zu vermeiden, wird für eine weitgehende Abdichtung des Ofens besonders Sorge getragen. Die Auskleidung erfolgt aus Schmelzkorund, der sich für die Stahlerzeugung bis heute für Herd und Wände noch am besten bewährt hat. Die Zustellungskosten stellen daher für diesen Ofen einen sehr wichtigen Ausgabeposten dar. Die Schwierigkeit in der Führung des Ofens liegt darin, daß der nach allen Seiten frei ausstrahlende Grafitstab den Oberofen sehr stark beansprucht. Infolgedessen kommen für das Schmelzen von Stahl Silika und selbst Magnesit für die Wände nicht in Betracht. Allenfalls ergeben Massen auf der Grundlage des Magnesiaspinells ausreichende Feuerstandsfestigkeit, aber diese Materialien neigen im Vergleich zum Korund stärker zum Abplatzen, wodurch sie bei etwa gleichen Preisen unwirtschaftlicher werden. Die Grafitstabschmelzöfen werden als reine Umschmelzöfen verwendet. Von Schlackenarbeiten, wie Entschwefeln, Entphosphoren, wird Abstand genommen. An sich wären solche Arbeiten wohl durchführbar, mit Rücksicht auf den zu erwartenden starken Verschleiß der Zustellung ist dies aber unzweckmäßig, denn basische Schlacke greift gerade die Korundzustellung scharf an. Die Abbrandverhältnisse entsprechen weitgehend denen des Hochfrequenzofens.

Der gesamte Stromverbrauch des 1-t-Ofens beträgt etwa 700 kWh/t und liegt somit ungefähr in der Höhe des Verbrauchs für Hochfrequenzöfen. Diesem gegenüber besteht aber der Nachteil, daß die erste Schmelzung nach Stillständen fast den doppelten Verbrauch aufweist, eine Erscheinung, die mit der Ofenbauart zusammenhängt. Der Grafitverbrauch beträgt weniger als die Hälfte als beim Lichtbogenofen, wobei jedoch berücksichtigt werden muß, daß die Stäbe infolge ihrer Form teurer sind als Elektroden. Die Betriebskosten nähern sich denen für Hochfrequenzöfen. Die Vorteile liegen in geringen Anlagekosten und verhältnismäßig einfacher Bedienung.

Über die Arbeitsweise zur Herstellung von Spitzenqualitäten in diesem Ofen ist bis heute von Betriebsleuten m. W. noch nichts veröffentlicht worden. Die Meinungen hierüber sind noch nicht einheitlich. Andererseits ist das Arbeiten auf neutralem bzw. halbsaurem Futter auch nicht allgemein geläufig. Jedenfalls steht nach eigenen Erfahrungen fest, daß unter Ausnutzung der besonderen Arbeitsbedingungen dieses Ofens ein einwandfreies Erzeugnis hergestellt werden kann, daß dieses aber durch das meist durchgeführte einfache Umschmelzen allein nicht gewährleistet wird. Der Vergleich mit dem automatisch arbeitenden Tiegelverfahren ist abwegig, da das Reduktionsmittel Kohlenstoff in elementarer Form fehlt und Kohlenoxyd bei den vorliegenden hohen Temperaturen keine nennenswert reduzierenden Eigenschaften hat.

E. Gesichtspunkte für den Bau neuer Elektrostahlwerke.

Eine besonders reizvolle Aufgabe stellt die Neuplanung reiner Elektrostahlwerke dar. Ursprünglich wurden die Elektroöfen in bestehende Martin- oder auch Thomasstahlwerke eingebaut. Da es sich meist um einzelne oder kleine Öfen handelte, wurden sie in der Regel dort aufgestellt, wo die Platzverhältnisse am günstigsten erschienen. In besonderen Fällen wurden auch die bestehenden Hallen verlängert oder ein anderer Ofen abgebrochen. Es ist klar, daß bei solchen Gesichtspunkten den Erfordernissen des Elektroofens kaum in ausreichender Weise Rechnung getragen werden konnte. Sobald sich nun die Elektrostahlerzeugung so steigerte, daß Gesichtspunkte, wie Materialfluß und ähnliche, nicht mehr übergangen werden konnten und außerdem durch Ausweitung des Erzeugungsprogramms auf Baustähle die Kostenfrage eine zunehmende Rolle spielte, begann man bei Neuplanungen grundsätzliche Erwägungen anzustellen. Aber auch damals waren neue Elektrostahlwerke in der Regel den Martinstahlwerken nachgebildet, in dem sie aus Ofenhalle und Gießhalle bestanden. Auf Grund der Schwierigkeiten und Unzuträglichkeiten, welche diese Lösung im praktischen Betrieb mit sich brachte, hat als erster H. Müller[1] ganz neuartige Wege gewiesen. Diese beruhen auf der Ausnutzung der Möglichkeit, bei Neuplanungen von Elektrostahlwerken das Gebäude dem Ofen und seinen Eigenarten in der Bedienung anzupassen, während diese Verhältnisse vorher umgekehrt lagen.

Die grundlegenden mechanischen Arbeitsgänge sind für einen Ofen das Beschicken und das Abstechen. Es ist einleuchtend, daß der erste Vorgang ebenso wie die metallurgischen Arbeiten zweckmäßigerweise in die Ofenhalle verlegt werden und der fertige Stahl in die Gießhalle abgestochen wird. In diesem Falle sind Ofen- und Gießarbeit unabhängig voneinander. Gießt aber der Ofen aus der Ofenhalle in die Gießhalle ab, so wird wegen der doppelten Kranbahn an der Grenze der beiden Hallen ein langer Weg erforderlich, der zwar leicht durch eine Abwälzwiege bewältigt werden kann, der aber außerdem noch eine metallurgisch ungünstige lange Gießrinne erforderlich macht. Die gleiche Notwendigkeit ergibt sich auch aus der großen Bauhöhe, indem das Portal oder die

---

[1] Müller, H.: Stahl u. Eisen Bd. 61 (1941) S. 685 bis 694.

Elektroden mit den Kranseilen der Gießpfanne während des Abstechens in Berührung kommen können, sofern die Gießrinne nicht lang genug ist. Sonstige Aufstellungsarten, wie z. B. im Gießschiff oder teilweise unter der Kranbahn, bringen wieder andere schwerwiegende Nachteile mit sich. Abb. 104 zeigt eine Lösung, die auch praktisch ausgeführt worden ist. Hierbei steht der Ofen ganz in der Ofenhalle und sticht in die Gießhalle ab. Er bewegt sich nach Hochfahren der Elektroden von dem Elektrodenständer fort auf eine Kippwiege unterhalb der Kranbahn, die ein Kippen mit einem fast in der Gießrinne liegenden Drehpunkt und mit kurzer Rinne gestattet. Die kurze Rinne wird aber erst zulässig, nachdem die Elektroden und das Portal nicht mitkippen; damit wird für die Gießpfanne auch eine vorwiegend senkrechte Bewegung ermöglicht. Zum Beschicken fährt der Ofen ohne Deckel in entgegengesetzter Richtung aus. Die sich ergebenden Vorteile sind also: 1. kurze Gießrinne, 2. kurze, flexible Stromleitungen zum Ofen und damit geringste Leitungsverluste, die gerade bei großen Öfen eine beachtliche Rolle spielen, auch die Kühlwasserleitungen werden

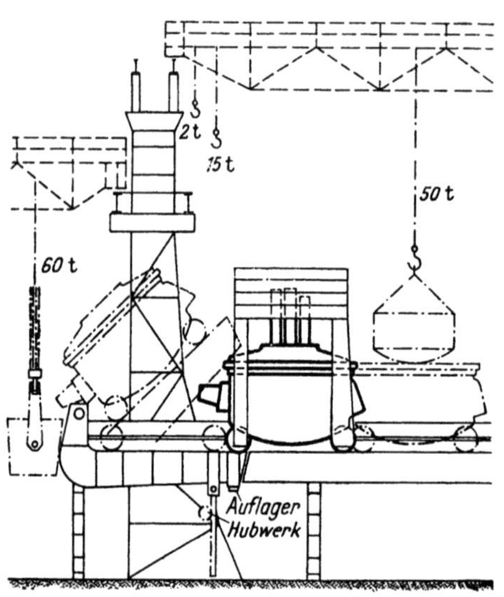

Abb. 104. Lichtbogenofen für Korbbeschickung mit feststehendem Elektrodenhalter; Ofengefäß auch abstichseitig ausfahrbar. (Nach H. Müller.)

den entsprechend kürzer, 3. ein ganz besonderer Vorteil ist darin zu erblicken, daß die Elektroden nicht mitkippen. Dadurch werden nicht nur die Nippelbrüche verringert, sondern es ergibt sich grundsätzlich die gerade für große Öfen wichtige Möglichkeit, Kohle- und Söderberg-Elektroden mit größeren Durchmessern anwenden zu können.

In reinen Elektrostahlwerken spielt schließlich die Bekämpfung des Staubes eine große Rolle. Zur sicheren Entfernung dieses Staubes wird entsprechend Abb. 105 die doppelte Kranbahn auseinandergezogen, so daß ein neues, schmales Schiff, nämlich das Ofenschiff, entsteht. Die Staubwolken können nun ungehindert von Krananlagen nach oben steigen, wobei der natürliche Auftrieb in diesem ohnehin kaminartigen Trakt noch durch Ventilatoren unterstützt werden kann. In diesem Schiff ist lediglich ein leichter Kran für die Bedienung der Elektroden und für etwaige Reparaturzwecke vorgesehen. Ein Ausfahren zum Kippen für das Abstechen ist nicht mehr erforderlich, da nur eine Kranbahn zu überwinden ist. Der Ofen wird lediglich noch zum Beschicken ausgefahren. Das Abstechen in die Gießhalle wird nicht mehr durch Kippen mit der Gießrinne als Drehpunkt, sondern durch Absenken des vorderen Ofenteils um einen Drehpunkt in der Kippwiege vorgenommen. Auch jetzt kippt der Ofen ohne Elektroden und findet eine Bewegung der Rinne in die Gießhalle hinein statt, deren Ausmaß durch die Lage des Drehpunktes bestimmt ist. Durch den Umstand, daß das Portal nicht mitkippt, kann auch hier die Gießrinne kurz gehalten werden. Andererseits kann die Anlage auch so ausgebildet werden, daß Elektroden und Portal mitkippen, und zwar mittels Abwälzwiege, wobei natürlich die erwähnten Nachteile in Kauf genommen werden müssen. Im ersten Fall ergibt sich als weiterer Vorteil, daß das Portal bzw. die feststehenden Elektrodenhalter fortfallen können und diese ebenso wie die Deckelaufhängung unmittelbar oder mittelbar durch die Kransäulen übernommen werden, da die Breite des Ofenschiffes ungefähr mit der des Portals bzw. den Elektrodenständern übereinstimmt. Aus dieser Möglichkeit ergibt sich eine leichte Zugänglichkeit des Ofens von allen Seiten. Schließlich werden im Ofenschiff noch die elektrischen Anlagen, wie Trafo, Drossel und Schalteinrichtung, und schließlich die Anlagen für den Zusammenbau der Elektroden unter-

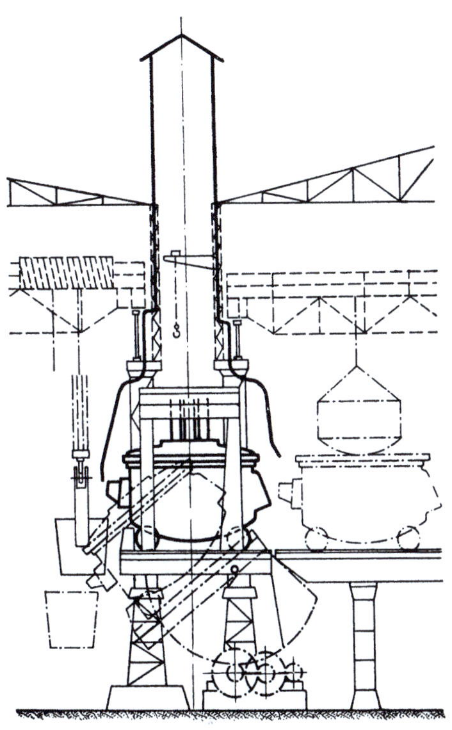

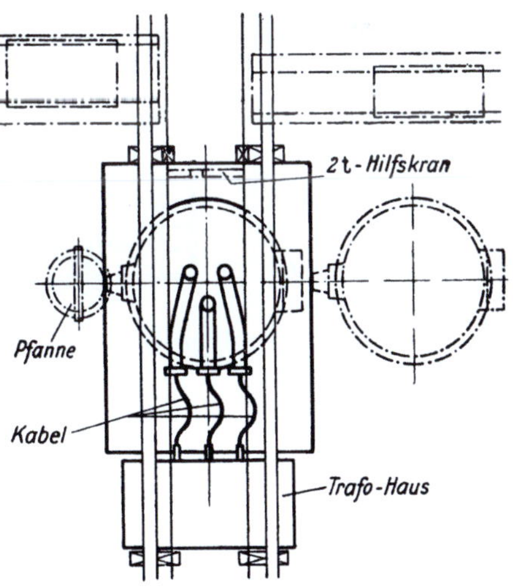

Abb. 105. Anordnung des Lichtbogenofens mit feststehenden Elektrodenhaltern im Ofenschiff. (Nach H. Müller.)

gebracht. Übrigens können Stromzuführung und Elektrodenhalter voneinander getrennt werden. Dann ergibt sich der Vorzug (Abb. 106), daß
die flexiblen Kabel weiter verkürzt werden können und die Stromzufüh-

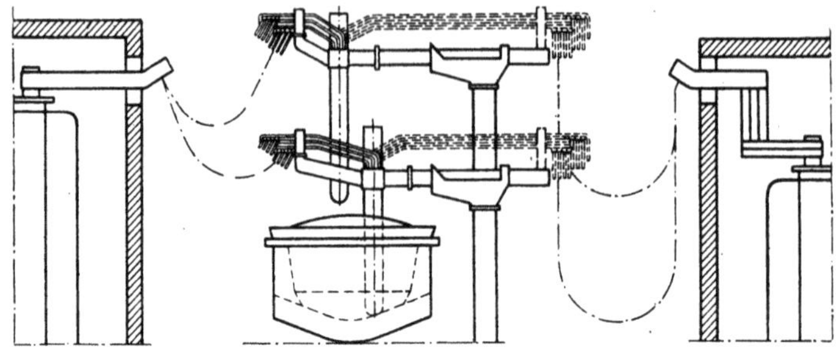

Abb. 106. Leitungsführung bei Lichtbogenöfen.

rung zu den Elektroden die Nähe der Eisenkonstruktionen meiden kann.
F. Leitner[1] hat mit seinen Mitarbeitern alle diese Gedanken weiter

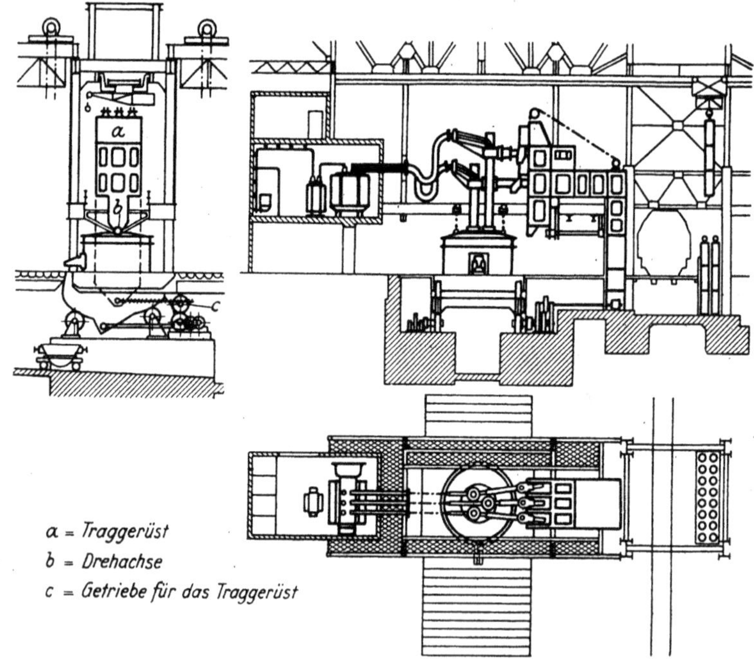

Abb. 107. Neue Lichtbogenofenanlage. (Nach F. Leitner.)

verfolgt und durch Entwicklung einer Kurvenwiege sowohl die kurze
Gießrinne und die nur senkrechte Kranbewegung beim Abstechen als
auch das Abschlacken ohne Hochfahren der Elektroden ermöglicht, also

---

[1] Leitner, F.: Vertraul. Ber. VDE 1944 Nr. 58.

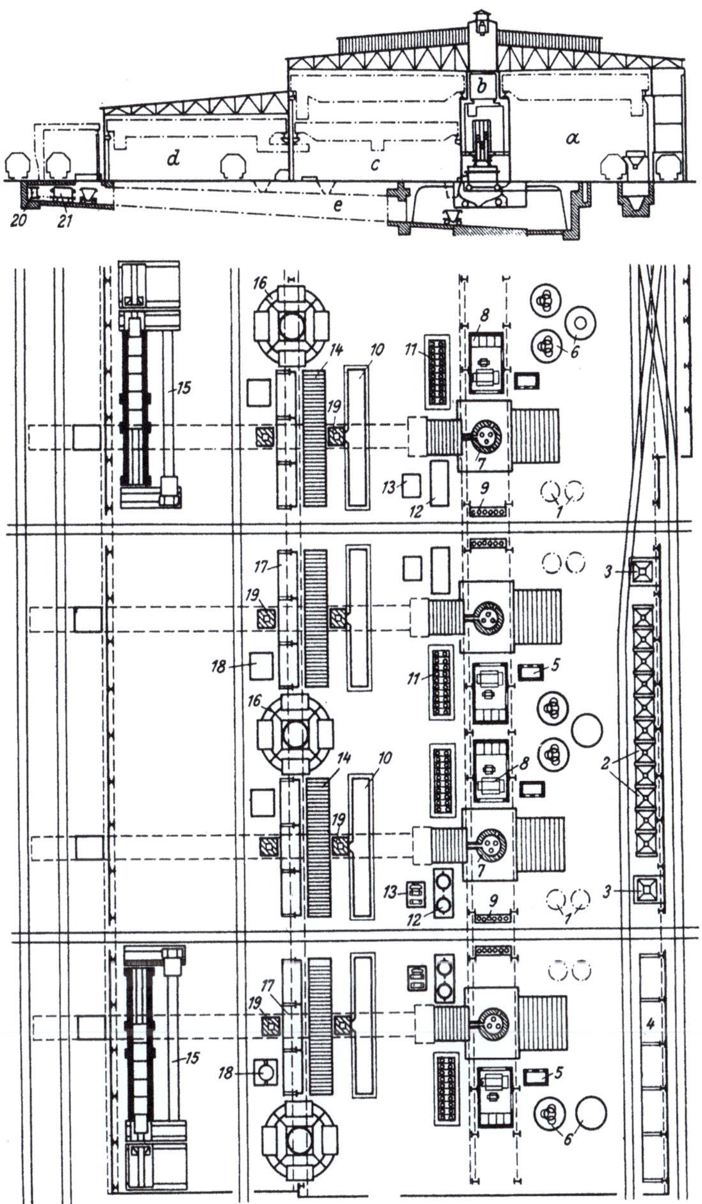

Abb. 108. Neues Lichtbogenofen-Stahlwerk. (Nach F. Leitner.)

a) **Beschickungshalle**
  1 Aufstellungsplatz für Einsatzkörbe
  2 Bunker für Zuschläge
  3 Bunkerfüllgruben
  4 Fächer für Ferrolegierungen
  5 Legierungsvorwärmofen
  6 Platz für Deckelmauerung

b) **Ofenschiff**
  7 Lichtbogenofen

  8 elektrische Anlage zum Lichtbogenofen
  9 Elektrodenzusammenbau

c) **Gießhalle**
  10 Gießplätze
  11 Aufsatzfeuer
  12 Pfannfeuer
  13 Pfannlagerböcke
  14 Kokillenroste

d) **Nebenschiff**
  15 Blockglühofen
  16 Wagenkarussell
  17 Fächer für ff. Steine
  18 Pfannen-Ausmauerungsgruben

e) **Schlackenkanal**
  19 Hüttenschuttbunker
  20 Spill
  21 Schlacken- u. Schuttwagen

unter Strom zur Flüssighaltung der Schlacke, indem bei geringem Ankippen eine vorwiegend senkrechte Bewegung erfolgt, insbesondere der
Drehpunkt für den Bewegungsbeginn in den Scheitel des Deckels verlegt
wird. Kühlringe und Ringsteine im Deckel müssen eine entsprechende
Ausbildung erfahren. Abb. 107 zeigt diese Ausführungsform. Durch Hoch-
stellen des Umspanners werden die Niederspannungsleitungen weiter verkürzt, ein Gesichtspunkt, der nach Einführung verschachtelter Leitungen
nicht mehr wesentlich ist, während das Interesse an möglichst kurzen,
flexiblen Kabeln erhalten bleibt. Die Vorrichtungen für Deckelhub- und
Elektrodenbewegungen werden von den Hallensäulen aufgenommen, so
daß der Ofen nunmehr allseitig zugänglich wird und die Arbeitstüren nach
rein metallurgischen Gesichtspunkten angeordnet werden können. Außerdem ist hier der Ofen auf Hüttenflur aufgestellt, so daß die gleichzeitige
Überwachung von Ofen und Grubenarbeit sehr erleichtert wird. Auch die
Kranbahnhöhe wird auf diese Weise verringert, so daß die Sichtverhält-
nisse für den Kranführer besser werden und die Baukosten sich verringern.
Die Gesamtanordnung ergibt sich aus Abb. 108. Zu beachten ist die Ab-
führung der Schlacke und des Gießhallenschuttes unter Flur. Werden die
Bunker für die wichtigsten Zuschläge und feuerfesten Stoffe, wie Erz, Kalk,
Dolomit bzw. Magnesit, so angeordnet, daß sie für jeden Ofen unmittelbar
dem Bunker entnommen werden können und die Zwischenräume den
Legierungen vorbehalten bleiben, so kann jeder Ofen einschließlich der
Grubenarbeit ganz für sich arbeiten. Weiterhin gestattet diese Bauart
die Aufstellung von großen Induktionsöfen in der gleichen Reihe, die als
Ergänzung einer größeren Lichtbogenanlage sehr vorteilhaft zu verwenden sind. Werden endlich noch nach den Plänen in Verlängerung
der Halle Schlackenschmelz- und Legierungsschmelzöfen und dahinter
Martinöfen vorgesehen, deren Fassungsvermögen für jede Art Duplizierens und Halbduplizierens auf die Elektroöfen abgestimmt ist, so
ergibt sich eine Schmelzanlage, die allen metallurgischen und wirtschaftlichen Erfordernissen gerecht werden kann.

F. Die feuerfesten Baustoffe für den Elektro-
stahlofen.

Allgemeines.

Die Anforderungen, die der Elektrostahlofenbetrieb an die feuerfesten
Baustoffe stellt, sind schärfer und mannigfacher als beim Betrieb der
übrigen Stahlschmelzöfen.

Bekanntlich beträgt die Lichtbogentemperatur über 3500°. Infolgedessen ist eine sehr starke Abstrahlung vorhanden, die im feuerfesten

Material eine sehr scharfe Aufheizung verursacht und ein starkes Temperaturgefälle besonders an der Innenfläche der Zustellung hervorruft.
Allein schon hierdurch entsteht eine erhebliche Neigung zum Abplatzen
des feuerfesten Materials. Diese Neigung wird noch mehr unterstützt
durch den Umstand, daß nach dem Abstechen eine fast ebenso krasse
Abkühlung der Wände durch die modernen Beschickungsmethoden erfolgt. Aus diesem Grunde muß nicht nur die Forderung nach guter
Raumbeständigkeit, sondern auch nach möglichst günstigen Ausdehnungsverhältnissen erhoben werden, da Baustoffe, die sich beispielsweise im Martinofen gut bewähren, im Lichtbogenofen infolge Abplatzens
und Abblätterns versagen können.

Ein weiterer Faktor, der gerade häufig die hochwertigen und vor
allem die basischen Materialien in starkem Maße beansprucht, muß in
dem beständigen Wechsel zwischen oxydierender und reduzierender
Ofenatmosphäre erblickt werden. Enthält das feuerfeste Material von
vornherein Oxyde, die mehrere Oxydationsstufen bilden, wie dies beispielsweise bei den Eisen- und Chromverbindungen der Fall ist, bzw.
dringen diese als unvermeidbares Ergebnis der metallurgischen Verhältnisse in Form von Metalldämpfen oder ihrer Oxydationsprodukte
in das Zustellungsmaterial ein, so werden durch den ständigen Volumen-
wechsel bei den Änderungen der Oxydationsstufen Spannungen hervorgerufen, die das Material zermürben. Alle diese Zusammenhänge begünstigen aber im hohen Maße das Eindringen der Fremdoxyde in die Zustellungsmasse und rufen dort eine allmähliche Herabsetzung der Feuerfestigkeit hervor, die bis zur restlosen Verschlackung führen kann, um
so mehr, als die jeweiligen Oxydationsstufen auch ganz verschieden
auf die einzelnen Bestandteile der Ofenbaustoffe einwirken, aber stets
im Sinne der Bildung niedrig schmelzender Eutektiken. Die Auswahl
an feuerfesten Materialien erleidet durch das Vorliegen sowohl der
oxydierenden als auch der reduzierenden Verhältnisse ebenfalls eine
Einschränkung. Beispielsweise kann Siliziumkarbid im Lichtbogenofen
nicht verwendet werden, obwohl es bei Vorliegen nur reduzierender
Verhältnisse ein sehr brauchbarer feuerfester Werkstoff ist. Infolge des
Arbeitens mit sehr kalkreichen Schlacken läßt sich die Verwendung
größerer Flußspatmengen nicht vermeiden, deren Dämpfe und gas-
förmige Reaktionsprodukte auch alle Kieselsäure enthaltenden Zustellungsmaterialien stark angreifen. Aber auch die verschiedenen Metalloxyde und Schlackenbildner, insbesondere Kalk- und Erzstaub, beeinträchtigen stets die Haltbarkeit der Ausmauerung. So ist beispielsweise
festgestellt worden, daß durch Vermeidung des staubförmigen und
alleinige Verwendung festen, stückigen Kalkes die Deckelhaltbarkeit
bis zu 50% gesteigert werden konnte. Dies weist aber wieder auf den
erstgenannten Einflußfaktor hin, nämlich die hohe Oberflächentempe-

ratur der Zustellung, wodurch der chemische Angriff durch Infiltration oder unmittelbare Verschlackung in schärfster Weise unterstützt wird.

Die Anforderungen des Elektrostahlbetriebes an die feuerfesten Baustoffe können daher wie folgt zusammengefaßt werden:

1. Möglichst hoher Schmelzpunkt.
2. Möglichst hohe Erweichungstemperatur unter Belastung,
3. Gute Raumbeständigkeit.
4. Widerstandsfähigkeit gegen Abplatzen bei Temperaturschwankungen.
5. Widerstandsfähigkeit gegen Verschlackung und Infiltration sowie gegen oxydierende und reduzierende Einflüsse.
6. Geeigneter elektrischer Leitwiderstand und geeignete Wärmeleitfähigkeit.

Bisher ist noch kein Stoff gefunden worden, der alle diese Ansprüche zugleich, geschweige denn ein solcher, der sie preiswert erfüllt. Immerhin wird seit einigen Jahren mit großer Rührigkeit an der Verbesserung bereits gebräuchlicher und an der Erprobung neuartiger feuerfester Erzeugnisse gearbeitet.

Schamotte.

Schamotteziegel werden aus Ton, einem wasserhaltigen Tonerde-Kieselsäurekomplex, dessen summarische Zusammensetzung meist als $Al_2O_3 \cdot 2\,SiO_2 \cdot 2\,H_2O$ angegeben wird, unter Zusatz von Quarz, gebranntem Ton, tonerdehaltigen Stoffen oder anderen Magerungsmitteln gepreßt und gebrannt. Die charakteristischen Eigenschaften des Tones sind seine hohe Bildsamkeit, die bis zur Gießbarkeit gesteigert werden kann, so daß auch schwierige Formen hergestellt werden können und zum anderen die hohe Schwindung beim Brennen, die durch Magerungsmittel wohl eingeschränkt, aber nicht behoben werden kann, und die außer von der Tonart und dem Mischungsverhältnis auch von Brenntemperatur und Brenndauer abhängig ist. Die Nachteile wirken sich in der begrenzten Maßhaltigkeit und in einer Nachschrumpfung aus, wenn die Steine höheren Temperaturen ausgesetzt werden, als sie gebrannt worden sind. Als fabrikatorischer Nachteil ist schließlich noch die Notwendigkeit sehr langsamen Trocknens der geformten Steine und deren lange Abkühlzeit nach dem Brennen zu erwähnen.

Das wichtigste Kennzeichen der Schamotteziegel, die bereits bei 1350° C beginnende Erweichung unter Belastung, schließt ihre Verwendung im Elektrostahlofen im allgemeinen aus. Sie können lediglich als unterste Bodenlage im Herd und allenfalls noch als äußere Futterlage bei dicken Ofenwänden eingebaut werden und bieten dort infolge ihrer niedrigeren Wärmeleitfähigkeit gegenüber Silika, Magnesit und Dolomit den Vorteil einer geringen Herabminderung der Ausstrahlungsverluste.

Dagegen haben die Schamottesteine beim Bau der kernlosen Induktionsöfen ein Anwendungsgebiet gefunden, daß sie praktisch allein beherrschen. Sie werden verwendet als Abdecksteine, Bodensteine, Ring- und Schnauzensteine usw., also überall dort, wo sie normalerweise nicht mit Stahl in Berührung stehen, aber bei Durchbrüchen oder sonstigen Störungen dem Stahl eine Zeitlang widerstehen müssen. Die außerdem auftretenden Forderungen nach Unempfindlichkeit gegen Risse durch Temperaturschwankungen und ungleiche Erwärmung, maßgenaue Herstellung auch bei verwickelteren Formen und gute mechanische Festigkeit vermögen die Schamottesorten bei sorgfältiger Herstellung zu erfüllen. Selbstverständlich haben auch diese Eigenschaften ihre Grenzen, und es ist daher zweckmäßig, die Abmessungen solcher Formsteine nicht zu groß zu wählen. Bei der Unterteilung sind außer den mechanischen Gesichtspunkten auch solche möglichst einfacher Formgebung und gleichmäßiger Wandstärke zu beachten.

Silika.

Silikasteine werden aus gemahlenen reinen Quarziten unter Zusatz ganz geringer Mengen Kalk gepreßt und bei hohen Temperaturen gebrannt. Es werden reinste Quarzite mit etwa 94 bis 98% SiO_2 vorgebrochen, auf eine Körnung von 0 bis 5 mm gemahlen und unter Vermeidung von Ton mit sehr wenig Kalk, und zwar ungefähr 1,5 bis 3%, und Wasser vermischt, mittels Hand- oder Maschinenpressen geformt, getrocknet und bei etwa 1400 bis 1500° gebrannt, wobei ein starkes Wachsen der Steine eintritt. Im Hinblick auf die Wichtigkeit dieses Steinmaterials und zum Verständnis der besonderen Bedingungen für seine richtige Behandlung beim Brennen und im Betrieb sollen die verschiedenen Gefügeumwandlungen hier kurz geschildert werden.

Der natürliche Quarzit besteht aus β-Quarz. Beim Erhitzen geht er bei 575° unter 0,8% Volumenzunahme in α-Quarz über. Bei 870° verwandelt er sich unter 4,8% Volumenzunahme in α-Tridymit und bei 1470° unter nochmaligem Wachsen um 1,2% in α-Cristobalit. Angestrebt wird eine möglichst weitgehende Umwandlung in Tridymit. Bei der Abkühlung unter üblichen Bedingungen bleiben die neuen Gefügearten erhalten. Es verwandelt sich lediglich bei 180 bis 270° der α-Cristobalit in β-Cristobalit und der α-Tridymit in β- und schließlich γ-Tridymit bei etwa 163 und 117°. Diese letztgenannten Umwandlungen sind also umkehrbar und werden bei jedem Abkühlen und Anheizen durchlaufen. Die vorher beschriebenen beim Brennvorgang aufgetretenen Umwandlungen spielen später noch dadurch eine gewisse Rolle, als der Brennvorgang keine vollständige Überführung in Tridymit und Cristobalit bewirkt und ein Anteil Quarz zurückbleibt, der sich noch umzuwandeln vermag und unerwünschte Volumenvergrößerungen hervorrufen kann. — Diese Vorgänge sind jedoch geringfügig und ohne besondere Bedeutung, sofern die Steine richtig gebrannt worden sind.

Silikasteine schmelzen bei etwa 1700° C, weisen also kaum einen höheren Schmelzpunkt als die besten Schamottesorten auf. Ihre Überlegenheit über Schamotte liegt darin begründet, daß sie unter Belastung erst bei Temperaturen kurz unterhalb des Schmelzpunktes zu erweichen beginnen (Abb. 109).

Da im Schmelzraum der Elektrostahlöfen Temperaturen von 1700° C und darüber auftreten, sind, streng genommen, Silikaziegel für diesen Verwendungszweck zu wenig feuerfest. Sie verdanken ihre weite Ver-

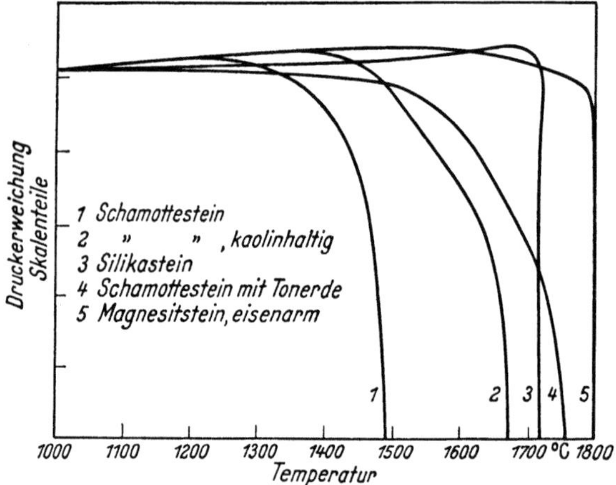

Abb. 109. Druckerweichungskurven verschiedener feuerfester Steine bei 1 kg/cm² Belastung. (Nach Hirsch.)

breitung eigentlich nur dem Umstand, daß sie eine hohe Druckerweichung haben und widerstandsfähiger gegen Abplatzen und preiswerter als andere feuerfeste Stoffe sind.

Um ein vorzeitiges Abschmelzen des Silikamaterials im Ofen zu vermeiden, stehen nur wenige Mittel zur Verfügung. Erstens muß jede Wärmeisolierung streng vermieden werden und möglichst freie Ausstrahlung gewährleistet sein. Der sich auf dem Gewölbe ablagernde Hüttenstaub hat stark wärmeisolierende Eigenschaften und muß daher regelmäßig abgeblasen werden. Ein zweites Mittel besteht darin, die Entfernung zwischen Lichtbogen und Gewölbe so groß zu machen, daß die Temperatur der Zustellung die zulässige Grenze nicht überschreitet; dabei ist jedoch zu beachten, daß ein zu großer Abstand zwischen Badoberfläche und Gewölbe die Ausstrahlungsverluste des Ofens unangemessen erhöht und die Schlackenführung erschwert. Ein weiteres, wenn auch aus metallurgischen Rücksichten nur beschränkt anwendbares Mittel besteht im zeitweiligen Öffnen der Türen, wodurch die Temperatur eines etwa zu heiß gewordenen Gewölbes rasch und wirksam herabgesetzt wird.

Kennzeichnend für Silikasteine ist im Zusammenhang mit ihrer verhältnismäßig großen Porosität die geringe Widerstandsfähigkeit gegen Verschlackung, die natürlich beim basischen Verfahren besonders augenfällig zutage treten muß. Hauptsächlich der Kalkstaub wirkt verheerend auf das Gewölbe; deshalb ist auf die Verwendung stückigen Kalkes beim Schlackenbilden sorgfältig zu achten. Ein Beweis dafür, daß oft nicht die Überschreitung des Schmelzpunktes, sondern die Bildung leichtflüssiger Silikate ein Silikagewölbe zum „Laufen" bringt, ist die chemische Zusammensetzung der herabtropfenden Schmelzzapfen, die meist die Bildung mehr oder weniger kalkreicher Kalziumsilikate erkennen läßt. Ein weiterer Beweis ist die auf das Mehrfache gesteigerte Gewölbehaltbarkeit beim sauren Schmelzverfahren, bei welchem der Kalkstaub im Herdraum fehlt. Außer von Kalk wird Silika auch von Flußspat unter Bildung von Siliziumfluorid angegriffen, ferner von den Oxydulen der Schwermetalle unter Bildung der entsprechenden Silikate. Diese Oxydule stammen nicht nur aus dem Erzstaub. Während des Einschmelzens wirkt der Lichtbogen auf verhältnismäßig kleine Schrottmengen, so daß Überhitzungen eintreten müssen. Die entstehenden Eisen- und Mangandämpfe verflüchtigen sich sofort, oxydieren und bilden einen feinen dunkelbraunen Nebel, der nach oben steigt und sogar sichtbar wird, soweit er durch die Elektrodenöffnungen entweicht. Schließlich muß angenommen werden, daß unter der Einwirkung der Lichtbogentemperatur bei gleichzeitiger Anwesenheit von Kohle auch ein Teil der vorhandenen Oxyde zum Verdampfen gebracht wird.

Als ein weiteres Kennzeichen der Silikaziegel wurde ihre Neigung zum Abplatzen bei raschen Temperaturschwankungen angesehen. Diese Eigenschaft ist bei den verschiedenen feuerfesten Stoffen durch das Gefüge bzw. seine Veränderungen, die Dichte, die Wärmeleitfähigkeit und den Ausdehnungskoeffizienten bedingt. Eine günstige Wirkung gegen das Abplatzen wurde vielfach der Glasur zugeschrieben, die sich beim Anschmelzen an der Oberfläche der Silikaziegel bildet. Um diese Glasur absichtlich herbeizuführen, wurde manchmal das Mauerwerk mit einem dünnen Anstrich mannigfacher Art versehen. Der Wert eines solchen Anstrichs ist aber meist recht zweifelhaft, da er infolge der Verschiedenheit des Ausdehnungskoeffizienten beim Erhitzen abzublättern pflegt. Enthält er außerdem in nennenswerter Weise Portlandzement, Alkalien, Asbest oder ähnliche „glasurbildende" Flußmittel, so setzt er die Feuerfestigkeit des zu schützenden Mauerwerks unzulässig herab. Die geeigneten Wege zur Vermeidung des Abplatzens können aber erst beschritten werden, wenn die tieferen Ursachen klar erkannt sind. Sie hängen in erster Linie mit den Ausdehnungsverhältnissen bei den reversiblen Um wandlungen zusammen, die in den folgenden Abschnitten genauer beschrieben werden sollen.

Silikasteine dehnen sich beim Erhitzen unregelmäßig und sprunghaft aus, und zwar auch der einwandfrei gebrannte Stein. Diese Ausdehnung ist durch kristallographische Änderungen in der Quarzsubstanz bedingt und tritt in um so geringerem Maße auf, je durchgreifender der Stein bei seiner Herstellung gebrannt worden ist. Der fertig gebrannte Silikastein besteht aus einem Gemisch von geringen Resten β-Quarz, also nicht umgewandeltem Ausgangsmaterial, und den beiden Umwandlungsprodukten Cristobalit und hauptsächlich Tridymit. In Abbildung 110 sind die Wärmeausdehnungen der einzelnen Modifikationen dargestellt. Die $\beta-\alpha$-Umwandlung des Cristobalits bei etwa 180 bis 270° ist mit einer sprunghaften Ausdehnung von mehr als 1% verbunden. Hinzu kommt eine völlige Änderung des Kristallsystems, die zu einer Zersplitterung in zahllose Kristalle führt. Die Gleichzeitigkeit dieser beiden Vorgänge muß vor allem für die Empfindlichkeit gegen raschen Temperaturwechsel in diesem Temperaturgebiet verantwortlich gemacht werden. Die einzelnen Tridymitarten sind sich

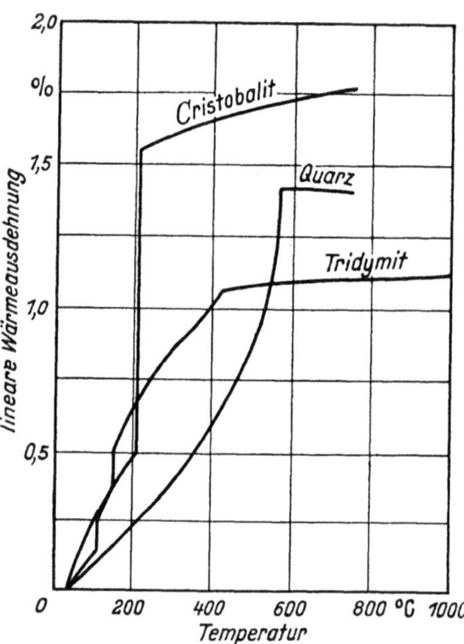

Abb. 110. Wärmeausdehnung bei Quarz, Tridymit und Cristobalit.

kristallographisch näher verwandt, was auch in den viel geringeren Ausdehnungssprüngen bei der $\beta-\alpha$-Umwandlung von 163° und der $\gamma-\beta$-Umwandlung bei 117° zum Ausdruck kommt. Aus diesem Grunde neigt ein gut gebrannter, weitgehend in Tridymit umgewandelter Stein weniger zum Abplatzen (Abb. 111). Im übrigen ist der Silikastein im Gebiet von ungefähr 600 bis 1400° ausgesprochen unempfindlich hinsichtlich des Abplatzens. Beim Anwärmen muß auf das vorsichtige Durchschreiten des gefährlichen Temperaturbereiches ganz besondere Sorgfalt verwandt werden. Um ein Zerdrücken der Ziegel beim Wachsen zu vermeiden, ist beim Vermauern von Silikasteinen durch Belassung von Dehnfugen eine lineare Ausdehnung von etwa 1,5% zu ermöglichen. Die Dehnfugen werden durch Zwischenlagen von Teerpappe oder ähnlichen in der Hitze verbrennenden Stoffen geschaffen. Das angegebene Maß

darf nur als Richtmaß betrachtet werden. Je nach der Bemessung des
Stiches und je nach der Größe der Deckelsteine bedarf es einer An-
gleichung. Bei beispielsweise kleineren Steinformaten und damit größerer
Fugenzahl muß hinsichtlich der auftretenden Spannungen eine merkliche
Entlastung eintreten. Die Verwendung großer Deckelsteine ist heute
allgemein verlassen worden.

Für die Beständigkeit der Silikasteine ist der Schmelzpunkt von
grundsätzlicher Bedeutung. Er liegt für Cristobalit bei 1713°, für Tridymit bei 1670°. Auf diese Schmelzpunkterhöhung scheint die immer

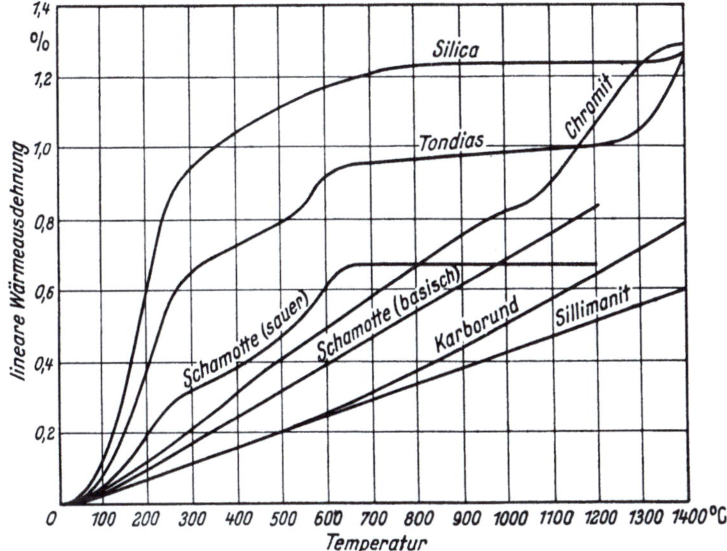

Abb. 111. Wärmeausdehnung feuerfester Steine.

wieder zu beobachtende Erfahrung zurückgeführt werden zu können,
daß ein Deckel, der während der ersten 5 bis 7 Schmelzungen überhaupt
nicht gelitten hat, auch bei den folgenden besser hält, als ein Deckel, der
von Anfang an mehr oder weniger „gelaufen“ hat. Durch die hohe Temperatur ist der Stein an der Oberfläche weitgehend in Cristobalit umgewandelt worden, bevor das Material zum Schmelzen gekommen ist. Es
muß also zu Beginn einer Deckelreise der Schmelzer den Ofen besonders
sorgfältig führen, was ihm durch Einlegen harter Qualitäten erleichtert
werden kann.

Zusammenfassend kann über die Verwendung von Silikasteinen im
Elektroofen das Folgende gesagt werden:

Silika ist der fast ausschließlich verwendete Baustoff für das Ofengewölbe sowohl beim basischen wie auch beim saueren Verfahren. Außerdem wurden früher beim basischen Verfahren die Türpfeiler und Tür-

bögen meist, die Seitenwände über der Schlackenzone manchmal aus Silikasteinen gemauert. Heute werden Pfeiler und Bögen mit gutem Erfolg ebenfalls aus Teerdolomit gestampft oder gemauert. Beim sauren Schmelzverfahren wird die ganze Zustellung teils aus Silikasteinen gemauert, teils aus Silikasand nach einem später noch genauer zu beschreibenden Verfahren eingestampft oder eingebrannt. Infolge der außerordentlich geringen elektrischen Leitfähigkeit der Kieselsäure können saure Herde nicht ohne weiteres durch Bodenelektroden beheizt werden; bei saurer Herdauskleidung ist also in der Regel reine Lichtbogenbeheizung anzuwenden.

Sillimanit.

Eine gewisse Bedeutung hat für Elektroofendeckelsteine Sillimanit erlangt. Als Ausgangsmaterial dienen die Mineralien der Sillimanitgruppe. Die besonderen Eigenschaften werden erst nach Umwandlung in Mullit erreicht. Bei dem hierfür erforderlichen Brennvorgang bei 1200 bis 1500° treten größere Volumenänderungen auf, so daß zur Herstellung der Steine ein doppelter Brand erforderlich wird. Im anderen Fall treten die gleichen Nachteile wie bei schlecht gebrannten Silikasteinen auf, nämlich das Nachwachsen mit allen seinen Nachteilen, wie Zermürben und Rissigwerden der Steine. Infolgedessen betragen die Kosten eines Sillimanitgewölbes rund das Dreifache eines Silikagewölbes.

Die besonderen Eigenschaften des Mullits beruhen auf seiner günstigen Temperaturwechselbeständigkeit infolge seiner Raumbeständigkeit und seiner hohen Druckfeuerbeständigkeit. Auch die wesentlich bessere Beständigkeit gegenüber Schlackenangriffen im Vergleich zum hochwertigen Schamottestein ist erwähnenswert. Bei unterbrochenem Betrieb und möglichst saurer Arbeitsweise kann daher Sillimanit für Gewölbe dem Silikastein überlegen sein.

Magnesit.

Für die Magnesitziegelerzeugung benutzt man als Ausgangsstoff den Rohmagnesit ($MgCO_3$), der durch Brennen bei etwa 700° die Kohlensäure verliert und bei 1600 bis 1700° C in den gesinterten Zustand übergeführt wird und dabei eine außerordentlich hohe Festigkeit und Dichte erlangt. Der Sintermagnesit besteht aus etwa 85 bis 90% Magnesia, höchstens 3,5% Kieselsäure, etwa 4 bis 7% Eisenoxyd neben geringen Mengen von Kalk und Tonerde, wobei das Eisenoxyd der wichtigste und wirksamste Mineralisator ist. Da freier Kalk sich beim Sintervorgang nicht unmittelbar als Mineralisator beteiligt und außerdem die Witterungsbeständigkeit herabsetzt, ist er im Magnesit unerwünscht und soll nach Möglichkeit 3% nicht überschreiten. Magnesit gelangt in verschiedener Körnung als Stampf- und Flickmasse im Elektroofenbetrieb zur Anwendung. Die

Magnesitziegel selbst werden durch Zusammenpressen von gemahlenem Sintermagnesit mit geringem Wasserzusatz unter hohem Druck und nachherigem Brennen der Formlinge bei etwa 1500 bis 1600° C hergestellt. Um dem Ziegel gute Raumbeständigkeit und mechanische Festigkeit zu verleihen, muß der Sinterprozeß so durchgeführt werden, daß eine möglichst weitgehende Überführung in den grobkristallinen Zustand erfolgt. Lange gebrannte Steine haben daher eine gute Feuerstandsfestigkeit. Auch der erforderliche hohe Preßdruck wirkt günstig in diesem Sinne und vermindert die Abschreckempfindlichkeit durch Verringerung der Gefügespannungen zwischen Kristallen und Bindemitteln.

Magnesit ist durch folgende Eigenschaften gekennzeichnet: hohen Schmelzpunkt (etwa 2200° C), große Wärmeleitfähigkeit, die fast das Doppelte derjenigen von Silika und Schamotte beträgt, sich jedoch bei sehr hohen Temperaturen wieder ausgleicht, leichtes Abplatzen bei Temperaturschwankungen, Raumverminderung bei langem Verweilen auf hoher Temperatur, hohe Dichte und große Widerstandsfähigkeit gegen verschlackende Einflüsse. Da der reine Periklas erst bei 2800° schmilzt, ist die Feuerbeständigkeit auch bei Gegenwart der erforderlichen Mineralisatoren in so weitem Umfang gesichert, daß die Reinheit für dieses Material bereits kein Gütezeichen mehr darstellt. Viel wichtiger sind die Temperaturwechselbeständigkeit und das Druckerweichungsverhalten. Beide Eigenschaften werden sowohl durch Eisenoxyd als auch durch Kieselsäure vermindert, dagegen sinkt die Schlakkenbeständigkeit erst bei höheren Beträgen ab.

Die hohe Widerstandsfähigkeit gegen Verschlackung in Verbindung mit dem hohen Schmelzpunkt macht den Magnesit zu einem ausgezeichneten Baustoff für den Herd und die Wände im basischen Verfahren; ja, es ist sogar möglich, auf einem Magnesitherd mit saurer Schlacke zu arbeiten, sofern die auch aus metallurgischen Gründen notwendige Verringerung des Säuregrades der Schlacke durch geeignete Zusätze gewährleistet bleibt.

Die geringe elektrische Leitfähigkeit bei hohen Temperaturen schließt die Verwendung von Magnesit als Herdbaustoff bei Öfen mit leitendem Herd im allgemeinen aus. Da bei Temperaturen unterhalb 1300° Magnesit praktisch als Nichtleiter gelten kann, dürfen, um genügenden Stromdurchgang zu ermöglichen, die Bodenelektroden nur einige wenige Zentimeter überstampft sein; eine derartig geringe Überdeckung wäre aber eine Quelle ständiger Durchbruchsgefahr. Als Aushilfe hat man den Magnesit mit geringen Mengen feiner Eisenfeilspäne oder ähnlicher gut leitender Stoffe vermischt; oder man hat die Bodenelektroden erst mit einer genügend dicken Schicht des leitfähigeren Dolomits und dann erst mit einer dünnen Magnesitschicht überstampft, hat aber in diesem Fall kaum mehr einen Vorteil gegenüber reinen Dolomitherden

Für das Gewölbe von Lichtbogenöfen ist Magnesit kein empfehlenswerter Baustoff, weil die Temperaturschwankungen von Abstich zu Abstich ein ständiges Abplatzen der Steine bedingen. Das Einlegen dünner Blechplättchen zwischen die Ziegel erhöht zwar die Widerstandsfähigkeit gegen Abblättern, weil das aus der Verbrennung der Bleche herrührende Eisenoxyd die Fugen fest verkittet und die Steine zusammenschweißt; jedoch vermag auch dieses Hilfsmittel nicht den Einklang zwischen Lebensdauer und Kosten des Magnesitgewölbes herzustellen. Lediglich bei kleinen Strahlungsöfen, deren Fassungsvermögen 1000 bis 2000 kg nicht übersteigt und bei denen die Abkühlung des Ofeninnern während des Einsetzens nicht beträchtlich ist, können Magnesitgewölbe unter Umständen eine gute Wirtschaftlichkeit ergeben; bei derartigen Öfen hält nämlich ein Silikagewölbe wegen der starken Ausstrahlung der freistrahlenden Lichtbögen nur sehr schlecht stand.

Um das leidige Absplittern der Magnesitziegel zu verhüten, das meistens den kristallinen Eigentümlichkeiten des Magnesiumoxydes (Periklas) zugeschrieben wird, wurden Versuche gemacht, den Sintermagnesit elektrisch zu schmelzen und die geschmolzene und gemahlene Masse zu ziegeln; man hat aber bisher noch kein restlos befriedigendes Ergebnis erzielen können. Auch die Versuche, aus den Endlaugen der Kaliindustrie oder aus Dolomit chemisch abgeschiedene Magnesia zu brauchbaren und billigen Magnesitziegeln zu verarbeiten, haben bisher noch keinen durchgreifenden Erfolg gehabt.

Erwähnt sei noch eine weitere Eigentümlichkeit des Magnesits, nämlich die Zersetzung durch Kohlenstoff bei Temperaturen von über 1700° C gemäß der Gleichung $MgO + C = Mg + CO$. Die lockeren weißgrauen Flocken, die ein in hoher Temperatur befindlicher und viel Kohlenstoff in der Schlacke aufweisender Ofen durch die Elektrodenöffnungen auswirft, bestehen fast ganz aus Magnesia, dem Verbrennungserzeugnis des auf obige Weise gebildeten Magnesiums.

Beim Vermauern der Magnesiaziegel wird als Mörtel feingemahlener Sintermagnesit, dem eine Spur Ton beigemischt werden kann, benutzt. Das Einstampfen des Herdes geschieht in der gleichen Weise, wie es früher für Dolomitherde ausführlich erörtert worden ist, indem nämlich Sintermagnesit in etwa erbsengroßer Körnung unter Zusatz von wenig Magnesitmehl und 10 bis 12% wasserfreien Stahlwerksteeres festgestampft wird. Ein beliebtes und verbreitetes Binde- und Sintermittel stellt auch Wasserglas dar. Wird Sintermagnesit als Flickmasse zum Ausbessern der Zustellung im laufenden Betrieb verwandt, so wird er zweckmäßig allein mit etwa 10% gebrannten Kalkes zu einem steifen Brei angerührt und in die Löcher eingetragen. — Zusammenfassend kann gesagt werden, daß für den Herd und die Seitenwände basischer Elektroöfen Magnesit ein sehr guter, wenn auch kostspieliger Baustoff ist.

Von besonderer Wichtigkeit wurde der Sintermagnesit für die basische Zustellung der kernlosen Induktionsöfen. Für diesen Verwendungszweck ist er auch heute noch praktisch das allein in Anwendung kommende Material. Da jede mangelnde Raumbeständigkeit zum Reißen der Tiegel führt, muß hier besondere Sorgfalt auf die Sinterung gelegt werden. Für derartig hohe Beanspruchung wird der Magnesit mitunter sogar geschmolzen, wobei auf Mineralisatoren verzichtet und schließlich überhaupt von reinerem Material ausgegangen werden kann. Es hat sich inzwischen herausgestellt, daß zur Eindämmung des Schrumpfens ein einwandfreies Sintern genügt und daß die Beständigkeit gegen Schlackenangriff erst über einem gewissen Gehalt an Verunreinigung stärker beeinträchtigt wird, so daß nicht unbedingt auf die teuere, geschmolzene, reine Magnesia zurückgegriffen werden muß.

Besonders bei der Verwendung von Stampfmaterial konnte daher herausgefunden werden, daß bei zweckmäßiger Auswahl der Körnung, deren jeweiliger Zusammensetzung und jeweiliger Sintertemperatur, gegebenenfalls unter Zusatz vorwiegend saurer Sintermittel, wie beispielsweise Glaspulver, ein Tiegel von hoher Beständigkeit gegen Temperaturwechsel und Verschlackung erzielt werden kann. Der höchstzulässige Gehalt an Kieselsäure hängt in starkem Maße vom Kalk und Tonerdegehalt ab. Diese Zusammenhänge werden besonders für die Herstellung risseunempfindlicher Tiegel für große Hochfrequenzöfen nutzbar gemacht. Es werden sehr reine hochgesinterte oder sogar geschmolzene Magnesite mit unreineren Magnesitsorten als Bindemittel zur Anwendung gebracht. Die vorzügliche Durchdringung dieser Bestandteile beim Sintern wird durch weitgehende Mischkristallbildung erklärt. Periklas und Magnesiaferrit gehören beide dem regulären System an und haben gleiche Raumgittertypen und ähnliche Gitterkonstanten.

Solche Stampfmassen eignen sich selbstverständlich auch hervorragend für Niederfrequenzöfen.

Chrommagnesit.

Eine ganz beträchtliche Verbesserung gerade der unerwünschten Eigenschaften des Magnesits wurde durch Zusatz von Chromerz erreicht. Das ungebrannte Chromerz wird dem gebrannten Magnesit in Mengen von 18 bis 20% zugemischt, wobei der Kieselsäuregehalt nicht höher als 5% liegen darf, weil dann infolge Glasbildung die Schlackenfestigkeit und Temperaturwechselbeständigkeit leiden. Gegenüber den gewöhnlichen Magnesitsteinen zeigt der Chrommagnesitstein eine erhöhte Temperaturwechselbeständigkeit, bessere Widerstandsfähigkeit gegen Schlackenangriff; wegen der schon vorher vollzogenen weitgehenden Spinellbildung ist auch die Infiltration sehr stark herabgesetzt, wodurch dem leidigen Abplatzen entgegengewirkt werden konnte, und schließlich eine weit geringere Wärmeleitfähigkeit. Im Elektrostahlbetrieb haben sich aber auch diese Steine nicht einzuführen vermocht. Der Temperaturwechsel zwischen den einzelnen Schmelzen ist doch zu groß, so daß bei der vorliegenden dauernden Inflitration nach einiger Zeit das Abplatzen wieder in Erscheinung tritt. Auch als Deckelmaterial besitzen sie keine genügende Haltbarkeit. Die Steine schmelzen nicht ab, sondern werden allmählich mürbe. Dies wird neben der Infiltration und der Neigung zum Platzen auch auf die Unbeständigkeit der Chromoxyde zurückgeführt, die durch die dauernd wechselnden oxydierenden und reduzierenden Verhältnisse ihre Oxydstufen ändern und auf diese Weise das Steingefüge auflockern.

In den USA sind Chrom-Magnesit-, aber auch reine Magnesitsteine zur Anwendung gelangt, die nicht durch Brennen, sondern durch chemische Bindung hergestellt werden. Dabei wird ein so hoher Preßdruck zur Anwendung gebracht, daß die Steine weniger zum Schrumpfen neigen sollen als die hochgebrannten. Sie werden für die Seitenwände gebraucht, wobei durch Verwendung von Blecheinlagen die ganze Wand ein gleichmäßig festes Gefüge erhalten soll.

Dolomit.

Das Ausgangsmaterial für die Herstellung des Sinterdolomits ist der Rohdolomit $CaCO_3 \cdot MgCO_3$. Für feuerfeste Zwecke kommen hauptsächlich die Zusammensetzungen in Betracht, die ungefähr $CaCO_3$ und $MgCO_3$ in äquivalenten Mengen enthalten oder nur etwas reicher an $MgCO_3$ sind. Er wird in Schacht- oder Drehrohröfen gebrannt und gesintert. Sinterdolomit ist der in Deutschland fast ausschließlich verwendete Baustoff für Herd- und Seitenwände basischer Elektroöfen. In Amerika tritt er jedoch an Bedeutung gegenüber dem Magnesit zurück. Der Kalkgehalt des Dolomits bewirkt seine im Vergleich zu Magnesit geringere Widerstandsfähigkeit gegen verschlackende Einflüsse; eine saure Schlackenführung auf Dolomitherden ist daher im Gegensatz zu Magnesitherden nicht durchführbar. Außerdem neigt Sinterdolomit wegen seines hohen Kalkgehaltes in ähnlicher Weise wie gebrannter Kalk durch Einwirkung der Luftfeuchtigkeit zum Zerrieseln durch Hydratisierung. Da CaO und MgO keine Verbindungen miteinander eingehen und die Temperatur des beginnenden Schmelzens im reinen System bei ungefähr 2300° liegt, müssen für das Sintern Flußmittel vorhanden sein. Diese sind meist in Form von Kieselsäure, Tonerde und Eisenoxyd bereits im Mineral enthalten, andernfalls ist der Dolomit unbrauchbar. Ein guter Sinterdolomit soll aber nicht mehr als etwa 7% SiO_2 und 6% Eisenoxyd und Tonerde enthalten.

Die elektrische Leitfähigkeit des Dolomits ist bei Temperaturen über 1000° genügend hoch, um in Öfen mit leitendem Herd den Stromdurchfluß von den Bodenelektroden zum Bad durch eine Überstampfung von etwa 300 mm Stärke hindurch zu gestatten.

Während Schamotte, Silika und Magnesitsteine sowie Sintermagnesit sich unbegrenzt aufbewahren lassen, wenn sie gegen unmittelbare Einwirkung von Nässe geschützt sind, ist dies bei Sinterdolomit nicht der Fall. Unter der Einwirkung der in der atmosphärischen Luft enthaltenen Feuchtigkeit wird der Dolomit mürbe und zerfällt. Derartig verwitterter Dolomit ist als Flickmasse unbrauchbar geworden, weil er nach dem Einbringen in den Ofen anfangs zwar zusammenfrittet, dann aber bei Temperaturen über 1000° die aufgenommene Feuchtigkeit unter Zerstäuben und Auseinanderfallen wieder abgibt. Je schärfer der Dolomit gesintert wurde, um so dichter ist seine Oberfläche und um so länger widersteht er der Verwitterung; doch büßt auch der schärfst gebrannte Dolomit durch vier- bis sechswöchiges Lagern an freier Luft an Güte ein. Aufbewahrung in gedeckten, mit Auslaufschnauzen versehenen Bunkern verbessert merkbar die Haltbarkeit.

Sinterdolomit wird wohl von allen Stahlwerken als solcher in etwa bohnengroßer Körnung bezogen. Einrichtungen zum Brennen von Rohdolomit und zur Ziegelung von Sinterdolomit, wie sie in Thomasstahlwerken üblich sind, lohnen sich für den geringen Verbrauch der Elektrostahlwerke meistens nicht. Außerdem werden heute für die Wände und in manchen Betrieben sogar für den Herd der Lichtbogenöfen Preßsteine aus Teerdolomit zur Anwendung gebracht, die von fremden Werken bezogen werden können. Es kann aber kein Zweifel darüber bestehen, daß in jedem Fall gerade das sorgfältig durchgeführte Kollern des Teerdolomits von größter Wichtigkeit ist. Es hat sich herausgestellt, daß für die Erzielung größter Dichte verschiedene Kornmischungen verwendet werden können. Bei nur grobem und feinem Korn treten jedoch leicht Entmischungen auf, die am besten durch Mitverwendung eines mittleren Kornes verhindert werden können. Ein solches Korn wird aber beim sorgfältig durchgeführten Kollern von selbst erzielt. Das Mahlen und Brechen sowie das Einkneten des Teeres, dessen Zusatzmenge etwa 6,5 bis 8% betragen soll, müssen so geleitet werden, daß beim Kollern u. a. auch der geeignetste Druck und die günstigste Zeitdauer beachtet werden, sofern wirklich optimale Ergebnisse erzielt werden sollen. Um eine Maßzahl für die Erhöhung der Dichte in den letzten Jahren zu geben, sei angeführt, daß z. B. in England, wo diese Zusammenhänge zahlenmäßig genau verfolgt worden sind, die Porigkeit des gestampften Dolomits auf ein Drittel vermindert werden konnte, nämlich von etwa 35% auf 12%. Dadurch ist der Flickdolomitverbrauch ebenfalls gesunken, und zwar um etwa 30%. Die in Abb. 37 dargestellten Werte sind unter den ebengenannten Voraussetzungen erzielt worden. Als letzte Entwicklung in England wird über die Herstellung gestampfter Herde mit graphitiertem Dolomit berichtet, der sich besonders für weiche Stähle hervorragend bewährt haben soll. Offenbar wird dem Stampfdolomit auf diese Weise noch höhere Dichte und chemische Widerstandsfähigkeit verliehen. (Electr. Proc. Subcommitee J. Iron Steel Inst. 1919 S. 68 und 71.)

Schließlich sei noch erwähnt, daß auch durch Trockenstampfen des Sinterdolomits für Herde sehr beachtliche Haltbarkeiten erzielt werden konnten. In beiden Fällen kann die richtige Arbeitsweise daran erkannt werden, daß nach dem Sintern des gestampften Materials ein gleichmäßig dichter felsartiger Stein entstehen muß.

Die Herstellung der Ofenzustellung aus Dolomit-Teerstampfmasse ist in ihren Einzelheiten bereits erörtert worden. Zur Bereitung des Teerdolomits für Preßsteine wurde früher der heiße Sinterdolomit mit 8 bis 12 % heißem Stahlwerksteer in Mischschnecken und Mischkollern durchgeknetet und anschließend bei einem Druck von etwa 400 at zu Steinen gepreßt. Hierbei wurde weniger hochgesinterter Schachtofendolomit vorgezogen, da erfahrungsgemäß die gründliche und gleichmäßige Teerimprägnierung als Voraussetzung zur Erzielung einwandfreier Steine betrachtet worden ist. Je mehr aber der Einfluß der Dichte auf die Haltbarkeit der Zustellung erkannt wurde, um so mehr wurde auch auf höher gesintertes Material und höheren Preßdruck (bis etwa 2000 at) übergegangen bei gleichzeitiger Verringerung des Teergehaltes auf die Hälfte und weniger. Sollen diese Steine eine längere Lagerzeit überstehen, so werden sie beispielsweise in eine Teer-Goudron-Mischung getaucht und anschließend mit geeignetem Papier luftdicht umkleidet, um die Luftfeuchtigkeit fernzuhalten. Bei unverletzter Papierumhüllung halten solche Steine mehrere Wochen und können auf weite Strecken versandt werden.

In England und teilweise auch in Amerika begann vor dem letzten Kriege die Entwicklung von der Magnesit- zur Dolomitzustellung, eine Entwicklung, die durch die kriegsbedingten Notwendigkeiten ein stürmisches Maß annehmen mußte. Die erzielten Fortschritte und die dort durchgeführten Untersuchungen sind interessant genug, um auch an dieser Stelle etwas eingehender behandelt zu werden.

Die Herstellung von Dolomitsteinen geht auch in England auf die Verwendung im basischen Konverter zurück. Diese allein mit Teer gebundenen Steine erfordern natürlich eine sofortige Verwendung. Es wurden ganz allgemein seitens der feuerfesten Industrien schon seit langem Versuche gemacht, Dolomitsteine herzustellen, die sich länger lagern lassen[1]. Alle diese Versuche blieben lange Jahre erfolglos, und erst in neuester Zeit ist es gelungen, halbbeständige und vollbeständige

---

[1] Iron Steel Inst. 1946; Spec. Rep. Nr. 32, 33, 35; E. C. Brampton u. a.; J. Iron Steel Inst. Bd. 2 (1945) S. 341 ff.

Dolomitsteine zu erzeugen, die unter den Namen „semistable" und „stable" in den Handel gekommen sind. Um die Haltbarkeit des Dolomits zu erhöhen, muß der vorhandene Kalk in irgendeiner Form abgebunden werden, ohne daß die Feuerfestigkeit oder auch die Schlackenbeständigkeit wesentliche Einbußen erleiden. Eine volle Abbindung kann natürlich die eben genannten Bedingungen nicht erfüllen wegen der zu großen erforderlichen Zusatzmenge. Es wurde deshalb der Weg verfolgt, lediglich das feinere Material vor dem Brennen mit Stoffen zu versetzen, die eine restlose Abbindung der Oberfläche hervorrufen. Der feinkörnige Anteil muß einen Umfang annehmen, daß das darin eingebettete grobe Korn ebenfalls restlos geschützt wird. Als Bindemittel wurden Teer oder Öl vorgesehen. Als stabilisierende Substanzen kamen die folgenden in Anwendung: Bauxit, Kieselsäure, basische Schlacken, Schlackenwolle, Ölschiefer, Magnesiumsilikat, Chromoxyd, Serpentin, Borsäure und ähnliche.

Die jetzt in England erzeugten stabilisierten Dolomitsteine werden zum großen Teil durch Mischen feingemahlenen Serpentins zum ebenfalls feingemahlenen Dolomit vor dem Brennen hergestellt. Der Vorzug des Serpentins wird darin erblickt, daß er auf Grund des niedrigen Molekulargewichtes der Kieselsäure einen besonders hohen Betrag an Trikalziumsilikat bilden und daher mehr Kalk abbinden kann als andere Stabilisatoren. Außerdem wird durch Erhöhung des Magnesiagehaltes die Feuer- und Schlackenbeständigkeit des Dolomits wieder gehoben. Die Gesichtspunkte für die Erzeugung des heutigen stabilen Dolomits bestehen darin, unter Berücksichtigung aller Verunreinigungen, den Kalk weitgehend als Trikalziumsilikat abzubinden. Um dies restlos und mit Sicherheit zu erreichen, muß ein Überschuß an Kieselsäure vorhanden sein, wodurch die Bildung des Dikalziumsilikates nicht vollständig unterdrückt werden kann. Da diese Verbindung aber das Zerstäuben bei der Abkühlung hervorruft, muß durch Zusatz, beispielsweise von Borsäure, die gleichzeitig auch als Stabilisator und Mineralisator wirkt, der Disilikatbildung entgegengewirkt werden. Diese Arbeitsweise hat den Vorzug, daß bei der eigentlichen Steinfabrikation Wasser für die Abbindung verwendet werden darf, was bei Vorhandensein von Dikalziumsilikat nicht der Fall ist. Die amerikanischen Methoden scheinen nach den Patent- und Literaturangaben von den englischen insofern abzuweichen, als sie sogar auf das Dikalziumsilikat hinarbeiten, naturgemäß unter seiner geeigneten Stabilisierung, und zwar aus dem einfachen Grunde, weil dieses Silikat schon bei geringeren Temperaturen entsteht als das Trikalziumsilikat, das erst über 1200° und dazu außerordentlich langsam gebildet wird und eine innige Mischung bei den hohen Temperaturen voraussetzt. Außerdem haben Schmelzen des Systems $CaO-MgO-Al_2O_3-Fe_2O_3-SiO_2$, die zwar Trikalziumsilikat, aber keinen freien Kalk enthalten, die Eigenschaft, daß sie inkongruent unter Kalkausscheidung schmelzen. Das Brennen bei der unteren Temperatur kann daher nicht die volle Kalkabbindung gewährleisten, sondern nur hohes Erhitzen und langsames Abkühlen im Bereich der Erstarrungstemperaturen vermag einwandfreie Steine zu liefern. Um das Brennen zu erleichtern, wird der Kunstgriff angewandt, daß das Verhältnis des Eisenoxyds zur Tonerde so hoch gewählt wird, daß das kongruente Schmelzen zuverlässig gesichert wird.

Die vollstabilisierten Steine werden heute laufend an Stelle der Magnesitsteine als Herdunterlage im Lichtbogen-, aber auch im Martinofen verwendet und bewähren sich einwandfrei. — Die halbstabilisierten Dolomitsteine haben den Vorzug, daß die Feuerfestigkeit und Schlackenbeständigkeit infolge des Fortfalls jeglicher Zusätze günstiger liegen als bei den vollstabilisierten, denn bis heute konnten tatsächlich keine wirtschaftlichen Stabilisatoren gefunden werden, die diese Eigenschaften nicht beeinträchtigen. Außerdem hat sich herausgestellt, daß zur Hebung der Schlackenbeständigkeit wiederum recht erhebliche Magnesitzusätze gemacht werden müßten. Die fertiggestellten halbstabilisierten Steine müssen daher zur Verhinderung der Hydratisierung noch mit geeignetem Teer imprägniert werden, wodurch sie etwa 6 Monate lang haltbar sind. Allerdings dürfen sie nicht mechanisch beschädigt werden, wobei noch zu bemerken ist, daß durch die Teerbehandlung die Festigkeit der Steine günstig beeinflußt wird. Das für diese Zwecke verwendete Rohmaterial wird in Schachtöfen gesintert. Vor der Verwendung wird der Anteil unzureichend gebrannten Materials festgestellt und bei Überschreitung der Grenze von 5 % wird der Dolomit von der Steinerzeugung ausgeschlossen. Die Analysen der beiden Steinsorten unterscheiden sich daher auch hauptsächlich in ihren Gehalten an Kieselsäure und Kalk.

	% SiO_2	% Al_2O_3	% Fe_2O_3	% MnO	% CaO	% MgO
stabilisiert	13—15	2—3	2—4	0,1	36—40	38—40
halbstabilisiert	3— 5	1—3	1—3	0,1	48—50	38—40

Es ist ohne weiteres klar, daß die halbstabilisierten Steine ähnliche Eigenschaften zeigen müssen wie die in Deutschland üblichen Teerdolomitpreßsteine. So werden beispielsweise für die Seitenwände durchschnittliche Haltbarkeiten von 70 bis 90 Schmelzen und darüber angegeben. Für Türbogen und -pfeiler und für die Abstichöffnung sind mit halbstabilisierten Dolomitsteinen in England Haltbarkeiten von etwa 25 bis 50 erzielt worden.

Dagegen beanspruchen die Versuche zur Herstellung von Deckeln in halbstabilisierten Dolomitsteinen ein erheblich größeres Interesse. Schon im Jahre 1945 wurde an einem Ofen mit einem solchen Deckel eine Haltbarkeit von 57 Schmelzen erzielt, wobei noch zu berücksichtigen ist, daß der Ofen nur einschichtig in Betrieb war und in der Zwischenzeit lediglich durch Koksfeuer warmgehalten wurde. Die Größe der Steine entsprach etwa den üblichen Silika-Deckelsteinen, bei einer Stärke des Deckels von 250 mm. Der Verschleiß trat durch das näher beschriebene Abplatzen ein. Dieses Ergebnis muß als beachtlicher Fortschritt auf dem Wege zur Herstellung rein basischer Öfen betrachtet werden, aber die noch zu überwindenden Schwierigkeiten müssen selbst bei optimistischer Beurteilung noch als sehr erheblich angesehen werden, um so mehr, wenn die in England durchgeführten Untersuchungen über die Ursache des Abplatzens entsprechend beachtet werden. Ein kalkreicher Stein wird im Lichtbogerofen unter der Einwirkung von Kieselsäure und Eisenoxyd stets infiltriert werden, wie dies von dem Magnesit- und Chrommagnesitstein auch bekannt ist. Andererseits ist das vorliegende Ergebnis ermutigend genug, um planmäßig an dieser Aufgabe weiterzuarbeiten. Die ebenfalls aus halbstabilisierten Steinen gemauerten Seitenwände des Ofens waren nach dem Abnehmen des Dolomitdeckels noch in gutem Zustand.

Da die Abnutzung der Steine in erster Linie auf Erweichen und Abplatzen zurückzuführen ist, wurden eingehende Ermittlungen vorgenommen, um die Veränderung des Steines im Laufe der Ofenreise zu studieren und um Zusammenhänge zu finden über die inneren Vorgänge des Verschleißes. Chemische, mineralogische und röntgenspektroskopische Untersuchungen zeitigten als wesentliches Ergebnis, daß das Abplatzen in der Hitze offensichtlich neben den Ausdehnungsverhältnissen auf eine Verminderung der Festigkeit des Steines durch die Temperatur und außerdem auf Veränderungen seiner chemischen Zusammensetzung zurückgeführt werden muß. Es ergab sich, daß die Steine im hohen Grade Eisenoxyde, Kieselsäure, Tonerde, Chromoxyd und Manganoxydul aufnehmen. Die Tonerde dringt offensichtlich am weitesten in den Stein hinein und muß verantwortlich gemacht werden für das Abplatzen der Steine in weiter nach hinten liegenden Zonen, indem es das feinere Material zum Erweichen bringt und damit der Zusammenhang des Kornes vermindert wird, so daß bei Unterspülungen eine Wand einfach nach unten abrutschen kann. Das in viel höherer Konzentration vorhandene Eisenoxyd dringt natürlich in größeren Mengen ein, aber bei weitem nicht so tief. Der Mangangehalt und in noch stärkerem Maße der Chromgehalt fallen nach dem Steininneren rascher ab. Dagegen dringt die Kieselsäure wieder weiter ein und dürfte bei den wechselnden Oxydationsstufen des Eisens eine ganz besonders große Rolle in der Zerstörung spielen. Aus den einzelnen Beobachtungen wird die Folgerung gezogen, daß die niedrigst schmelzenden Eutektika bei Anwesenheit ungelösten Kalkes dann auftreten, wenn die Gehalte an Tonerde hoch und die an Eisenoxyd niedrig sind. Dies dürfte u. a. auch einen Anhalt dafür geben, warum das Abplatzen sich nicht auf die oberste Zone beschränkt, sondern meist 30 bis 50 mm von der Oberfläche entfernt eintritt. Außerdem nehmen die Steine beträchtliche Mengen Schwefel auf, dessen Sulfide vermutlich wegen des besonders tiefschmelzenden Eutektikums mit Eisenoxydul trotz der geringen Mengen besonders unangenehm wirken. Es konnte auch festgestellt werden, daß die Oberfläche mit Magnesiaspinell und Periklas angereichert wird, die eine beachtliche Widerstandsfähigkeit erreichen könnten, wenn das Abplatzen nicht eintreten würde. Dicht hinter der Oberfläche steigt der Kieselsäuregehalt auf den Höchstwert, und hier tritt bei zu tiefer Abkühlung das Zerstäuben ein. Diese Ausführungen verdeutlichen in sinnvoller Weise die Art und den Umfang der Schwierigkeiten, die der weiteren Entwicklung noch entgegenstehen.

Nicht nur weil Dolomit für den Stahlwerker ganz allgemein von großer Bedeutung ist, wurde dieser Abschnitt ausführlicher gehalten, sondern es sollte auch gezeigt werden, daß dieser an sich schon sehr wertvolle und preiswerte Baustoff sich hervorragend veredeln läßt, wenn es dazu auch mühevoller Anstrengungen in jeder Hinsicht bedarf. Jedenfalls leistet dieses Material heute schon erheblich mehr als noch vor einem Jahrzehnt.

Karborund.

Dieses von Acheson eingeführte künstliche Erzeugnis wird durch Reduktion von Quarz mit Kohle gewonnen und entspricht in seiner Zusammensetzung der Formel SiC, ist also Siliziumkarbid. Die Herstellung der Ziegel geschieht durch Pressen unter Zusatz von Pech, Leinöl, Tonerde oder Kieselsäure als Bindemittel, und durch nachträgliches Brennen der Formlinge. Seine Feuerfestigkeit ist ausgezeichnet, da es sich erst über $2000°$ allmählich zersetzt; seine mechanischen Eigenschaften sind gut, und seine Neigung zum Abplatzen bei Temperaturschwankungen ist sehr gering. Bei Verwendung als Deckelstein würde seine hohe Wärmeleitfähigkeit zur Vermeidung allzu großer Wärmeverluste eine gute Isolierung des Gewölbes bedingen, was aber infolge der hohen Feuerfestigkeit keine Schwierigkeiten böte. Die ziemlich beträchtliche elektrische Leitfähigkeit des Karborunds würde freilich seine Verwendung als Einfassungsring der Elektrodenöffnungen ausschließen. Dem Angriff von Kalkstaub hält Karborund gut stand; dagegen vermag er oxydierenden Verhältnissen nicht zu widerstehen, er verbrennt unter Bildung einer bröseligen Masse aus Kieselsäure. Als Gewölbebaustoff ist er in Amerika bei kleineren Elektroöfen bereits mehrfach erprobt worden und soll gute Haltbarkeitszahlen ergeben haben. Diese Ergebnisse konnten in Deutschland nicht bestätigt werden. Gerade auf diesen Stein hatte der Elektrostahlwerker einmal große Hoffnungen gesetzt. Als Stampfmasse für die

Wände im Grafitstabofen vermag er wegen der dort herrschenden gleichmäßig sauerstoffarmen Atmosphäre eine bemerkenswerte Haltbarkeit zu
erreichen. Von flüssigem Eisen und von Schlacken wird Karborund sofort
aufgelöst oder zersetzt, so daß er als Herdbaustoff nicht in Frage kommt.

Hochtonerdehaltige Erzeugnisse.

Versuche, die Feuerfestigkeit der Tonerde für Ofenbaustoffe auszunutzen, sind häufig unternommen worden, haben aber bisher noch kein
befriedigendes Ergebnis gezeitigt. Bauxit, die natürlich vorkommende
wasserhaltige Tonerde, wird aufbereitet, elektrisch geschmolzen unter

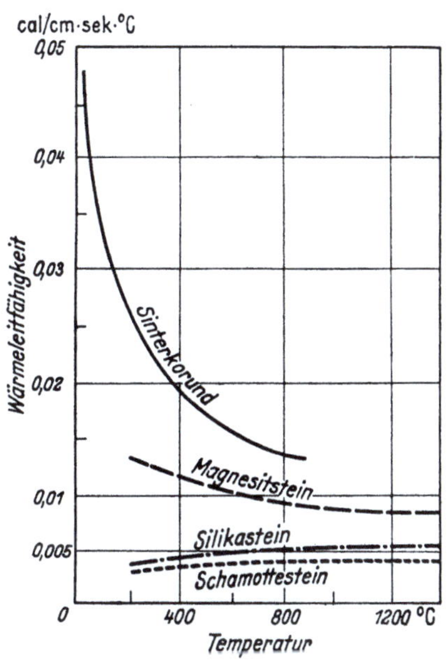

Abb. 112. Wärmeleitfähigkeit verschiedener feuerfester Stoffe.
(Nach Geridieu.)

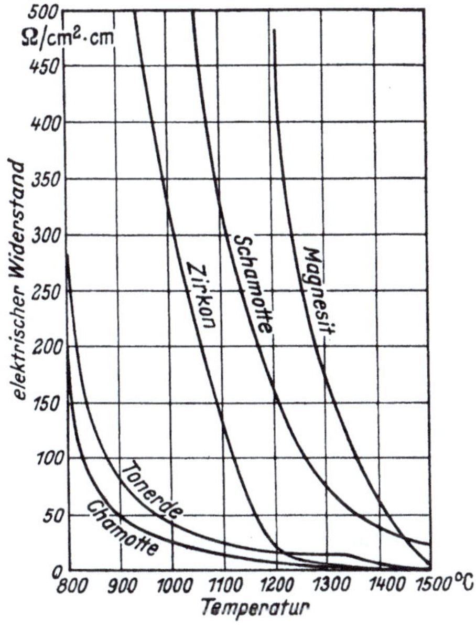

Abb. 113. Elektrischer Widerstand feuerfester
Baustoffe in Abhängigkeit von der Temperatur.
(Nach Hartmann, Sullivan und Allen.)

weitgehender Reduktion der Verunreinigungen durch Kohle, zerkleinert,
geziegelt und dann bei hoher Temperatur gebrannt. Das Erzeugnis geht
unter verschiedenen Namen, Alundum, Korunit usw. Es hat einen hohen
Schmelzpunkt, etwa 2000° C, erweicht erst in der Nähe des Schmelzpunktes und ist gegen Temperaturschwankungen weniger empfindlich
bei ausnehmend hoher Wärmeleitfähigkeit (Abb. 112) und geringem
elektrischem Widerstand (Abb. 113). Dagegen wird es von Kalkstaub und
Schlacken leicht angegriffen und besitzt noch eine weitere unangenehme
Eigenschaft, die es mit allen hochtonerdehaltigen Erzeugnissen teilt, nämlich starke Schrumpfung bei hoher Temperatur. Im Elektrostahlbetrieb
wird dieser Baustoff selten und dann meist als Stampfmasse verwendet.

Die hohen Herstellungskosten der hochtonerdehaltigen Ziegel lassen vorläufig die Verwendung im Stahlwerksbetrieb noch als unwirtschaftlich erscheinen. Die erzielten Haltbarkeiten lassen noch keine allgemeine wirtschaftliche Anwendung zu. Lediglich für den Deckel des Grafitstabofens finden Korundsteine laufend Verwendung, während seine Seitenwände mit Korundmasse gestampft werden.

Zirkon und Zirkonoxyd.

Als Tiegelmaterial für den Hochfrequenzofen hat Zirkon und Zirkonoxyd gelegentlich, und zwar besonders in Amerika, Verwendung gefunden. Diese Materialien sind zwar in Deutschland noch wenig zur Anwendung gekommen, ihre Eigenschaften sind aber so hochwertig und so interessant, daß sie hier wenigstens kurz behandelt werden sollen. Die wichtigsten technisch verwertbaren Vorkommen liegen in Indien, Brasilien und auf Ceylon und liefern Zirkonoxyd (ZrO_2) oder Zirkon ($ZrO_2 \cdot SiO_2$). Zirkonoxyd hat die Vorzüge eines sehr hohen Schmelzpunktes, nämlich etwa 2700°, einer ausgezeichneten Temperaturwechselbeständigkeit und einer geringen elektrischen Leitfähigkeit. Dazu kommt eine geringe Wärmeleitfähigkeit und eine gute Schlackenbeständigkeit. Gegen oxydierende Atmosphäre ist Zirkonoxyd geradezu unbeschränkt haltbar, dagegen empfindlich gegen reduzierende Gase, wie besonders Wasserstoff, aber auch Kohlenoxyd. Kohlenstoff vermag oberhalb 2000° zum Metall bzw. zum Karbid zu reduzieren, während die genannten Gase zu niedrigeren Oxydationsstufen führen. Um die guten feuerfesten Eigenschaften zu erzielen, bedarf es eines Brandes bei rd. 2000°, der mit einer sehr starken Schwindung infolge Sinterung verknüpft ist. Zur Herstellung raumbeständiger Steine sind also zwei solcher hohen Brände erforderlich. Die allotropen Umwandlungen des Zirkonoxydes, die in mancher Hinsicht, insbesondere auch der starken Ausdehnung, denjenigen der Kieselsäure ähnlich sind, müssen beim Sintern mit Hilfe geeigneter Mineralisatoren so beeinflußt werden, daß sie unterdrückt werden und die Verdichtung so vollständig ist, daß im Betrieb keine Nachwirkung mehr eintreten kann.

Die genannten Eigenschaften machen dieses Material zu einem sehr guten, weitgehend risseunempfindlichen Tiegelmaterial, besonders auch für sehr hoch schmelzende Legierungen. Die besonderen Schwierigkeiten bei der Herstellung dieses feuerfesten Materials beeinträchtigen leider seine Wirtschaftlichkeit und ließen bisher seine Anwendung nur unter besonderen Umständen zu.

Zirkon hat im Vergleich zum Oxyd ebenfalls geringe Leitfähigkeit bei hohen Temperaturen und hohe Temperaturwechselbeständigkeit. Dagegen ist die Druckerweichung erheblich geringer und desgleichen die Schlackenfestigkeit gegen verschiedene Mineralien. Gegenüber reduzierenden Einflüssen ist das Silikat erheblich beständiger als das Oxyd.

Der Einkauf der feuerfesten Erzeugnisse.

Der Einkauf der feuerfesten Erzeugnisse ist in hohem Maße Vertrauenssache. Man hat sich zwar in der letzten Zeit bemüht, zuverlässige und möglichst einfache Prüfverfahren auszubilden, um einen zahlenmäßigen Maßstab für die verschiedenen in Betracht kommenden Eigenschaften zu gewinnen. Die Durchführung und einwandfreie Beurteilung derartiger Prüfungen liegt jedoch nur selten im Rahmen der Erfahrungen und Einrichtungen eines Elektrostahlwerkes. Außerdem ist das Wesen der Beanspruchung im Betriebe nur allzuoft ganz anderer Natur, und ein Rückschluß aus der laboratoriumsmäßigen Erprobung auf das Verhalten im Betriebe ist nur bei einfachen und übersichtlichen Beanspruchungen möglich. Diese Sachlage legt in verstärktem Maße den Herstellern feuerfester Erzeugnisse die Verpflichtung auf, auf Grund ihrer Hilfsmittel und Kenntnisse an der zuverlässigen Gleichmäßigkeit und an der weiteren Vervollkommnung ihrer Erzeugnisse zu arbeiten. Der Elektrostahlwerker wird jedenfalls gut daran tun, bis auf weiteres die Bewährung eines feuerfesten Baustoffes im Betriebe als allein gültigen Maßstab für die Güte zu benutzen.

G. Die Einsatzstoffe und die Schlackenbildner.

Allgemeines über die Einsatzstoffe.

Die im Elektroofenbetrieb verwendeten Einsatzstoffe sind: Handelsschrott, unlegierte und legierte Stahlabfälle, Roheisen und schließlich Veredlungs- und Zusatzmetalle.

Da sowohl die Güte wie auch die Gestehungskosten des Elektrostahles in hohem Maße von der richtigen Auswahl der Einsatzstoffe abhängig sind, rechtfertigt sich eine eingehende Erörterung der dabei zu beachtenden Gesichtspunkte. Der Elektrostahlwerker muß in der Lage sein, aus der Reihe der ihm zur Verfügung stehenden Einsatzstoffe jene auszusuchen, die ihm bei gegebenen Gestehungskosten noch eine hinreichende Güte des Erzeugnisses sichern oder die im Hinblick auf verlangte hohe Güte möglichst niedrige Selbstkosten gewährleisten.

Gewöhnlicher Schrott.

Der gewöhnliche Stahlschrott in der für den Martinofenbetrieb üblichen Zusammensetzung und Sortierung (Kernschrott, Bauschrott, Blechschrott, Rohrschrott, gemischtes Alteisen usw.) ist ein für den Elektroofen wenig geeigneter Einsatz. Die verschiedene Stückgröße und Sperrigkeit, die für den maschinellen Chargierbetrieb des Martinofens von geringerer Wichtigkeit ist, spielt für den Elektroofen, der bei kleinen Inhalten in den meisten Fällen von Hand, bei großem Fassungsvermögen mittels Korb gefüllt wird, eine nicht zu unterschätzende Rolle. Sperriger, ungleichmäßiger, nicht schaufelfähiger Schrott verlängert die Einsatzdauer ungebührlich, führt während des langen Einsetzens und des notwendig werdenden Nachsetzens eine starke Abkühlung des Ofens herbei und erhöht damit letzten Endes die Schmelzkosten. Bei Anwendung der Korbbeschickung bleiben diese Gesichtspunkte bestehen, da der gesamte Schrott durch einmaliges Beschicken in den Ofen gebracht werden muß. Nachbeschicken mittels Korb beschädigt die Lamellen durch flüssigen Stahl und kann, falls der Einsatz nicht vollkommen trocken ist, sogar zu Explosionen führen, wenn der feuchte Schrott in das Bad sinkt.

Fernerhin ist der gewöhnliche Stahlschrott auch in seiner Zusammensetzung sehr ungleichmäßig; er enthält in willkürlicher Verteilung hochphosphorhaltiges und phosphorarmes Sammelgut und erfordert deshalb zur Sicherung eines gleichmäßig geringen Phosphorgehaltes im Enderzeugnis stets eine starke Frischbehandlung.

Von großem Interesse für den Elektrostahlwerker ist der Thomaskernschrott. Dieses sogenannte „jungfräuliche" Material hat den Vorzug, vollkommen frei von Legierungen, wie Nickel, Chrom, Molybdän usw., zu sein, da es unmittelbar der Erzverhüttung entstammt. Wenn auch in letzter Zeit dem Hochofen häufig genug Schrott zugeführt wurde, so ist die Reinheit des Thomasschrottes hinsichtlich der erwähnten Legierungen zumal im Vergleich zum Martinschrott nach wie vor als ausreichend zu bezeichnen.

Ausgesuchter phosphorarmer Elektroofenschrott.

Die eben dargelegten Verhältnisse lassen eine Nachfrage nach solchem Schrott entstehen, der für den Elektroofenbetrieb besonders geeignet ist; das heißt also, nach stückigem, schaufelfähigem Schrott einheitlicher Herkunft bekannter und vor allem gleichmäßiger Zusammensetzung und genügend niedrigem Phosphorgehalt. Der amerikanische Schrotthandel liefert seit langem laufend eine solche Schrottsorte unter der Bezeichnung ausgesuchter phosphorarmer Elektroofenschrott. Als Ausgleich für die Kosten der Sortierung und für die Gewährleistung eines Höchstgehaltes von 0,040% Phosphor kostet dieser Schrott etwa 10% mehr als gewöhnlicher Kernschrott. Er besteht zumeist aus Block- und Knüppelenden von Siemens-Martinstahl, schwerem Kesselblech- und Stanzabfällen, Schmiedeabfall aus Gesenkschmieden und ähnlichem Gut. In Deutschland ist diese Entwicklung ähnlich verlaufen. Darüber hinaus gibt es heute im Handel Weicheisensorten, die meist aus Thomas-Stahlwerken stammen und in Walzknüppeln geliefert werden, mit Phosphor- und Schwefelgehalten unter je 0,020% und weniger. Desgleichen sind Kohlenstoff-, Mangan- und Siliziumgehalte äußerst niedrig bemessen, so daß die Knüppel meist Rotbrucherscheinungen aufweisen. Dieses

Material ist vornehmlich für den Hochfrequenzofen geeignet; es wird häufig an Stelle der reinsten aber sehr kostspieligen Einsatzstoffe wie Eisenschwamm und schwedische Rohschienen angewandt.

Unlegierte Stahlabfälle.

Einen weiteren brauchbaren Einsatz für den Elektroofen stellen die unlegierten Werkzeugstahlabfälle dar. Während der eben beschriebene phosphorarme Schrott zwischen 0,10 bis 0,60% im Mittel etwa 0,20% Kohlenstoff und etwa 0,50% Mangan enthält, weisen die unlegierten Werkzeugstahlabfälle einen durchschnittlichen Kohlenstoffgehalt von etwa 0,90% und einen durchschnittlichen Mangangehalt von etwa 0,30% auf. Im allgemeinen werden die Werkzeugstahlabfälle nicht gehandelt. Die Stahlwerke übernehmen sie vielmehr meist nur von ihren unmittelbaren Abnehmern, um eine gewisse Gewähr gegen Vermischung mit chrom-, wolfram- und anders legierten Abfällen zu haben. Ein vollkommener Schutz gegen unbeabsichtigte Legierung wird selbstverständlich auch durch diese Maßnahme nicht erzielt, und es bleibt eine der wichtigsten Aufgaben des Elektrostahlwerkers, bei der Verwendung werkseigener und angekaufter Stahlabfälle deren Gleichmäßigkeit sicherzustellen.

Legierte Stahlabfälle.

Die gleichen Erwägungen gelten auch für legierte Stahlabfälle, deren Verwendung sich aus dem Zwang zur Verwertung des in den eigenen Werksbetrieben (Stahlwerk, Walzwerk, Schmiede, Kontrollstelle usw.) entfallenden Erzeugungsabfalles ergibt. Des weiteren schafft der billigere Preis des Legierungsmetalls in gekauften Abfällen einen gewissen Anreiz zu deren Bevorzugung gegenüber dem Reinmetall oder der Ferrolegierung. Es darf jedoch nicht übersehen werden, daß die größere Ausschußgefahr infolge unbeabsichtigter Legierung sowie die Kosten der eingehenden Nachprüfung auf Gleichmäßigkeit den preislichen Vorteil der legierten Abfälle teilweise oder ganz wieder aufheben können.

Für die Bezahlung des legierten Schrottes ist meist nur die Höhe des Hauptlegierungsbestandteiles maßgebend, also z. B. bei Chromnickelstahlabfällen der Nickelgehalt, bei Schnelldrehstahlabfällen der Wolframgehalt. Späne werden wegen ihrer stärkeren Verrostung und der dadurch erschwerten Schlackenarbeit nur etwa halb so hoch wie stückige Abfälle gleicher Zusammensetzung bewertet. Nachdem seit längerer Zeit neben Wolfram auch Vanadin und Molybdän in größeren Prozentsätzen im Schnellstahl auftreten und heute die Legierungen knapp und teuer sind, wird auf die Bezahlung aller Legierungsbestandteile Wert gelegt. Leider ist nur der Schrott meist wenig einheitlich, so daß dem Stahlwerker der Kauf fremden Schrottes noch immer viel Kummer bereitet. Andererseits wird heute überall in der Welt mit steigendem Nachdruck auf die sorgfältige Sortierung des legierten Schrottes bei den Entfallsstellen und im Handel hingearbeitet, eine Arbeit, die nicht nur privatwirtschaftliche Vorteile abwerfen kann, sondern die berufen ist, auch volkswirtschaftlich gesehen, große Werte zu erhalten.

Der Edelstahlwerker muß heute jeden ankommenden Schrott genau untersuchen und sortieren. Häufig kann eine chemische Durchschnittsanalyse erst genommen werden, nachdem durch Tüpfel- oder Funkenprobe der Nachweis erbracht wurde, daß die vorliegende Sendung auch wirklich einheitlich ist. Die genaue Kenntnis der Verwendungszwecke gibt ebenfalls oft schon durch reine Besichtigung einen Anhalt, in welcher Weise die Sortierung vorzunehmen ist. Jedenfalls ist die Beherrschung der richtigen Klassifizierung des Kaufschrottes die unbedingte Voraussetzung zu seiner nutzbringenden Verwendung, da andernfalls Fehlschmelzen die unausbleibliche Folge sind.

Roheisen.

Als reiner kohlenstoffreicher Einsatz für bestimmte Stahlsorten sowie als genau und zuverlässig wirkendes Aufkohlungsmittel beim Fertigmachen der Schmelzungen, wird Roheisen mit einem Phosphor- und Schwefelgehalt von höchstens je 0,025% gern verwendet. Als reinste Sorten sind das steirische und das schwedische Roheisen und neuerdings das Stürzelberger Roheisen bekannt. Das erstere gelangt in seinen besten Sorten nicht in den Handel, sondern wird in werkseigenen Betrieben restlos verbraucht; das schwedische Roheisen wird nach Fabrikmarken verkauft, deren Zusammensetzung und Reinheitsgrad gewährleistet werden. In letzter Zeit werden auch in Deutschland im Drehflammofen nach dem Stürzelberger Verfahren Roheisensorten hergestellt, die sich in ihrer Zusammensetzung dem schwedischen weitgehend nähern und für viele Verwendungszwecke an dessen Stelle treten können und sich selbst im Edelstahlbetrieb bewährt haben. Für die meisten Zwecke kommen die weißen Roheisensorten in Frage, die außer 3,80 bis 4,20% Kohlenstoff nur geringe Mengen an Silizium und Mangan (unter 0,25%) enthalten. Siliziumreiches (meliertes und schwarzes) sowie manganreiches Sonderroheisen kommen im Elektroofenbetrieb nur in seltenen Sonderfällen zur Verwendung.

Manganlegierungen.

Manganvorkommen, die geeignet sind, ohne besondere Vorkehrungen auf hochprozentiges Ferromangan verarbeitet zu werden, fehlen — sofern man von Rußland absieht — in allen Ländern mit stark entwickelter Eisenindustrie. In fast allen diesen Ländern sind daher Wege beschritten worden, auch aus manganarmen Erzen höherprozentiges Ferromangan zu erzeugen. Diese Verfahren bestehen meist in einer bevorzugten Reduktion des Eisens und Anreicherung der Schlacken an Mangan. Die wichtigsten und reichsten Vorkommen sind im Kaukasus und in der Ukraine, in Britisch-Indien, Brasilien und Südafrika. Die Erzeugung der hochprozentigen Legierungen geschieht entweder im Hochofen oder elektrothermisch. Das Hochofenmangan ist oft schlackenreich und enthält vorwiegend oxydische Schlacken, während im elektrischen Reduktionsofen ein wesentlich reineres Produkt erzielt wird.

Das handelsübliche Ferromangan weist etwa 75 bis 82% Mangan und etwa 7% Kohlenstoff auf. Sein Schmelzpunkt liegt bei etwa 1250° C, das spezifische Gewicht beträgt 7,1. Legierungen mit 50% und solche mit 12% Mangan (Spiegeleisen) bieten preislich kaum Vorteile und werden im Elektroofenbetrieb nur selten gebraucht. Die letztgenannte Sorte wird manchenorts zum Nachkochen verwendet.

Die im handelsüblichen, elektrothermisch erzeugten Ferromangan vorkommenden Verunreinigungen treten fast nie in störendem Ausmaße auf. Der Siliziumgehalt beträgt meist unter 1%, Schwefel ist nur in unschädlichen Mengen vorhanden. Der einzige Bestandteil, der sich unter Umständen bei der Herstellung hochprozentiger Manganstähle störend bemerkbar machen kann, ist Phosphor, der im Ferromangan meist in einer Höhe von 0,200 bis 0,300%, zuweilen jedoch auch höher, vorzukommen pflegt. Wenn auch bei den genannten Stählen ein Phosphorgehalt von 0,070% sich noch kaum nachteilig bemerkbar macht, so muß doch bei ihrer Erzeugung der Phosphorgehalt des Ferromangans dauernd überwacht werden.

Außer den gewöhnlichen Ferromangansorten wird im Elektroofen noch kohlenstoffarmes Ferromangan mit 0,1 bis 3% Kohlenstoff und 80 bis 90% Mangan erzeugt. Der Reinheitsgrad nimmt in der Regel mit sinkendem Kohlenstoffgehalt ab und beträgt 0,2% Phosphor, 0,02% Schwefel und 1% Silizium. Ferromangan mit 0,5 bis 2% Kohlenstoff wird als Mangan affiné und mit weniger als 0,5% Kohlenstoff als Mangan suraffiré bezeichnet. Für manche Zwecke wird auch ein Manganmetall mit 95 bis 97% Mangan, 0,1 bis 0,2% Kohlenstoff und 0,2% Phosphor geliefert, das durch silikothermische Reduktion hochwertiger Manganträger im Elektroofen erschmolzen wird. Außerdem ist aluminothermisch hergestelltes, kohlenstofffreies Manganmetall mit etwa 96 bis 98% Mangan erhältlich. Diese beiden Legierungen kommen in Betracht für die Erzeugung niedriggekohlter hochmanganhaltiger Stähle, die in den letzten Jahren in steigendem Maße für nichtrostende Chrom-Manganstähle angewendet werden.

Eine weitere niedriggekohlte Manganlegierung hat schon ziemlich starke Verbreitung gefunden, nämlich das Ferromangansilizium oder Silikomangan, das ebenfalls elektrothermisch erzeugt wird. Die übliche

Zusammensetzung ist die folgende: etwa 50 bis 70% Mangan, 20 bis 25% Silizium, wobei der Kohlenstoffgehalt mit steigendem Siliziumgehalt fällt, so daß Silizium-Mangan mit 17 bis 20% Silizium etwa 2% Kohlenstoff und bei rund 25% Silizium unter 0,8% Kohlenstoff enthält, Rest Eisen. Das Silikomangan wird vorzugsweise solchen Stählen zugesetzt, deren niedriger Kohlenstoffgehalt die Aufkohlung durch das übliche Ferromangan nicht zuläßt. Aber auch für alle sonstigen Stähle wird der Gebrauch von Silikomangan an Stelle eines getrennten Zusatzes von Ferromangan und Ferrosilizium öfter empfohlen. Im ersten Falle bilden sich als Desoxydationsprodukt leichtflüssige und somit leicht zur Abscheidung kommende manganreiche Silikate, während in letzterem Falle die beiden schwerschmelzbaren Verbindungen Manganoxydul und Kieselsäure getrennt voneinander entstehen, wodurch die Abscheidung schwieriger gestaltet wird. Voraussetzung für diese günstige Wirkung ist also, daß Mangan und Silizium bei der Desoxydation gleichzeitig vorhanden sind. Näheres wird bei den Desoxydationsvorgängen zu besprechen sein.

Nachstehende Zahlentafel gibt die übliche Zusammensetzung der Manganlegierungen wieder.

Zusammensetzung von Manganlegierungen.

Legierung	Zusammensetzung in %				
	C	Mn	Si	P	S
Ferromangan 80%	6,0—8,5	75—82	1,0	<0,350	<0,050
Ferromangansilizium . . .	1,0—2,5	60—70	16—25	<0.200	—
Ferromangan affiné . . .	0.5— 2,0 abgestuft	80	1,5	0,2	<0,03
Ferromangan suraffiné . .	<0,5	90	1,5	<0,1	<0,03
Manganmetall	<0,2	97	1,5	0,2	<0,07

Ferrosilizium.

Bis zu Gehalten von über 10% Silizium kann die Erzeugung im Hochofen vorgenommen werden. Bei höheren Gehalten kommt allein die Erzeugung auf elektrothermischer Grundlage in Frage unter Verwendung von Quarz, Kohle und der jeweils erforderlichen Schrottmenge, deren Gehalt an Stahlschädlingen, vor allem an Phosphor, niedrig genug sein muß, um die verlangten Höchstgehalte nicht zu überschreiten. Die für den Elektroofenbetrieb in Frage kommenden Ferrosiliziumsorten weisen etwa 45, 75 und 90% Silizium auf. Die 45%ige Legierung, die bei weitem gebräuchlichste, enthält neben 40 bis 50% Silizium bis zu 1% Kohlenstoff, meistens jedoch bedeutend weniger, und geringe Mengen von Mangan, Phosphor und Schwefel. Sie hat die Eigentümlichkeit, bei längerem Lagern an der Luft häufig zu einem grießigen Pulver unter Entwicklung beträchtlicher Gasmengen zu zerfallen. Wegen der damit verbundenen Explosionsgefahr erfolgen Versand und Lagerung nie in dicht verschlossenen Behältern. Viele Stahlwerker zogen früher, insbesondere bei der Herstellung heikler, hochsilizierter Stähle, das zerfallene Pulver wegen seines geringeren Gasgehaltes der frischen, stückigen Legierung vor, trotzdem sich diese leichter in das Schmelzbad einführen läßt.

Die 75%ige und die 90%ige Legierung neigen nicht zu dem eben beschriebenen Zerfall. Sie gelangen meist nur dort zur Anwendung, wo dem Stahl erst in der Pfanne ein höherer Siliziumgehalt zugefügt wird und infolgedessen die damit verbundene Abkühlung möglichst gering gehalten werden soll. Diese Sachlage ist im Martinofenbetrieb die Regel; im Elektroofenbetrieb ist sie nur selten gegeben, da hier die Zugabe in den Schmelzofen selbst erfolgt. Aus diesem Grunde ist ein möglichst hohes spezifisches Gewicht erwünscht, dem die niedriger legierten Sorten gerecht werden. Weitere Gesichtspunkte werden im Abschnitt Desoxydation zu behandeln sein.

Auf besondere Reinheit des Ferrosiliziums ist bei der Herstellung des 4%igen Siliziumstahles für Transformatorenbleche zu achten, weil für dessen Güte ein möglichst geringer Gehalt an Kohlenstoff, Mangan, Schwefel und Phosphor Voraussetzung ist.

Zum Schluß sei noch erwähnt, daß der Schmelzpunkt der 45- und 75%igen Ferrosiliziumsorten etwa 1250 bis 1300° C beträgt. Ihr spezifisches Gewicht ist erheblich geringer als das des Eisens und nimmt mit steigendem Siliziumgehalt von 4,8 (bei 50%igem Ferrosilizium) auf 2,4 (bei 90%igem Ferrosilizium) fast linear ab. Nachstehende Zahlentafel gibt Anhaltspunkte für die Zusammensetzung des Ferrosiliziums.

Zusammensetzung von Ferrosilizium.

Legierung	Zusammensetzung in %				
	C	Si	Mn	P	S
Ferrosilizium um 50%	0,50	42—55	1,0	0,150	Spuren
Ferrosilizium 75%	—	70—80	—	—	—
Ferrosilizium um 90%	—	90—95	—	—	—

Besonderes Augenmerk ist auch auf den Aluminiumgehalt zu richten, der bis zu 1% und darüber betragen kann. Bei hochsilizierten Stählen kann er leicht die Ursache des Schmierens beim Vergießen sein. Schließlich sei noch auf die hohe Wärmeentwicklung der Silizidbildung beim Auflösen des Siliziums im Bad verwiesen. Hochprozentige Siliziumlegierungen erwecken daher den Eindruck, daß der Stahl nach dem Zusatz heißer geworden ist.

Chromlegierungen.

Das Ausgangsmaterial für die Ferrochromerzeugung ist der Chromeisenstein, auch Chromit genannt. Die chromreichen Erze stammen hauptsächlich aus der Türkei, Südafrika, Indien, Rußland, Mazedonien und Bulgarien. Als Reduktionsmittel kommen in erster Linie Kohlenstoff und Silizium in Betracht.

Die Ferrochromgewinnung ist im Hochofen möglich. Die auf diese Weise erzeugten Legierungen enthalten etwa 30 bis 40% Chrom und etwa 8 bis 10% und mehr Kohlenstoff bei meist gleichfalls hohen Siliziumgehalten. Heute wird die Ferrochromerzeugung fast nur elektrothermisch durchgeführt unter Verwendung von Kohlenstoff als Reduktionsmittel. Die dabei entfallende Legierung enthält etwa 60 bis 70% Chrom und über 4% Kohlenstoff. Durch anschließende Raffination im gleichen Ofen nach Abzug der Schlacke mit den im Ofen zurückgebliebenen schwer schmelzbaren Chromitrückständen lassen sich Ferrochromlegierungen mit 1% Kohlenstoff als tiefsten erreichbaren Kohlenstoffgehalt herstellen. Demgemäß ist auch der Preis für die Chromeinheit im Ferrochrom um so höher, je niedriger der Kohlenstoffgehalt ist. Im Handel werden nach dem Kohlenstoffgehalt meist folgende Sorten unterschieden: 6 bis 8%, 4 bis 6%, 2 bis 4%, 1 bis 2% und unter 1% Kohlenstoff; die Legierungen unter 1% Kohlenstoff werden im Preis mit sinkendem Kohlenstoffgehalt in immer engeren Grenzen abgestuft. Die weichesten Ferrochromsorten werden in ähnlicher Weise wie bei Ferromangan mit Ferrochrom affiné bzw. suraffiné bezeichnet.

Zur Herstellung niedriggekohlter Legierungen, also unter 1% Kohlenstoff, ist allgemein an Stelle des Kohlenstoffes als Reduktionsmittel Silizium getreten. Da bei diesem Verfahren die oxydierende Behandlung in Fortfall kommt, sind die Legierungen besser ausgegart und schlackenreiner. Wesentlich ist dabei, daß der Siliziumgehalt sich stets in annehmbaren Grenzen bewegt.

Die Wahl des zu verwendenden Ferrochroms richtet sich natürlich nach der Art des zu erschmelzenden Stahles. Je niedriger dessen Kohlenstoffgehalt, je höher der Chromgehalt und der Gehalt an anderen gleichfalls Kohlenstoff mitführenden Legierungsbestandteilen ist, um so weicher muß das zuzusetzende Ferrochrom sein. In den weitaus meisten Fällen wird die Legierung mit 2 bis 4% Kohlenstoff verwendet, selbst dort, wo die härteren Sorten an und für sich brauchbar wären. Vielfach wird nämlich dem harten Ferrochrom schwere Mischbarkeit mit dem Stahlbad und als Folge davon das Auftreten chromreicher Schlieren im Gußblock zugeschrieben. Vielleicht sind Beobachtungen dieser Art darauf zurückzuführen, daß die harten Sorten in geringem Ausmaß im Hochofen erzeugt wurden und daher im Vergleich zu den elektrothermischen Verfahren nur wenig ausgearbeitet waren und bei mangelnder Berücksichtigung dieses Umstandes nur zu leicht zu Schwierigkeiten Anlaß gaben. Tatsächlich ist Hochofenferrochrom meist reich an Einschlüssen und muß daher lange genug unter der Feinungsschlacke verweilen. Für die Erzeugung härtbaren rostfreien Stahles (etwa 14% Chrom) und ähnlicher Stähle kommt Ferrochrom bis zu 1% Kohlenstoff, für die Herstellung weichen rostfreien Stahles solches mit höchstens 0,20% Kohlenstoff in Betracht.

Als unerwünschte Begleiter können im Ferrochrom Silizium, Mangan, Phosphor, Schwefel, Stickstoff und Wasserstoff vorkommen. Der höchstzulässige Gehalt an diesen Bestandteilen hängt von der Zusammensetzung und dem Verwendungszweck des zu erschmelzenden Stahles ab; je höher der Chromgehalt des Stahles, um so reiner muß im allgemeinen das Ferrochrom sein.

Für besondere Zwecke, insbesondere eisenarme oder eisenfreie Legierungen, steht aluminothermisch hergestelltes Chrommetall mit 97 bis 99% Chromgehalt zur Verfügung. In neuester Zeit werden auch stickstoffhaltige Chromlegierungen hergestellt, bei denen der Stickstoff ebenfalls Legierungselement ist. Die Chromnitride sind im Gegensatz zu den Eisennitriden auch im schmelzflüssigen Zustand sehr beständig, so daß sie fast restlos in das Stahlbad überführt werden können. Je nach der Herstellungsweise können solche Legierungen Wasserstoffgehalte aufweisen, die so hoch sind, daß die Erzeugung blasenfreier Blöcke unmöglich ist. Zufolge neuer Beobachtungen besteht Grund zu der Annahme, daß auch Stickstoff Blasenbildung herbeizuführen vermag. Es muß demnach unterschieden werden zwischen dem Stickstoff, der im Ferrochrom nur „angelagert" enthalten ist und dem, der mit dem Chrom eine feste Verbindung eingegangen ist. Dieser geht beim Zulegieren praktisch restlos in den Stahl über.

Abschließend sei noch bemerkt, daß die Einschlüsse in den Chromlegierungen aus graugefärbtem Chromit, Chromoxyd von graugrüner bis schwarzer Färbung und solchen eutektischer Zusammensetzung bestehen. Im fertigen Stahl werden in erster Linie Chromite gefunden. Die eutektischen Einschlüsse scheinen sich infolge ihrer flüssigen Beschaffenheit leichter abzuscheiden, was auch durch ihre meist beachtliche Größe begünstigt wird. Die Chromite treten in polyedrischen Kristallen — wie häufig auch das Chromoxyd — oder skelettartig auf. Manchmal sind sie nesterförmig verteilt, zuweilen liegen sie auch als gleichmäßig verteilte feine Einschlüsse vor. Im Stahl können besonders bei hochlegierten Zusammensetzungen unter Umständen diese Verteilungsarten wiedergefunden werden. Jedenfalls erfordert die Abscheidung dieser Einschlüsse eine gewisse Aufmerksamkeit.

Das spezifische Gewicht von Ferrochrom beträgt etwa 6,5 bis 7,3, der Schmelzpunkt der weicheren Sorten liegt bei 1350 bis 1700° C, der der härteren bei 1150 bis 1350° C.

Nachstehende Zahlentafel gibt Anhaltspunkte für die Zusammensetzung von Chromlegierungen.

Zusammensetzung von Chromlegierungen.

Legierung	Zusammensetzung in %							
	C	Cr	Si	Mn	N	S	P	Fe
Ferrochrom 4—6% C	4,0—6,0	60—70	Sollte 1,5% nicht über-schrei-ten	$<0,5$	Sollte 0,1% nicht über-schreiten. Kommt aber bis zu 2% vor	$<0,050$	$<0,050$	—
Ferrochrom 2—4% C	2,0—4,0	60—70		$<0,5$		$<0,050$	$<0,050$	—
Ferrochrom 1—2% C	1,0—2,0	60—70		$<0,5$		$<0,050$	$<0,050$	—
Ferrochrom 0,1—1%	0,1—1,0	60—70		$<0,5$		$<0,050$	$<0,050$	—
Chrommetall	$<0,1$	97—99	$<0,50$	Sp.				$<1,0$

Wolframlegierungen.

Für die Gewinnung von Wolframlegierungen dienen als Erze hauptsächlich Eisenmanganwolframat, nämlich Wolframit, und Kalziumwolframat, nämlich Scheelit. Die Wolframerzvorkommen liegen hauptsächlich in China und Burma, Bolivien und Portugal. Neuerdings nehmen auch die Fundstätten in Siam, Peru und Spanien an wirtschaftlicher Bedeutung zu. Diese Erze werden auf Konzentrate angereichert und daraus auf elektrothermischem Wege das Ferrowolfram hergestellt. Die aluminothermische Ferrowolframerzeugung tritt in ihrer Bedeutung weit hinter die elektrothermische zurück, da das aluminothermische Verfahren immer reine Ausgangsprodukte verlangt. Das aluminothermisch erzeugte Ferrowolfram ist zwar fast kohlenstofffrei, enthält aber meist höhere Gehalte an Aluminium und Silizium. Außerdem ist es häufig sehr schlackenreich. Das elektrothermische Verfahren beruht auf der Reduktion mittels Kohle, so daß die Erzeugnisse stets Kohlenstoff enthalten, der jedoch für die handelsüblichen Sorten 1% Kohlenstoff nicht überschreitet. Da Ferrowolfram einen sehr hohen Schmelzpunkt hat, kann es nicht im flüssigen Zustand, also durch Abstechen und Vergießen, sondern nur im sogenannten Blockbetrieb erzeugt werden. Mit den gleichen Ursachen hängt auch die Begrenzung des Wolframgehaltes auf höchstens 80 bis 85% zusammen. Höherhaltige Erze, wie z. B. Scheelit, bedingen einen entsprechenden Eisenzusatz. Da die Erze meist arm an Phosphor und Schwefel sind, können die entsprechenden Vorschriften für Ferrowolfram leicht eingehalten werden. Dagegen enthalten die Erze fast stets Zinn und vor allem Arsen. Gerade der Arsengehalt kann sich für die Erzeugung hochwolframhaltiger Schnellarbeitsstähle sehr nachteilig auswirken. Hinzu kommt, daß sich das Arsen im Stahlwerksbetrieb nicht mehr entfernen läßt und sich daher im Rücklaufschrott anreichert.

Einen sehr hohen Reinheitsgrad weist das auf chemischem Wege hergestellte Wolframmetall auf. Dieses wird durch Reduktion von Wolframsäure mittels Kohle im Tiegel erzeugt. Dieser Prozeß wurde früher doppelt durchgeführt, so daß durch reinste Ausgangsstoffe und sorgfältige Reduktionsarbeit ein sehr reines Produkt erzielt werden kann. Heute wird Wolframsäure vorher auf chemischem Wege soweit gereinigt, daß eine einfache Reduktion gleichgute Ergebnisse zeitigt.

Daher kommt Wolfram für die Stahlerzeugung in zwei Arten in den Handel: Als Wolframmetall mit ungefähr 98% Wolframgehalt in Form eines grauen Pulvers oder gesintert und als Ferrowolfram mit etwa 80% Wolfram in stückiger Form. Das spezifische Gewicht beider Legierungen ist sehr hoch und beträgt etwa 15,0 bis 16,0.

Viele Stahlwerker ziehen das Ferrowolfram dem Wolframmetall vor, weil letzteres einen erheblich höheren Schmelzpunkt (über 3000° C) besitzt. Dazu ist jedoch zu bemerken, daß bei der Stahlerzeugung der Schmelzpunkt der Legierungszusätze nicht allein maßgebend ist, da es sich ja überwiegend um einen Lösungs- und weniger um einen Schmelzvorgang handelt, und gerade hierfür ist die pulverige Beschaffenheit durchaus günstig. Ähnliche Überlegungen gelten auch für die bei höheren Kohlenstoffgehalten auftretenden hochschmelzenden Karbide. Jedenfalls löst sich das Wolframmetall infolge seiner außerordentlich großen Oberfläche mindestens ebenso rasch und sicher im Stahlbade auf wie das stückige Ferrowolfram. Die gelegentlich festgestellten verschieden hohen Abbrandzahlen für die einzelnen Wolframsorten lassen sich durch Berücksichtigung der jeweiligen besonderen Eigenschaften weitgehend vermeiden. Überdies muß in diesem Zusammenhang darauf gesehen werden, daß das Wolframmetall nicht staubfein ist. Selbst wenn solches Material stückig gemacht wird, lassen sich Verluste kaum vermeiden, insbesondere beim sauren Arbeiten.

Stahlschädlinge treten in Wolframlegierungen nur selten in Mengen auf, die zu Beanstandungen Anlaß geben könnten. Lediglich Mangan, Zinn und besonders Arsen als kennzeichnende Wolframerzbegleiter können sich unter Umständen störend bemerkbar machen. Als handelsüblich gilt ein Ferrowolfram mit weniger als: 0,50% Silizium, 0,50% Mangan, 0,100% Phosphor, 0,05% Zinn und 0,030% Arsen. Der Kohlenstoffgehalt soll bei 80%igem Ferrowolfram 1,0%, bei Wolframmetall 0,10% nicht überschreiten.

Nachstehende Anhaltszahlen gelten für die Zusammensetzung von Wolframlegierungen:

Zusammensetzung von Wolframlegierungen.

Legierung	Zusammensetzung in %					
	C	W	Si	Mn	S, P, As	Sn
Ferrowolfram . . .	$<1,00$	80—85	$<0,50$	$<0,60$	$<$ je 0,100	$<0,05$
Wolframmetall. . .	$<0,10$	96—99	$<0,50$	$<0,60$	$<$ je 0,100	$<0,05$

Molybdänlegierungen.

Die wichtigsten Mineralien für die Molybdänerzeugung sind Molybdänglanz und Gelbbleierz (Wulfenit). Von wirtschaftlicher Bedeutung sind nur die Vorkommen von Molybdänglanz. Der Molybdänglanz wird durch Flotation zu einem Konzentrat von 80 bis 90% Molybdänsulfid angereichert, das vor der Reduktion immer geröstet wird. Die wichtigsten Vorkommen für Molybdänglanz finden sich in USA, Australien, Norwegen und Spanien. Wulfenit findet sich in USA und Spanien. In Deutschland fällt etwas Molybdän bei der Verhüttung des Mansfelder Kupferschiefers an.

Die Verhüttung zum Metall erfolgt heute fast ausschließlich auf elektrothermischem Wege unter Verwendung von Kohlenstoff oder Silizium als Reduktionsmittel. Wenn auch der Schmelzpunkt des Molybdäns nicht ganz so hoch wie der des Wolframs liegt, so steigt der Schmelzpunkt doch mit steigendem Molybdängehalt so stark an, daß oberhalb 65% nur noch Blockbetrieb möglich ist. Infolgedessen liegen die Molybdängehalte im Ferromolybdän meist bei 60 bis 70%. Wird Kohlenstoff als Reduktionsmittel verwendet, so entsteht ein höhergekohltes Produkt, dessen Kohlenstoffgehalt durch Behandlung mit molybdänhaltigen Schlacken gesenkt wird. Das Entsprechende gilt bei Verwendung von Silizium als Reduktionsmittel. D r größte Anteil des in Deutschland verarbeiteten Ferromolybdäns wird nach einem dem aluminothermischen Verfahren analogen Prozeß unter Verwendung von Silizium an Stelle von Aluminium im sogenannten ofenfreien Verfahren erzeugt. Außer dieser Erzeugungsweise bestehen noch die Verfahren der Reduktion chemisch gereinigter Oxyde durch Kohlenstoff oder Wasserstoff. Letztgenannter Weg ergibt das reinste, aber auch das teuerste Produkt. Das pulverförmige Metall wird meist mit Hilfe silikatischer Bindemittel zu Preßlingen verarbeitet, so daß der endgültige Molybdängehalt bei etwa 85% liegt.

Ähnlich wie Wolfram ist daher auch Molybdän für die Stahlerzeugung als stückiges Ferromolybdän und als pulverförmiges Molybdänmetall im Handel. Ferromolybdän ist meist als 60- bis 70%ige oder auch geringerhaltige Legierung erhältlich. Es schmilzt bei etwa 1600° C und hat das spezifische Gewicht 9,0. Die im allgemeinen mittels silikatischer Bindemittel hergestellten Preßlinge enthalten 80 bis 90% Molybdän. Da der

Molybdängehalt der zu legierenden Stähle selten 1% überschreitet, spielen die Stahlschädlinge im Ferromolybdän kaum eine Rolle.

Außerdem wird heute vielfach statt des metallischen Molybdäns Kalziummolybdat als Zusatz verwendet. Es ist dies ein kalkähnliches Salz von der Zusammensetzung $CaO \cdot MoO_3$, welches sich ziemlich leicht in der Elektroofenschlacke löst, eine oxydierende Wirkung hat und während des Kochprozesses zugesetzt wird. Es läßt sich so leicht reduzieren, daß es selbst aus der oxydierenden Schlacke seinen Molybdängehalt an das Stahlbad abgibt. Dies gilt aber nur für geringe Gehalte, so daß das Kalziummolybdat lediglich für Baustähle Verwendung finden kann. Ein Zusatz zur Karbidschlacke ist unzweckmäßig, da diese durch die oxydierende Wirkung verdorben wird und damit der Feinungsprozeß gestört wird. Die Umsetzung zwischen Molybdat und Karbidschlacke verläuft sehr heftig und führt leicht zu einer kalten schaumigen Schlacke, die erst nach einiger Zeit wieder karbidisch gemacht werden kann.

Nachstehende Zahlentafel gibt die Zusammensetzung von Molybdänlegierungen wieder.

Legierung	Zusammensetzung in %					
	C	Mo	Si	S	P	CaO
Ferromolybdän . .	$<$0,10 $<$1,00	etwa 70,0 etwa 70,0	etwa 0,5	$<$0,20	$<$0,05	—
Molybdänmetall . .	$<$0,50	etwa 96,0	0,10—0,20	$<$0,20	—	—
Kalziummolybdat .	—	etwa 40—45	—	$<$0,15	—	etwa 25,0

Die im Ferromolybdän vorhandenen Einschlüsse sind je nach Herstellungsart oxydischer oder silikatischer Natur, auch solche eutektischen Charakters werden gefunden. Die Oxyde können auf Grund ihrer Farbe leicht als Eisenmolybdat, Molybdäntrioxyd und Molybdändioxyd erkannt werden. Da die Oxyde sich leicht reduzieren lassen, werden sie bei sorgfältiger Arbeit im fertigen Stahl kaum wiedergefunden. Auch die übrigen Einschlußarten scheiden sich leicht ab, was wohl zum Teil auf ihren Schmelzpunkt und ihre Größe zurückzuführen ist.

Ferrovanadin.

Als hauptsächliche Vanadinerze kommen Sulfide, Silikate und komplexe Erze in Betracht. Das wichtigste Sulfid ist der Patronit, der im wesentlichen aus Vanadin-Penta-Sulfid und freiem Schwefel besteht, von gelartigem Charakter ist und in Peru vorkommt. Das Silikat, der Roscoelith, ist ein vanadinhaltiger Kaliglimmer und wird in Kolorado gefunden. Der Carnotit ist das Kaliumuranvanadat, dessen Hauptvorkommen in Kolorado und Utah liegt. Für Deutschland waren die Kupfer-Blei-Vanadate und die Zink-Blei-Vanadate der Otaviminen von Bedeutung. Doch traten die aus obigen Rohstoffen gewonnenen Ferrovanadin-Mengen immer mehr in den Hintergrund gegenüber dem aus deutschen Eisenerzen gewonnenen Ferrovanadin. Im Zuge der Eisenverhüttung wird das Vanadin nach ein- oder zweimaligem Hochofendurchgang aus der Thomasschlacke im Roheisen angereichert und durch gesondertes Verblasen eine konzentrierte Schlacke erzeugt, aus der das Vanadin auf naßchemischem Wege als eisenhaltige Vanadinsäure abgetrennt wird. Die chemisch aufgearbeitete Vanadinsäure wird aluminothermisch auf Ferrovanadin verarbeitet. Im Handel sind zwei Sorten erhältlich, nämlich das 55 bis 60%ige und das 80%ige Ferrovanadin. Erfahrungsgemäß ist das 50%ige ärmer an Einschlüssen und Gasen als das 80%ige Ferrovanadin, was auf die mit ansteigendem Vanadingehalt zunehmende Dickflüssigkeit zurückzuführen ist. Daß das auf diese Weise erzeugte Ferrovanadin kaum Stahlschädlinge außer Phosphor enthalten kann, ist ohne weiteres verständlich. Es treten lediglich schwankende Gehalte an Silizium und Aluminium auf, die 1% erreichen oder gar überschreiten können. Da Ferrovanadin nur der völlig ausgefeinten Schmelze zugesetzt wird, können diese Gehalte die Qualität, kaum beeinträchtigen, um so mehr, als es in der Regel nur in geringen Mengen zur Anwendung kommt.

Die Einschlüsse bestehen meist aus Spinellen, bei denen Tonerde teilweise durch Vanadintrioxyd ersetzt ist. Da diese häufig in großen Mengen auftreten, meist in skelettartiger Anordnung, muß nach dem Vanadinzusatz genügend Zeit bis zum Abstich bleiben, da im anderen Falle ein Teil der Skelette im fertigen Stahl wiedergefunden werden kann. Da diese Skelette vor ihrer Abscheidung verschlacken müssen, so findet man tatsächlich auch die Übergangsstadien zu linsen- und kugelförmigen Einschlüssen, die anfangs noch Skelettreste enthalten und schließlich in der Hauptsache nur noch aus Tonerdesilikaten bestehen, die sich dann leicht abscheiden.

Es sei schließlich noch erwähnt, daß Ferrovanadin auch elektrothermisch mittels Kohlenstoff erzeugt werden kann, wobei zunächst ein höhergekohltes Zwischenprodukt erreicht wird, das anschließend durch Behandlung mit Vanadinsäure raffiniert wird. Das so hergestellte Ferrovanadin erhält etwa 35 bis 50% Vanadin und weniger als 0,5% Kohlenstoff. Auch Silizium wird als Reduktionsmittel angewendet oder es werden auch Kohlenstoff, Silizium und Aluminium in geeigneter Weise kombiniert. Hochgekohltes Ferrovanadin verwendet der Stahlwerker ebenso ungern wie hochgekohltes Ferrochrom aus den dort angegebenen Gründen.

Der Schmelzpunkt liegt bei etwa 1600° für 80%iges Vanadin und 1500° für 60%iges Vanadin.

Nickel.

Als eines der größten Nickelvorkommen gelten die Garnieritlager in
Neu-Kaledonien, die im wesentlichen aus Nickel-Mangan-Silikat bestehen.
In Kanada werden nickel- und kupferhaltige Magnetkiese gefunden.
Die meisten übrigen Erze sind komplexer Natur und enthalten noch
Arsen- und Antimonverbindungen, wie z. B. die Rotnickelkiese in Argen-
tinien. Kupfer ist ein sehr häufiger Begleiter der arsen- und schwefel-
haltigen Erze. Die meisten Nickelerze bedürfen der Aufbereitung. Die
Konzentrate werden auf ein sulfidisches Erzeugnis, den Stein, weiter
angereichert und durch anschließendes Rösten zum Oxyd verarbeitet.
Je nach den übrigen Begleitelementen wird dieses Verfahren mehr oder
weniger verwickelt. Die endgültige Herstellung des reinen Metalles erfolgt
auf verschiedenen Wegen, die dem jeweiligen Erzeugnis ihre besonderen
Kennzeichen und Eigenschaften aufprägen. Da im Stahlwerk Nickel überwiegend in Form von Reinnickel mit mehr als 99% Nickel zur Anwendung gelangt, seien hier nur die wichtigsten Nickelsorten besprochen.

Würfel- und Rondellennickel werden durch Reduktion von Preßlingen aus Nickeloxyd mit Kohlenstoff und einem meist organischen
Bindemittel in Muffeln oder Tiegeln hergestellt. Solches Nickel enthält
meist weniger als 0,3% Kohlenstoff und etwa 0,5% Eisen, so daß der
Nickelgehalt meist über 98,5% liegt. Die wichtigsten Verunreinigungen
sind restliche Oxyde und Schlacken, die sich aus den angewandten
Materialien bilden.

Kathodennickel wird elektrolytisch aus Nickellösungen abgeschieden, wobei die Anoden durch Gießen aus Rohnickel in Gußeisenformen
erzeugt werden, wobei das Rohnickel mittels Kohle aus dem Oxyd in
Flammöfen reduziert wird. Das Kathodennickel enthält meist über
99,5% Nickel und weniger als 0,1% Eisen. Der unangenehmste Begleiter
ist der leider nur zu häufig auftretende hohe Wasserstoffgehalt. Auch
Zink kann als störende Beimengung auftreten.

Mondnickel wird durch Reduktion des Oxyds mittels Wassergas,
Vergasen des Metalles zum Karbonyl und schließliche Abscheidung des
Nickels in Kugelform bei höheren Temperaturen, nämlich über 200°,
hergestellt. Das Mondnickel enthält ebenfalls 99,5% Nickel und ist
sehr rein. Da es als Gase nur Kohlenoxyd enthalten kann, das sich im
Stahl nicht löst, hat es bedeutende Vorzüge gegenüber dem Kathodennickel und wegen der fehlenden oxydischen Einschlüsse auch gegenüber
dem Würfelnickel.

Kobalt.

Als Hauptvorkommen galten die Asbolanerze, wasserhaltige Kobalt-
Manganoxyde in Kanada. Sonst findet sich Kobalt meist als Kobalt-
glanz und Speiskobalt, Sulfide und Arsenide des Kobalts, gemeinsam mit

Nickelerzen in Skandinavien und im Kaukasus. Heute stammt der weitaus größte Teil aus Belgisch Kongo und Nordrhodesien, wo wasserhaltige komplexe Kobalt-Kupfer-Eisenoxyde gefunden werden. In Deutschland ist nur das Kobalt von Bedeutung, das bei der naßchemischen Aufbereitung von Schwefelkiesen zur Kupferverhüttung anfällt. Da Kobalt in seinen Eigenschaften dem Nickel sehr verwandt ist, sind auch die Verhüttungsmethoden denen des Nickels sehr ähnlich. Als zusätzliche Schwierigkeit tritt die Trennung des Kobalts vom Nickel hinzu, die nur naß erfolgen kann. Im Handel ist Kobalt fast nur als Würfel- bzw. Rondellenkobalt erhältlich, obwohl wegen der häufig auftretenden höheren Legierungsgehalte noch reinere Sorten erwünscht sind.

Ferrotitan.

Als Erz dient der weitverbreitete Ilmenit und Rutil. Bei der Verwendung von Ilmenit, der etwa 25 bis 30% Eisen enthält, kommt man nur zu einem rund 35%igen Ferrotitan. Die Reduktion kann im elektrischen Ofen durch Kohlenstoff, Silizium oder Aluminium erfolgen. Eine kohlenstofffreie Legierung läßt sich nur nach dem aluminothermischen Verfahren erzeugen. Das so erzeugte Ferrotitan kann Gehalte zwischen 10 bis 80% aufweisen. Das aluminothermisch erzeugte Ferrotitan hat fast immer hohe Aluminiumgehalte, und zwar 6 bis 8%, aufzuweisen, die beim Zusatz unbedingt berücksichtigt werden müssen.

Aluminium.

Wenn auch Aluminium nur selten dem Stahl als Legierungsbestandteil zugesetzt wird, so rechtfertigt doch sein häufiger Gebrauch als Reduktionsmittel eine Besprechung auch an dieser Stelle. Aluminium wird durch Schmelzflußelektrolyse aus einer Lösung von Tonerde in einer Mischung von Kryolith und anderen meist fluorhaltigen Salzen gewonnen. Als Erz dient meist Bauxit, neuerdings auch andere tonerdereiche Mineralien. Reinaluminium mit 99,5% Aluminiumgehalt kommt im Hüttenbetrieb meist in Form zehntelgeteilter, ein Kilogramm schwerer Barren zur Verwendung. Aluminiumpulver für Schlackenreduktion kann als solches im Handel bezogen werden; kleinere Mengen kann man sich durch Zerkleinerung von Blöckchenaluminium bei 600° selbst herstellen, da sich Aluminium bei dieser Temperatur leicht pulvern läßt. Soweit Aluminium nicht als Legierung mit höheren Gehalten benötigt wird, sondern lediglich zu Desoxydationszwecken, können die Anforderungen an den Reinheitsgrad entsprechend herabgesetzt werden. Es ist aber immer zu beachten, daß dieses sogenannte Umschmelzaluminium außer Kupfer und Mangan größere Zinkmengen enthalten kann.

Außer Aluminium gelangt auch öfter Silikoaluminium mit etwa 20% Aluminium und etwa 50% Silizium zur Anwendung. Der Vorteil soll, ähnlich wie beim Silikomangan, in der Leichtflüssigkeit der bei der Desoxydation entstehenden Verbindungen liegen. Das gleiche gilt für Kalziumaluminium und Kalziumsiliziumaluminium.

Weniger wichtige Legierungselemente.

Kupfer für Legierungszwecke ist leicht in Reinkupferform im Handel erhältlich.

Ferrozirkon, Ferrouran, Ferrotantal, Ferroniob, Ferrobor und ähnliche Legierungen kommen so selten zur Anwendung, daß sich ein näheres Eingehen auf ihre Besonderheiten an dieser Stelle erübrigt.

Der Reinheitsgrad der Ferrolegierungen.

Die in den vorhergehenden Abschnitten angegebenen Höchstgehalte an Verunreinigungen wie P, S, As usw. sind für manche Zwecke als zu hoch anzusehen. Auch hier kommt es darauf an, für die jeweiligen Zwecke das richtige Maß zu finden und für die Legierungen keine übertriebenen Forderungen aufzustellen. Wenn beispielsweise für Baustähle nur wenige Prozente oder sogar nur wenige Zehntelprozente an Legierungen erforderlich sind, so hat es natürlich keinen Sinn, hierfür Phosphor- und Schwefelgehalte zu fordern, wie sie im Fertigstahl verlangt werden. Weiterhin erscheint es wenig sinnvoll, von der Legierung eine besonders hohe Reinheit im Schwefelgehalt zu verlangen, wenn die Stähle im Lichtbogenofen mit Karbidschlacke erschmolzen werden. Auf der anderen Seite gibt es beispielsweise Werkzeugstähle für besonders hohe Anforderungen, für welche die angegebenen Höchstgehalte zumal bei hohen Legierungsbeträgen unbedingt als zu hoch angesprochen werden müssen. In der Bemessung der Stahlschädlinge muß also je nach Herstellung, Legierungsgehalt und Anforderungen den jeweiligen Notwendigkeiten im erforderlichen Umfang Rechnung getragen werden.

Allgemeines über die Schlackenbildner.

Die im Elektrostahlbetrieb benötigten Schlacken werden aus Kalkstein, Kalk, Flußspat, Sand, Erz und Kohle erschmolzen. Da eine ungeeignete Zusammensetzung der Schlackenbildner die Schlackenwirkung beeinträchtigen oder ganz aufheben kann, seien in diesem Abschnitt kurz die an die einzelnen Stoffe zu stellenden Anforderungen gestreift.

Kalkstein und Kalk.

Kalkstein und gebrannter Kalk sind die wichtigsten Schlackenbildner des basischen Elektrostahlverfahrens. Kalkstein oder Rohkalk besteht im wesentlichen aus Kalziumkarbonat $CaCO_3$. Austreiben der Kohlensäure durch Brennen ergibt gebrannten Kalk, wobei sich das Gewicht des Kalksteines um etwa die Hälfte vermindert. Kalkstein und gebrannter Kalk sind im allgemeinen für die Bildung basischer Elektroofenschlacken gleichwertig. Für die Verwendung von Kalkstein spricht als nicht zu unterschätzender Vorteil der Umstand, daß er, ohne Schaden zu leiden, unbegrenzt gelagert werden kann. Gebrannter Kalk hingegen nimmt bei längerem Liegen erhebliche Mengen Wasserdampf aus der Luft auf und gibt sie erst im Ofen bei Temperaturen über 1000° C ab; in der Nichtbeachtung dieser Tatsache liegt nicht selten die Erklärung für eine sonst rätselhafte Gasaufnahme des Stahlbades. Ein weiterer Nachteil länger gelagerten gebrannten Kalkes ist sein Zerfall zu Staub und als Folge davon beim Einbringen in den Ofen eine stark zerstörende Einwirkung auf das Gewölbe unter Bildung leichtflüssiger Kalksilikate. Der leichten Verwitterungsmöglichkeit des gebrannten Kalkes ist durch Einlagerung in geschlossenen Bunkern Rechnung zu tragen. Andererseits hat frisch gebrannter Kalk besondere Vorzüge aufzuweisen. Er kühlt beim Einbringen in das Stahlbad und die bereits gebildete Schlacke weniger ab, da gegenüber Rohkalk nur das halbe Gewicht benötigt wird und der Wärmebedarf für die Erhitzung und Austreibung der Kohlensäure wegfällt. Weiterhin mag noch erwähnt werden, daß Rohkalk auf das Stahlbad eine, wenn auch schwache, so doch deutlich wahrnehmbare entkohlende Wirkung ausübt. Die Frischwirkung beruht wahrscheinlich darauf, daß die entweichende Kohlensäure oxydierend auf Eisen oder Kohlenstoff einwirkt. Im allgemeinen wird es sich wohl empfehlen, Rohkalk, sofern er überhaupt zur Anwendung gelangen soll, nur für den Kochprozeß zu verwenden und für die Feinungsschlacke dagegen gebrannten Kalk. Neuerdings werden Bestrebungen bekannt, Kalkstein grundsätzlich auch für die Feinungsschlacke zu verwenden. Der Hauptgrund liegt wohl darin, unter allen Umständen die Flockenanfälligkeit zu unterbinden. Abgesehen davon, daß dieses Ziel mit Sicherheit im allgemeinen auch auf andere Weise erreicht werden kann, so gibt es doch Qualitäten, bei denen dieser Vorteil nur durch Erschwernisse erkauft werden kann.

Die im Martinofenbetrieb übliche Stückgröße, insbesondere des Rohkalks, ist für den Elektroofen unzweckmäßig; hier sollte Faustgröße nicht überschritten werden. Über die in chemischer Beziehung zu stellenden Ansprüche gibt die nachstehende Zahlentafel Auskunft:

Zusammensetzung von Kalk.

Bezeichnung	CaO	MgO	CO_2	SiO_2	Fe_2O_3 $+ Al_2O_3$	S
Rohkalk, gut	54,10	0,65	43,20	0,92	0,91	Spur
Rohkalk, schlecht	47,30	3,95	40,50	6,25	1,97	0,20
Kalk, gebrannter, gut	89,40	1,20	3,60	3,50	1,70	0,08
Kalk, gebrannter, schlecht . . .	62,73	16,25	7,55	10,27	2,86	0,38

Im gebrannten Kalk ist ein höherer Magnesiagehalt als 2% unerwünscht, da er die Schlacke dickflüssig macht und erhöhten Flußspatzusatz erfordert. Der Kieselsäuregehalt sollte 5%, der Eisenoxyd- und Tonerdegehalt 2% nicht überschreiten. Schließlich ist darauf zu achten, daß manche Kalksteinvorkommen stark mit Schwefelkies verunreinigt sind; ein für die Entschwefelungsschlacke brauchbarer Kalk darf nicht mehr als 0,2% und soll möglichst weniger als 0,1% Schwefel enthalten.

Um die Wasseraufnahme des gebrannten Kalkes zu unterbinden, sind manche Kalkwerke dazu übergegangen, ausgesuchte Stücke in Blechtrommeln oder kräftigen Papiersäcken zu versenden. So übertrieben diese Maßnahme auf den ersten Blick erscheinen mag, so hat sie doch dort, wo laufend stark flockenempfindliche Qualitäten erzeugt werden müssen, ihre volle Berechtigung, und zwar besonders in Gegenden mit feuchtem Klima.

Flußspat.

Flußspat enthält als wesentlichen Bestandteil Kalziumfluorid CaF_2 und ist ein sehr wertvolles Hilfsmittel der Schlackenbildung. Zu dickflüssige umsetzungsträge Kalkschlacken werden durch Flußspatzusatz rasch und wirksam auf die benötigte Dünnflüssigkeit gebracht, ohne daß ihr basischer Charakter durchgreifend geändert wird. Flußspat kommt in Faustgröße, als Kies und als Sand, in den Handel. Der CaF_2-Gehalt soll 90% nicht unterschreiten; der Kieselsäuregehalt soll nicht mehr als 3%, der Schwefelgehalt nicht mehr als 0,2% betragen. Da Flußspat gelegentlich mit durch Metallsulfide durchsetztem Baryt gemeinsam vorkommt, ist der Schwefelgehalt laufend zu überwachen.

Erz und Sinter.

Für Frischschlacken wird Erz und Sinter gebraucht. An das Erz werden keine weiteren Anforderungen gestellt, als daß es möglichst wenig Phosphor und Schwefel sowie möglichst wenig Gangart enthält. Da im Elektroofenbetrieb meist nur geringe Mengen benötigt werden, verwendet man mit Vorliebe reinsten schwedischen Magneteisenstein, wobei großer Wert auf eine grobe Stückigkeit gelegt wird. Walzsinter und Hammerschlag sind billiger und außerdem frei von Gangart; doch enthalten sie manchmal recht viel Schwefel, was besonders beim sauren Schmelzverfahren unangenehm sein kann. Weiterhin ist nicht zu vergessen, daß im Sinter manchmal vorkommende Legierungselemente (Nikkel usw.) in das Stahlbad übergehen und recht störend wirken können.

Koks.

Der für die Reduktionsschlacke benötigte Koks soll fein gemahlen, trocken, schwefelarm und frei von flüchtigen Bestandteilen sein; je geringer ferner der Gehalt an Asche ist, um so weniger Arbeit und vor allen Dingen Zeit beansprucht die Reduktion der darin enthaltenen Metalloxyde. Brauchbar sind unter anderem Hüttenkoks, gemahlene Elektrodenkohle und reiner Anthrazit.

Sand.

Der für saure Schlacken sowie für basische Schlacken an Stelle von Flußspat als Flußmittel etwa benötigte Sand steht ohne weiteres in genügender Reinheit zur Verfügung.

H. Die Metallurgie des Lichtbogenofens.
I. Die allgemeine Schmelzungsführung bei festem Einsatz.

Allgemeines.

Der Schmelzungsgang bei der Herstellung von basischem Elektrostahl aus festem Einsatz umfaßt folgende Teilarbeiten: Einfüllen des Einsatzes und der Schlackenbildner, Einschmelzen unter mehr oder weniger oxydierenden Bedingungen, Abziehen der Einschmelzschlacke, Entphosphoren, Kochen, Abschlacken, Aufkohlen, Desoxydieren und Entschwefeln unter einer Reduktionsschlacke und schließlich Fertigmachen, worunter das Legieren und das Einstellen der richtigen Gießhitze verstanden wird. Die vier ersten Teilarbeiten — Einsetzen, Einschmelzen, Kochen und Abschlacken — bilden den Inhalt der Oxydations-, Einschmelz- oder Kochperiode; die übrigen — Aufkohlen, Desoxydieren und Entschwefeln, sowie Fertigmachen — faßt man unter der Bezeichnung Desoxydations- oder allgemeiner Feinungsperiode zusammen.

Je nach dem Grade der Kochwirkung unterscheidet man drei Abarten des Einschmelzens: das Einschmelzen mit vollständiger Oxydation, das Einschmelzen mit beschränkter Oxydation und das Einschmelzen ohne Oxydation. Die sinngemäße Einteilung gilt für die verschiedenen Abarten des Kochens. Desgleichen erheischen während der Feinungsperiode die verschiedenen Stahlsorten eine ihrer Zusammensetzung und ihren Anforderungen angepaßte Sonderbehandlung.

In diesem Abschnitt soll zunächst nur ein allgemeiner Überblick über den Schmelzungsgang beim basischen Elektrostahlverfahren gegeben werden, wobei vorwiegend der äußere Verlauf der Vorgänge zur Erörterung kommen wird. Auf dieser Grundlage können dann in den nächstfolgenden Abschnitten die chemischen Vorgänge während des Schmelzungsganges, ferner die Abarten des Einschmelzens und Kochens sowie die Besonderheiten bei der Herstellung der verschiedenen Stahlsorten eingehend im einzelnen behandelt werden. — Die Behandlung des sauren Verfahrens bleibt einem besonderen Abschnitt vorbehalten.

Das Ofenflicken.

Vor dem Einbringen eines jeden neuen Einsatzes müssen zur Gewährleistung eines störungsfreien Schmelzungsvorganges die Schäden der
feuerfesten Zustellung ausgebessert werden. Eine Instandsetzung der
Herdsohle, der Türpfeiler und der Türbogen ist nicht nach jeder Schmelzung nötig; dagegen sind die Seitenwände in der Höhe des Schlacken-
standes fast immer mehr oder weniger stark eingefressen. Als Flickmasse wird für Dolomitöfen Sinterdolomit, für Magnesitöfen Sintermagnesit benutzt, die trocken in etwa erbsengroßer Körnung für Dolomit
und noch kleinerem Korn für Magnesit mit einer besonderen Flickschaufel (Abb. 114) sorgfältig in die schadhaften Stellen eingetragen
werden. Weist die Herdsohle Löcher auf, so sind die darin zurückgebliebenen Stahl- und Schlackenreste vorher gründlich zu entfernen;
andernfalls würde das Flickgut, insbesondere der schwierig und langsam
festbrennende Magnesit, wäh-
rend der Verflüssigung des Einsatzes wieder hoch geschwemmt
werden. Der Schmelzer benutzt
für das sogenannte „Trocken-
pumpen" der Stahltümpel
kleine Krätzer (ähnlich Abbildung 120), mit welchen er

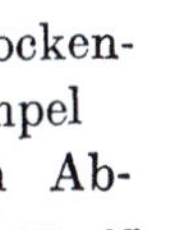

Abb. 114. Flickschaufel für 6 t-Öfen.

durch kurze ruckartige Bewegungen den Stahl aufs „Trockene"
schleudert und sodann aus dem Ofen herauszieht; notfalls erleichtert
er sich diese Arbeit durch die Zugabe von etwas Dolomit, wodurch
der noch flüssige Stahl breiig und steif gemacht wird. Beim Flicken
größerer Löcher ist darauf zu sehen, daß niemals zu viel Flickmasse
auf einmal geworfen wird. Das Material wärmt sonst nicht genügend
an, und besonders die unteren Lagen können nicht festsintern, so daß
die Masse später beim Kochen, manchmal sogar noch beim Feinen,
wieder hoch kommt. Das Aufwerfen muß also zweckmäßig lagenweise
mit Zwischenpausen vorgenommen werden.

Haben sich aus der Herdmulde größere Zustellungsbrocken losgelöst,
so empfiehlt es sich nicht, das Ausflicken der entstandenen Löcher mit
trockenem Dolomit oder Magnesit vorzunehmen; zum Zusammensintern
großer Flickgutmengen würde die Einschmelzzeit nicht ausreichen. Vielmehr wird in diesem Falle die Flickmasse zweckmäßig mit etwa 10%
Stahlwerksteer gemischt eingetragen und festgestampft; der Ofen wird
sodann mit stückigem Koks gefüllt und bis zum Festbrennen des Gemisches mit Strom beheizt.

Stellt sich die Notwendigkeit zu Ausbesserungen an den senkrechten
Seitenwänden heraus, so wird bei Silikawänden mit Wasserglas an-

gemachter Quarzsand, bei basischen Wänden ein Gemisch aus Sintermagnesit mit etwa 10% gelöschtem Kalk mit Vorliebe benutzt. Aus
den Mischungen werden handliche Ballen geformt, mit einer Spachtel
an den schadhaften Stellen angelegt und festgedrückt. Diese Magnesit-
ballen werden übrigens auch gern zum Ausbessern von Herdlöchern in
Magnesitöfen benutzt.

Der Schmelzer muß darauf bedacht sein, beim Flicken das lichte
Profil der Herdmulde zu wahren. Zu dünne Wandstärken vermehren die
Durchbruchgefahr und erhöhen die Wärmeausstrahlungsverluste des Ofens. Eine zu stark
gewordene Zustellung hingegen verkleinert
die Ofenfassung, so daß nach beendetem Einschmelzen das Bad über die Türschwellen aus-
zulaufen droht. Die Schuld am Zuwachsen
der Herdmulde ist stets nachlässiger Schmelz-
arbeit zuzuschreiben. Die beim Abkippen
der Schmelzung im Ofen zurückgebliebene
Schlacke ist nicht herausgekratzt, sondern

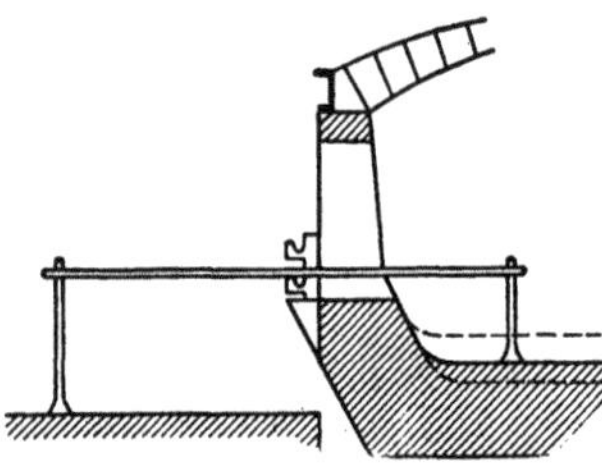

Abb. 115. Einfache Meßvorrichtung
zur Nachprüfung der Herdstärke.

sorglos mit übermäßigen Dolomitmengen bestreut worden, so daß das
Ganze sich als festbackende Schicht an die Wandungen angelegt hat.

Die laufende Überwachung der richtigen Herdstärke ist besonders
wichtig. Abb. 115 zeigt eine einfache, aus einer Stange mit zwei Gelenken
bestehende Vorrichtung, mit welcher sich die Stärke des Herdes nach
jeder Schmelzung bequem prüfen läßt.

Das Einsetzen.

Die richtige Durchführung des Einsetzens erleichtert das Einschmelzen in hohem Maße und erfordert deshalb einige Aufmerksamkeit.

Nach Beendigung der notwendigen Flickarbeiten am Herd, an den
Seitenwänden und an den Pfeilern werden die Elektroden soweit wie
möglich hochgefahren, um sie vor Beschädigungen während der Beschickungsarbeit zu schützen. Sodann wird auf den Boden des Ofens
Kalk in einer der Art des Einsatzes entsprechenden Menge aufgegeben.
Ist der Schrott hochlegiert oder sehr rein, so daß ein Frischen nicht
angängig oder nicht nötig ist, so genügt ein Zusatz von 0,5 bis 1% Kalk.
Bei mäßig verrostetem phosphorarmem Einsatz geben 3 bis 4% Kalk
eine zufriedenstellende Schlackenmenge, während bei stark verrostetem
gewöhnlichem Schrott 4 bis 6% benötigt werden. Der Kalk soll zu
faustgroßen, besser noch zu walnußgroßen Stücken zerkleinert sein.

Auf den Kalk wird nach Bedarf Erz oder Sinter aufgegeben. Auch
hier richtet sich die Höhe des Zusatzes nach der Beschaffenheit des
Schrottes und nach dem Grade der beabsichtigten Frischwirkung. Auf
jeden Fall soll man die Zugabe knapp bemessen und lieber nach be-

endetem Einschmelzen noch etwas Erz nachtragen, falls die Frischwirkung des ursprünglichen Zusatzes ungenügend war. — Über die an das
Erz oder den Sinter zu stellenden Anforderungen ist in dem Abschnitt
über die Schlackenbildner bereits gesprochen worden. Hier sei nur kurz
wiederholt, daß Sinter nicht selten durch Schwefel oder durch Legierungselemente, beispielsweise Nickel, verunreinigt ist; daß hingegen phosphor-
reines, an Gangart armes Erz, auf die Einheit Sauerstoff berechnet, teurer
zu sein pflegt. Wie später noch ausführlich darzulegen sein wird, empfiehlt
sich in manchen Fällen der Ersatz von Eisenerz durch Manganerz.

Nach den Schlackenbildnern wird der Schrott eingefüllt, und zwar
ist darauf zu achten, daß der schwere Schrott zuunterst, der leichtere
obenauf zu liegen kommt. Mit schwerem Schrott allein, beispielsweise
mit Blöcken, ließe sich das Einschmelzen im Elektroofen nur schwierig
durchführen; der Widerstand der Beschickung würde infolge der geringen Anzahl von Berührungspunkten zwischen den wenigen Schrottstücken stark schwanken und
die Lichtbögen würden infolgedessen, solange kein flüssiger
Sumpf gebildet ist, sehr unruhig brennen und häufig
abreißen. Leichter Schrott,
der sämtliche Zwischenräume

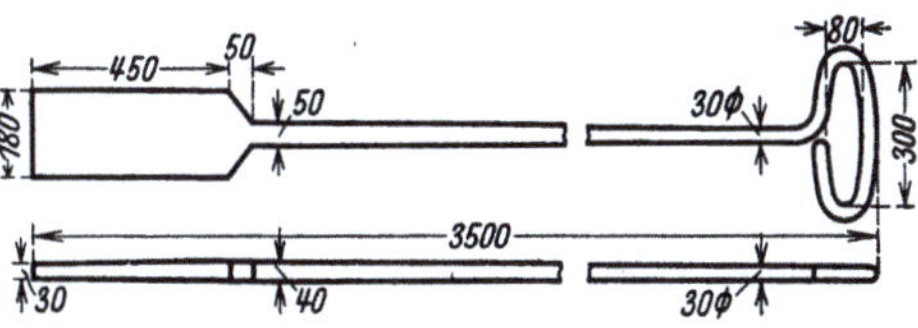

Abb. 116. Einsetzschieß.

dicht ausfüllt, ergibt eine wenig schwankende Summe zahlreicher Einzel-
berührungswiderstände und erleichtert demgemäß zu Beginn des Einschmelzens die Bildung ruhiger und stetiger Lichtbögen. Außerdem kühlt
dichter, kalter Schrott den Lichtbogen zu sehr ab und hindert gleichfalls
sein ruhiges Arbeiten. Haben sich die Elektroden durch den leichten
Schrott durchgearbeitet, so ist der Ofen schon genügend angewärmt, um
auch den groben Schrott ohne besondere Schwierigkeit niederschmelzen·
zu können. Mit zunehmender Ofengröße und vor allem zunehmender
Leistung bei gleichzeitiger Verwendung flink arbeitender moderner Regulierungen bietet auch das Einschmelzen dichten Schrottes keine besonderen Schwierigkeiten. Trotzdem sind die angegebenen Gesichtspunkte
einzuhalten, um sowohl unnötige Stromstöße zu vermeiden als vor allem
auch eine höchstmögliche, gleichmäßige Leistungsaufnahme zu erzielen.

Das Beschicken der Elektroöfen geschah früher durchweg von Hand.
Heute ist dies nur noch bei kleinen Öfen der Fall. Der schmelzungsweise
abgewogene Einsatz kommt bei dieser Arbeitsweise gewöhnlich in
Muldenkippwagen zur Ofenhalle und wird kurz vor oder nach dem
Abgießen der vorhergehenden Schmelzung in unmittelbarer Nähe des
Ofens ausgeleert. Die schweren Brocken werden mittels Kranzangen
auf eine sogenannte „Schieß", ein am Vorderende plattenförmig aus-
gebildetes Werkzeug (Abb. 116), gelegt und über eine am Türrahmen

angebrachte Rolle in den Ofen hineingeschoben. Schieß und Rolle sind zur Verringerung der Reibung mit Grafit zu schwärzen. Der leichtere Schrott wird dann von Hand oder mit Schaufeln und Gabeln in den Ofen hineingeworfen. Wenn der Einsatz sehr leicht und sperrig ist, kann es vorkommen, daß nicht die ganze Beschickung im Ofen Platz hat. In diesem Fall läßt man den handlichsten Schrott zurück und setzt ihn nach, sobald beim Niederschmelzen neuer Ofenraum frei geworden ist.

Zur Beschleunigung des Einsetzens empfiehlt es sich, außer der Ofenmannschaft, auch die verfügbaren Gießgrubenleute heranzuziehen, vorausgesetzt, daß der Ofen mindestens zwei Beschickungstüren aufweist. Das Einsetzen ist nämlich eine der wenigen Arbeiten des Elektrostahlbetriebes, bei denen ein geldlicher Ansporn Schnelligkeitsrekorde ohne Beeinträchtigung der Güte herbeizuführen vermag. Im Durchschnitt dauert die Pause vom Ausgießen einer Schmelzung bis zum Wiederanfahren der nächsten, also das Flicken und Einsetzen, bei 3-t-Öfen etwa 40, bei 6-t-Öfen etwa 60 und bei 9-t-Öfen etwa 80 Minuten bei Handbeschickung. Jede dabei eingesparte Minute bedeutet eine merkbare Verringerung der Ausstrahlungsverluste des Ofens und damit eine entsprechende Verminderung des Energieaufwandes für das Einschmelzen.

Wie bereits erwähnt, wurde früher fast durchweg von Hand beschickt. Einsetzmaschinen, nach Art der im Martinofenbetrieb üblichen, wurden nur selten angewendet. Bei kleinen Elektroöfen (unter 10 t Fassung) läßt nämlich die Kleinheit der Türen und des Ofenraumes ein rasches, sachgemäßes und billiges Füllen mittels schwenkbarer Mulden nicht zu. Aber auch bei größeren Öfen hat sich diese Beschickungsart in Deutschland nicht einzuführen vermocht. Dagegen gelangt in den Vereinigten Staaten diese Beschickungsart bei größeren Öfen häufiger zur Anwendung. Die Beschickungszeit beträgt beispielsweise bei einem 40- bis 50-t-Ofen etwa 25 bis 35 Minuten, wenn angenommen wird, daß der Einsatz in 30 bis 35 Mulden Platz findet. Ist der Schrott sperriger, so verlängert sich die Zeit entsprechend. Ähnlich wie bei der Korbbeschickung können auch hier der Einsatz und die Schlackenbildner wunschgemäß im Ofen verteilt werden, ohne Herd und Wände zu beschädigen. Besonders einfach wird das Nachchargieren. Bei sehr sperrigem Schrott wird daher gern die Muldenbeschickung vorgezogen, während die Korbbeschickung am vorteilhaftesten ist, wenn der ganze Einsatz auf einmal darin untergebracht werden kann.

Es gibt auch ein halbmaschinelles Einsetzverfahren, das häufig dort, wo die Aufstellung des Ofens es zuließ, zur Anwendung gekommen ist. Der Einsatz wird auf dem Schrottplatz sorgfältig in 4 bis 6 m lange Mulden eingefüllt, deren Querschnitt dem Umriß der Beschickungstüre entspricht. Der Ofen, der gegenüber dem Abstich eine Tür aufweisen

muß, wird in Kippstellung gebracht; die Mulde wird mit dem Kran
hochgehoben, an die Einsatzöffnung angelegt und durch einseitiges
Hochziehen in den Ofen entleert. Bei Öfen, die der Abstichschnauze
gegenüber keine Tür haben, kann dieses Verfahren naturgemäß nur dann
angewendet werden, wenn der Ofen auch um mindestens 30° nach
rückwärts gekippt werden kann; in diesem Falle läßt man den Inhalt
der Mulden durch die Abstichöffnung in den Ofen hineinrutschen.
Dieses Beschickungsverfahren erfordert insofern einige Übung und Geschicklichkeit, als dabei nur allzu leicht Elektroden zu Bruch gehen
können. Unter Umständen kann dieses schon allein durch die Erschütterung des Ofens eintreten.

Einen ganz bedeutenden Fortschritt zur Vereinfachung der Beschickungsarbeit und insbesondere zur Verkürzung der Beschickungs-

Abb. 117. Korbbeschickung für den Lichtbogenofen (Bauart Demag).

zeit stellt die Korbbeschickung dar. Sie wird durchgeführt mittels eines
Blechzylinders (Abb. 117) — entsprechend der Bauweise Demag —,
der in Form und Höhe dem Ofeninnern angepaßt ist und dessen Boden
durch Blechlamellen gebildet wird, die am Zylinder befestigt sind und
bis zur Mitte der Bodenfläche reichen. Die Lamellen verjüngen sich
zur Mitte und haben dort am Ende jeweils eine Öse. Durch diese Ösen
und um einen Ring, dessen Durchmesser so bemessen ist, daß er alle
Ösen berührt, wird ein Hanfseil geschlungen, so daß die Lamellen in
der Mitte zusammengehalten werden und ein Korb entsteht. Das Ganze
wird mittels eines Dreiarmes an den Kran gehängt. Die Anwendung
dieses Beschickungskorbes macht es erforderlich, daß der Ofendeckel
abnehmbar eingerichtet ist, und entweder das Ofengefäß oder der
Elektrodenständer ausfahrbar oder schwenkbar vorgesehen ist, so daß
der Korb mit dem Schrott in den heißen Ofen gesenkt werden kann.
Infolge der noch vorhandenen Hitze verbrennt das Seil, die Lamellen
gehen auseinander, und der Schrott fällt auf den Herd. Zur Vermeidung
von Beschädigungen muß der Korb bis etwa 300 mm über den Herd
gesenkt werden. An Stelle der Blechlamellen, die bei Beschädigungen

leicht ausgewechselt werden können, werden bei sehr schwerem Schrott gern Gliederketten verwendet, die sich praktisch durch langdauernde Haltbarkeit ausgezeichnet haben. An Stelle des Seiles können auch Holzpflöckchen zur Anwendung kommen, die allerdings etwas langsamer abbrennen. Dem Blechzylinder wird gern eine schwache Konizität nach unten gegeben. Der besondere Vorteil dieser Beschickungseinrichtung besteht darin, daß der Schrott in einer zweckmäßigen Reihenfolge und Verteilung in den Korb gegeben werden kann, in der er dann auch in den Ofen gelangt, da das Ganze wie ein Pfropfen auf den Herd rutscht.

Abb. 118. Lichtbogenofen mit ausfahrbarem Deckel und Korbbeschickung
(Bauart Siemens & Halske).

Bei sperrigem Schrott wird das gesamte Ofenprofil gut ausgenutzt, so daß sich ein Nachchargieren erübrigt. Ein solches Nachchargieren mittels Korb ist übrigens sehr gefährlich, falls der Schrott Feuchtigkeit enthält.

Der Zusatz der Schlackenbildner geschieht am besten ebenfalls im Kübel, und zwar in der Weise, wie ihre Verteilung im Ofen gewünscht wird. Wird der Kalk in größerer Menge auf den Herd geworfen, so reicht durch die Abdeckung die strahlende Hitze des Herdes nicht mehr aus, um die Verbrennung des Seiles in der erwähnten kurzen Zeit zu bewerkstelligen. Die Folge sind nicht nur Zeitverluste, sondern vor allem auch die unerwünschte zu starke Abkühlung des Deckels mit ihren Folgeerscheinungen.

Die Firma Siemens & Halske hat eine Korbbeschickung entwickelt, die sich bei einigermaßen guten Schrottverhältnissen ebenfalls bewährt hat und die in Abb. 118 dargestellt ist. Sie besteht aus einer kräftigen geteilten Halbkugel, die in einen Rahmen eingebaut ist. Dieser Rahmen wird mittels Führungsleisten genau zentrisch auf das Ofengefäß gesetzt, wobei sich die Verriegelung ausklinkt, die beide Kugelviertel zur Halbkugel zusammenhält. Beim Heben des Kranes werden die beiden Kugelviertel mittels der im Bilde sichtbaren Ketten nach oben gedreht, so daß der Schrott in den Ofen fallen kann.

Die Korbbeschickung hat sich heute so fest eingebürgert, daß sie kein Stahlwerker missen mag. Sie hat nicht nur die Beschickungsarbeit gewaltig erleichtert, sondern sie schuf geradezu die Voraussetzung für die Entwicklung zu großen Ofeneinheiten.

Das Einschmelzen.

Bei alten Öfen, die noch mit schwachen Transformatoren und unmodernen Regulierungen ausgestattet waren, wurde das Anfahren in nachstehender Weise und nach folgenden Gesichtspunkten durchgeführt. Sofort nach beendetem Einsetzen werden die Türen geschlossen, der Strom eingeschaltet und die Elektroden von Hand gesenkt, bis sie den Schrott berühren und einen Lichtbogen bilden. War der Einsatz wenig verrostet, kleinstückig und dicht gelagert, so konnten sofort die selbsttätigen Elektrodenregler eingeschaltet werden. Da jedoch auf kaltem Schrott und in kalter Ofenatmosphäre der Lichtbogen leicht abreißt, empfahl es sich meist, während der ersten Viertelstunde die Elektroden von Hand oder durch Anlaßsteuerung der Windenmotoren auf die gewünschte Stromstärke einzustellen. Die Handregelung vermochte nämlich früher, wirksamer als die selbsttätige Regelung, plötzlich starke Stromstöße auszugleichen. Sind aber moderne Regulierungen und genügend hohe Leistungen vorhanden, so kann sofort automatisch gefahren werden. In der ersten Viertelstunde muß allerdings der Schmelzer auch dann noch die Meßinstrumente gut beobachten und bei zu hohen und langdauernden Stromstößen mittels Handsteuerung nachhelfen, um ein Herausfallen des Hauptschalters zu vermeiden. Dasselbe gilt für die Zeit gegen Ende des Einschmelzens, wenn der Schrott zusammenfällt.

Dem Schmelzer stehen noch einige weitere Hilfsmittel zu Gebote, um auch bei Vorliegen grobstückigen Schrottes ein ruhiges Anfahren zu erzielen. Wenn der Ofen mit Drosselspulen ausgestattet ist, sind diese mit ihrer vollen Leistung einzuschalten. Ferner kann zu Beginn des Einschmelzens eine niedrigere Ofenspannung eingestellt werden. Sobald der Lichtbogen ruhiger brennt, kann auf die höchste Spannung übergegangen werden. Schließlich ist die Zugabe von etwas feinem Koks, Elektrodenmehl oder feinem Kalk unmittelbar unter die Elektroden eine einfache und wirksame Hilfsmaßnahme. Der im Lichtbogen zerstäubende Kohlenstoff schafft um die Elektrodenspitze herum eine glühende Atmosphäre, welche die Stetigkeit des Lichtbogens beträchtlich erhöht. Noch besser vermag zerrieselter Kalk, also Abfallkalk, für den sonst keine Verwendung mehr besteht, den Lichtbogen zu beruhigen. Die pulverige Beschaffenheit und die ohnehin ausgezeichnete Ionisierungsfähigkeit wirken hervorragend stabilisierend. Eine Wasserstoffaufnahme ist nicht zu befürchten, weil bis zur Verflüssigung des Bades die Temperatur im Ofen schon genügend hoch angestiegen ist, um auch das chemisch gebundene Wasser abzuspalten. Der Staubkalk hat außerdem den Vorteil, daß er nicht oben auf dem Schrott liegenbleibt, sondern wegen seiner pulverigen Beschaffenheit zwischen den Schrottstücken weit nach unten rieselt, so daß die beruhigende Wirkung nicht nur auf die Zeit des Anfahrens beschränkt bleibt.

Wenn eine Elektrode auch nach mehreren Minuten nicht gezündet hat, so ist die Verhinderung der Lichtbogenbildung meistens auf die isolierende Wirkung eines unter die Elektrodenspitze geratenen Silikasteinbrockens vom Gewölbe zurückzuführen; auch übermäßiger Schmutz am Schrott oder an Gießtrichtern anhaftende Schamottemasse können die Ursache sein. Auch ein dem Einsatz zugegebenes größeres Stück Kalkstein kann der Grund sein. Aber auch, wenn die Elektroden schon tiefer gefahren sind, kann der Lichtbogen wegen solcher isolierender Hindernisse zum Erlöschen kommen. Die Elektrodenregulierung, und zwar selbst bei Strom- und Spannungsregelung, hat das Bestreben, die Stromstärke zu erhöhen. Sie erteilt der Elektrode eine stärkere Abwärtsbewegung auch dann noch, wenn sie bereits „aufsitzt". Die Folge ist, daß das gesamte Gewicht der Elektrodenarme und des Ständers auf der Elektrode lasten und diese insbesondere auf Biegung beanspruchen. Auf diese Weise kommen sehr viele Elektrodenbrüche zustande, und es muß daher der Schmelzer dauernd die Meßinstrumente beobachten, ob nicht bei voller Spannung die Stromstärke zurückgeht und nicht sofort wieder ansteigen will. Außerdem ist es zweckmäßig, auch die Bewegung der Elektrodenständer oder ihrer Getriebeeinrichtungen während der kritischen Zeit stets im Auge zu behalten. Sie müssen eine stets im Fluß befindliche, wenn auch leicht pendelnde, vorwiegend abwärts gerichtete Bewegung durchführen.

Im Laufe der ersten Viertelstunde schmelzen die Elektroden eine Höhlung in die Beschickung ein. Da die Lichtbögen von diesem Zeitpunkt ab beständigere Angriffsflächen finden und vor allem die Temperatur sich schon erhöht hat, wird der Gang des Ofens ruhiger. Die Drosselspulen können ganz oder teilweise abgeschaltet und die Betätigung der Elektroden ganz den selbsttätigen Reglern überlassen werden. Weiter wird die höchste Spannungsstufe eingeschaltet und voller Strom gegeben.

Die Elektroden schmelzen sich nun allmählich Krater in den Einsatz ein. Das im Lichtbogen verflüssigte Eisen erreicht anfangs die

Herdsohle noch nicht, sondern erstarrt beim Abwärtssickern wieder an den noch ungeschmolzenen Schrottstücken. Erst nach und nach, wenn die Schmelzkrater fast bis zum Boden ausgehöhlt sind, bildet sich dort ein zusammenhängender „Sumpf" von flüssigem Eisen. Dieser Zeitpunkt ist für die Haltbarkeit des Herdes sehr gefährlich. Liegt nämlich zufälligerweise die Beschickung in der Mitte des Ofens zu locker, so arbeiten sich die Elektroden zu schnell abwärts und finden bei ihrer Ankunft am Grunde des Schmelzkraters noch kein oder nur wenig flüssiges Bad vor. Dann schmelzen die Lichtbogen in der ungeschützt vor ihnen liegenden Ofensohle Löcher von beträchtlicher Größe aus. Je höhere Leistung man beim Einschmelzen aufwendet und je rascher sich demgemäß die Schmelzkrater vertiefen, um so sorgfältiger müssen beim Einsetzen die schwersten Schrottstücke unmittelbar unter den Elektroden gelagert werden. Merkt man an der Voreilung einer Elektrode, daß sie auf ihrem Wege zu wenig Schmelzgut vorfindet, so läßt man sie hochfahren und füllt in den Schmelzkrater massige Schrottbrocken nach. Diese Maßnahme ist bei großen Öfen nicht notwendig.

Etwa nach Ablauf der Hälfte der für das Einschmelzen notwendigen Zeit beginnt der Badstand unter den Elektroden allmählich durch die Verflüssigung weiterer Anteile der Beschickung anzusteigen. Die bis dahin im wesentlichen abwärts gerichtete Elektrodenbewegung macht nunmehr einer mit dem Badstand steigenden Aufwärtsbewegung Platz. Gegen Ende des Einschmelzens zeigt ein Blick in den Ofen, daß in der Ofenmitte das ganze Schmelzgut verflüssigt ist und nur teilweise an den Seitenwänden noch ein Kranz von teigigem weißglühendem Schrott festsitzt. Der Schmelzer vermag die Auflösung dieser Schrottbänke zu beschleunigen, indem er sie mit Brechstangen (30 bis 50 mm stark, 3 bis 4 m lang, vorne zugespitzt) abhebt und in den mittleren Sumpf einstößt. Mit dieser Maßnahme erzielt er einen weiteren Vorteil: die in diesem Zeitpunkt schädliche Überhitzung des Bades wird vermieden und damit die für eine rasche und vollständige Entphosphorung günstige Vorbedingung geschaffen. Die Durchführung dieser Maßnahme ist auch bei großen Öfen, ja selbst bei drehbarer Wanne und dreimaligem Niederfahren der Elektroden von Nutzen, wenn auch im letzten Fall in geringerem Umfang. Nach dem Einstoßen ist das Bad zur Behebung etwaiger Ungleichmäßigkeiten gut durchzurühren. Ferner ist der Herd mit Haken abzutasten, um festzustellen, ob er „rein" ist, das heißt, ob der eingesetzte Kalkstein sich losgelöst hat und in die Schlacke übergegangen ist. Nach einiger Übung unterscheidet man leicht am Gefühl des Darüberstreichens die körnige Ofenzustellung, die klumpigen Kalkansätze sowie die glatte etwa vorhandene „Bodensau". Mit diesem letzten Ausdruck bezeichnet man eine am Boden festhaftende erstarrte Eisenschicht, die zu den unangenehmsten Erscheinungen des Schmelzbetriebes gehört. Wenn

nach längerem Stillstand der Herd kalt geworden und für die erste
Schmelzung weich einschmelzender Schrott genommen worden ist,
erstarrt das zuerst verflüssigte Schmelzgut am Boden zu einer mit
Oxyden gesättigten Schicht, die sich in dem überstehenden, geschmolzenen Bade nur äußerst schwierig auflöst. Grundsätzlich ist also nach
Stillständen, zum Beispiel am Wochenbeginn, der erste Einsatz so zu
wählen, daß er mit mindestens 0,30% C einschmilzt. Bei nachlässiger
Arbeit des Schmelzers kann sich eine solche Bodensau während mehrerer
Schmelzungen erhalten; diese sind selten von einwandfreier Beschaffenheit, weil bis zum Abgießen das Bad von der Bodensau her mit oxyd-
haltigem Eisen verunreinigt wird. Gelingt es nicht durch Eintreiben
von Brechstangen zwischen Herdsohle und Eisenansatz diesen hoch-
zuheben und durch Unterspülung zur Auflösung zu bringen oder durch

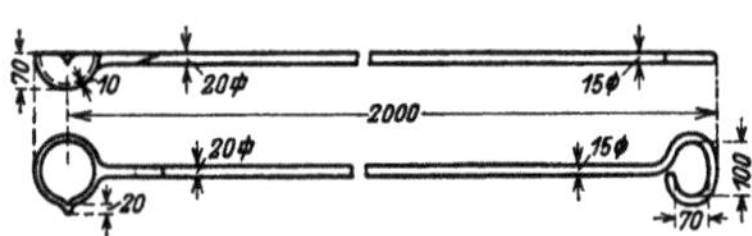

Abb. 119. Probelöffel. Werkstoff für Kopf
und Stiel: schweißbarer Stahl mit einer
Festigkeit von 40 bis 50 kg/mm².

Hervorrufen einer Kochbewegung
durch Erzwerfen aufzuschmelzen, so
tut man am besten, nach erfolgtem
Abguß den Ofen mit Koks zu füllen
und mit Strom zu beheizen, wobei
sich der Ansatz zu Roheisen aufkohlt
und losschmilzt. Diese unangenehme
Erscheinung kommt seit der Einführung hoher Trafoleistungen bei
sorgfältiger Schmelzerarbeit kaum noch vor.

Wenn der Einsatz vollkommen eingeschmolzen ist, gerät das Bad
durch die nunmehr einsetzende Kohlenstoffverbrennung in leichte
Wallung. Jetzt ist für den Schmelzer der Zeitpunkt gekommen, sich
durch Entnahme einer Probe — erste Vorprobe oder Einschmelzprobe
genannt — über den Zustand und die Zusammensetzung des Bades zu
unterrichten. Zu diesem Zweck schöpft er eine kleine Metallmenge aus
dem Ofen, gießt sie in eine Probeform, läßt das Blöckchen ausschmieden
und schickt es zur chemischen Untersuchung in das Schnellaboratorium.

Hier sei etwas ausführlicher der Vorgang bei der Probenahme aus
dem Bad geschildert. Der eiserne Probelöffel (Abb. 119) wird durch
die etwas angehobene Arbeitstür in den Ofen eingeführt und „einge-
schlackt", das heißt durch Hin- und Herbewegen in der Schlackendecke
mit einer dünnen, gleich erstarrenden Schlackenschicht überzogen, die
ihn vor dem Angriff des flüssigen Stahles schützt. Der eingeschlackte
Löffel wird dann mit der Höhlung nach unten in die Mitte des Bades
eingeführt, dort aufwärts gedreht und gefüllt herausgezogen, worauf
der Inhalt unter Zurückhaltung der darüber schwimmenden Schlacke
in eine kleine Probeform gegossen wird. Die Farbe des ausfließenden
Stahls (gelb, gelbweiß, weiß, weißblau mit steigender Hitze), die Dünn-
oder Dickflüssigkeit, die Form der entweichenden Funken, die Stärke
der Gasentwicklung sind für den geübten Schmelzer wertvolle Kenn-

zeichen für die Zusammensetzung und Hitze des Bades. Weitere Aufschlüsse erhält er beim Schmieden des Probeblöckchens; etwaige Kantenrissigkeit beim Vierkant- und Blattschmieden, Rotbruch beim Einkerben und Umbiegen in der Hitze geben ihm einen ziemlich genauen Anhaltspunkt über den Sauerstoffgehalt seiner Probe.

Ein zu Beginn des Schmiedens von der Probe abgesetztes Stück ist inzwischen im angelassenen Zustand ins Schnellaboratorium gelangt, wo es nach dem Abschmirgeln des Zunders angebohrt wird.

Die Verwendung von Sauerstoff zur Beschleunigung des Einschmelzens.

Im Zuge der zunehmenden Verwendung von Sauerstoff auf den verschiedensten Gebieten des Eisenhüttenwesens ist auch der Versuch gemacht worden, auf diese Weise das Einschmelzen und Kochen in Elektroöfen zu beschleunigen. Wenn es einem Edelstahlwerker auch sonderbar anmuten mag zu lesen, daß die stark exotherme Verbrennung des Eisens durch gasförmigen Sauerstoff zur Heizquelle für das Einschmelzen erhoben wird, so sind diese Versuche und ihre Ergebnisse doch zu interessant, als daß sie übersehen werden dürfen. Diese Gedankengänge sind praktisch vornehmlich in USA[1] erprobt und teilweise in die laufende Praxis übernommen worden. In einigen Werken sind sie sogar schon seit mehreren Jahren zur Anwendung gekommen. Die Verwendung des Sauerstoffs zur Beschleunigung des Einschmelzens geschieht durch Einleiten des Gases in den Ofen, und zwar entweder durch wassergekühlte Rohre von sehr langer Haltbarkeit oder durch einfache Rohre, die am besten aus schwer schmelzbaren oder auch hitzebeständigem Material bestehen und vor dem zu schnellen Abbrand zweckmäßig durch Einschlacken geschützt werden.

Der Sauerstoff kann in das Bad eingeleitet werden und dessen Temperatur erhöhen. Er kann aber auch den durch die strahlende Wärme des Lichtbogens vorgewärmten Schrott erhitzen und schließlich am Rand oder zwischen den Elektroden liegende Schrottbänke zum Schmelzen bringen. Die Wärmeentwicklung ist so intensiv, daß sie tatsächlich eine zusätzliche Wärmequelle darstellt und sich besonders beim Schmelzen weicher Stähle vorteilhaft bewähren kann, indem das restlose Einschmelzen von der strahlenden Wärme des Lichtbogens unabhängig wird. Natürlich entsteht durch die Verbrennung des Eisens ein dichter brauner Nebel, der durch die Elektrodenöffnungen oder Türen entweichen muß. Manche Werke vermeiden die Verbrennung des Eisens durch Anbringung eines mit Sauerstoff betriebenen Ölbrenners. Streng genommen sind solche Maßnahmen bei einer richtigen Bemessung des Ofens bzw. der Schmelzenergie in keiner Weise erforder-

---

[1] Berryman, J. H., J. M. Gaines und G. M. Skinner, Proc. Electric-Furnace-Steel 5 (1947) S. 78, 88, 93.

lich. Selbst beim Einschmelzen weichster Qualitäten muß bei richtiger Arbeitsweise der Schmelzvorgang normal von statten gehen. Soll die Einschmelzleistung erhöht werden, so muß eben die erforderliche Leistung in der richtigen Weise zugeführt werden.

Das Entphosphoren und das Kochen.

Je nach den erforderlichen metallurgischen Arbeiten schließt sich an das Einschmelzen eine Oxydationsarbeit oder bei deren Fortfall sofort die Reduktion an. Im ersten Fall wird der Stahl mit einer Schlacke behandelt, deren Zusammensetzung so gewählt wird, daß sie oxydierend auf das Bad einzuwirken vermag. Eine Schlacke vermag aber nur dann Sauerstoff an das Bad abzugeben, wenn sie genügend freies, also nicht abgebundenes Eisenoxydul enthält, mit anderen Worten, die Schlacke muß eisenreich und weitgehend dissoziiert sein. Oxydationsschlacken bestehen daher im wesentlichen aus Erz und Kalk bei basischer und aus Erz und Sand bei saurer Schmelzungsführung. Daneben enthält sie in beiden Fällen notwendigerweise noch entsprechende Mengen Manganoxydul. Außer den üblichen Verunreinigungen, die beide Schlackenarten mehr oder weniger enthalten, weist auch die basische Schlacke einen nennenswerten Betrag an Kieselsäure auf, die zwar aus der Gangart der verwendeten Schlackenbildner und aus dem oxydierten Siliziumgehalt des Einsatzes stammt, die aber für die Durchführung der Schlakkenarbeit von grundlegender Bedeutung ist. Der Kieselsäuregehalt setzt den Schmelzpunkt der Schlacke stark herab und macht deren Flüssigkeitsgrad in gewissem Umfang von wechselnden Kalk- und Erzzusätzen unabhängig. Vor allem beeinflußt er auch die Menge des freien Eisenoxyduls und damit den Sauerstoffgehalt des Bades und die Verteilung des Mangans zwischen Bad und Schlacke. Bei der Entphosphorung wirkt er bei der Überschreitung eines gewissen Gehaltes hindernd.

Da für die Führung der oxydischen Schlacke eine ganze Reihe von Gesichtspunkten zu beachten ist, können diese Vorgänge erst im Anschluß an die genauere Beschreibung der Grundlagen der einzelnen Reaktionen behandelt werden. Hier sei vorerst nur festgehalten, daß, je nach den Erfordernissen, bei sauren Schlacken in erster Linie Erz und bei basischen Schlacken Erz und Kalk in wechselnden Verhältnissen und Mengen zugesetzt werden. Die Entphosphorung kann allein beim basischen Verfahren und nur während der Oxydationsperiode durchgeführt werden. Diese Schlacken entsprechen weitgehend den Martinofenschlakken und sind meist von schwarzer, seltener schwarzbrauner Farbe; die Beurteilung des Eisen- und Mangangehaltes und der Basizität kann in ähnlicher Weise wie bei Martinschlacken erfolgen.

Das Abschlacken.

Nach der Entnahme der ersten Vorprobe unter der Einschmelzschlacke bzw. der letzten Vorprobe unter der Kochschlacke trifft der Schmelzer seine Vorbereitungen zum Abziehen der Schlacke. Um sicher zu gehen, daß das Bad heiß genug ist, kann er seine Beobachtungen beim Vergießen der Vorprobe durch eine einfache Hitzprobe ergänzen. Zu diesem Zwecke steckt er eine lange, etwa 15 mm starke Eisenrute in das Schmelzbad, bewegt sie waagerecht im Bogen langsam hin und her, bis das Ende abgeschmolzen ist und zieht sie wieder heraus. Ein zugespitztes Abschmelzende deutet auf zu niedrige, ein ausgezacktes und unregelmäßig angefressenes auf zu hohe Temperatur; bei glattem, ebenem Schmelzende pflegt die Hitze gerade richtig zu sein. Zu Beginn des Abschlackens wird die Schlackentür, also je nach der Anlage des Ofens entweder die Abstichtür oder die ihr gegenüberliegende Arbeitstür, hochgezogen und durch Beschweren mit einem Gegengewicht oder durch

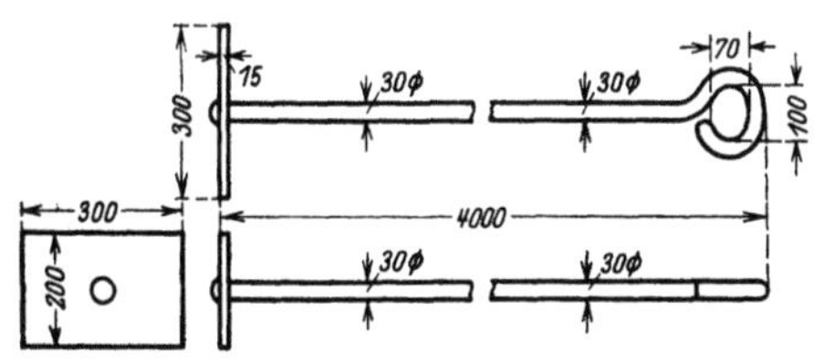

Abb. 120. Krätzer aus Walzstahl.

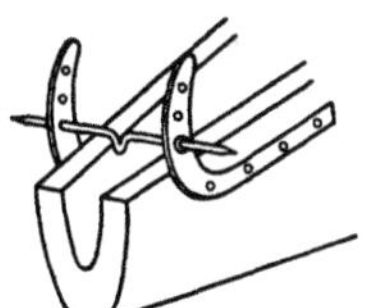

Abb. 121. Anordnung des Krätzerhalters an der Abstichrinne.

Einhaken offen gehalten. Dann wird der Ofen langsam so weit gekippt, daß die Hauptmenge der Schlacke in flachem Strahl ablaufen kann. Sobald der Badstand die Türschwelle erreicht, wird der Ofen gestoppt, ausgeschaltet und die Elektroden so weit hochgefahren, daß die ganze Badfläche unbehindert mit breiten „Krätzern" bestrichen werden kann. Diese Krätzer (Abb. 120) sind etwa 15 mm starke, etwa 200 mm hohe und 300 mm breite Eisenplatten, die mit einem etwa 4 m langen Stiel versehen sind. Sie werden auf eine am Türrahmen oder an der Abstichschnauze (Abb. 121) befestigte Tragstange gelegt und dienen dazu, die beim Abkippen übriggebliebene Schlacke vom Bade sauber „abzukratzen". Während dieser Arbeit findet, wie bereits erwähnt, eine erhebliche Abkühlung des nunmehr größtenteils unbedeckt liegenden und durch die weitgeöffneten Türen ungehindert ausstrahlenden Bades statt. Aus diesem Grunde ist eine möglichst rasche Durchführung des Abschlackens anzustreben.

Um dem Schlackenzieher allzu weite Krätzerhübe zu ersparen, schieben ihm die Ofenhelfer von den Seitentüren her mittels langer Stangen die noch auf dem Bade schwimmenden „Schlackeninseln" zur Vordertüre hin. Die dort angesammelte Schlacke wird mit kurzen ruckartigen Krätzerbewegungen aus dem Ofen herausgeschleudert. Ist, wie häufig bei großen Öfen, nur eine Tür vorhanden, so kann man durch Bewegen eines Holzpfahles oder Holzknüppels, der durch die Abstichtür gesteckt wird, die Schlacke von der Rückwand forttreiben, so daß sie mit dem Krätzer von der Arbeitstür gefaßt werden kann. Die dabei rotglühend und weich werdenden Krätzer müssen ständig gegen gebrauchsbereite, frische ausgewechselt werden. Von Wichtigkeit ist ferner ein geeigneter Flüssigkeitsgrad der Schlacke. Die für das vorherige Ablaufenlassen empfehlenswerte Dünnflüssigkeit ist beim Abziehen unerwünscht. Eine zu dünne Schlacke weicht dem Krätzer seitlich aus und muß durch Zugabe von gebranntem Kalk so weit abgesteift werden, daß sie gerade noch teigig fließt. Eine zu dicke Schlacke staut sich infolge ihrer Zähflüssigkeit in der Abstichrinne zu großen Klumpen an, die zwischendurch losgebrochen werden müssen, um den nachfolgenden Abhüben Platz zu machen.

Die Entfernung der letzten Schlackenreste muß um so sorgfältiger geschehen, je stärker die Frischschlacke an Phosphor, Mangan und anderen Elementen angereichert ist, deren Rückwanderung in das Bad während der Desoxydationsperiode vermieden werden soll. Bei unreinem Einsatz werden deshalb die letzten Schlackenspuren mit Kalk „abgewaschen", das heißt, durch Überstreuen mit Kalk verdickt und abgezogen.

Das Aufkohlen.

Mit der Beendigung des Abschlackens ist der erste Hauptabschnitt des Schmelzungsganges, die Kochperiode, abgeschlossen; nunmehr setzt der zweite, die Feinungsperiode, ein. Eingeleitet wird die Feinung durch die Aufkohlung des Bades, das jetzt ohne Schlackendecke im Ofen liegt und infolgedessen den aufgestreuten Kohlenstoff leicht aufnehmen kann. Als Kohlungsmittel werden aschenarmer Koks, Anthrazit oder Elektrodenkohle in Form von Grieß oder grobem Mehl verwendet. Elektrodenkohle weist den niedrigsten Gehalt an Asche, Schwefel und flüchtigen Bestandteilen auf und sollte deshalb stets den beiden anderen Kohlungsmitteln vorgezogen werden. Der betriebseigene Entfall an Elektrodenbruchstücken kann für diesen Zweck verarbeitet werden.

In der Höhe der Aufkohlung geht man bei reinen Kohlenstoffstählen bis auf 0,05 % unter die geforderte Mindestgrenze der jeweiligen Stahlsorte; bei legierten Stählen muß der Kohlenstoffgehalt der noch benötigten Legierungszusätze in Rechnung gestellt werden. Ein heißes blankes Bad nimmt, je nach Stahlsorte, beim Aufkohlen etwa 70 bis 90 % des zugesetzten Elektrodenmehles auf, während der Rest mit den im Bade zurückgebliebenen Oxyden und mit der Ofenluft zu Kohlenoxyd verbrennt. Bei Verwendung von Koks kann man rechnen, daß nur 60 bis 80 % des Zusatzgewichtes als Kohlenstoff in den Stahl übergehen. Wird beispielsweise ein Kohlenstoffstahl mit 0,60 bis 0,70% C verlangt, und betrage der Einsatz 6000 kg mit einem Abbrand von 5% beim Kochen und Abschlacken, weise ferner die Vorprobe 0,12% C auf, so ergibt eine einfache Rechnung, daß man zum Aufkohlen auf 0,55% C etwa 33 bis 35 kg Elektrodenmehl oder 41 kg Koks benötigt. Bei planmäßigem Arbeiten ist diese Menge selbstverständlich abzuwiegen und nicht, wie es öfter geschieht, nach Schaufelzahl zu schätzen. Ob während der Aufgabe des Kohlungsmittels der Ofen unter Strom zu setzen ist oder ausgeschaltet bleiben kann, hängt von der Hitze des Bades ab. Ein kaltes Bad löst den Kohlenstoffzusatz nur langsam auf und muß beheizt werden. Ist dagegen der Stahl noch heiß genug, so empfiehlt es sich, die Elektroden noch so lange hochgewunden zu lassen, bis das mit der Aufkohlung meist verbundene starke Aufwallen und Kochen des Bades bereits zurückgeht.

Dieses Aufschäumen rührt von der plötzlichen Kohlenoxydbildung her, die bei der Zerstörung der im Bad zurückgebliebenen Oxyde durch Kohlenstoff eintritt; es kann unter Umständen so heftig sein, daß der Stahl über die Türschwellen zu treten droht. In diesem Falle vermindert ein Zusatz von einigen Kilogramm Ferromangan die Heftigkeit der Gasentwicklung. Die Zugabe von Ferrosilizium beruhigt das Bad noch wirksamer; sie ist aber neben anderen Gründen schon deshalb nicht angebracht, weil ein unbeweglich liegendes Bad Kohlenstoff nur sehr träge auflöst und weil infolgedessen ein großer Anteil des Kohlungsmittels durch Verbrennung mit der Ofenluft verlorengeht.

Die eben erörterte Aufkohlung fällt selbstverständlich teilweise oder ganz weg, wenn der Einsatz, wie es bei hochwertigen Stählen die Regel ist, mit beschränkter Oxydation oder ohne Oxydation eingeschmolzen worden ist.

Das Entschwefeln und Desoxydieren.

Die Desoxydations- und Entschwefelungsschlacke setzt sich aus Kalk, Koksmehl bzw. Ferrosiliziumpulver und Flußspat oder Quarzsand zusammen. Für das Mischungsverhältnis läßt sich eine starre Regel nicht angeben, da es von der Art des zu erschmelzenden Stahles, von der Zusammensetzung der Schlackenbildner, von der Geschicklichkeit des Schmelzers und von anderen Umständen in starkem Maße abhängig ist. Man kann jedoch unschwer zwei Abarten der Feinungsschlacke unterscheiden: die weiße Kalkschlacke und die Kalziumkarbidschlacke. Die weiße Kalkschlacke besteht im allgemeinen aus 8 bis 16 Teilen gebranntem Kalk, 1 bis 4 Teilen Flußspat und ½ bis 1 Teil Koks. Für die Karbidschlacke wird mehr Koks zugesetzt, und zwar 1½ bis 2 Teile Koks auf 5 bis 6 Teile Kalk und ½ bis 2 Teile Flußspat. Die Vor- und Nachteile beider Schlacken werden später eingehend erörtert werden.

Hier sei nur kurz erwähnt, daß die weiße Kalkschlacke hauptsächlich bei der Erzeugung weicher Stähle benutzt wird, während die Karbidschlacke infolge ihrer stärkeren Desoxydationswirkung bei der Herstellung aller übrigen Stahlsorten mit Vorteil zur Anwendung kommt.

Bei der Erschmelzung der Fertigschlacke geht man zweckmäßig in folgender Weise vor. Man mischt auf Hüttenflur innig etwa 4% des Einsatzgewichtes an frischem, kleinstückigem, gebranntem Kalk mit etwa 1% des Einsatzgewichtes an Flußspat und schaufelt dieses Gemisch nach vollzogener Aufkohlung des Bades rasch in den Ofen ein. Nach längstens einer Viertelstunde ist die Schlacke gut flüssig geworden und bedeckt das Bad in gleichmäßiger Schicht. Nun streut man 1% des Badgewichtes an Koks gut verteilt über die Schlackendecke, schließt die Türen dicht, und läßt die Lichtbögen mit hoher Stromstärke auf die Schlacke einwirken. Auf manchen Werken ist es üblich, Kalk, Flußspat und Koks bereits auf Hüttenflur zu mischen und das fertige Gemisch in den Ofen aufzugeben. Bei dieser Arbeitsweise tritt leicht eine unbeabsichtigte weitere Aufkohlung des Stahlbades ein; außerdem geht der Vorgang der Schlackenbildung kaum wesentlich schneller vor sich.

Etwa eine halbe Stunde nach beendeter Aufgabe des Schlackengemisches entnimmt man mit dem Probelöffel eine Schlackenprobe aus der Mitte des Ofens und gießt sie auf eine Eisenplatte aus. Ist die Schlacke braunschwarz, braungelb oder braungrün, so ist die Zerstörung der Oxyde in der Schlacke noch nicht weit genug vorgeschritten und muß durch weiteres Aufstreuen von Koks vervollständigt werden. Auch der Flüssigkeitsgrad der Schlacke wird nach der Beschaffenheit der Schlackenprobe geregelt. Eine zu dickflüssige klumpige Schlacke, die bei Verwendung eines Kalkes mit hohem Magnesia- oder niedrigem Kieselsäuregehalt öfter auftritt, wird durch Flußspatzusatz verdünnt; eine zu dünnflüssige „wässerige" Schlacke, die meist zu wenig basisch ist und schwierig Kalziumkarbid bildet, wird durch Kalkzugabe auf richtige Beschaffenheit gebracht.

Im Ofen, insbesondere unter den Elektroden, zeigt die Schlacke zu diesem Zeitpunkt ein flaumiges, an dichten Seifenschaum erinnerndes Aussehen. Im Verlauf der nun folgenden halben bis ganzen Stunde hört jedoch die von der Desoxydation und Entschwefelung herrührende Kohlenoxydentwicklung allmählich auf; die Schlacke wird sämig, dicht und ruhig. Das Fortschreiten der Desoxydation läßt sich auch am Aussehen der erkalteten, fortlaufend entnommenen Schlackenproben feststellen. Während die ersten Proben, wie erwähnt, noch dunkel gefärbt waren, nimmt die Schlacke in dem Maße, wie sie ärmer an Eisen- und Manganoxydul wird, eine reinweiße Farbe an und zerfällt schließlich einige Minuten nach dem Erkalten zu einem feinen Pulver.

Beim Arbeiten mit weißer Kalkschlacke wird von diesem Zeitpunkt an durch Zugabe von Kalk oder Flußspat und durch gelegentliches Aufstreuen von Koks die eben geschilderte Beschaffenheit aufrechterhalten. Wird jedoch, wie es die Regel sein sollte, die Desoxydation unter einer Karbidschlacke zu Ende geführt, so ist der Kokszusatz von Anfang an zu verstärken. Nach einer weiteren Viertelstunde starker Beheizung geht die Schlacke aus dem weißen in den karbidischen Zustand über. Ihre Farbe im erkalteten Zustand ist dann hell- bis dunkelgrau; sie zerfällt an der Luft zu einem hell- bis dunkelgrauen Pulver, doch tritt das Zerrieseln meist erheblich später als bei der weißen Kalkschlacke ein. Das hervorstechendste Kennzeichen der Karbidschlacke ist ihr starker Azetylengeruch, der besonders deutlich beim Benetzen mit Wasser hervortritt, aber auch schon durch die bloße Einwirkung der Luftfeuchtigkeit unverkennbar zum Ausdruck kommt.

Ähnlich wie die Beschaffenheit der Schlacke läßt auch das Verhalten der dem Bade fortlaufend entnommenen Stahlproben den Fortschritt der Desoxydation erkennen. Ohne an dieser Stelle auf Einzelheiten einzugehen, seien nur die zwei wichtigsten Kennzeichen dieses Vorgangs erwähnt: die Gasentwicklung bei der Erstarrung und die Schmiedbarkeit. Bei gleichem Silizium- und Kohlenstoffgehalt ist eine Stahlprobe um so sauerstoffärmer, je weniger Gas sie bei der Erstarrung abgibt; desgleichen ist sie bei gleichem Mangangehalt um so einwandfreier schmiedbar, je geringere Mengen an Sauerstoff sie enthält.

Wie bereits erwähnt, braucht man etwa eine halbe Stunde, um die Schlacke zu schmelzen und von Eisen und Manganoxydul zu befreien und eine weitere Viertelstunde, um die Karbidbildung durchzuführen. Der Rest der Feinungsperiode, etwa eine bis anderthalb Stunden, wird durch die Vervollständigung der Desoxydation, die Regelung der gewünschten Stahlzusammensetzung und die Erzielung der benötigten Gießhitze ausgefüllt. Während dieser ganzen Zeit muß die Schlacke zur Aufrechterhaltung ihrer desoxydierenden Wirkung in karbidischem Zustande erhalten bleiben. Diese Aufgabe ist nicht leicht und erfordert von seiten des Schmelzers große Geschicklichkeit und Erfahrung. In einem späteren Abschnitt werden die Umstände, die zum Schluß der Feinungsperiode die Beschaffenheit und Wirksamkeit der Schlacke beeinträchtigen können, ausführlich erörtert. Hier sei nur erwähnt, daß die Maßnahmen des Schmelzers in jeweils zeitgerechter Zugabe von Kalk, Flußspat oder Koks, in sorgfältiger Instandhaltung der Ofenzustellung und des Gewölbes sowie in der Ausschaltung sämtlicher Störungen des regelrechten Schmelzungsganges bestehen.

Das Legieren.

Wenn die Fertigschlacke ihre richtige Beschaffenheit erlangt hat, das heißt oxydfrei und karbidisch geworden ist, ist der Zeitpunkt zur Regelung der chemischen Zusammensetzung des Stahlbades gekommen. Der

Schmelzer entnimmt dem Stahlbade eine weitere Stahlprobe im Gegensatz zur Einschmelzprobe, zweite Vorprobe oder Zwischenprobe genannt, und läßt sie auf ihren Gehalt an Kohlenstoff und Mangan untersuchen. Ist, wie es bei hochlegiertem Einsatz die Regel darstellt, die Einschmelzschlacke nicht abgezogen, sondern mit Koks desoxydiert worden, so werden in dieser Zwischenprobe auch die mittlerweile vollständig ins Bad zurückreduzierten Elemente Chrom, Wolfram, Vanadin und Molybdän bestimmt. Wie bei der Einschmelzprobe erhält auch bei der Zwischenprobe der Schmelzer durch Farbe, Funkenbild, Verhalten beim Schmieden und Bruchaussehen wertvolle Anhaltspunkte über die Hitze, die Zusammensetzung und den Desoxydationsgrad des Stahlbades.

Nach der Probeentnahme beginnt die Zugabe der benötigten Legierungselemente, und zwar in endgültiger Menge, soweit die Kenntnis des Einsatzes oder die bereits vorliegenden Ergebnisse der Einschmelzprobe dies zulassen, und in vorläufiger Menge, soweit die Bestimmung in der Vor- oder Zwischenprobe noch abgewartet werden muß. Die Reihenfolge der Zusätze und die bei der Zugabe zu berücksichtigenden Besonderheiten erheischen einige Bemerkungen.

Unter den Legierungselementen gehören Nickel, Kobalt und Kupfer zu den Stoffen, die schwerer als Eisen oxydierbar sind. Sie können deshalb ganz oder teilweise bereits nach dem Abziehen der Frischschlacke zugesetzt werden, ohne daß eine Oxydation durch noch vorhandenes Eisenoxydul zu befürchten ist. Da aber besonders Nickel und Kobalt häufig stärker gashaltig sind, empfiehlt es sich, diese Elemente noch frühzeitiger zuzusetzen, damit sie während des Kochvorganges noch entgast werden können.

Mangan wird, falls die Zwischenprobe ausnahmsweise noch nicht einwandfrei schmiedbar sein sollte, als erstes Element in solcher Menge zugesetzt, daß das Stahlbad 0,15 bis 0,20% aufweist. Besser und richtiger ist es, den Mangangehalt von vornherein nicht unter diesen Betrag abfallen zu lassen. Der Ausgleich auf den gewünschten Endgehalt wurde früher, falls es sich nicht gerade um hochmanganlegierten Stahl handelt, gern erst zum Schluß der Schmelzung vorgenommen. Nach den heutigen Erkenntnissen erscheint es richtiger, diesen Ausgleich wesentlich früher vorzusehen.

Die Chrom-, Wolfram-, Vanadin- und Molybdänlegierungen sollen erst zugesetzt werden, wenn Schlacke und Stahl ordentlich desoxydiert sind, das heißt, wenn die Schlacke karbidisch ist und der Stahl mit geringer Gasentwicklung erstarrt und sich rotbruchfrei schmieden läßt. Bei Anwesenheit größerer Mengen von Eisenoxydul würden nämlich Chromoxyde und ähnliche Verbindungen entstehen, deren nachträgliche Reduktion bedeutend schwieriger und langwieriger als die des Eisenoxyduls ist und die in besonders krassen Fällen und besonders bei gestörtem Schmelzungsbetrieb den Bemühungen des Schmelzers hartnäckig widerstehen.

Die eben genannten Legierungsmetalle weisen teilweise einen recht hohen Schmelzpunkt auf. Größere Mengen, auf einmal zugesetzt, würden daher das Bad stark abkühlen und auf der Herdsohle unter Umständen bis zum Abstich teilweise ungelöst liegenbleiben. Es empfiehlt sich daher, die Zugabe größerer Mengen nur allmählich zu bewerkstelligen. Ein Teil der auf Faustgröße zerkleinerten Stücke wird im Innern des Ofens an den Türschwellen aufgeschichtet, bei geschlossenen Türen während etwa einer Viertelstunde auf Rotglut vorgewärmt und dann erst in das Bad eingestoßen. Bei Bedarf wird dieser Vorgang mit weiteren Teilmengen wiederholt. Lediglich bei Ferromolybdän und bei dem pulverförmigen Wolfram- und Molybdänmetall läßt sich diese Arbeitsweise nicht durchführen. Ferromolybdän oxydiert sich nämlich bei Rotglut leicht zu flüchtigem Molybdänoxyd und wird deshalb in Stück- oder Pulverform unmittelbar ins Bad geworfen. Wolframmetall wird ebenfalls nach und nach schaufelweise unmittelbar dem Bade zugesetzt, da es bei etwaigem Auftragen auf der Türschwelle nur schwierig restlos ins Bad gekratzt werden könnte. Schließlich ist noch zu erwähnen, daß Ferrovanadin infolge seines verhältnismäßig geringen spezifischen Gewichtes beim Einstoßen sich leicht mit Schlacke umhüllt und in der Schlackendecke schwimmend steckenbleibt. Es wird deshalb zweckmäßigerweise mit Ferrowolfram oder anderen schweren Stücken zusammen in Blechtrommeln verpackt, die nach erfolgter Vorwärmung an der Türschwelle zur Gänze eingestoßen werden. In jedem Fall muß kurze Zeit nach den Zusätzen die Schlacke mittels einer Rührstange kräftig durchgeschlagen werden.

Ferrosilizium wird aus später ausführlich zu erörternden Gründen anfänglich nach dem Manganzusatz in geringeren Mengen und der Restbetrag zur Erreichung der vorgeschriebenen Analyse erst eine Viertelstunde vor dem Abstich zugesetzt.

Da sich bei großen Fassungsvermögen das Vorwärmen auf der Türschwelle wegen der mangelnden Platzverhältnisse nicht durchführen läßt, wird in vielen Stahlwerken das Vorwärmen der Legierungen in besonderen Öfen vorgenommen, die in der Nähe der Schmelzöfen aufgestellt sind. Das Vorwärmen läßt sich dann ohne weiteres auf jede gewünschte Temperatur durchführen mit dem weiteren Vorteil, daß die heißen Legierungen auch viel leichter durch die Schlacke sinken als die kalten.

Die Regelung der chemischen Zusammensetzung.

Nachstehend sei an Hand eines Schmelzungsberichtes die Regelung der chemischen Zusammensetzung veranschaulicht.

Beispiel für die Regelung der chemischen Zusammensetzung.

Vorgeschriebene Zusammensetzung: 0,25—0,35% C
0,15—0,25% Si

(Normstahl VCN 15 für den   0,40—0,60% Mn

Kraftfahrbau.)   1,30—1,70% Ni

0,40—0,60% Cr.

Zeit	
0,00	Abstich der vorhergehenden Schmelzung.
0,10	Herd geflickt und Beginn des Einsetzens.
0,50	Fertig eingesetzt: 4300 kg Chromnickelstahlschrott, 2000 kg phosphorarmer, unlegierter Schrott. Strom eingeschaltet.
3,00	Fast geschmolzen, Beginn des Einstoßens.
3,20	Ganz eingeschmolzen. Entnahme der Einschmelzprobe. Probe rotbruchfrei.
3,25	Schlacke dick, Flußspatzusatz.
3,30	Beginn des Abschlackens.
3,40	Ergebnis der Einschmelzprobe: 0,15% C, 0,24% Mn.
3,45	Abschlacken beendet. Keine Aufkohlung erforderlich.
3,50	Fertigschlacke aufgegeben. Volle Stromstärke.
4,05	Ergebnis der Einschmelzprobe: 0,97% Ni.
4,20	Schlacke geschmolzen; fast weiß. Ergebnis der Einschmelzprobe: 0,17% Cr.
4,25	Zusatz von Nickel (98% Ni): 33 kg.
4,40	Schlacke karbidisch. Durchgerührt. Entnahme der Zwischenprobe. Probe rotbruchfrei.
4,55	Ergebnisse der Zwischenprobe: 0,18% C, 0,26% Mn.
5,05	Zusatz von Ferrochrom (6% C, 66% Cr): 30 kg.
bis	Zusatz von Ferromangan (80% Mn): 18 kg.
	Zusatz von Roheisen (3,6% C): 50 kg.
5,30	Schlacke karbidisch. Durchgerührt. Entnahme der Schlußprobe. Hitze gut.
5,35	Zusatz von Ferrosilizium (50% Si): 26 kg.
5,45	Ergebnis der Schlußprobe: 0,30% C. Entnahme einer Hitze- und Stehprobe nach dem Siliziumzusatz: Probe gut.
5,50	Ausgeschaltet und abgestochen.

Tatsächliche Zusammensetzung: 0,31 % C
0,18 % Si
0,51 % Mn
1,46 % Ni
0,49 % Cr
0,016% S
0,017% P.

Für die betreffende Schmelzung sind 4300 kg Chromnickelstahlabfälle mit etwa 1,5% Nickel und etwa 0,5% Chrom sowie 2000 kg guten, phosphorarmen Schrottes eingesetzt worden. Für Abbrand und Verschlackung beim Einschmelzen sowie Mitreißen von Stahl beim Abschlacken kann als Verlust der Betrag von 5% angenommen werden, so daß mit einem Badgewicht von 6000 kg zu rechnen ist. Das Einschmelzen wird mit beschränkter Oxydation vorgenommen, so daß etwas Kohlenstoff, Mangan und Chrom im geschmolzenen Bade zurückbleiben. Die Einschmelzprobe zeigt 0,15% C und 0,24% Mn. Mithin ist keine Aufkohlung erforderlich, da die am Kohlenstoffgehalt fehlenden 10 bis 15 Punkte durch den Kohlenstoffgehalt der Zusätze, durch Kohlenstoffaufnahme aus der Schlacke und nötigenfalls durch Zusatz von Roheisen gedeckt werden.

Um 4,05 erhält der Schmelzer das Ergebnis der Nickelbestimmung in der Einschmelzprobe: 0,97%. Da 1,50% erforderlich sind, fehlen ihm auf 6000 kg: $60 \times 0,53 \backsimeq 32$ kg Reinnickel. Da das verfügbare Nickelmetall 98% reines Nickel enthält, müssen $32 : 0,98 \backsimeq 33$ kg Nickel zugesetzt werden.

Da die Einschmelzprobe einwandfrei schmiedbar gewesen ist und 0,24% Mn enthält, ist vorläufig ein weiterer Manganzusatz nicht nötig. Für den Ausgleich des Mangangehaltes wird deshalb das Ergebnis der Zwischenprobe abgewartet, die 0,26% Mn aufweist. Es fehlen also am gewünschten Mangangehalt 0,24%. Hierfür sind $60 \times 0,24 = 14,4$ kg Reinmangan nötig, was bei Verwendung von 80%igem Ferromangan $14,4 : 80 = 18$ kg Ferromangan ausmacht.

Für Chrom fehlen am verlangten Durchschnittsgehalt $0,50 - 0,17 = 0,33\%$. Demgemäß ist ein Zusatz von $60 \times 0,33 \backsimeq 20$ kg Reinchrom erforderlich, was für 66%iges Ferrochrom $20 : 66 \backsimeq 30$ kg ergibt.

Mit dem Zusatz an Ferromangan und Ferrochrom wird gleichzeitig auch der Kohlenstoffgehalt geregelt. Die Einschmelzprobe, um 3,20 Uhr entnommen, hatte 0,15% C aufgewiesen, die Zwischenprobe, um 4,40 Uhr entnommen, 0,18%. Die Aufnahme von 0,03% entstammt aus dem Kohlenstoffgehalt der Schlacke und beträgt, wie das Beispiel zeigt, etwa 0,02% je Stunde. Die nach der Entnahme der Zwischenprobe zugesetzten Legierungen Ferromangan und Ferrochrom bringen folgende Kohlenstoffmengen mit: 18 kg Ferromangan mit 8% C ergeben $18 \times 0,08 = 1,44$ kg C, 30 kg Ferrochrom mit 6% C ergeben $30 \times 0,06 = 1,80$ kg C, also insgesamt 3,24 kg C. Dies macht auf den Einsatz von 6000 kg $3,24 : 60 = 0,05$ bis 0,06% C aus. Da von der Entnahme der Zwischenprobe bis zum Abstich bei der vorliegenden Schmelzung noch ein Zeitraum von etwa einer Stunde erforderlich sein wird, ist eine weitere Zunahme von 0,02% C aus der Schlacke zu erwarten; für die Abstichprobe würden sich demnach $0,18 + 0,06 + 0,02 = 0,26\%$ C ergeben. Um auf 0,29% C zu kommen, sind also noch weitere 0,03% C oder insgesamt $60 \times 0,03 = 1,8$ kg Kohlenstoff erforderlich. Der Ausgleich erfolgt am einfachsten durch einen Zusatz von Roheisen mit 3,6% C, wovon also $1,8 : 0,036 = 50$ kg benötigt werden.

Die vor dem Abstich entnommene Schlußprobe ergibt in Übereinstimmung mit der Berechnung 0,30 C.

Der Siliziumgehalt ist mit 0,20% vorgeschrieben. Da das Bad kein, Silizium enthält, ist ein Zusatz von $60 \times 0,20 = 12$ kg Reinsilizium oder bei Verwendung von 50%igem Ferrosilizium, von $12 : 0{,}50 = 24$ kg Ferrosilizium nötig. Zugesetzt werden 26 kg eine Viertelstunde vor dem Abstich.

Besser ist es, etwa die Hälfte davon schon zusammen mit dem Ferrochrom oder kurz danach zuzusetzen. Die dann entstehenden flüssigen Desoxydationsprodukte haben noch genügend Zeit, in die Schlacke zu steigen. Voraussetzung ist allerdings die genügend weit vorgeschrittene Entgasung durch die Reduktionsschlacke.

Wie die am Schluß der Tabelle wiedergegebene Zusammensetzung der Pfannenprobe zeigt, liegen die Werte sämtlicher Legierungsbestandteile innerhalb der vorgeschriebenen Grenzen.

Bei der Durchrechnung dieses Zahlenbeispiels ist eine Vereinfachung vorgenommen worden, die nur bei schwachlegierten Stählen zulässig ist. Als Badgewicht wurde nämlich durchweg das Gewicht von 6000 kg in Rechnung gestellt, während tatsächlich im Verlaufe der Feinung 157 kg an Zusätzen hinzugekommen sind. Bei höherlegierten Stählen muß die Vermehrung des Badgewichtes durch die Zusätze unbedingt berücksichtigt werden. Bei der Besprechung des Schmelzungsganges für Schnelldrehstahl wird sich die Gelegenheit ergeben, die genaue Berechnung der Zusatzmenge auch an dem Beispiel eines hochlegierten Stahles durchzuführen.

Die Regelung der Stahlhitze.

Wenn nach anderthalb- bis zweieinhalbstündigem Verweilen unter der Fertigschlacke der Stahl entschwefelt und desoxydiert ist und durch Aufnahme der Legierungssätze die gewünschte chemische Zusammensetzung erreicht hat, braucht er lediglich auf das Vorhandensein der richtigen Hitze geprüft zu werden, um als gießfertig zu gelten. Die Temperaturführung während der Feinungsperiode ist eines der Gebiete, auf denen sich die Kunst des begabten Schmelzers zeigt: er hat zu gleicher Zeit seinen Stahl desoxydiert, auf vorschriftsmäßige Zusammensetzung und auf richtige Gießhitze gebracht. Der ungeübte Schmelzer hingegen kümmert sich zuerst lediglich um die Schlacke; dann setzt er zögernd und unsicher die Legierungen zu, wobei er in ständiger Sorge um den Kohlenstoffgehalt des Bades zahlreiche Zwischenproben entnimmt und damit die Legierungsarbeit weiter aufhält. Zum Schluß geht er dazu über, das Bad aufzuheizen, setzt sich dabei aber der Gefahr aus, das Gewölbe anzuschmelzen, die Schlacke zu verderben und die Desoxydationsarbeit von neuem aufnehmen zu müssen.

Bei der Temperaturführung während der Feinungsperiode sind folgende Punkte zu berücksichtigen. Bei der Aufgabe der Fertigschlacke muß hohe Stromstärke eingestellt werden, um die Verflüssigung der Schlacke, die Kalziumkarbidbildung und die mit der Desoxydation zusammenhängenden Umsetzungen zu beschleunigen. Außerdem muß das beim Abschlacken abgestellte Bad wieder aufgeheizt werden. Da die Ofenzustellung zu diesem Zeitpunkt — kurz nach dem Einschmelzen oder nach dem Abschlacken — noch nicht die volle Hitze erreicht hat, ist die Gefahr des Gewölbeanschmelzens weniger groß. Außerdem ist die noch nicht geschmolzene Schlacke infolge ihrer großen Oberfläche und Oberflächenbeschaffenheit besonders geeignet, viel Wärme aufzunehmen. Das Bad muß bis zum Schmelzen der Schlacke die genügende Temperatur erreicht haben. Diese Temperatur wird zweckmäßig mindestens so hoch gehalten, wie sie zum Abstich erforderlich ist. Sobald die Schlacke karbidisch geworden ist, muß die Stromstärke allmählich verringert werden, da die Lichtbogenhitze jetzt nur noch die Wärmeverluste des Ofens und den Wärmebedarf für das Schmelzen der Legierungszusätze zu decken hat. Die Aufrechterhaltung einer einwandfreien Schlackenbeschaffenheit mit geringer Wärmezufuhr erleichtert während dieses Zeitraumes dem Schmelzer die Beherrschung der Ofenhitze wesentlich; eine sämige karbidische Schlacke leitet die Hitze leicht an das Bad weiter, eine „wässerige“, kohlenstofffreie, spiegelnde Schlacke hingegen bringt durch starke Rückstrahlung der Lichtbogenhitze das Gewölbe bald zum Schmelzen. Diese dünne Schlacke entsteht aber nur zu leicht, wenn die Leistung nicht rechtzeitig zurückgestellt werden kann, weil das Bad noch nicht heiß genug ist.

Nach beendetem Legierungszusatz wird die Stromstärke nötigenfalls wieder allmählich bis zum Abstich gesteigert.

Die Hitze, bei welcher das Vergießen der verschiedenen Stähle in die Blockformen erfolgt, pflegt zwischen 1480 und 1580° C zu liegen. Da durch das Ausgießen aus dem Ofen und das Verweilen in der Pfanne bis zum Schluß des Abgießens eine Abkühlung um mindestens 50° C eintritt, muß die Badtemperatur vor dem Abstich, je nach der Stahlmarke und je nach der zu erwartenden Gießdauer, 1550 bis 1650° C betragen.

Wie prüft nun der Schmelzer das Bad auf richtige Gießhitze? Auf Pyrometer kann er nicht zurückgreifen, thermoelektrische Pyrometer können nicht in das Schmelzbad eingeführt werden, da wir über keine Schutzmasse verfügen, die dem Angriff des flüssigen Stahles und der flüssigen Schlacke dauernd widersteht. Erst neuerdings werden u. a. in USA und England billige Thermoelemente für die Temperaturkontrolle laufend im Betrieb verwandt. In Deutschland haben sie sich noch nicht einzuführen vermocht. Auf die grundsätzlichen Mängel solcher Messungen zwecks Einstellung der richtigen Abstichtemperatur wird am Ende dieses Abschnittes noch hinzuweisen sein. Auch optische Pyrometer können zur Temperaturbestimmung des Ofeninhaltes nicht verwendet werden, da, von allen anderen Fehlerquellen abgesehen, die Schlackendecke heißer als der Stahl zu sein pflegt. Der allein denkbare Ausweg, der auch viel-

fach praktisch zur Anwendung kommt, ist, beim Ausgießen kleiner Stahlproben aus dem Probelöffel den Gießstrahl mit optischen Meßinstrumen-
ten anzuvisieren. Die kurze Dauer des Ausfließens und die geringe Mäch-
tigkeit des Gießstrahles erfordern eine große Geschicklichkeit und
Übung. Der Schmelzer ist, wenn er die Hitze des Bades richtig abschätzen
will, auf die Vornahme und Beurteilung praktischer Proben angewiesen.
Als solche seien hier die Abschmelz-, die Fließ- und die Erstarrungsprobe
angeführt.

Die bereits früher (S. 243) beschriebene Abschmelzprobe beruht darauf, daß das abgeschmolzene Ende einer in das Stahlbad eingetauchten
Eisenrute, je nach der Hitze des Stahles, verschiedenartig angefressen wird.
Diese verhältnismäßig rohe Probe wird jedoch meist nur nach dem Einschmelzen angewendet. Zur Beurteilung der Hitze am Schluß der Schmelzung eignet sie sich weniger, wird aber doch manchenorts mit einer kleinen
Abänderung durchgeführt. Die Rute wird am Ende etwa 15 bis 20 cm
rechtwinklig umgebogen und in das Stahlbad eingeführt. Durch pendelnde Drehung wird das umgebogene Ende im Bogen langsam hin und
her bewegt und die zum Abschmelzen notwendige Zeit gezählt. Für jede
Stahlmarke und Gießdauer (wenige große oder viele kleine Blöcke!) kann
auf diese Weise eine „Normal-Abschmelzzeit" erfahrungsmäßig festgelegt werden.

Die Fließprobe ist die meist angewendete und wohl auch beste praktische Hitzeprobe. Sie beruht auf der einleuchtenden Tatsache, daß der
Stahl in kälterer Umgebung um so länger flüssig bleibt, je höher er über
seinen Schmelzpunkt erhitzt ist. Der Schmelzer entnimmt mit einem zuvor gut eingeschlackten Probelöffel dem Bade eine Probe und gießt sie
in schwachem, langsamem Strahl in eine bereitstehende Probeschale aus.
Er beobachtet dabei die Farbe des Strahles, die, durch ein blaues Schutz-
glas betrachtet, um so heller wird, je höher die Hitze ist. Weiterhin gibt
der Flüssigkeitsgrad des Strahles einen Anhaltspunkt; bei niedriger
Temperatur fließt der Stahl dickflüssig und träge, bei hoher dünnflüssig
wie Wasser. Schließlich gibt die Zeit, die bei gefüllter Form bis zum
Erscheinen des ersten Erstarrungshäutchens verstreicht, einen guten
Maßstab für die Hitze der Probe. Freilich ist dabei wohl zu unterscheiden,
ob der Siliziumzusatz zum Stahl bereits erfolgt ist oder nicht. Eine
weniger als etwa 0,10% Si enthaltende Stahlprobe liegt nicht vollkommen ruhig in der Form, sondern weist, auch wenn keine merkbare Gasentwicklung mehr stattfindet, eine bewegte, „spielende" Oberfläche auf.
Auf diese Weise wird während einiger Zeit stets frischer, heißerer Stahl
in Berührung mit der Luft gebracht. Das Auftreten des ersten Erstarrungshäutchens läßt also länger auf sich warten, und der Stahl sieht
unter sonst gleichen Umständen heißer aus als eine siliziumhaltige „tot"
daliegende Probe. Dafür sieht wieder ein siliziumhaltiger Stahl in der

Farbe heißer aus als ein gleich heißer, siliziumfreier. Ein siliziumhaltiger Stahl hat nämlich einen Stich ins Bläuliche, und da mit steigender Hitze der Farbton sich von gelbweiß über weiß nach weißblau verschiebt, wird durch Betrachtung der Farbe allein in diesem Fall ein höherer Hitzegrad vorgetäuscht. Eine weitere Quelle von Unsicherheit kann der Flüssigkeitsgrad der Schlacke sein. Eine dünnflüssige Schlacke legt sich beim Einschlacken des Probelöffels nur in schwacher Schicht an und läßt demgemäß die abkühlende Wirkung des eisernen Löffels stärker in Erscheinung treten. Trotz aller dieser störenden Einwirkungen lernt jedoch der Schmelzer durch längere Erfahrung an Hand der Fließprobe die Hitze so genau abschätzen, daß aufeinanderfolgende Schmelzungen derselben Stahlmarke, beim Vergießen mit dem optischen Pyrometer gemessen, um nicht mehr als 20° voneinander abzuweichen pflegen.

Eine weitere praktische Hitzeprobe, die Erstarrungsprobe, ist der eben beschriebenen sehr ähnlich. Ein sorgfältig eingeschlackter Probelöffel von immer gleicher Größe wird mit Stahl gefüllt, herausgezogen und ruhig auf den Boden gestellt. Die Schlackendecke wird rasch abgekratzt und mit der Stoppuhr die Zeit gemessen, die bis zum Erscheinen der Erstarrungshaut auf der Stahloberfläche vergeht. Diese Zeiten liegen bei etwa 10 bis 50 Sekunden. Sie sind für die einzelnen Stahlsorten verschieden und unterliegen im übrigen der Einwirkung des Flüssigkeitsgrades der Schlacke und des Siliziumgehaltes im Stahl in der vorhin beschriebenen Weise.

Diese letzte Probe hat aber noch einen ganz besonderen Vorzug. Die beschriebene Hautbildung entspricht nämlich genau der gleichen Erscheinung, die auf der Oberfläche des flüssigen Stahles beim Vergießen in der Kokille auftritt. Bekanntlich muß zur Erzielung einer sauberen Blockoberfläche die Bildung solcher Häute in der Nähe der Kokillenwand vermieden werden. Je länger nun die Zeitdauer bis zum Eintritt der Hautbildung in der angegebenen Gießprobe ist, um so besser muß sich der Stahl vergießen lassen. In dieser Probe sind also Temperatur und Vergießbarkeit einbegriffen. Diese Vorgänge lassen sich natürlich auch bei der erwähnten Fließprobe, die in eine Probeform vergossen wird, verfolgen. Im Grunde genommen sind es auch nur diese Vorgänge, die der geübte Schmelzer in erster Linie beobachtet und die nach jahrelanger Übung den Sicherheitsgrad in der Einhaltung der richtigen Gießtemperatur verleihen. Sowohl bei der Fließ- als auch bei der Erstarrungsprobe haben die Legierungselemente Chrom, Vanadin, Nickel, Titan usw. ihre besonderen Einflüsse hinsichtlich der schnelleren oder langsamen Hautbildung, ihrer mehr spröden oder plastischen Beschaffenheit, dem Farbstich des flüssigen hautfreien Stahles usw. Alle diese Einflüsse muß der Edelstahlwerker kennen, um ein umfangreiches Qualitätsprogramm sicher beherrschen zu können. Natürlicherweise lassen sich alle diese

Zusammenhänge bei der Temperaturmessung mittels Eintauchpyrometer allein nicht erfassen. Auf die neuesten Bestrebungen, den Feinungsgrad an Hand der Differenz der wahren Temperatur und der Strahlungstemperatur zu erkennen, soll an dieser Stelle nicht weiter eingegangen werden, ebensowenig wie auf andere Möglichkeiten, den Grad der erzielten Feinungsarbeit durch verhältnismäßig einfache aber messende Methoden zu verfolgen.

Das Abstechen.

Der Ausdruck „Abstechen" für das Ausleeren des fertigen Stahles aus dem Ofen in die Gießpfanne ist aus der Betriebsweise feststehender Öfen übernommen, bei welchen durch Aufstechen eines Loches in der Ofenwand dem flüssigen Metall der Ablauf frei gemacht wird. Ein solcher „Abstich" im eigentlichen Sinne kommt beim Elektroofen nur selten in Frage, da dieser in den weitaus meisten Fällen durch Hochkippen seinen Inhalt über eine Türschwelle entleert. Wenn hin und wieder statt einer großen Tür nur ein Abstichloch von etwa 100 mm Durchmesser als Auslauföffnung vorgesehen ist, so ist dabei die Absicht maßgebend, den Stahl möglichst rein ausfließen zu lassen. Durch starkes Ankippen des Ofens bringt man nämlich den Schlackenstand über das Abstichloch, so daß zuerst nur die Hauptmasse des Stahles und dann erst die Schlacke den Ofen verläßt. Man vermeidet auf diese Weise die starke Durchwirbelung von Stahl und Schlacke beim Sturz in die Gießpfanne. Es fragt sich jedoch, ob das Ausgießen in dünnem, allseits luftumspültem und der Oxydation ausgesetztem Strahl der Stahlbeschaffenheit — ganz abgesehen von dem hohen Temperaturverlust — nicht abträglicher ist als das Auskippen in breitem, wenigstens auf der Oberfläche durch eine Schlackenschicht geschütztem Strom. In einem der nächsten Abschnitte wird bei der Erörterung des Stahlabstehenlassens in der Gießpfanne auf diese Frage noch zurückzukommen sein. Schließlich ist nach neueren Ansichten gerade das Durchwirbeln der Desoxydationsschlacke mit dem Stahl beim Abstechen auf Desoxydation und Entschwefelung von günstiger Wirkung. Für die Instandhaltung der Zustellung ist das Mitlaufen der Schlacke in jedem Fall von Vorteil.

Der Standort für die Betätigung des Kippantriebes soll so gewählt sein, daß von dort aus die Bewegungen der Ausgußrinne und der Gießpfanne genau beobachtet und aufeinander abgestimmt werden können. Daß der Ofen vor dem Kippen stromlos zu machen ist, ist eine selbstverständliche Maßnahme; eine Berührung stromführender Teile, beispielsweise der Elektroden, mit den Kranseilen würde einen Kurzschluß und ein Abschmoren der Seile zur Folge haben.

Die Durchführung von metallurgischen Operationen, wie Desoxydieren, Legieren, Aufkohlen in der Gießpfanne, ist im Elektrostahlbetrieb

nicht angebracht und meist ein Beweis für mangelhafte Schmelzungsführung. Auf die Berechtigung des Leitsatzes: Den Stahl im Ofen fertigmachen und nicht in der Gießpfanne wird in den späteren Ausführungen
noch wiederholt hinzuweisen sein.

II. Die Kochvorgänge beim basischen Verfahren.

Allgemeines.

Das basische Elektrostahlverfahren baut sich aus zwei metallurgisch
wohl unterschiedenen Abschnitten auf: einer Oxydations- oder Kocharbeit und einer Desoxydations- oder Feinungsarbeit. Der Kochvorgang
entspricht in vieler Beziehung weitgehend dem basischen Martinverfahren, während die Feinungsarbeit eine besondere Eigentümlichkeit des
Elektrostahlschmelzens darstellt und den übrigen Stahlgewinnungsverfahren mehr oder minder vollständig fehlt. Abgesehen vom Tiegelstahl erfährt kein anderer Stahl eine gleich gründliche Desoxydation
wie der Elektrostahl.

Im folgenden wird bewußt an Stelle der Begriffe „Erzen" und „Frischen" das Wort „Kochen" in Anwendung gebracht. Es soll damit deutlich zum Ausdruck gebracht werden, daß es sich bei der Qualitätsstahlerzeugung um wesentlich andere Vorgänge handelt als bei der Massenstahlerzeugung. Die Worte „Erzen" und „Frischen" stammen noch aus
der Zeit, als man von der direkten Stahlerzeugung in Rennfeuern dazu
überging, den Umweg über das Roheisen zu wählen. Das Roheisen erschien damals den Hüttenleuten als ein minderwertiges Eisen, das daher
auch mit abfälligen Bezeichnungen belegt wurde, und das zur Umwandlung in Stahl des „Frischens" bedurfte. Heute spricht man von „Frischen" und „Erzen" insbesondere bei der Massenstahlerzeugung, bei der
es darauf ankommt, in verhältnismäßig kurzer Zeit Roheisen oder Roheisen und Schrott in einem bestimmten Mengenverhältnis auf Stahl zu
verarbeiten, wobei die Entkohlung eine besonders wesentliche Rolle
spielt. In der Qualitätsstahlerzeugung dient dagegen die Verminderung
des Kohlenstoffgehaltes in erster Linie zum Hervorrufen bestimmter
physikalischer Vorgänge, deren Ablauf für die Herstellung eines hochwertigen Endproduktes unbedingt erforderlich ist.

Das Kochen hat den Zweck, aus dem im Elektroofen oder in einem
anderen Ofen vorgeschmolzenen Einsatz unerwünschte Eisenbegleiter
zu entfernen. Als solche Eisenbegleiter gelten hier im weitesten Umfang
schädliche Elemente, wie Phosphor, aber auch schädliche Gase, wie Wasserstoff und Stickstoff, und schließlich schädliche, im Stahlbad als Einschlüsse vorhandene Verbindungen. Hinsichtlich der Entfernung schädlicher Elemente besteht für den Kochvorgang die Hauptaufgabe in der

Entfernung des Phosphors; daneben können aber auch Kohlenstoff, Mangan und andere Elemente in solchen Mengen vorhanden sein, daß ihre Abscheidung im Hinblick auf ihre verlangte Endzusammensetzung notwendig wird. Das Kochen im Elektroofen wird durch Sauerstoffzufuhr in fester Form bewerkstelligt, sei es durch Rost am Schrott, sei es durch Erz, Hammerschlag oder Walzsinter. Der Sauerstoff wird vom Bad aufgenommen und reagiert mit dem gelösten Kohlenstoff unter Kohlenoxydbildung, mit den anderen Elementen wie Si, Mn usw. unter Bildung der betreffenden Oxyde. Kohlenoxyd entweicht gasförmig, die übrigen Sauerstoffverbindungen gehen vorwiegend in die Schlacke. Ein kleiner Teil löst sich im Eisenbade oder bleibt ungelöst als „Schlamm" darin aufgeschwemmt. Der gelöste Teil wird in geringem Umfang in der Kochperiode, zur Hauptsache in der Feinungsperiode reduziert. Die Einschlüsse sollen möglichst während des Kochens entfernt werden, da eine restlose Reduktion während des Feinens nicht immer möglich ist. Die physikalisch-chemischen Gesetzmäßigkeiten, denen die Oxydationsvorgänge gehorchen, lassen willkürliche Eingriffe in die Reihenfolge der Oxydation nur in beschränktem Maße zu. Selbst wenn also die vorgeschriebene Endzusammensetzung des Stahles die Vermeidung der Oxydation eines der Begleitelemente im Stahlbade erwünscht erscheinen läßt, ist eine Auswahl beim Oxydieren mit Rücksicht auf die Notwendigkeit der Abscheidung der übrigen unerwünschten Beimengungen häufig nicht möglich. Weniger in Deutschland als vor allem in USA gibt es eine Reihe von Fachleuten, die das Ziel verfolgen, den Lichtbogenofen nur mit einer Schlacke, nämlich der Kochschlacke, zu betreiben und zumindest damit eine gute Siemens-Martin-Qualität zu erzielen. Bei großen Öfen ist die Wirtschaftlichkeit bei einigermaßen günstigen Strompreisen bald gegeben. Es muß aber darauf verwiesen werden, daß zwischen Martin- und schwarzer Elektroofenschlacke durchaus Unterschiede bestehen und daher Erkenntnisse und Erfahrungen zu sammeln sind, um qualitätsmäßig ein Bestergebnis zu erreichen. Es wird aber immer wieder die Frage auftauchen, ob nicht doch durch eine anschließende Behandlung des Stahles unter einer Desoxydationsschlacke so wesentliche Vorteile erzielt werden, daß dem Zweischlackenverfahren der Vorzug zu geben ist. Dann würde sich das Einschlackenverfahren auf die Herstellung einfachster Qualitäten beschränken und der Elektroofen den Martinofen ersetzen. Es steht außer Frage, daß für eine solche Arbeitsweise manchenorts die Voraussetzungen gegeben sind.

Die Oxydation der verschiedenen Eisenbegleiter während des Einschmelzens und Kochens wird in den einzelnen folgenden Abschnitten beschrieben. Die Reihenfolge ist nicht metallurgisch bedingt, sondern aus Gründen einer einfacheren Darstellungsweise gewählt.

Das Verhalten des Siliziums.

Die ersten Umsetzungen, die sich zum Teil schon während des Einschmelzens vollziehen, sind, in grundsätzlichen Reaktionsgleichungen ausgedrückt, die folgenden:

$$Si + 2\,FeO = 2\,Fe + SiO_2, \tag{1}$$

$$SiO_2 + 2\,FeO = (FeO)_2 \cdot SiO_2, \tag{2}$$

$$(FeO)_2 \cdot SiO_2 + 2\,CaO = (CaO)_2 \cdot SiO_2 + 2\,FeO. \tag{3}$$

Der Siliziumgehalt des Einsatzes setzt sich also nach Gleichung (1) mit dem Rost und Zunder des Schrottes oder mit dem zugeführten Erz oder aber auch mit den beim Einschmelzen entstehenden Oxyden zu Eisen und Kieselsäure um. Die entstehende Kieselsäure bildet mit dem anfangs meist im Überschuß vorhandenen Eisenoxydul Eisensilikate wechselnder Zusammensetzung, insbesondere solche mit tiefliegenden Schmelzpunkten, die großenteils zur Schlacke aufsteigen. In dem Maße, wie sich miteingesetzter oder nachgesetzter Kalk in der Schlacke auflöst, geht das Eisensilikat unter Abspaltung von Eisenoxydul in das beständigere Kalksilikat über. Das freiwerdende Eisenoxydul beteiligt sich an der Oxydation der weiterhin zur Verbrennung gelangenden Eisenbegleiter oder aber reagiert unmittelbar mit dem Kalk unter Bildung von Kalkferriten. Außerdem wird ein Teil des Eisenoxyduls, je nach der Zusammensetzung der Schlacke, auch im ungebundenen Zustand vorhanden sein. Nach Verflüssigung aller Schlackenbildner gehen diese Reaktionen noch rascher und vollständiger vor sich, aber auch dann sind sie alle mehr oder weniger in ihrem Ablauf durch Gleichgewichtsvorgänge begrenzt.

Von besonderer Wichtigkeit ist die Tatsache, daß die Verschlackung nicht nur an der Badoberfläche, sondern auch im Innern des Bades stattfindet, so daß die Oxydationsprodukte als Schlamm bzw. Trübe im Bad schwimmen. Je nach den vorhandenen Mengen und den jeweiligen Umständen entstehen flüssige oder auch feste Einschlüsse. Die Entfernung dieser Einschlüsse gehört mit zu den wichtigsten Aufgaben des Kochens.

Das Verhalten des Mangans.

Das Mangan wird in ähnlicher Weise wie Silizium zum großen Teil schon während des Einschmelzens oxydiert und verschlackt:

$$Mn + FeO = Fe + MnO, \tag{4}$$

$$2\,MnO + SiO_2 = (MnO)_2 \cdot SiO_2. \tag{5}$$

Das nach Gleichung (5) gebildete Mangansilikat ist wesentlich beständiger als das Eisensilikat und scheint als solches zum großen Teil in der Einschmelzschlacke zu bleiben, auch wenn diese durch allmähliche

Auflösung von Kalk basischer wird. Auch hier muß angenommen werden, daß ein wenn auch kleiner Teil des MnO in der Schlacke als freies MnO vorhanden ist. Indem die Oxydation des Siliziums während der Einschmelzzeit, selbst bei höherem Siliziumgehalt des Einsatzes, sehr rasch und weitgehend vonstatten geht, da höhere Siliziumgehalte unter oxydischen Schlacken unbeständig sind, verläuft die Oxydation des Mangans in wesentlich begrenzterem Umfang, oder anders ausgedrückt, die Manganreaktionen werden durch ausgesprochene Gleichgewichtszustände begrenzt. Daher enthält der geschmolzene Stahl stets noch einen gewissen Mangangehalt, dessen Höhe sich nach dem ursprünglichen Mangangehalt des Einsatzes, der Stärke der oxydierenden Einflüsse und dem Eisenoxydul- und Manganoxydulgehalt der Schlacke richtet. Die weiteren Einflußgrößen werden später behandelt. Das bedeutet also praktisch, daß neben einer bestimmten Mangankonzentration im Stahl noch eine stärkere Eisenoxydulkonzentration bestehen kann als neben einer entsprechend hohen Siliziumkonzentration.

Der nach beendetem Einschmelzen im Bade zurückbleibende Mangangehalt beträgt bei Verwendung des üblichen Schrottes im allgemeinen etwa 0,15 bis 0,25%. Ist er bei Verwendung besonders leichten Schrottes oder stark verrosteten Schrottes auf 0,10% oder gar noch weniger gesunken, so ist dies ein sicheres Kennzeichen dafür, daß eine äußerst starke Sauerstoffaufnahme stattgefunden hat. In diesem Fall ist gewöhnlich auch der Kohlenstoffgehalt des Bades bereits auf weniger als 0,10% zurückgegangen. Solche starken Sauerstoffaufnahmen während des Einschmelzens sind sehr nachteilig und daher unerwünscht.

Da es in manchen, später noch eingehender zu erörternden Fällen erwünscht sein kann, den Kohlenstoffgehalt des Bades unter 0,10% herabzudrücken, dabei aber einen Mangangehalt von 0,15% zurückzubehalten, wählt man einen hochmanganhaltigen Einsatz oder verstärkt den MnO-Gehalt der Schlacke durch Zugabe von Manganerz neben Eisenerz. Auf diese Weise wird durch den hohen Mangangehalt der Schlacke die Sauerstoffaufnahme des Stahles verringert, so daß die Oxydationsvorgänge eine zu starke Manganverbrennung nicht hervorrufen und die gewünschten Mangangehalte eingehalten werden können. Auch hier ist wieder darauf hinzuweisen, daß das Mangan zum Teil auch im Innern des Stahlbades verschlackt und zur Ausscheidung von Einschlüssen Anlaß gibt. Mit sinkendem Siliziumgehalt und steigendem Mangangehalt können sich keine flüssigen Silikate mehr bilden, und es entstehen dann zum Teil hochschmelzende feste MnO-reiche Eisenmanganoxydule, deren Entfernung besonders schwierig ist. Hierauf wird später noch besonders einzugehen sein. Ähnlich wie Mangan verhalten sich die Elemente Chrom, Vanadin, Molybdän und Wolfram; sie gehen beim Kochen in ihre Oxyde über, die in die Schlacke wandern. Entsprechend dem

Massenwirkungsgesetz geht die Oxydation, in ähnlicher Weise wie beim Mangan, um so unvollständiger vor sich, je stärker sich die Schlacke an den betreffenden Oxyden anreichert. Außerdem hat die Sauerstoffaffinität der jeweiligen Elemente auf den Umfang ihrer Verschlackung einen großen Einfluß.

Die Zusammensetzung der Einschmelzschlacke.

Wie aus den vorhergehenden Erörterungen ersichtlich ist, besteht die erste Einschmelzschlacke im wesentlichen aus Kieselsäure, Kalk, Eisen und Manganoxydul, deren Mengenanteile in weiten Grenzen schwanken können. Wird dem Einsatz zu wenig oder gar kein Kalk mitgegeben, so können die Schlacken unmittelbar nach dem Einschmelzen mehr oder minder stark saueren Charakter annehmen. Im Gegensatz zur Schlacke im sauren Martinofen, deren Zusammensetzung automatisch einer eng begrenzten Analyse zustrebt, zeigt die Einschmelzschlacke im basischen Elektroofen in ähnlicher Weise wie die basische Martinschlacke größere Schwankungen in ihrer Zusammensetzung. Der Gehalt an Kieselsäure beträgt meist 10 bis 20%, an Kalk 40 bis 60%, an Eisenoxydul 4 bis 20% und an Manganoxydul 3 bis 15%. Daneben finden sich Magnesia und Tonerde als hauptsächlich aus dem Ofenfutter stammende Verunreinigungen vor. Nachstehende Zahlentafel gibt die Zusammensetzung von drei kennzeichnenden Einschmelzschlacken wieder, Schlacke A stammt von einer Schmelzung mit vollständiger Oxydation, B von einer ebensolchen, aber unter Zusatz von Manganerz, C von einer Schmelze mit reinem Einsatz und nur geringfügiger Oxydation.

Kennzeichnende Zusammensetzung von Elektroofeneinschmelzschlacken beim basischen Verfahren.

Bezeichnung	Zusammensetzung in %						
	SiO_2	CaO	FeO	MnO	Al_2O_3	MgO	P_2O_5
Schlacke A . . .	14,28	43,17	18,42	8,43	2,07	12,47	1,09
Schlacke B . . .	15,37	44,31	12,35	12,65	1,96	11,65	1,76
Schlacke C . . .	16,26	53,23	8,41	4,37	2,84	13,78	0,82

Schlacken mit hohem Manganoxydulgehalt sind dünnflüssig und sehr reaktionsfähig, da Mangansilikate mit etwa 40% SiO_2 zu den niedrigstschmelzenden schlackenbildenden Silikaten gehören. Dieser beim basischen Martinverfahren wichtige Vorteil verliert aber für den Elektroofenbetrieb seine Bedeutung, da hier infolge der höheren Ofentemperatur auch Schlacken der Zusammensetzung C ohne Schwierigkeit, nötigenfalls durch geringe Flußspatzugabe, genügend dünnflüssig gehalten werden können.

Die Entschwefelung während des Kochens.

In ähnlicher Weise wie im Siemens-Martin-Ofen findet beim Kochen auch eine gewisse Entschwefelung statt. Diese Entschwefelungsvorgänge sind verwickelter Natur und daher noch nicht restlos geklärt. Je nach dem, ob die Entschwefelung über Kalziumsulfid oder Eisen- und Mangansulfid erfolgt, sind andere Reaktionsbedingungen vorhanden. Kalziumsulfid löst sich leicht in eisenarmen basischen Kalkschlacken auf, während Eisen- und Mangansulfid sich in eisenreichen basischen Schlacken, wenn auch nur in sehr begrenztem Umfang, zu lösen vermögen. In jedem Fall steht fest, daß die beste Entschwefelung durch kalkreiche Schlacken erzielt wird. Die Umsetzung erfolgt nach folgendem Gleichgewicht:

$$FeS + CaO = CaS + FeO, \tag{6}$$

entsprechend:

$$MnS + CaO = CaS + MnO. \tag{7}$$

Schon diese Reaktionsgleichungen bringen zum Ausdruck, daß mit steigenden FeO-Gehalten die Entschwefelung erschwert wird. Mit zunehmendem Verhältnis $\frac{CaO}{FeO}$ steigt sie stark an. Durch steigende Temperaturen wird die Entschwefelung kaum beeinflußt, da mit steigender Temperatur zwar der FeO-Gehalt der Schlacke sinkt, aber gleichzeitig die Dissoziation der FeO-Verbindungen zunimmt. Bei kalkreichen Schlacken kann aber insofern eine Verbesserung der Entschwefelung eintreten, als ihr Flüssigkeitsgrad und damit auch ihre Reaktionsfähigkeit zunimmt. Weiterhin steht fest, daß außer der Kalkentschwefelung auch die Manganentschwefelung eine Rolle spielt. Dieser Vorgang verläuft in wesentlich geringerem Umfang als die Kalkentschwefelung und wird daher von dieser meist verdeckt, es sei denn, daß die Mangangehalte in Bad und Schlacke sehr hoch sind. Die Manganentschwefelung nimmt aber nicht nur mit zunehmenden Mangangehalten im System zu, sondern insbesondere auch mit steigendem Verhältnis MnO : FeO in der Schlacke. Es stellt sich also eine gewisse Parallelität mit dem Mangangleichgewicht heraus, so daß gleichlaufend mit diesem die Entschwefelung zunimmt mit steigendem MnO- und CaO-Gehalt und sinkendem FeO-und SiO_2-Gehalt. Auch hier ist, wie bei der Kalkentschwefelung, die Temperaturabhängigkeit nur gering.

Die früher häufig angenommene Möglichkeit der Seigerung von manganreichen Sulfiden kommt nach neuesten Erkenntnissen für Stahl in keiner Weise in Frage, indem, im Gegensatz zum Roheisen, die Kohlenstoff-, Mangan- und Schwefelgehalte beim Stahl zu tief liegen und außerdem die entsprechenden Gleichgewichte mit steigender Temperatur sich zu höheren Gehalten verschieben.

Die wichtigste Voraussetzung für jede Art Entschwefelung ist eine ausreichende Basizität. Flußspat vermag die Reaktion zu beschleunigen. Die Bildung von flüchtigen Schwefel-Fluor-Verbindungen ist mit dem heutigen Stand unserer Kenntnisse nicht vereinbar.

Wesentlich ist jedenfalls, daß im Elektroofen keine Verbrennungsgase auftreten und damit eine Aufschwefelung beim Einschmelzen unmöglich ist. Im übrigen ist die Bedeutung der Entschwefelung beim Kochen, die etwa 20% des Anfangsgehaltes ausmacht, im Vergleich zu der vollständigen Entschwefelung beim Feinen so gering, daß sie der Praktiker normalerweise nicht weiter zu beachten braucht. Die vorstehenden Angaben interessieren allein für die seltener vorkommenden Fälle, in denen der Stahl ohne Feinungsschlacke fertiggemacht wird. Dann kann es erstrebenswert sein, auch mittels der „schwarzen" Schlacke — wie man in solchen Fällen die Schlacke im Gegensatz zur weißen nennt — eine, wenn auch nur geringe Entschwefelung zu erzielen. Werke allerdings, die mit hochbasischen Schlacken kochen, nämlich einem Verhältnis $CaO : SiO_2 = 3$ und mehr, erreichen eine weitgehendere Entschwefelung, ähnlich der im SM-Ofen bei gleichen Schlacken, d. h. der Schwefelgehalt kann bis auf etwa 0,035% gesenkt werden und bei genügend tiefem Einlaufen sogar auf 0,025% und weniger. Dieser Umstand spielt eine große Rolle bei der Herstellung nicht- und halbberuhigter Stähle, wie das in USA und neuerdings auch in anderen Ländern aus dem Elektroofen immer mehr geschieht.

Die Entphosphorung.

Zur vollständigen Verbrennung und Entfernung des Phosphors müssen drei Bedingungen erfüllt sein:

1. Zufuhr von Sauerstoff, d. h. hoher Eisengehalt der Schlacke,
2. hinreichende Basizität der Schlacke und
3. Niedrighaltung der Temperatur.

Die Entphosphorungsvorgänge verlaufen grundsätzlich nach folgenden Reaktionen:

$$5\,FeO + 2\,Fe_3P = P_2O_5 + 11\,Fe, \tag{8}$$

$$P_2O_5 + 3\,FeO = (FeO)_3 \cdot P_2O_5, \tag{9}$$

$$(FeO)_3 \cdot P_2O_5 + 3\,CaO = (CaO)_3 \cdot P_2O_5 + 3\,FeO. \tag{10}$$

Die Umsetzungen erfolgen also in der Weise, daß das Eisenoxydul im Stahlbad das Eisenphosphid zu Phosphorpentoxyd oxydiert. Diese, ausgesprochen saueren Charakter aufweisende Verbindung verschlackt mit dem im Bade reichlich vorhandenen Eisenoxydul und steigt als Eisenphosphat zur Schlacke empor. Eisenphosphat ist jedoch keine sehr beständige Verbindung und kann außerordentlich leicht reduziert werden, wenn es sich nicht mit Kalk zu dem viel beständigeren Kalziumphosphat und Eisenoxydul umsetzt. In dieser Form ist der Phosphor in basischen eisenreichen Schlacken sehr beständig, so daß die Entphosphorung sehr weitgehend und ohne Gefahr der Rückphosphorung durchgeführt werden kann. Als wesentliche Voraussetzung gilt aber dabei, daß in der Schlacke sämtliche Kieselsäure durch Kalk abgebunden ist, so daß die Kieselsäure als stärkere Säure nicht das Phosphat zersetzen kann gemäß dem Reaktionsvorgang:

$$2\,(CaO)_3 \cdot P_2O_5 + 3\,SiO_2 = 3\,(CaO)_2 \cdot SiO_2 + 2\,P_2O_5. \tag{11}$$

Die Reaktionsgleichung ist so formuliert worden, daß das Orthosilikat entsteht. Erst das Orthosilikat dürfte die Kieselsäure so fest abbinden, daß sie keine Rückphosphorung hervorrufen kann. Ähnliches gilt übrigens auch für die Entschwefelungsvorgänge.

Hieraus ergibt sich, daß die Entphosphorungsschlacke eisen- und kalkreich sein muß. Es hat sich herausgestellt, daß das Verhältnis $P_2O_5 : P$ sehr stark vom Kalkgehalt abhängig ist und daß das Maximum bei etwa 40% CaO liegt. Außerdem ist bekannt, daß die Temperaturabhängigkeit der Entphosphorung bei 40% CaO besonders stark in Erscheinung tritt, und zwar in dem Sinn, daß mit steigender Temperatur die Entphosphorung sehr stark zurückgeht. Daraus ergibt sich, daß die Entphosphorung zu Beginn des Kochens durchgeführt werden muß, bevor die Temperatur stärker angestiegen ist, und daß die Zugabe von Kalk und Erz in einem bestimmten Verhältnis vorgenommen werden muß. Überdies ist zu beachten, daß der Elektroofen kein ausgesprochener Oxydationsofen ist wie etwa der Siemens-Martin-Ofen und daß außerdem ein zu starkes Oxydieren aus Qualitätsgründen, wie bereits oben angeführt, vermieden werden muß. Daher muß die günstige Wirkung eines bestimmten Kalkzusatzes und der Temperatur ausgenutzt werden.

Schließlich sei noch erwähnt, daß auch bei höheren MnO-Gehalten in der Schlacke eine gute Entphosphorung erzielt werden kann, da das Manganoxydul die Kieselsäure stark abbindet. Für die praktische Entphosphorung spielt dies aber nur eine untergeordnete Rolle.

Da die Entphosphorungsvorgänge gemäß den ersten drei Gleichungen insgesamt einen exothermen Prozeß darstellen, so folgt daraus der ungünstige Einfluß der steigenden Temperatur. Auch die Umsetzungen des Siliziums und Mangans gehen unter Wärmeabgabe vor sich. Dagegen erfolgt die Verbrennung des Kohlenstoffs durch Eisenoxydul oder, anders ausgedrückt, die Reduktion des Eisenoxyduls durch Kohlenstoff mit einer nicht unbeträchtlichen Wärmeaufnahme. Dies bedingt, daß bei niedrigen Temperaturen, z. B. bei etwa 1400°, die Oxydation des Siliziums, Mangans und Phosphors in der angegebenen Reihenfolge vor sich geht und dann erst der Kohlenstoff in erheblichem Maße zur Verbrennung gelangt. Bei erhöhter Temperatur dagegen wird durch die starke Wärmezufuhr die Oxydation des Kohlenstoffs begünstigt, und sie erfolgt je nach den vorliegenden Konzentrationsverhältnissen, gleichzeitig oder sogar vor der des Phosphors. Sind also die erwähnten günstigen Verhältnisse in bezug auf Kalkgehalt und Temperatur zu Beginn des Kochens für die Entphosphorung nicht ausgenutzt worden und die Temperatur inzwischen schon angestiegen, so kann es leicht vorkommen, daß die an sich leichte Entphosphorungsarbeit erhebliche Schwierigkeiten bereitet. Zur Vermeidung überflüssiger Entkohlung und unnötigen Zeitverlustes ist es in solchen Fällen zweckmäßig, die Temperatur nochmals zu senken. Dieser Temperatureinfluß hinsichtlich der Oxydationsfähigkeit der einzelnen Elemente ist auch für das saure Schmelzen von großer Wichtigkeit und wird dort noch eingehender zu behandeln sein. Eine Entphosphorung im sauren Verfahren ist aus den angegebenen Gründen unmöglich. Beim basischen Prozeß kann der Phosphorgehalt ohne besondere Schwierigkeit auf unter 0,015% gesenkt werden und leicht unter 0,020%.

Das Mangangleichgewicht.

Gemäß der bereits angeführten Reaktionsgleichung (4)

$$FeO + Mn = MnO + Fe$$

und dem sich daraus ergebenden Gleichgewichtskoeffizienten

$$K_{Mn} = \frac{(FeO)\,[Mn]}{(MnO)}$$

folgt, daß das Mangangleichgewicht nicht nur die Manganverteilung zwischen Bad und Schlacke regelt, sondern auch den Eisengehalt der Schlacke und damit auch die Sauerstoffaufnahme des Bades beeinflußt. Hinsichtlich der Manganverteilung ist von besonderer Wichtigkeit, daß das Gleichgewicht mit steigender Temperatur sich in dem Sinn verschiebt, daß das Mangan in das Bad wandert und die Schlacken an MnO verarmen. Damit ist eine Möglichkeit gegeben, um Mangan aus der Schlacke in das Bad zu reduzieren, eine Möglichkeit, von der heute im Interesse der Manganeinsparung weitgehend Gebrauch gemacht wird.

Bei der Beurteilung des Mangangleichgewichtes muß nun beachtet werden, daß es sich bei den technischen Schlacken nicht um das reine System handelt. Das Gleichgewicht des reinen Systems ist heute als restlos erforscht zu betrachten, dagegen ist es noch nicht möglich, das wirkliche Mangangleichgewicht in technischen Schlacken zu erfassen. Die Ursache dafür ist darin begründet, daß in technischen Schlacken vor allem noch Kalk und Kieselsäure anwesend sind, die mit den Oxyden des Eisens Ferrite und Silikate bilden. Außerdem bildet das Manganoxydul sehr beständige Silikate. Soweit die Schwermetalloxydule abgebunden und nicht dissoziiert sind, können sie sich an den Reaktionen nicht beteiligen. Sie können es nur in dem Umfang, wie die Oxydule im „freien" Zustand vorhanden sind. Darüber hinaus besteht noch ein Einfluß des in der Schlacke vorhandenen Magnesiumoxyds, soweit dieses höhere Gehalte annimmt, und vor allem besteht noch ein Einfluß der Phosphorsäure in der Schlacke und des Phosphors im Bad. Berechnet man nun nach H. Schenck die freien Komponenten FeO und MnO, so ergibt sich auch dann noch eine Abhängigkeit des Mangangleichgewichtes nicht nur vom Kalk- und Kieselsäuregehalt, sondern noch immer auch vom FeO- und MnO-Gehalt. Das gleiche tritt ein bei der Ermittlung des Mangangleichgewichts nach E. Maurer und W. Bischof. Diese Feststellung bedeutet aber, daß auch dann noch nicht das wirkliche Gleichgewicht erfaßt ist und daß es sich hier eben nicht um einen Gleichgewichtskoeffizienten, sondern nur um eine Gleichgewichtskennzahl handelt. Diese Kennzahl gibt, wie sich praktisch herausgestellt hat, bereits die Möglichkeit, um bestimmte Zusammenhänge, z. B. das Manganausbringen, eingehend zu verfolgen und um Hinweise zu erhalten, in welcher Richtung die Schlackenreaktionen erfolgen müssen, um bestimmte Ziele zu erreichen.

Für den Betriebsmann ist es wichtig, zu wissen, daß über das Mangangleichgewicht ein Teil der Reaktionen, die sich zwischen Bad und Schlacke abspielen, verlaufen und daß neben der Regulierung der Manganverteilung vor allem auch die Sauerstoffverteilung beeinflußt wird. Dazu kommt beim sauren Verfahren noch die Verknüpfung der Manganumsetzungen mit der Siliziumreduktion durch Mangan. Diese Vorgänge werden später eingehend zu erörtern sein. Hier muß noch auf die wichtige Feststellung verwiesen werden, daß aus der Proportionalität zwischen FeO-Gehalt der Schlacke und Sauerstoffgehalt des Bades bei wechselnden Schlackenzusammensetzungen geschlossen werden muß, daß allein das Eisenoxydul den Sauerstoffgehalt des Bades bestimmt und daß im Zustand des Gleichgewichtes Manganoxydul nicht im nennenswerten Umfang im Bade gelöst sein kann. Diese Feststellung ist insofern wichtig für den Stahlwerker, als er bestrebt sein muß, am Ende des Kochens möglichst geringe Sauerstoffgehalte im Bade zu haben. Es muß also während des Kochens in erster Linie auf eine Verminderung des Eisengehaltes der Schlacke hingearbeitet werden. Es sei jedoch schon hier darauf hingewiesen, daß auch diese an sich zutreffende Richtlinie nicht übertrieben werden darf, wie bei der Erörterung der eigentlichen Kochvorgänge gezeigt werden wird. Selbstverständlich darf hierbei nicht übersehen werden, daß das Mangan durch seine Beeinflussung des Eisengehaltes der Schlacke auch auf den Sauerstoffgehalt des Bades einwirkt.

Auf Grund praktischer Beobachtungen aus dem Siemens-Martin-Ofenbetrieb besteht die Berechtigung zur Vermutung, daß die Manganreaktion einen Einfluß auf den Reinheitsgrad des Stahles in bezug auf Einschlüsse hat. Es sei insbesondere auf die Beobachtungen von E. Maurer und W. Bischof[1], E. Maurer[2] und E. Maurer und G. Voigt[3] hingewiesen. Zweifellos liegen diese Vermutungen auf der richtigen Linie, ohne daß jedoch bis jetzt eine restlose Klärung der Zusammenhänge erfolgt ist und auch nicht erfolgen konnte, da das wirkliche Gleichgewicht eben noch unbekannt ist. Aus rein praktischer Erfahrung wissen heute viele Stahlwerker, wie sie entsprechend ihren besonderen Betriebsbedingungen den Verlauf der Manganreaktion zu lenken haben, um einwandfreie Stähle herzustellen, ohne daß es allerdings bis jetzt gelungen ist, diese verschiedenen Erfahrungen nach einheitlichen Gesichtspunkten zu ordnen. Für den Elektrostahlbetrieb liegen die Verhältnisse ähnlich, und der Reinheitsgrad des fertigen Stahles hängt selbst bei noch so langdauernder und sorgfältiger Feinungsarbeit zum großen Teil von der sorgfältigen Durchführung des Kochens ab. Im übrigen liegen für den Lichtbogenofen die Verhältnisse insofern einfacher, als dort wegen der zusätzlichen Beheizung das Auskochen der Schmelze zu einem weitgehenderen Abklingen gebracht werden kann, als dies im Siemens-Martin-Ofen möglich ist. Dadurch sind die Voraussetzungen gegeben, daß bei stark verminderter Kohlenstoffreaktion die Manganvorgänge sich weitgehend zu einer Ruhelage hinführen lassen. Das bedingt natürlich, daß außer dem Badgewicht das Schlackengewicht konstant bleiben muß und daß mindestens eine halbe Stunde vor dem Abschlacken weder Erz noch Kalk, noch sonstige Zuschläge zugesetzt werden. Es muß also auf eine sorgfältige Schlackenführung peinlichst geachtet werden, um von weiteren Zusätzen absehen zu können. Unter diesen Bedingungen ist es durchaus möglich, um bei dem ungefähr angestrebten Endkohlenstoffgehalt die Manganreaktion, beobachtet am Mangangehalt des Bades, zum Stillstand zu bringen oder auch in diejenige Richtung, die nach den jeweiligen Erfahrungen als richtig herausgefunden worden ist. Näheres wird bei der Besprechung der Kochvorgänge selbst noch auszuführen sein. Die früher angenommene stark reduzierende Wirkung von Manganzusätzen bei den im Elektrostahlbetrieb während des Kochens üblichen Mangangehalten ist praktisch nicht vorhanden, um so weniger, wenn bei steigenden Temperaturen noch nennenswerte Kohlenstoffgehalte im Bad vorhanden sind. Allerdings kann bei zu niedrigen Mangangehalten bei gleichzeitig tiefen Kohlenstoffgehalten, wie bereits näher dargelegt, eine zu starke Sauerstoffaufnahme des Bades eintreten, der durch entsprechende Zu-

---

[1] Maurer, E., u. W. Bischof: Arch. Eisenhüttenw. Bd. 5 (1931/32) S. 549 bis 557.

[2] Maurer, E.: Stahl u. Eisen Bd. 53 (1933) S. 321.

[3] Maurer, E., u. G. Voigt: Stahl u. Eisen Bd. 60 (1940) S. 241 ff.

sätze begegnet werden muß. Das Mangan ist also bei diesen Vorgängen weniger als Desoxydationsmittel zu betrachten, sondern mehr als Schutzmittel gegen zu starke Oxydation. Die desoxydierende Kraft des Mangans kommt in erster Linie bei tiefen Temperaturen zum Ausdruck und insbesondere bei den Erstarrungsvorgängen, soweit es sich um unberuhigten Stahl handelt. Da diese Stahlart im Elektroschmelzbetrieb wenig erzeugt wird, braucht auf diese Zusammenhänge hier nicht näher eingegangen zu werden. Dagegen sei hier schon darauf hingewiesen, daß geringe Mangangehalte von großer Wichtigkeit für den Ablauf der Desoxydationsvorgänge bei Anwendung von Silizium sind, was später noch eingehender dargelegt wird. Schließlich sei auch noch besonders darauf verwiesen, daß der Begriff „Manganreduktion" mit steigender Temperatur leicht zu der Auffassung führt, als ob es sich hier wirklich um Reduktionsvorgänge handelt. In Wirklichkeit nimmt bei gleichem Mangangehalt der Sauerstoffgehalt im Bad mit steigender Temperatur zu, und zwar selbst dann noch, wenn das Verhältnis $MnO : FeO$ in der Schlacke konstant bleibt. Da aber die Schlacke an MnO mit steigender Temperatur verarmt, ist der Anstieg des Sauerstoffgehaltes stark ausgeprägt. Die Manganreduktion ist also lediglich ein Vorgang der Manganverteilung und läuft mit dem Sauerstoffgehalt des Bades nicht parallel (siehe Abb. 124).

Die Kochvorgänge.

Die Vorgänge des Kochens werden durch folgende Reaktionsgleichung beschrieben:

$$FeO + Fe_3C = 4\,Fe + CO.$$

Es setzt sich also der im Bad in Form von Eisenoxydul gelöste Sauerstoff mit dem Kohlenstoff, der zum größten Teil als Karbid gebunden ist, unter Bildung von Kohlenoxyd um, unter gleichzeitiger Reduktion des Oxyduls zu metallischem Eisen. Das im Bad entstehende Kohlenoxyd ist im geschmolzenen Stahl unlöslich und entweicht und ist die Ursache für die mehr oder minder starke Badbewegung, die mit Kochen bezeichnet wird und die in ihrem Umfang durch mechanisches Rühren durch die Ofenbedienung nie erreicht werden kann.

Die Voraussetzung für das Zustandekommen der Reaktion ist also die Sauerstoffaufnahme des Bades. Unter reinen Eisenoxydulschlacken nimmt kohlenstofffreies Eisen bei 1520° etwa 0,2% Sauerstoff auf, welcher Betrag bei 1600° etwa auf 0,3% Sauerstoff ansteigt. Diese Beträge sind außerordentlich hoch, und sie werden glücklicherweise im praktischen Schmelzbetrieb nie erreicht. Die Ursache ist vor allem darin zu suchen, daß reine Oxydulschlacken im Betrieb nicht auftreten und folglich gleichzeitig vorhandenes Manganoxydul, Kieselsäure, Kalk und die üblichen Verunreinigungen die Eisenoxydulgehalte der Schlacke auf etwa 10 bis 20% beschränken. Aber auch diese Menge ist für die Sauerstoffverteilung noch nicht maßgebend, da ein großer Teil der Eisenoxyde an Kieselsäure oder Kalk gebunden und nur ein Bruchteil in freier Form vorhanden ist und mit dem Bad in Reaktion treten kann. Das freie Eisenoxydul nimmt mit steigender Temperatur zu, da das gebundene Eisenoxydul mit zunehmender Temperatur stärker dissoziiert. Wie bei der Behandlung der Manganvorgänge bereits zum Ausdruck gebracht wurde, setzt die Anwesenheit des Mangans in Bad und Schlacke die Sauerstoffaufnahme des Bades weiter herab. In noch stärkerer Weise ist

dies bei Anwesenheit von Kohlenstoff im Bad der Fall. Gemäß der Gleichgewichtskurve von H. C. Vacher und E. H. Hamilton[1], die für etwa 1620° festgestellt wurde (Abb. 122), nimmt mit abnehmendem Kohlenstoffgehalt die Sauerstoffaufnahme des Bades zu, und zwar unterhalb etwa 0,15% C in sehr starker Weise. Der Kochvorgang ist damit ebenfalls durch Gleichgewichtszustände begrenzt. Das entweichende Kohlenoxyd darf nicht zu der Annahme verführen, als ob es sich hier um eine quantitative Umsetzung handeln würde. Maßgebend für den Umfang des Reaktionsablaufes ist der Kohlenoxyddruck. Sobald dieser Druck nicht mehr in der Lage ist, die

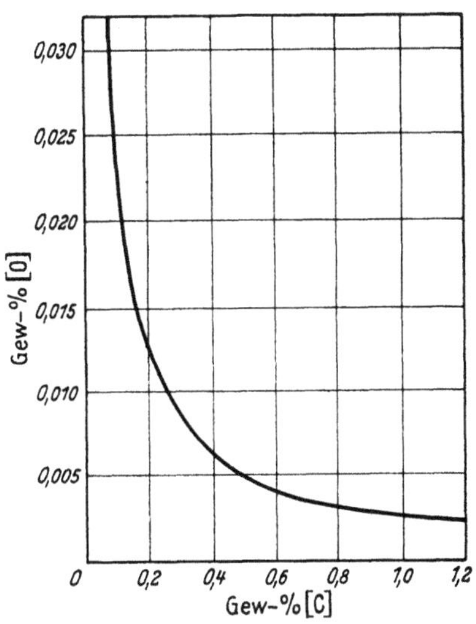

Abb. 122. Sauerstoffgehalte kohlenstoffhaltiger Eisenschmelzen bei 1620. (Vacher und Hamilton.)

vorhandenen Gegendrücke, nämlich den Atmosphärendruck und den Druck der Schlacke, die beide zusammen mit etwa 1,1 atm angenommen werden, zu überwinden, kommt die Reaktion zum Stillstand.

Da es sich hier um eine stark wärmeverbrauchende Umsetzung handelt, besteht auch eine deutliche Temperaturabhängigkeit (Abb. 123). Mit zunehmender Temperatur verschiebt sich die Gleichgewichtskurve nach geringeren Eisenoxydulgehalten, oder anders ausgedrückt, mit zunehmender Temperatur wird die Reduktionskraft des Kohlenstoffs größer. Hierin kann eine Bestätigung der alten Schmelzerregel erblickt werden, daß der Stahl heiß geschmolzen werden soll. Da der Kohlenstoff bei den metallurgischen Vorgängen im Ofen das wichtigste Reduktionsmittel darstellt, müssen die Entkohlungsvorgänge

[1] Vacher, H. C., u. E. H. Hamilton: Stahl u. Eisen Bd. 51 (1931) S. 1033 bis 1034.

auch in den Mittelpunkt der Betrachtungen gestellt werden. Um aber vor Fehlschlüssen sicher zu sein, dürfen die Vorgänge in der Schlacke nicht außer acht gelassen werden. An sich steigt mit zunehmender Temperatur das Sauerstoffaufnahmevermögen des Bades an. In der Schlacke sinkt mit steigender Temperatur der FeO-Gehalt infolge der Reduktion durch den Kohlenstoff des Bades, gleichzeitig aber steigt der anteilige Gehalt an freiem Oxydul an infolge der stärkeren Dissoziation der Eisenoxydulverbindungen. Das bedeutet aber, daß die Kochvorgänge so geleitet werden müssen, daß die Temperatur nur allmählich ansteigt, da sonst bei gleicher Schlackenzusammensetzung die ohnehin mit der Temperatur stark ansteigende Entkohlungsgeschwindigkeit ein zu stürmisches Maß annimmt. Im Betrieb soll aber zum Ende des Kochens, also bei der höchsten Temperatur, die Entkohlungsreaktion langsam abklingen.

Aus Abb. 123 ist aber noch ein weiterer Zusammenhang zu erkennen. Mit steigender Temperatur nimmt die Reduktionskraft des Kohlenstoffes kräftig zu. In der Praxis wirkt sich das in der Weise aus, daß bei zu heißen Schmelzen der Sauerstoff offenbar nicht mehr weit genug ins Bad eindringt und das Stahlbad gewissermaßen nur an der Oberfläche „brät". Der Zweck des Kochens liegt aber gerade darin, daß das ganze Bad bis zur

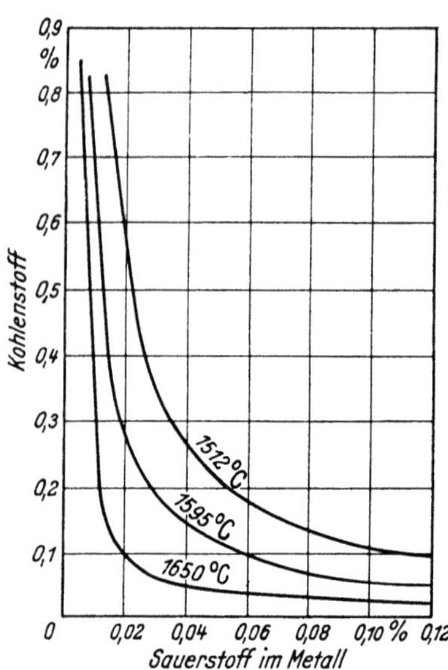

Abb. 123. Gleichgewicht zwischen Kohlenstoff und Sauerstoff im flüssigen Eisen bei verschiedenen Temperaturen. (USA. Bureau of Mines and Carnegie Inst. of Technology.)

Herdsohle in ein gleichmäßiges Wallen gebracht wird. Tatsächlich zeigen die heiß gekochten Schmelzen die gleichen Fehlerscheinungen wie zu kalt gekochte.

Daß außer diesen angegebenen Vorgängen innerhalb der Schlacke sich offenbar noch andere Gleichgewichte einstellen, sei hier nur erwähnt. Die Beträge für Kieselsäure und Eisenoxydul einerseits und Kalk und Manganoxydul andererseits bilden Zusammenhänge, deren graphische Darstellungen einfache gerade Linien ergeben. Weiterhin besteht die Neigung, daß stark kalkhaltige Schlacken hohe Eisengehalte und kieselsäurereiche hohe Mangangehalte aufzuweisen haben. Beide Extreme werden für die Erzeugung guter Qualitäten ungern zur Anwendung gebracht, und die günstigste Schlackenzusammensetzung wurde erfahrungsgemäß durch Einhaltung bestimmter Basizitäten, nämlich $CaO : SiO_2 = 2$ bis $2,5$

festgestellt. Es ist daher irrig, während des Auskochens viel Kalk zu werfen in der Meinung, damit den Eisengehalt der Schlacke herabzusetzen. Die Schlacke hat dann das Bestreben, mehr Eisen aufzunehmen und braucht nur um so länger, um mit dem Bad vollkommen auszureagieren, welcher Vorgang durch den ansteigenden Schmelzpunkt mit zunehmendem Kalkgehalt noch zusätzlich erschwert wird.

Von ganz besonderer Wichtigkeit für die Durchführung der Kochvorgänge ist nun die Erkenntnis, daß ein nichtkochendes Bad etwa so viel Sauerstoff aufnimmt, als dem Verteilungskoeffizienten für kohlenstofffreie Schmelzen gemäß der Schlackenzusammensetzung entspricht. Sobald aber die Entkohlungsreaktion einsetzt, nähert sich der Sauerstoffgehalt des Bades der Kurve von Vacher und Hamilton, also dem Gleichgewicht zwischen FeO, C und CO, und zwar erreicht er den Gleichgewichtszustand, wenn die Kochgeschwindigkeit gerade auf Null abgesunken ist. Bei höheren Geschwindigkeiten liegen die Sauerstoffgehalte entsprechend höher. Das Einwandern des Sauerstoffes aus der Schlacke in das Bad ist offenbar der primäre Vorgang, denn es besteht kein Zweifel, daß man durch entsprechende Bemessung der Erzzugabe die Entkohlungsgeschwindigkeit regulieren kann. Mittels Erzzugabe und Temperaturführung werden im Betrieb die Kochvorgänge in dem gewünschten Sinn geleitet.

Aus diesen Erkenntnissen folgt nun für den praktischen Betrieb, daß zunächst durch eine kräftige Erzzugabe bei nicht allzu hoher Temperatur die Kochvorgänge eingeleitet werden müssen, um zunächst für die Entphosphorung ausgenutzt zu werden, die ja bekanntlich einen Sauerstoffüberschuß voraussetzt. Außerdem dient diese kräftige Kochreaktion auch dazu, den Herd zu säubern, und zwar sowohl von etwa vorhandenem, noch nicht restlos aufgeschmolzenem Einsatzmaterial, als auch vor allen Dingen von Schlacken, die während des Einschmelzens im Herd entstanden sind oder die auch von früheren Schmelzungen noch vorhanden sein können. Diese Schlacken sind meist mit Flickmaterial, also Dolomit oder Magnesit, gesättigt und daher sehr dickflüssig, so daß ihre Entfernung eine gewisse Zeit beansprucht. Sobald die Reinigung des Herdes und die Entphosphorung durchgeführt sind, ist in erster Linie der Gesichtspunkt maßgebend, die Kochvorgänge so zu leiten, daß der Sauerstoffgehalt möglichst weit herabgesetzt wird. Gleichzeitig müssen alle Gesichtspunkte beachtet werden, die zur Reinigung des Bades von Gasen und Einschlüssen führen. Die Erreichung dieser Ziele setzt aber, wie bereits erwähnt, die Reinigung des Herdes von irgendwelchen Schlackenansätzen voraus. Würden diese Schlacken nicht entfernt werden, so würden sie, nachdem sie durch die Einschmelzvorgänge in mehr oder minder starker Weise mit Oxyden angereichert worden sind, nicht nur während des Kochens, sondern auch noch während des Feinens in unkontrollierbarer Weise Sauerstoff an das Bad abgeben. Dadurch würde sowohl der Koch- als auch der Feinungsprozeß gestört werden. Da die Schlacken gleichzeitig auch mit Herdmaterialien gesättigt sind und einen hohen Schmelzpunkt haben, so ist ihre Entfernung vom Herd nicht sofort nach dem Einschmelzen, sondern erst mit steigender Temperatur zu erwarten. Der aufmerksame Schmelzer erkennt das Hochkommen solcher Schlacken daran, daß die mit Sorgfalt flüssig gehaltene Schlacke stellenweise dickflüssig oder gar fest wird. Um nicht die übrige Schlacke zu verderben, müssen solche hochgekommenen Schlacken abgezogen werden. Weder die Koch- noch die Feinungsschlacke dürfen größere Mengen solcher unreinen Schlacken aufnehmen, da der Flüssigkeitsgrad dann so verschlechtert wird, daß das gewünschte Ausgaren der Schlacke sehr erschwert wird.

Nachdem die Entphosphorung beendet ist, deren Einzelheiten in dem entsprechenden Kapitel bereits besprochen worden sind, soll ein Überangebot an Sauerstoff durch die Schlacke an das Bad vermieden werden. Es kommt dann in erster Linie darauf an, eine Kochbewegung zustande zu bringen, und die Erniedrigung des Kohlenstoffgehaltes soll lediglich das Mittel zu diesem Zweck sein. Es soll also nicht das Erz die Hauptrolle bei den Vorgängen spielen, sondern die Reduktionskraft des Kohlenstoffes, oder anders ausgedrückt, das Kochen soll unter möglichst reduzierenden Bedingungen für das Bad durchgeführt werden.

Um nun durch das Kochen die beim Einschmelzen entstandenen oder schon im Schrott vorhandenen Einschlüsse zu entfernen, ist es erforderlich, daß immer neue Teile des Bades mit der Schlacke in Berührung kommen. Die Einschlüsse sind im Bad unlöslich, dagegen in der Schlacke leicht löslich, so daß sie, sobald sie mit der Schlacke in Berührung kommen, sich darin auflösen können. Daraus ergibt sich, daß es keinen Zweck hat, ein zu stürmisches Kochen hervorzurufen, sondern es kommt darauf an, daß das Kochen sich über sämtliche Teile des Bades erstreckt und daß die Bewegung des Bades zur Schlacke in einer Weise erfolgt, die ein Übertreten der Einschlüsse in die Schlacke auch wirklich begünstigt. Der Schmelzer muß sich also laufend davon überzeugen, daß die Schlackendecke an Rand und Mitte ein gleichmäßiges Kochen erkennen läßt.

Bei der Durchführung der Kochvorgänge muß weiterhin beachtet werden, daß es sich hier um einen stark endothermen Prozeß handelt und daß es unzweckmäßig ist, zu große Erzmengen gegebenenfalls bei gleichzeitiger Zugabe von Kalk auf einmal zu werfen. Die Schlacke kühlt dann zu stark ab und beginnt zu schäumen, oder sie wird zumindest dickflüssig. Dieses Schäumen ist unter allen Umständen zu vermeiden, nicht nur wegen der rein betriebsmäßigen Unannehmlichkeiten, wie Überlaufen aus dem Ofen, sondern auch aus metallurgischen

Erwägungen. Wenn das Kochen so durchgeführt werden soll, daß zu jeder Zeit klare und einwandfreie Bedingungen herrschen, so genügt es nicht nur, jederzeit zu wissen, welche Erz- und Kalkmengen sich tatsächlich in Reaktion befinden, sondern es muß auch danach getrachtet werden, daß die Temperaturen des Bades und auch besonders der Schlacke so geführt werden, wie sie den gewünschten Umsetzungen entsprechen. Es gibt Stahlwerker, die zu Beginn des Kochens auf dieses Schäumen hinarbeiten in der Meinung, daß auf diese Weise der Phosphor leicht zu entfernen sei. Dem ist entgegenzuhalten, daß bei einer aufmerksamen Führung die Entphosphorung ohne solche Schaum- oder Laufschlacken ebensogut erzielt werden kann. Andererseits ist es aber viel wichtiger, zu wissen und zu beurteilen, ob die zugegebene Erzmenge auch wirklich ausreagiert hat. Je nach der angewandten Schlackenführung muß ein bestimmter Erzzusatz eine bestimmte Kohlenstoffmenge im Bad oxydieren, und diese herausgekochte Kohlenstoffmenge, bezogen auf die zugesetzte Erzmenge, ergibt den sogenannten spezifischen Erzverbrauch. Je höher dieser Verbrauch ist, um so schlechter ist die Kocharbeit durchgeführt worden.

Ein weiteres hervorragendes Kennzeichen für die Güte der Kocharbeit ist die Entkohlungsgeschwindigkeit, also die Abnahme des Kohlenstoffgehaltes des Bades bezogen auf die Stunde. Erfahrungsmäßig hat sich in fast allen Stahlwerken herausgestellt, daß sich qualitätsmäßig die besten Ergebnisse bei einer Kochgeschwindigkeit von etwa 0,20 bis 0,25% C/Std. erzielen lassen, so daß dieser Betrag meist gewissermaßen als Leitkurve zur Schmelzvorschrift erhoben wird. Der laufend überwachte tatsächliche Verlauf soll sich dieser Kurve weitgehend anschmiegen.

Wie schon bei Gelegenheit der Erörterung der Manganvorgänge ausgeführt wurde, soll zum Schluß des Kochens ein restloses Ausreagieren zwischen Bad und Schlacke stattfinden. Es war auch angegeben worden, daß die Manganumsetzungen nach Möglichkeit zum Stillstand kommen sollen oder aber, soweit andere Erfahrungen vorliegen, bei Beendigung des Kochens eine deutliche verlangte Richtung aufweisen sollen, die durchaus nicht besonders scharf ausgeprägt zu sein braucht. Für die Umsetzung des Kohlenstoffs gelten jedoch ganz andere Zusammenhänge. Diese darf im Gegensatz zu den Manganreaktionen nicht vollständig zum Stillstand kommen. Es war bereits zu Anfang dieses Abschnittes erwähnt worden, daß eine nicht kochende Schmelze so viel Sauerstoff aufnimmt, als es der Sauerstoffverteilung zwischen kohlenstofffreiem Bad und Schlacke entspricht. Sobald das Bad zum Kochen kommt, ist die Menge des Sauerstoffes durch die Entkohlungsreaktion bestimmt, und der Sauerstoffgehalt liegt somit wesentlich tiefer. Während des Auskochens, also bei allmählich sinkender Entkohlungsgeschwindigkeit, erreicht der im Bad vorhandene Sauerstoff einen Wert, der dem Gleichgewicht sehr nahe kommt und daher für den jeweiligen Kohlenstoffgehalt einen günstigsten Betrag darstellt. Hört das Kochen aber ganz auf, so muß sich das Bad wieder mit Sauerstoff entsprechend der Schlackenzusammensetzung anreichern. Dieser Punkt darf selbstverständlich nicht erreicht werden. Es muß also praktisch so gearbeitet werden, daß mindestens in der letzten halben Stunde vor dem Abschlacken keinerlei Zuschläge mehr gegeben werden und lediglich auf einen guten Flüssigkeitsgrad Wert gelegt wird. Die Temperatur muß selbstverständlich ebenfalls stehenbleiben. Die Kochgeschwindigkeit, die für den größten Teil der Kocharbeit etwa 0,25% C je Stunde betragen soll, mag gegen Ende des Kochens auf etwa die Hälfte bis höchstens ein Drittel abfallen.

Es sei hier eingeschaltet, daß gerade von den Vorgängen während des Auskochens qualitätsmäßig sehr viel abhängt. Durch ein einwandfreies Auskochen kann die Faserigkeit des gewalzten oder geschmiedeten Stahles gering gehalten werden. Aber auch die im Vergütungsbruch erkennbaren Primärkorngrenzenrisse und ähnliche Schwächestellen, die sich bei der mechanischen Prüfung katastrophal auswirken, können durch die Auskochvorgänge beeinflußt werden. Soweit das Auskochen in der hier geschilderten Form durchgeführt wird, ist die Vorarbeit geleistet, damit diese beiden Stahlfehler auf einen Mindestbetrag herabgesetzt werden können, vorausgesetzt natürlich, daß die anschließende Feinungsarbeit einwandfrei verläuft. Umgekehrt können grobe Fehler beim Kochen und Auskochen auch durch noch so sorgfältige Durchführung des Feinens niemals restlos behoben werden. Ein deutlicher Einfluß besteht auch auf die Vergießbarkeit des Stahles, in dem auch hierfür die Voraussetzungen geschaffen werden, den Stahl auch bei verhältnismäßig kalten Temperaturen vergießen zu können. Die Zusammenhänge zwischen der Kocharbeit und dem Verhalten der aufgenommenen Gase sollen im folgenden besonders besprochen werden.

Die Entgasung während des Kochens.

Durch zweckentsprechende Leitung der Kochvorgänge kann der größte Teil der vom Stahlbad aufgenommenen Gase entfernt werden. Gelegenheit zur Gasaufnahme hat das flüssige Eisen durch Umsetzung mit der Feuchtigkeit des Einsatzes, insbesondere des Rostes, des Erzes und ganz besonders mit dem Hydratwasser von gebranntem Kalk, der längere Zeit gelagert hat. Kalziumhydroxyd spaltet erst bei außerordentlich hohen Temperaturen, nämlich bei über 1000°, Wasser ab. Es darf also niemals zerrieselter Kalk auf das blanke Bad geworfen werden, aber auch einer vorhandenen abdeckenden Schlacke soll er nicht zugesetzt werden.

Bei Gegenwart von flüssigem Eisen reagiert Wasserdampf nach der Gleichung

$$Fe \pm H_2O = FeO + H_2.$$

Diese Umsetzung gilt natürlich auch für den Wasserdampf, der aus der Atmosphäre stammt und mit flüssigem Eisen in Berührung kommt. Bei den hohen in Frage kommenden Temperaturen, insbesondere im Lichtbogen, dissoziieren die Gase, wie Wasserstoff, Stickstoff usw., in ihre Atome und sind in diesem Zustand ganz besonders reaktionskräftig. Der von Eisen aufgenommene Wasserstoff und Stickstoff kann durch die Kohlenoxydbildung beim Kochen entfernt werden. Über den Mechanismus dieser Entgasungsvorgänge kann man sich am besten eine Vorstellung machen, wenn man einen Vergleich zieht mit kohlensäurehaltigem Wasser. Dieser Vergleich hat seine volle Berechtigung, nachdem entsprechende Modellversuche ergeben haben, daß die Entgasungsvorgänge im Stahl grundsätzlich in gleicher Weise verlaufen. Wenn man ein Glas mit kohlensäurehaltigem Wasser mittels eines Stabes heftig umrührt und durchwirbelt, so kann man die Feststellung machen, daß eine Menge Kohlensäure entweicht. Es kann unter Umständen bei diesem Vorgang zu einem heftigen Aufbrausen kommen. Eine Entgasung kann man aber auch dann erzielen, wenn man durch ein Rohr in dieses Wasser ein anderes Gas, beispielsweise Luft, einleitet. Dann sinkt schon nach einiger Zeit der Kohlensäuregehalt des Wassers ganz erheblich ab. Die Luft reißt die Kohlensäure beim Durchperlen mit. Weiter hat sich herausgestellt, daß die Entfernung der Kohlensäure um so vollständiger ist, je gleichmäßiger die Luft durch das Wasser perlt. Es ist also nicht zweckmäßig, große Luftmengen auf einmal durch das Wasser zu schicken, sondern es kommt auf ein gleichmäßiges, das ganze Volumen erfassendes Durchperlen an. Im Stahlbad wird durch die Kohlenoxydbildung sowohl eine mechanische Bewegung des Bades als auch ein „Durchperlen" bewirkt. Im Gegensatz zur Luft in unserm Vergleichsbild hat Kohlenoxyd den besonderen Vorteil, daß es sich nicht im Stahlbad löst und damit zu einem geradezu idealen Entgasungsmittel wird. Es darf aber nicht übersehen werden, daß auch diese „Selterwassertheorie", wenigstens für Wasserstoff, keine ausreichende Erklärung für seine rasche Abscheidung während des Kochens gibt. Es ist bestimmt anzunehmen, daß der zugeführte Sauerstoff auch chemisch auf den Wasserstoff einwirkt, wie andererseits schon lange bekannt ist, daß durch Einleitung von Wasserstoff in flüssigen Stahl dessen Sauerstoffgehalt vermindert werden kann. Wird das Reaktionsprodukt Wasserdampf durch die Blasenbildung laufend entfernt, so muß die Verminderung des Wasserstoffgehaltes durch die Kochvorgänge entsprechend beschleunigt werden. Aus dieser Einsicht ergibt sich wiederum die zwingende Notwendigkeit, nach beendetem Kochen, also während des Feinens, jegliche neuerliche Wasserstoffaufnahme durch geeignete Maßnahmen unmöglich zu machen. Aus dem gleichen Grunde soll das Spülen mittels Stickstoff, Argon u. dgl. inerte Gase zweckmäßigerweise erst kurz vor dem Abstich oder sogar in der Pfanne vorgenommen werden. Übrigens hat sich auch hier das Arbeiten mit möglichst kleinen Bläschen am wirksamsten erwiesen, was als weiterer Hinweis auf den Einfluß der Oberfläche gedeutet werden darf.

In bezug auf die Aufnahme und die Entfernung des Stickstoffes im Elektroofen liegt eine eingehende Untersuchung von H. Wentrup und W. Altpeter[1] vor, deren Ergebnisse hier kurz zusammengefaßt werden sollen. Es konnte festgestellt werden, daß die Aufstickung während des Einschmelzens um so höher ist, je dichter der Ofen geschlossen ist. Aber auch für die Entstickung gibt der dichtest geschlossene Ofen die besten Ergebnisse. Anscheinend liegt dies daran, daß im ersten Fall die Gase im Ofen sehr heiß und daher reaktionskräftig sind und im zweiten Fall, daß durch das Kochen eine kohlenoxydreiche Atmosphäre entsteht und der Stickstoffanteil der Ofenatmosphäre niedrig gehalten wird. Die Entstickung ist während des Kochens am günstigsten, wenn die Kochgeschwindigkeit nicht zu hoch gewählt wird, das Kochen aber so durchgeführt wird, daß es gleichmäßig das gesamte Bad erfaßt. In bezug auf die Temperatur konnte ein klarer Einfluß nicht gefunden werden. Geringe Legierungsgehalte selbst von Nitridbildnern, wie z. B. Chrom, verhindern die Entstickung nicht. Desgleichen konnten regelmäßige Stickstoffaufnahmen nach dem Abziehen der Schlacken nicht festgestellt werden. Es ist natürlich ratsam, das Bad so kurze Zeit als eben möglich ohne Schlackenabdeckung im Ofen zu belassen. Vor allen Dingen darf nach dem Einschalten des Stromes der Lichtbogen nicht lange unmittelbar auf das Bad wirken. Daß die Einwirkung des Lichtbogens eine hohe Aufstickung zur Folge hat, beweisen nicht nur die durchschnittlich höheren Stickstoffgehalte des Elektrostahles im Vergleich zum Martinstahl. Schmilzt man beispielsweise Chrommetall oder Ferrochrom in einem Lichtbogenofen um, so treten außerordentlich hohe Aufstickungen in Erscheinung. Diese müssen sich hier besonders kraß bemerkbar machen, weil Chrom sehr beständige Nitride bildet und im flüssigen Zustand nicht so leicht zum Kochen gebracht werden kann.

Die Wasserstoffaufnahme dürfte unter ähnlichen Bedingungen, wie sie für Stickstoff festgestellt wurden, vor sich gehen. Hinzu kommt, daß Wasserstoff auch aus der Ofenzustellung stammen kann, wenn diese mit Teer als Bindemittel aufgestampft worden ist und die erste Schmel-

---

[1] Wentrup, H., u. W. Altpeter: Stahl u. Eisen Bd. 62 (1942) S. 997 bis 1001.

zung nicht heiß genug gefahren wurde, um den Teer im Herd restlos zu verkoken. Ebenso wie im basischen Martinofen Schmelzungen, die weich eingeschmolzen sind und nicht genügend unter Kohlenoxydbildung gekocht haben, leicht blasige Blöcke ergeben, selbst wenn sie mit Silizium oder anderen noch kräftigeren Mitteln desoxydiert worden sind, so kann auch im basischen Elektroofen das Treiben der Blöcke unter Umständen auf Wasserstoff zurückgeführt werden. Ein noch so intensiver und einwandfrei geführter Feinungsprozeß vermag den Wasserstoffgehalt der Schmelzung nicht herunterzusetzen. Wie zahlreiche Untersuchungen gezeigt haben, läßt sich in solchen Fällen der Inhalt der Gasblase im Block als überwiegend aus Wasserstoff bestehend feststellen. Im Elektroofen neigen insbesondere weiche Chrom-Nickelstähle, die ohne ausgesprochenen Kochvorgang hergestellt worden sind, zu porösen Blöcken durch Wasserstoff. Aber auch bei harten Stählen kann diese Erscheinung auftreten, insbesondere wenn der Einsatz möglicherweise ölige Späne enthalten hat. Sonst neigen harte Stähle bedeutend weniger zu dieser Erscheinung, da sie infolge ihres hohen Kohlenstoffgehaltes nach dem Einschmelzen immer etwas kochen. Besonders kraß und damit in besonders lehrreicher und kennzeichnender Weise tritt Blasenbildung auf, wenn Stahl für Transformatorenbleche lediglich aus den praktisch kohlenstofffreien und etwa 4% Silizium enthaltenden Erzeugungsabfällen dieser Stahlsorten erschmolzen wird. Diese Tatsache ist zudem ein klarer Beweis dafür, daß auch ein hoher Siliziumgehalt nicht imstande ist, die Auslösung der Wasserstoffentwicklung beim Erstarren zu verhindern.

Der Stickstoffgehalt wirkt sich erst bei hohen Gehalten im Sinne einer Blasenbildung aus. Chrom, Molybdän und Vanadin bilden Nitride, die selbst bei hohen Temperaturen sehr beständig sind und daher den Stickstoff fest abbinden. Das Eisennitrid dagegen ist bei den Schmelztemperaturen weit weniger beständig. Der Stickstoff wirkt sich daher bei den üblichen Gehalten weniger bei den Erstarrungsvorgängen, als vielmehr in seiner Neigung zu Alterungs- und Versprödungserscheinungen, insbesondere nach dem Anlassen, aus.

Die praktische Durchführung des Kochens.

Die Notwendigkeit der Berücksichtigung einer ganzen Reihe von Gesichtspunkten bei der Durchführung des Kochens läßt es angezeigt erscheinen, dem Schmelzer eine genaue Arbeitsvorschrift zur Hand zu geben. Diese Vorschrift muß genau angeben, mit welchem ungefähren Kohlenstoffgehalt der Kochprozeß begonnen und mit welchem er beendet werden soll. Eine solche Vorschrift schwankt nicht nur mit der vorgeschriebenen Fertiganalyse des Stahles, sondern auch mit der Qualität, indem besonders hochwertige, sogenannte Spitzenqualitäten, ein entsprechend längeres und sorgfältigeres Kochen erforderlich machen. Weiter hat die Erfahrung gezeigt, daß auch mit steigender Blockgröße das Maß des Kochens erhöht werden muß.

Nach beendetem Einschmelzen wird eine Probe genommen, die auf Kohlenstoff, Mangan und Phosphor untersucht wird. Bis zur Fertigstellung der Analyse wird die Schmelzung heiß gefahren. Da zu diesem Zeitpunkt noch mit hoher Leistung gearbeitet wird, muß gut Obacht gegeben werden, daß die feuerfeste Zustellung, insbesondere der Deckel, nicht leidet. Die Schlacke wird allmählich flüssig und reflektiert die Hitze des Lichtbogens wie ein Spiegel nach oben, da der Lichtbogen jetzt nicht mehr durch Schrott abgeschirmt wird, sondern frei nach allen Seiten ausstrahlt. Es muß also zum richtigen Zeitpunkt die Leistung, und zwar vor allem die Spannung, herabgesetzt werden. Hat das Kochen eingesetzt, so ist die Gefahr wesentlich gemildert, weil dann diese glatte Spiegelfläche gewissermaßen ständig zerstört wird. Hinzu kommt, daß der einsetzende Kochprozeß Wärme verbraucht. Entsprechen Kohlenstoff- und Mangangehalt der ersten Probe der Kochvorschrift, so kann unmittelbar mit dem Kochen begonnen werden. Ist dies nicht der Fall und liegt der Kohlenstoffgehalt tiefer, so muß entsprechend aufgekohlt werden. Liegt er zu hoch, so darf wohl in der ersten Zeit etwas heftiger gekocht werden, jedoch darf der höhere Kohlenstoffgehalt unter keinen Umständen dazu verleiten, die Schmelzung in der gleichen Zeit herunterzuarbeiten. Die während des Heißfahrens bereits dünnflüssig gewordene Schlacke kann zum Teil abgezogen werden. Meist wird aber so gearbeitet, daß man in diese Schlacke eine entsprechende Erzmenge gibt, um den Kochvorgang in Gang zu bringen. Die inzwischen schon etwas angestiegene Temperatur beschleunigt diese Arbeit. Das Ankochen hat, wie früher schon erwähnt, vor allem den Zweck, noch etwa vorhandenen Schrott restlos zu verflüssigen und die auf dem Herd vorhandenen Schlackenreste von der früheren Schmelzung oder vom Einschmelzen zu entfernen, damit die Schmelzung auf der sauberen Herdsohle liegt und nicht durch unbeobachtbare oxydische Schlacken laufend Sauerstoff aufnehmen kann. Nachdem sich der Schmelzer überzeugt hat, daß diese beiden Erfordernisse erfüllt sind, zieht er die Einschmelzschlacke am besten in jedem Fall zum größten Teil ab. Damit entfernt er auch die in die Schlacke gegangenen Flickmassen, die wegen ihrer hohen Schmelztemperatur die Schlacke nur dickflüssig machen und das später gewünschte Ausreagieren erschweren, wenn nicht überhaupt in Frage stellen. Außerdem hat das Abziehen der Einschmelzschlacke noch den Vorteil, daß unter vollkommen klaren und genau definierten Verhältnissen gearbeitet werden kann, indem genauestens bekannt ist, welche Kalk- und Erzmengen zugesetzt worden sind und damit die Möglichkeit besteht, die Schlackenzusammensetzung dem gewünschten

Kochvorgang weitgehend anzupassen und das gewünschte Ausreagieren der Schlacke zu verfolgen und zu gewährleisten.

Zu Beginn des Kochens ist zu beachten, daß, im Gegensatz zum Siemens-Martin-Ofen, im Elektroofen eine starke Heizquelle vorhanden ist, die den Stahl auch unabhängig von einer Kochbewegung kräftig beheizt. Es kann daher der Fall eintreten, daß eine Schmelzung sich sehr schwer zum Kochen bringen läßt, daß mittlerweile ihre Temperatur stark ansteigt und daß dann der Kochvorgang plötzlich, fast explosionsartig einsetzen kann. Es muß daher von Anfang an dafür gesorgt werden, daß das Kochen schon bei niedrigen Temperaturen in Gang gebracht wird, daß die Temperatur nur ganz allmählich ansteigt, nicht nur, um die Entphosphorung bei ausreichend niedrigen Temperaturen durchführen zu können, sondern um den Kochvorgang allmählich einzuleiten. Auch während des Kochens soll die Temperatur nur langsam steigen, damit kein plötzliches Neubeginnen des Kochens eintreten kann, das sich besonders dann unangenehm auswirkt, wenn sich der Kochprozeß dem Ende nähern soll.

In der ersten Zeit wird Erz im Überschuß zugesetzt, bis die Schmelze gleichmäßig und kräftig kocht. Ist dies erreicht, so schließt man sofort die Entphosphorung an, indem dann Kalk und Erz etwa im Verhältnis 1 : 1 bis 2 : 1 zugesetzt werden, um die günstigsten Verhältnisse zu schaffen, wie sie bei den metallurgischen Erörterungen eingehend geschildert worden sind. Die Phosphoranalyse der Einschmelzprobe gibt inzwischen auch an, wie hoch der Phosphorgehalt ist und in welchem Umfang die Entphosphorung durchzuführen ist. Sobald weitere Phosphorproben zeigen, daß der Phosphorgehalt genügend weit gesunken ist, wird nur noch nach dem Gesichtspunkt gearbeitet, ein gleichmäßiges reduzierendes Kochen hervorzurufen, das gleichzeitig der Reinigung des Bades von Einschlüssen und Gasen zu dienen hat. Wie bereits erwähnt, hat sich erfahrungsgemäß als richtig herausgestellt, die Kochgeschwindigkeit so zu wählen, daß etwa 0,2 bis 0,25% C in der Stunde verkocht werden. Diese Kochgeschwindigkeit muß mindestens etwa dreiviertel Stunde eingehalten werden, dann kann die Frischgeschwindigkeit allmählich auf etwa die Hälfte zurückgehen. Es ist wichtig, den Schmelzer dazu anzuhalten, daß er laufend die kochende Schlacke genau beobachtet und dafür sorgt, daß das Kochen sich auch über die gesamte Herdfläche erstreckt. Außerdem muß der Schmelzer beachten, daß er für die vorgeschriebene Menge herauszukochenden Kohlenstoffes nur die berechnete Menge Erz verbraucht. Es handelt sich hier also um die bewußte und sorgfältige Einhaltung des sogenannten spezifischen Erzverbrauches. Wird nämlich mehr Erz zugesetzt, so ist das ein Beweis dafür, daß das Erz nicht richtig ausgekocht hat und daß die Schlacke sauerstoffreicher als notwendig ist. Die Ursache hierfür liegt nur zu häufig in einer schlechten Schlackenführung, und es besteht die Gefahr, daß die Schmelzung während des Auskochens, nämlich wenn die Temperatur ihren Höchstwert erreicht hat, wieder von selbst anfängt, von neuem zu kochen. Wenn also mehr Erz geworfen werden muß, als der verbrennenden Kohlenstoffmenge entspricht, so müssen die Ursachen festgestellt und die Fehler behoben werden. — Im allgemeinen genügt es, insgesamt etwa 0,3% C herauszukochen. Für besonders hoch beanspruchte Qualitäten oder bei Vorliegen besonders schlechten Schrottes und besonders bei öligen Spänen im Einsatz, muß dieses Maß entsprechend höher angesetzt werden. Hat die Schmelze die vorgeschriebene Zeit gekocht und sich bereits allmählich erwärmt, so läßt man die Temperatur auf den gewünschten Höchstwert ansteigen und kocht mit der vorhandenen Schlacke aus. Es ist vorteilhaft, wenn man auf weitere Erzzusätze von diesem Zeitpunkt an verzichten und mit der geringen Temperatursteigerung allein ein restloses Ausreagieren zwischen Bad und Schlacke erzielen kann.

So fest die Regel gilt, daß in der letzten halben Stunde unter keinen Umständen mehr Erz geworfen werden darf, so kann andererseits eine nicht vorschriftsmäßig verlaufene Schmelzung durch Nachsetzen von Stahleisen oder sogar Spiegeleisen „nachgekocht“ und damit beim Auskochen noch aufgebessert werden. Die Temperatur soll zum Schluß in etwa konstant bleiben.

Auf diese Weise erreicht man, daß der Mangangehalt der Schmelze bei verminderter Kochgeschwindigkeit den gewünschten Verlauf nimmt, während das Kochen allmählich zurückgeht, aber unter keinen Umständen zum Stillstand kommen darf. Durch häufige Probenahmen vergewissert sich der Schmelzer leicht über das allmähliche Abklingen des Kochens. Die ausgeschmiedete Probe muß unter allen Umständen rotbruchfrei sein.

Die analytische Überwachung des Stahlbades wird manchenorts auch auf die Schlacke ausgedehnt. Da die Vollanalyse zu zeitraubend ist, wird der Eisengehalt allein untersucht. Bei sonst gleicher Arbeitsweise gibt er wohl einen Anhaltspunkt über den Schmelzverlauf, keineswegs aber exakte Angaben. So schwanken auch die Angaben in der Literatur über die Höhe des Eisengehaltes in der Schlacke bei bestimmten Kohlenstoffgehalten im Bad. Dagegen vermag der geübte Stahlwerker neben der Beurteilung der Stahlprobe, auch aus der Schlackenprobe, und zwar sowohl im flüssigen als ganz besonders im erkalteten Zustand, viele Schlüsse zu ziehen. Diese Zusammenhänge sind vom Martinbetrieb bekannt und sollten vor allem beim Arbeiten mit schwarzer Schlacke berücksichtigt werden. Da in diesem Fall der Basizitätsgrad sehr hoch gewählt wird und genau eingehalten werden muß, seien die Arbeiten

von W. O. Philbrook und A. H. Jolly[1] und G. H. McCally[2] erwähnt,
die den Basizitätsgrad durch Messung des p_H-Wertes genau zu ermitteln
gestatten. Die Methode ist so weit vereinfacht, daß auf die erkaltete und
angefeuchtete Schlackenprobe nur ein Filterpapier gedrückt wird, das
mit der Indikatorlösung getränkt ist.

Bei der Durchführung des Kochens muß auch auf die Höhe der
anzuwendenden Spannung geachtet werden. Hierbei handelt es sich
weniger um die Erzielung eines ruhig brennenden Lichtbogens, denn
zu dieser Zeit ist der Ofen schon heiß und außerdem liegt eine bereits
geschmolzene eisen- und kalkreiche, also gut ionisierende Schlacke vor,
so daß die Leistungsaufnahme genügend gleichmäßig ist. Lediglich die
durch das Kochen hervorgerufene Bewegung von Bad und Schlacke
verursacht noch leichte Stromschwankungen, die aber durch elektrische
Maßnahmen nicht zu beheben sind und die wegen ihrer Geringfügigkeit
auch gar nicht stören. Es handelt sich hier vielmehr um ein wärmetech-
nisches Problem. Beim Kochen sollen Bad und Schlacke ganz allmählich
aufgeheizt werden, wobei die Schlacke dauernd einen einwandfreien
Flüssigkeitsgrad haben muß. Die Schwierigkeit besteht nun darin, daß
zu diesem Zeitpunkt zum Heizen des Bades ein möglichst kurzer, zur
gleichmäßigen Aufheizung der Schlacke aber ein längerer Lichtbogen
erforderlich ist. Der Umstand, daß die Leistungszufuhr während des
Kochens, ganz überschlägig betrachtet, etwa die Hälfte der Einschmelzleistung beträgt, ermöglicht die Erreichung dieser Ziele. Obwohl der
Lichtbogen nach beendetem Einschmelzen nach allen Seiten frei ausstrahlt, kann seine Heizwirkung so bemessen werden, daß sie den
Erfordernissen Rechnung trägt. Praktisch wird die Spannung, je nach
Ofengröße, so bemessen, daß zu Beginn des Kochens mit etwa 115 bis
150 Volt gefahren und während des Auskochens auf etwa 90 bis 110 Volt
zurückgegangen wird. Würde mit höheren Spannungen gearbeitet, so
werden Deckel und Wände unnötig beansprucht. Noch größer sind die
Nachteile bei Anwendung zu niedriger Spannungen. Der Lichtbogen
ist dann zu kurz, um die gesamte Schlacke in der gewünschten Weise
zu verflüssigen. Es kann sogar so weit kommen, daß die Elektrode in
die Schlacke eintaucht und nur den Bereich in unmittelbarer Nähe der
Elektrode ausreichend verflüssigt, während der größte Teil der Schlacke
dickflüssig und reaktionsträge bleibt. Untersuchungen an Betriebsöfen
haben denn auch ergeben, daß der fertige Stahl auf solche Weise hergestellter Schmelzen sehr schlackenhaltig, insbesondere reich an ausgesprochen großen Einschlüssen ist, die schon beim Einschmelzen entstanden und durch die mangelhafte Kocharbeit im Stahl verblieben sind.
Außerdem wirkt sich eine solche Arbeitsweise sehr nachteilig auf den

---

[1] Philbrook, W. O., u. A. H. Jolly: Open Hearth, Proc. 1944.
[2] McCally, G. H.: Electr. Steel Proc. (1946) S. 113.

Elektrodenverbrauch aus. Zu dem üblichen Abbrand tritt noch ein zusätzlicher, der durch die Benetzung der Elektrode durch die Schlacke hervorgerufen wird. Die oxydreiche Schlacke verbrennt den Kohlenstoff der Elektrode. Wie R. Graef[1] feststellen konnte, beträgt beim Übergang von 146 Volt auf 105 Volt der Mehrverbrauch bis zu 60% und mehr. Selbstverständlich spritzt auch bei den höheren Spannungen noch Schlacke gegen die Elektrode, diese ist jedoch durch den größeren Abstand von der Schlacke schon weitgehend geschützt. Die Bemessung der Stromstärke richtet sich nach der Spannung, indem sie bei höherer Spannung größer gewählt werden darf als bei geringerer; denn nur so kann erreicht werden, daß der Lichtbogen stets genügend oberhalb der Schlacke brennt.

Die Durchführung des Kochens mittels Sauerstoff.

Wie schon erwähnt, wird in USA und neuerlich auch in Deutschland in manchen Werken das Kochen durch Zuführen von Sauerstoff an Stelle von Erz zur Durchführung gebracht. Es ist dies eine Übertragung der an SM-Öfen bereits erfolgreich durchgeführten Arbeitsweise, die übrigens gedanklich und laboratoriumsmäßig in Deutschland ihren Ausgang genommen hat. Hierbei wird das Zuleitungsrohr in das Bad eingetaucht oder aber auch nur bis zur Berührungsfläche zwischen Bad und Schlacke eingeführt. Durch dieses Verfahren läßt sich die Entkohlungsgeschwindigkeit auf den mehrfachen Betrag, wie er bei Anwendung von Erz üblich ist, steigern und beschleunigen. Durch die starke Temperaturerhöhung des Bades ergibt sich der Vorteil, daß der Kohlenstoff vor den Legierungen, wie z. B. Chrom, abbrennt und als weiterer Vorteil wird auf die Einsparung elektrischer Energie hingewiesen, indem der Ofen bei diesem Vorgang zurückgefahren oder sogar abgeschaltet werden muß. In jedem Fall kann der Kohlenstoffgehalt mit Sicherheit weiter heruntergearbeitet werden, als dies bei Anwendung von Erz möglich ist. Natürlich beträgt auch die Kochgeschwindigkeit ein mehrfaches als bei Erzanwendung üblich ist, so daß der Kochvorgang auch nach beendetem Einleiten noch einige Zeit weiterläuft. Die durch die höhere Temperatur zu erwartende Beschädigung des Herdes tritt im allgemeinen nicht ein, da die Kochdauer wesentlich abgekürzt wird. Der Hauptvorteil liegt offensichtlich in der Erniedrigung des Kohlenstoffgehaltes bei geringen Gehalten. Es wird bei diesem Verfahren mitunter darauf hingewiesen, daß bei höheren Kohlenstoffgehalten zweckmäßig mit Erz zu arbeiten sei, bzw. daß beide Arbeitsmethoden sinngemäß miteinander zu verbinden seien, um die Temperatursteigerung in den gewünschten Grenzen zu halten und ein Spritzen des Bades zu verhindern. Im übrigen

---

[1] Graef, R.: Stahl u. Eisen Bd. 59 (1939) S. 385 bis 395.

wird von manchen Fachleuten behauptet, daß gerade das heftige Kochen den Wasserstoff- und Stickstoffgehalt des Stahles sicher und zuverlässig erniedrigen soll, eine Beobachtung, die von anderer Seite — auch in USA — nicht bestätigt wird. Von dieser wird im Gegenteil das gleichmäßige Einströmen des Sauerstoffes für wirksamer gehalten. Der verwendete Sauerstoff hat durchweg einen Reinheitsgrad von 99,5%. Am meisten scheint sich die Methode beim Frischen rostfreier Qualitäten bewährt zu haben, worauf in einem besonderen Kapitel noch zurückzukommen sein wird.

Ein abschließendes Urteil über diese Verfahrensweise, die übrigens auch in USA ihre Gegner hat, ist noch verfrüht. Durch die Oxydnebel wird bekanntlich beim Martinverfahren die Haltbarkeit des Gewölbes erheblich heruntergesetzt. Beim Elektrostahlverfahren konnte diese Beobachtung nicht eindeutig bestätigt werden, und zwar wohl deshalb, weil die Haltbarkeit des Ofendeckels ohnehin viel geringer ist. Als besonderer Vorteil wird angeführt, daß der trockene Sauerstoff im Gegensatz zum Erz, das immer etwas Feuchtigkeit enthält, dem Bad keinen Wasserstoff zuführen kann. Andererseits ist aber die Entfernung des Wasserstoffs heute auch bei normaler Arbeitsweise kein Problem. Der eigentliche Edelstahlwerker wird sich mit dem Gedanken nur zögernd vertraut machen können, daß die Erzeugung hochwertigster Produkte durch so drastische Methoden mit genügender Sicherheit durchgeführt werden kann. Andererseits scheint es aber durchaus möglich zu sein, daß bei maßvoller Anwendung dieser Arbeitsweise für den einen oder anderen Zweck Vorteile erzielt werden können. Die heute ermöglichte billige Herstellung des Sauerstoffes läßt wirtschaftliche Bedenken in den Hintergrund treten, sofern beachtliche metallurgische oder betriebliche Vorteile erzielt werden. Überdies stehen den Kosten für Sauerstoff beträchtliche Einsparungen an elektrischer Energie und Gewinne durch Zeiteinsparung gegenüber.

Die metallurgischen Grundlagen der Legierungsrückgewinnung im basischen Lichtbogenofen.

Die Rückgewinnungen der Legierungen aus dem Schrott hat eine besondere wirtschaftliche und auch technische Bedeutung. Es kann sich einmal darum handeln, vorhandene legierte Abfälle möglichst wirtschaftlich zu verarbeiten. Zum anderen kann in einem legierungsarmen Land die Rückgewinnung zu einer solchen Notwendigkeit werden, daß sie unter allen Umständen durchgeführt werden muß und sogar wirtschaftliche Erwägungen in den Hintergrund treten müssen. Da die Hauptschwierigkeiten in der Verarbeitung der großen Mengen von Baustahlabfällen liegen, sollen die folgenden Erörterungen hierauf besonders Bezug nehmen. Da weiterhin diese Baustähle entweder Chrom-,

Chrom-Mangan-, Chrom-Nickel-, Chrom-Molybdän-, Chrom-Vanadin-Stähle oder Stähle ähnlicher Zusammensetzung sind und außerdem das Nickel praktisch nicht verschlackt, ebensowenig wie das Molybdän in den hier in Frage kommenden Legierungsgehalten, so kann sich die Behandlung der Rückgewinnung der Legierungen an dieser Stelle auf das Chrom beschränken.

Auch hier stehen die Kochvorgänge, also die Umsetzungen mit dem Kohlenstoffgehalt des Bades, im Vordergrund. Wie schon mehrmals dargelegt, steigt die Reduktionskraft des Kohlenstoffgehaltes mit steigender Temperatur. Infolgedessen wandert mit steigender Temperatur auch das Chrom aus der Schlacke in das Bad. Die besonderen Schwierigkeiten für die Chromreduktion liegen nun darin, daß das Chromoxyd mit dem Eisenoxydul der Schlacke Spinelle bildet, die bekanntlich einen sehr hohen Schmelzpunkt haben und sich daher in der Schlacke ausscheiden. Dadurch wird die Schlacke dickflüssig und reaktionsträge. Außerdem vermag sie infolge der Spinellbildung sehr hohe Gehalte an Schwermetalloxyden aufzunehmen. Auf Grund dieser Zusammenhänge leuchtet es ohne weiteres ein, daß es unzweckmäßig ist, in eine solche Schlacke noch Erz hineinzugeben, um die Kochvorgänge in Gang zu bringen. Hier muß vielmehr so verfahren werden, daß in Anbetracht des ohnehin hohen Oxydgehaltes der Schlacke von Erzzusätzen zunächst möglichst abgesehen wird und daß durch ein reichliches Werfen von Kalk bei gleichzeitiger Temperatursteigerung durch den Kalküberschuß eine Kalziumferritbildung in der Schlacke erzwungen wird, die der Spinellbildung mit allen ihren Nachteilen entgegenwirkt, denn die Kalziumferrite haben wesentlich niedrigere Schmelzpunkte. Die Schlacke wird langsam flüssig und reaktionsfähiger, und das Bad beginnt langsam zu kochen. Die Chromreduktion kann beginnen, und in gleichem Maße verbessert sich wiederum der Flüssigkeitsgrad der Schlacke. Es ist auch zu beachten, daß mit steigendem Eisenoxydulgehalt der Schlacke die Chromverschlackung zunimmt und dadurch das Kochen erschwert wird. Es wirkt sich also auch die Senkung des Eisengehaltes der Schlacke günstig aus.

Der Chromabbrand ist natürlich abhängig vom Chromgehalt des Bades bzw. des gesamten Systems, darüber hinaus vom Kohlenstoffgehalt des Bades und schließlich von der Temperatur und der Schlackenmenge. Daraus folgt, daß man unterschiedlich hohe Chromeinsätze wählen soll, je nach dem Kohlenstoffgehalt der zu erzeugenden Stahlmarke. Für Einsatzstähle würde also beispielsweise zweckmäßig der Chromgehalt im Einsatz niedriger zu bemessen sein als für Vergütungsstähle. Dieser Punkt ist nicht nur für die Legierungsrückgewinnung sehr wichtig, sondern auch für die Erleichterung der Kocharbeit.

Es ist nicht ohne Reiz, in diesem Zusammenhang die geschichtliche Entwicklung zu betrachten. Man versuchte zunächst, den chromhaltigen

Schrott nach den herrschenden Methoden zu verarbeiten und fand heraus, daß die Legierungsrückgewinnung am günstigsten verläuft, wenn reduzierend eingeschmolzen und die Einschmelzschlacke karbidisch gemacht wird. Schon bald lehrte die praktische Erfahrung, daß die besten Ergebnisse dann erzielt werden konnten, wenn ein möglichst dichter, sauberer und rostfreier Schrott zum Einsatz kam. Da bei einem solchen Verfahren der Kochvorgang fehlt, ist die Gefahr der Entstehung blasiger und schlackenreicher Blöcke vorhanden, sobald der Schrott stärker verrostet ist. Schmilzt man neutral oder oxydierend ein und führt man einen regelrechten Kochprozeß durch, so erhält man bei den damals üblicherweise angewandten niedrigen Temperaturen eine dickflüssige, krustige Schlacke, die immer wieder abgezogen werden muß, um das Bad wirklich zum Kochen zu bringen. Dabei gingen natürlich die Legierungen verloren. Verzichtete man aber auf das durchgreifende Kochen, so stellten sich die Schwierigkeiten des erstgenannten Verfahrens ein. Damit verdichteten sich die Erfahrungen zu der scheinbar paradoxen Erkenntnis, daß es schwierig ist, aus guten Abfällen guten Stahl zu machen. Die auftretenden Fehler waren aber nicht nur auf Blasigkeit und Einschlüsse beschränkt, sondern auf diese Weise hergestellter Stahl neigte sehr stark zur Faserbildung und hatte schlechte Querwerte. Wenn die Blöcke schon gesund lunkerten, so enthielten sie nur allzuhäufig Flocken. Die Vergießbarkeit war nicht gut, und infolgedessen war die Ausbildung des Primärgefüges ebenfalls unbefriedigend. Ganz besonders kraß stellten sich alle diese Fehler ein, wenn die Verarbeitungsverhältnisse einen hohen Späneentfall verursachten und wenn diese Späne dazu noch sehr ölig oder gar infolge längerer Lagerung stark verrostet waren. In den Werken sammelten sich daher die Späne an und man gab lieber den Legierungsgehalt verloren, als daß man die Gefahren bei ihrer Verarbeitung in Kauf nahm.

Erst mit der Erkenntnis der Wichtigkeit des Kohlenstoffs als Reduktionsmittel und insbesondere der zusätzlichen Verbesserung der Verhältnisse bei Anwendung höherer Temperaturen wurde hier eine Wandlung geschaffen. Die gleichzeitige Erkenntnis der Wichtigkeit des Kochvorganges selbst führte die Verarbeitung der legierten Abfälle und auch der verrosteten und öligen Späne einer befriedigenden Lösung entgegen, so daß heute in jedem Werk die Verarbeitung der anfallenden legierten Abfälle und Späne keine Schwierigkeit mehr bereitet. Es kann höchstens der Fall eintreten, daß der Späneanteil aus Gründen der mechanischen Bearbeitung so hoch ist, daß der Ofenraum diese Menge nicht zu fassen vermag und daß zeitraubende und unerwünschte Nachsätze die Folge sind. Wie diesen Schwierigkeiten durch besondere Verfahren begegnet werden kann, wird noch bei der Schilderung des Halbduplexverfahrens darzulegen sein.

Im übrigen sind diese Schwierigkeiten in vollem Umfange erst beim Übergang auf große Ofeneinheiten aufgetreten. Solange es sich um kleine Öfen, etwa bis zu einem Fassungsvermögen von 5 bis 6 t, handelte, waren die Badflächen verhältnismäßig groß, und die entsprechend dünne Schlackenschicht wurde schnell heiß, so daß auch bei ungünstiger Zusammensetzung und Beschaffenheit der Schlacke ein, wenn auch nur geringes Kochen zustande kam. Beim Feinungsprozeß konnte ebenfalls aus Gründen der geringen Badtiefe durch sorgfältigste Schlackenführung manches gerettet werden, was durch den mangelhaften Kochprozeß fehlte. Der erhöhten Flockenanfälligkeit mußte bei der Weiterverarbeitung Rechnung getragen werden. Beim Übergang auf größere Öfen ließen sich die Fehler durch den Feinungsvorgang bei weitem nicht mehr im gleichen Umfang beheben und zwangen damit zum Beschreiten neuer Wege.

III. Die Feinungsvorgänge beim basischen Verfahren.

Allgemeines über die Feinungsvorgänge.

Die mehr oder weniger starke Sauerstoffzufuhr zur Durchführung der Kochvorgänge bedingt naturgemäß eine Sauerstoffaufnahme des Bades, die im günstigsten Falle einen Betrag annimmt, wie er sich etwa aus der Gleichgewichtskurve von Vacher und Hamilton ergibt. Diesen Gehalt an gelöstem Sauerstoff weiter herunterzusetzen, ist nun eine wesentliche Aufgabe der Feinungsperiode. Im Grunde ist die Kocharbeit dem Siemens-Martin-Verfahren sehr ähnlich mit dem schon erwähnten Unterschied, daß das „Auskochen" im Elektroofen unter metallurgisch günstigeren Bedingungen durchgeführt werden kann. Der besondere Vorzug des Elektrostahlverfahrens beruht aber darauf, daß im Anschluß an den Kochvorgang eine unter stark reduzierenden Verhältnissen durchzuführende Feinungsarbeit vorgenommen werden kann. Diese zusätzliche Arbeit ist die Grundlage für den qualitätsmäßigen Vorsprung des Elektroofens vor dem Martinofen.

Außer dem gelösten Sauerstoff befindet sich im Bad noch der Rest an ungelösten Sauerstoffverbindungen, die in der Zeit des Kochens noch nicht restlos in die Schlacke überführt worden sind. Die vollständige Entfernung dieser Verunreinigungen gehört ebenfalls zu den Aufgaben der Feinungsarbeit. Schließlich muß die während des Kochens nur geringfügige Entschwefelung ebenfalls vervollständigt werden, woraus sich die dritte Aufgabe des Feinens ergibt. Diese drei Aufgaben verlangen eine Schlackenführung mit ganz erheblich geringeren Gehalten an Schwermetalloxydulen als die Kochschlacke. So wie das Kochen durch eine oxydierende Schlacke, wird also das Feinen durch eine reduzierende Schlacke bewirkt. Beide Vorgänge verlaufen demnach im

basischen Elektroofen vornehmlich an der Berührungsfläche zwischen
Bad und Schlacke und erhalten durch diese Eigentümlichkeit ihr kennzeichnendes Gepräge. Deshalb setzt das weitgehende Erreichen des
gesteckten Zieles eine ausreichende Badbewegung voraus, die in ähnlicher Weise wie beim Kochen immer wieder neue Teile des Bades an
die Berührungsfläche mit der Schlacke bringt. Da die Bewegung des
Bades die Voraussetzung für den Ablauf der übrigen Vorgänge ist, muß
sie zu Beginn der Feinung eingeleitet werden. Sie wird daher bereits im
folgenden Abschnitt zu besprechen sein.

Die Aufkohlung.

Nach Abziehen der Einschmelz- oder der Kochschlacke setzt die
Desoxydation mit der Aufkohlung ein. Nach dem sauberen Abziehen
der Schlacke wird auf die blanke Badoberfläche reiner Kohlenstoff in
berechneter und abgewogener Menge aufgegeben.

Als Aufkohlungsmittel kommen Elektrodenkohle, Anthrazit, Koks,
Petrolkoks, Reduktionskohle u. a. m. in Anwendung. Diese Mittel dürfen
selbstverständlich keine Stahlschädlinge enthalten, außerdem müssen
sie möglichst frei von Aschebestandteilen sein. Im anderen Fall bildet
sich bei Anwendung größerer Mengen eine zu große Schlackenmenge,
die einen Teil der Kohle einhüllt, so daß der gewünschte Kohlenstoffgehalt im Bad nicht genau getroffen und die Kohle nicht weitgehend
genug ausgenutzt wird. Die Schlacke erschwert den Aufkohlungsvorgang
ganz allgemein, so daß er auch längere Zeit in Anspruch nimmt. Von
besonderer Wichtigkeit ist schließlich die dritte Forderung, die an ein
Aufkohlungsmittel zu stellen ist, nämlich die weitgehende Freiheit von
Gasen. Bekanntlich nimmt Kohle sehr leicht Gase, wie Wasserstoff,
Stickstoff, Sauerstoff u. a. m. auf. Darüber hinaus adsorbiert sie auch
Feuchtigkeit, die, zumal bei Berührung mit dem metallischen Eisen,
bei den vorliegenden Temperaturen oder auch unter Einwirkung des
Lichtbogens in Wasserstoff und Sauerstoff zerlegt wird. Dabei werden
die elementaren Gase aus dem stabilen molekularen in den hochaktiven
atomaren Zustand übergeführt.

Alle diese weitgehend dissoziierten Gase werden leicht vom Bad
aufgenommen und, da während des Feinens keine intensive Kochbewegung mehr stattfindet, so verbleiben die aufgenommenen Gase
zum großen Teil im Bad. Da das Aufnahmevermögen für Gase mit der
Oberfläche zunimmt, soll das Aufkohlungsmittel nicht zu feinkörnig sein,
sondern eine körnige Beschaffenheit (etwa 5 mm) haben.

Das zugesetzte Kohlungsmittel gelangt nicht restlos zur Auflösung.
Ein Teil verbrennt mit der Ofenluft zu Kohlenoxyd, ein anderer wird
zur Reduktion der im Bad gelösten oder aufgeschwemmten Schwermetalloxydule verbraucht. Diese Umsetzungen sind die Ursache für

das Kochen und Aufwallen des Bades während der Aufkohlung. Droht
das Bad bei zu starkem Schäumen über die Türschwellen zu treten, so
kann zur teilweisen Beruhigung etwas Ferromangan zugesetzt werden.
Besser verwendet man Silikomangan, um keine festen und damit schwer
reduzierbare und schwer abscheidbare Einschlüsse zu erhalten. Außerdem ist die Beruhigung durch das gleichzeitig vorhandene Silizium ganz
wesentlich wirksamer. Doch sollten solche Zusätze nur im Notfall
gegeben werden, da die als Reaktionsprodukte entstehenden Einschlüsse
hartnäckig als Trübe im Bad aufgeschwemmt bleiben können und oft
noch beim Abstich nicht vollständig in die Schlacke übergegangen sind,
da, wie erwähnt, während des Feinens kein intensives Kochen mehr
stattfindet.

Der Zweck des Aufkohlens ist zunächst die Angleichung des Kohlenstoffgehaltes an die verlangte Analysenvorschrift. Darüber hinaus muß
aber getrachtet werden, die Aufkohlung metallurgisch auszunutzen. Die
Gleichgewichtskurve nach Vacher und Hamilton zeigte, daß mit
sinkendem Kohlenstoffgehalt die Sauerstoffaufnahme im Bad zunimmt.
Umgekehrt muß ein ausgekochtes Bad durch Erhöhung des Kohlenstoffgehaltes wieder zum Kochen kommen, wobei der Sauerstoffgehalt
in entsprechender Weise sinken muß. Durch die Aufkohlung wird also
die Desoxydation eingeleitet und das Bad gleichzeitig wieder in Bewegung gebracht, was für die anschließende Schlackenarbeit von größter
Wichtigkeit ist. Aus diesen Zusammenhängen ergibt sich, daß grundsätzlich trotz der Sauerstoffzunahme mit sinkendem Kohlenstoffgehalt
genügend weit entkohlt werden soll, um die durch die Aufkohlung
eintretende kräftige Reduktion und die damit zusammenhängende Wiederbelebung der Kochbewegung für die Feinung nutzen zu können.
Dies gilt selbst noch für Einsatzstähle, bei denen die Aufkohlung um
wenige hundertstel Prozent Kohlenstoff genügt, um das reduzierende
Kochen einzuleiten. Der besondere Vorzug dieser Reduktion beruht auf
dem Umstand, daß sie nunmehr viel vollständiger verlaufen muß, da die
oxydische Schlacke, die immer wieder neuen Sauerstoff an das Bad
abgibt, zu diesem Zeitpunkt entfernt ist.

Die Arbeit des Aufkohlens selbst kann sehr genau durchgeführt
werden und die angestrebte Kohlenstoffaufnahme mit erstaunlicher
Sicherheit getroffen werden, sofern die Abbrandziffer des jeweiligen
Aufkohlungsmittels berücksichtigt wird. Diese Zahl ist nicht nur vom
Mittel selbst, sondern auch von dessen physikalischer Beschaffenheit
abhängig, wie Korngröße usw. Sie kann daher von Lieferung zu Lieferung
schwanken und muß in jedem Fall empirisch ermittelt werden. Hochwertige Aufkohlungsmittel, wie z. B. Elektrodenkohle, besitzen eine hohe
Gleichmäßigkeit.

Die Desoxydationsschlacken im Elektroofen.

Für die Desoxydationsschlacke im Elektroofen war, wie bereits erwähnt, die Bezeichnung „weiße Schlacke" gebräuchlich. Dieser Sammelname kennzeichnet ihren hohen Kalkgehalt und ihre helle Farbe im Gegensatz zur Frischschlacke des Elektroofens und den Schlacken der anderen Schmelzverfahren, die infolge ihres teilweise erheblichen Schwermetalloxydulgehaltes dunkelbraun bis schwarz gefärbt sind und demgemäß als „schwarze Schlacken" bezeichnet werden. Heute trifft die allgemeine Bezeichnung „weiße Schlacke" nicht mehr genau zu, da die jetzige Arbeitsweise bei der Desoxydation im Elektroofen zwei Arten von Feinungsschlacken benutzt, nämlich die weiße bis gelblichweiße Kalkschlacke und die hellgraue bis grauschwarze Kalziumkarbidschlacke.

Die weiße Kalkschlacke baut sich aus Kalk, Koks und Flußspat oder Kalk, Koks und Sand im ungefähren Verhältnis 12 : 1 : 2 auf. Der Koksanteil an dieser Schlacke ist so gering, daß Kalziumkarbid gar nicht oder nur in kleinen Mengen unmittelbar im Lichtbogenbereich gebildet wird. In den ersten Jahren des Elektrostahlschmelzverfahrens war die weiße Kalkschlacke allein üblich und wird auch heute noch in manchen Stahlwerken durchgehend angewendet. Ihr geringer Gehalt an Reduktionsmitteln und die dadurch zu erwartende verminderte Desoxydationswirkung läßt jedoch ihre Anwendung nur dort angezeigt erscheinen, wo jede auch noch so geringe Kohlenstoffaufnahme des Bades vermieden werden soll. Das ist der Fall bei der Erschmelzung ganz niedrig gekohlter Stähle sowie solcher hochlegierter Stähle, bei denen das Bad bereits durch den Kohlenstoffgehalt des Legierungszusatzes bis an die zulässige Grenze aufgekohlt wird. Ein weiteres Anwendungsgebiet der weißen Kalkschlacke ist die Stahlformgußerzeugung im basischen Ofen. Im Gegensatz zu diesen Auffassungen gibt es aber eine ganze Reihe namhafter Stahlwerke, in denen grundsätzlich mit der weißen Schlacke gearbeitet wird und wo erfahrungsmäßig mit der weißen Schlacke größere Reinheitsgrade und bessere Querwerte erhalten werden als mit der Karbidschlacke. Die jeweiligen Arbeitsmethoden sind eben sehr traditionsgebunden und die abweichenden Auffassungen gehen wohl nicht zuletzt auf feinere Unterschiede in der Durchführung zurück, die sich stärker auswirken als vermutet wird. Jedenfalls steht fest, daß nach beiden Methoden höchste Qualitätsstufen erzielt werden können.

Im Gegensatz zur weißen Kalkschlacke ist die Kalziumkarbidschlacke als wirkliche Desoxydationsschlacke anzusehen. Sie besteht zwar gleichfalls aus Kalk, Koks und Flußspat oder Sand, jedoch ist das Verhältnis Koks zu Kalk wesentlich gesteigert. Eine für alle Fälle gültige zweckmäßige Zusammensetzung läßt sich nicht angeben, da die sich bildende Kalziumkarbidmenge von der Ofentemperatur, der Arbeitsweise (häufi-

ges Öffnen der Türen und Luftzutritt!), von dem ursprünglichen Oxyd-
gehalt des Bades und ähnlichen Umständen im wechselnden Maße beeinflußt wird. Im Durchschnitt wird man mit einem Verhältnis Kalk zu
Koks zu Flußspat wie 6 : 2 : 1 ungefähr das Richtige treffen. Wird stärkere Reduktionswirkung angestrebt, so mag man auf 6 Teile Kalk 3 Teile
Koks nehmen. Die angegebene Flußspatmenge ist selbstverständlich
auch nur als Anhaltspunkt zu bewerten. Da die Rolle des Flußspats
überwiegend darin besteht, der Schlacke eine geeignete Dünnflüssigkeit
zu sichern, hängt der notwendige Zusatz von der Ofentemperatur, von
der Reinheit des verwendeten Kalks, von den Verunreinigungen der
Schlacke, wie z. B. abgeschmolzener Silikamasse des Gewölbes oder los-
gelösten Brocken des Ofenherdes, und von ähnlichen Umständen ab.

Die weiße Kalkschlacke als Desoxydationsschlacke.

Die weiße Kalkschlacke, deren Kohlegehalt beim Aufgeben nur 6%
oder noch weniger beträgt, kann kaum als eigentliche Desoxydationsschlacke angesprochen werden. Zwar bildet sich vielleicht zu Anfang im
unmittelbaren Lichtbogenbereich etwa Kalziumkarbid, doch verbrennt
der größte Teil des Kohlenstoffs mit der Ofenluft zu Kohlenoxyd. Ein
geringer Rest von Kohlenstoff und das etwa gebildete Kalziumkarbid
werden zum Teil für die im nächsten Abschnitt zu erörternde Entschwefelung verbraucht, so daß kein merklicher Anteil für die gründliche
Desoxydation übrigbleibt. Diese wird vielmehr erst durch zugesetzte
Desoxydationsmittel in das Bad vervollständigt.

Eine solche Art der Desoxydation unterscheidet sich aber noch sehr
wesentlich von der des basischen Martinverfahrens. Außerdem läßt sie
ein weitgehendes Ausreagieren des im Bad gelösten Sauerstoffs mit dem
Kohlenstoffgehalt zu infolge der steigenden Temperatur. Der geringere
Gehalt an Schwermetalloxydulen in der weißen Kalkschlacke gestattet
außerdem eine längere Einwirkung der Desoxydationszusätze als im
Martinofen, wo dieselben nur kurze Zeit vor dem Abstich und während
des Verweilens in der Pfanne wirksam sein können. Es scheint sogar für
das Arbeiten mit weißer Schlacke von grundsätzlicher Bedeutung zu
sein, daß in jedem Fall Desoxydationsmittel schon vorzeitig zu Hilfe
genommen werden. Meist wird die Vervollständigung der Desoxydation
nach Fertigstellung der weißen Schlacke vorgenommen, wobei gern
Aluminium (etwa 0,06%) oder aluminiumhaltige Legierungen Verwendung finden. Es ist klar, daß eine solche Arbeitsweise kürzere Feinungszeiten gestattet als das Arbeiten mit Karbidschlacke, und daß dieser
Umstand die neuerlich zunehmende Verbreitung der weißen Schlacke
begünstigt. Diese Zusammenhänge geben strenggenommen einen Hinweis darauf, daß die Frage der Vor- oder Nachteile der weißen oder der
Karbidschlacke nicht zu einer solchen von grundsätzlichen Meinungs-

verschiedenheiten erhoben werden sollte, sondern daß es wohl richtiger wäre, die Schlackenarbeiten den jeweiligen Qualitätsarten und Abstufungen zuzuordnen. Nach eigener Auffassung und Erfahrung ist die Karbidschlacke das schärfere Desoxydationsmittel, das für viele Qualitäten seine besonderen Vorzüge hat.

Die weiße Kalkschlacke als Entschwefelungsschlacke.

Die weiße Kalkschlacke ist eine gute Entschwefelungsschlacke, worin auch der Hauptgrund für ihre allgemeine Anwendung in den ersten Jahren des Elektrostahlverfahrens zu suchen ist. Die mit ihrer Hilfe ermöglichte durchgreifende Schwefelabscheidung ist eine Errungenschaft, die bis dahin jedem anderen Stahlerzeugungsverfahren versagt geblieben war.

Die Grundbedingungen einer völligen Schwefelabscheidung, genügende Basizität der Schlacke und niedriger Gehalt an Schwermetalloxydulen sind beide in der weißen Kalkschlacke des Elektroofens verwirklicht. Ihr Kalkgehalt beträgt im Durchschnitt etwa 60%, ihr Gehalt an Eisenoxydul und ähnlichen, die Entschwefelung beeinträchtigenden Sauerstoffverbindungen, ist im Vergleich zu den in der Martinofenschlacke vorkommenden Mengen äußerst gering. Die Entschwefelung geht nach folgendem Vorgang vor sich:

$$CaO + C + Fe(Mn)S = CaS + CO + Fe(Mn). \tag{3}$$

Eisen und Mangansulfid werden durch Kalk und Kohlenstoff in Kalziumsulfid umgesetzt, welches im Bad unlöslich ist und leicht in die hochbasische Schlacke übergeht. Wieviel Kalziumsulfid die Schlacke aufnehmen kann, steht nicht fest, jedoch dürfte der Sättigungspunkt zwischen 4 und 5% CaS liegen, was einem Gehalt von ungefähr 2% Schwefel entspricht. Aus diesem Grunde ist auf niedrigen Schwefelgehalt der Schlackenbildner zu achten. Wenn, wie es vorkommen kann, der Kalk 0,5%, der Koks 1,0% und der Flußspat 0,5% Schwefel von vornherein enthält, so kann der Sättigungspunkt der Schlacke an Schwefel erreicht sein, bevor noch die Entschwefelung des Bades beendet ist. Bei genügender Reinheit der Schlackenbildner ist es jedoch ohne weiteres möglich, etwa 0,050% Schwefel mit einer einmaligen weißen Kalkschlacke aus dem Bade abzuscheiden.

In manchen Stahlwerken wird der weißen Schlacke statt Kohlenstoff Ferrosilizium in feingepulverter Form als Reduktionsmittel zugefügt. Die Zerstörung der Metalloxydule in der Schlacke und die Abscheidung des Schwefels aus dem Bade gehen in diesem Fall nach folgenden Gleichungen vor sich:

$$Si + 2 Fe(Mn)O = SiO_2 + 2 Fe(Mn), \tag{4}$$

$$Si + 2 CaO + 2 Fe(Mn)S = SiO_2 + 2 CaS + 2 Fe(Mn). \tag{5}$$

Besonders beliebt ist diese Arbeitsweise im Induktionsofen, weil die Wirkung des Siliziums nicht an so hohe Schlackentemperaturen gebunden ist wie die des Kohlenstoffs. Für die Lichtbogenofenschlacke jedoch ist der Gebrauch von Ferrosilizium im allgemeinen schon deshalb nicht zu empfehlen, weil Koks das billigere Reduktionsmittel ist; nur bei der Erzeugung ganz weicher Stähle mag der gänzliche oder teilweise Ersatz von Koks durch Ferrosilizium am Platze sein. Das Ferrosilizium kann natürlich auch durch Kalziumsilizium, Aluminium, Kalziumaluminium oder ähnliche pulverförmig angewendete Reduktionsmittel ersetzt werden. Eine Begrenzung der zugesetzten Mengen ist notwendig, damit der Basizitätsgrad der Schlacken durch die entstehenden Oxydationsprodukte nicht zu weit absinkt, da sonst leicht Rückschwefelungen, gewiß aber dünnflüssige und schlecht desoxydierende Schlacken die Folge wären.

Die äußeren Kennzeichen der weißen Kalkschlacke.

Im Aussehen unterscheidet sich die weiße Kalkschlacke leicht von den anderen Schlackenarten. Ihre Farbe im erkalteten Zustand ist weiß bis gelblichweiß; vom Schlackenlöffel läßt sie sich mühelos abschlagen, ist aber nicht spröde und fest wie eine Frischschlacke, sondern mürbe und flaumig. Noch während des Erkaltens zerrieselt sie zu einem kalkähnlichen, jedoch feinerem Pulver. Die Farbe dieses Pulvers gibt keinen genaueren Anhaltspunkt über den Gehalt an Metalloxyden und kann bei einem Eisenoxydulgehalt von 1% und einem ebensolchen Manganoxydulgehalt noch rein weiß sein. Auch Chrom- und Wolframoxydgehalte in der Höhe von einigen Prozent pflegen sich nur an der grünen bzw. gelben Tönung der noch nicht zerfallenen Schlacke feststellen zu lassen; das zerrieselte Pulver selbst kann rein weiß sein. Mit zunehmendem Eisengehalt geht die Farbe über hell- und dunkelbraun nach schwarz über.

Die allgemeinen Kennzeichen der Karbidschlacke.

Wie die weiße Kalkschlacke ist auch die Karbidschlacke stark basisch, da sie 60 bis 65% Kalk enthält. Als besonderes Kennzeichen weist sie daneben einen Kohlenstoffgehalt von 0,30 bis 2,00% auf, was einem Kalziumkarbidgehalt von 0,80 bis 5,30% entspricht. Ihre Farbe schwankt, je nach der Menge des eingeschlossenen Kohlenstoffs, zwischen hellgrau und grauschwarz, ihr Aussehen ist dicht und stets matt, nie glänzend. Beim Abschlagen vom Probelöffel haftet sie sehr zäh, fast gummiartig fest. Nach dem Erkalten zerfällt sie ebenfalls zu einem weißen bis dunkelgrauen Pulver, je nach dem Gehalt an überschüssigem Kohlenstoff, doch tritt das Zerrieseln oft erst nach längerem Lagern ein. Beim Befeuchten mit Wasser, und manchmal schon unter der Einwirkung der Luftfeuchtigkeit, entwickelt sich ein starker Azetylengeruch; dieses Gas wird gemäß der Umsetzung $CaC_2 + H_2O = CaO + C_2H_2$ in Freiheit gesetzt.

Die Karbidschlacke wirkt aufkohlend auf das Bad. Der Grad der Aufkohlung hängt von der Dauer der Einwirkung und dem Gehalt an freiem Kohlenstoff, außerdem vom Kohlenstoffgehalt des Bades und von der Temperatur ab; im Durchschnitt kann mit einer Kohlenstoffaufnahme von 0,02% je Stunde gerechnet werden.

Die Kalziumkarbidschlacke als Desoxydationsschlacke.

Kalziumkarbid ist ein starkes Reduktionsmittel, welches, in Berührung mit Metalloxyden, diese gemäß der Gleichung:

$$CaC_2 + 3\ Fe(Mn)O = 3\ Fe(Mn) + CaO + 2\ CO$$

zerstört. Im einzelnen kann man sich die Desoxydation des Stahlbades unter einer kalziumkarbidhaltigen Schlacke etwa folgendermaßen vorstellen. Nachdem die ungefähr aus 6 Teilen Kalk und 1 Teil Flußspat bestehende Schlacke in den Ofen eingebracht worden ist und einige Zeit später 2 Teile Koks darüber gleichmäßig verteilt worden sind, schmelzen zuerst Kalk und Flußspat zu einer gleichmäßigen, ziemlich gut flüssigen Schlacke zusammen, was etwa 10 bis 20 Minuten in Anspruch nimmt. Ein Teil des Kokses ist inzwischen mit der Ofenluft zu Kohlenoxyd verbrannt, der Rest verteilt sich emulsionsartig in der geschmolzenen Schlacke. Hier reduziert er zunächst die in den Schlackenbildnern selbst enthaltenen sowie die aus den Resten der vorhergehenden Frischschlacke stammenden Metalloxyde. Daneben wird unter der Einwirkung der Lichtbogenhitze gemäß der Gleichung

$$CaO + 3\ C = CaC_2 + CO$$

Kalziumkarbid gebildet. Die unter verhältnismäßig geringer Wärmeaufnahme erfolgende Umsetzung führt in dem Temperaturgebiet zwischen 1500 und 1800° C zu einem von Temperatur, Kohlenstoffgehalt, Ofenatmosphäre sowie anderen Umständen abhängigen Gleichgewicht, so daß neben Kalziumkarbid auch stets freier Kohlenstoff in der Schlacke erhalten bleibt. Je höher dieser Gehalt ist, um so höher ist auch der Karbidgehalt. Wichtig ist ferner die Feststellung, daß neben einem Gesamtkohlenstoffgehalt von beispielsweise 0,50% (entsprechend etwa 1,30% CaC_2) auch noch immer ein Gehalt von 1% Eisen- und Manganoxydul in der Karbidschlacke beständig ist.

Wenn die Kalziumkarbidbildung eingesetzt hat, was in etwa einer halben bis drei viertel Stunde nach Aufgabe des Schlackengemisches der Fall zu sein pflegt, liegen im Ofen folgende Verhältnisse vor: Das Stahlbad enthält, je nach seinem Kohlenstoffgehalt und je nach dem Ausmaß der voraufgegangenen Frischwirkung, Eisenoxydul gelöst und darüber hinaus noch weitere Mengen an Eisen-, Mangan- und gegebenenfalls anderen Metallsauerstoffverbindungen als ausgeschiedene Schwebekörper in gleichmäßiger Verteilung oder örtlicher Anreicherung. Insbesondere an den Seitenwänden und an der Herdsohle halten sich mit dem Dolomit zusammengefrittete Oxyde oft recht hartnäckig bis spät in die Desoxydationsperiode hinein. Über dem Stahlbad liegt eine kohlenstoff- und karbidhaltige Schlackenschicht mit ebenfalls etwa 1% Schwermetall-oxydulgehalt. Entnimmt man nun während der Einwirkung dieser Schlacke fortlaufend Stahlproben und prüft dieselben auf Sauerstoff, so kann man eine stetige Sauerstoffabnahme feststellen. Würde diese Verringerung lediglich durch das allmähliche Aufsteigen der Eisensauerstoff-verbindungen zur Schlackendecke infolge des geringeren spezifischen Gewichtes bedingt sein, so müßte ein einfaches Abstehenlassen auch unter nicht reduzierender, weißer Kalkschlacke die gleiche Desoxyda-tionswirkung haben. Erfahrungsgemäß ist dies aber nicht der Fall.

Sucht man nach einer widerspruchsfreieren Deutung des Desoxyda-tionsvorganges, so kommt man zu der Annahme, daß hier die Gesetze der Verteilung eines gelösten Stoffs zwischen zwei Lösungsmitteln entschei-dend mitwirken. Von den zwei Lösungsmitteln Bad und Schlacke besitzt augenscheinlich die Schlacke das höhere Lösungsvermögen für Eisen-oxydul. Das Bad gibt so lange Sauerstoff an die Schlacke ab, bis das durch die Löslichkeiten bedingte Konzentrationsverhältnis erreicht ist. Nun wird aber durch das in der Schlacke enthaltene Kalziumkarbid der übergegangene Sauerstoffanteil immer wieder zerstört und auf diese Weise die Konzentration der Schlacke an Metalloxydulen niedrig gehal-ten. Bei genügend langer Einwirkung bleibt im Bade schließlich nur so viel FeO gelöst, als mit einem FeO-Gehalt von etwa 1% in der Schlacke im Gleichgewicht ist.

Schließlich bleibt noch die Frage zu erörtern, warum die Karbid-schlacke viel schärfer desoxydierend wirkt als die weiße Schlacke. Das Kalziumkarbid, das wegen seines endothermen Charakters nur in un-mittelbarer Nähe des Lichtbogens gebildet wird, verteilt sich über die ganze Schlacke. In den kälteren Teilen der Schlacke, insbesondere in Berührung mit dem Stahlbad, hat es daher eine sehr starke Reduktions-kraft, welche die des gelösten Kohlenstoffs übertreffen muß. Beim Zer-fall des Karbids wird aber nicht nur elementarer Kohlenstoff frei, sondern gleichzeitig Kalzium, das in dieser fein verteilten Form ein überaus kräf-tiges Reduktionsmittel darstellt. Man kann daher bei sachgemäßer Schlackenarbeit den Stahl bei hinreichender Zeitdauer mit Hilfe der Karbidschlacke so weit desoxydieren, daß die in eine kleine Kokille ver-gossene Probe nicht mehr treibt. Meistens wartet man diesen Zeitpunkt aber nicht ab und beseitigt den restlichen Sauerstoffgehalt durch Sili-zium und Aluminium oder entsprechende Desoxydationslegierungen. Demnach besteht der Unterschied beim Arbeiten mit weißer und karbi-scher Schlacke unter anderem darin, daß im zweiten Fall auf eine gründ-lichere, allerdings auch länger dauernde Sauerstoffverminderung vor dem Zusatz der Desoxydationslegierungen hingearbeitet wird. Das erste Verfahren ist gewissermaßen eine Abkürzung, bei der aber die Zeitspanne zur Entfernung der Desoxydationsprodukte lange genug gehalten wird und diese außerdem durch Schlackenmischung beim Abstechen zum großen Teil ausgewaschen werden. Damit leuchtet auch ein, weshalb eine starke Karbidschlacke bei dieser schnelleren Arbeitsweise keine optimalen Ergebnisse liefern kann. Andererseits wird seit langem auch von allen Verfechtern der Karbidschlacke darauf geachtet, daß die Schlacke beim Abstechen nur noch leicht karbidisch sein soll, allerdings noch so stark, daß die Pfannenschlacke auch nach vollendetem Abgießen noch einwandfrei ist. Damit wird erreicht, daß beim Durchwirbeln während des Abstechens die physikalischen und chemischen Eigenschaften der Karbidschlacke sich denjenigen der weißen Schlacke nähern. Überdies geht die Entwicklung immer mehr dahin, daß auch unter der Karbidschlacke der Zusatz der Desoxydationslegierungen frühzeitiger erfolgt als ehedem, wenn auch meist später als bei der weißen Schlacke.

Die Reduktion der in die Schlacke übergegangenen Sauerstoffverbindungen braucht allmählich den Kohlenstoff- und Karbidgehalt der Schlacke auf. Er muß daher durch wiederholte Zugabe von Koks immer wieder erneuert werden, um so mehr, als bei dem unvermeidlichen Öffnen der Türen der eindringende Luftsauerstoff gleichfalls den Kohlenstoffgehalt der Schlacke herabsetzt.

Da das Kalziumkarbid nur in hochbasischen Schlacken beständig ist und durch Kieselsäure sofort zerstört wird, muß die Basizität der Karbidschlacke laufend überwacht werden. Sobald die Oberfläche der Schlacke ein glänzendes Aussehen annimmt, muß Kalk nachgesetzt werden, dem man zweckmäßig gleichzeitig oder auch kurze Zeit später Koks zugibt.

Wenn die Karbidschlacke zur Zeit des Abstechens noch sehr stark karbidisch ist und etwa der eingeschlackte und in Wasser getauchte Probelöffel ein Entflammen des entstehenden Azetylens hervorruft, kann es leicht geschehen, daß der letzte Teil der Schmelze, und zwar bis zu etwa 20%, beim Vergießen in die Kokille keinen reinen Stahl, sondern ein Gemisch von Stahl und Schlacke ergibt. Diese Erscheinung ist wahrscheinlich auf das hohe spezifische Gewicht und den hohen Schmelzpunkt des Kalziumkarbids zurückzuführen, die die restlose Entmischung erschweren. Dieser Umstand soll hier nur erwähnt werden, obwohl er heute kaum mehr in Erscheinung tritt, da, wie bereits ausgeführt, auch in den Stahlwerken, die mit starker Karbidschlacke arbeiten, zum Schluß auf ein Abklingen des Karbidgehaltes hingearbeitet wird.

Wenn von manchen Werken (zumal in Amerika) die weiße Schlacke als vorteilhaft hingestellt wird, so mag dies für eine ganze Reihe von Stahlqualitäten durchaus zutreffen. Wenn nämlich im Interesse einer starken Abkürzung der Feinungszeit die Desoxydationsmittel schon vorzeitig zugesetzt werden, also bevor das Bad restlos ausgefeint ist, so muß natürlich die weiße Schlacke sich mit dem Bad eher im Gleichgewicht befinden als eine scharfe Karbidschlacke, und beim Abstechen sind dann keine zusätzlichen metallurgischen Umsetzungen zu erwarten. Die Schlacke ist arm genug an Eisen- und Manganoxydul, so daß sie den flüssigen Stahl noch vor der Einwirkung der Luft schützen kann. Neuerlich ist von der amerikanischen Fachwelt festgestellt worden, daß auch unter starken Reduktionsschlacken der Sauerstoffgehalt nur bis zum Gleichgewicht mit dem Kohlenstoffgehalt erniedrigt werden soll und weiterhin daraus geschlossen worden, daß die Karbidschlacke die vermutete starke Reduktionswirkung in keiner Weise aufweist. Es wird also der Standpunkt vertreten, daß das Kohlenstoff-Sauerstoff-Gleichgewicht, das unter oxydischen Schlacken nach höheren Sauerstoffgehalten hin verschoben wird, unter der Karbidschlacke nur bis zum tatsächlichen Gleichgewicht ausreagieren kann.

Dieser Auffassung[1] ist auch von amerikanischer Seite widersprochen worden durch den Hinweis auf die überall wiederkehrende Erfahrungstatsache, daß, je nach Stahlqualität und Anforderung, der Stahl mindestens 1 bis 1½ Stunden unter der Karbidschlacke verweilen muß, um einwandfreie Ergebnisse zu erzielen. Auch nach den eigenen Auffassungen hat man hier die Vorgänge zumindest nicht restlos erfaßt. Ohne an dieser Stelle die Durchführung der Versuche im einzelnen zu kritisieren, soll doch darauf verwiesen werden, daß derartige Untersuchungen voraussetzen, daß die Gesichtspunkte für eine denkbar sorgfältige Feinungsarbeit auch wirklich zur Anwendung gekommen sind. Liegt beispielsweise das Bad tot unter einer guten Karbidschlacke, so kann bei größerer Badtiefe mit keiner intensiveren Erniedrigung des Sauerstoffgehaltes gerechnet werden. Bleibt die Badbewegung durch irgendeine der früher erwähnten Methoden erhalten, so muß die schärfere desoxydierende Kraft des Kalziumkarbids zusätzlich in Erscheinung treten. Es ist eine geläufige Tatsache, daß man selbst unlegierten Kohlenstoff-Werkzeugstahl, dessen Herstellung bekanntlich zu den schwierigsten Aufgaben des Elektrostahlwerkers gehört, allein durch eine gute Karbidschlacke ohne jeden Siliziumzusatz zum Bad oder zur Schlacke so weit ausfeinen kann, daß die in eine kleine Probekokille vergossene Stahlprobe nicht mehr treibt, ein Vorgang, der bei einer Reduktion des Stahls bis zum Kohlenstoff-Sauerstoff-Gleichgewicht niemals in Erscheinung treten kann. Im übrigen zeigen die Ergebnisse der obengenannten Untersuchungen, daß die Sauerstoffgehalte teilweise sogar ganz erheblich tiefer als das Gleichgewicht liegen, und die Annahme einer mittleren Kurve durch ein Streufeld von Punkten ist für die vorliegenden Vorgänge durchaus nicht von endgülti-

---

[1] Marsh, J. S., S. F. Urban u. G. Derge: Proc. Electr. Furn. Steel Bd. 2 (1944) S. 162.

ger Beweiskraft. Dies ist um so weniger der Fall, als die praktische Erfahrung mit diesen Auffassungen bei sorgfältigster Feinungsarbeit nicht in Einklang gebracht werden kann. Es ist gerade das Kennzeichen der verschiedensten Arbeitsweisen beim Feinen, daß diese nur dann gewisse Abstufungen aufweisen dürfen, wenn die zu erschmelzende Güte nicht außer acht gelassen wird. Schließlich ist auch kürzlich durch schwedische Untersuchungen an Lichtbogenöfen beim Arbeiten mit elektrodynamischer Badbewegung festgestellt worden, daß in der Feinungsperiode der Sauerstoffgehalt allmählich weit unter das Gleichgewicht mit Kohlenstoff absinkt, nachdem er in der Oxydationsperiode darüber lag[1].

Die Rolle der Diffusion beim Desoxydationsvorgang.

Die Betrachtung des Desoxydationsvorganges als Ausgleich verschiedener Löslichkeiten weist der Diffusion im Stahlbade eine wichtige Rolle zu. Die endgültige Einstellung des Lösungsgleichgewichtes wird natürlich erschwert, wenn die mit der Schlackendecke in Berührung stehende Grenzschicht viel sauerstoffärmer ist als beispielsweise die an das Ofenfutter angrenzende Schicht. Von diesem Gesichtspunkt aus bedeutet daher jede Durchwirbelung des Bades einen Vorteil, ob sie nun durch Rühren mittels Rührstangen und Krätzern, durch Gasbildung nach dem Aufkohlen oder selbsttätig durch Einflüsse elektrischer Art erfolgt.

Die elektromagnetischen Druckkräfte bewirken im direktbeheizten Lichtbogenofen eine Badbewegung, die in der Hauptsache senkrecht zur Badoberfläche erfolgt und daher weitgehend von der Diffusion im Bade unabhängig macht. In dieser Badbewegung muß auch ein Grund dafür erblickt werden, weshalb die direkte Beheizung der indirekten überlegen ist und sich besonders bei größeren Öfen allein durchsetzen mußte. Weiter kann gesagt werden, daß gerade die Anwendung hoher Leistungen die metallurgischen Erfolge zeitigten, die früher, also vor dem Bau der großen Öfen, nicht erwartet wurden. Die Bedenken vor den hohen Herdtiefen sind durch die Rührbewegung beseitigt worden, die mit der Stromstärke rasch ansteigt. Die Wirksamkeit dieser das Bad bewegenden Kräfte erstreckt sich nach F. Walter (Siemens-Druckschrift) für flüssiges Eisen und 50 Hertz auf rd. 450 mm. Die heute üblichen Badtiefen übertreffen bei größeren Öfen diesen Betrag um die Hälfte. Dabei ist noch zu berücksichtigen, daß zur Zeit des Feinens die Leistung stark zurückgeschaltet wird, so daß der Badbewegung durch Wiederbelebung der Kochvorgänge in jedem Fall erhöhte Aufmerksamkeit geschenkt werden muß.

Beim Induktionsofen hingegen weist, wie früher dargelegt worden ist, das Bad eine starke schraubenartige Durchwirbelung auf, die durch das

---

[1] Dreyfus, L., u. F. Nilsson: Jernkont. Ann. Bd. 33 (1949) S. 371 bis 468.

Zusammenwirken einer fortschreitenden mit einer rollenden Eigenbewegung zustande kommt. Diese Eigentümlichkeit des Induktionsofens kommt jedoch im Desoxydationsvorgang wohl deshalb nicht zur vollen Geltung, weil die niedrige Schlackentemperatur die Schnelligkeit der Umsetzungen beeinträchtigt und die Herstellung des anzustrebenden Gleichgewichtszustandes erschwert.

Die Bedeutung der Diffusion macht zwei Tatsachen verständlich: erstens die verhältnismäßig lange Dauer dieser Art von Desoxydation, nämlich 1½ bis 2½ Stunden, und zweitens die unbestreitbare Beobachtung, daß bei kleineren Öfen, also geringeren Diffusionswegen, die Güte des desoxydierten Stahles diejenige des Stahles aus größeren Öfen zu übertreffen pflegt.

Die hier vertretene Auffassung vom Nutzen einer Baddurchwirbelung während der Diffusionsdesoxydation war nicht unbestritten; namentlich hielt man ihr den günstigen Einfluß des unbewegten Abstehens im Tiegel entgegen. Dieser Einwand ist jedoch nicht stichhaltig, da im Tiegel andersgeartete Verhältnisse vorliegen.

Die Kalziumkarbidschlacke als Entschwefelungsschlacke.

Die Kalziumkarbidschlacke ist das wirksamste Entschwefelungsmittel, das wir kennen. Die Umsetzung

$$CaC_2 + 2\,CaO + 3\,Fe(Mn)S = 3\,CaS + 2\,CO + 3\,Fe(Mn) \tag{8}$$

bringt einen Schwefelgehalt des Bades von 0,150% rasch und zuverlässig auf 0,010% herunter. Gehalte von 0,005%, wie manchmal im Schrifttum veröffentlicht, sind unwahrscheinlich und beruhen wohl auf Bestimmungsfehlern. Jedenfalls vermochte bei einem eigens angestellten Versuch die vielstündige Einwirkung einer dreimal erneuerten Karbidschlacke den Schwefelgehalt des Bades nur auf 0,008% herabzusetzen. Dagegen entspricht es einer immer wieder zu machenden Erfahrung, daß, sofern beim Abstechen Stahl und Karbidschlacke zusammen aus dem Ofen laufen und in der Pfanne tüchtig durchgewirbelt werden, die Entschwefelung deutlich zunimmt. Dann werden Gehalte bis unter 0,010% Schwefel sicher erreicht. Diese Beobachtung ist auf die Behandlung von Siemens-Martin-Stahl mit Elektroofenschlacke übertragen worden. Desoxydation und Entschwefelung verlaufen also im gleichen Sinne, und es kann bei sonst gleichmäßigen Arbeitsbedingungen aus der leicht festzustellenden Entschwefelung auf die schwieriger zu erfassende Desoxydation geschlossen werden.

Der Grund, weshalb die Kalziumkarbidschlacke stärker entschwefelnd wirkt als die weiße Kalkschlacke, ist ihr durchschnittlich geringerer Gehalt an Schwermetalloxydulen und infolgedessen ihre erhöhte Aufnahmefähigkeit für Kalziumsulfid.

Die metallurgischen Grundlagen der Desoxydationsvorgänge.

Bei der Beschreibung der reduzierenden Einwirkung des Kohlenstoffes und der Karbidschlacke wurde schon darauf hingewiesen, daß die Entfernung des im Stahl gelösten Sauerstoffgehaltes nicht restlos mit Sicherheit durchgeführt werden kann. Bei sorgfältigem Arbeiten ist es wohl möglich, den Stahl unter der Karbidschlacke so weit zu beruhigen, daß der in eine kleine Probekokille vergossene Stahl nicht mehr treibt. Aber selbst dieser Zustand kann nicht mit Sicherheit erreicht werden, und wenn man ihn erzwingen wollte, würde die erforderliche Zeitdauer viel zu lang werden. Ein zu langes Feinen verursacht aber nur allzu leicht einen Angriff auf die sauren Gewölbesteine und ein zu starkes Ansäuren der Schlacke, ganz abgesehen von den sonstigen wirtschaftlichen Nachteilen einer zu langen Schmelzungsdauer. Es wird also praktisch bei einem übertrieben langen Feinen nichts gewonnen, und es gehört zur Kunst des Elektrostahlwerkers, daß er bei hochwertigen Stahlmarken für die Feinungszeit nicht mehr als rund 2 Stunden benötigt und bei einfacheren Qualitäten mit höchstens 1,5 Std. auskommt. Aus diesen Gründen ergibt sich die Notwendigkeit, die restliche Desoxydation in anderer Weise durchzuführen. Während bei der Feinung mittels einer Karbidschlacke der Sauerstoff des Bades durch Kohlenoxydbildung verringert wird, kann der gelöste Sauerstoffgehalt auch gewissermaßen durch Ausfällen als im Stahl unlösliche Sauerstoffverbindung vermindert werden. Während also im ersten Fall das Desoxydationsprodukt gasförmig ist und entweichen kann, entstehen im zweiten Fall im Stahl suspendierte Einschlüsse. In diesem Fall besteht aber der Vorteil, daß der Sauerstoffgehalt viel weiter erniedrigt werden kann, als dies durch Kohlenstoff oder Kalziumkarbid möglich ist. Gleichzeitig besteht aber der Nachteil, daß die suspendierten Einschlüsse zur Erzielung eines reinen Stahles wieder entfernt werden müssen. Nach dem Stokeschen Gesetz steigen solche Einschlüsse um so leichter nach oben, je größer der Durchmesser eines solchen Einschlusses ist. Damit ergibt sich die Forderung, daß die Einschlüsse in einer Form entstehen, die ein Zusammenballen ermöglicht. Dieses Zusammenballen ist nur möglich, wenn die Einschlüsse flüssig sind, denn feste Einschlüsse können nicht koagulieren. Der Stahlwerker muß daher bestrebt sein, die restliche Desoxydation so durchzuführen, daß er nach Möglichkeit flüssige, tropfbare Einschlüsse erzielt.

Die Desoxydationsvorgänge sowohl durch Mangan als auch Silizium und auch bei Anwendung von Mangan und Silizium sind bereits eingehend erforscht. Eine genaue Beschreibung dieser Ergebnisse ist an dieser Stelle nicht möglich, und es wird hier besonders auf die Arbeiten von F. Körber und W. Oelsen[1] verwiesen. Für das Verständnis der

---

[1] Körber, F., u. W. Oelsen: Mitt. K.-Wilh.-Inst. Eisenforschg. Bd. 14 (1932) S. 181 bis 204 u. Bd. 15 (1933) S. 271 bis 309.

Vorgänge in der Praxis genügen folgende Ausführungen: Bei der Beschreibung der Manganvorgänge wurde bereits dargelegt, daß sich diese Reaktionen darstellen lassen durch sogenannte Isothermen, die die Abhängigkeit der Sauerstoffaufnahme des Bades von ihrem Mangangehalt für die jeweilige Temperatur angeben (s. Abb. 124). Diese Kurven be-

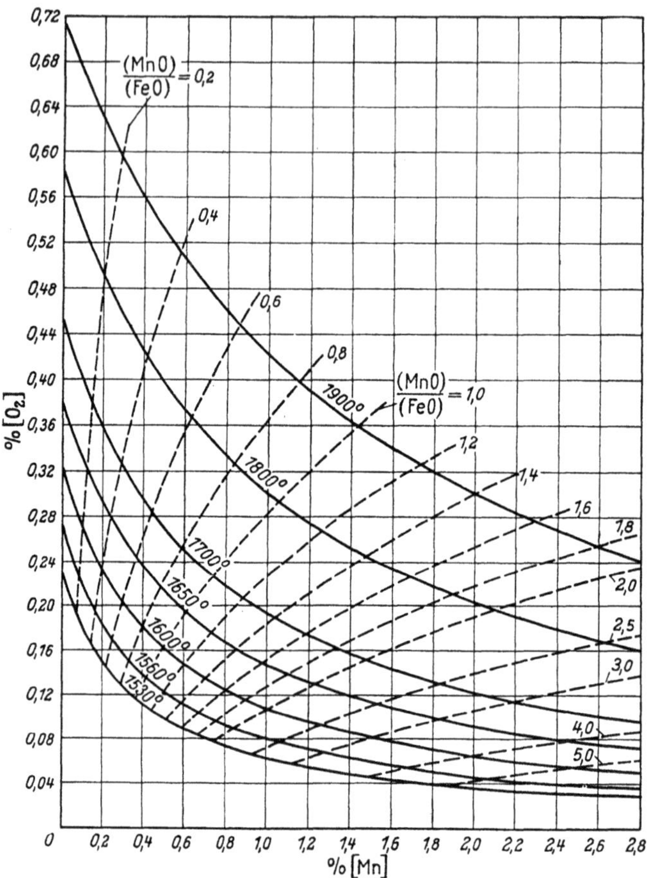

Abb. 124. Desoxydationsschaubild des Mangans für reine flüssige Oxydulschlacken.
(Nach F. Körber und W. Oelsen.)

halten ihre Bedeutung für die Beurteilung der Desoxydationsvorgänge, denn es ist für die Gleichgewichte gleichgültig, ob Bad und Schlacke getrennt übereinandergeschichtet sind oder ob die Schlacke in Form von Einschlüssen entsteht und von welcher Seite der Gleichgewichtszustand erreicht wird. Diese Isothermen zeigen, daß bei geringen Mangangehalten hohe Sauerstoffgehalte beständig sind und bei hohen Mangangehalten niedrige Sauerstoffgehalte. Diese Zusammenhänge ergeben sich in einfacher Weise aus der Manganverteilung, indem bei niedrigen Mangangehalten im Bad auch niedrige Mangangehalte, aber dafür hohe Eisengehalte in der Schlacke vorhanden sind. Erst bei höheren Mangangehalten im Bad muß der Eisengehalt in der Schlacke und damit auch der Sauerstoffgehalt sinken. Außerdem zeigen die Isothermen deutlich den aus den Gesetzmäßigkeiten der Manganverteilung zu erwartenden starken Einfluß der Temperatur, mit derem Ansteigen selbst bei gleicher Schlackenzusammensetzung der Sauerstoffgehalt im Bad kräftig zunimmt. In Wirklichkeit verarmt die Schlacke mit ansteigender Temperatur an Manganoxydul und die Sauerstoffzunahme im Bad tritt noch mehr in Erscheinung.

Zur Vermeidung von Fehlschlüssen sei noch besonders darauf hingewiesen, daß Abb. 124 nur für reine Oxydulschlacken gilt. In Betriebsöfen beträgt der Oxydulgehalt der Schlacken nur rund ein Fünftel und außerdem kann, wie bereits eingehend erörtert, die Wirksamkeit der Oxydule durch die Art der übrigen Schlackenbestandteile eingeschränkt werden. Infolgedessen liegen die Sauerstoffgehalte in Betriebsöfen wesentlich niedriger als in Abb. 124 angegeben. Die grundsätzlichen Zusammenhänge, wie sie oben erörtert wurden, bleiben natürlich die gleichen.

Diese Beziehungen gelten für flüssigen Stahl und flüssige Schlacke. Sobald jedoch Temperaturen erreicht werden, bei denen die Schlacke nicht mehr vollständig flüssig ist oder bei denen der Stahl bereits zu kristallisieren beginnt, verschieben sich diese Gleichgewichte, und es müssen die jeweiligen Schmelzpunkte des Manganoxyduls und des Eisenoxyduls bzw. ihrer Mischkristalle sowie des Stahles Berücksichtigung finden. Da der Schmelzpunkt des Manganoxyduls rund 200° über dem des Eisenoxyduls liegt, muß es bei hohen Mangangehalten leichter zu einer Ausscheidung von festen Schlackenmischkristallen kommen, während bei etwa gleichen Temperaturen bei geringen Mangangehalten noch flüssige Schlacke abgeschieden wird. Es genügt, grundsätzlich festzuhalten, daß bei geringen Mangangehalten flüssige Desoxydationsprodukte, bei hohen Mangangehalten feste Desoxydationsprodukte entstehen und daß es ein Übergangsgebiet gibt, in dem zunächst feste Schlacke und erst später der restliche Sauerstoff als flüssige Schlacke abgeschieden wird. Von Wichtigkeit ist nun die Einsicht, daß die eigentliche Desoxydation bei Anwendung von Mangan in der Hauptsache bei fallenden Temperaturen stattfindet. Aus dem von Körber und Oelsen aufgestellten Desoxydationsschaubild unter Berücksichtigung der Erstarrungsvorgänge ergibt sich sogar, daß bei Verhältnissen, wie sie für Elektrostahl vorkommen, also bei Vorhandensein geringer Sauerstoffgehalte, die Desoxydation erst mit der Erstarrung des Eisens in stärkerem Umfang einsetzt. Dagegen werden schon bei Anwesenheit geringer Siliziumgehalte die Sauerstoffbeträge auch im flüssigen Zustand und selbst bei höheren Temperaturen ganz wesentlich stärker herabgesetzt.

Die Desoxydation mit Silizium allein führt bei einem geringen Sauerstoffgehalt zu reiner Kieselsäure (Abb. 125). Bei sehr hohen Sauerstoffgehalten bildet sich aus der Kieselsäure und dem gelösten Eisenoxydul Eisensilikat, d. h. die Desoxydation schreitet mit einer gleichen Siliziummenge weiter vor, als wenn nur reine Kieselsäure gebildet würde. Reichert sich das Bad allmählich mit Silizium an, so reduziert das Silizium schließlich das Eisensilikat, und als Endprodukt entsteht wiederum Kieselsäure. Die Entstehung der reinen Kieselsäure ist aber unerwünscht, da sie nicht

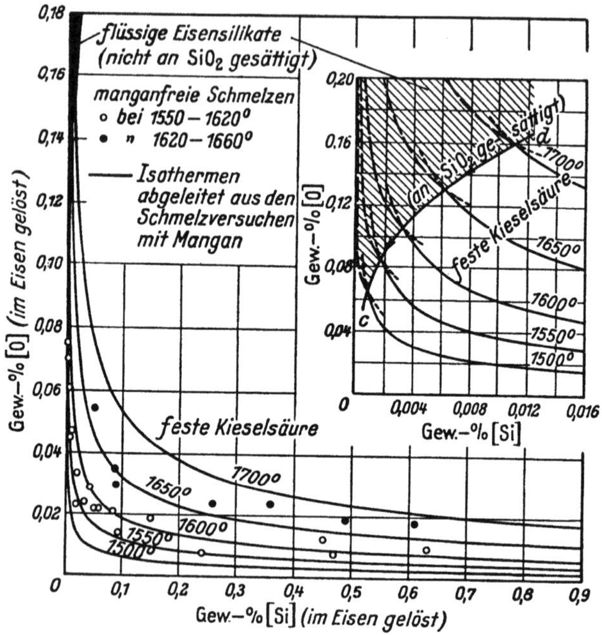

Abb. 125. Das Desoxydationsdiagramm des Siliziums (ohne Mangan und ohne Kohlenstoff). (Nach F. Körber und W. Oelsen.)

koaguliert und infolgedessen schwer abzuscheiden ist. Diese Schwierigkeiten lassen sich nun glücklicherweise weitgehend beheben, wenn bei der Desoxydation gleichzeitig Mangan anwesend ist.

Das Mangan wirkt in ähnlicher Weise, wie soeben die Wirkung des Eisenoxyduls bei der Desoxydation mit Silizium beschrieben wurde. Das Mangan wird zum Oxydul oxydiert und bildet mit der gleichzeitig entstehenden Kieselsäure Silikate, und zwar entstehen, je nach dem Sauerstoff-, dem Silizium- und Mangangehalt, auch hier wieder neben fester Kieselsäure gesättigte Silikate und ungesättigte Silikate. Diese letzten ungesättigten Silikate sind für die Desoxydation sehr erwünscht, da sie sehr dünnflüssig sind und sich daher leicht zusammenballen. In der Abb. 126 sind die Verhältnisse für die Desoxydation mit Mangan und

Silizium in vereinfachter Form zur Darstellung gebracht, und zwar für einen Temperaturbereich von etwa 1500 bis 1520°, also dem Erstarrungsbeginn weicher Schmelzen. In Abhängigkeit vom Mangangehalt sind in diesem Diagramm der Silizium- bzw. Sauerstoffgehalt aufgetragen. Je nachdem in welchem Feld sich die jeweilige Konzentration befindet, entstehen die angegebenen Desoxydationsprodukte. Der Ursprungsort des Koordinatensystems ist gewissermaßen die Eisenecke, und die Ausscheidungen vollziehen sich auf den eingezeichneten Geraden in Richtung der

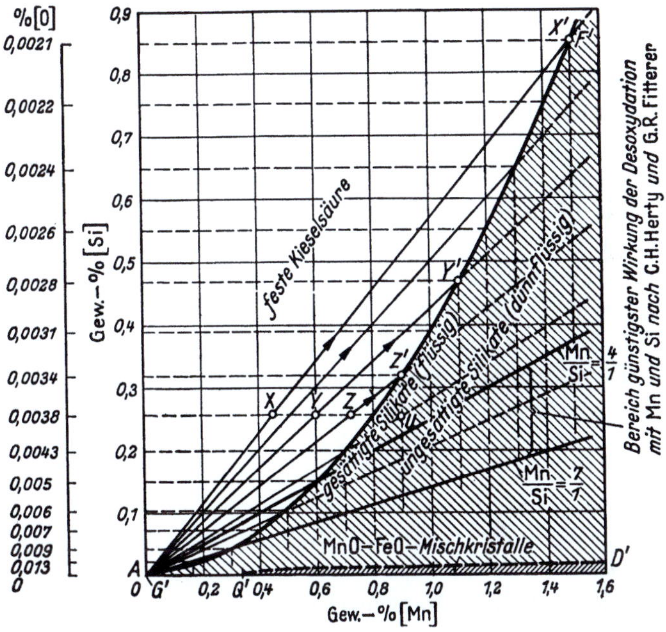

Abb. 126. Grundriß des Desoxydationsdiagramms bei Anwesenheit von Mangan und Silizium für 1500 bis 1520° zur Kennzeichnung der Erstarrungsvorgänge. (Nach Körber und W. Oelsen.)

angegebenen Pfeile. Beim Überschreiten der Grenzlinie, die das Gebiet der gesättigten Silikate abgrenzt und in Wirklichkeit nicht als Linie, sondern als schmaler Bereich existiert, ändern sich die Verhältnisse, und an Stelle fester Kieselsäure treten Silikate als Reaktionsprodukte auf. Die Abbildung zeigt nun ohne weiteres, daß man nur dann die Abscheidung fester Kieselsäure zum größten Teil vermeiden kann, wenn der Mangangehalt höher ist als der Siliziumgehalt. Das bedeutet aber für Elektrostahl, daß der Siliziumgehalt gerade im Bereich der geringen Konzentrationen, insbesondere unter 0,15%, nach Möglichkeit langsam erhöht werden soll, damit die Ausscheidungsbahnen möglichst ganz in das schraffierte Feld fallen. Das Bild gibt zwei Geraden an, die einen Bereich begrenzen, in dem das Verhältnis Mangan zu Silizium zwischen 7 : 1

und 4:1 sich ändert. Das sind die bekannten sogenannten Hertyschen Legierungen, und es ist ohne weiteres zu erkennen, daß laut Diagramm diese Legierungen besonders günstige Eigenheiten zur Erzielung flüssiger Desoxydationsprodukte haben. Andererseits erklärt dieses Schaubild in sehr anschaulicher Weise, warum die Beruhigung des Stahles durch Aufwerfen von gepulvertem Ferrosilizium auf die fertige Karbidschlacke sich als günstig bewährt hat. Das Silizium sinkt langsam durch die Schlacke und löst sich in geringsten Mengen auf, und es werden dadurch die erforderlichen Bedingungen eingehalten. Wird dagegen eine Ferrosiliziumlegierung in Stücken dem Bad zugesetzt, so müssen sich beim Auflösen dieser Legierungen Schlieren mit sehr hohen Siliziumgehalten bilden. Innerhalb dieser Zonen kann sich aber nur feste Kieselsäure abscheiden. Daraus folgt, daß der Zusatz von stückigem Ferrosilizium erst nach vollendeter Beruhigung erfolgen und daß Silizium lediglich zum Auflegieren gebraucht werden soll. Es gibt auch Betriebe, die diesen Verhältnissen insofern Rechnung tragen, als sie das Silizium auch bei normalen Gehalten von 0,2 bis 0,3% Fertiganalyse in zwei Partien dem Bad zusetzen. Bei dieser Arbeitsweise werden zwar günstigere, aber nicht die bestmöglichen Voraussetzungen geschaffen. Außerdem werden die Vorzüge erkennbar, die sich aus der Möglichkeit der Verwendung niedrig legierter Ferrosiliziumsorten im Elektroofen ergeben.

Es sei schließlich noch darauf hingewiesen, daß das Mangan sich nur dann an der Reaktion beteiligen kann, solange flüssige Reaktionsprodukte entstehen, und je höher der Siliziumgehalt ist, um so höher muß auch der Mangangehalt sein, um die Mitwirkung des Mangans zu erzwingen. Das Wichtigste ist aber die Erkenntnis, daß es auch bei geringen Sauerstoffgehalten des Bades, wie dies insbesondere bei Elektrostahl zutrifft, durch wachsende Mangangehalte oder sehr langsam steigende Siliziumgehalte möglich ist, flüssige Reaktionsprodukte zu erzielen.

Zum Schluß sei noch auf eine besondere Eigenart aller desoxydierend wirkenden Elemente hingewiesen. Wie Abb. 125 zeigt, die die Gleichgewichtsisothermen für Silizium angibt, verschieben sich mit sinkender Temperatur die Verhältnisse in dem Sinn, daß sich der Sauerstoffgehalt bei gleichem Gehalt an Silizium verringert. Daraus folgt aber, daß bei einer Abkühlung sich aus dem Stahl Desoxydationsprodukte abscheiden müssen. Das gleiche gilt übrigens auch für Aluminium und ähnliche Desoxydationsmittel und wurde für Mangan soeben gezeigt (Abb. 124).

Diese Zusammenhänge werfen ein interessantes Licht auf die alte praktische Erfahrung, daß der Stahl vor dem Vergießen oder richtiger beim Fertigmachen nicht unnötig heiß sein soll, sondern lediglich so heiß zu fahren ist, daß er sich einwandfrei vergießen läßt.

Die Störungen der Schlackenarbeit während der Feinung.

Der Elektroofenschmelzer wird rasch durch die Erfahrung belehrt, daß die letzte halbe Stunde vor dem Abstich eine kritische Spanne für die Erschmelzung hochwertigen Stahles ist. Während dieser Zeit wirken mancherlei Einflüsse auf die Verschlechterung der Schlackenzusammensetzung und damit auch der Stahlbeschaffenheit ein; nicht selten kommt es vor, daß eine fast zweistündige Desoxydationsarbeit zum Schluß zunichte wird und mit zweifelhaftem Erfolg von neuem durchgeführt werden muß. Deshalb seien nachstehend die drei häufigsten Störungsursachen: der übermäßige Zutritt von atmosphärischer Luft in den Ofen, das Hochkommen von Herdbrocken und das Abschmelzen des Gewölbes, kurz erörtert.

Der Zusatz von Legierungselementen zum Bade, deren Auftragen auf die Türschwelle zwecks Vorwärmung, die Entnahme von Stahl- und Schlackenproben und andere Umstände bedingen gegen Schluß der Schmelzung ein häufiges Öffnen der Arbeitstüren. Die dabei in den Ofenraum eindringende Luft entzieht der Schlacke allmählich ihren Kohlenstoffgehalt und schränkt infolgedessen ihre Reduktionskraft ein. Eine leicht anwendbare Gegenmaßnahme besteht darin, bei häufigerem Türöffnen von Zeit zu Zeit eine dünne Schicht feinen Koksmehls über die Schlacke zu streuen. Ferner sollen die Türen dicht sein und sich beim Schließen ohne Spalt an die Türrahmen und die Türschwelle anlegen. Schließlich ist zur Einschränkung der Essenwirkung der Elektrodenöffnungen auf möglichst engen Spielraum zwischen Elektrode und Elektrodenkühlring sowie auf gute Elektrodenabdichtung zu achten.

Eine weitere Störungsquelle für die Desoxydationswirkung der Karbidschlacke liegt in den Dolomit- oder Magnesitbrocken, die sich vom Herde loslösen. Sie bestehen meist aus Flickmasse, die vor Beginn der Schmelzung eingebracht wurde und sich während des Einsetzens, Einschmelzens und Frischens mit oxydulreicher Schlacke oder oxydulreichem Stahl vollsaugen konnte. Derartige Brocken zerstören natürlich beim Übergang in die Fertigschlacke deren Kohlenstoffgehalt mehr oder minder vollständig; außerdem wird die Schlacke durch die erhebliche Magnesiaanreicherung so dickflüssig, daß sie sich zu halberstarrten Klumpen zusammenballt und in diesem Zustand erklärlicherweise ihre Reaktionsfähigkeit einbüßt. Das Hochkommen des Bodens während der Feinungsperiode erfolgt meist in Stücken von beträchtlicher Größe und ist hauptsächlich auf das Erweichen der Herdsohle unter der dauernden Einwirkung hoher Hitze zurückzuführen. Infolgedessen sind besonders solche Schmelzungen bedroht, die aus irgendeinem Grunde über die übliche Dauer hinaus im Ofen gehalten werden müssen. Weiterhin ist es verständlich, daß Öfen mit leitendem Herd dieser Störung in erhöhtem

Maße ausgesetzt sind; das bei bodenbeheizten Öfen vielfach ausgeübte gänzliche Abschalten des Bodenstroms zum Schluß der Schmelzung ist deshalb eine ganz zweckmäßige Maßnahme.

Der Schmelzer soll, sobald er die Anwesenheit größerer Mengen von Ofenfutter in der Fertigschlacke festgestellt hat, dieselbe ganz oder teilweise erneuern; beim Übertritt geringerer Mengen genügt oft ein reichlicher Flußspat- und Kokszusatz zur Wiederherstellung einer einwandfreien Schlackenbeschaffenheit.

Außer den eben beschriebenen Störungsquellen kann auch das Abschmelzen des Ofengewölbes und der Türpfeiler zu einer durchgreifenden Änderung des Schlackencharakters führen. Die herabtropfende Silikamasse zerstört nämlich merkwürdig rasch den Karbidgehalt der Schlacke. Ob dieser Vorgang auf einer Verminderung der Beständigkeit des Kalziumkarbids allein oder auch auf dessen Zerstörung durch Metalloxydule beruht, ist nicht mit Bestimmtheit zu sagen. Darauf, daß Kalziumsilikat das Gleichgewicht der Umsetzung $CaO + 3C = CaC_2 + CO$ nach links verschiebt, was mit dem Verschwinden des freien Kalkes erwartet werden muß, deutet der Umstand hin, daß man häufig nach der Verunreinigung der Karbidschlacke durch abschmelzende Gewölbemasse eine sprunghafte Steigerung des Kohlenstoffgehaltes im Bade feststellen kann. Andererseits steigt beim Abschmelzen des Gewölbes der Eisen- und Manganoxydulgehalt der Schlacke manchmal innerhalb weniger Minuten um mehrere Prozent, was wiederum für eine Zerstörung des Kalziumkarbids durch Metalloxydule spricht. Die dem Schmelzbad zugewendete Ziegeloberfläche pflegt nämlich stets, wie auch ihre dunkle Färbung beweist, merkbare Mengen Eisenoxydul zu enthalten, die wohl von zerstäubter Frischschlacke oder von verdampftem und oxydiertem Stahl herrühren.

Ein übermäßig starkes Anschmelzen des Gewölbes kann, die Verwendung besterhältlicher Silikasteine vorausgesetzt, durch bauliche Fehler, wie beispielsweise einen zu knapp bemessenen Abstand zwischen Lichtbogen und Gewölbe, bedingt sein. Meist jedoch ist die Schuld einer unvernünftigen Schmelzungsführung zuzuschreiben. Der nachteilige Einfluß von zerfallenem, staubigem Kalk wurde bereits öfter erwähnt. Eine weitere Unachtsamkeit betrifft die Beschaffenheit der Schlacke: eine „zu wässerige", dünnflüssige und spiegelnde Schlacke bewirkt starke Rückstrahlung der Lichtbogenhitze zum Gewölbe und sollte sofort durch Kalk- und Kokszusatz matter, schmieriger und flaumiger gemacht werden. Der häufigste Fehler schließlich besteht in einer ungeeigneten Temperaturführung; zu diesem Punkte läßt sich wenig sagen, da eben in der zeitgerechten Steigerung oder Verminderung der Stromzufuhr zum Ofen sich die Kunst des Schmelzers zeigt. Ist das Mißgeschick einmal geschehen und das Gewölbe stark angeschmolzen, so bleibt nichts übrig, als durch Abschalten des Stromes oder Öffnen der Türen für die notwendige Kühlung zu sorgen, die herabhängenden Schmelzzapfen abzustoßen und die verdorbene Schlacke ganz oder teilweise zu erneuern.

Das Frischen fertiger Schmelzungen.

Das unbemerkte Abbrechen von Elektrodenstücken, ein Mißgriff beim Verwiegen des Einsatzes oder der Zusätze, ein Irrtum bei deren Berechnung, ein Bestimmungsfehler im Vorprobenlaboratorium und andere Umstände können den Kohlenstoffgehalt des Bades beim Fertigmachen über die zulässige Höhe hinaus steigern. In diesem Falle sieht sich der Schmelzer einer unangenehmen Sachlage gegenüber.

Ist der zu berichtigende Überschuß nur gering, so gelingt es manchmal, die notwendige Verdünnung des Kohlenstoffgehaltes ohne Beeinträchtigung der Stahl- und Schlackenbeschaffenheit durch einen Zusatz von unverrostetem Weicheisen zu erzielen. Voraussetzung ist allerdings, daß die Fassung des Ofens und der Gießpfanne eine solche Erhöhung des Schmelzungsgewichtes noch zuläßt.

Da sich jedoch eine wesentliche Steigerung des Badgewichtes meist von selbst verbietet, versucht der sich selbst überlassene Schmelzer mit unbeirrbarer Zähigkeit immer wieder den folgenden Ausweg: Er weiß, daß im 6-t-Ofen bei heißem Stahl etwa 50 kg Erz in 10 Minuten etwa 0,10% Kohlenstoff entfernen. Also zieht er die Fertigschlacke ab und setzt die berechnete Menge von Erz und Sinter zu. Sobald er den Kohlenstoffgehalt auf die gewünschte Höhe heruntergebracht hat, zieht er die Frischschlacke ab und bildet eine neue Fertigschlacke, deren Kokszusatz er äußerst knapp bemißt, um nicht ein zweites Mal dem gleichen Mißgeschick ausgesetzt zu sein. Um die verlorene Zeit wieder einzuholen, sticht er die Schmelzung ab, sobald er am beginnenden Zerfall der neugebildeten Schlacke die Desoxydation genügend weit vorgeschritten glaubt.

Ein solches Vorgehen kann aber nichts anderes als einen minderwertigen Stahl zur Folge haben. Das nachträgliche Herunterfrischen bedeutet nämlich eine Schmelzungsverlängerung um mindestens zweieinhalb bis drei Stunden, eine dementsprechend starke zusätzliche Beanspruchung des Herdes und des Gewölbes und eine ungenügende Zeitspanne für die restlose Abscheidung der Oxyde oder Desoxydationsprodukte. Das Ergebnis ist in den weitaus meisten Fällen ein kümmerlicher Stahl und ein verschandelter Ofen.

Die eben geschilderten Schwierigkeiten verstärken sich bei legierten Stählen noch erheblich. Der Kohlenstoffgehalt geht nur sehr langsam zurück, da Mangan, Chrom und die übrigen Legierungselemente in einem von der Hitze des Bades abhängigen Maße gleichzeitig mitverschlacken und somit das Bad mit Einschlüssen anreichern. Der zurückgebliebene

Anteil dieser Elemente muß neu bestimmt werden, die nachträgliche Desoxydation des Bades ist schwieriger und ihr Erfolg noch ungewisser als bei unlegiertem Stahl.

Legt man sich über alle diese Umstände Rechenschaft ab, so kommt man zu dem Ergebnis, daß, sofern nicht durch geringe Zusätze eine ähnliche Stahlmarke erzeugt werden kann, das sofortige Abgießen einer im Kohlenstoff zu hoch geratenen Schmelzung der beste und billigste Ausweg ist, selbst wenn der mißlungene Stahl nur wieder als Einwage verwertet werden kann.

Die Rolle des Flußspats in der Fertigschlacke.

Flußspat dient bei der Bildung der hochbasischen Desoxydations- und Entschwefelungsschlacke als Verflüssigungsmittel. Als billiger Ersatz für Flußspat wird auf vielen Werken auch Sand gebraucht, der durch Bildung niedrigschmelzender Kalksilikate gleichfalls eine genügend dünnflüssige und umsetzungsfähige Schlacke ergibt. Gegen die Verwendung von Sand als Schlackenbildner sprechen aber verschiedene Gründe. Einer davon, die mögliche Beeinträchtigung der Kalziumkarbidbildung, wurde bereits bei der Besprechung des Einflusses von abschmelzender Gewölbemasse auf die Schlacke erörtert. Ein anderer Nachteil ist die starke Erniedrigung der Schlackenbasizität, die bestimmt die Schwefelabscheidung beeinträchtigen kann. Der Einwand, daß auch solche Schlacken, die nur aus Flußspat, Kalk und Koks erschmolzen werden, sich im Laufe der Feinung mit Kieselsäure anreichern und daß man also ebensogut von vornherein Sand statt Flußspat benutzen könne, ist nicht ganz stichhaltig. Wie die in der Zahlentafel S. 310 angeführten Beispiele zeigen, haben ohne Sand gebildete Fertigschlacken einen Kieselsäuregehalt von 12 bis 15, höchstens bis 20%, während die Kalk-, Koks-Sandschlacken stets über 20 und meist über 25% aufweisen.

Die eben erwähnte Anreicherung reiner Kalk-Koks-Flußspatschlacken an Kieselsäure im Verlauf der Desoxydationsperiode läßt sich an Hand der nachstehenden Zahlentafel, welche die Veränderungen in der Zusammensetzung einer Karbidschlacke während des Schmelzungsganges in einem 6-t-Ofen wiedergibt, leicht verfolgen.

Die rechnerische Nachprüfung dieses Beispiels ergibt, daß während der Feinung die Schlacke etwa 70 kg Kieselsäure aus der feuerfesten Zustellung des Ofens (Gewölbe und obere Seitenwände bestanden aus Silikasteinen!) aufgenommen hat, während etwa 25 kg Fluor in irgendeiner Form den Ofen verlassen haben. Die einfachste Erklärung für diese stets zu beobachtende Anreicherung an Kieselsäure und Verarmung an Fluor ist wohl die, daß durch die Wirkung des im Lichtbogen zerstäubten Kalks an der Oberfläche der Silikasteine leicht schmelzbare Kalksilikate entstehen und in die Schlacke tropfen. Hier wirken sie auf Flußspat all-

Beispiel für die Veränderung einer Karbidschlacke während des Feinens.

Zeit	Zusatz zur Schlacke	kg	SiO₂ %	FeO %	MnO %	Al₂O₃ %	CaO %	CaF₂ %	MgO %	CaS %	CaC₂ %	freier C %	Beschaffenheit der Schlacke
0,00	Kalk . . . . Flußspat	270 45											leicht grünlich-braun, dick, zäh-flüssig, kalt
0,30	Schlackenprobe . . .		6,05	4,31	1,25	2,65	61,47	13,62	10,13	0,23	0	0	
0,35	Koks . . . . Flußspat	30 25											hellbraun, dünn, „wässerig", wärmer
1,00	Schlackenprobe . .		9,78	1,55	0,63	2,51	49,72	23,48	10,37	1,06	0	0,30	
1,05	Koks	25											grauweiß, dünn, heiß
1,38	Schlackenprobe . .		16,91	0,60	0,13	2,94	48,51	18,40	9,75	1,44	0,45	0,68	
1,55	Kalk	70											weiß, flaumig, heiß, nicht karbidisch
2,00	Schlackenprobe . .		17,08	0,85	0,12	3,01	54,71	11,83	9,81	1,93	Spur	0,31	
2,05	Koks . . . . Flußspat	20 15											grauweiß, flaumig, heiß, karbidisch
2,30	Schlackenprobe . .		18,27	0,41	Spur	2,96	50,17	15,13	9,45	2,27	0,88	0,57	
3,00	Schlackenprobe . .		18,33	0,27	0,06	3,06	55,16	10,17	10,21	2,37	0,27	0,31	fast weiß, leicht karbidisch
3,05	Kalk . . . . Koks . . . . Flußspat	20 15 10											dunkelgrau, heiß, stark karbidisch
3,30	Schlackenprobe . .		18,90	0,31	Spur	2,90	51,47	11,58	10,58	2,85	1,08	0,47	
4,00	Schlackenprobe vor dem Abstich . .		19,17	0,25	Spur	3,28	56,17	6,32	10,81	2,88	0,65	0,31	grau, karbidisch

Kennzeichnende Zusammensetzungen von Feinungsschlacken.

Nr.	Bezeichnung der Schlacke	Zusammensetzung in %									
		CaO	SiO$_2$	FeO	MnO	Al$_2$O$_3$	MgO	CaF$_2$	CaS	CaC$_2$	C frei
1.	Aus Kalk, Flußspat und Koks gebildete Karbidschlacke bei vollendeter Desoxydation	45,02	17,48	0,87	0,13	3,20	12,86	17,56	1,69	1,03	0,22
2	Weiße Kalkschlacke zu Beginn der Schlackenarbeit nach reichlichem Flußspatzusatz	38,64	5,50	3,63	0,38	1,13	12,43	36,83	1,07	0,00	0,33
3	Die gleiche Schlacke wie Nr. 2, eine Stunde später	50,86	12,70	1,62	0,13	1,31	11,62	19,13	1,71	0,00	0,15
4	Die gleiche Schlacke wie Nr. 2 und Nr. 3, nach einer weiteren Stunde, durch Herdbrocken verunreinigt und verschlechtert	51,63	19,54	2,35	0,35	1,72	14,62	8,61	1,05	0,00	0,00
5	Aus Kalk und Sand gebildete Fertigschlacke ohne Flußspatzusatz	63,87	22,58	1,26	0,37	2,06	8,65	n. b.	1,43	n. b.	n. b.

mählich gemäß der Gleichung

$$2\,CaF_2 + SiO_2 = 2\,CaO + SiF_4$$

ein. Das nach dieser Gleichung gebildete Fluorsilizium entweicht gasförmig, womit sich die allmähliche Abnahme des Fluorgehaltes in der Schlacke erklärt.

Der Kieselsäureanreicherung in der Schlacke wird in manchen Stahlwerken grundsätzlich durch nachträgliches Kalkwerfen begegnet. Es gibt aber auch Werke, die stets einen Teil des Flußspates von Anfang an durch Sand ersetzen und dabei die Beobachtung machen, daß solche Schlacken die Zustellung weniger angreifen und wegen ihrer mehr sämigen als dünnflüssigen Beschaffenheit auch das Gewölbe durch geringe Abstrahlung schonen. In der Tat kann bei solcher Schlackenführung bei einigermaßen geschicktem Arbeiten die gewünschte Basizität auch ohne nachheriges Kalkwerfen aufrechterhalten werden. Im ersten Fall wird also in kurzer Zeit eine dünnflüssige, hochkarbidische und daher sehr reaktionskräftige Schlacke erzielt, die anschließend mit Kalk etwas angedickt wird, während im zweiten Fall von Anfang an die mehr sämige Schlacke angestrebt wird. Mit beiden Schlacken lassen sich höchste Feinungsgrade erzielen. Die erste Arbeitsweise wird eher für Magnesit-, die zweite mehr für Dolomitzustellung zu empfehlen sein. In jedem Fall aber muß der Flüssigkeitsgrad der Schlacke sorgfältig beobachtet werden, um die Kieselsäureanreicherung zu unterdrücken bzw. ihr rechtzeitig zu begegnen.

Kennzeichnende Zusammensetzung von Feinungsschlacken.

Zur besseren Veranschaulichung der in den vorhergehenden Abschnitten erörterten Verhältnisse seien in der nebenstehenden Zahlentafel S. 310 einige Beispiele für die Zusammensetzung von Lichtbogenofen-Feinungsschlacken gegeben.

Das „Abstehenlassen" des Stahlbades.

Auf einigen Werken war es üblich, unmittelbar vor dem Gießen das Bad bei abgestelltem Strom im dicht verschlossenen Ofen 10 bis 20 Minuten abstehen zu lassen. Man beabsichtigte mit dieser Maßnahme den nach vollendeter Desoxydation im Bade noch vorhandenen fein verteilten nichtmetallischen Einschlüssen Gelegenheit zum Zusammenballen und zum Aufsteigen zur Schlackendecke zu geben. Um die Möglichkeit einer solchen Wirkung abschätzen zu können, vergegenwärtige man sich die Beschaffenheit des Bades vor dem Abstich. Sauerstoffverbindungen von Eisen, Mangan und ähnlichen Schwermetallen sind in ausgeschiedener Form in nennenswertem Umfang nicht mehr vorhanden, da sie bei der hier empfohlenen Art der Desoxydation durch Kohlenstoff in Kohlenoxyd übergeführt worden sind und als solches das Bad verlassen haben oder auch mit Hilfe der Badbewegung in die Schlacke überführt worden sind. Durch den Schlußzusatz an Silizium ist lediglich von dem noch gelösten Sauerstoff ein der Gleichgewichtskonzentration entsprechender Anteil in Kieselsäure umgewandelt worden. Bei vorher durch Kohlenstoff und zumal Kalziumkarbid gut desoxydiertem Stahl beträgt die Menge der zum Schluß ausgefällten Kieselsäure bzw. Silikate wahrscheinlich weniger als 0,01%. Es ist nun ziemlich aussichtslos, durch ein viertelstündiges Abstehen einen merkbaren Anteil dieser Schwebekörper in die Schlacke überzuführen. Bei Kieselsäure ist die Zeit viel zu knapp, um die Teilchen durch Zusammenballen zu solcher Größe anwachsen zu lassen, daß der Auftrieb wirksam würde. Mangansulfid kann zwar in größeren Tröpfchen im Bade verteilt sein, nach der hier vorgenommenen gründlichen Entschwefelung ist jedoch erst mit abnehmender Temperatur mit seiner Ausscheidung zu rechnen.

Wenn nun auch ein Abstehenlassen im Ofen kaum geeignet ist, eine merkbare Verbesserung der Stahlgüte herbeizuführen, so liegen für ein Abstehenlassen in der Gießpfanne nach erfolgtem Abstich die Verhältnisse günstiger. Sehr wahrscheinlich genügen hier 5 bis 10 Minuten vollauf, um die beim Sturz in die Pfanne aufgewirbelte Ofenschlacke und die von der Gießrinne usw. losgerissenen Verunreinigungen zur Schlackendecke aufsteigen zu lassen. Die im Vergleich zu den Desoxydationsprodukten erhebliche Größe dieser Teilchen läßt den Auftrieb unbehindert in Erscheinung treten.

IV. Die Abarten des Einschmelzens.

Allgemeines.

In den voraufgegangenen Abschnitten ist vorerst ein allgemeiner Überblick über die Schmelzungsführung beim basischen Elektrostahlverfahren und seiner metallurgischen Grundlagen für das Kochen und Feinen gegeben worden. Die folgenden Ausführungen sollen nun den verschiedenen Arbeitsweisen beim Einschmelzen von festem Einsatz gewidmet sein; sie mögen dartun, in welcher Weise die bereits kurz gestreifte Verschiedenheit des Einschmelzens — Schmelzen mit vollständiger, mit beschränkter und mit fehlender Oxydation — den Arbeitsgang verändert und die Güte des Erzeugnisses beeinflußt. Denn wenn auch die Wirkungsweise der Desoxydationsschlacke in allen drei Fällen die gleiche ist, so kann doch der Desoxydationsgrad des fertigen Stahles verschieden sein, da der Gehalt des eingeschmolzenen Bades an Sauerstoffverbindungen eine nicht zu unterschätzende Rolle spielt.

Das Schmelzen mit vollständiger Oxydation.

Das Einschmelzen. Das Schmelzen mit vollständiger Oxydation ist das einfachste und billigste Verfahren und ist deshalb lange Zeit von den Elektrostahlwerkern bevorzugt worden. Wegen der Schwierigkeiten bei der Desoxydation ist man jedoch von dieser Arbeitsweise vielfach abgegangen und wendet sie heute hauptsächlich nur noch bei der Herstellung ganz weicher Stähle, und selbst hier nicht ohne einige Abänderungen, an.

Beim Schmelzen mit vollständiger Oxydation wird Kalk und Erz oder Sinter auf den Ofenherd aufgegeben und darüber der Schrott eingefüllt. Die Erzzugabe soll nicht höher bemessen werden, als zur Verbrennung der zu entfernenden Eisenbegleiter unbedingt notwendig ist; sie kann demgemäß bei Verwendung stark verrosteten Schrottes teilweise oder ganz unterbleiben. Die Erfahrung lehrt bald die richtige Abschätzung des notwendigen Betrages. Vielfach ist es Brauch, nur etwa 10 bis 20 kg Erz (5- bis 7-t-Ofen) miteinzusetzen und die benötigte Restmenge erst nach beendetem Einschmelzen hinzuzufügen.

Als Einsatz kann der billigste Schrott genommen werden, wobei es jedoch wünschenswert, wenn auch nicht unumgänglich notwendig ist, den Phosphorgehalt auf höchstens 0,080% zu begrenzen. Denn wenn auch ein Phosphorgehalt bis zu 0,120% meist ohne Schwierigkeit mit einer einzigen Frischschlacke entfernt werden kann, so kommt es doch bisweilen vor, daß durch geringfügige Arbeitsfehler 0,030% und mehr im geschmolzenen Bade zurückbleiben. Die erste Schlacke muß in diesem Falle abgezogen und durch eine neue ersetzt werden, was einen zusätzlichen Zeitaufwand von einer halben bis dreiviertel Stunde bedeutet. Es empfiehlt sich daher, bei Verwendung eines Schrottes mit über 0,100% Phosphor so viel phosphorarmen Schrott hinzuzufügen, daß der Phosphorgehalt des Einsatzes 0,070 bis 0,080% nicht übersteigt. Der hierdurch bedingte Mehrbetrag an Einsatzkosten wird durch die Zeitersparnis beim Frischen und durch die Vermeidung von Fehlschmelzungen wieder ausgeglichen. Ein in vorerwähnter Art zusammengestellter Einsatz weist nach dem Einschmelzen mit Sicherheit weniger als 0,015 bis 0,020% Phosphor auf, so daß der Schmelzer nicht mit dem Abschlacken zu warten braucht, bis er vom Laboratorium das Phosphorergebnis der Einschmelzprobe erhalten hat.

Nachstehende Zusammenstellung veranschaulicht den Verlauf einer Schmelzung von Steinbohrstahl, die mit vollständiger Oxydation erschmolzen wurde.

Beispiel für den Schmelzungsgang einer Schmelzung mit vollständiger Oxydation.

Vorgeschriebene Zusammensetzung: 0,65—0,75% C
0,15—0,25% Si
0,30—0,40% Mn
< 0,020% P
< 0,020% S.

Zeit	
0,00	Abstich der vorhergehenden Schmelzung.
0,10	Beginn des Einsetzens. Einsatz: 300 kg Kalkstein, 20 kg Eisenerz, 5000 kg gewöhnlicher Schrott, 1000 kg phosphorarmer Schrott, 2000 kg Stanzschrott und Drehspäne. Mittlere Zusammensetzung des Einsatzes: 0,30% C, 0,30% Mn, 0,055% S, 0,075% P.
0,55	Fertig eingesetzt. Gesamteinsatz: 8000 kg Schrott. Strom eingeschaltet.
3,30	Ganz eingeschmolzen. Entnahme der Einschmelzprobe. Zusammensetzung: 0,07% C, 0,03% Mn, 0,046% S, 0,015% P.
3,50	Frischschlacke völlig abgezogen.
3,55	Zusatz von 65 kg Elektrodenmehl zur Aufkohlung und 10 kg Ferromangan (80% Mn).
4,05	Aufgabe der Fertigschlacke: 250 kg gebrannter Kalk, 75 kg Koks, 50 kg Flußspat.
4,35	Schlacke leicht braun, etwas dick. Zusatz von 10 kg Koks und 10 kg Flußspat.
4,55	Schlackeweiß. Entnahme einer Zwischenprobe: 0,57% C, 0,13% Mn, 0,035% S, 0,016% P. Zugabe von 30 kg Kalk und 20 kg Koks.
5,30	Schlacke karbidisch. Stahlzusammensetzung: 0,59% C, 0,14% Mn, 0,028% S, 0,017% P. Zugabe von 25 kg Ferromangan (80% Mn), 25 kg Kalk, 15 kg Koks.
6,05	Schlacke karbidisch. Stahlzusammensetzung: 0,64% C, 0,38% Mn, 0,014% S, 0,018% P. Zugabe von 32 kg Ferrosilizium (50% Si), 10 kg Kalk, 10 kg Koks.
6,20	Fertig zum Abgießen. Schlacke karbidisch, Stahl heiß und ruhig. Stahlzusammensetzung: 0,67% C, 0,21% Si, 0,38% Mn, 0,011% S, 0,019% P.
6,30	Strom ausgeschaltet und abgestochen. Pfannenprobe: 0,69% C, übrige Zusammensetzung wie vor.

Schlackenzusammensetzung [1].

	CaO	SiO_2	FeO	MnO	Al_2O_3	MgO	CaS	CaC_2	P_2O_5
Frischschlacke beim Ab- schlacken	40,3	18,4	19,20	7,10	3,2	9,4	0,1	—	2,7
Fertigschlacke leicht braun (4,35 Uhr) . .	57,4	15,7	3,10	0,17	2,2	11,3	1,8	—	—
Fertigschlacke weiß (4,05 Uhr)	61,4	16,3	0,81	0,10	2,0	10,8	2,3	—	—
Fertigschlacke karbi- disch (6,05 Uhr) . .	57,3	20,2	0,08	0,03	2,0	13,4	3,6	1,58	—

Wie ersichtlich, sind durch die Wirkung der Frischschlacke beim Einschmelzen Silizium ganz, Kohlenstoff und Mangan bis unter 0,10% und Phosphor bis unter 0,020% entfernt worden. Die Schmelzung ist also überoxydiert eingelaufen. Die damit zusammenhängenden Nachteile wären durch die Feinungsschlacke allein nicht ausreichend behoben worden, wenn der Feinungsprozeß nicht durch die kräftige Aufkohlung eingeleitet worden wäre. Das dadurch hervorgerufene starke Wallen des Bades bleibt unter der Feinungsschlacke einige Zeit erhalten und gibt die Möglichkeit der Entfernung der Einschlüsse.

Aus diesem Grunde ist diese Arbeitsweise für Stähle mit Legierungsanteilen, die leichter als Eisen oxydieren, wie z. B. Chrom, nicht anwendbar. Das Chrom würde zum großen Teil oxydiert, würde das Bad mit hochschmelzenden, spezifisch schweren Einschlüssen anreichern und, soweit es in die Schlacke gegangen ist, als Legierung verlorengehen. Die hierfür erforderlichen Abwandlungen des Verfahrens werden später gesondert besprochen.

Das Abschlacken und Aufkohlen. Das Abziehen der Frischschlacke muß sehr sorgfältig vorgenommen werden. Insbesondere muß darauf geachtet werden, daß die an den Seitenwänden manchmal anhaftenden Schlackenansätze vollständig entfernt werden. Es ist leicht einzusehen, daß etwa zurückbleibende Frischschlackenreste ihren Phosphorgehalt unter der reduzierenden Wirkung der Fertigschlacke restlos wieder an das Bad abgeben. Die Phosphoraufnahme einer mit vollständiger Oxydation erschmolzenen Kohlenstoffschmelzung vom Zeitpunkt des Abschlakkens bis zum Abstich beträgt bei sorgfältigem Arbeiten durchschnittlich drei bis fünf Punkte, das heißt 0,003 bis 0,005%. Davon pflegen zwei bis drei Punkte aus dem Phosphorgehalt der zugesetzten Ferrolegierungen zu stammen, die weiteren ein bis zwei Punkte aus der Reduktion von zurückgebliebenen Frischschlackenresten. Bei unsorgfältigem Abschlakken phosphorreichen Einsatzes läuft der Schmelzer leicht Gefahr, die ihm zubemessene Phosphorhöchstgrenze erheblich zu überschreiten.

---

[1] Bei der chemischen Untersuchung der Fertigschlacken wurde auf den Flußspatgehalt keine Rücksicht genommen. Die dadurch bedingte Beeinträchtigung des Analysenganges läßt den SiO_2-Gehalt zu niedrig erscheinen.

Das Aufkohlen weist keine Besonderheiten auf; den früheren Erörterungen über diesen Vorgang ist daher nichts hinzuzufügen.

Das Desoxydieren. Wenn der Stahl mit vollständiger Oxydation eingeschmolzen worden ist, ist die Führung einer stark karbidischen Schlacke eine unbedingte Notwendigkeit. Es ist einleuchtend, daß der Zeit- und Müheaufwand bei der Desoxydation mit dem ursprünglichen Gehalt des Bades an Sauerstoffverbindungen wächst. Nach allem, was wir über die Wirksamkeit der Karbidschlacke wissen, muß sie mindestens eine bis anderthalb Stunden mit einem oxydierten Bad in Berührung stehen, um dessen Sauerstoffgehalt weitestmöglich zu zerstören. „Weitestmögliche Zerstörung" der Oxyde ist dann erzielt, wenn nach der Einwirkung der Karbidschlacke auf das siliziumfreie Bad ein Siliziumzusatz so vollständig in den Stahl übergeht, daß die Siliziumbestimmung keinen Verlust durch Umsetzung in Kieselsäure mehr erkennen läßt. Es muß freilich berücksichtigt werden, daß das im Stahl gelöste und das in Form von aufgeschwemmter Kieselsäure vorhandene Silizium bei der üblichen Siliziumbestimmung nicht getrennt in Erscheinung treten.

Bei der Herstellung ganz niedrig gekohlter Stähle (0,12% C und weniger) ist die Desoxydationsarbeit, sofern hohe Güte verlangt wird, sehr schwierig. Das Einschmelzen muß mit vollständiger Oxydation geschehen, um auf den niedrigstmöglichen Kohlenstoffgehalt, das heißt 0,05 bis 0,07%, herunterzukommen. Wird diese Grenze beim Frischen unterschritten, so ist das Bad als überoxydiert zu betrachten, und es gelingt nur sehr schwer, wenigstens bei den im Stahlwerksbetrieb üblichen Ofenfassungen, den Stahl in der erforderlichen Weise zu desoxydieren. Warum die Desoxydationsmöglichkeit bei kleineren Öfen, etwa unter 500 kg Fassungsvermögen, besser gewahrt bleibt, ist bereits mehrfach erörtert worden.

Bei weichen Stählen ist die Führung einer ausgesprochen karbidischen Endschlacke nicht angängig. Wie früher erwähnt, nimmt aus einer Kalziumkarbid oder freien Kohlenstoff enthaltenden Schlacke das Bad durchschnittlich 0,01 bis 0,02% Kohlenstoff je Stunde auf, und zwar um so leichter, je heißer es ist. Angesichts dieser Sachlage hat der Schmelzer scheinbar nur die Wahl zwischen zwei gleich unangenehmen Möglichkeiten. Entweder er muß unter 0,06% Kohlenstoff herunterfrischen, oder er muß als Fertigschlacke eine weiße Kalkschlacke ohne Kohlenstoff führen. Das Ergebnis ist in beiden Fällen nur zu leicht ein mangelhaft desoxydierter Stahl, der sich von Martinstahl nur wenig — es sei denn in einem geringen Schwefelgehalt — unterscheidet.

Die Möglichkeiten, die einen Ausweg aus dieser Zwickmühle eröffnen, sind bereits früher besprochen worden. Die eine Aushilfe besteht darin, der Schlacke anstatt Kohlenstoff ein anderes Reduktionsmittel, nämlich Ferrosilizium zuzusetzen. Wird durch Einhaltung möglichster Staub-

feinheit dafür Sorge getragen, daß kein Übertritt von Silizium in noch
sauerstoffhaltiges Bad stattfindet, so läßt sich auf diese Weise die Desoxydation von Schlacke und Stahl mit gutem Erfolg durchführen. Ein
zweiter Ausweg besteht in dem gleichfalls schon erwähnten Ersatz von
Eisenerz durch Manganerz bei der Durchführung des Frischens. Auch
wenn der Kohlenstoffgehalt auf 0,07% gesunken ist, bleiben bei dieser
Arbeitsweise noch etwa 0,25% Mangan und mehr im Bad zurück. Der
höhere Mangangehalt bildet eine Gewähr dafür, daß der gleichzeitige
Eisenoxydulgehalt des Stahles nur einen Bruchteil desjenigen beträgt, der
in einem Stahl von 0,07% Kohlenstoff mit nur 0,05% Mangan im Gleichgewicht steht. Als weitere günstige Folge des höheren Restgehaltes an
Mangan ist die Verringerung des notwendigen Schlußzusatzes an Ferromangan und der Fortfall der damit verbundenen Aufkohlung anzusehen.
Bewirkt man außerdem den Restzusatz in Form des niedriggekohlten,
nicht viel teureren Ferromangansiliziums, so kann man die insgesamt
eingesparten 0,03 bis 0,04% Kohlenstoff der Führung einer leicht karbidischen Schlacke opfern und gewinnt dabei den Vorteil einer wesentlich
besseren Desoxydationsmöglichkeit.

Zusammenfassung. Zusammengefaßt läßt sich über das Schmelzen
mit vollständiger Oxydation das folgende sagen: Die Schmelzungsführung ist denkbar einfach und stellt daher an die Kenntnisse und die Erfahrungen des Schmelzers die geringsten Anforderungen. Nach dem Einschmelzen weist das Bad stets die gleiche genau bekannte Zusammensetzung auf, so daß das Legieren auf die erforderlichen Endgehalte auch
einer ungeübten Ofenmannschaft kaum Schwierigkeiten bereitet. Weiterhin spricht für diese Arbeitsweise der Umstand, daß sie mit einigen Abänderungen als das gegebene Verfahren zur Erzeugung ganz weicher
Stähle anzusehen ist. Ein letzter Vorteil schließlich, und zwar derjenige,
der ihre Ausbreitung wohl am nachhaltigsten gefördert hat, ist die Möglichkeit, ganz billigen Schrott zu verwenden.

Wenn nun auch ohne Zweifel das Schmelzen mit vollständiger Oxydation den billigsten Elektrostahl liefert, so steht ebenso fest, daß es im
allgemeinen nicht den besten Stahl ergibt. Theoretisch sollten zwar die
Folgen einer zu weit getriebenen Oxydation durch eine nachherige gründliche Desoxydation ganz unschädlich gemacht werden können; praktisch
liegt aber auch bei dem heutigen Erfahrungsstande und den heutigen
Hilfsmitteln der Desoxydation die Sachlage so, daß die Desoxydation
um so unvollständiger zu bleiben pflegt, je vollständiger die Oxydation
durchgeführt worden ist. Da diese nicht dem früher geschilderten Kochvorgang entspricht, ist hier bewußt das Wort „Oxydation" beibehalten
worden.

Das Schmelzen mit beschränkter Oxydation.

Das Einschmelzen. Beim Schmelzen mit beschränkter Oxydation sind die einzigen Sauerstoffquellen der am Einsatz anhaftende Rost oder Zunder und die während des Einschmelzens in den Herdraum eintretende Luft. Diese Sauerstoffzufuhr reicht lediglich zur vollständigen Abscheidung des Siliziums hin, während von Phosphor, Mangan, Kohlenstoff, Chrom und ähnlichen Elementen ein mehr oder minder beträchtlicher Anteil unverbrannt bleibt. Je stärker verrostet und dünnwandiger der Einsatz ist, um so ausgeprägter ist die Frischwirkung während des Einschmelzens. Über die Reihenfolge in der Oxydation der einzelnen Bestandteile wurde bereits das Notwendige gesagt.

Zur Schlackenbildung während des Einschmelzens werden etwa 4% des Einsatzgewichtes an Kalk auf den Ofenherd aufgegeben. Diese Schlacke vermag, wie die Erfahrung lehrt, einen unlegierten Einsatz mit 0,040% Phosphor ohne Schwierigkeit auf 0,015% zu entphosphoren. Bei höherem Phosphorgehalt im Einsatz ist sie jedoch meist nicht sauerstoffreich genug, um die Entphosphorung bis unter 0,020% zu treiben. Bei Anwesenheit höherer Chromgehalte ist die Möglichkeit zur Entphosphorung wesentlich geringer. Im nachfolgenden Schmelzbeispiel sind daher besonders die Höhe der Chrom- und Phosphorgehalte zu beachten. Man ist mithin beim Schmelzen ohne Erzzusatz nicht in der Lage, Schrott mit höherem Phosphorgehalt als etwa 0,040% in wesentlichem Ausmaße mitzuverwenden.

Ein Beispiel für die Schmelzungsführung bei beschränkter Oxydation ist in nachstehender Zusammenstellung wiedergegeben; gewählt wurde der Herstellungsgang eines Warmmatrizenstahles.

Ein Vergleich der Zusammensetzungen von Einsatz und eingeschmolzenem Bad zeigt, daß das Silizium vollständig abgeschieden worden ist, während Kohlenstoff, Mangan, Phosphor und Chrom etwa zur Hälfte verbrannt sind. Der Nickelgehalt hat selbstverständlich keine Veränderung erfahren.

Das Abschlacken, Aufkohlen und Desoxydieren. Die Einschmelzschlacke wird abgezogen. Da sie verhältnismäßig wenig Eisen- und Manganoxydul enthält, ist sie meist ziemlich dickflüssig. Die Zähflüssigkeit ist noch ausgeprägter, wenn der Einsatz viel Chrom enthält und demgemäß größere Mengen von Chromoxyd in die Schlacke übergegangen sind. Beim Abschlacken braucht die Entfernung der letzten Schlackenspuren meist nicht so sorgfältig wie beim Schmelzen mit vollständiger Oxydation vorgenommen zu werden. Infolge des vergleichsweise niedrigen Phosphorsäuregehaltes in der Schlacke ist nämlich die Gefahr einer unzulässig starken Rückphosphorung während des Feinens weniger erheblich. Aus Manganoxydul, Chromoxyd und ähnlichen Verbindungen im zurückgebliebenen Schlackenrest wird durch die Desoxydationswirkung der Karbidschlacke das entsprechende Metall freigemacht und ins Bad zurückgeführt.

Es ist selten notwendig, das Stahlbad nach dem Abziehen der Einschmelzschlacke aufzukohlen. Wenn nicht gerade sehr hoch gekohlte Stähle herzustellen sind, genügt an sich meist der Kohlenstoffgehalt der

Beispiel für den Schmelzungsgang einer Schmelzung mit beschränkter Oxydation.
Vorgeschriebene Zusammensetzung: 0,45—0,55% C
0,15—0,25% Si
0,40—0,60% Mn
3,25—3,75% Ni
1,30—1,60% Cr
$< 0,025\%$ S
$< 0,025\%$ P.

Zeit	
0,00	Abstich der vorhergehenden Schmelzung.
0,10	Beginn des Einsetzens. Einsatz: 400 kg Kalkstein, 3700 kg eigene Chromnickelstahlabfälle, 2400 kg Chromnickelstahl-Kaufschrott, 2200 kg phosphorarmer Schrott und blanke Drehspäne. Mittlere Zusammensetzung des Einsatzes: 0,25% C, 0,45% Mn, 2,00% Ni, 0,60% Cr, 0,035% S, 0,035% P.
0,50	Fertig eingesetzt. Gesamteinsatz: 8300 kg Schrott. Strom eingeschaltet.
3,35	Eingeschmolzen. Einschmelzprobe: 0,15% C, 0,01% Si, 0,26% Mn, 2,07% Ni, 0,28% Cr, 0,030% S, 0,014% P.
3,55	Einschmelzchlacke abgezogen. Zugabe der Fertigschlacke: 275 kg Kalk, 75 kg Koks, 50 kg Flußspat.
4,25	Schlacke fast weiß. Zugabe von 105 kg Nickel, 25 kg Kalk, 25 kg Koks.
4,45	Schlacke weiß, teilweise karbidisch, etwas dick. Zusatz von 25 kg Ferromangan (80% Mn), 15 kg Koks, 15 kg Flußspat.
5,05	Schlacke karbidisch, Stahl heiß. Entnahme der Zwischenprobe: 0,19% C, 0,49% Mn, 3,29% Ni, 0,26% Cr, 0,016% S, 0,017% P. Zugabe von 145 kg Ferrochrom (6% C, 68% Cr).
5,25	Schlacke karbidisch. Bad durchgerührt. Probe: 0,30% C, 1,45% Cr. Zugabe von 300 kg Roheisen, 25 kg Koks, 25 kg Flußspat.
5,55	Schlacke karbidisch, Stahl heiß. Probe: 0,44% C. Zugabe der Ausgleichzusätze: 25 kg Nickel, 5 kg Ferromangan (80% Mn) sowie 45 kg Ferrosilizium (50% Si).
6,05	Schlußprobe ruhig, Hitze richtig: 0,47% C, 0,23% Si, 0,50% Mn, 3,44% Ni, 1,40% Cr, 0,010% S, 0,021% P.
6,15	Strom ausgeschaltet und abgestochen.

Schlackenzusammensetzung[1].

	CaO	SiO_2	FeO	MnO	Cr_2O_3	Al_2O_3	MgO	CaS	CaC_2	P_2O_5
Einschmelzschlacke (3,55 Uhr)	50,4	13,5	8,30	5,10	8,40	2,3	10,6	0,10	—	1,40
Fertigschlacke zu Beginn (4,25 Uhr) .	56,4	14,1	2,26	1,08	0,43	2,0	14,6	1,63	—	—
Fertigschlacke vor dem Abstich (5,55 Uhr)	54,0	20,2	0,14	0,05	—	1,9	14,4	2,17	0,76	—

[1] Vgl. die Fußnote S. 314.

Legierungssätze im Verein mit der leicht aufkohlenden Wirkung der Karbidschlacke, um den im Bade zurückgebliebenen Kohlenstoffgehalt auf die vorgeschriebene Höhe zu bringen; ein verbleibender Fehlbetrag kann durch eine Schlußaufkohlung mit Roheisen gedeckt werden. Die weiter oben beschriebene Schmelzung stellt für diese Arbeitsweise ein kennzeichnendes Beispiel dar. Eine andere Form der Aufkohlung, die manchmal in Notfällen zur Anwendung kommt, ist das Eintauchen der Elektroden. Bei ausgeschaltetem Strom werden die Elektroden etwa 15 cm tief in das Stahlbad hineingefahren; dabei wird im Durchschnitt etwa 0,01% Kohlenstoff je Minute aufgenommen. Richtiger ist es aber, nicht wie bei dieser alten Arbeitsweise, die möglichst einfache Einhaltung der Analysengrenze in den Vordergrund zu stellen, sondern metallurgische und gütemäßige Gesichtspunkte. Das bedeutet in diesem Fall, das Bad durch Aufkohlung in Wallung zu bringen, um wenigstens innerhalb der gegebenen Verhältnisse eine bestmögliche Reinigung des Bades zu erzielen. Das kann zur Folge haben, daß bei sehr weichen Stahlmarken das Auflegieren durch weichere und teurere Sorten vorgenommen werden muß. Außerdem ist das Nachsetzen von größeren Mengen Roheisen gegen Ende einer Schmelzung unzweckmäßig, weil dadurch viel an der bereits erzielten Feinungsarbeit wieder verdorben wird.

Die Desoxydation selbst weist über die bereits früher eingehend erörterten Fragen hinaus keine neuen Eigentümlichkeiten auf. Der Grundsatz: Je vollkommener die Oxydation, um so unvollkommener die Desoxydation, behält auch hier seine Geltung.

Zusammenfassung. Das Schmelzen mit beschränkter Oxydation stellt gegenüber der Arbeitsweise mit völliger Oxydation größere Anforderungen an die Geschicklichkeit und Erfahrung des Schmelzers und verlangt außerdem einen reineren und demgemäß teureren Einsatz. Dafür erleichtert es die Desoxydationsarbeit und gibt fernerhin die Möglichkeit, durch Fortfall des Frischens etwa eine halbe Stunde Schmelzungsdauer einzusparen. Als letzter Vorteil schließlich kann bei Verwendung legierten Einsatzes die Ersparnis an Zusätzen gebucht werden, da von den im Einsatz vorhandenen Legierungselementen je nach dem Gehalt des Einsatzes ein bis drei Viertel im eingeschmolzenen Bade zurückbleiben.

Der Anwendungsbereich erstreckt sich auf die Erzeugung fast aller Stahlsorten. Ausgenommen sind lediglich die ganz weichen sowie die besonders hochlegierten Stähle. Die weichgekohlten Stähle müssen, wie bereits besprochen, mit vollständiger Oxydation erschmolzen werden; bei der Herstellung hochlegierter Stähle aus legierten Abfällen ist hingegen das gleich zu erörternde Schmelzen ohne Oxydation zu empfehlen, da nur bei dieser Arbeitsart die wertvollen Legierungsbestandteile des Einsatzes ohne jeden Verlust in den fertigen Stahl übergeführt werden.

Das Schmelzen ohne Oxydation.

Allgemeines. Das Schmelzen ohne Oxydation besteht im Einschmelzen reinen, rostfreien Einsatzes unter reduzierenden Bedingungen mit nachfolgender Desoxydation der Einschmelzschlacke und des flüssigen Bades. Da bei dieser Arbeitsweise die Frischperiode wegfällt, treten naturgemäß auch die ausgiebig erörterten nachteiligen Wirkungen der Oxydationsschlacke nicht in Erscheinung.

Das Verfahren war weniger verbreitet als das Schmelzen mit beschränkter Oxydation, dessen höhere Stufe es darstellt. Insbesondere steht der Mangel an geeignetem Schrott und dessen höherer Preis der ausschließlichen Anwendung im Wege; weiterhin ist aber auch bei der Erzeugung ganz weicher Stähle die Kochbewegung des Bades, wie Seite 314 erörtert, nicht ganz zu entbehren.

Das Einschmelzen. Zur Schlackenbildung wird ein geringer Kalkzusatz, etwa 1%, mit dem Einsatz aufgegeben. Da beim Arbeiten ohne Oxydation selbstverständlich keine Entphosphorung stattfindet, ja sogar manchmal eine leichte Erhöhung durch den Phosphorgehalt der Legierungselemente eintreten kann, so muß der Phosphorgehalt des Einsatzes 0,005% unter der zulässigen Höchstgrenze im fertigen Stahl liegen. Der für dieses Verfahren hauptsächlich in Betracht kommende Einsatz, nämlich der werkseigene Entfall an Elektrostahlabfällen, pflegt nun bereits 0,015 bis 0,020% Phosphor zu enthalten; infolgedessen ist ein Phosphorhöchstgehalt von 0,020% im Elektrostahl bei dieser Arbeitsweise nicht immer einzuhalten. Nichtsdestoweniger wird man sich wohl nirgends der Einsicht verschließen, daß ein 0,020 bis 0,025% Phosphor enthaltender, aber vorzüglich desoxydierter Stahl einem weniger gut desoxydierten mit höchstens 0,015% Phosphor vorzuziehen ist.

Als Einsatz dient, wie gesagt, vornehmlich der werkseigene Entfall: die Restblöcke und Gießabfälle des Stahlwerkes, die Späne der Blockdreherei, die im Walzwerk oder Hammerwerk abgesetzten Blockköpfe, die beim Zurichten und bei der Kontrolle entfallenden Knüppel- und Stabenden sowie schließlich die Abfälle aus etwaigen Weiterverarbeitungsbetrieben. Im Edelstahlwerk beträgt das Ausbringen vom Rohblock auf fertigen Stabstahl 60 bis 75%, so daß etwa ein Drittel der Erzeugung für das Wiedereinschmelzen zur Verfügung steht. Man kann nun so vorgehen, daß man sämtliche Schmelzungen einer Stahlsorte aus einem Drittel des reinen Schrottes ohne Oxydation erschmilzt, aufkohlt und den Fehlbetrag an Legierungselementen zusetzt. Da jedoch der erforderliche reine Zusatz, sehr reine Roheisen- oder Weicheisensorten, nicht immer leicht zu beschaffen ist, ist es empfehlenswerter, eine reinliche Scheidung der Einsätze durchzuführen. Soweit Abfälle der betreffenden Stahlsorte verfügbar sind, werden ganze Schmelzungen daraus zusammengestellt und lediglich durch so viel Weicheisenzusatz verdünnt, daß die Führung einer karbidischen Desoxydationsschlacke ohne Überschreitung des vorgeschriebenen Kohlenstoffgehaltes möglich ist. Die übrigen Schmelzungen, also der Zahl nach die Hälfte bis zwei Drittel, werden ganz aus üblichem Schrott mit beschränkter Oxydation hergestellt, wobei nach dem Abschlacken und Desoxydieren der volle Legierungszusatz in Form von Ferrolegierungen zugeführt wird.

Nachstehend sei als Beispiel für das Arbeiten ohne Oxydation der Herstellungsgang einer Schmelzung von Kugellagerstahl aus Kugellagerstahlabfällen wiedergegeben.

Wie ersichtlich, hat man den Kohlenstoffgehalt des Einsatzes durch Beimischung niedriggekohlter Stahlabfälle etwas heruntergesetzt, um

Beispiel für den Schmelzungsgang einer Schmelzung ohne Oxydation.

Vorgeschriebene Zusammensetzung: 1,00—1,10% C   1,35—1,65% Cr
                                 0,15—0,30% Si $< 0,025\%$ S
                                 0,25—0,40% Mn $< 0,025\%$ P.

Zeit	
0,00	Abstich der vorhergehenden Schmelzung.
0,15	Ofen geflickt. Beginn des Einsetzens. Einsatz: 30 kg gebrannter Kalk, 6000 kg Kugellagerstahlabfälle, 750 kg Kohlenstoffstahlabfälle mit 0,65% C. Mittlere Zusammensetzung des Einsatzes: 1,00% C, 0,20% Si, 0,35% Mn, 1,30% Cr, 0,015% S, 0,015% P.
1,00	Fertig eingesetzt. Gesamteinsatz: 6750 kg Schrott. Strom eingeschaltet.
3,10	Fast geschmolzen. Der Einschmelzschlacke 10 kg Koks zugesetzt.
3,25	Ganz eingeschmolzen. Einschmelzprobe: 0,92% C. Zusatz von 200 kg Kalk, 50 kg Koks, 35 kg Flußspat.
3,55	Schlacke weiß, teilweise karbidisch.
4,10	Schlacke karbidisch. Probe: 0,92% C, 0,36% Mn, 1,22% Cr. 25 kg Kalk, 10 kg Flußspat zugesetzt.
4,25	Schlacke karbidisch, Bad heiß. 30 kg Ferrochrom (4% C, 67% Cr) und 75 kg Roheisen (3,8% C) zugesetzt.
4,40	Durchgerührt. 10 kg Koks gestreut.
4,55	Schlußprobe entnommen: 1,03% C, 0,36% Mn, 1,49% Cr. 15 kg Kalk, 15 kg Koks, 15 kg Flußspat zugesetzt.
5,10	Schlacke karbidisch, Hitze gut. 38 kg Ferrosilizium (50% Si) zugesetzt und gerührt.
5,15	Strom abgeschaltet, da Bad heiß.
5,25	Stahlprobe ruhig, einwandfrei: 1,05% C.
5,35	Abgestochen. Pfannenprobe: 1,06% C, 0,21% Si, 0,36% Mn, 1,49% Cr, 0,010% S, 0,020% P.

Schlackenzusammensetzung[1].

	CaO	SiO$_2$	FeO	MnO	Cr$_2$O$_3$	Al$_2$O$_3$	MgO	CaS	CaC$_2$
Schlacke beim Einschmelzen, teilweise weiß . .	59,5	13,7	2,07	0,97	0,95	1,7	14,4	1,08	0,27
Schlacke karbidisch vor dem Abstechen . . .	57,6	20,7	0,16	Sp.	Sp.	1,8	14,2	1,57	1,03

[1] Für beide Schlacken gilt das in der Fußnote S. 314 Gesagte.

für die Aufkohlung durch die Karbidschlacke genügend Spielraum zu gewinnen. Eine weitere leichte Herabminderung des Kohlenstoffgehaltes findet während des Einschmelzens selbsttätig statt, da oxydierende Einflüsse nicht restlos ferngehalten werden können.

Aus dem gleichen Grunde kann eine geringe vorübergehende Verschlackung von Mangan, Chrom, Wolfram, Molybdän oder Vanadin eintreten. Silizium, als der leichtest verbrennliche Bestandteil im basischen Schmelzverfahren, wird auch hier restlos zu Kieselsäure verbrannt und geht als solche für dauernd in die Schlacke über.

Das Desoxydieren. Sobald der Einsatz in der Ofenmitte verflüssigt und mit Schlacke bedeckt ist, wird zur Desoxydation der Einschmelzschlacke, die also in diesem Falle nicht abgezogen wird, geschritten. Durch Zugabe von Kalk und Flußspat wird der richtige Flüssigkeitsgrad und die notwendige Basizität hergestellt, sodann durch wiederholtes Aufstreuen von Koksmehl die Zerstörung der Oxyde und daran anschließend die zur völligen Desoxydation des Bades notwendige Kalziumkarbidbildung bewirkt. Im übrigen weist die Durchführung der Feinung keine besonderen Merkmale auf.

Diese drei Schmelzungsmethoden wurden schon von Sisco und Kriz in dieser Weise beschrieben und sind auch an dieser Stelle ohne wesentliche Änderungen übernommen worden, denn es handelt sich hier um die grundsätzlichen Möglichkeiten des Einschmelzens überhaupt. Je mehr nun das Elektrostahlverfahren verfeinert wurde und je höher die Anforderungen an den fertigen Stahl gesteigert wurden, um so mehr mußten die geschilderten Mängel sich nachteilig bemerkbar machen. Die Entwicklung führte nun dahin, daß man immer mehr davon abging, metallurgische Vorgänge mit dem Einschmelzen zu koppeln. An sich handelt es sich hier auch nicht um Vorgänge, die in engen Beziehungen zueinander stehen. Es erschien viel richtiger, die metallurgischen Umsetzungen von den ungenauen und wechselnden Verhältnissen beim Einschmelzen zu trennen, um so mehr, als einige der erforderlichen Reaktionen erst bei höheren Temperaturen im gewünschten Sinne verlaufen. Damit wurde das Einschmelzen ein wesentlich physikalischer Vorgang, der möglichst wirtschaftlich durchzuführen war. Die metallurgischen Arbeiten können dann nach beendetem Einschmelzen unter übersichtlichen und genau bestimmten Umständen hinsichtlich Temperaturführung, Schlackenzusammensetzung, Kochgeschwindigkeit u. a. m. durchgeführt werden. Damit können aber auch alle erwähnten qualitätsmäßigen Nachteile in die Vorteile verwandelt werden, die bei der Beschreibung der Kochvorgänge eingehend behandelt wurden. Um aber auch in wirtschaftlicher Hinsicht günstige Ergebnisse zu erzielen, sind eine große Anzahl von abgewandelten Arbeitsweisen entstanden, die im folgenden Abschnitt je nach der besonderen Zielsetzung noch eingehend beschrieben werden.

V. Die Abarten des Kochens.

Die Beschreibung der Arten des Einschmelzens wurde in Anlehnung an die geschichtliche Entwicklung dargestellt und insbesondere ausgeführt, daß ursprünglich in erster Linie das Verfahren ähnlich dem Tiegelstahlprozeß durchgeführt wurde. Unterschiede ergaben sich lediglich in der Art des Einschmelzens, das im Gegensatz zum Tiegelverfahren mit metallurgischen Vorgängen gekoppelt werden konnte und durch den verschiedenen Oxydationsgrad gekennzeichnet wurde. In dem Maße, wie der überragende Wert der Kochvorgänge erkannt wurde, und mit dem fast gleichzeitig erfolgenden Übergang auf mittlere und größere Fassungsvermögen wurde das Elektrostahlverfahren immer mehr in dem Sinn abgewandelt, daß der erste Teil, also der Kochvorgang, in Anlehnung an das Siemens-Martin-Verfahren durchgeführt wurde und dann erst im zweiten Teil des Verfahrens die Reduktionsvorgänge zur Anwendung kamen, die bekanntlich für den Lichtbogenofen allein charakteristisch sind. Später ergaben sich durch die Wiedergewinnung der Legierungen neue Gesichtspunkte, so daß heute eine ganze Anzahl von Arbeitsmöglichkeiten ausgearbeitet worden ist und zur Anwendung gebracht wird. Im folgenden wird daher eine Übersicht über diese mannigfachen Arbeitsmethoden gegeben.

Schmelzführung ähnlich dem Tiegelverfahren.

a) ohne Kochen, b) mit geringem Kochen.

Das besondere Kennzeichen dieser Schmelzführung besteht darin, daß kein Schlackenwechsel erfolgt und daher die Legierungen zu über 90% zurückgewonnen werden. Dabei muß natürlich vorausgesetzt werden, daß der Einsatz sehr sorgfältig nach dem Phosphorgehalt getrennt werden muß, denn durch den fehlenden Schlackenwechsel fällt jede Entphosphorung fort. Es muß im Gegenteil damit gerechnet werden, daß der Phosphorgehalt um wenige tausendstel Prozent ansteigt. Diese Erscheinung, der sogenannte relative Zubrand, hängt damit zusammen, daß das Eisen und seine Legierungsbestandteile einen mehr oder minder hohen Abbrand aufweisen, während der Phosphorgehalt keinen Verlust erleidet. Es darf also nur phosphorarmer Schrott bzw. phosphorarmes Roheisen zum Einsatz gelangen. Außerdem muß aber auch eine weitgehende Klassierung des Schrottes nach den Legierungsgehalten vorgenommen werden, weil diese, beispielsweise der Chromgehalt, so liegen müssen, daß die angestrebte Analyse auch leicht erreicht werden kann. Infolge des Fehlens eines intensiven Kochens muß endlich der Schrott außerdem so getrennt werden, daß für solche Schmelzungen nur dichter rost- und ölfreier Schrott vorgesehen wird. Das Einschmelzen kann zur Erleichterung der später vorzunehmenden reduzierenden Schlackenarbeit gegebenenfalls unter Zusatz von etwas, am besten niedrigprozentigem, beispielsweise zehnprozentigem Ferrosilizium vorgenommen werden. Dadurch wird der Chromabbrand vermindert, und die Einschmelzschlacke ist arm an Eisen und Chrom und infolgedessen leicht und schnell karbidisch zu machen. Der Siliziumzusatz muß natürlich gering bemessen werden, um so mehr, wenn nach dem Einschmelzen ein leichtes Ankochen durch Heißfahren der oxydischen Schlacke vorgenommen werden soll. Die aus dem Einsatz entstehende Kieselsäure dient für die Karbidschlacke als Flußmittel und muß entsprechend berücksichtigt werden. Je nach dem Legierungsgehalt kann bei dieser Arbeitsweise bis zu 100% legierter Schrott zum Einsatz kommen.

Schmelzführung mit geringem Kochen und geringer Entphosphorung.

a) mit vollständigem Schlackenwechsel, b) mit teilweisem Schlackenwechsel.

Das besondere Kennzeichen dieser Arbeitsweise kann dahin zusammengefaßt werden, daß, soweit nicht schon während des Einschmelzens eine leichte Oxydation vorgesehen ist, eine solche in jedem Fall nach dem Einschmelzen vorgenommen wird. Je nach dem Phosphorgehalt des Einsatzes bzw. der Analysenvorschrift wird nach einem leichten Kochen die Schlacke ganz oder teilweise abgezogen. Es ist daher nur eine beschränkte Entphosphorung möglich, und gleichzeitig wird auch ein Teil des Legierungsgehaltes verloren gegeben. Da es sich aber nur um ein geringfügiges Kochen handelt, hält sich der Legierungsverlust in verhältnismäßig geringen Grenzen und beträgt die Rückgewinnung je nach der Oxydationsarbeit und dem Umfang des Abschlackens etwa 50 bis 80%. Zur Anwendung gelangt diese Arbeitsweise, wenn der Schrott schlecht sortiert ist, oder es sich um Kaufschrott handelt, oder auch sonstige Umstände keine genügende Sicherheit für einen hinreichend niedrigen Phosphorgehalt zulassen, um nach der unter 1. aufgeführten Weise arbeiten zu können. Ein weiterer Grund kann der Mangel an rostfreiem Schrott sein.

Schmelzführung mit vollem Kochprozeß und voller Entphosphorung.

a) mit unlegiertem Einsatz, b) mit teilweise legiertem Einsatz.

Diese Arbeitsweise hat als besonderes Kennzeichen die vollständige und fast beliebig weitgehende Entphosphorung bei sehr beschränkter Rückgewinnung der Legierungen. Sie wird daher in erster Linie bei unlegiertem Schrott angewendet und hat den Vorteil, daß an diesen Schrott keine allzu hohen Anforderungen gestellt zu werden brauchen. Um aber einen unnötigen, mehrfachen Schlackenwechsel zu vermeiden, sollte auch hier der Phosphorgehalt im Einsatz so bemessen werden, daß er mit einmaligem Schlackenwechsel leicht entfernt werden kann, um eine Ver-

Schmelzverfahren in Abhängigkeit vom Verwendungszweck. (Nach F. Badenheuer.)
(Die eingeklammerten Werte entsprechen den Prozentsätzen an legiertem Schrott.)

Norm-bezeichnung	C %	Si %	Mn %	Cr %	Mo %	Ni %	V %	W %	Verfahren
31 CrMoV 9	0,30	0,25	0,60	2,5	0,20	—	0,15	—	C_1 (60 bis 80%) Nitrierstahl
16 MnCr 5	0,16	0,25	1,15	0,95	—	—	—	—	D_1, A_3 bei hohen Beanspruchungen Cr–Mn-Einsatzbaustahl
18 CrNi 8	0,18	0,25	0,50	2,0	—	1,65	—	—	D_1, A_3 bei hohen Beanspruchungen Cr–Ni-Einsatzbaustahl
44 Cr 6	0,44	0,30	0,50	1,45	—	—	—	—	C_1 (bis 90%) Druckgasflaschen
30 CrMoV 9	0,30	0,25	0,50	2,5	0,20	—	0,15	—	C_1 (bis 90%) B_1, A_1 hochwertigster Cr–V-Stahl je nach Verwendungszweck
20 MnCr 5	0,20	0,25	1,25	1,15	—	—	—	—	C_1 (bis 90%) B_1 (A_1) Cr–Mn-Einsatzbaustahl
100 V 1	1,00	0,20	0,25	—	—	—	0,08	—	A_3 (nach Neuzustellung) Kaltschlag-Prägewerkzeug
120 W 4	1,20	0,20	0,25	0,20	—	—	—	1,00	C_1 (90%) Spiralbohrer, Metallsägen
210 Cr 46	2,10	0,30	0,30	11,5	—	—	—	—	C_1 (50%) Auslaßventile
210 CrW 46	2,10	0,30	0,30	11,5	—	—	—	0,7	C_1 (50%) Stahl für Lufthärtung, Schnitte, Stanzen
C 100 W 2	1,00	0,25	0,25	—	—	—	—	—	A_3 nach Neuzustellung Werkzeugstahl für Wasserhärtung
45 WCrV 7	0,45	0,90	0,30	1,05	—	—	0,18	1,85	C_1 (50 bis 70%) Dauerstahl für Ölhärtung, Döpper u. a.
30 WCrV 3411	0,30	0,25	0,30	2,65	—	—	0,35	8,5	C_1 (50%) Preßdorne und Matrizen von Strangpressen
30 WCrV 179	0,30	0,25	0,30	2,35	—	—	0,60	4,25	C_1 (50%) hochbeanspruchte Warmwerkzeuge
C 87 WS	0,87	0,30	0,60	—	—	—	—	—	A_3 (nach Neuzustellung) Holzsägen
100 Cr 6	1,00	0,25	0,30	1,5	—	—	—	—	A_3 und A_1

Zusammenstellung verschiedener Schmelzverfahren im basischen Lichtbogenofen.
(Nach F. Badenheuer, W. Heischkeil, H. Müller[1].)

Verfahren	Kennzeichnung des Einsatzes	Kennzeichnung des Schmelzverlaufs	Chromausnutzung %
A. Schmelzverfahren mit Oxydationsprozeß nach dem Einschmelzen			
A 1 Aufbauschmelzen mit kurzem Kochen mit Entphosphorung	Unlegierter Schrott. Kein legierter Schrott	Ein- oder mehrmaliger Schlackenwechsel zwecks Entphosphorung. Kohlenstoffverlust $\sim$ 0,2 bis 0,4%	—
A 2 Aufbauschmelzen mit kurzem Kochen mit Entphosphorung	Legierter und unlegierter Schrott	Desgleichen	40—80
A 3 Aufbauschmelzen mit langem Kochen mit Entphosphorung	Wie A 1	Wie 1, jedoch Kohlenstoffverlust 0,4 bis 0,9%	—
A 4 Aufbauschmelzen mit langem Kochen mit Entphosphorung	Wie A 2	Wie 2, jedoch Kohlenstoffverlust 0,4 bis 0,9%	10—40
B. Schmelzen mit Oxydationsprozeß während des Einschmelzens. Oxydation durch Erz und / oder Kalkstein im Einsatz bzw. anhaftenden Zunder des Einsatzes			
B 1 Schmelzen ohne legierten Schrott	Unlegierter Schrott. Kein legierter Schrott (Erz, Kalkstein)	Schlackenwechsel nach dem Einschmelzen zwecks Entphosphorung	—
B 2 Schmelzen mit legiertem Schrott	Legierter und unlegierter Schrott (Erz, Kalkstein)	Schlackenwechsel nach dem Einschmelzen zwecks Entphosphorung	30—60 (80)
B 3 Schmelzen mit legiertem Schrott (Sonderfall)	Legierter und phosphorarmer unlegierter Schrott bzw. aufbereiteter Siemens-Martin- oder Thomas-Flußstahl, Erz (und Kalkstein)	Mit (teilweisem) Schlackenwechsel nach (teilweiser) Reduktion	90
C. Schmelzen mit voller Metallrückgewinnung			
C 1 Reduktionsbeginn unmittelbar nach dem Einschmelzen. Tiegelverfahren	Legierter Schrott und phosphorarmer unlegierter Schrott oder aufbereiteter Siemens-Martin- und Thomas-Flußstahl	Ohne Oxydationsperiode, ohne Schlackenwechsel oder mit (teilweisem) Schlackenwechsel nach (teilweise) erfolgter Reduktion	95
C 2 Schmelzen mit kurzem Kochprozeß ohne Entphosphorung	Legierter Schrott, phosphorarmer unlegierter Schrott und / oder aufbereiteter Siemens-Martin- oder Thomas-Flußstahl	Kochperiode, keine Entfernung der Oxydationsschlacke. Kohlenstoffverlust $\sim$ 0,2%	90

Anmerkung zu Verfahren B 1 und B 2: Entphosphorung bei Phosphoreinsätzen von 0,08% auf 0,02%, bei Phosphoreinsätzen von 0,04% auf 0,015% möglich. Bei unzulässig hohem Einlaufphosphorgehalt Nacherzen. Oxydation kann durch Eisenschwamm oder unruhigen Flußstahl im Einsatz unterstützt werden.

Anmerkung zu Verfahren B 3: Hauptsächlich zur Herstellung weicher, hochlegierter Stähle, um Aufkohlung zu vermeiden.

Anmerkung zu Verfahren C 1 und C 2: Zur Erleichterung der Reduktionsarbeit kann nach der (teilweise durchgeführten) Reduktion die Schlacke ganz oder zum Teil entfernt werden.

---

[1] Vertraul. Ber. VDEh. Nr. 51 (1943).

Zusammenstellung verschiedener Schmelzverfahren im basischen Lichtbogenofen.
(Fortsetzung.)

Verfahren	Kennzeichnung des Einsatzes	Kennzeichnung des Schmelzverlaufs	Chromausnutzung %
D. Duplexverfahren			
D 1 Duplexverfahren Siemens-Martin-Ofen — Lichtbogenofen ohne Entphosphorung im Lichtbogenofen	Ausschließlich flüssiger Siemens-Martin-Stahl	Keine Oxydationsschlacke	—
D 2 Duplexverfahren Siemens-Martin-Ofen — Lichtbogenofen mit Nachentphosphorung im Lichtbogenofen	Ausschließlich flüssiger Siemens-Martin-Stahl	Schlackenwechsel nach Bildung einer Oxydationsschlacke	—
D 3 Halbduplexverfahren nach Poldi. Siemens-Martin-Ofen — Lichtbogenofen	Fester legierter Einsatz in den Lichtbogenofen, Zugabe von flüssigem Siemens-Martin-Stahl	Ohne Schlackenwechsel	95
D 4 Duplexverfahren Thomaskonverter — Lichtbogenofen	Flüssiges Thomas-Vormetall	Ein- oder mehrmaliger Schlackenwechsel nach Oxydationsperiode	—
D 5 Duplexverfahren Thomaskonverter — Lichtbogenofen	Legierter Schrott in den Lichtbogenofen, Zugabe von flüssigem Thomas-Vormetall	Ein- oder mehrmaliger Schlackenwechsel nach Oxydationsperiode	(20—40)

E. Verschiedene Sonderverfahren, insbesondere Kombinationsverfahren zwischen Siemens-Martin-Öfen und Elektroöfen oder Triplex-Verfahren zwischen Elektroöfen bzw. Elektroöfen und Siemens-Martin-Öfen u. a.

Anmerkung zu Verfahren D1 und D2: Herstellung des Vorschmelzmaterials im Siemens-Martin-Ofen mit oder ohne Verwendung von legiertem Schrott.

Anmerkung zu Verfahren D 3. Der zugegebene Stahl kann desoxydiert oder nicht desoxydiert sein.

längerung der Schmelzdauer zu vermeiden. Der Anteil an legiertem Schrott ist so niedrig zu bemessen, daß je nach dem Endkohlenstoffgehalt nach dem Kochen die eingesetzte Legierung weitgehend im Bad verbleibt. Die Rückgewinnung kann etwa 40 bis 70% betragen. Bei dieser Schmelzweise kann unter Umständen bereits eine Oxydation während des Einschmelzens mit wirtschaftlichem Vorteil durchgeführt werden.

Selbstverständlich bestehen zwischen diesen Arbeitsweisen alle möglichen Übergänge je nach den erstrebten Zielen und jeweiligen Verhältnissen. Es wurden hier nur die wesentlichen Kennzeichen angegeben und die anderen sich hieraus ergebenden Bedingungen nicht näher aufgeführt. Aus den diesem Abschnitt beigefügten Tabellen können weitere charakteristische Kennzeichen entnommen werden.

Abschließend kann jedenfalls gesagt werden, daß die längste Schmelzdauer natürlich den höchsten Energie- und Elektrodenverbrauch nach

Gegenüberstellung verschiedener Schmelzverfahren bezüglich Strom- und Elektrodenverbrauchs und Erzeugung. (20-t-Ofen.)
(R. Schustek.)

Verfahren	Strom-ver-brauch kWh/t	Elek-troden-ver-brauch kg G·afit	Schmelzzeiten				Erzeugung je Monat	
			Ein-schmel-zen h	Kochen h	Feinen h	Gesamt-zeit bis Abstich h	t	%
1. Unmittelbares Verfahren ohne Frischen und ohne Schlak-kenwechsel (70% Abfälle)	600	6,0	2½	—	2	5	2500	132
2. Unmittelbares Verfahren mit Kochen ohne Schlacken-wechsel (70% Abfälle)	650	6,5	2½	½	2	5½	2300	121
3. Unmittelbares Verfahren mit Kochen und teilweisem Schlackenwechsel (70% Abfälle)	700	7,0	2½	¾	2¼	6	2100	110
4. Aufbauverfahren mit Oxydation und vollständigem Schlak-kenwechsel (40% Abfälle)	750	7,5	2½	1¼	2¼	6½	1900	100
5. Duplexverfahren (40% Abfälle)	250	2,5	—	½	2½	3	4200	220
6. Halbduplexverfahren (40% Abfälle)	400	4,0	1	—	2½	{ 4½ bzw. 3½	2750 bzw. 3600	145 bzw. 190

Bei allen Verfahren wurde eine Zwischenzeit vom Abstich bis Einschalten von ½ h angenommen.

Mangan- und Chrombilanz bei verschiedenen Schmelzverfahren. (R. Schustek.)

Beispiel: Stahl mit 0,45% C, 1% Mn und 1% Cr   a) = Mangan,   b) = Chrom.

Verfahren		Im Einsatz	Bleibt im Bad	Verlust	Erforderlicher Zusatz	Abbrand + 10% bzw. 5%	Gesamtzusatz	Gesamtbedarf
1. Unmittelbares Verfahren ohne Frischen und ohne Schlackenwechsel (70% Abfälle)	a)	0,70	0,70	0,00	0,30	0,03	0,33	0,33
	b)	0,70	0,70	0,00	0,30	0,02	0,32	0,32
2. Unmittelbares Verfahren mit Kochen ohne Schlackenwechsel (70% Abfälle)	a)	0,70	0,70	0,00	0,30	0,03	0,33	0,33
	b)	0,70	0,70	0,00	0,30	0,02	0,32	70,32
3. Unmittelbares Verfahren mit Kochen und teilweisem Schlackenwechsel (70% Abfälle)	a)	0,70	0,40	0,30	0,60	0,06	0,66	0,96
	b)	0,70	0,60	0,10	0,40	0,02	0,42	0,52
4. Aufbauverfahren mit Oxydation und vollständigem Schlackenwechsel (40% Abfälle)	a)	0,40	0,20	0,20	0,80	0,08	0,88	1,08
	b)	0,40	0,20	0,20	0,80	0,04	0,84	1,04
5. Duplexverfahren (40% Abfälle)	a)	0,70	0,15	0,55	0,85	0,09	0,94	1,49
	b)	0,40	0,10	0,30	0,90	0,05	0,95	1,25
6. Halbduplexverfahren[1]	a)	0,76	0,49	0,27	0,51	0,05	0,ᶠ6	0,83
	b)	0,52	0,40	0,12	0,60	0,03	0,63	0,75

[1] Annahme: 60% des Gesamteinsatzes im Siemens-Martin-Ofen vorschmelzen, hiervon 20% Abfälle des obigen Stahles, 40% des Gesamteinsatzes im Lichtbogenofen einsetzen, und zwar nur Abfälle des obigen Stahles.

sich zieht und wegen der stärkeren Beanspruchung der Öfen auch den größten Verbrauch an feuerfesten Materialien. Dem steht aber auf der anderen Seite insofern ein Gewinn gegenüber, als diese Arbeitsweise metallurgisch die günstigste und sicherste ist und schließlich einen billigeren Einsatz zu verarbeiten vermag. Selbstverständlich lassen auch die kürzeren Verfahren die Möglichkeit zu, selbst hohen Qualitätsanforderungen gerecht zu werden. Praktisch müssen eben die Stahlmarken ihren Anforderungen entsprechend auf die Anwendung der jeweiligen Verfahren eingestuft werden. Dann folgen erst in zweiter Linie die wirtschaftlichen Erwägungen, wie Einsatz, Schmelzungsdauer, Anfall an zu verarbeitendem legiertem Schrott usw. Meist wird man den sauberen legierten Schrott nach dem Tiegelverfahren mit einem geringen Kochprozeß verarbeiten und weniger sauberen Schrott einem vollständigen Kochprozeß unterwerfen. Hierbei kann die Verwendung phosphorarmen Roheisens das metallurgische Arbeiten außerordentlich erleichtern.

VI. Der Betrieb bei flüssigem Einsatz.

Allgemeines.

Beim Arbeiten mit flüssigem Einsatz übernimmt der Elektroofen einen bereits anderweitig, früher meist im Martinofen, vorgeschmolzenen und entphosphorten Stahl zur Entschwefelung und Desoxydation. Neuerdings wird aber auch in der Thomasbirne erblasenes Vorfrischeisen laufend im Lichtbogenofen veredelt.

Diese Arbeitsweise, auch Duplexverfahren beim Zusammenarbeiten von Martinofen bzw. Thomas-Konverter und Elektroofen, und Triplexverfahren beim Zusammenspiel von Birne, Martin- und Elektroofen genannt, findet ihre stärkste Stütze in den geringeren Einschmelzkosten des Vorschmelzofens im Vergleich mit denen des Elektroofens. Zwar tritt diese Verbilligung bei den Gestehungskosten nicht voll in Erscheinung, da die Einsatzkosten des Martinofens infolge des teilweisen Ersatzes von Schrott durch Stahleisen höher zu sein pflegen als die des Elektroofens. Immerhin ist fast stets im Endergebnis der mit Gas verflüssigte Einsatz billiger als der elektrisch erschmolzene. Dieses muß jedoch nicht immer der Fall sein. Bei großen Öfen, die mit kräftigen Umspannern ausgerüstet sind, kann je nach den Verhältnissen der Fall eintreten, daß das Einschmelzen im Elektroofen so verbilligt wird, daß es nicht mehr angezeigt erscheint, die betrieblichen Nachteile des Duplizierens in Kauf zu nehmen, es sei denn, daß die Tonnenleistung je Stunde im Vordergrund steht.

Die vorstehenden Erörterungen gelten uneingeschränkt freilich nur für die Erzeugung unlegierter Stähle und für ununterbrochene Betriebsweise. Sobald größere Mengen legierter Abfälle einzuschmelzen sind,

kann der Verschlackungsverlust der Legierungsbestandteile im Martinofen die Ersparnisse durch das verbilligte Einschmelzen weit übertreffen. Desgleichen können bei unterbrochenem Betrieb die Warm-
haltekosten des Martinofens gegenüber dem vergleichsweise geringen
Wärmebedarf des Elektroofens zum Wiederaufheizen auf Betriebstemperatur erheblich ins Gewicht fallen.

Vor der genaueren Beschreibung der Duplexverfahren sei noch erwähnt, daß es grundsätzlich auch möglich ist, das Duplexverfahren
Martin-Ofen—Elektroofen in einem Ofen, nämlich einem kombinierten
Siemens-Martin- und Elektroofen durchzuführen. Dieses Verfahren hat
seinerzeit E. Weigl[1] mit gutem Erfolg erprobt. Die Vorzüge liegen darin,
daß beim Einschmelzen und Entphosphoren die Vorzüge des Martin-
Ofens genutzt werden, während beim Feinen wiederum die Vorzüge des
Elektroofens genutzt werden können. Der Ofen war ursprünglich ein
üblicher Siemens-Martin-Ofen, in dessen Gewölbe die Öffnungen zum
Hineinsenken der Elektroden angebracht waren, die infolge der läng-
lichen Badform in einer Reihe standen. Da der elektrische Teil nur für
das Feinen vorgesehen war, ließ er sich sehr stark verbilligen, indem ein
verhältnismäßig schwacher Transformator erforderlich war und auf die
Elektrodenregelung verzichtet werden konnte. Infolge der später noch
zu beschreibenden neueren Entwicklung ist das damals starke Interesse
für diese interessante Lösung zurückgegangen.

Das Einfüllen.

Bei der Herstellung von Elektrostahl aus flüssiger Einwage ist es
wichtig, daß jeweils nach dem Abstich einer Schmelzung die Flickarbeiten an der Herdsohle und den Seitenwänden rasch durchgeführt
werden. Der als Flickmasse eingelegte Dolomit oder Magnesit hat nämlich nicht, wie beim Arbeiten mit festem Einsatz, während des Einschmelzens reichlich Zeit zum Festsintern; das Flickgut, das nicht unmittelbar beim Eintragen festbrennt, wird beim Einfüllen des flüssigen
Einsatzes wieder hochgeschwemmt. Aus diesem Grunde ist es auch
empfehlenswert, nach größeren Ausbesserungen am Herd eine Schmelzung mit festem Einsatz einzuschalten und den im Martinofen bereit-
stehenden vorgeschmolzenen Einsatz als Martinstahl zu vergießen.

Nach Beendigung der Flickarbeiten am Elektroofen wird eine 3 bis
4 m lange und etwa 30 cm breite, mit Schamottesteinen ausgekleidete
und gut getrocknete Rinne in eine der Türöffnungen des Elektroofens
eingeführt. Die den vorgeschmolzenen Einsatz enthaltende Gießpfanne
wird mittels Kran herangefahren, rasch mit samt dem Inhalt abge-
wogen und durch Bodenausguß in die Füllrinne entleert. Der Ausguß

---

[1] Weigl, E.: Stahl u. Eisen Bd. 58 (1938) S. 595 bis 603.

der Stopfenpfanne soll groß (etwa 50 bis 60 mm Durchmesser) gewählt werden, um das Abfließen zu beschleunigen. Er ist etwa so groß zu wählen, daß das Entleeren in etwa 3 bis 4 Minuten für 20 t beendet ist. Bei zu langer Dauer, also bei einem zu dünnen Strahl, kommt der Stahl zu stark mit der Luft in Berührung, kühlt dabei nicht nur stark ab, sondern nimmt auch sehr stark Gase auf, die eine Verlängerung des Kochens erforderlich machen. Der die Pfanne verlassende Strahl wird genau beobachtet; sobald der spiegelnde Glanz des Metalls aufhört und der stumpfere Farbton der Schlacke erscheint, wird der Pfannenstopfen geschlossen und die Pfanne zurückgewogen. Diese Arbeitsweise empfiehlt sich auch für das Einfüllen von Vorfrischeisen aus der Birne. Insbesondere hat hier das Eingießen durch die Stopfenpfanne den großen Vorteil, daß keine Thomasschlacke mit ihrem hohen Phosphorgehalt in den Elektroofen gelangen kann.

Bei der Herstellung unlegierter Stähle kann man sich das Abwiegen des flüssigen Einsatzes ersparen, da das im Martinofen eingesetzte Gewicht nach rechnerischem Abzug des 7 bis 10% betragenden Abbrandes einen genügend genauen Anhaltspunkt für die Berechnung der Zusätze gibt. Werden dagegen mittel- oder hochlegierte Stähle erzeugt, so kann das Unterlassen des Abwiegens zu erheblichen Fehlern in der Endzusammensetzung führen. Nachstehend seien einige Umstände aufgezählt, welche die Unsicherheit der bloßen Gewichtsschätzung darlegen mögen. Der Abbrand im Martinofen schwankt je nach der Beschaffenheit des eingesetzten Schrottes, Löcher in der Herdsohle können leicht erhebliche Mengen Stahl zurückhalten, ein etwas hoch liegendes Abstichloch kann das restlose Auslaufen des Martinofeninhaltes verhindern, und schließlich kann bei stark heruntergefrischtem Stahl während des Einlaufens in die Gießpfanne die heftige Gasentwicklung wechselnde Mengen Stahl gemeinsam mit der Schlacke zum Überkochen bringen.

Beim Umfüllen aus dem Vorschmelzofen in den Elektroofen können Störungen eintreten, wenn der vorgeschmolzene Einsatz matt ist, oder wenn die Pfanne ungenügend vorgewärmt war, oder wenn infolge unvorhergesehener Verzögerung die bereits gefüllte Pfanne auf das Entleeren warten muß. Unter diesen Umständen friert der Stahl am Pfannenboden leicht ein und verklebt Ausguß und Stopfenende. Der Versuch, den Stopfen trotzdem zu öffnen, endet meist mit einem Abreißen des Stopfenendes, so daß ein Entleeren durch den Bodenausguß unmöglich wird. In diesem Falle muß der Stahl über die „Schnauze" oder den „Schnabel" der Pfanne in den Ofen entleert werden. Das Eingußende der Füllrinne muß daher stets etwas verbreitert sein, um den beim Schnabelgießen flacheren Gießstrahl ohne zu starkes Verspritzen aufnehmen zu können. Daß für diesen Notfall auch die Pfannenschnauze stets glatt und sauber sein muß, ist nach dem Vorausgesagten selbstverständlich. Zum Schluß sei noch darauf hingewiesen, daß vor dem Ausgießen über die Schnauze die Schlacke durch Kalkzusatz zu versteifen und während des Entleerens mit langen Krätzern so gut wie möglich zurückzuhalten ist, was bei der Übernahme von Thomasvormetall besonderes beachtet werden muß. Trotzdem miteingelaufene Schlacke muß, sobald das Bad durch die Lichtbogenhitze warm geworden ist, sauber abgezogen werden, um die Gefahr einer erheblichen Rückphosphorung beim Aufgeben der Fertigschlacke auszuschalten. Vielfach ist es sogar üblich, nach der Übernahme von Thomasvormetall das Bad kurz mit einer Kalkschlacke „sauber zu waschen".

Die Beschaffenheit des flüssigen Einsatzes.

Der im Martinofen vorgeschmolzene Stahl weist gewöhnlich die gleiche Beschaffenheit auf wie das im Elektroofen aus festem Einsatz erschmolzene Bad nach dem Kochen und Abziehen der Schlacke. Das heißt, er pflegt etwa 0,10% Kohlenstoff, 0,10 bis 0,20% Mangan, Spuren Silizium, weniger als 0,020% Phosphor sowie wechselnde Mengen an Schwefel, etwa 0,030% und darüber, zu enthalten. Wie weit die Oxydation im Martinofen zu treiben ist, hängt von der Art des verwendeten Schrottes und von den Anforderungen an das Fertigerzeugnis ab. So können Kohlenstoff und Mangangehalt häufig auch höher gewählt werden, was mit Rücksicht auf den Sauerstoffgehalt auch erwünscht ist. In gleicher Weise wird der Flüssigkeitsgrad ein günstigerer, wodurch das Umfüllen des vorberuhigten oder höchstens teilberuhigten Stahles erleichtert wird. Ein zu phosphorreicher Einsatz benötigt zur Entphosphorung bis auf 0,015% eine so starke Frischwirkung, daß der Stahl leicht überoxydiert und rotbrüchig wird. Wenn hohe Ansprüche an die Güte des Elektrostahles gestellt werden, ist nach allem Vorausgesagten diese Arbeitsweise zu vermeiden. Durch Verwendung phosphorärmeren und manganreicheren Einsatzes im Martinofen hat man es in der Hand, einen genügend niedrigen Phosphorgehalt zu erzielen, ohne den Stahl bis zum Rotbruch oxydieren zu müssen.

Legierter Schrott wird, wie bereits öfter betont, im Martinofen selten vorgeschmolzen, da die damit verknüpfte weitgehende Verschlackung fast aller Legierungselemente eine unwirtschaftliche Vergeudung bedeutet. Außerdem wird die Martinofenschlacke durch die Aufnahme beträchtlicher Mengen hochschmelzender Oxyde, insbesondere des Chromoxydes, dickflüssig und steif; der Wärmeübergang an das Bad wird dadurch beeinträchtigt und der Fortgang der chemischen Umsetzungen gehemmt. Lediglich Nickel- und Chromnickelstahlschrott wurde in großen Mengen im Martinofen eingeschmolzen, da Nickel nicht verschlackt und die vergleichsweise geringen Chromgehalte von weniger ausschlaggebender Bedeutung sind. Wie noch gezeigt werden wird, wurden später für das Einschmelzen legierter Abfälle zweckmäßigere Wege beschritten.

Das Kochen und Abschlacken.

Wenn auch der im Martinofen vorgeschmolzene Einsatz einer weiteren Kochbehandlung im Elektroofen gewöhnlich nicht mehr bedarf, so kann unter Umständen die Notwendigkeit dazu sich doch einstellen. Beispielsweise kann der Martinofeninhalt, besonders wenn als Vorschmelzöfen kontinuierlich arbeitende Kippöfen benützt werden, bei der Entnahme des Elektroofeneinsatzes noch zuviel Kohlenstoff, Mangan oder Phosphor aufweisen. Weiterhin kann eine Störung im Martinofenbetrieb es mit sich bringen, daß der leerstehende Elektroofen den Martinofeneinsatz sofort nach dessen Verflüssigung zu übernehmen hat, da in diesem Fall das vorzeitige Umfüllen einen Zeitgewinn bedeutet und einer allzu starken Abkühlung des Elektroofens vorbeugt. In diesen Fällen erfolgt der Zusatz des für die Kochschlacke benötigten Kalksteins und Erzes bereits während des Einlaufens, vorausgesetzt, daß der Einsatz heiß genug ist, um die mit dieser Zugabe verbundene Abkühlung zu ertragen. Ein matter Einsatz friert, besonders wenn nach einer längeren Zwischenpause der Elektroofen merklich abgekühlt ist, an der Herdsohle und an den Seitenwänden leicht ein. Werden dabei größere Kalksteine und Erzbrocken umschlossen, so ist ein nachträgliches Losschmelzen dieser Ansätze schwierig und zieht nur zu leicht ein Abschmelzen des Gewölbes nach sich; wenn die Ansätze sich erst während der Feinung loslösen, verderben sie unweigerlich die Fertigschlacke. Deshalb ist unmittelbar beim Einfüllen eines matten Einsatzes jeglicher Kalk- und Erzzusatz zu unterlassen; man streue lediglich einige Schaufeln Koksmehl auf den Herd, um den Schmelzpunkt des weichen Bades etwas zu erniedrigen und damit der Bildung von Bodenansätzen entgegenzuarbeiten. Erst wenn durch starke Stromzufuhr bei geschlossenen Türen der Stahl genügend aufgeheizt ist, werden die Schlackenbildner zugegeben, die dann rasch schmelzen und zu wirken beginnen. Das Abziehen der Kochschlacke erfolgt in gleicher Weise wie beim Einschmelzen festen Einsatzes mit vollständiger Oxydation.

Während flüssiges Metall aus dem Martinofen, soweit es bereits gut gekocht hat, ausreichend entphosphort und gut ausgekocht ist, im Elektroofen nur wenig oder auch gar nicht nachkochen muß, liegen die Verhältnisse bei Thomasvormetall wesentlich anders. Je nach den jeweiligen Verhältnissen übergibt man dem Lichtbogenofen ein weitgehend entphosphortes oder weniger entphosphortes Vormetall. Im ersten Fall ist das Eisen meist überblasen, daher matt und neigt zur

Bärenbildung mit allen damit zusammenhängenden betrieblichen Nachteilen. Wird das Aufkohlen bereits beim Entleeren des Konverters vorgenommen, so können nur zu leicht Rückphosphorungen eintreten. Man arbeitet daher meist in der Weise, daß man die Entphosphorung im Konverter auf unter 0,1% Phosphor bis etwa 0,05% Phosphor beschränkt. Diese Arbeitsweise schafft auch die Möglichkeit, eine phosphorreiche Thomasschlacke zu erzielen mit den entsprechenden wirtschaftlichen Vorteilen. Ein solches Eisen ist heiß und läßt sich ohne Anstände in den Elektroofen einleeren. Der Phosphorgehalt kann in längstens einer halben Stunde auf unter 0,02% mit Sicherheit heruntergearbeitet werden. (Eine eingehende Beschreibung des Thomasduplizierens gibt R. G r a e f [1].) Trotzdem muß das Kochen auf fast die doppelte Zeit verlängert werden, um mit Sicherheit den Gasgehalt, insbesondere den Stickstoffgehalt, genügend herabzusetzen. Aber auch der Wasserstoffgehalt muß ausreichend erniedrigt werden, da die Beobachtung gemacht wurde, daß ungenügend gekochte Schmelzen mit Thomasvormetall nicht einwandfrei erstarren.

Das Aufkohlen, Entschwefeln und Desoxydieren.

Das Aufkohlen des schlackenfrei eingefüllten oder im Elektroofen gefrischten und dann abgeschlackten Bades weist keine Besonderheiten auf.

Nach dem Aufkohlen erfolgt in üblicher Weise die Zugabe der Fertigschlacke. Bei den großen Öfen, wie sie ja für das Arbeiten mit flüssigem Einsatz meist in Betracht kommen, ist es nicht empfehlenswert, die Bestandteile der Feinungsschlacke fertig gemischt zuzusetzen; man läßt vielmehr zuerst Kalk und Flußspat zu einer gut flüssigen Schlacke zusammenschmelzen und streut dann erst Koksmehl. Da die Wirkung der Lichtbögen sich im Randbereich der großen Badoberfläche weniger durchgreifend und erst zu einem späteren Zeitpunkt geltend macht, ist ein wiederholtes waagerechtes Durchrühren unerläßlich. Die damit verknüpfte leichte Aufkohlung des Bades muß mit in Kauf genommen und in Rechnung gestellt werden. Auch wenn die Schlacke gleichmäßig karbidisch geworden ist, neigt sie leichter als bei kleineren Öfen zum „Umschlagen", zum Verlust ihrer reduzierenden Beschaffenheit. Durch reichliches, an allen Türen öfter wiederholtes Aufstreuen von Koksmehl ist diesem Umschlag entgegenzuwirken. Eine laufende Überwachung durch häufige Schlackenproben ist unbedingt erforderlich.

Die Entschweflung gibt keinen Anlaß zu besonderer Erwähnung, sie geht, wenn die Desoxydation richtig durchgeführt wird, selbsttätig nebenher vor sich.

---

[1] G r a e f , R.: Stahl u. Eisen Bd. 59 (1939) S. 385 bis 395.

Ein zu hoher Schwefelgehalt des Thomasvormetalles kann außerdem ohne Schwierigkeit durch Entschweflung des Thomasroheisens mittels Soda vermieden werden.

Das Feinen von Bessemerstahl im Elektroofen.

Stahlformgießereien mit Kleinbessemereibetrieb sehen sich zuweilen vor die Aufgabe gestellt, laufend höherwertigen Elektrostahlformguß zu liefern. In diesem Falle ist die gegebene Arbeitsweise ein Verblasen des Roheisens in der Birne mit nachfolgender Entphosphorung, Entschwefelung und Desoxydation im Elektroofen. Für Blockgießereien kommt die Aufstellung von Kupolöfen und Bessemerbirnen als Vorschmelzöfen an Stelle von Martinöfen nicht in Betracht, da bei einem Stillstande des Elektroofens wohl für Martinstahlblöcke wirtschaftliche Verwendungsmöglichkeiten zu bestehen pflegen, nicht aber für Bessemerstahlblöcke. In Deutschland wenigstens schließt entweder der hohe Preis der sehr reinen Roheisensorten oder, bei Verwendung des üblichen Roheisens, die ungenügende Reinheit des Bessemerstahles die Wettbewerbsfähigkeit mit Martinstahlblöcken meist aus.

Beim Zusammenarbeiten von Kleinbirne und Elektroofen wird das Verblasen des Birneninhaltes unterbrochen, sobald die Oxydation des Siliziums beendet ist, weil dann das Bad die größte Überhitzung aufweist. Das zum Umfüllen kommende Metall enthält neben 0,30 bis 0,70% Kohlenstoff und 0,10% Mangan selbstverständlich noch den gesamten Phosphor- und Schwefelgehalt des Roheisens. Das Ausgießen in den Elektroofen geschieht zweckmäßig durch eine Pfanne mit Bodenausguß, um die saure Bessemerschlacke gut zurückhalten zu können. Im Elektroofen wird die Entphosphorung durch die übliche Oxydationsschlacke vollzogen. Die Entschweflung und Desoxydation wird nach dem Abziehen der Kochschlacke durch eine weiße Kalkschlacke bewerkstelligt. Die den Schmelzungsgang verteuernde Führung einer karbidischen Schlacke, wie bei der Herstellung der hochwertigen Werkzeug- und Baustähle, ist für Stahlformguß im allgemeinen nicht notwendig, da dieses Erzeugnis nicht wie jene mit Tiegelstahl in Wettbewerb zu treten hat, sondern nur seine Überlegenheit über Konverter und Martinstahl beweisen soll. In den letzten Jahren haben sich aber auch hier die Verhältnisse geändert, indem mit der Einführung hochwertigen Stahlgusses für schwierige Formen, der sehr scharfen Abnahmevorschriften unterworfen wird, eine einwandfreie Stahlgüte Voraussetzung ist, deren Herstellung nach ähnlichen Gesichtspunkten wie die Blockstahlerzeugung geleitet werden muß.

Um hohen mengenmäßigen Anforderungen an Elektrostahl für Gießereizwecke zu entsprechen, schlägt R. Schlüsselberger[1] vor,

---

[1] Schlüsselberger, R.: Stahl u. Eisen Bd. 64 (1944) S. 36.

den Bessemerstahl mit gewissen Abänderungen nach dem Perrin- oder Girod-Verfahren zu behandeln. Bei beiden Methoden handelt es sich um Schlackenmischverfahren, die nach Perrin in der Pfanne, nach Girod im Ofen durchgeführt werden. Im ersten Fall wurde während des Erblasens des Bessemerstahles über einem zurückgelassenen Sumpf der vorhergehenden Schmelze im Elektroofen die Frischschlacke vorgeschmolzen, so daß sie bei geringster Energieaufwendung zeitgerecht zur Verfügung stand. Sie betrug der Menge nach 4% des Stahlgewichtes und wurde zusammengestellt aus 12 Teilen Kalk, 3 Teilen Eisenerz und ½ Teil Flußspat. Die eigentliche Perrin-Reaktion wurde unter gleichzeitiger leichter Aufkohlung durch Hämatit durchgeführt, so daß die Durchwirbelung noch heftiger vonstatten ging. Schließlich wurde der entphosphorte Bessemerstahl mittels Stopfenpfanne in den Lichtbogenofen gefüllt und sofort mit der Aufgabe der Reduktionsschlacke die Feinung begonnen. Es stellte sich jedoch heraus, daß zur sicheren Einhaltung der niedrigen Phosphorgrenzen im Dauerbetrieb auf ein Abstehenlassen im Ofen nicht verzichtet werden kann. Es wurde daher bei gleichzeitiger Vermeidung des Vorschmelzens der Schlacke und des starken Ofen- und Pfannenverschleißes das Girod-Verfahren in folgender Weise zur Anwendung gebracht, das sich auch als wirtschaftlicher erwiesen hat.

Nach dem Abstich der vorhergehenden Schmelzung wurde das Schlackengemisch sofort in den Ofen gebracht. Auch hier wurde während des Einfüllens des Bessemerstahles mittels Hämatit auf etwa 0,12% C aufgekohlt, um die Reaktion zu beschleunigen. Außer der genannten Schlacke kann auch folgende Zusammensetzung zur Anwendung kommen: 50% Kalk, 25% Erz, 25% Soda, wobei das Ausreagieren heftiger und rascher verlief. Anschließend wurde die notwendige Aufheizung für das Abschlacken vorgenommen und danach mit weißer Kalkschlacke fertiggemacht. Vom Einfüllen bis zum Abstich vergingen rund 2 Stunden bei rund 470 kWh/t Stromverbrauch. Beim festen Einsatz lagen die entsprechenden Ziffern für diese Anlage von 1 t Fassungsvermögen bei 4,5 Stunden und 1000 kWh/t.

Auf ähnlichen Gedankengängen bewegt sich die Durchführung des Duplexverfahrens Kleinbessemerei-Lichtbogenofen nach E. Holweg[1]. Er will für jeden Konverter zwei Lichtbogenöfen vorsehen, um aus dieser Anlage stündlich zwei Schmelzen entnehmen zu können. Das setzt aber für den Lichtbogenofen voraus, daß ein Teil der metallurgischen Arbeiten schon vor der Beschickung des Elektroofens durchgeführt ist. So kann die Entschwefelung nach dem Niederschmelzen im Kupolofen vorgenommen werden und die Entphosphorung unmittelbar nach dem Verblasen mittels Doppelkarbonates, einem vorher zu-

---

[1] Holweg, E.: Vertr. Ber. VDEh Nr. 71 (1944).

sammengeschmolzenen Kalzium-Natriumkarbonat, in der Pfanne. Dieses Karbonat hat auf Grund seiner besonderen vorzüglichen, entphosphorenden Eigenschaften den großen Vorteil, daß gewichtsmäßig nur 1% erforderlich ist und die Entphosphorung ohne besonderes Vorschmelzen des Mittels in der Pfanne durchgeführt werden kann. Das noch verbleibende, vorher durchzuführende Zusammenschmelzen des Karbonates verursacht keine Schwierigkeiten, da es bei etwa 800 bis 850° aus kleinstückigem Kalk und Soda hergestellt wird. Selbstverständlich kann die Entphosphorung nur in basisch ausgekleideten Pfannen durchgeführt werden und muß die saure Bessemerschlacke restlos ferngehalten werden. Desgleichen muß auch aus gleichen Gründen die saure Kupolofenschlacke, bei der Alkalientschwefelung zurückgehalten werden. Auch Holweg weist auf die Vorteile einer geringfügigen Aufkohlung während der Entphosphorung hin, wodurch nicht nur diese selbst, sondern auch die Vermeidung von Pfannenbären begünstigt wird. Der unberuhigte Bessemerstahl wird in den Elektroofen gefüllt, soll dort noch etwas nachkochen und schließlich unter weißer Schlacke in ½ bis 1 Stunde fertiggemacht werden. Eine nach diesen Gesichtspunkten arbeitende Anlage müßte so ausgestattet werden, daß jeweils immer ein Kupolofen mit 6 bis 8 t stündlicher Leistung, 1 Konverter und 2 Lichtbogenöfen in Betrieb sind. Eine solche Anlage kommt natürlich nur für große, leistungsfähige Gießereien in Frage, für die sie allerdings nicht nur wirtschaftliche, sondern auch gießtechnische und betriebliche Vorteile bringt. So kann ein großer Teil des Umlaufschrottes nachts im Lichtbogenofen ohne Legierungsverluste umgeschmolzen werden. Der gesamte Abbrand dieses Triplexverfahrens, Kupolofen-Konverter-Lichtbogenofen, wird mit höchstens 14% angegeben, einschließlich Entschwefeln und Entphosphoren 15 bis 17%. Durch das laufende Abgießen lassen sich die Möglichkeiten einer mechanisierten, also besonders auf Reihen- und Massenguß eingerichteten Gießerei für Stahlnaßguß gut ausnutzen. Die Leistungsfähigkeit bei einstündiger Feinungsdauer im Lichtbogenofen und 80 Minuten Gesamtdauer wird mit rund 10 t Stundenleistung flüssigen Stahles angegeben. Es ist klar, daß die Anlagekosten für diese Erzeugung für das Triplexverfahren viel geringer sind als für die Aufstellung von Lichtbogenöfen allein. Aber auch für die Betriebskosten selbst werden Vorteile erwartet, die allerdings wegen der höheren Einsatzkosten und des höheren Abbrandes im Durchschnitt vielleicht 10 bis 20% betragen werden.

Die verschiedenen Duplexverfahren.

Das Duplizieren hat nun eine große Zahl von Abwandlungen erfahren je nach den gesetzten Zielen. Die Überlegungen, die zur Anwendung des einen oder anderen Verfahrens führen, müssen sich in erster

Linie auf die vorhandenen betrieblichen Verhältnisse stützen. Dabei sind beispielsweise maßgebende Faktoren die Einschmelzkosten im Elektroofen oder einem anderen Schmelzofen, wie Siemens-Martin-Ofen oder Konverter, die Fassungsvermögen der verschiedenen am Duplizieren beteiligten Öfen, die Phosphorgehalte des zur Verfügung stehenden Schrottes, Roheisens oder Vormetalles, die Menge und Verschiedenheit des zu verarbeitenden legierten Schrottes und schließlich die Bauweise und die Einrichtungen des vorhandenen Betriebes. In den meisten Fällen wird es sich um eine Erhöhung der Gesamterzeugung an Elektrostahl handeln, deren obere Begrenzung unter anderem auch durch die jeweiligen Qualitätsanforderungen gegeben ist, die wiederum von dem Erzeugungsprogramm des betreffenden Werkes abhängig sind.

Das Elektrostahlmischverfahren.

Es gibt auch Duplexverfahren, bei denen zwei Elektroöfen miteinander arbeiten, und zwar schmilzt der eine Ofen nach dem Tiegelverfahren legierten bzw. hochwertigen Schrott und der zweite Ofen unlegierten Schrott, der dem Koch- und Feinungsprozeß unterworfen wird. Da ein besonderes Kennzeichen des Tiegelverfahrens eine kurze Schmelzdauer ist, muß danach getrachtet werden, die längere Schmelzungszeit des zweiten Ofens zu verkürzen. Das kann am einfachsten durch Herabsetzen der Einschmelzzeit geschehen, indem je nach den Verhältnissen mit vollständig flüssigem oder teilweise flüssigem Einsatz beschickt wird. Jedenfalls müssen beide Öfen zu einer übereinstimmenden Gesamtschmelzdauer kommen bei gleichzeitigem Anstreben einer möglichst hohen Tonnenleistung je Stunde. Der fertige Inhalt beider Öfen wird nach seiner Fertigstellung in der Pfanne gemischt. Es hat sich herausgestellt, daß bei sorgfältiger Durchführung eine absolute Gleichmäßigkeit der Analyse erzielt werden kann. Es muß selbstverständlich darauf geachtet werden, daß die vorgeschriebenen Einsatzgewichte genauestens eingehalten werden, damit der Analysenvorschrift mit ausreichender Treffsicherheit entsprochen werden kann. Es gibt aber auch eine zweite Möglichkeit, nämlich den legierten Stahl zum bereits entphosphorten und gegebenenfalls auch vorgefeinten unlegierten Stahl im Ofen zu gießen, also ähnlich zu verfahren wie bei Aufbauschmelzen. Von dieser Möglichkeit kann natürlich bei gleich großen Ofeninhalten der beiden beteiligten Elektroöfen im allgemeinen kein Gebrauch gemacht werden. Sie kommt in erster Linie dann in Frage, wenn der den legierten Einsatz schmelzende Ofen wesentlich kleiner ist. Die Regel und der einfachste Weg bleiben das Mischen in der Pfanne. Manche Werke haben mit dem Mischen im Ofen begonnen und sind schließlich ganz auf das Mischen in der Pfanne übergegangen, nachdem keine gütemäßigen Nachteile beobachtet werden konnten.

Mitunter ist eine Erzeugungserhöhung auch möglich, wenn die elektrische Leistung zum Fassungsvermögen der Öfen nicht in einem optimalen Verhältnis steht. Man kann dann Leistungssteigerungen erzielen durch eine entsprechende Zuordnung der jeweils günstigsten Fassungsvermögen zu den Transformatoren und ein sinngemäßes Zusammenspiel dieser Öfen.

Die eben beschriebenen Arbeitsweisen haben den Vorzug, daß die metallurgischen Vorgänge im Elektroofen stattfinden und daher so geführt werden können, daß wirklich hochwertige Qualitäten erzielt werden. Die Schwierigkeit solcher Duplexverfahren besteht darin, daß unbedingt darauf gesehen werden muß, daß beide Öfen laufend im Takt arbeiten, da sonst die Verzögerung des einen Ofens zu Leerzeiten auch des anderen Ofens führt. Der Schmelzungsgang muß so gleichmäßig verlaufen, daß nie die Gefahr besteht, daß metallurgische Reaktionen wegen eines Zeitgewinnes rascher durchgeführt werden müssen, als dies für eine gute Qualität zuträglich ist.

Sind keine Martinöfen oder nur ein Elektroofen vorhanden, so kann unter Umständen auch in einem einzigen Elektroofen „dupliziert" werden, indem nämlich zunächst unlegierter Schrott eingeschmolzen wird, beispielsweise 50 bis 70% des gesamten Einsatzes. Nach dem Entphosphoren, Auskochen und Heißfahren wird der Stahl in eine Pfanne abgestochen und der legierte Schrott im Ofen eingesetzt. Daraufhin wird die Pfanne in den Ofen entleert, aufgeschmolzen und mit karbidischer Schlacke fertiggemacht. Dieses Verfahren hat den Vorzug, daß es in einem einzigen Ofen vor sich geht und von jedem Arbeitstakt unabhängig ist, daß keine Wartezeiten entstehen können und daß auch hier ein hochwertiges Produkt bei voller Legierungsrückgewinnung erzielt werden kann.

Das Halbduplexverfahren.

Das Halbduplexverfahren ist dadurch gekennzeichnet, daß im Lichtbogenofen legierter Schrott eingesetzt und vorgeschmolzen wird und noch vor dem völligen Einschmelzen flüssiges entphosphortes und gut ausgekochtes Vormetall aus dem Siemens-Martin-Ofen zugesetzt wird. Es handelt sich also gewissermaßen für den Elektroofen um eine Art Tiegelverfahren, bei dem der Kochprozeß bereits im Siemens-Martin-Ofen durchgeführt worden ist. Der Zusatz des Vormetalles kann im vorberuhigten oder im unberuhigten Zustand erfolgen. Das letztere wird häufig vorgezogen, um im Elektroofen noch ein gewisses Nachkochen unmittelbar nach beendetem Einschmelzen mit seinen Vorteilen zu erzwingen. Aus naheliegenden Gründen ist für die Herstellung guter Qualitäten die Verwendung von Thomasvormetall nicht angezeigt. Inwieweit hierin die Zukunft eine Änderung bringen wird durch die Erzeugung phosphor- und stickstoffarmen Thomasstahles von ausreichender Temperatur, kann zur Zeit noch nicht endgültig beurteilt werden.

Der Hauptvorteil des Halbduplexverfahrens ist die große Erzeugungssteigerung, die 30 bis 100% betragen und dementsprechend eine Strom- und Elektrodenersparnis von 25 bis 50% erreichen kann. Diese Erzeugungssteigerung wird aber meist mit einem Ausfall an Siemens-Martin-Stahlerzeugung erkauft, die oft größer ist als der Gewinn an Elektrostahl. Dieses muß aber nicht immer der Fall sein. Wenn nämlich alle betrieblichen Verhältnisse restlos auf dieses Ziel ausgerichtet werden und im laufenden Betrieb auch die scheinbaren Kleinigkeiten genügend Berücksichtigung finden, dann kann unter günstigen Umständen die Summe von Elektrostahl und Siemens-Martin-Stahl nicht nur konstant gehalten, sondern sogar noch etwas gesteigert werden. Grundsätzlich muß bei allen diesen Betrachtungen sowohl erzeugungs- als auch betriebsmäßig stets der Elektrostahl- und Siemens-Martin-Stahlbetrieb gemeinsam beurteilt werden. Die Faktoren, die geeignet sein können, das eben genannte Ziel zu erreichen, bestehen unter anderem darin, daß je nach den Betriebsverhältnissen das günstigste Mischungsverhältnis festgelegt wird, und darüber hinaus muß dieses Verhältnis in einem gewissen Umfang veränderlich gehalten werden, damit je nach den ofenmäßigen Zuständen der beteiligten Öfen der rascher schmelzende Ofen stärker belastet werden kann, um auf diese Weise die höchste Tonnenleistung je Stunde zu erreichen. Die durch Nachsetzen entstandenen Zeitverluste können durch sorgfältiges Zusammenstellen des Einsatzes vermieden werden. Es kann sogar vorteilhaft sein, einen großen Teil der Schlackenbildner, vor allem den Kalk, schon beim Einschmelzen miteinzusetzen, damit er zur Zeit des Schlackenmachens bereits geschmolzen vorliegt. Auch das Herausfinden des günstigsten Zeitpunktes für das Zugießen des Vormetalles kann Einsparungen für die Schmelzungsdauer bringen (Einzelheiten dieser Arbeitsweise wurden von R. Rinesch[1] beschrieben).

Bei der Beurteilung von Vergleichen zwischen den Erzeugungszahlen vor und nach der beabsichtigten Einführung dieses Verfahrens muß besonders bei Neuplanungen zur Vermeidung von Fehlschlüssen sehr vorsichtig vorgegangen werden. Selbst wenn man von der Qualitätsfrage, also der herzustellenden Stahlgüte und dem Erzeugungsprogramm, absieht, was an sich keineswegs zulässig ist, so ergeben sich allein schon große Unterschiede, z. B. durch den teilweise oder völligen Fortfall des Kochens im Elektroofen. Andererseits würde kaum so viel legierter Schrott anfallen, um den Elektroofen nach dem Tiegelverfahren

---

[1] Rinesch, R.: Vertr. Ber. VDEh Nr. 41 (1943).

laufend arbeiten zu lassen. Die Voraussetzung für seine laufende Anwendung wird oft erst durch die gesteigerte Erzeugung des Halbduplexverfahrens geschaffen. Weiter werden bei verschiedener Arbeitsweise die Zwischenzeiten bei der veränderten Beanspruchung der Öfen andere sein, und auch die Wartezeiten erhalten einen anderen Charakter. Beides ist wiederum von den jeweiligen örtlichen Verhältnissen abhängig. Es muß also bei der Anstellung solcher Vergleiche sehr kritisch vorgegangen werden, und die Beurteilung läuft im wesentlichen immer wieder darauf hinaus, welche Zielsetzungen bei gegebenen Umständen im Vordergrund stehen und in welcher Hinsicht Zugeständnisse gemacht werden können. Unter Berücksichtigung der jeweiligen Betriebsverhältnisse, wie vorhandene Betriebseinrichtungen, Erzeugungsprogramm und Rohstoffgrundlage, müssen die vorteilhaftesten Lösungen ausgearbeitet werden. Eine Übertragung von einem Betrieb zum anderen ist in den meisten Fällen kaum möglich, und aus diesem Grunde wurden diese Fragen hier auch nur grundsätzlich behandelt.

Bei sorgfältiger Durchführung vermag auch dieses Verfahren hochwertige Qualitäten zu liefern, da für den gesamten eingesetzten Stahl die Feinung im Elektroofen vorgenommen wird.

Das Mischstahlverfahren.

Das Kennzeichen des Mischstahlverfahrens besteht darin, daß im Siemens-Martin-Ofen der unlegierte Stahl erzeugt wird und im Elektroofen der legierte. Der Elektroofen arbeitet nach dem Tiegelstahlverfahren, der Siemens-Martin-Ofen in üblicher Weise. Der Elektroofen sticht zuerst ab, wobei zu beachten ist, daß möglichst die gesamte Karbidschlacke in die Pfanne läuft. Dann wird die Pfanne vor den Siemens-Martin-Ofen gefahren und der Siemens-Martin-Stahl durch die Karbidschlacke zum Elektrostahl gegossen. Der Martinstahl kann vorberuhigt sein. Es kann aber auch die gesamte Desoxydation in der Pfanne vorgenommen werden. Da der Martinstahl nicht so weit ausgefeint ist, wie dies im Elektroofen möglich ist, können ausgesprochene Spitzenqualitäten nach diesem Verfahren kaum erzeugt werden. Da aber unlegierter Stahl im Siemens-Martin-Ofen heute in vorzüglicher Reinheit hergestellt werden kann, so lassen sich nach diesem Schmelzverfahren Qualitäten erzielen, die etwa zwischen einem guten Siemens-Martin-Stahl und der hochwertigen Elektrostahlqualität stehen. Im übrigen läßt das Verfahren im laufenden Betrieb die Erzeugung einer gleichmäßigen Güte zu. Dieses Ergebnis genügt für eine ganze Reihe von Stählen, für welche die Anforderungen so hoch gestellt sind, daß ihre sichere Erschmelzung im Siemens-Martin-Ofen nicht gewährleistet, dagegen die hochwertige Elektrostahlqualität nicht unbedingt erforderlich ist. Damit hat auch dieses Stahlschmelzverfahren seine Daseinsberechtigung.

Da der Siemens-Martin-Stahl in der Pfanne unter gleichzeitiger Einwirkung der Karbidschlacke beruhigt wird, so sind die Desoxydationsverhältnisse anders als beim normalen Siemens-Martin-Verfahren. Es ist daher selbstverständlich, daß hierbei der Auswahl nach Art und Menge der anzuwendenden Desoxydationsmittel ein besonderes Augenmerk zuzuwenden ist. Hierfür lassen sich natürlich keine Regeln aufstellen, und die Desoxydation muß der sonstigen Arbeitsweise und den angestrebten Eigenschaften des fertigen Stahles angepaßt werden.

Nachdem sich erfahrungsmäßig das Gießen des Siemens-Martin-Stahles durch die Karbidschlacke als vorteilhaft herausgestellt hat, wurden diese Schlackenreaktionen systematisch verfolgt, und man ist auch dazu übergegangen, synthetische Schlacken in Anwendung zu bringen. Auf diese Zusammenhänge wird in einem besonderen Kapitel noch einzugehen sein. Eine Vervollkommnung bei der Herstellung des Siemens-Martin-Stahles für das Mischstahlverfahren kann dadurch erzielt werden, daß der Martinstahl vor dem Zugießen zum Elektrostahl in der Pfanne in normaler Weise beruhigt wird. Das Umgießen des Martinstahles zum Elektrostahl macht aber zur Bedingung, daß für diesen Arbeitsgang genügend Erfahrungen vorliegen, denn sonst kann bei dieser Gelegenheit sehr viel verdorben werden. Aus diesem Grunde und vor allem auch in Anbetracht der notwendigen Überhitzung des Martinstahles arbeiten die meisten Werke nach der zuerst angegebenen Weise.

Interessante und besondere Anwendungsgebiete für das Mischstahlverfahren sind die Herstellung austenitischen Manganstahles und auch die Herstellung der ferritischen und austenitischen rostfreien Stahlsorten. Für hohe Ansprüche allerdings und besondere Verwendungszwecke wird für die rostfreien Qualitäten das reine Elektrostahlverfahren vorteilhafter zur Anwendung kommen.

Die Gleichmäßigkeit der Analyse in der gesamten Schmelzung kann auch hier ohne weiteres garantiert werden. Die Treffsicherheit und Einhaltung der Analysengrenze ist naturgemäß dann am besten, wenn der Inhalt beider Öfen vollständig in eine Pfanne entleert werden kann. Ist dies nicht der Fall, muß also der Inhalt der beiden Öfen auf mehrere Pfannen verteilt werden, so muß zur Vermeidung von Fehlanalysen alles darangesetzt werden, mittels Kranwaagen und ähnlicher Einrichtungen die berechneten Mischungsverhältnisse genau einzuhalten.

Die Anwendung des Perrin- und ähnlicher Verfahren für das Duplizieren.

Es wurde bei der Beschreibung des Duplizierens bereits darauf hingewiesen, daß für diesen Zweck nur Vormetall aus dem Siemens-Martin-Ofen in Frage kommt, wenn auf ein intensives Kochen im Elektroofen verzichtet und eine entsprechende Zeitersparnis mit allen ihren wirtschaftlichen Vorteilen erzielt werden soll. Das Thomasvormetall soll heiß und weitgehend entphosphort und außerdem gasarm sein. Diese Wünsche lassen sich nach der üblichen Arbeitsweise kaum erfüllen, weshalb man meist einen höheren Phosphorgehalt von etwa 0,06 bis 0,08% P in Kauf nimmt, der dann im Elektroofen entfernt werden muß. Auf diese Weise ist es möglich, die beiden anderen Faktoren, Gasgehalt und Temperatur, günstig zu beeinflussen. Um aber die genannten wirtschaftlichen Vorteile zu erreichen, war es naheliegend, die fehlende Entphosphorung noch vor dem Einfüllen in den Elektroofen auf andere Weise durchzuführen. Der Vorteil eines solchen Verfahrens wäre die Möglichkeit, daß das Thomasvormetall im Elektroofen ähnlich wie Siemens-Martin-Vormetall behandelt werden könnte, da es dann phosphor- und stickstoffarm ist bei gutem Flüssigkeitsgrad. Außerdem würde der gesamte Eisenabbrand herabgesetzt werden, der normalerweise bei einer weitergehenden Entphosphorung von etwa 0,08 auf 0,04% P auf rund das Doppelte zunimmt. Diese erforderliche zusätzliche Entphosphorung wurde nun nach dem Perrin-Verfahren versucht. Bekanntlich besteht dieses Verfahren darin, daß flüssiger Stahl in flüssige Schlacke bestimmter Zusammensetzung je nach dem zu erreichenden Zweck aus hinreichend großer Fallhöhe eingegossen wird, so daß eine heftige Durchwirbelung von Stahl und Schlacke stattfindet und die Umsetzungen in weitgehender Weise in kürzester Zeit ermöglicht werden. Liegen Schlacke und Bad übereinander, wie dies im Schmelzofen der Fall ist, so benötigt der Verlauf der Umsetzungen eine viel längere Zeit. Im Fall der Entphosphorung wäre also der Thomasstahl beim Ausleeren aus der Birne zu entphosphoren und dann zum Einfüllen in den Elektroofen weiterzutransportieren. Nach H. Stallmann[1] soll bei Anwendung oxydischer Schlacken in der Menge von etwa 5% des Stahlgewichtes und einer Zusammensetzung von 50 bis 60% Kalk, 15 bis 20% Erz und 5 bis 10% Kieselsäure eine ausreichende Entphosphorung zu erreichen sein. Mit einer Schlacke, die aus 53% Kalk, 22% Erz und 25% Bauxit zusammengeschmolzen war, oder aus 56% Kalk, 32% Erz und 12% Flußspat wurde der Phosphorgehalt von 0,05 bis 0,08% P meist auf 0,02% P und weniger verringert. Gleichzeitig konnte eine Entschwefelung von 14% und eine Erniedrigung des Stickstoffgehaltes von durchschnittlich 20% festgestellt werden. Selbstverständlich muß beim Entleeren des Konverters dafür gesorgt werden, daß keine Thomasschlacke mit in die Pfanne laufen kann, was durch vorheriges Abziehen der Thomasschlacke und Absteifen mit Kalk und entsprechendes Zurückhalten beim Kippen ohne weiteres erreicht werden kann. Die Reaktionsschlacke wurde in einer öl- bzw. gasbeheizten

---

[1] Stallmann, H.: Vertr. Ber. VDEh Nr. 54 (1944).

Trommel auf etwa 1400° vorgeschmolzen und in eine etwa 800° heiße Pfanne gefüllt. Die Zustellung bestand aus Teerdolomit. Die Haltbarkeitsfrage war noch nicht restlos gelöst. Im Elektroofen wurde der Stahl in normaler Weise behandelt, beim Einfüllen aufgekohlt und gegebenenfalls der Mangangehalt erhöht. Ursprünglich war im Elektroofen noch ein leichtes Kochen vorgesehen, auf das später verzichtet wurde. Es gelang, Baustähle, sowohl Vergütungs- als auch Einsatzstähle, Kugellagerstähle und ähnliche Qualitäten mit und ohne Kochen in verlangter Güte herzustellen. Die Arbeitsweise im Elektroofen ist also eine ähnliche wie beim Duplizieren mit Siemens-Martin-Vormetall. Bei Fortfallen des Frischens lassen sich Leistungssteigerungen hinsichtlich der Schmelzungszeit bis zu 50%, mit Frischen bis zu 40% im Vergleich mit festem Einsatz erzielen. Die Tonnenleistung je Stunde steigt entsprechend um etwa 80 bis 100% an.

Da nun das Vorschmelzen der Schlacke in einem besonderen Ofen unbequem ist und die Zustellungsfrage große Schwierigkeiten bereitet, so wurde versucht, statt der flüssigen auch feste Schlacke zur Anwendung zu bringen. In diesem Fall muß der flüssige Thomasstahl allein diese Schlackenmenge zum Schmelzen bringen. Dies führt im Dauerbetrieb aber in zu starkem Maße zu einer Temperaturerniedrigung des Stahles und verursacht Schalen und Bären in der Pfanne, so daß dieser Weg nicht beschritten werden kann. Infolgedessen bleibt nur die Möglichkeit, die feste und durchgemischte Schlacke auf den Herd des Elektroofens zu geben und den Thomasstahl darüberzufüllen. Da die Entphosphorung schon bei sehr geringen Temperaturen einsetzt und infolgedessen sehr günstig verlaufen muß, genügt etwa eine halbe Stunde Kochen, um eine gute Entphosphorung zu bewerkstelligen. Damit hat auch dieses Verfahren wirtschaftliche Vorzüge. Ein wesentlicher Nachteil dieser Arbeitsweise ist das starke Anwachsen des Herdes, wenn laufend nach dieser Methode gearbeitet wird. Es bleibt dann nichts anderes übrig, als Schmelzen mit anderer Schlackenführung einzulegen, um den Herd wieder auszuschmelzen. Außerdem besteht bei nicht sorgfältigem Abschlacken und unsauberem Herd die Gefahr der Rückphosphorung, die bei Anwendung des Perrin-Verfahrens ausgeschlossen ist.

Auch die Anwendung reduzierender Schlacke zur Qualitätsverbesserung ist versucht worden. So hat man die flüssige Karbidschlacke aus dem Elektroofen oder aus einem besonderen für diesen Zweck gebauten Ofen mit Lichtbogenbeheizung verwendet, um auf übliche Weise hergestellten Siemens-Martin-Stahl qualitätsmäßig zu verbessern. Diese Arbeitsweise hat nach den Angaben von O. Krifka und F. Rapatz[1] zu vorzüglichen Erfolgen geführt, die sich nicht nur auf die Verbesserung

---

[1] Krifka, O., u. F. Rapatz: Vertr. Ber. VDEh Nr. 77 (1944).

der mechanischen Eigenschaften des erzeugten Stahles, sondern auch auf eine weitgehende Entschwefelung erstrecken. Die qualitätsmäßige Verbesserung wird hauptsächlich auf das Auswaschen von Einschlüssen stark sauren Charakters durch die hochbasische Schlacke zurückgeführt. Da die Herstellung der flüssigen Karbidschlacke noch größere Schwierigkeiten als die Erschmelzung einer oxydischen Schlacke bereitet, ist auch versucht worden, mit fester Karbidschlacke bzw. mit festen synthetischen Schlacken hochbasischer Zusammensetzung zu arbeiten. Im Hinblick auf die Entschwefelung haben auch diese Schlacken teilweise gute Ergebnisse gebracht, während die qualitätsmäßige Verbesserung nicht in gleichem Umfang erreicht werden konnte wie bei Anwendung der flüssigen Karbidschlacke. Da es sich hier um die Veredelung von Siemens-Martin-Stahl handelt, sind diese Verfahren an dieser Stelle nur der Vollständigkeit halber erwähnt worden.

Aber auch für den Elektrostahlbetrieb hat das Perrin-Verfahren bereits Anwendung gefunden. Nach F. Leitner[1] wurden Aufbauschmelzen entphosphorend niedergeschmolzen, abgeschlackt, siliziert, heißgefahren und auf die richtige Analyse gebracht einschließlich der Legierungszusätze und dann sofort mit der Desoxydationsschlacke in der Pfanne durchwirbelt. Durch diese Arbeitsweise kann eine Leistungssteigerung von etwa 20% erzielt werden. Wird legierter Schrott nach dem Tiegelverfahren eingeschmolzen, so muß der Einsatz phosphorarm gewählt werden. Nach dem Einschmelzen werden die fehlenden Legierungen ergänzt, heißgefahren und anschließend sofort die Schlackenreaktion durchgeführt. Hierbei ist der Erzeugungsgewinn natürlich geringer als im ersten Falle. Vorzügliche gütemäßige Ergebnisse wurden auch erzielt durch Einschmelzen im sauren, kernlosen Induktionsofen und anschließende Behandlung mit basischer Schlacke nach dem Schlackenreaktionsverfahren.

VII. Die Besonderheiten bei der Herstellung einzelner Stahlsorten.

Allgemeines.

In den voraufgehenden Abschnitten ist die allgemeine Schmelzungsführung des basischen Verfahrens bei festem und bei flüssigem Einsatz eingehend besprochen worden. Bevor nun das saure Schmelzverfahren zur Erörterung kommt, mögen vorerst noch einige Besonderheiten bei der Erzeugung einzelner Stahlsorten Erwähnung finden. Manche Stähle erfordern nämlich im Hinblick auf ihren Legierungsaufbau oder auf das Auftreten kennzeichnender Gefügefehler die besondere Aufmerksamkeit des Elektrostahlwerkers; die bei ihrer Erschmelzung zu be-

---

[1] Leitner, F.: Vertr. Ber. VDEh Nr. 58 (1944).

rücksichtigenden Umstände seien, soweit sie in den voraufgegangenen Abschnitten noch nicht behandelt worden sind, an Hand einiger kennzeichnender Beispiele erörtert.

Die Kohlenstoffwerkzeugstähle.

Die Kohlenstoffwerkzeugstähle bilden auch heute noch einen sehr bedeutenden Anteil der Elektrostahlerzeugung. Wenn auch die legierten Stähle allmählich immer mehr an Boden gewinnen, so verringert diese Entwicklung keineswegs die Wichtigkeit der unlegierten Stähle. Die Güte, in welcher ein Werk die reinen Kohlenstoffstähle zu erzeugen vermag, bildet meist auch einen untrüglichen Maßstab für den Wert seiner legierten Stahlsorten. Bei den letzteren vermag manchmal der leistungssteigernde Einfluß des Zusatzes Fehler bei der Erzeugung zu verdecken, während die Bewährung der reinen Kohlenstoffstähle zum weitaus überwiegenden Teil auf der Sorgfalt bei der Herstellung beruht.

Die Kohlenstoffwerkzeugstähle, deren Kohlenstoffgehalt sich meist zwischen 0,55 und 1,50% bewegt, wurden früher fast ausschließlich im Tiegelofen und allenfalls noch in kleinen sauren Martinöfen erzeugt. Der Hauptbedarf fällt in den Bereich von 0,80 bis 1,20% C, während die weicheren und härteren Sorten weniger verbreitet sind.

Der erste Gesichtspunkt bei der Erschmelzung dieser Stähle ist die Reinheit des Einsatzes. Unbeabsichtigte kleine Beimengungen an Chrom, Wolfram, Nickel können manchmal in merkbarem Maß die Wärmebehandlung oder die Leistung beeinflussen; in jedem Fall beeinträchtigen sie die über alles zu stellende Gleichmäßigkeit der erzeugten Stahlmarke. Ein Umstand, der leicht zu solcher Verunreinigung Anlaß gibt, ist die unmittelbare Aufeinanderfolge hochlegierter und unlegierter Schmelzungen im gleichen Ofen. In den Unebenheiten des Magnesit- und noch mehr des Dolomitherdes bleiben Stahl- und Legierungsreste zurück, die sich in der nächsten Schmelzung auflösen und dieselbe unbrauchbar oder minderwertig machen können. Allmählicher Übergang von hochlegierten auf unlegierte Schmelzungen durch Einschaltung schwach legierter oder unempfindlicher Stahlsorten ist deshalb stets anzustreben. Außerdem muß durch besonders eingehende Erprobung derartiger Schmelzungen die Erfassung auch der geringfügigsten unbeabsichtigten Beimengungen sichergestellt werden; die einfache Bruchkontrolle vermag nicht immer ihr Vorhandensein aufzudecken, die chemische Prüfung nur dann, wenn sie auf alle in Betracht kommenden Stoffe ausgedehnt wird.

Ein weiterer Umstand, welcher der Reinheit der Kohlenstoffstähle Abbruch tun kann, ist der stets wachsende Gehalt des Stahlschrottes an Nickel und Chrom. Die gesteigerte Verwendung von Nickel- und Chromstählen für Bauzwecke im allgemeinen, und im letzten Jahrzehnt für den Geschoß-, Geschütz- und Panzerbau im besonderen, hat eine Verseuchung des gewöhnlichen Kernschrottes mit chrom- und nickellegierten Abfällen zur Folge gehabt. Diese Beimischung ist teilweise auf natürlichem Wege vor sich gegangen, teilweise aber wohl auch — als Folge wechselnder Marktlage auf dem Schrottmarkt — in bedenkenloser Weise zugelassen worden. Da Nickel ja im Gegensatz zu Chrom durch keinerlei oxydierende Behandlung beim Einschmelzen vom Eisen zu trennen ist, reichert sich unweigerlich der Stahlschrott im Laufe der Jahre allmählich an Nickel an. Man kann als höchst zulässigen Nickelgehalt in Kohlenstoffwerkzeugstählen im allgemeinen einen solchen von 0,20% bezeichnen; bei 0,25% macht sich in manchen Fällen schon die störende Einwirkung des Nickels beim Härten deutlich bemerkbar, insbesondere wenn gleichzeitig Chrom oder ähnlich wirkende Legierungen anwesend sind. Die eben angegebene Höchstgrenze kann als Fingerzeig für die Bemessung des Anteils an „altem" Schrott im Einsatz dienen; für den Rest müssen „jungfräuliche" Rohstoffe genommen werden, d. h. solche, die auf unmittelbarem Wege aus nickelfreien Erzen gewonnen sind. Dazu gehören schwedisches und steirisches Roheisen, steirischer Herdfrischstahl, Weicheisensorten aus dem Roheisen-Erzverfahren, aber auch Eisenschwamm und anderes mehr.

Der Schmelzungsgang für Kohlenstoffstähle soll, soweit wie nur angängig, auf völlige Oxydation beim Einschmelzen verzichten. Voraussetzung dafür ist allerdings genügende Phosphorfreiheit des Einsatzes (höchstens 0,020%!), weiterhin selbstverständlich Fehlen von Chrom und ähnlichen Elementen, die nur bei vollständiger Oxydation in die Schlacke gehen, und schließlich genügend niedriger Mangangehalt des Einsatzes, da der Höchstgehalt an Mangan bei manchen der hier erörterten Stahlsorten nur 0,20% beträgt.

Aus den obigen Darlegungen ergibt sich, daß man bei Berücksichtigung aller Umstände für die Erschmelzung erstklassiger Kohlenstoffstähle im Elektroofen zu einem Einsatz kommt, der dem im Tiegelschmelzverfahren gebräuchlichen ähnelt, wo reinster Frischstahl aus Holzkohlenroheisen, Puddelstahl, schwedisches und steirisches Roheisen, schwedisches Wallon- und Lancashire-Eisen, roh und zementiert, Verwendung finden. Die Kosten eines solchen reinen Einsatzes sind freilich sehr hoch. Ein geringer Ausgleich findet dadurch statt, daß die Dauer der Schmelzung und damit die Höhe der Schmelzkosten geringer ist als bei Verwendung unreinen Einsatzes, der nach dem Einschmelzen erst völlig oxydiert werden muß und beim Fertigmachen eine entsprechend langwierigere und sorgfältigere Desoxydationsarbeit erheischt. Wird aber bei Verwendung unreinen Einsatzes sorgfältigst nach den in den vorgehenden Abschnitten empfohlenen Gesichtspunkten gekocht und gefeint, so läßt sich mit Sicherheit ein Stahl erzielen, der den höchsten Anforderungen gerecht wird. Natürlich muß auch hier auf einen genügenden Anteil „jungfräulichen" Schrottes gesehen werden, der als Thomas-Walzabfälle u. ä. wirtschaftlich zur Verfügung steht. In den letzten Jahren ist diese Arbeitsweise in Deutschland hauptsächlich zur Durchführung gelangt. Zumal beim Betrieb größerer Öfen wird auf diese Weise die verlangte Güte sicherer erreicht als bei Verwendung reinen, teuren Einsatzes, wobei gerade bei den früher üblichen kleineren Öfen gute Erfolge erzielt wurden. Diese Erzeugungsweise ist auch heute noch in den Ländern in Anwendung, die über den teuren Einsatz wirtschaftlich verfügen können.

Kohlenstoffstähle mit über 0,90% Chrom und über 0,40% Mangan (Stähle für Prägestanzen) neigen, im basischen Elektroofen erzeugt, öfter zu dem als „Flocken" bekannten Fehler, der bei den Chromnickelstählen zu erörtern sein wird.

Kohlenstoffstähle mit 2,00 bis 3,00% C (Zieheisenstähle), die manchenorts ebenfalls im Elektroofen erzeugt werden, geben zu besonderen Bemerkungen keinen Anlaß.

Die Schnelldrehstähle.

Bei der Erzeugung der Schnelldrehstähle im Elektroofen treten metallurgische Schwierigkeiten kaum mehr auf. Man erschmilzt sie meist aus einem Einsatz, der zu etwa zwei Dritteln aus weichem, phosphorarmen Schrott und den entsprechenden Legierungszusätzen und zu einem Drittel aus Schnelldrehstahlabfällen besteht. Dieses Verhältnis erklärt sich aus der Notwendigkeit, den werkseigenen Entfall an Spänen, verlorenen Blockköpfen, Knüppel- und Stabstahlenden laufend mitzuverwerten. Der weiche phosphorarme Schrott kann natürlich auch durch leicht legierten Schrott ersetzt werden, der dann allerdings nicht nur phosphorarm, sondern auch frei von Nickel sein muß. Das Einschmelzen erfolgt reduzierend, um die in die Schlacke übergegangenen Legierungsbestandteile dem Bade wieder zuzuführen. Infolge des hohen Gehaltes an Wolfram, Chrom, Vanadin, also leicht oxydierenden Elementen, kann im basischen Verfahren ein Kochprozeß nicht durchgeführt werden. Nun sind aber häufig die Späne stark verrostet oder sehr ölig, was besonders bei gekauften Spänen der Fall ist. Nach dem Einschmelzen ist dann das Bad sehr gashaltig und bedarf der Entgasung. Diese Notwendigkeit besteht um so mehr, als die Erzeugung absolut fehlerfreier Schnellstahlblöcke nicht leicht ist. Sowohl Fadenlunker als auch Seigerungen mit ihren Nebenerscheinungen treten bei diesen ledeburitischen Stählen nur allzu leicht auf. Um nun auch bei schlechteren Einsatzverhältnissen einen einwandfreien Stahl zu erzielen, bleibt die Möglichkeit, die Schmelze unter der Einschmelzschlacke heißzufahren und wenigstens ganz geringfügig kochen zu lassen oder unter saurer Schlacke zu kochen. Dabei wird einmal die geringere oxydierende Wirkung der sauren gegenüber der basischen Schlacke ausgenutzt und zum anderen die geringere Aufnahmefähigkeit der sauren Schlacke für die kostbaren Legierungselemente, die sich in basischer Schlacke als Wolframate, Vanadate und Chromate viel leichter lösen. Wird diese Arbeit noch dazu bei möglichst hohem Kohlenstoffgehalt durchgeführt, so werden die Legierungen noch besser geschützt. Der Kochvorgang, der mit saurer Schlacke im basischen Ofen durchgeführt wird, darf naturgemäß nur kurze Zeit dauern. Da sich aber ein gleichmäßiges und anhaltendes Kochen erzielen läßt, wie es gerade für die Entgasung günstig ist, so kann die Zeitdauer verhältnismäßig kurz bemessen werden. Um möglichst alle verschlackten Legierungen wieder in das Bad zurückzuführen, werden pulverförmige Desoxydationsmittel auf die Schlacke geworfen, bis diese eine graue Farbe annimmt. Dafür werden zweckmäßigerweise Aluminium-Silizium-Legierungen verwendet, deren Oxydationsprodukt eine dünnflüssige Schlacke gewährleisten, wie sie für die vollständige Reduktion unbedingt erforderlich ist. Dann wird die Schlacke sofort abgezogen und mit Karbidschlacke weitergearbeitet. Auf diese Weise können selbst bei ungünstigem Einsatz ausgezeichnete dichte und seigerungsfreie Blöcke erzielt werden. Allerdings ist eine geordnete und saubere Schmelzungsführung die unbedingte Voraussetzung. Das Verfahren eignet sich in erster Linie für Magnesitzustellung.

Da manche Verbraucher eine Gewähr für die Güte ihres Schnelldrehstahlbezuges in der Vorschrift genauer, oft unnütz und unvernünftig eng gezogener Analysengrenzen sehen, erwächst dem Stahlwerker für diesen Teil seiner Erzeugung eine schwierige Aufgabe. Er muß unter Umständen gleichzeitig den Kohlenstoff-, Chrom-, Wolfram-, Vanadin-, Molybdän- und manchmal Kobaltgehalt in eng bemessenen Grenzen halten; dabei besteht für diese Stahlgattung die Notwendigkeit, eine stark reduzierende, also kalziumkarbidhaltige und Kohlenstoff im Überschuß enthaltende Schlacke zu führen. Wenn ihm nun beispielsweise im Kohlenstoffgehalt nur eine Abweichung von $\pm$ 0,02% zugestanden wird und er keine Möglichkeit besitzt, die ausfallenden Schmelzungen anderweitig zu verwenden, so besteht die Gefahr, daß er unwillkürlich zum Schluß der Schmelzung die Schlacke kohlenstofffrei werden läßt, er verzichtet also lieber auf die mit der Führung einer karbidischen Schlacke verbundene Gütegewähr, als eine Unsicherheit in die Kohlenstoffbemessung hineinzutragen. Schnelldrehstähle können ohne Minderung der Leistungsfähigkeit auch im Hochfrequenzofen erschmolzen werden. Bei einwandfreien Schrottverhältnissen lassen sich sehr enge Analysengrenzen einhalten.

An dieser Stelle sei der Vollständigkeit halber noch ein Beispiel für die Bemessung des Legierungszusatzes zu einer Schnelldrehstahlschmelzung gebracht, wenn auch an und für sich die Berechnungsart selbstverständlich ist.

Herzustellen sei eine Schmelzung von 5000 kg Schnelldrehstahl mit folgender Zusammensetzung: 0,65 bis 0,75% C, 0,20% Silizium, 0,20% Mangan, 18 bis 19% Wolfram, 4,0 bis 4,5% Chrom, 1,5 bis 1,8% Vanadin. Zur Verfügung stehen:

Ferrowolfram . . . . 0,6% C, 84% Wolfram,
Ferrochrom . . . . 4,0% C, 65% Chrom,
Ferrovanadin . . . . 0,1% C, 82% Vanadin,
Ferromangan . . . . 8,0% C, 80% Mangan.

Auf 5000 kg Einsatz werden an Wolfram benötigt $\dfrac{18,5 \times 5000}{100} = 925$ kg

Reinwolfram; dies ergibt $\dfrac{925}{84} \sim 1100$ kg Ferrowolfram.

In gleicher Weise errechnen sich:

Ferrochromzusatz: $\dfrac{4,25 \times 5000}{100 \times 65} \cong 330$ kg Ferrochrom;

Ferrovanadinzusatz: $\dfrac{1,65 \times 5000}{100 \times 82} \cong 95$ kg Ferrovanadin;

Ferromanganzusatz: $\dfrac{0,10 \times 5000}{100 \times 80} \cong 6$ kg Ferromangan;

Ferrosiliziumzusatz: etwa 10 kg Ferrosilizium mit 50% Silizium.

Die Summe der Legierungszusätze beträgt demnach:
$$1100 + 330 + 95 + 6 + 10 = 1541 \text{ kg};$$
an Schrott müssen also $5000 - 1541 = 3459$ kg eingesetzt werden.

Diese Zahl gilt nur bei der Verwendung von reinem, phosphorarmen Schrott. Wird gewöhnlicher Schrott benutzt, der vor dem Legierungszusatz einer Frischschlacke bedarf, so sind die eben genannten 3459 kg um den beim Oxydieren und Abschlacken entstehenden Gewichtsverlust, also je nach der Art des Schrottes, um 4 bis 8% zu erhöhen.

Der von obigem Einsatz eingebrachte Kohlenstoffgehalt errechnet sich wie folgt. Es bringen ein:

der unlegierte Schrott . . . . . $34,59 \times 0,1 \cong 3,5$ kg C,
der Ferrowolfram . . . . $11,00 \times 0,6 \cong 6,6$ kg C,
das Ferrochrom . . . . $3,30 \times 4,0 \cong 13,2$ kg C,
das Ferrovanadin . . . . $0,95 \times 0,1 \cong 0,1$ kg C,
das Ferromangan . . . . $0,06 \times 8,0 \cong 0,5$ kg C.

Also werden insgesamt 23,9 kg C auf 5000 kg eingebracht, was 0,48% C entspricht. Für das Schlackenmachen und Aufkohlen verbleibt demgemäß der genügend große Spielraum von etwa 0,20% C.

Werden dem Einsatz 2000 kg Abfälle der gleichen Stahlmarke zugesetzt, so ist für die übrigbleibenden 3000 kg der Legierungsaufbau in der vorstehend beschriebenen Art zu errechnen. Wird nach Fertigstellung der Feinungsschlacke eine Nachprüfung durch Schnellproben auf Wolfram, Chrom oder Vanadin für nötig erachtet, so ist der endgültige Ausgleich an Hand der Vorprobenergebnisse leicht zu bewerkstelligen.

		C	Si	Mn	Cr	W	Va	Mo	Co
Verlangte Analyse									
Erforderliche Menge in kg									
Menge	Marke oder Legierung								

Müssen Abfälle verschiedener Zusammensetzung eingeschmolzen werden, so bedient man sich am besten des obenstehend angegebenen Schemas. Von der verlangten Fertiganalyse ausgehend, werden unter Berücksichtigung des gesamten Einsatzgewichtes die für die jeweiligen Elemente erforderlichen Mengen eingetragen. Für die einzelnen Schrottsorten und -mengen werden dann die jeweiligen Legierungsinhalte eingetragen, deren Summe gebildet und der fehlende Rest durch Ferrolegierungen ergänzt. Die dann noch für den gesamten vorgesehenen Einsatz benötigte Menge wird durch unlegierten oder schwach legierten phosphorarmen Schrott aufgefüllt.

Es ist interessant festzustellen, daß die Schnellstahlerzeugung auch heute nur in kleineren Öfen vorgenommen wird. Dies hängt nicht allein mit der verhältnismäßig geringeren Erzeugungsmenge zusammen. Die Ursachen müssen vielmehr darauf zurückgeführt werden, daß bei großen Öfen die Zusätze zu groß werden, was im Hinblick auf deren hohe Schmelzpunkte unangenehm ist. Schließlich spricht vor allem auch die geringe Badtiefe im kleinen Ofen für dessen Anwendung. Vermindert man im großen Ofen den Einsatz, so ist auch dort bei geringerer Badtiefe die Feinung eine durchgreifendere, und es lassen sich tatsächlich auf diese Weise auch im großen Ofen, z. B. 20-t-Ofen, einwandfreie Schmelzen erzeugen.

Die rostsicheren Stähle.

Die rostsicheren Stähle mit etwa 13 bis 14% Chrom werden in verschiedenen Härteabstufungen erzeugt. Unter diesen gibt insbesondere die weichste Abart mit höchstens 0,15% C zu einigen Bemerkungen Anlaß. Die niedrige Kohlenstoffgrenze dieser Stahlmarke zwingt zur Verwendung eines Ferrochroms mit einem Kohlenstoffgehalt von höchstens

0,15%. Da jedoch früher der Preis der Chromeinheit in niedrig gekohltem Ferrochrom mit sinkendem Kohlenstoffgehalt sehr stark anstieg, entstand eine Reihe — übrigens geschützter Verfahren —, die auf einer Verbilligung der Gestehungskosten durch Benutzung von Chromerz an Stelle von Ferrochrom hinzielen. Das Legieren wird dabei meist in der Art durchgeführt, daß auf die Schlacke ein Gemisch von möglichst reichem Chromerz mit einem Reduktionsmittel (Silizium, Aluminium od. dgl.) aufgegeben wird. Die Menge des Reduktionsmittels ist in der Regel so bemessen, daß sie nicht nur zur vollständigen Reduktion der im Erz enthaltenen Oxyde ausreicht, sondern daß darüber hinaus ein kleiner Überschuß bestehenbleibt. Die in diesem Buch vertretenen Anschauungen lassen einen solchen Oxydzusatz im Elektroofen, auch wenn er durch eine gleichzeitige oder nachträgliche Reduktion ausgeglichen wird, nur als Notbehelf und als nach Möglichkeit zu vermeidenden Umweg gelten, es sei denn, daß eine Reihe von besonderen Gesichtspunkten strengste Beachtung findet. Dasselbe gilt für die in manchen Werken durchgeführte Oxydation von zu hart eingelaufenen Schmelzen aus Abfällen nichtrostenden Stahls und schließlich auch für die Oxydation höhergekohlter Abfälle während des Einschmelzens. Zu hart eingelaufene Chromschmelzen werden besser für härtere Sorten — z. B. nichtrostende Messerstähle — fertiggemacht. Glücklicherweise sind heute diese Verfahrensarten seit der Einführung des kernlosen Induktionsofens, der sich besonders für die Erschmelzung der nichtrostenden Qualitäten durchgesetzt hat, kaum noch in Anwendung.

In letzter Zeit ist jedoch dieses Problem durch die außerordentlich rasche Zunahme der Verwendung nichtrostender Bleche erneut in Erscheinung getreten, um so mehr, als zu den obengenannten Stahlgruppen auch die besonders niedrig gekohlten Cr-Ni-Stähle auf der Grundlage der Zusammensetzung 18% Cr, 8% Ni und ähnliche Stahlmarken hinzugetreten sind. Bei der Verarbeitung dieser Bleche fällt ein äußerst sperriger Schrott an, dessen Verflüssigung auch im kernlosen Induktionsofen Schwierigkeiten verursacht. Es ist nun interessant, die Wege zu verfolgen, die in Deutschland und USA zur Bewältigung dieses Problems für den Lichtbogenofen eingeschlagen worden sind.

In Deutschland ist man von vornherein bestrebt gewesen, durch entsprechende Einstellung des Lichtbogens eine übermäßige Oxydation zu vermeiden bei gleichzeitiger Verhinderung der Kohlenstoffaufnahme. Wie bereits an anderer Stelle dieses Buches vermerkt wurde, bestehen diese Maßnahmen darin, den Lichtbogen so zu bemessen, daß die Elektrode nicht zu dicht auf den Schrott arbeitet und zum anderen den Einsatz so zu verteilen, daß der legierte Schrott beim Niederschmelzen sowenig wie möglich in den Lichtbogenbereich kommt. Schließlich sollten für diesen Zweck nur Grafit- und keine Kohleelektroden Verwendung finden. Bei den Qualitäten, deren Kohlenstoffgehalt unter allen Umständen unter 0,10% liegen muß, reichen diese Maßnahmen zur sicheren Erschmelzung nicht mehr aus, und man ist manchenorts dazu übergegangen, nach dem Zweiofenverfahren zu arbeiten, indem in dem einen meist kleineren Ofen die Abfälle zusammen mit dem niedrig gekohlten Ferrochrom eingeschmolzen werden und im zweiten Ofen unlegierter Schrott und Nickel bzw. Ni-Flußeisen. Während im ersten Ofen das Einschmelzen unter reduzierenden Bedingungen, gegebenenfalls unter Zugabe von Reduktionsmitteln erfolgt, so daß nach dem Einschmelzen die Schlacke hellgrün oder sogar weiß ist, wird im zweiten Ofen in jedem Fall auf einen möglichst geringen Kohlenstoffgehalt unter stark oxydierenden Bedingungen hingearbeitet. Sowohl der Kohlenstoffgehalt wie die übrigen Legierungen müssen beim Mischen die gewünschte Analyse ergeben. Diese Verfahrensweise vermeidet also jegliche Oxydation des Chroms.

Es gibt aber auch eine Zwischenlösung, die bei Benutzung nur eines Ofens zum Ziel führen kann, aber einen geringeren Anteil hochlegierten Schrottes zuläßt. Es werden zur Hälfte niedrig legierter Chrom-Nickelbaustahlschrott und zur anderen Hälfte hochlegierter Schrott oxydierend eingeschmolzen, so daß wegen des geringeren Chromgehaltes der Kohlenstoffgehalt leichter unter 0,10% gehalten werden kann.

In ganz anderer Weise wird häufig in USA verfahren. Man schmilzt dort die Abfälle unter oxydierenden Bedingungen ein. Bei hohem Kohlenstoffgehalt wird unter Zusatz von Erz, gegebenenfalls Chrom- oder Nickelerz, die hochlegierte Schmelzung oxydiert. Neuerdings wird in manchen Werken die Oxydation auch durch Einleitung von trockenem Sauerstoff vorgenommen. Um eine starke Oxydation des Chroms zu verhindern, muß die Schmelze sehr heiß gefahren werden und einen hohen Kalkzusatz erhalten. Der stark exotherme Verlauf der Reaktionen heizt das Bad so kräftig auf, daß der Strom abgeschaltet werden muß. Um eine Größenordnung des Sauerstoffverbrauches zu geben, sei angeführt, daß in einem Werk je Tonne 9 bis 12 cbm verbraucht werden, was für den in Frage stehenden 80-t-Ofen eine Tonne Sauerstoff bedeutet.

Anschließend findet eine Reduktion des Chroms durch Silizium statt, das in Form von stückigem, gebrochenem Ferrosilizium zur Anwendung kommt. Die Berechnung der Menge des erforderlichen Ferrosiliziums kann auf Grund des analytisch ermittelten Chromverlustes im Bad erfolgen. Es hat sich jedoch herausgestellt, daß es genügt, die im Bad zugeführte Sauerstoffmenge zugrunde zu legen. Da die Reduktion exotherm verläuft, ist der Energieverbrauch hierbei nicht sehr hoch. Mit zunehmender Reduktion wird die harte Schlacke allmählich dünnflüssig, und infolge ihres leicht sauren Charakters greift sie die Zustellung stark an. Diese muß daher wegen der hohen Temperaturen am besten in Magnesit ausgeführt sein. Auch Zustellungen aus Chromerz in der Schlackenzone haben sich bewährt. Bei Dolomitzustellung ist der Angriff so stark, daß nach jeder Schmelze umfangreiche Flickarbeiten zu leisten sind, die zweckmäßig mittels Schleudermaschinen durchgeführt werden, um den Ofen nicht zu stark abkühlen zu lassen.

Die reduzierte Schlacke wird abgezogen und durch eine hochbasische Kalkschlacke ersetzt und die fehlenden Legierungen zugesetzt. Manche Werke sehen darauf, daß das zugesetzte Ferrosilizium an die Berührungsfläche zwischen Bad und Schlacke gelangt, um die Reduktion gründlich und rasch durchzuführen. Es wird dabei der Standpunkt vertreten, daß die Reduktion um so gründlicher verläuft, je flüssiger die Schlacke an der Berührungsfläche ist. Der Zusatz an legiertem Schrott wird nach dem jeweiligen Kohlenstoffgehalt bemessen, in dem dieser mit sinkendem Kohlenstoffgehalt geringer werden muß, um eine Legierungsrückgewinnung von 80 bis 90% und mehr zu gewährleisten. Diese Arbeitsweise soll sogar eine Rückgewinnung eines Teiles des Niobs zulassen. Die Schmelzungsdauer für 80 t Einsatz wird mit etwa 12 Stunden angegeben.

In einigen Werken wird zur Unterstützung der Reduktion mit einem gründlichen mechanischen Durchrühren des Bades nachgeholfen. Der hohe Prozentsatz der Chromrückgewinnung weist auf die scharfen reduzierenden Bedingungen hin, und das Fertigmachen unter hochbasischer Schlacke schafft die Voraussetzung für eine weitgehende und gründliche Desoxydation. (Einzelheiten dieser Arbeitsweise sind in den Proceedings Electric Furnace-Steel Band 3, 1945, und Band 4, 1946, festgehalten.) Besonders erwähnenswert ist noch, daß man dort die nichtrostenden Stähle auch gern durch eine Behandlung mittels Argon von Wasserstoff befreit. Zur Erhöhung des Wirkungsgrades wird das Zuführungsrohr bis zum Herd vorgeschoben. Die Anwendung von Helium hat wegen dessen Verunreinigung mit wasserstoffhaltigen Gasen keine Erfolge gebracht. Es scheint aber, daß durch die mechanische Durchwirbelung der Schmelzen auch eine weitgehende Reinigung von Chromoxyden stattfindet, so daß die Anwendung dieser scharfen Arbeitsweise für empfindliche Anwendungsgebiete überhaupt erst ermöglicht wird.

Während der Fertigstellung des vorliegenden Buches wurde die erste deutsche Arbeit von R. Fischer[1] über dieses interessante Gebiet veröffentlicht, deren Ergebnisse hier angeführt werden sollen, da sie einmal die hier vertretenen Gesichtspunkte weitgehend berücksichtigt hat und zum anderen erstmalig genauere Unterlagen bringt. Es wurde in der Weise verfahren, daß die Oxydation durch stoßweises Einleiten des Sauerstoffes vorgenommen wurde, und zwar betrugen die Einleitungszeiten etwa 10 bis 20 Minuten. Das Zuleitungsrohr hatte $\frac{1}{4}''$ l. W., war mit Schamotte umkleidet und wurde etwa 150 mm tief eingetaucht. Der Druck betrug bis zu 25 atü. Schon die ersten Ver-

---

[1] Fischer, R.: Stahl u. Eisen Bd. 70 (1950) S. 10 bis 21.

suche zeigten, daß die Verbrennung des Kohlenstoffes erst mit hohen Temperaturen beginnt, wobei der ursprüngliche grau-braune Rauch allmählich eine gelbe Farbe annimmt. Die durchgeführten Temperaturmessungen ergaben eine berichtigte Temperatur von 1800 bis 1850° C. Der Herd bestand aus trocken gestampftem Dolomit und hat nur dann einigermaßen gehalten, wenn er noch neu und ohne Flickstellen war. In Abb. 127 sind die Ergebnisse eingetragen, und zwar die Veränderungen

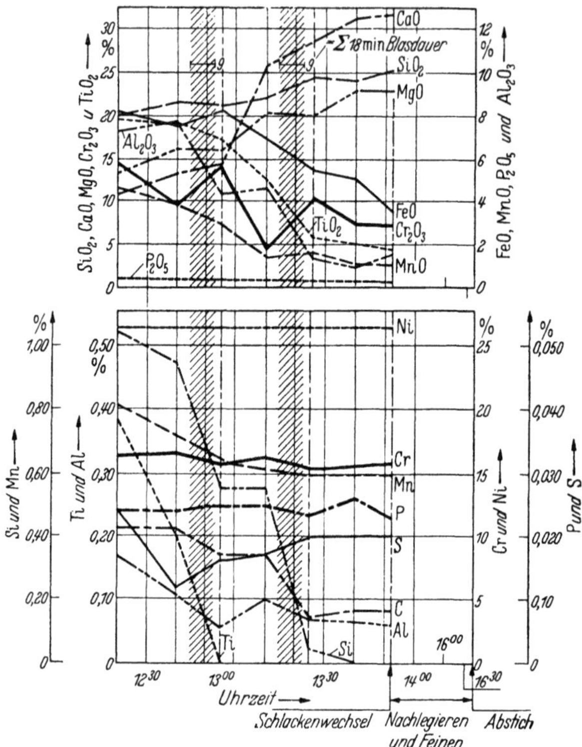

Abb. 127. Schmelzverlauf beim Frischen mit Sauerstoff und 100% hochlegiertem Cr-Ni-Schrott im Einsatz. (Nach R. Fischer.)

des Bades und auch der Schlacke. Es ist zu erkennen, daß die Kohlenstoffverbrennung erst nach der Oxydation des Titans, Siliziums und Aluminiums in größerem Umfang einsetzt. Hinsichtlich des Verlaufes der Aluminiumverbrennung muß erwähnt werden, daß zwischenzeitlich Aluminium zugesetzt wurde, denn sonst wäre dessen Oxydation wesentlich rascher vonstatten gegangen. Schon dieses Diagramm zeigt, daß nur ein Bruchteil des angewandten Sauerstoffes zum Verbrennen des Kohlenstoffgehaltes verbraucht wird. Abb. 128 zeigt die Gegenüberstellung des Sauerstoffverbrauches für legierte und unlegierte Stähle. Es wird also von legierten Stählen ganz wesentlich mehr Sauerstoff benötigt, was nicht nur auf die Verbrennung der leicht oxydierbaren Elemente zurückgeführt werden muß, sondern auch auf die teilweise Verbrennung des Chroms. Weiter zeigt die Abbildung, daß der Sauerstoffbedarf mit höheren Anfangsgehalten an Kohlenstoff sinkt, eine Erscheinung, die darauf zurückgeführt werden muß, daß bei höheren Kohlenstoffgehalten das Bad stark aufgeheizt wird und eine günstigere Ausnutzung des Sauerstoffes für die Kohlenstoffverbrennung stattfindet. Die bereits erwähnte Verringerung der Chromausbeute mit sinkendem Kohlenstoffgehalt ist in Abb. 129 als Mittelwert mehrerer Versuche zu erkennen. Ein ähnliches Bild ergibt die Ermittlung des Sauerstoffbedarfes je Tonne Stahl für die Verbrennung einer bestimmten Kohlenstoffmenge für legierten und unlegierten Stahl (Abb. 130). Schließlich zeigt Abb. 131 die Zusammenhänge zwischen der benötigten Sauerstoffmenge und der Entkohlungsgeschwindigkeit. Es ist zu erkennen, daß mit zunehmender Entkohlungsgeschwindigkeit der Sauerstoffbedarf sehr rasch ansteigt. Die Erprobung der auf diese Weise hergestellten Stähle ergab, daß die Warmverformung eine gewisse Verbesserung zeigte, während Abdreh- und Stufenproben sowie die Prüfung der Polierfähigkeit normale Ergebnisse hatten. Die Untersuchung auf Einschlüsse ergab ebenfalls keine großen Unterschiede gegenüber der normalen Arbeitsweise. Die durch die

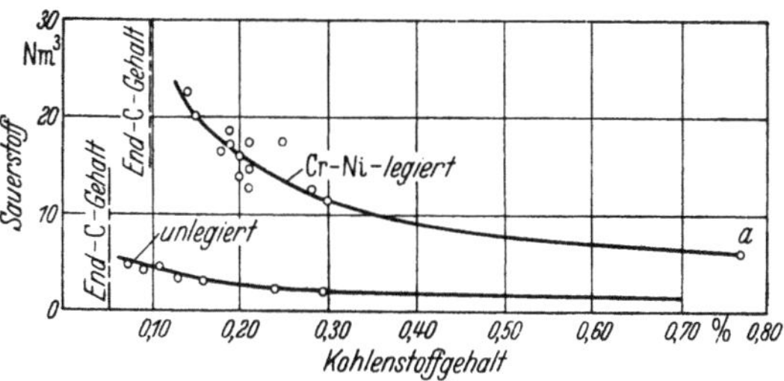

Abb. 128. Sauerstoffbedarf je kg Kohlenstoff in Abhängigkeit vom C-Gehalt zu Beginn des Einleitens. (Nach R. Fischer.)

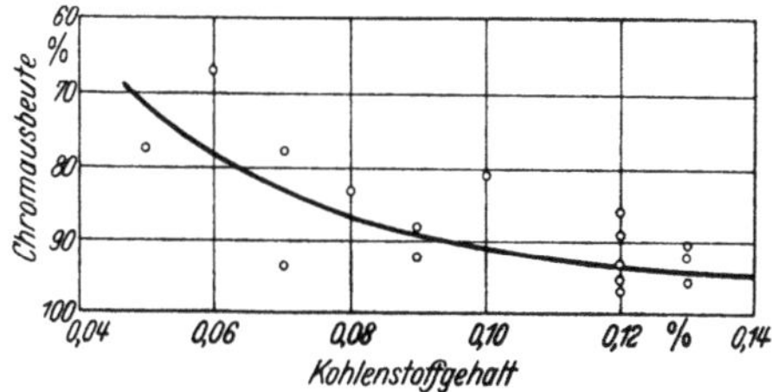

Abb. 129. Chromausbeute beim Frischen mit Sauerstoff in Abhängigkeit vom C-Gehalt nach beendetem Einleiten. (Nach R. Fischer.)

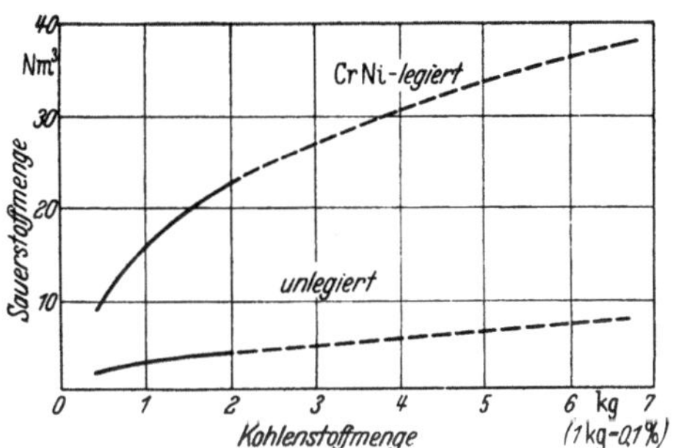

Abb. 130. Sauerstoffbedarf je t Stahl. (Nach R. Fischer.)

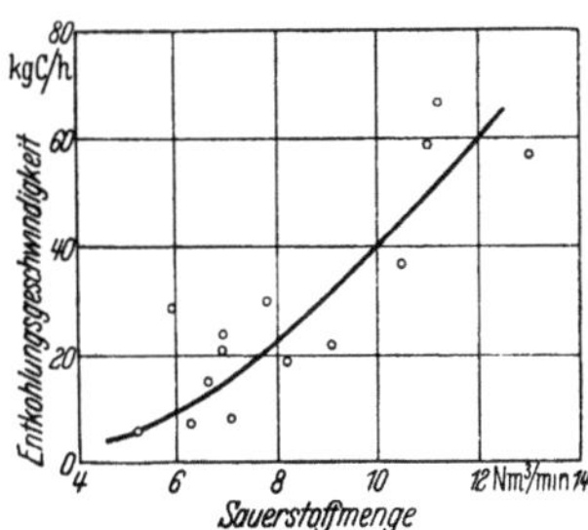

Abb. 131. Sauerstoffmenge je Minute und Entkohlungsgeschwindigkeit. (Nach R. Fischer.)

Anwendung des Sauerstoffes entstehenden Mehrkosten einschließlich des Ofenverschleißes werden ganz überschlägig betrachtet in etwa durch die Strom- und Zeitersparnis ausgeglichen. Es wird durch weitere Untersuchungen festzustellen sein, für welche Temperaturen und bei welchen Entkohlungsgeschwindigkeiten die wirtschaftlichste und außerdem qualitätsmäßig betrachtet einwandfreieste Arbeitsweise gewährleistet werden kann. Diese Arbeitsmethode und ihre Versuchsergebnisse haben inzwischen auch in anderen Werken eine weitgehende Bestätigung gefunden. Abweichende Verbrauchsziffern für Sauerstoff fanden

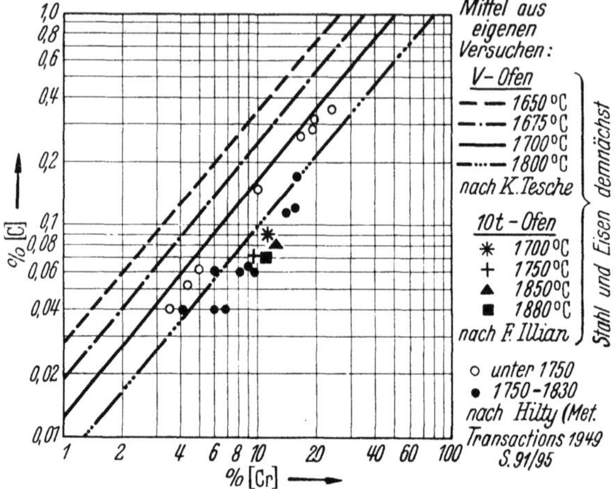

Abb. 132. Gleichgewichtsschaubild Chrom-Kohlenstoff-Sauerstoff.

ihre Erklärung in der verschiedenen Höhe der sauerstoffverbrauchenden Begleitelemente, deren Bemessung entsprechend den verschiedenen Stahlmarken in den einzelnen Werken größere Unterschiede zeigt.

Schließlich ist in Abb. 132 das Gleichgewichtsschaubild Chrom-Kohlenstoff-Sauerstoff wiedergegeben, das einen tieferen Einblick in diese Vorgänge gestattet und in quantitativer Weise die Schwierigkeiten bei der Entkohlung chromhaltiger Schmelzen zeigt. Es verdeutlicht die Notwendigkeit, mit hohen Temperaturen arbeiten zu müssen, und gibt Anhaltspunkte für die Bemessung des Chromgehaltes im Einsatz, um unnötige Chromverluste zu vermeiden und mit günstigem Wirkungsgrad arbeiten zu können. Endlich zeigt es allgemein die Grenzen an bis zu denen dieses Verfahren sinnvoll erscheint und über die hinaus andere Arbeitsweisen zum Einsatz kommen müssen.

Die legierten Baustähle.

Die Nickel- und Chromnickelbaustähle werden in zwei Reihen erzeugt. Neben Nickelgehalten bis zu 4,5% und Chromgehalten bis zu etwa 1% weist die eine, die Einsatzstähle umfassend, etwa 0,10 bis 0,16% C, die zweite, aus den Vergütungsstählen bestehend, etwa 0,25 bis 0,40 % C auf. Die gleiche Einteilung gilt für die Chrom-Molybdän- und Chrom-Manganbaustähle. Da diese Stähle früher gern ohne besonderen Kochprozeß hergestellt wurden, sei diese Erzeugungsweise, die zum Teil schon ganz aufgegeben war, aber heute im Zusammenhang mit neuen Arbeitsmethoden wieder Bedeutung erlangen kann, nachstehend genauer geschildert.

Der Einsatz für beide Arten setzt sich aus gewöhnlichem Stahlschrott und einem mehr oder minder großen Anteil an legierten Abfällen zusammen. Bei den härteren Vergütungsstählen kann das Einschmelzen mit vollständiger oder mit teilweiser Oxydation vorgenommen werden; in letzterem Falle bleibt, wenn der Einsatz chromhaltig war, das Chrom zum Teil im eingeschmolzenen Bade erhalten. Die Feinung wird mit der üblichen Karbidschlacke durchgeführt.

Bei den Einsatzstählen erfordert die niedrige Kohlenstoffgrenze in allen Fällen ein Einschmelzen mit vollständiger Oxydation, wobei von den Legierungselementen des Einsatzes nur das Nickel und Molybdän erhalten bleibt, während das Chrom praktisch vollständig verschlackt wird. Das Bad muß nämlich auf 0,06 bis 0,10 % C heruntergefrischt werden, damit es nicht durch das nachträglich zugesetzte Ferromangan und Ferrochrom sowie durch die unvermeidliche Aufnahme geringfügiger Kohlenstoffmengen bei der Schlackendesoxydation über die zulässige Grenze hinaus aufgekohlt wird. Die Hilfsmittel, die dem Stahlwerker bei dieser schwierigen Arbeit zu Gebote stehen, sind aus den früheren Darlegungen bekannt. Beispielsweise wird beim Frischen das Eisenerz ganz oder teilweise durch Manganerz ersetzt; durch diese Maßnahme sichert man sich einen höheren Endgehalt an Mangan im gefrischten Bade, macht einen Teil des Schlußzusatzes an Mangan entbehrlich und erleichtert und beschleunigt außerdem die Desoxydationsarbeit, weil ja die Eisenoxydulaufnahme des Bades eingeschränkt wird. Die Verwendung von niedrig gekohltem Ferromangansilizium an Stelle von gewöhnlichem Ferromangan ist ein weiteres, selbstverständliches Hilfsmittel. Schließlich bleibt anzuführen, daß beim Aufbau der Feinungsschlacke als Reduktionsmittel zweckmäßig nicht Koks allein, sondern ein Gemisch aus feingemahlenem Ferrosilizium und etwas Koks verwendet wird.

Bei der Herstellung der legierten Baustähle sieht sich der Stahlwerker oft zwei besonderen Fragebereichen gegenübergestellt, deren Behandlung ihm viel Kopfzerbrechen bereiten kann: der eine ist die willkürliche Erzeugung „sehnigen" Stahles, der andere die zuverlässige Vermeidung des als „Flocken" bekannten Stahlfehlers. Da beide Schwierigkeiten auch bei der Erschmelzung anderer Stähle auftreten können, seien sie in den folgenden Abschnitten ausführlicher erörtert.

Diese Schwierigkeiten, die seit der Einführung der Chrom-Molybdän- und Chrom-Manganstähle wegen der höheren Chromgehalte noch stärker in Erscheinung traten, führten zu der bereits früher geschilderten Entwicklung, nämlich der Einschaltung des Kochens und des Arbeitens bei erhöhten Temperaturen. Außerdem sind diese Stähle gern durch Duplizieren, insbesondere Halbduplizieren, erzeugt worden.

Sehniger und faseriger Stahl.

Wenn ein Stück Stahl gebrochen wird, kann der Bruch auf zweierlei Weise vor sich gehen. Entweder er erfolgt leicht, es wird wenig Arbeit verbraucht, die Formänderung der Probe ist gering, die Bruchfläche ist eben und sieht körnig aus; diese Bruchart wird als Trennungsbruch bezeichnet. Im Gegensatz dazu ist bei dem Verformungsbruch die aufzuwendende Arbeit groß, die Formänderung erheblich und die Bruchfläche sehnig. Der Übergang von einer Bruchart zur anderen erfolgt nicht stetig, sondern, wie Abb. 133 zeigt, innerhalb eines bestimmten Streugebietes ziemlich sprunghaft. Innerhalb dieses Streugebietes vermögen ganz geringfügige, oft kaum erkennbare Änderungen irgendeines Umstandes ganz ausgeprägt entweder körnigen Trennungsbruch oder sehnigen Verformungsbruch hervorzurufen. Einflüsse, welche die Neigung zum sehnigen Bruch verstärken, also die Kerbzähigkeit erhöhen, sind u. a. steigende Temperatur,

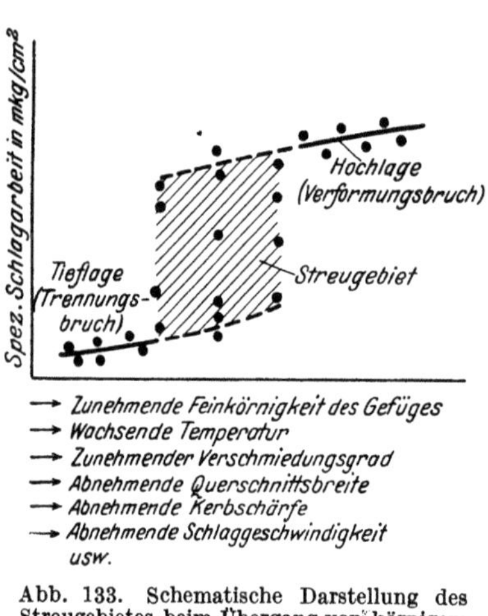

Abb. 133. Schematische Darstellung des Streugebietes beim Übergang von körnigem zu sehnigem Bruch. (Nach Fettweis.)

feinkörnige Gefügeausbildung, hoher Verschmiedungsgrad. Umgekehrt wird der körnige Bruch begünstigt und die Kerbzähigkeit verringert durch zunehmende Härte, Querschnittsbreite, Schlaggeschwindigkeit und Kerbschärfe. Nun kommt es manchmal vor, daß von zwei Schmelzungen gleicher Zusammensetzung und gleicher Nachbehandlung bei gleichen Prüfbedingungen regelmäßig die eine höhere Kerbschlagwerte und vorzugsweise sehnigen Bruch, die andere dagegen niedrigere Kerbzähigkeit und körnigen Bruch aufweist. In solchen Fällen liegt der Unterschied offenkundig bereits in Verschiedenheiten des Schmelzungsganges begründet, und es ist Sache des Stahlwerkers, sich über die Ursache Rechenschaft abzulegen.

Von dem sehnigen Bruch muß der faserige Bruch streng getrennt werden. Im ersten Fall handelt es sich um Material, das eine hohe Zähigkeit aufweist, die zwar parallel und senkrecht zur Walzrichtung nicht gleich hohe Werte aufzuweisen braucht, immerhin aber in beiden Richtungen beträchtliche Werte erreicht. Im zweiten Fall sind allein die Längswerte gut, wogegen die Querwerte erheblich absinken. Dieser faserige Stahl wird häufig für besondere Verwendungszwecke gefordert, z. B. für Federn. Aufbau und Eigenschaften eines solchen Stahles ähneln weitgehend dem Schweißstahl. Dieser wird oder wurde bekanntlich im teigigen Zustand in Form schlackendurchsetzter Klumpen gewonnen, die durch Hämmern, Pressen oder Walzen ausgestreckt wurden. Ein Teil der eingeschlossenen Schlacke wurde zwar dabei herausgequetscht, der überwiegende Anteil blieb jedoch in zahlreichen, langgestreckten Zeilen zwischen den eigentlichen Eisenfasern eingeschlossen. Dadurch wurde ein Gefüge hervorgerufen, das in hohem Maße an den Aufbau eines Drahtseils erinnert und auch dessen Eigenschaften aufweist. Ein durch irgendwelche äußere Ursache erfolgter Anriß pflanzt sich nicht geradlinig fort, sondern wird an der nächsten Schlackenzeile abgelenkt und findet gleichsam eine neue, unverletzte Oberfläche vor.

Der Weg, auch Flußstahl faseriger zu machen, als es Zusammensetzung, Verschmiedungsgrad und Wärmebehandlung allein vermöchten, ist damit klar vorgezeichnet. Es gilt, im warmverformten Stahl langgestreckte Schlackenfasern zu haben. Kleine, punkt- oder kugelförmige, in der Walzhitze nicht knetbare Einschlüsse im Gußblock, beispielsweise Kalk, Kieselsäure, Tonerde, sind dabei ohne Nutzen; knetbar sind im wesentlichen nur die Eisen- und Mangansilikate und vor allen Dingen die Mangansulfide. Einen mit derartigen Einschlüssen durchsetzten Stahl kann der Elektrostahlwerker erzeugen, indem er sein Bad stark oxydiert, sofort nach dem Frischen Mangan und Silizium zusetzt und den dabei massenhaft entstehenden Silikaten möglichst wenig Zeit zur Abscheidung läßt. Die Ausscheidung der Mangansulfide ist abhängig von ausreichenden Schwefelgehalten bei entsprechenden Mangangehalten.

Die Herstellung eines solchen Stahles macht aber nicht die Anwendung eines Elektrostahlverfahrens erforderlich. Viele Stahlwerke stellen solche Stähle beispielsweise im Martinofen laufend mit Sicherheit her. Die Schwierigkeiten jedoch, die solche Stähle bei der Verarbeitung hervorrufen können, sind nicht ohne Einfluß auf ihre Beurteilung geblieben.

Die wahllos verallgemeinerte Wertschätzung, die früher in Verbraucherkreisen dem faserigen Stahl entgegengebracht wurde, hat denn auch mehr und mehr der Erkenntnis Platz gemacht, daß seine Überlegenheit sich auf verhältnismäßig seltene Fälle beschränkt. Nur dort, wo alle anderen Beanspruchungen als die in der Faserrichtung ausgeschaltet sind, beispielsweise bei Kettengliedern, Federblättern usw., hat sich seine Bevorzugung als gerechtfertigt erwiesen. Aber auch hier werden heute teilweise schon andere Wege beschritten.

Dagegen ist die Erzeugung sehniger, zäher Stähle eine ausgesprochene Aufgabe für den Lichtbogenofen. Dieser Stahl, bei dem die Querwerte

möglichst den Längswerten nahe kommen sollen, macht eine äußerst
sorgfältige metallurgische Arbeit erforderlich. Schon geringe und fein
verteilte Schlackengehalte vermindern die Querwerte. Eine hohe Zähigkeit macht ein äußerst feines und gleichmäßiges Korn im Vergütungs-
zustand erforderlich. Aber auch das Gußgefüge muß einwandfrei sein. Es
müssen nicht nur Primärkorngrenzenrisse vermieden werden, sondern
selbst Schwächestellen, wie sie bei Vorhandensein eines groben Primär-
kornes nur allzu leicht eintreten können, wirken sich bei der mechanischen Prüfung nachteilig aus. Für die Erschmelzung dieser hochwertigen
Qualitäten müssen alle die mannigfaltigen Gesichtspunkte beachtet werden, wie sie in den jeweiligen Abschnitten eingehend beschrieben wurden.
Daß solche Stähle auch bei der Warmformgebung und Wärmebehandlung
mit äußerster Sorgfalt verarbeitet werden müssen, sei hier nur nebenbei
erwähnt.

„Flockiger" Stahl.

Besonders bei schwach oder mittelstark legierten Baustählen treten
im Längsbruch warmverformter, ungehärteter oder gehärteter Stücke
bisweilen Fehlstellen auf, die heute allgemein als Flocken (engl. flakes),
gelegentlich auch als Stipsen, Stupfen oder ähnlich bezeichnet werden.
Die Abb. 134 vermittelt eine Anschauung ihres Aussehens. Sie äußern
sich entweder als Flecke, deren Bruchaussehen von dem der Umgebung
abweicht, oder als flache Risse, deren Ebene stets in der Richtung der
Warmverformung liegt. Besonders deutlich sind sie im vergüteten Bruch
erkennbar. In den mildesten Fällen sind die Flocken so klein, daß sie
eben noch mit freiem Auge erkennbar sind; meist jedoch sind sie etwa
fingernagelgroß und können in besonders schweren Fällen sogar Taler-
größe erreichen. Ein tief geätzter Querschliff (Abb. 135) eines flockigen
Stabes zeigt, daß in allen Fällen die Flocken feine Innenrisse sind, also
auch dann, wenn sie sich im Längsbruch nur als Flecke andersartiger
Körnung zeigen.

Der unheilvolle Einfluß der Flocken äußert sich vor allem beim Härten; sie wirken als Kerbe und erhöhen die Härtungsspannungen örtlich
so stark, daß das gehärtete Stück sehr leicht zerspringt.

Über die Schuld an diesem Fehler war ein Jahrzehnte währender und
auch heute noch nicht gänzlich beigelegter Streit zwischen den Stahlwerkern und den warm verarbeitenden Betrieben im Gange. Besonders
heftig wurde diese Auseinandersetzung während des ersten Weltkrieges,
als zeitweise in sämtlichen kriegführenden Ländern die Erzeugung der
Chrom-Nickel-Stahlkanonenrohre in Frage gestellt war, da die Flocken
wie eine Epidemie auftraten und ein Zerspringen der Rohre beim Probe-
beschuß herbeiführten.

Die Stahlwerker wiesen darauf hin, daß in ihren Gußblöcken trotz

eifrigsten Suchens keine Gasblasen und Risse zu finden waren, die man
nach Aussehen, Art und Größe als Ursprungsstellen für die Flocken im
warmverformten Stab hätte deuten können. Sie konnten weiterhin geltend machen, daß in vielen Fällen aus dem gleichen Block geschmiedete
Stäbe bei rascher Erkaltung mit zahlreichen Flocken behaftet waren,
bei ganz langsamer Abkühlung hingegen flockenfrei blieben. Die Walz-

×3

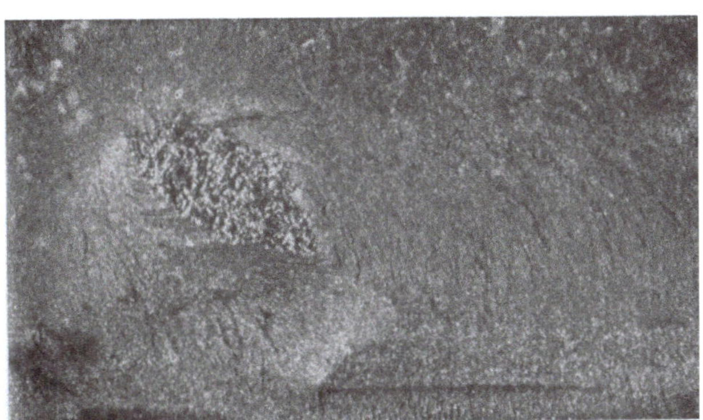

×3

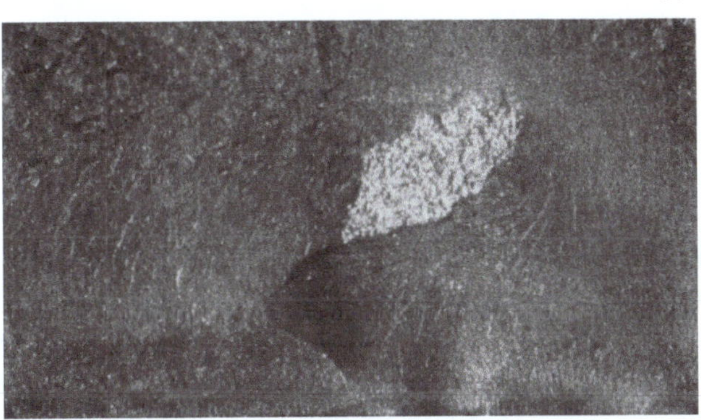

Abb. 134. Flocken in warmverformtem Chrom-Kugellagerstahl. (Nach Oertel.)

werker und Hammerwerker führten als Gegengründe an, daß bei gleicher
Zusammensetzung Tiegelstahl nie, Elektrostahl öfter und Martinstahl,
wenigstens basischer, am häufigsten zur Flockenbildung neigt; ferner,
daß bei mikroskopischer Untersuchung der Flocken manchmal, wenn
auch selten, an den Rißwänden Schlackeneinschlüsse festgestellt werden
konnten. Der Umstand, daß bei Stabware aus kleinen Blöcken der Fehler
meist seltener war als bei solcher aus großen Blöcken, konnte gleicherweise beiden Parteien zur Last gelegt werden; desgleichen sprach gegen
die Alleinschuld des Stahlwerkers die Beobachtung, daß flockige Stäbe,

die auf kleinere Abmessungen warm weiterverformt wurden, nachher flockenfrei sein konnten.

Die heutige Auffassung über das Auftreten der Flocken geht eindeutig dahin, daß der Fehlerkeim bereits im Gußblock vorhanden ist, daß aber eine zweckentsprechende Wärmebehandlung bei der Warmverformung erheblich zu seiner Eindämmung beitragen kann.

Die zu dieser Anschauung führenden Gedankengänge und Tatsachen seien etwas ausführlicher erörtert. Zur Flockenbildung neigen besonders jene Stähle, die bei rascher Abkühlung an der Luft selbsthärtend, also martensitisch sein können, während sie bei langsamer Erkaltung weich, perlitisch bleiben, praktisch meist aber beide Gefügearten enthalten.

×5

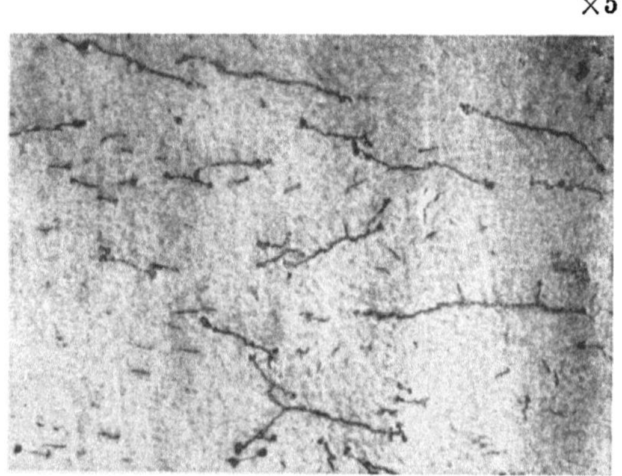

Abb. 135. Risse im tiefgeätzten Querschliff eines flockigen Stahles. (Nach A i c h h o l z e r.)

Dazu gehören beispielsweise Nickel- und Chrom-Nickelbaustähle, Chrom-Molybdän- und Chrom-Manganstähle, Kugel- und Kugellagerstähle, wolfram- und chromlegierte Magnetstähle, schwach wolframlegierte Spiralbohrerstähle und andere Stähle mit ähnlich wirkendem Legierungsaufbau. Bei der Erstarrung dieser Stähle kann es vorkommen, daß innerhalb eines einzelnen Kristallkornes die Außenhülle eine andere Zusammensetzung als der Kristallitkern aufweist. Diesen Vorgang bezeichnet man als Kristallitseigerung in Anlehnung an die Blockseigerung. Beide Erscheinungen, die Kristallitseigerung im Einzelkorn, die Blockseigerung im ganzen Gußblock ergeben sich aus dem gleichen Erstarrungsgesetz, gemäß welchem die zuletzt erstarrende Schmelze an Fremdbestandteilen stärker angereichert ist als der zuerst auskristallisierende Teil, sei es der Kristallkern oder sei es die Randzone des Blockes. In den oben aufgezählten Stahlgruppen kann nun die Kristallitseigerung so weit gehen, daß bei gleicher Abkühlungsgeschwindigkeit das Innere eines Kristalliten perlitisch wird, also bei etwa 700° die mit Längenänderungen verbundene

Umwandlung erfährt, während der Rand martensitisch wird und erst bei etwa 250° die damit verbundene Volumenänderung aufweist. Die Spannungen, die infolge dieser verschiedenartigen, teilweise einander entgegengesetzten Änderungsbestrebungen entstehen, wurden letzten Endes als die Hauptursache der Rißbildung, der Flockenbildung angesehen.

Es kann auch gelegentlich nachgewiesen werden, daß Flocken in unmittelbarer Nähe solcher Martinsitinseln auftreten. Außerdem wurde in Werken mit umfangreichem Qualitätsprogramm die Beobachtung gemacht, daß Stähle aus der gleichen Gruppe, z. B. Vergütungsstahl wechselnder Zusammensetzung, auf der Grundlage Chrom, Chromnickel, Chrommangan oder mit Zusätzen von Molybdän, Wolfram oder Vanadin um so stärker zur Flockenbildung neigten, je größer die Hysterese ist, also der Unterschied zwischen Ac_3 und Ar_3. Diese Gedanken und Auffassungen[1] waren früher vorherrschend, wenn auch nicht befriedigend, denn auch bei vollständiger Vermeidung jeglicher Gefügespannungen konnten noch immer Flocken gefunden werden. Eine grundsätzliche Meinungsänderung trat ein, nachdem es einer Reihe von Mitarbeitern der Firma Krupp gelungen war, den Wasserstoffgehalt des Stahles als die Hauptursache der Flockenbildung herauszufinden. Es handelt sich hier hauptsächlich um die Arbeiten von E. Houdremont und H. Korschan[2], H. Bennek, H. Schenck und H. Müller[3] und H. Bennek und G. Klotzbach[4].

In diesen Arbeiten wurde zunächst noch einmal der strenge Nachweis geführt, daß trotz Vermeidung jeglicher Wärme-, Gefüge- und Verformungsspannungen durch entsprechende Wärmebehandlung noch immer Flocken auftreten können. Der Abbau der Spannungen vermindert wohl die Flockenanfälligkeit, schließt sie jedoch nicht grundsätzlich aus. Dagegen konnten Flocken geradezu beliebig erzeugt werden durch Einführen von Wasserstoff in den flüssigen Stahl oder auch im festen Zustand durch Hineindiffundieren. Diese Zusammenhänge konnten in so klarer und überzeugender Weise durch umfangreiche Versuche belegt werden, daß heute wohl kein Zweifel mehr darüber besteht, daß der Wasserstoff als letzte Ursache für die Flockenbildung anzusehen ist. Die Richtigkeit dieser Erkenntnis stimmt mit der jahrelangen Erfahrung der meisten Stahlwerke überein, in dem eine Schmelz- und Gießtechnik, die besonders eine Verminderung des Wasserstoffgehaltes anstrebt, die Flockengefahr weitgehend einschränkt. Alle übrigen Faktoren vermögen

---

[1] Bardenheuer, P.: Stahl u. Eisen Bd. 45 (1925) S. 1782 bis 1783.

[2] Houdremont, E., u. H. Korschan: Stahl u. Eisen Bd. 55 (1935) S. 297 bis 304.

[3] Bennek, H., H. Schenck u. H. Müller: Stahl u. Eisen Bd. 55 (1935) S. 321 bis 331.

[4] Bennek, H., u. G. Klotzbach: Stahl u. Eisen Bd. 61 (1941) 597 bis 606 und 624 bis 630.

die Bildung der Flocken lediglich zu begünstigen oder zu verringern, wobei ihr Einfluß noch immer so groß ist, daß selbst eine stark flockenanfällige Schmelzung durch entsprechende Wärmebehandlung vor und nach der Warmformgebung flockenfreie Fertigteile ergibt. Für die Wärmebehandlung ist die Feststellung wichtig, daß mit abnehmender Temperatur nicht nur die Löslichkeit für Wasserstoff zurückgeht, sondern auch das Diffusionsvermögen. Kühlt also ein Stahl verhältnismäßig rasch ab, so besteht nicht nur die Neigung laufend gelösten Wasserstoff abzuscheiden, sondern das Fortdiffundieren dieses frei werdenden Wasserstoffs wird immer mehr erschwert. Es muß daher infolge der Anreicherung des sich ausscheidenden Wasserstoffs zu Drücken kommen, die den Stahl innen zersprengen. Daß hierbei Schwächeebenen bevorzugt werden, ist ohne weiteres einleuchtend. Bei großer Flockenanfälligkeit ordnen sich diese gern in den Verformungsebenen, desgleichen lagern sie sich gern an Einschlüsse, Seigerungen, Martinsitinseln und dergleichen an. Von Interesse sind schließlich noch die Feststellungen, daß die Wasserstofflöslichkeit in ähnlicher Weise wie bei der Erstarrung auch bei der A_3-Umwandlung sich sprunghaft verringert. Außerdem zeigt das Durchlaßvermögen in Abhängigkeit von der Temperatur einen ähnlichen Verlauf wie die Ausdehnungskurve. Das bedeutet aber nichts anderes als eine Parallelität des Diffusionsvermögens mit den Umwandlungsvorgängen. Damit wird auch klar, weshalb zuerst diese Zusammenhänge erkannt wurden. Je tiefer nun A_3 liegt, bei um so tieferer Temperatur scheidet sich die hier freiwerdende Wasserstoffmenge aus, die wiederum wegen der tiefen Temperaturen sehr lange braucht, um aus dem Werkstück austreten zu können und mit sinkender Temperatur immer schwieriger das Werkstück verlassen kann. An sich ist die Durchlässigkeit des α-Eisens bei gleicher Temperatur etwas größer als die des γ-Eisens.

Demnach geht die Entstehung der Flocken in folgender Weise vor sich. Der wasserstoffhaltige Stahl spaltet bei der Abkühlung laufend gelösten Wasserstoff ab, der aus dem Werkstoff mit abnehmender Temperatur nur immer schwieriger herausdiffundieren kann. Bei den Umwandlungsvorgängen werden sprunghaft größere Wasserstoffmengen frei, so daß die Druckzunahme bei diesen Temperaturen besonders in Erscheinung treten muß. Je nach den Abkühlungsverhältnissen erreicht der Druck des abgeschiedenen Wasserstoffes so hohe Werte, daß die Festigkeit des Materials überschritten wird und Zerreißungen stattfinden. Daß dicke Abmessungen weit stärker flockenanfällig sind, wird ohne weiteres erklärbar. Es kann sogar eine flockenhaltige Abmessung durch weiteres Walzen oder Schmieden auf geringere Querschnitte flockenfrei werden, vorausgesetzt, daß der Verformungsgrad groß genug ist, um ein einwandfreies Verschweißen der Fehlstellen zu bewirken. Natürlich muß selbst nach dieser nochmaligen Warmverformung der anschließenden Wärmebehand-

lung entsprechende Beachtung geschenkt werden. Außerdem wird durch
den Einfluß von Diffusionsvorgängen auch klar, warum das Auftreten
der Flocken vorwiegend im Innern der Querschnitte beobachtet wird.
Hieraus ergeben sich wiederum ohne weiteres die Mittel und Wege, die
zur Verminderung dieses unangenehmen Stahlfehlers in Betracht kommen. Im Schmelzbetrieb muß sorgfältig jede Möglichkeit zur Wasserstoffaufnahme vermieden werden und darüber hinaus etwa aufgenom-
menes Gas aus dem Stahl entfernt werden. Die hierfür erforderlichen
Maßnahmen wurden bei der Schilderung der Metallurgie des Lichtbogenofens eingehend dargelegt. Auch für das Vergießen gelten die gleichen
Gesichtspunkte. Das bedeutet, daß Gießpfannen und Gießgruben absolut
trocken sein müssen, Maßnahmen, die heute überall sorgfältig beobachtet
werden. Dagegen ist eine Gefahrenquelle vorhanden, deren Ausschaltung
der Stahlwerker nicht immer in der Hand hat. Wenn der Kokillenlack
zur Zeit des Gießens noch nicht genügend angetrocknet ist oder sogar
seine Zusammensetzung ein Verdunsten seiner wasserstoffenthaltenden
Bestandteile bei der vorhandenen Temperatur nicht zuläßt, so nimmt
der Stahl während des Vergießens Wasserstoff auf. Dieser Einfluß eines
schädlichen Lackes konnte in einer der angeführten Arbeiten geradezu
drastisch nachgewiesen werden. Die Wasserstoffaufnahme kann bei besonders schlechten Lackqualitäten sogar so weit ansteigen, daß der Block
nicht mehr ruhig erstarrt. Die Wasserstoffmenge hat also die Löslichkeits-
grenze bei der Schmelztemperatur überschritten.

Bei der Wärmebehandlung vor der Warmformgebung ist außer den
sonstigen Gesichtspunkten zu beachten, daß der Block lange genug auf
Temperatur gehalten wird, damit ein Teil des freigewordenen Wasserstoffes entweichen und der übrige Wasserstoff, der bekanntlich auch den
Seigerungsgesetzen unterliegt, sich über den ganzen Block gleichmäßig
verteilen kann und damit bereits einen Teil des Weges nach außen zurückzulegen vermag. Nach der Warmformgebung ist es zweckmäßig, das
Werkstück nochmals auf 800 bis 850° oder auch höher aufzuheizen, so
daß beim Ablegen in Sand oder Kieselgur gerade die hohen Temperaturen,
die noch eine verhältnismäßig gute Diffusionsgeschwindigkeit zulassen,
möglichst langsam durchschritten werden. Ist die Möglichkeit vorhanden,
anschließend das Weichglühen vorzunehmen, so ist damit eine Verhinderung der auftretenden Spannungen und die Wasserstoffabwanderung bei
nunmehr schon verhältnismäßig niedrigen Temperaturen erreicht. Nach
der in obengenannten Arbeiten vertretenen Ansicht muß die langsame
Abkühlung bis auf 200° herunter eingehalten werden. Selbstverständlich
ist dies der sicherste Weg, Fehler zu vermeiden. Nachteilig ist dabei aber
die sehr lange Zeitdauer, so daß in einem Walzwerk, das in großen Mengen
flockenempfindliche Qualitäten herstellt, die Durchführbarkeit wegen
Platzmangel scheitern kann. Da es sich hier oft um geringere Abmessun-

gen als beim Schmieden handelt, kann mit gutem Erfolg nachstehender Weg beschritten werden. Wird alles daran gesetzt, daß die Walzstäbe schnellstens, also so heiß als möglich abgelegt werden, so daß gerade die Abkühlung bis 500° sehr langsam erfolgt, so darf der Stahl schon von etwa 400° an Luft erkalten. Die Zeitdauer des Abkühlens im Sand muß aber für die einzelnen Qualitäten, Abmessungen und für die jeweiligen Betriebsverhältnisse genau erprobt werden. Erst dann kann mit der nötigen Sicherheit diese Arbeitsweise zur Anwendung kommen.

Soviel über den Einfluß des Wasserstoffes allein. Die übrigen Einflüsse zur Vermeidung von Flocken, wie günstiges Primärgefüge, Vermeidung von Block- und Kristallseigerungen, Schlackenreinheit u. a., bedingen eine sorgfältige Ausfeinung der Schmelze. Es muß aber auch hier immer wieder darauf hingewiesen werden, daß eine noch so sorgfältige Desoxydation allein den Wasserstoffgehalt nicht zu verringern vermag. Dieser muß schon vorher weitgehend entfernt worden sein.

Stahl für Transformatorenbleche.

Die Erzeugung des Transformatorenblechstahles, der neben 3,80 bis 4,20 Silizium höchstens 0,08% Kohlenstoff, 0,10% Mangan, 0,025% Phosphor und 0,025% Schwefel enthalten darf, stellt den Stahlwerker in mancher Hinsicht vor besondere Aufgaben. Er muß zur Erzielung eines genügend niedrigen Kohlenstoffgehaltes das Stahlbad durchgreifend oxydieren, ohne dabei das bei anderen weichen Stahlsorten zulässige Schutzmittel gegen Überoxydation, nämlich Zurückbehaltung eines Mangangehaltes von 0,15% und mehr im Stahl, anwenden zu können. Weiterhin ist er gezwungen, die auf die Frischbehandlung folgende Desoxydation und Entschwefelung gleichfalls ohne Zuhilfenahme des sonst üblichen Anfangsreduktionsmittels, nämlich Kohlenstoff, durchzuführen. Um trotzdem einen gasfrei erstarrenden und gut desoxydierten Stahl, der die Warmverformungsvorgänge einwandfrei verträgt, zu erzielen, hat man die nachfolgend beschriebene Schmelzungsführung ausgebildet.

Der Einsatz wird so zusammengestellt, daß er nach dem Einschmelzen noch etwa 0,30 bis 0,40% Kohlenstoff neben 0,20 bis 0,30% Mangan aufweist. Das Bad wird aus einer aus Kalk und Eisenerz bestehenden Frischschlacke so lange oxydiert, bis der Kohlenstoffgehalt auf 0,04 bis 0,05%, der Mangangehalt unter 0,08% gesunken ist. Ist bei beendetem Herausfrischen des Kohlenstoffs noch ein höherer Mangangehalt zurückgeblieben, so wird die Schlacke abgezogen, das Bad auf etwa 0,20% Kohlenstoff aufgekohlt und eine neue Frischschlacke aufgegeben. Umgekehrt wird in dem Falle, wo bei höheren Kohlenstoffgehalten der Mangangehalt bereits unter 0,10% gesunken ist, dem Bade etwas Ferromangan zugeführt. Die Rechtfertigung dieser Maßnahmen liegt in der eingangs erwähnten und in früheren Abschnitten ausgiebig erörterten Schutzwirkung des Mangans gegen übermäßige Sauerstoffaufnahme des Stahlbades begründet.

Ein stark siliziumhaltiger, beispielsweise aus Abfällen von Transformatorblechstahl bestehender Einsatz wird vermieden. Solange nämlich beim Frischen Silizium zu Kieselsäure oxydiert wird, geht die Verbrennung des Kohlenstoffs zu Kohlenoxyd nicht vor sich; wenn aber weicher Stahl nicht „kocht", ist nach den früheren Ausführungen über die Entgasung beim Frischen zu befürchten, daß er beim Gießen nicht gasfrei erstarrt. Tatsächlich wird auch berichtet, daß Schmelzungen, die mit erheblichem Zusatz von Siliziumstahlabfällen erzeugt sind, höheren Ausschuß durch „Treiben" beim Vergießen ergeben. Die Gasblasen der getriebenen Blöcke erweisen sich bei der Untersuchung als zum großen Teil aus Wasserstoff bestehend.

Daß die Entphosphorung des Einsatzes keine Schwierigkeiten bereitet, ist bei der Einwirkung einer mehrmals wiederholten Frischschlacke ohne weiteres verständlich.

Nachdem die letzte Erzschlacke sehr sorgfältig abgezogen worden ist, um eine nachträgliche Manganreduktion aus zurückgebliebenen Resten auszuschalten, wird die Desoxydationsschlacke aus Kalk, und zwar ausgesuchtem, stückigem Kalk und Flußspat gebildet. Bei der Verwendung von Stückkalk läuft man weniger Gefahr, größere Feuchtigkeitsmengen einzubringen, wie dies beispielsweise beim Gebrauch von verwittertem gebranntem Kalk der Fall sein kann. Welche Bedeutung aber gerade bei dem in Rede stehenden Stahl die Umsetzung $H_2O + Fe = FeO + H_2$ besitzt, erhellt aus dem bereits Gesagten zur Genüge. Sobald das aufgegebene Schlackengemisch gleichmäßig verflüssigt ist, wird als Reduktionsmittel feingemahlenes Ferrosilizium aufgegeben. Das Auftreten einer nach dem Erkalten vollkommen weiß zerrieselnden Schlacke zeigt an, daß die Entschwefelung des Bades und die Reduktion des Eisenoxyduls in der Schlacke zu einem gewissen Abschluß gekommen ist. Das Bad enthält zu diesem Zeitpunkt etwa 0,06% Kohlenstoff und etwa 0,08% Mangan. Wenn die oben gezeichneten Bedingungen beim Frischen eingehalten worden sind, läßt sich eine dem Ofen entnommene Stahlprobe rotbruchfrei schmieden.

Man geht dann dazu über, den benötigten Siliziumzusatz einzutragen. Das dazu verwendete Ferrosilizium muß selbstverständlich die durch die Zusammensetzung des Stahls bedingte Reinheit, insbesondere in bezug auf den Kohlenstoff-, Mangan- und Phosphorgehalt, aufweisen. Beim Gebrauch der 50%igen Legierung muß außerdem auf Gasfreiheit geachtet werden; das 75%ige Ferrosilizium ist, wie in dem Abschnitt über die Einsatzstoffe dargelegt worden ist, in dieser Hinsicht ungefährlich. Gleichzeitig mit dem ersten Ferrosiliziumzusatz wird oft eine Aluminiumzugabe in Höhe von etwa 0,07% vorgenommen; um die Auflösung des spezifisch leichten Aluminiums im Bade zu erzwingen, wird es an Rührstangen befestigt und unter die Schlackendecke eingerührt.

Die Schmelzung wird abgestochen, nachdem die ganze Ferrosiliziumzugabe vorgenommen und nach erfolgter Auflösung das Bad wiederholt kräftig durchgerührt worden ist. Diese letztere Maßnahme ist unerläßlich, um eine halbwegs gleichmäßige Verteilung des Siliziums zu sichern. In unbeweglich liegenden Bädern gleicht sich der Siliziumgehalt merkwürdig langsam aus; unter einer spezifisch leichteren, hochsiliziumhaltigen Oberflächenschicht bleibt die übrige Badmasse so siliziumarm, daß oft sogar der Sturz in die Pfanne beim Abgießen der Schmelzung keinen vollkommenen Ausgleich der verschiedenen Konzentrationen herbeizuführen vermag.

Der Schlußzusatz an Aluminium wird in der Regel so bemessen, daß er den Anfangszusatz auf 0,15% ergänzt.

VIII. Saurer Elektrostahl.

Allgemeines.

In den letzten Jahren hat die Erzeugung an saurem Elektrostahl stark zugenommen. In den Vereinigten Staaten z. B. wurde bereits 1930 die Hälfte des Elektrostahlformgusses, darunter fast der gesamte Kleinguß, in sauer zugestellten Öfen erschmolzen. Dieser Anteil ist allerdings mit der starken Ausweitung der Stahlerzeugung nach mehr als zehn Jahren auf ein Viertel abgesunken, während die Erhöhung der Stahlgußmenge aus dem Elektroofen beispielsweise von 1938 bis 1943 rund das Dreifache beträgt. Die wachsende Beliebtheit des sauren Verfahrens in den amerikanischen Stahlformgießereien — bei der Blockerzeugung liegen die Verhältnisse teilweise anders — beruht hauptsächlich auf seiner Billigkeit. Die Zustellungskosten sind niedriger und die Schlackenbildner kosten weniger als beim basischen Betrieb; auch ist die Schmelzungsdauer kürzer und der Energieaufwand geringer als bei der Herstellung eines gleichwertigen Erzeugnisses im basischen Ofen. Diesen Vorteilen gegenüber tritt der etwas höhere Preis des im sauren Ofen benötigten reinen Einsatzes an Bedeutung zurück. Neuerdings macht sich jedoch in manchen Ländern infolge der stetig steigenden Anforderungen an die Güte des Stahlgusses und wegen der schwierigen Schrottverhältnisse eine Neigung bemerkbar, für hochwertigen Stahlguß den basischen Ofen vorzuziehen.

Bei dieser Sachlage ist es einigermaßen verwunderlich, daß in den deutschen Elektrostahlgießereien die saure Schmelzart bisher noch sehr wenig Eingang gefunden hat. Zum Teil hängt die zögernde Entwicklung mit der schwierigen Beschaffung geeigneten Schrottes zusammen, wovon später noch die Rede sein wird. Der Hauptgrund dürfte jedoch darin zu suchen sein, daß den deutschen Elektrostahlwerkern die Erfahrung in der Betriebsführung saurer Elektroöfen noch in hohem Maße abgeht. In Amerika hingegen, wo während des ersten Weltkrieges Magnesit und Dolomit kaum erhältlich und außerordentlich teuer waren, mußte ein großer Teil der damals neu aufgestellten Elektroöfen notgedrungen sauer zugestellt und betrieben werden; die Stahlwerker hatten also ausgiebig Gelegenheit, die Eigenheiten des sauren Ofens, der ebensowenig wie der basische „von selbst" guten Stahl liefert, kennen und beherrschen zu lernen. Es ist kaum daran zu zweifeln, daß das saure Verfahren angesichts seiner mannigfaltigen Vorzüge auch in den deutschen Elektrostahlwerken allmählich die ihm zustehende Verbreitung finden wird.

Wie erwähnt, ist der saure Elektroofen hauptsächlich in den Stahlformgießereien für Kleinguß zu finden. Demgemäß bewegt sich die Ofenfassung meist um etwa 3 t, im Gegensatz zu den Blockgießereien, wo anfänglich der basische 6-t-Ofen sich als Einheitsform herauszubilden schien, jedoch heute meist als Großofen mit 20 bis 40 t Fassungsvermögen in Erscheinung tritt. Saure Elektroöfen mit einer über 5 t hinausgehenden Fassung ergeben leicht Schwierigkeiten bei der Instandhaltung des Ofenfutters; bei derartig großen Öfen reicht oft zum Schluß der Flickzeit die Abstichhitze der vorhergehenden Schmelzung nicht mehr für ein einwandfreies Festsintern des Flickgutes aus. Als Bauart für die saure Zustellung kommt lediglich der Ofen ohne Bodenbeheizung in Betracht; Öfen mit leitendem Herd sind, wenigstens beim Stahlschmelzen, bisher nicht zur Anwendung gekommen, da auch bei hohen Temperaturen die Leitfähigkeit der Kieselsäure noch sehr gering ist.

Die metallurgischen Grundlagen des sauren Schmelzens.

Der wesentliche Unterschied zwischen dem basischen und dem sauren Verfahren ist das Hinzutreten der Siliziumreduktion aus übersättigten Silikaten vornehmlich durch Mangan und Kohlenstoff. Aber auch andere Begleitelemente, wie Nickel, Chrom usw., sind imstande, Silizium aus Kieselsäure zu reduzieren. Sogar das Eisen selbst beteiligt sich an diesen Reduktionsvorgängen. Bei der Erörterung dieser Vorgänge muß daher zunächst der Einfluß des Eisens und des Mangans besprochen werden, der schließlich für das Verständnis der metallurgischen Vorgänge im Betrieb von grundlegender Bedeutung ist.

Im kohlenstofffreien System stellen sich die sauren Schlacken von selbst auf eine Zusammensetzung ein, die den gesättigten Silikaten entspricht. Diese Erscheinung hängt damit zusammen, daß die vorhandenen Basen beim sauren Verfahren, also hauptsächlich Eisenoxydul und Manganoxydul, so lange Kieselsäure aus der feuerfesten Zustellung herauslösen, bis die Sättigungsgrenze erreicht ist.

Zu der schon vom basischen Verfahren her bekannten Manganreaktion treten nun beim sauren Schmelzen noch die folgenden Umsetzungen:

$$2\,Fe + SiO_2 = 2\,FeO + Si,$$

und

$$2\,Mn + SiO_2 = 2\,MnO + Si.$$

Bei diesen Umsetzungen ist allerdings zu beachten, daß das Silizium im Stahlbad in überwiegender Weise an Eisen gebunden, also als Silizid vorhanden ist und der Einfluß der zweiten Gleichung bei weitem überwiegt. Schon hier soll die Aufmerksamkeit darauf gelenkt werden, daß auf der rechten Seite der Gleichung neben Silizium die entsprechenden Schwermetalloxydule auftreten. Aus der Abb. 136, die den Verlauf der Sauerstoff- und Siliziumkonzentration in Abhängigkeit von der Schlakkenzusammensetzung bei verschiedenen Temperaturen zeigt, ist zu entnehmen, daß für jede Temperatur, einem bestimmten Eisenoxydul- und Manganoxydulgehalt der Schlacke, ein genau festliegender Silizium- und Mangangehalt und damit auch Sauerstoffgehalt im Bad entsprechen. Die Kurven wechselnden Mangangehaltes, die den jeweiligen Siliziumgehalt bei gleichbleibender Temperatur angeben, werden „Siliziumisothermen" genannt. Während unterhalb der Kurve die Siliziumreduktion durch die jeweiligen Elemente, also hier Mangan, verursacht wird, kann im Gebiet oberhalb des Kurvenzuges die Siliziumreduktion durch andere Elemente, insbesondere durch Kohlenstoff, bewirkt werden. Die Siliziumisotherme ist also die Begrenzungslinie der Manganeinwirkung. Bei der Beurteilung dieser Zusammenhänge darf in ähnlicher Weise wie bei der Manganreaktion nicht übersehen werden, daß mit zunehmender Siliziumreduktion der Sauerstoffgehalt nicht in gleicher Weise parallel läuft. Die Abb. 136 zeigt im Gegenteil, daß bei konstantem Mangangehalt der Schlacke und steigender Temperatur der Sauerstoffgehalt selbst bei stark ansteigendem Siliziumgehalt kräftig zunimmt, bei konstantem Siliziumgehalt und sinkendem Mangan nimmt mit steigender Temperatur der Sauerstoffgehalt noch viel stärker zu. Damit müssen aber auch alle unangenehmen Nebenerscheinungen auftreten, die bei gleichzeitig steigenden Silizium- und Sauerstoffgehalten zu erwarten sind, sobald sich das Bad wieder abkühlt, und besonders dann, wenn ein solcher Stahl in der Kokille erstarrt.

Das Mangangleichgewicht wird im Vergleich zum reinen System bei gesättigten Silikaten stark verschoben, und zwar im Sinn stärkerer Manganverschlackung, d. h. saure Schlacken entziehen dem Bad bedeutend mehr Mangan. Die Temperaturabhängigkeit verläuft im gleichen Sinn wie beim reinen System. Also auch beim sauren System kann mit steigender Temperatur die Manganverschlackung verringert werden. Leider aber hat praktisch dieser Zusammenhang nicht die große betriebliche Bedeutung wie beim basischen Verfahren. Die Möglichkeit der Manganreduktion mit steigender Temperatur kann beim sauren Schmelzen nicht ausgenutzt werden, weil mit zunehmender Temperatur die Sättigungslinie der Silikate nach höheren Kieselsäuregehalten verschoben wird, d. h. die Schlacke nimmt mehr Kieselsäure aus der Zustellung auf und zerstört nicht nur den Ofen, sondern erhöht damit auch gleichzeitig die Schlacken-

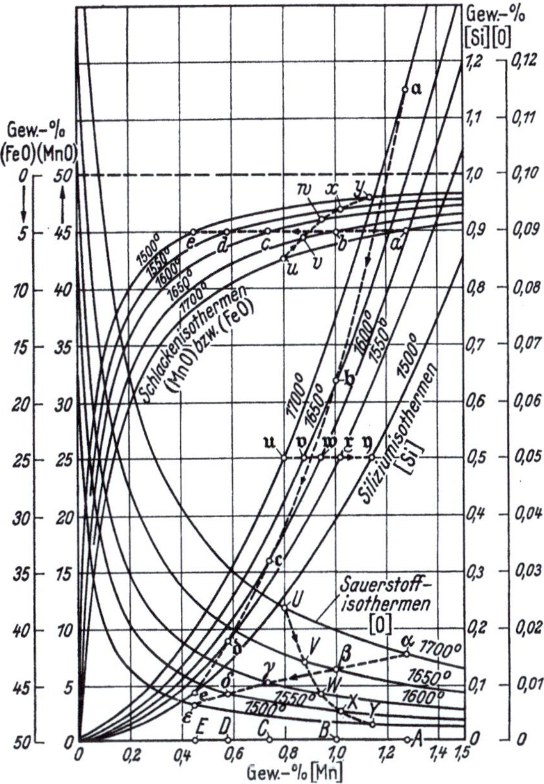

Abb. 136. Die Gleichgewichtsbeziehungen zwischen flüssigem Eisen und an Kieselsäure gesättigten Eisen-Manganoxydul-Silikaten bei verschiedenen Temperaturen.
(a, b, c, d, e Schnitt bei gleicher Schlackenzusammensetzung,
u, v, w, r, y Schnitt bei gleichem Siliziumgehalt des Metallbades.)

menge. Dadurch kann selbst bei einer Verringerung des Mangangehaltes in der Schlacke kein Mangan in das Bad wandern. Dies muß im Gegenteil sogar zu weiteren Manganverlusten im Bad führen. Vor allen Dingen wird aber die Isotherme selbst mit ansteigender Temperatur in dem Sinne beeinflußt, daß gleichen Mangangehalten höhere Siliziumgehalte entsprechen. Zur Erreichung dieser Gleichgewichtszustände muß sich daher wiederum der Mangangehalt im Bad durch Siliziumreduktion verringern. Der scheinbare Widerspruch liegt darin begründet, daß bei den Gleichgewichtsuntersuchungen sehr große Schlackenmengen vorhanden sein müssen, wie dies im praktischen Betrieb nie der Fall ist.

Von besonderer Wichtigkeit ist nun, daß bei gleichen Gehalten an Schwermetalloxydulen in der Schlacke der Sauerstoffgehalt im Bad im sauren System rund 60% desjenigen bei basischen Schlacken beträgt. Die Erklärung hierfür muß darin gesucht werden, daß der Anteil des sogenannten freien Eisenoxyduls in basischen Schlacken verhältnismäßig viel größer ist als bei sauren Schlacken. Die Kieselsäure bindet also das Eisenoxydul in starker Weise ab. Die Folge hiervon ist, daß die Kochgeschwindigkeit beim sauren Schmelzen nur etwa halb so groß ist wie beim basischen Verfahren. Während man hier so arbeitet, daß eine Entkohlungsgeschwindigkeit von etwa 0,25% C/Std. angestrebt wird, wird beim sauren Verfahren mit etwa 0,15% C/Std. gerechnet.

Im kohlenstoffhaltigen System tritt die Beteiligung des Kohlenstoffes an der Siliziumreduktion hinzu nach der Gleichung

$$2\,C + SiO_2 = Si + 2\,CO.$$

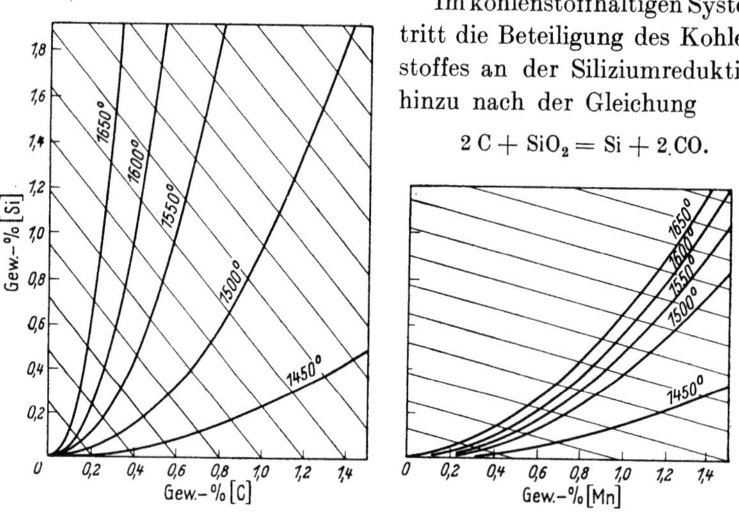

Abb. 137. Die Reduktion von Silizium aus fester Kieselsäure durch kohlenstoff- bzw. manganhaltiges Eisen bei verschiedenen Temperaturen. Die schrägen Geraden zeigen die Konzentrationswege des Umsatzes. (Nach F. Körber u. W. Oelsen.)

Die praktischen Verhältnisse sind also dadurch zu charakterisieren, daß die gesättigte Schlacke zunächst Sauerstoff an das Bad abgibt und im Bad die Umsetzungen in der Weise verlaufen, daß eine Kohlenstoff-Sauerstoffreaktion entsteht, wie sie etwa dem von Vacher und Hamilton bestimmten Gleichgewicht entspricht. Hierbei sind je nach Kochgeschwindigkeit die geringen Abweichungen zu berücksichtigen, wie sie bereits beim basischen Verfahren erörtert wurden. Sobald aber durch die Kohlenstoffreaktion eine Verarmung der Schlacke an Eisen- und Manganoxydul eintritt, was bei Erreichen der Isothermen der Fall ist, übersättigt sich die Schlacke mit Kieselsäure, und es muß sich feste Kieselsäure ausscheiden. Die feste Kieselsäure wird dann gemäß den Siliziumisothermen durch Kohlenstoff reduziert. In der Abb. 137 sind solche Isothermen für Kohlenstoff und Mangan mit steigender Temperatur angegeben, und es ist ohne weiteres zu erkennen, daß mit zunehmender Temperatur die Reduktionskraft des Kohlenstoffes die des Mangans weit hinter sich läßt. Trotzdem reagiert das Mangan zuerst. Dies hängt damit zusammen, daß die Reaktionsgeschwindigkeit dieses Vorganges außerordentlich hoch ist, so daß sich das Mangan gewissermaßen in den Tiegel hineinfrißt. Die verheerenden Folgen hoher Mangangehalte beim sauren Schmelzen auf die feuerfeste Zustellung sind allgemein bekannt. Die entsprechende Kohlenstoffreaktion hingegen verläuft wesentlich langsamer. Bei hinreichend hohen Mangangehalten spielt sich praktisch der Vorgang der Siliziumreduktion in der Weise ab, daß zunächst das Mangan bis zum Erreichen der Isotherme abnimmt. Von diesem Augenblick an tritt der Kohlenstoff in Erscheinung und reduziert in fast quantitativer Weise das Silizium aus der Schlacke, die nach Überschreiten der Isothermen sich immer mehr an Kieselsäure anreichert. Ein weiterer Grund für das Vorherrschen der Manganverschlackung ist darin zu erblicken, daß, solange eine Manganreaktion vorhanden ist, die Schlacke sich niemals übersättigen kann. Erst die beendete Einwirkung des Mangans schafft die Voraussetzung für die Siliziumreduktion durch Kohlenstoff, also erst nach dem Überschreiten der Isothermen können die Mangan- und Eisengehalte der Schlacke sinken, nachdem keine Oxydule mehr nachgeliefert werden. Die Vorgänge bewirken nunmehr, daß ein kieselsäure-übersättigter Film über dem Bad entsteht und daß sich mit weiter steigender Siliziumreduktion Sauerstoff-, Mangan- und Siliziumgehalt des Bades vom Standpunkt des Gleichgewichtes gesehen immer mehr von der durchschnittlichen Zusammensetzung der Schlacke entfernen. Diese Zusammenhänge können auch in der Weise erklärt werden, daß die Siliziumisothermen für die Reduktion durch Kohlenstoff einerseits und Mangan andererseits voneinander abweichen und außerdem die Gleichgewichte einmal für übersättigte und zum anderen für gesättigte Schlacken gelten. Das ursprünglich angestrebte Gleichgewicht wird durch die Kohlenstoffreaktion gestört. Diese Zusammenhänge sind aber für das Ausreagieren zwischen Bad und Schlacke von grundlegender Bedeutung. Wird nun durch das Aufsteigen von Kohlenoxydblasen die Kieselsäureschicht immer wieder von neuem aufgerissen, so muß das Sauerstoffangebot der oberhalb des Kieselsäurefilms liegenden Schlacke wieder erhöht in Erscheinung treten; diese Umsetzungen vermögen sich aber nicht durchzusetzen, da auch an diesen Stellen die Bedingungen für die Siliziumreduktion durch Kohlenstoff sich selbsttätig einstellen. An Stelle von Eisen- und Manganoxydul wird Kieselsäure zum Oxydationsmittel für den Kohlenstoff. Damit entfernen sich Bad und Schlacke immer mehr von ihrem Gleichgewichtszustand, wie er durch die Isothermen der Manganeinwirkung beschrieben wird. Solche Vorgänge können aber nur verschlechternd auf die Qualität einwirken. Da alle diese Umsetzungen mit steigender Temperatur außerordentlich stark im Sinne höherer Silizium- und Sauerstoffgehalte und immer größerer Ungleichgewichte verschoben werden, so müssen sich auch mit steigender Temperatur die metallurgischen Voraussetzungen für die Erzeugung eines einwandfreien sauren Stahles verschlechtern.

Die Bedeutung der Siliziumreduktion läßt sich noch übersichtlicher mit Hilfe der Abb. 138 besprechen, bei denen der Sauerstoffgehalt in Abhängigkeit von den jeweiligen Kohlenstoff-, Silizium- und Mangangehalten bei 1500 und 1600° aufgezeichnet ist. In beiden Fällen bewirkt Mangan die geringste Herabsetzung des Sauerstoffgehaltes. Bei 1600° übersteigt die Reduktionskraft des Kohlenstoffes die des Siliziums im Bad. Bei 1500° ist dagegen Silizium das stärkere Reduktionsmittel. Hierbei ist noch zu bemerken, daß die Siliziumkurve den übersättigten Schlacken-

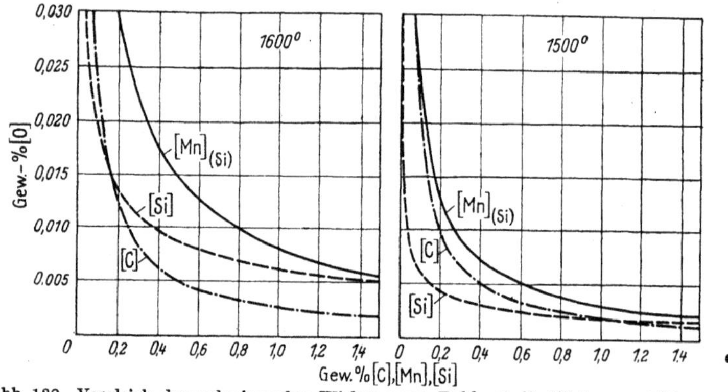

Abb. 138. Vergleich der reduzierenden Wirkung von Kohlenstoff, Silizium und Mangan (bei Gegenwart von Si oder SiO_2) bei 1600 und 1500°. (Nach F. Körber u. W. Oelsen).

lösungen und die Mangan- und Kohlenstoffkurve gesättigten Schlacken entsprechen, das heißt also, die Kurven sind so gezeichnet, wie sie für eine Beurteilung der Vorgänge im Betrieb erforderlich sind. Bei niedriger Temperatur ist also tatsächlich die Siliziumreduktion zur Verringerung des Sauerstoffgehaltes geeignet. Bei höheren Temperaturen dagegen steigt mit der Siliziumreduktion der Sauerstoffgehalt an. Dazu kommen aber noch die ausgesprochenen Ungleichgewichte, sobald die Siliziumreduktion oberhalb der Isothermen eintritt, die eine weitere Verschlechterung der metallurgischen Bedingungen für das Feinen bedeuten.

Im Lichtbogenofen beteiligt sich auch der Kohlenstoff der Elektroden an der Siliziumreduktion, sei es im Lichtbogen zerstäubter Kohlenstoff oder durch unmittelbare Berührung mit der Schlacke. Infolge der besonderen Bedingungen kommt es hier sogar zu einer Siliziumkarbidbildung. Auch hier muß natürlich diesen Vorgängen eine Verarmung der Schlacke an Eisen- und Manganoxydul vorausgehen. Weitere Einzelheiten dieser Vorgänge werden bei Besprechung der praktischen Durchführung zu erörtern sein.

Diese Erkenntnisse und Einblicke vermitteln nunmehr das Verständnis für die wichtigsten Erfahrungen bei den praktischen Vorgängen. Diese Erfahrungen laufen hauptsächlich auf die Vermeidung des Entstehens der sogenannten „Brettschlacke" hinaus. Diese Bezeichnung bedeutet aber nichts anderes als die an der Berührungsfläche mit dem Bad auftretende Übersättigung und Ausscheidung der Kieselsäure. Es muß also im praktischen Betrieb darauf gesehen werden, daß die Schlacke stets dünnflüssig gehalten und der ganze Prozeß so geführt wird, daß die Reaktionen über ein Sauerstoffangebot seitens der Schlacke an das Bad verlaufen, und zwar ein Sauerstoffangebot, das durch Eisen- und Manganoxydul und nicht durch ausgeschiedene Kieselsäure hervorgerufen wird. Es muß eben die Übersättigung der Schlacke vermieden und damit die Voraussetzung geschaffen werden, daß sich keine Ungleichgewichte einstellen können. Die erforderlichen Maßnahmen bestehen darin, daß man der Schlacke Basen zusetzt, die einen günstigen Flüssigkeitsgrad schaffen und die Kieselsäureüberschüsse abbinden. Solange der Kochvorgang noch verläuft, ist der Zusatz von etwas gebranntem Kalk das beste Mittel. Die Schlacken werden sehr dünnflüssig, und der Kalk bewirkt außerdem eine günstige Beeinflussung der Frischvorgänge, indem er den Anteil an freiem Eisenoxydul in der Schlacke erhöht. Da während des Auskochens diese Nebenwirkung unerwünscht ist, ziehen viele Praktiker zu diesem Zeitpunkt den Zusatz von Tonerde oder auch Dolomit vor. Im zweiten Fall wird durch den Magnesiagehalt die Schlacke in ihrer Reaktionsfähigkeit beeinträchtigt. Im Interesse eines gründlichen Ausreagierens muß mit solchen Zusätzen natürlich sehr vorsichtig verfahren werden.

Es sei noch bemerkt, daß auch der Zusatz von Kalk mit Bedacht bemessen werden muß, denn es kann auch der Fall eintreten, daß die Schlacke durch eine zu starke Verminderung ihres Gehaltes an Schwermetalloxydulen einem Gleichgewichtszustand zustrebt, der bei noch höheren Siliziumgehalten des Bades liegt. Auch auf diese Erscheinung dürfte wohl die Neigung vieler Praktiker zurückzuführen sein, den Zusatz von Kalk gegen Ende der Schmelzung ganz zu vermeiden.

Das zweite und früher hauptsächlich angewandte Mittel, die Übersättigung der Schlacke zu verhindern, ist der Zusatz von Mangan zum Bad. Wie im folgenden noch ausführlich dargelegt werden wird, ist dies eine angenehme Möglichkeit, die Siliziumreduktion in den vorgeschriebenen Grenzen zu halten. Durch den Übergang des Mangans in die Schlacke wird diese im Sättigungszustand erhalten. Leider ist diese Methode teurer und steht auch im Gegensatz zu den Erfordernissen der Manganeinsparung. An sich ist der Manganzusatz beim Auskochen metallurgisch das günstigste Mittel, um eine weitgehende Feinung zu erreichen.

Da eine starke Siliziumreduktion meist durch ein Ansteigen der Temperatur hervorgerufen wird, kann das Maß der Siliziumreduktion geradezu als Maßstab bzw. als Indikator gelten, ob die Desoxydation richtig durchgeführt worden ist, vorausgesetzt, daß die Schmelzung nicht zu lange unter diesen Umständen im Ofen geblieben ist. Die allgemeine und feststehende Erfahrung, daß eine starke Siliziumreduktion und insbeondere zunehmende Temperatur sich auf die Qualität sehr ungünstig auswirken, ist nach den vorangegangenen Erörterungen leicht zu erklären. Bei weichen Stählen steigt mit der höheren Temperatur nicht nur die Siliziumreduktion, sondern auch der Sauerstoffgehalt kräftig an; bei harten Stählen entfernen sich außerdem infolge der Siliziumreduktion durch Kohlenstoff Bad und Schlacke von ihrem Gleichgewichtszustand. Auf der anderen Seite liegen die Verhältnisse für das saure Verfahren insofern günstig, als bei richtiger Arbeitsweise sich der saure Stahl wesentlich leichter vergießen läßt als der basische, wodurch die Durchführung der metallurgischen Reaktionen bei tiefen Temperaturen überhaupt erst ermöglicht wird.

Auch beim sauren Verfahren kann die Beurteilung des Aussehens der Schlacke dem Betriebsmann viele Aufschlüsse geben. Der Flüssigkeitsgrad der Schlacke im heißen Zustand, ihre Farbe und der Glanz an der Oberfläche und im Bruch nach dem Erkalten, lassen Schlüsse auf den Gehalt an Kieselsäure, Eisen und Mangan und unter Umständen sogar Kalk zu. Es muß aber beachtet werden, daß die Beurteilung des Flüssigkeitsgrades leicht zu Fehlschlüssen Anlaß geben kann, denn er nimmt mit steigender Temperatur ab wegen des ansteigenden Kieselsäuregehaltes. Natürlich haben ebenso wie beim basischen Verfahren auch hier Schlackenproben nur dann einen Sinn, wenn Bad und Schlacke ausreagiert haben.

Die Zustellung.

Das Gewölbe der sauren Öfen besteht, wie bei den basischen, aus Silikasteinen. Da beim sauren Verfahren die zerstörende Wirkung des Kalkstaubes fortfällt, steigt die Deckelhaltbarkeit um ein Vielfaches. Während bei basischen Öfen das Gewölbe 30 bis 80 Schmelzungen auszuhalten pflegt, sind bei sauren Öfen Haltbarkeitszahlen von 200 bis 300 keine Seltenheit. Dieser Vorteil kommt natürlich nur bei ununterbrochenem Betriebe voll zur Geltung; wird, wie es vielfach in den Stahlgießereien üblich ist, nur auf Tag- oder nur auf Nachtschicht geschmolzen, so setzen natürlich die Temperaturschwankungen beim Abstellen und Wiederanheizen die Lebensdauer des Gewölbes merklich herab. Hier kann unter Umständen der Übergang von Silika- zu Sillimanitsteinen von Vorteil sein.

Die Herdmulde, die bei den größeren basischen Öfen meist flach und schalenförmig ausgebildet ist, hat bei den kleineren sauren Öfen vorzugsweise eine tiefe Becherform; infolgedessen liegt fast der gesamte

Schrott im unmittelbaren Lichtbogenbereich und schmilzt außerordentlich rasch. Bei basischer Zustellung wäre in metallurgischer Beziehung diese Herdform ungünstig zu bewerten, da sie die wirksame Berührungsfläche zwischen Stahlbad und Schlacke verringert. Bei sauren Öfen ist dieser Umstand bedeutungslos, da außer der Schlacke auch die gesamte Herdfläche an den metallurgischen Umsetzungen teilnimmt und daher die wirksame Reaktionsfläche etwas mehr als das Doppelte beträgt.

Beim Aufbau des Herdes werden zunächst auf das Bodenblech zwei Flach- oder Läuferschichten aus Silika- oder Schamottesteinen aufgemauert; bei diesen Lagen brauchen, da sie höheren Temperaturen nicht ausgesetzt sind, keine Dehnfugen vorgesehen zu werden. Auf die Bodenlagen wird alsdann die Seitenwand in einer Dicke von 300 bis 400 mm aus Silikasteinen aufgesetzt. Zwischen Blechmantel und Seitenwand bleibt ein Raum von 10 bis 20 mm frei, der nach beendetem Mauern mit losem Silbersand oder Asbest ausgefüllt wird und als Puffer beim Wachsen des Mauerwerks dient.

Die eigentliche Herdsohle wird auf die gemauerte Bodenlage in einer Stärke von etwa 300 bis 400 mm aus Quarzsand aufgebrannt oder aufgestampft. Als Herdsand eignet sich vornehmlich der scharfkantige etwa bis höchstens erbsengroße Quarzsand mit tonigem Bindemittel, der auch beim Herdbau saurer Martinöfen Verwendung findet. Desgleichen sind gemahlene, schlackenfreie Silikaziegel sowie natürliche Silikasande ohne Bindemittel als Herdmasse brauchbar, wenn sie zuvor mit 1 bis 5% hochfeuerfesten Tones innig gemischt worden sind. Gut zu verwenden sind auch natürliche Sande, die höchstens 5% Verunreinigung, wie Ton oder Kalk, enthalten und daher gut fritten. Höhere Gehalte setzen die Haltbarkeit bereits stark herab.

Beim Einbrennen des Herdes verfährt man folgendermaßen: Eine dünne, etwa fingerstarke Lage des Gemisches wird auf die zuvor mit gelindem Holz- und Koksfeuer vorgetrocknete gemauerte Bodenlage aufgetragen und mit grobstückigem Koks oder besser noch mit Elektrodenbruchstücken vorsichtig belegt. Darauf wird der Strom eingeschaltet und die Temperatur allmählich bis zur Weißglut gesteigert. Ist die erste Schicht überall zusammengesintert und festgebrannt, so zieht man die Elektrodenbruchstücke heraus, trägt neue Sandlagen auf und erhitzt jedesmal wiederum bis zum Festsintern. Das sorgfältige Einbrennen eines Herdes von etwa 400 mm Stärke auf die eben geschilderte Weise erfordert einen Zeitaufwand von mindestens 24 Stunden und einen Energieverbrauch von 5000 bis 10000 kWh.

Das Einstampfen eines Herdes ist einfacher und weniger zeitraubend. Auf die frisch gemauerte Bodenlage wird das angefeuchtete Sand-Tongemisch oder auch, ähnlich der Dolomitteermischung für basische Öfen, ein Sandteergemisch von solcher Bildsamkeit eingebracht, daß es mit Preßluftstampfern lagenweise festgerammt werden kann. Nach beendetem Stampfen wird der Herd mit Wasserglas zur Verhütung des Zerrieselns vor dem Brennen angestrichen. Sodann wird der Ofen durch ein gelindes Holzfeuer etwa 6 Stunden lang getrocknet. Nach Entfernung der Holzasche wird Koks oder Elektrodenbruch eingefüllt, der Strom eingeschaltet und die Hitze allmählich so weit gesteigert, daß die oberste Schicht vollkommen zusammensintert und hart brennt. Der Ofen ist dann betriebsfähig.

Die Meinungen darüber, ob gestampfte oder gebrannte Herde haltbarer sind, sind geteilt, so daß man, gleiche Sorgfalt und gleiche Erfahrung vorausgesetzt, wohl mit beiden Arbeitsweisen gleich gute Ergebnisse erzielen wird.

Das Ausflicken des Bodens und der Wände nach jeder Schmelzung geschieht durch Anlegen oder Anwerfen von angefeuchtetem oder auch trockenem Sand. Mit Stahl gefüllte Löcher im Herd müssen, wie beim basischen Herd, vor dem Ausflicken „trocken gepumpt" werden. Nach beendeter Flickarbeit, die, um die Abstichhitze soweit wie möglich auszunutzen, aufs äußerste beschleunigt werden muß, läßt man den Ofen während einiger Minuten bei geschlossenen Türen stehen, um ein oberflächliches Festsintern des Flickgutes zu ermöglichen.

Die Haltbarkeit eines sorgfältig hergestellten und instand gehaltenen sauren Herdes ist fast unbegrenzt und erreicht 1000 Schmelzungen ohne Schwierigkeit, wobei allerdings die Verwendung eines wenig verrosteten Einsatzes vorausgesetzt ist. Gelangen hingegen während des Einschmelzens erhebliche Mengen von Rost mit der Herdsohle in Berührung, so löst dieser die oberste Schicht des Ofenfutters allmählich auf und verschlackt sie. Durch diese Anreicherung an Eisen ist die saure Zustellung nicht imstande, sich von Anfang an an der Siliziumreduktion zu beteiligen. Durch die schnellere Abnutzung muß sie vorzeitig erneuert werden.

Die gemauerten Seitenwände weisen etwa die gleiche Lebensdauer wie das Gewölbe auf und werden zweckmäßigerweise gleichzeitig mit diesem ersetzt. Die Seitenwände können auch gestampft werden wie bei der basischen Zustellung. Am besten wird die gleiche oder ähnliche Masse wie für den Herd verwandt. Auf diese Weise kann das Abplatzen der Steine vermieden werden, und der Ofen wird unempfindlich im Betrieb. Unter Umständen läßt sich daher die Lebensdauer der Seitenwände ganz wesentlich verlängern. Die Kosten sind natürlich viel geringer als bei Verwendung von Silikasteinen.

Schließlich sei noch angefügt, daß heute manche Werke den Herd auch mauern unter Verwendung von Wölbsteinen und nur die oberen 150 bis 200 mm stampfen oder sintern. Die Wölbsteine werden gewissermaßen als umgekehrtes Gewölbe gemauert. Solche Herde sind außerordentlich widerstandsfähig.

Der Einsatz.

Die Frage des Einsatzes erheischt beim sauren Elektrostahlschmelzen ganz besondere Aufmerksamkeit, da weder der Phosphor noch der Schwefelgehalt der Beschickung eine Verringerung erfahren. Der Einsatz muß deshalb so gewählt werden, daß die Gehalte an beiden Elementen etwas unter oder höchstens an der zugelassenen Höchstgrenze des zu erzeugenden Stahles liegen. Das bedeutet also, daß für gewöhnlichen Stahlformguß höchstens 0,040% Phosphor, höchstens 0,040% Schwefel, und als Summe beider höchstens 0,070% im Einsatz enthalten sein soll. Diesen Anforderungen entspricht ohne Schwierigkeit ein im basischen Martin- oder Elektroofen vorgeschmolzener und vorgefrischter Einsatz. Die Möglichkeit, einen Vorschmelzofen zu benutzen. bildet jedoch in Stahlformgießereien eine Ausnahme, so daß man im allgemeinen auf festen Einsatz angewiesen ist. Den genannten Anforderungen entspricht aber ohne weiteres guter Martinstahlschrott, während für die Blockerzeugung ein reinerer Einsatz, z. B. Elektroofenschrott. gewählt werden muß.

Wird der saure Elektroofen fest beschickt, so darf nur solcher Schrott verwendet werden, der nach Art und Herkunft wohl geordnet ist: Schrottentfall des eigenen Betriebes (Gießknochen und Trichter), schwere blanke Drehspäne, Kesselblechabfälle, Federschrott, Schienenenden, Blockschrott, schwere Schmiede- oder Walzwerksabfälle und ähnlicher reiner Kernschrott. Die Beschaffung von solchem Kaufschrott mit gewährleisteten Phosphor- und Schwefelgrenzen stieß früher in Deutschland, wie auch in den übrigen europäischen Ländern, auf erhebliche Schwierigkeiten; der Schrotthandel war hier im allgemeinen noch nicht darauf eingestellt, gegen Gewährung eines geringen Aufpreises die Sortierung des Schrottes nach Art und Herkunft mit der gleichen Sorgfalt vorzunehmen, wie es in den Vereinigten Staaten vielfach schon vorher der Fall war.

Eine zweite Forderung, die an den Einsatz für saure Elektroöfen gestellt werden muß, ist möglichste Rostfreiheit. Der Rost greift die saure Zustellung unter Bildung von Eisensilikaten an und verursacht einen starken Verschleiß des Ofenfutters. Die in amerikanischen und neuerdings auch in deutschen Stahlwerken an Stelle der Schrottplätze manchmal anzutreffenden „Schrotthäuser" mit ihrer Ausschaltung der Witterungseinflüsse bringen also außer der Verbilligung der Ladearbeit auch für den Ofenbetrieb selbst nicht zu unterschätzende Vorteile mit sich.

Die Vorgänge beim Einschmelzen und Kochen.

Während des Einschmelzens vollzieht sich die Verbrennung des Siliziums, Kohlenstoffs und Mangans in ähnlicher Weise wie beim basischen

Verfahren. Der mit dem Einsatz eingebrachte Rost und Zunder oxydiert Kohlenstoff zu Kohlenoxyd, Silizium zu Kieselsäure und Mangan zu Manganoxydul. Kohlenoxyd entweicht gasförmig, Manganoxydul und Kieselsäure bilden mit dem überschüssigen Eisenoxydul eine metalloxydulreiche, dünnflüssige Schlacke, die in Berührung mit dem Ofenfutter dieses auflöst und sich dabei an Kieselsäure sättigt. Die verschlackende Wirkung auf die Zustellung hört nahezu auf, sobald der Kieselsäuregehalt der Einschmelzschlacke die Sättigungsgrenze, nämlich 50 bis 60%, erreicht hat.

Im wesentlichen ist also die Endschlacke beim Einschmelzen ein Gemisch aus gesättigten Eisen- und Mangansilikaten, das durch folgende durchschnittliche Zusammensetzung gekennzeichnet ist:

50 bis 60% Kieselsäure,
15 bis 20% Eisenoxydul,
15 bis 20% Manganoxydul.

Daneben tritt bei chromhaltigem Einsatz Chromoxyd auf, auch sind meist mehrere Prozent Tonerde und Kalk vorhanden. Die Beschaffenheit der Schlacke im erkalteten Zustande ist glasig und spröde, die Farbe undurchsichtig schwarz. Die Schlackenmenge hängt von dem Verrostungsgrade des Einsatzes ab und schwankt zwischen 2 und 6% des Einsatzgewichtes. Ein besonderer Zusatz von Schlackenbildnern während des Einschmelzens ist beim sauren Verfahren angesichts der vorhin erwähnten selbsttätigen Schlackenbildung nicht üblich; ausgleichende Zuschläge sind nur dann angebracht, wenn der Schmelzungsverlauf Störungen durch unrichtige Schlackenbeschaffenheit erkennen läßt. Die Ursachen dieser Störungen und die Mittel zur Abhilfe sollen weiter unten im Zusammenhang besprochen werden. Außerdem besitzt Kieselsäure im Gegensatz zu Kalk ein sehr schlechtes Ionisierungsvermögen und ebenfalls sehr schlechtes elektrisches Leitvermögen. Bei Abwesenheit von verschlacktem Eisen gilt Kieselsäure geradezu als Isolator. Aber selbst die gesättigten Silikate sind noch durch schlechte Ionisierungs- und Leitfähigkeitseigenschaften im Vergleich zu den basischen Schlacken gekennzeichnet. Während der Kalkzusatz geeignet ist, den Lichtbogen zu stabilisieren und das Einschmelzen zu erleichtern, muß beim sauren Verfahren auf einem Sandzusatz verzichtet werden, um die Einschmelzbedingungen nicht unnötig zu erschweren. Nur bei Vorliegen eines stark verrosteten Einsatzes ist es zweckmäßig, etwas Sand mitzugeben, um die Zustellung zu schonen. Dieser Sand soll aber nicht in den Bereich des Lichtbogens kommen, da andernfalls der Lichtbogen unter sonst gleichen Verhältnissen im sauren Ofen unruhiger brennt als im basischen Ofen bei Kalkzusatz. Bei kleinen Öfen und entsprechend kleinen Leistungen wurde daher früher sehr häufig, zumindest beim Anfahren, ohne Automatik, also von Hand gefahren. Beim sauren

Verfahren pflegt durch die geringere Frischwirkung der Kohlenstoffabbrand während des Einschmelzens gering zu sein, desgleichen benötigt man beim absichtlichen Entkohlen eines zu hart eingeschmolzenen Bades erheblich mehr Zeit als bei basischer Schlackenführung. Aus diesem Grunde wählt man den Einsatz zweckmäßigerweise von vornherein möglichst weich. Ist man trotzdem zu einer starken Entkohlung gezwungen, so fügt man das Erz in kleinen Mengen (5 bis 10 kg) zu und wartet mit jedem Zusatz, bis der vorhergehende ausreagiert hat. Bei der einmaligen Zugabe zu großer Erzmengen würde die Schlacke sich zu stark an Eisenoxydul anreichern und das Ofenfutter übermäßig angreifen. Natürlich muß auch beim sauren Arbeiten für einen guten Flüssigkeitsgrad der Kochschlacke Sorge getragen werden, da sonst die im Bad vom Einschmelzen her vorhandenen Einschlüsse nicht entfernt werden können und auch keine ausreichende Entgasung erfolgen kann. Auch hier spielt die Dauer und Gleichmäßigkeit des Kochens eine große Rolle für die Qualität des fertigen Stahles. Wenn auch die Gefahr der Wasserstoffaufnahme beim sauren Schmelzen weit geringer ist als beim basischen Verfahren, so darf die Entgasung keinesfalls vernachlässigt werden. Das um so mehr, wenn zum Schluß Legierungen zugesetzt werden müssen, deren Gasgehalt nicht zuverlässig den gestellten Anforderungen entspricht. Auch darf das Kochen nicht zu kalt durchgeführt werden, zumal unter der eisenreichen Schlacke die Siliziumreduktion nicht eintreten kann. Die für die Desoxydation geltenden Gesichtspunkte dürfen nicht dazu führen, den eigentlichen Kochvorgang zu hindern. Das vom Einsatz stammende Silizium soll weitgehend oxydiert werden. Dagegen soll auch hier ein zu starkes Herunterkochen, nämlich unter 0,2% C, vermieden werden. Für das saure Arbeiten hat sich das „Abfangen" der Schmelzen besonders bewährt und ebenso das Nachkochen unter Roheisenzusatz.

Im Gegensatz zur Verbrennung des Kohlenstoffs ist die Verschlakkung des Mangans während des Einschmelzens fast ebenso vollständig wie die des Siliziums. Der Abbrand an Mangan beträgt fast stets mehr als die Hälfte und sehr oft mehr als drei Viertel der mit dem Einsatz eingebrachten Menge. Vom Chromgehalt des Einsatzes gehen etwa 5 bis 10% je nach Siliziumgehalt durch Umsetzung mit Eisenoxydul in die Schlacke über. Diese Abbrandverhältnisse gelten für normale, d. h. annähernd neutrale Einschmelzbedingungen; bei stark oxydierendem oder stark reduzierendem Einschmelzen verschieben sie sich grundlegend.

Die „Normalisierung" des Einschmelzverlaufes.

Die Gleichmäßigkeit des Schmelzungsganges ist beim sauren Elektrostahlbetrieb von besonderer Bedeutung, da von den im Ofen herrschenden Bedingungen die Güte und der Umfang der Feinungsarbeit wesentlich abhängen. Die erste Voraussetzung für gleichbleibenden Schmelzungsgang, die Gleichförmigkeit des Schmelzgutes, ist bereits kurz gestreift worden, die zweite besteht in der Einhaltung gleichmäßiger Einschmelzbedingungen. Die Erfüllung dieser Forderung ist für den Schmelzer nicht allzu schwierig, da er durch eine Reihe äußerer Anzeichen laufend über den Zustand des Ofeninnern unterrichtet wird. Besonders wichtig und aufschlußreich für die Regelung des Einschmelzverlaufes im Sinne der Gleichmäßigkeit ist die Beobachtung der aus den Türspalten und Elektrodenöffnungen entweichenden Flammengase.

Rötlichblaue, durchsichtige, rauchlose Flammen sind ein Zeichen übermäßiger Oxydation. Schwachgelbe Flammen sind für eine annähernd neutrale Ofenatmosphäre kennzeichnend, während stark reduzierende Einflüsse im Ofen durch leuchtende tiefgelbe Flammen und starke Rauchentwicklung angezeigt werden. Bei übermäßig starker Reduktionswirkung „schneit" sogar der Ofen, d. h. er wirft in großen Mengen dichte, wollige grauweiße Flocken aus, die aus einem Gemisch von Kieselsäure und Siliziumkarbid bestehen. Sie stellen das Verbrennungserzeugnis des fein verteilten Siliziums und Siliziumkarbids dar, die sich bei stark reduzierenden Bedingungen im Lichtbogen bilden und durch die Ofenritzen nach außen gerissen werden.

Beide Grenzfälle, die überwiegende Oxydation und die überwiegende Reduktion, sind für den weiteren Fortgang der Schmelzung unerwünscht und müssen durch sorgfältige Gegenmaßnahmen abgeändert werden. Übermäßige Oxydation rührt meist von zu starker Verrostung des Einsatzes, manchmal auch von ungehemmtem Luftzutritt in den Herdraum her. Die Einschmelzschlacke ist in diesem Fall sehr reich an Eisenoxydul und übt demgemäß stark zerstörende Wirkungen auf die Ofenzustellung aus. Sofortiges Aufstreuen von Sand oder eines Gemisches von Sand und Koks vermindert das Übel; auch das Nachsetzen von Roheisen in den bereits eingeschmolzenen Sumpf trägt dazu bei, den Eisenoxydulgehalt der Schlacke allmählich zu verringern.

Überstarke Reduktion beim Einschmelzen ist meist die Folge einer „Brückenbildung" des Einsatzes. Die Elektroden schmelzen sich durch den zusammengesinterten, festgespreizten Schrott zu rasch abwärts und treffen infolgedessen an der Herdsohle nur wenig oder gar kein geschmolzenes Eisen an. Infolge der örtlichen Überhitzung werden Brocken aus der Ofenzustellung gelöst und bilden im unmittelbaren Lichtbogenbereich eine hochkieselsäurehaltige Schlacke, aus welcher erhebliche Mengen von Silizium reduziert werden und in das Bad übergehen oder auch verdampfen. Sofortiges Einstoßen der Brücken oder Nachfüllen frischen Schrottes in die Schmelzkrater schaffen gegen diesen Übelstand Abhilfe. Das beste Mittel ist natürlich eine sorgfältige Verteilung des Einsatzes beim Beschicken. Außer der Brückenbildung können auch die Verwendung stark sandigen Schrottes oder unsachgemäßes Ofenflicken Veranlassung zum Übertritt großer Kieselsäuremengen in die Einschmelzschlacke mit den oben gekennzeichneten unerwünschten Folgeerscheinungen geben. Das sicherste Mittel gegen Brückenbildung ist natürlich die richtige Bemessung der elektrischen Verhältnisse für das jeweilige Fassungsvermögen.

Die Grundlagen der Desoxydation.

Beim sauren Schmelzverfahren besteht das Feinen einfach in einem allmählichen Aufheizen des Bades und der Schlacke, wobei die Desoxydation sich ohne äußeren Eingriff selbsttätig zu vollziehen pflegt. Eine Entschwefelung findet, wie eingangs erwähnt, nicht statt, da nur eine basische kalkreiche Schlacke dem Bade Sulfide zu entziehen und sie dauernd in Lösung zu halten vermag. Der eigenartige Verlauf der Desoxydation bei saurer Schlackenführung beruht vornehmlich auf zwei Tatsachen: erstens auf dem geringeren Oxydationsvermögen der sauren Schlacke und zweitens auf der Reduktion der in der Schlacke und im Ofenfutter vorhandenen Kieselsäure gemäß den Siliziumisothermen des Mangans und der übrigen Stahlbegleiter, und zwar vornehmlich des Kohlenstoffs.

Beim basischen Verfahren verläuft die Desoxydation des Bades grundsätzlich in der Weise, daß das durch Diffusion in die Schlacke wandernde Eisenoxydul dort durch Reduktionsmittel — Kohlenstoff, Karbid oder Silizium — zerstört wird. Durch Übertritt neuer Eisenoxydulmengen in die Schlacke zur Wiederherstellung des gestörten Gleichgewichtes setzt sich der geschilderte Vorgang fort. Der Kalziumkarbidgehalt der Schlacke spielt dabei nach früheren Auffassungen auch die Rolle eines Indikators, der die Anwesenheit eines Überschusses von Reduktionsmitteln anzeigt. Da aber stark karbidische Schlacken eine besonders hohe und durchgreifende Reduktionskraft besitzen, muß dem Karbid eine ausgeprägt reduzierende Kraft zugeschrieben werden. Ein Vorzug besteht in dem vollkommenen Lösungszustand in der hochbasischen Schlacke, während elementarer Kohlenstoff günstigenfalls fein verteilt vorhanden sein kann. Inwieweit bei der Oxydation des Karbids auch die Reduktionskraft des Kalziums zur Wirkung kommt, bedarf noch der Klarstellung. Erfahrungsgemäß kann in einer Schlacke mit etwa 75% Kalk etwa 20% Kieselsäure und etwa 1,5% Kalziumkarbid der Eisenoxydulgehalt auf etwa 1% herabgedrückt werden. Der mit dieser Konzentration im Gleichgewicht stehende Eisenoxydulgehalt des Bades ist der Grenzwert, bis zu welchem die „Diffusions-Desoxydation" fortschreiten kann; darüber hinaus ist, wie früher erörtert, eine weitere Zerstörung des Eisenoxyduls im Bade nur durch Zusatz von Silizium oder Aluminium möglich. Es wäre für den Betriebsmann naheliegend, bei der Durchführung des sauren Verfahrens nach ähnlichen Gesichtspunkten vorzugehen. Abgesehen von einer Ausnahme ist dies hier aber nicht möglich, da bei saurer Schmelzungsführung sich die Verhältnisse ganz wesentlich ändern. Wohl kann auch hier Eisenoxydul in die Schlacke gehen, besonders wenn diese noch einen Kieselsäureüberschuß enthält. Die im Bade verbleibende Konzentration ist vor allen Dingen viel geringer als bei basischer Schlacke ohne Reduktionsmittel. Die Fortsetzung der Desoxydation durch unmittelbare Zerstörung des Eisenoxyduls in der Schlacke ist jedoch beim sauren Verfahren ein nur sehr beschränkt anwendbares Mittel, da mehrere Gründe einem solchen Beginnen entgegenstehen. Einmal würde ein Zusatz von Reduktionsmitteln zur Schlacke neben Eisenoxydul auch erhebliche Mengen von Kieselsäure reduzieren, falls schärfere Reduktionsmittel als Silizium verwendet werden; der Siliziumgehalt des Stahles würde infolgedessen unzulässig starken Schwankungen unterworfen sein und unter Umständen eine die Verwendungsfähigkeit ausschliessende Höhe erreichen. Wird aber nur Silizium verwendet, so steigt der Kieselsäuregehalt der Schlacke sehr rasch an und macht die Schlacke dickflüssig und reaktionsträge. Damit wird wiederum ein Ausreagieren zwischen Bad und Schlacke sehr erschwert. Ein weiterer Grund, der gegen den uneingeschränkten Zusatz von Reduktionsmitteln zur sauren Schlacke spricht, ist die Rücksicht auf ihre elektrische Leitfähigkeit. Bei vollständiger Zerstörung der Schwermetalloxydule bliebe eine Schlacke übrig, die stark mit Kieselsäure übersättigt ist und daher einen sehr hohen Schmelzpunkt hat und einen beträchtlichen elektrischen Widerstand aufweist. Die üblichen Ofenspannungen von 100 bis 160 Volt bei den hier meist vorliegenden kleinen Leistungen sind für die ungehinderte Lichtbogenausbildung auf einer solchen Schlacke etwas schwach. Der Elektrodenregler treibt deshalb die Elektrodenspitze in die Schlakkendecke hinein, bis schließlich Berührung mit dem Stahlbade eintritt. Der auftretende Stromstoß und das Zusammenbrechen der Spannung bewirken ein Hochregeln der Elektrode, und das gleiche Spiel beginnt von neuem. Die Folgen können eine unzulässige Aufkohlung und eine in ihrem Ausmaße nicht zu beherrschende Siliziumaufnahme des Bades sein, wenn nicht auf Handregelung übergegangen wird.

Da aus den eben dargelegten Gründen die Führung einer kieselsäurereichen Schlacke nicht angängig ist, kann man den weiteren Fortschritt der Desoxydation nicht auf dem unmittelbaren Wege erzwingen, nämlich durch Zusatz starker Reduktionsmittel die Schwermetalloxydule in der Schlacke möglichst weitgehend zu zerstören. Man muß sich vielmehr damit begnügen, das Ziel gewissermaßen auf einem Umwege zu erreichen. Wie bei den theoretischen Erörterungen gezeigt wurde, kann die Siliziumreduktion schon bei Vorliegen übersättigter

Schlacke durchgeführt werden und bei Erhalt der richtigen Temperatur die gewünschte Desoxydationswirkung haben. Grundsätzlich bleiben daher für die Durchführung des sauren Verfahrens die Verhältnisse maßgebend, wie sie in den theoretischen Betrachtungen erörtert wurden.

Die Siliziumreduktion aus der Schlacke ist neben dem starken Lösungsvermögen saurer Schlacken für Eisenoxydul die zweite Eigentümlichkeit, die dem sauren Schmelzverfahren sein kennzeichnendes Gepräge gibt. Durch die Einwirkung von Kohlenstoff auf Kieselsäure wird gemäß der Umsetzung $2\,C + SiO_2 = 2\,CO + Si$ metallisches Silizium in Freiheit gesetzt. Der Hauptumsatz, der durch den Kohlenstoff der Elektroden verursacht wird, vollzieht sich wahrscheinlich im unmittelbaren Lichtbogenbereich, wo der zerstäubte Kohlenstoff der Elektrode mit der hocherhitzten Schlacke zusammenkommt. Ein Teil des freigewordenen Siliziums wird in Nebelform infolge des Auftriebs der Ofengase durch die Elektrodenöffnungen ins Freie hinausgeführt, verbrennt auf dem Wege wiederum zu Kieselsäure und bildet die bereits erwähnten „Schneeflocken". Neben Kieselsäure findet man in diesen Gebilden regelmäßig auch erhebliche Mengen von Siliziumkarbid (SiC), das entweder unmittelbar aus der Schlacke reduziert ($SiO_2 + 3\,C = 2\,CO + SiC$) oder mittelbar durch Verbindung von Silizium und Kohle entstanden sein kann.

Der Rest des im Lichtbogen gebildeten Siliziums und Siliziumkarbids sinkt durch die dünnflüssige Schlacke in das Bad hinein, sofern es nicht durch Reduktion der Schwermetalloxydule in der Schlacke verbraucht wird. In der Hauptsache aber wird das im Stahl vorhandene Silizium durch das Bad selbst, insbesondere seine Begleiter Mangan und Kohlenstoff, reduziert. Dem „naszierenden", d. h. im Entstehungszustande aufgenommenen Silizium wurde seit jeher von den Metallurgen eine besonders kräftige Desoxydationswirkung nachgerühmt. Die Grundlage für diese Wertschätzung bildet die bekannte Beobachtung, daß ein mit Ferrosilizium versetzter, sauerstoffhaltiger Stahl ein ungünstigeres Verhalten bei der Warmformgebung und bei der Verwendung aufzuweisen pflegt, während der gleiche Stahl, beispielsweise im Grafittiegel der Einwirkung von Silizium im Entstehungszustande ausgesetzt, ausgezeichnete Eigenschaften besitzt.

Setzt man einem stark sauerstoffhaltigen Bade größere Mengen von Ferrosilizium zu, so löst sich dasselbe rasch auf und bildet gemäß der Umsetzung $Si + 2\,FeO = 2\,Fe + SiO_2$ überall einen Niederschlag von feinverteilter fester Kieselsäure, was auf die hohe Siliziumkonzentration bei der Auflösung der hochprozentigen Ferrolegierungen zurückzuführen ist. Diese „Trübe" trotzt der Zusammenballung hartnäckig und kann sich bis zum Vergießen schwebend erhalten; sie muß sich in diesem Falle als störender Fremdkörper auch an den Grenzflächen der

Kristallkörner wiederfinden. Vor allen Dingen verschlechtert sie die Vergießbarkeit des Stahles und verursacht eine grobe Primärkristallisation, die leicht zu Schwierigkeiten bei der Warmverformung führt. Bei der Siliziumreduktion aus einer sauren Schlackendecke oder aus der Tiegelwand entsteht im Gegensatz dazu der Niederschlag von Kieselsäure nur an der Grenzfläche des Bades. Das nur langsam und allmählich entstehende Silizium wandert in denkbar geringster Konzentration in das Bad ein und wird dort durch die stets vorhandene Eisenoxydulkonzentration nicht zu Kieselsäure, sondern zu Silikaten oxydiert, die sich, zumal bei Anwesenheit von Mangan, leichter zu größeren Einschlüssen zusammenballen. Außerdem haben die entstandenen Silikate nur einen äußerst geringfügigen Abscheidungsweg bis zur Schlackendecke zurückzulegen. Währenddessen gleicht sich der Eisenoxydulgehalt des Bades durch Diffusion aus den tieferen Badschichten in die verarmte Randzone hinein aus. Durch Einwanderung neuer Siliziummengen setzt sich der geschilderte Vorgang so lange fort, bis der Eisenoxydulgehalt des Bades auf einen den Gleichgewichtsverhältnissen entsprechenden Betrag gesunken ist. Das darüber hinaus in das Bad gelangende Silizium wird nicht mehr zur Zerstörung von Eisenoxydul verbraucht, sondern legiert sich mit dem Stahl. Damit lassen sich also ähnliche Verhältnisse schaffen, wie sie für die Desoxydation des basischen Verfahrens besprochen wurden. Der Unterschied besteht allerdings darin, daß bei basischem Verfahren in der Karbidschlacke keine Schwermetalloxydule vorhanden sind, während die saure Schlacke immer einen hohen Betrag aufweist. Außerdem vermag Kieselsäure auf das Bad oxydierend zu wirken, während für die Karbidschlacke oxydierende Wirkungen ausgeschlossen sind. Damit schält sich in klarer Weise der besondere Vorteil der Karbidschlacke heraus, die überdies im Gegensatz zur sauren Schlacke keine zusätzlichen Nachteile mit steigender Temperatur in sich birgt.

Die Siliziumreduktion aus der Schlacke und die Siliziumaufnahme des Bades ist um so stärker, je höher die Temperatur, je reicher an Kieselsäure die Schlacke und je ausgeprägter der reduzierende Zustand im Ofeninnern ist. Diese Einflüsse sind sorgsam zu beachten, wenn man die Regelung des Siliziumgehaltes im fertigen Stahl in der Hand behalten will. Vor allem aber ist stets die Veränderung der Sauerstoffaufnahme des Bades bei den jeweiligen Bedingungen zu beachten, da sonst leicht oxydierende statt reduzierende Bedingungen eintreten können.

Die Temperaturführung während des Feinens erfolgt nach dem Vorausgesagten beim sauren Verfahren in etwas anderer Weise als beim basischen. Bei letzterem vollzieht sich die Desoxydation in einem heißen Bade; beim sauren Schmelzen hingegen vermeidet man, um die Siliziumreduktion in den gewünschten Grenzen und in wirklich desoxydierendem

Sinne zu halten, während des Feinens jede Hitzesteigerung und benutzt nötigenfalls zum Aufheizen erst die letzten Minuten vor dem Abstich.

Das Ausmaß der Siliziumreduktion wird auch wesentlich durch den Säuregrad der Schlacke beeinflußt. Um den sauren Charakter der Schlacke etwas zu mildern, pflegt man ihr einen Kalkzuschlag von 10 bis 20%, im Mittel 15% zu geben und erzielt damit zugleich einige weitere Vorteile. Einmal wird die Siliziumreduktion infolge der Absättigung der freien Kieselsäure so verlangsamt, daß man die zum Legieren und zum Einstellen der vorgeschriebenen Zusammensetzung benötigte Zeit gewinnt, ohne ein unzulässiges Ansteigen des Siliziumgehaltes im Bade befürchten zu müssen. Weiterhin wird die elektrische Leitfähigkeit im Vergleich zu einer reinen Kieselsäureschlacke so verbessert, daß Ofenspannungen von etwa 110 Volt zur ungehinderten Lichtbogenausbildung genügen. Schließlich wird durch die Einführung von Kalk in die Schlacke eine Lockerung der Bindung für die übrigen basischen Bestandteile, insbesondere Eisenoxydul und zum Teil auch Manganoxydul, erreicht, so daß sie einer Reduktion leichter zugänglich werden. Eine ähnliche Wirkung wie ein Kalkzusatz hat, wie bereits erwähnt, auch das Aufstreuen von feingepulvertem Ferromangan über die Schlacke.

Neben der Temperaturführung und dem Säuregrad der Schlacke ist für die Höhe der Siliziumreduktion die Stärke der reduzierenden Einflüsse im Ofeninnern, beispielsweise die eventuelle Zugabe von Koks zur Schlacke, maßgebend. Auch die Höhe des Kohlenstoffgehaltes im Bade spielt eine Rolle; je höher gekohlt der Stahl ist, um so schneller pflegt die Siliziumreduktion und Siliziumaufnahme vor sich zu gehen. Es erhellt aus dieser Tatsache, daß sich das saure Schmelzverfahren für Stähle mit einem höchstzulässigen Siliziumgehalt von etwa 0,20% um so weniger eignet, je höher der vorgeschriebene Kohlenstoff und Legierungsgehalt ist. Letztere Einschränkung findet ihre Erklärung darin, daß mit der notwendigen Zeitspanne für den Zusatz und das Aufschmelzen der Legierungselemente naturgemäß auch die Dauer der Siliziumreduktion ansteigt.

Für die praktische Durchführung des sauren Verfahrens kommen in erster Linie zwei Arbeitsweisen in Frage. Die eine besteht darin, daß die Schmelzung, die bereits ausreichend gekocht hat und sich im Zustand des Auskochens befindet, also in jenem Zustand, der zur Verarmung an Eisen- und Manganoxydul in der Grenzschicht der Schlacke oder gar zur Kieselsäureausscheidung und somit zur Siliziumreduktion führt, allmählich Manganzusätze erhält. Diese Zusätze werden so geregelt, daß bei der genügend tiefen Temperatur die Siliziumreduktion genauestens eingestellt und der angestrebte Betrag genauestens eingehalten werden kann. Die Vorteile einer solchen Arbeitsweise liegen in der Möglichkeit, ohne Schwierigkeiten bei niedrigen Temperaturen

arbeiten zu können, bei denen die Siliziumreduktion tatsächlich auch
mit einer Verringerung des Sauerstoffgehaltes verknüpft ist. Durch die
Manganzusätze wird eine umfangreichere Kieselsäureausscheidung und
damit die sogenannte Brettschlacke vermieden. Außerdem fällt der
Eisengehalt der Schlacke, sobald ihr Mangangehalt zunimmt, denn bei
gleicher Temperatur bleibt die Summe beider Oxydule konstant. Damit
geht auch der Sauerstoffgehalt des Bades zurück und wird der allmähliche Übergang zu reduzierenden Bedingungen ermöglicht in enger Anlehnung an Gleichgewichtszustände. Bei richtiger Temperaturführung
verläuft damit die Siliziumreduktion automatisch. Der höhere Mangangehalt begünstigt die Entstehung flüssiger Desoxydationsprodukte. Infolge dieser Möglichkeit zur gleichmäßigen Arbeit ist dieses Verfahren
besonders gut auch für große Öfen geeignet. Der Hauptnachteil besteht
in dem hohen Manganverbrauch. Dieser Nachteil ist so schwerwiegend,
daß man heute beim sauren Elektrostahlverfahren, das meist in kleinen
Öfen durchgeführt wird, andere Wege beschreitet. Nach dem hinreichen-
den Kochen und geringer Siliziumaufnahme wird das Bad durch ein
kräftiges Desoxydationsmittel, wie z. B. Aluminium, voll beruhigt und
die Schlacke durch Aufwerfen von Sand dickflüssig und reaktionsträge
gemacht, so daß ein neuerliches Kochen bis zum Abstich nicht eintreten
kann. Kurz danach erfolgt die Siliziumzugabe zur Erzielung der vorgeschriebenen Analyse. Vielfach wird an Stelle des Aluminiums Silikomangan oder auch Ferrosilizium und Ferromangan wechselnd in kleinen
Mengen zugesetzt bis zur völligen Beruhigung. Erst dann folgen die der
Analysenvorschrift entsprechenden Mengen. Der Aluminiumzusatz
fällt dann ganz fort oder er erfolgt vor dem Auflegieren. Der Zusatz
vor oder während des Abstiches bleibt von diesen Maßnahmen unbe-
rührt. Der Siliziumgehalt, der während des Kochens auf 0,06% und
weniger abgenommen haben muß, soll während des Auskochens wieder
auf mindestens 0,10% bis 0,12% ansteigen, jedoch nicht zur völligen
Beruhigung oder gar darüber. Das Bad soll bis zu diesem Zeitpunkt
noch kochen. Der Flüssigkeitsgrad der Schlacke soll dann weder extrem
dünn- noch extrem dickflüssig sein. Überhaupt ist seine laufende Überwachung beim sauren Verfahren genau so unerläßlich wie beim basischen
Schmelzen. Durch die Erhöhung der Siliziumkonzentration des Bades
wird die Neigung zur Siliziumreduktion verringert und dadurch auch
die Neigung zu neuen Reaktionen zwischen Bad und Schlacke, die durch
den Sandzusatz stark übersättigten Charakter erhalten hat. Mangan
wird erst kurz vor dem Abstich, noch besser in die Pfanne zugesetzt.
Es kann unter Umständen zweckmäßig sein, ein Teil des Mangans vor
dem Siliziumzusatz zuzugeben, um die Ausscheidung flüssiger Silikate
zu erreichen. Müssen aber größere Manganmengen zugesetzt werden,
so müssen diese Zusätze zur Vermeidung zu hoher Abbrandverluste

kurz vor dem Abstich oder vorgewärmt in die Pfanne erfolgen. Zwischen Beruhigung und Abstich darf keine zu lange Zeit verstreichen. Die dickflüssige Schlacke und das zugesetzte Silizium gestatten auch ein schnelles Aufheizen des Bades, um die gewünschte Gießtemperatur zu erzielen ohne besondere metallurgische Nachteile.

Schließlich kann die Verringerung des Gehaltes an Metalloxydulen und die Schaffung reduzierender Verhältnisse auch noch auf folgende Weise erreicht werden. Nach dem Warmfahren wird die Schlacke abgezogen und eine neue Schlacke aus Sand und etwas Kalk aufgeworfen. Das entstehende Kalksilikat löst die entsprechenden Mengen an Eisen- und Manganoxydul aus dem Bad auf, d. h. der Sauerstoffgehalt des Bades wird entsprechend erniedrigt. Durch den Sandüberschuß ist der Charakter der übersättigten Schlacke gegeben, und bei ausreichender Verringerung des Sauerstoffgehaltes kommt die Siliziumreaktion bald zustande, zumal wenn der Mangangehalt des Bades erhöht wird. Es muß daher nicht nur vorsichtig, sondern vor allen Dingen unter genauen und wiederholbaren Bedingungen gearbeitet werden, um den Prozeß mit genügender Sicherheit führen zu können. Das unten angegebene Schmelzungsbeispiel ist nach dieser Methode durchgeführt worden.

Diese Arbeitsweise hat in letzter Zeit auch vom Standpunkt der Legierungsrückgewinnung erhöhte Bedeutung erlangt. Voraussetzung ist natürlich, daß das Schlackengewicht von vornherein gering gehalten wird. Dies kann durch entsprechende Sortierung des Schrottes nach Dichte und Oberflächenbeschaffenheit und durch sparsamste Verwendung der Zuschläge beim Einschmelzen geschehen. Nach dem Kochen wird die Schlacke durch Kalkzusatz eisenärmer gemacht und schließlich durch Aufwerfen von Kokspulver und gemahlenem Silizium oder Aluminiumpulver noch weiter reduziert. Auf diese Weise kann sogar ein großer Teil des Vanadins aus der Schlacke zurückgewonnen werden.

Die in diesem Abschnitt dargelegten metallurgischen Betrachtungen gelten sowohl für die Erzeugung von Blöcken als auch für die des Stahlgusses. Wenn auch im ersten Fall eine sorgfältigere Arbeitsweise zu empfehlen ist, so sei doch ausdrücklich darauf verwiesen, daß die Nichteinhaltung der allgemeinen Gesichtspunkte sich auch bei Stahlguß schädigend bemerkbar macht. Es ist heute eine allgemein anerkannte Tatsache, daß sowohl der Reinheitsgrad als auch die Festigkeitseigenschaften abfallen, sobald das Kochen, Auskochen, Desoxydieren und Fertigmachen nicht sorgfältig genug durchgeführt werden.

Beispiel für den Schmelzungsgang.

In nachstehender Zusammenstellung sei (nach A. Müller-Hauff) ein Beispiel für den Schmelzungsgang beim sauren Verfahren wiedergegeben und in den Einzelheiten erörtert.

Beispiel für den Schmelzungsgang im sauren Elektroofen.

Vorgeschriebene Zusammensetzung:

0,35—0,45% C   0,40—0,60% Mn   0,80—1,00% Cr.
0,20—0,30% Si   2,80—3,20% Ni

Zeit	
0,00	Beginn des Einsetzens. Einsatz:
	2000 kg Chromnickelstahlabfälle mit etwa 0,13% C, 0,25% Si, 0,55% Mn, 3,58% Ni, 0,82% Cr, 0,020% P, 0,010% S.
	1800 kg Flußeisenschrott mit etwa 0,10% C, 0,00% Si, 0,35% Mn, 0,045% P, 0,039% S.
	300 kg Hämatitroheisen mit etwa 4,00% C, 2,92% Si, 0,65% Mn, 0,066% P, 0,040% S.
	Durchschnittliche Zusammensetzung des Einsatzes: 0,40% C, 0,34% Si, 0,47% Mn, 1,75% Ni, 0,40% Cr, 0,034% P, 0,024% S.
0,20	Strom eingeschaltet.
4,40	Eingeschmolzen. Probenahme der Einschmelzprobe. Probe 1: 0,35% C, 0,09% Si, 0,17% Mn, 1,75% Ni, 0,34% Cr, 0,034% P, 0,021% S.
5,03	Zusatz von 55 kg Nickel.
5,09	Probenahme. Probe 2: 0,33% C, 0,07% Si, 0,14% Mn, 3,15% Ni, 0,31% Cr, 0,033% P, 0,020% S.
5,18	Einschmelzschlacke abgezogen. 29 kg Sand und 8 kg Kalk als neue Schlacke zugesetzt.
5,20	30 kg Ferromangan (80% Mn) zugesetzt.
5,27	Probenahme. Probe 3: 0,35% C, 0,07% Si, 0,65% Mn, 3,03% Ni, 0,30% Cr, 0,036% P, 0,022% S.
5,47	Zugabe von 10 kg Sand zur Schlacke.
6,00	Probenahme. Probe 4: 0,35% C, 0,20% Si, 0,43% Mn, 3,03% Ni, 0,31% Cr, 0,036% P, 0,023% S.
6,08	Zusatz von 50 kg Hämatit, 15 kg Ferromangan (80% Mn), 40 kg Ferrochrom (60% Cr), 10 kg Sand.
6,16	Probenahme der Schlußprobe. Probe 5: 0,42% C, 0,25% Si, 0,59% Mn, 2,96% Ni, 0,86% Cr, 0,037% P, 0,024% S.
6,20	Zusatz von 10 kg Kalk.
6,25	Abstich. Pfannenprobe 0,28% Si, sonst wie Probe 5.

Schlackenzusammensetzung.

Probe	SiO_2	FeO	MnO	Cr_2O_3	CaO	Al_2O_3	Fe_2O_3	P_2O_5	S
Einschmelzprobe 4,40 Uhr	55,30	17,60	15,42	3,64	3,04	4,61	0,16	0,05	0,04
Probe vor dem Abziehen der Einschmelzschlacke 5,18 Uhr	54,90	16,93	15,83	4,57	2,90	4,40	0,11	0,05	0,04
Probe der Desoxydationsschlacke 5,27 Uhr	61,75	10,70	7,54	1,04	15,74	2,02	0,17	0,01	0,04
Probe nach Sandzugabe 6,00 Uhr .	61,40	9,58	17,95	0,25	8,77	1,79	0,08	0,01	0,02
Schlußprobe nach neuerlicher Sandzugabe 6,16 Uhr .	74,53	5,45	12,75	1,62	4,2	1,95	0,03	0,01	0,01

Ein Vergleich der Zusammensetzung des Einsatzes vor und nach dem Einschmelzen zeigt, daß der Abbrand des Kohlenstoffs und Chroms etwa 15%, der des Mangans etwa 65% und der des Siliziums etwa 75% beträgt. Der Phosphorgehalt hat keine Verminderung erfahren; er beträgt nach wie vor 0,034% und steigt infolge des Phosphorgehaltes der Zusätze bis zum Schluß der Schmelzung auf 0,037%. Auch beim Schwefelgehalt kann von einer nennenswerten Verringerung nicht gesprochen werden; die Gehalte des Einsatzes und der fertigen Schmelzung sind einander gleich.

Sobald die Untersuchungsergebnisse der Einschmelzprobe vorliegen, wird die Einschmelzschlacke abgezogen. Sie besteht, wie aus der Zahlentafel zu ersehen ist, aus etwa 55% Kieselsäure und etwa 35% Eisen- und Manganoxydul; trotz dieses hohen Oxydulgehaltes ist die Frischwirkung auf das Bad im Einklang mit den früheren Darlegungen sehr gering. Während der mehr als halbstündigen Einwirkung haben Kohlenstoff, Silizium, Mangan und Chrom im Bade lediglich eine Verringerung um 0,02 bis 0,03% erfahren.

Die Menge der abgezogenen Schlacke betrug etwa 100 kg, entsprechend 2,5% des Einsatzgewichtes. Das Abziehen empfiehlt sich aus dem Grunde, weil die Einschmelzschlacke mit Verunreinigungen durchsetzt ist und in diesem Zustande dem Bade keinen Sauerstoff mehr zu entziehen vermag. Eine reduzierende Behandlung der Schlacke wäre zeitraubend und unlohnend. Daher wird eine neue Schlacke aus etwa vier Teilen Sand und einem Teil Kalk in Höhe von 1 bis 2% des Einsatzgewichtes aufgegeben.

Die neue Schlacke enthält nach der Verflüssigung neben 60% Kieselsäure und 15% Kalk noch etwa 18% Eisen- und Manganoxydul, die sie dem Bade entzogen hat. Ihre Farbe schwankt je nach dem Gehalt an Metalloxydulen von tiefem Braungrün bis zu lichtem Gelbgrau. Durch weitere Zugabe von Sand, Aufnahme von Kieselsäure aus dem Ofenfutter und leichter Temperatursteigerung wird ihre Reduktionskraft erhöht, so daß sie im Verlauf einer halben Stunde dem Bade etwa 0,13% Silizium zuführt. Sobald der Siliziumgehalt des Bades etwa 0,15% erreicht hat, fließt eine dem Ofen entnommene Stahlprobe ohne Funkensprühen aus dem Probelöffel aus und entwickelt auch beim Erstarren keine Gase mehr. Bei einem Kieselsäuregehalt der Schlacke von 60 bis 70% kann man damit rechnen, daß von diesem Zeitpunkt ab das Bad je halbe Stunde weitere 0,10% Silizium aufnimmt. Wünscht man die Siliziumerhöhung zu verlangsamen oder abzustoppen, so macht man durch weiteren Kalkzusatz die Schlacke basischer und reaktionsträger.

In diesem Zusammenhange mag noch eine kurze Bemerkung über die Gießpfannen Platz finden. Beim Vergießen von saurem Elektrostahl benutzen die Stahlformgießereien zuweilen statt der sonst üblichen Pfannen mit Stopfen und Bodenauslauf solche mit seitlicher Ausgußschnauze. Beim basischen Verfahren verbietet sich der Gebrauch dieser bequemen Pfannenform, da sich die basische Schlacke infolge ihrer geringen Zähflüssigkeit leicht zerteilt, was beim Vergießen „über den Schnabel" nicht selten Anlaß zu Schlackeneinschlüssen im Abguß gibt. Im Gegensatz dazu kann bei dieser Gießart die saure zähe Schlacke ohne Schwierigkeit besser zurückgehalten werden, so daß der Stahl sauber abfließt.

Anwendungsgebiete des sauren Verfahrens.

Das saure Elektrostahlschmelzen setzt infolge der fehlenden Entphosphorung und Entschweflung stets einen reineren, also teureren Einsatz voraus als das basische. Verhältnismäßig am wenigsten streng braucht diese Forderung bei der Stahlgußerzeugung erfüllt zu werden. Der saure Stahlformguß besitzt in seiner gleichmäßig dichten, vorzüglichen Beschaffenheit einen kleinen Vorsprung, der zum Ausgleich etwas höhere Phosphor- und Schwefelgrenzen zuläßt. Es ist daher verständlich, daß die saure Schmelzart ihre Hauptverbreitung in den Stahlformgießereien gefunden hat. Ungünstiger liegen die Verhältnisse in den Blockgießereien für Edelstahl. Die Edelstahlwerke können zwar im allgemeinen mit dem laufenden Eingang werkseigener, reiner Abfälle in Höhe von etwa einem Drittel ihrer Blockerzeugung rechnen; jedoch ist die Beschaffung des restlichen Schrottes in geeigneter Güte meist recht schwierig und mit erheblichen Mehrkosten verknüpft. Ein leicht zu beschreitender Ausweg ist nur dann gegeben, wenn ein Werk gleichzeitig mehrere Elektroöfen betreibt; man führt dann die Verarbeitungsabfälle der gesamten Erzeugung einem sauren Ofen zu und läßt die übrigen basisch zugestellt.

Eine solche Teilung ist auch aus einem anderen Grund empfehlenswert. Wie bereits erwähnt, ist der saure Elektroofen nicht für die Herstellung aller Stahlsorten gleich gut geeignet; insbesondere können sehr weiche Stähle und sehr hochlegierte harte Stähle nur schwierig oder gar nicht erschmolzen werden, sofern die Qualitäten der basischen Erzeugung nicht nachstehen sollen. Die einen sind ausgeschlossen, weil im sauren Ofen keine starke Frischwirkung ausgeübt werden kann, die anderen, weil die lange Dauer des Legierens und Einstellens der Zusammensetzung den Siliziumgehalt des Bades unzulässig hoch ansteigen ließe. Es gibt auch Fälle, in denen die saure Erzeugung der basischen überlegen sein kann. Als Beispiel seien hier die Manganstähle für Kaltarbeitswerkzeuge und Warmarbeitswerkzeuge, die neben anderen Legierungsbestandteilen etwa 2% Mangan enthalten, genannt.

Beide Stahlgruppen neigen auch bei sorgfältiger Durchführung des basischen Verfahrens zu starker Faser, deren Ausmaß bei saurer Erzeugung weitgehend gemildert werden kann. Auch Kohlenstoffstähle für Werkzeuge mit etwa 1% C können nach dem sauren Verfahren in bezug auf Seigerungen sehr günstig erzeugt werden.

Steht als Vorschmelzofen ein Martinofen zur Verfügung, so verringern sich zwar die Schwierigkeiten durch die Möglichkeit, für den Martinofen einen höher phosphor- und schwefelhaltigen Schrott zu verwenden; jedoch besteht auch dann die Einschränkung ungeändert weiter, daß ein saurer Ofen nicht die ganze Stufenleiter der Stahlsorten vorteilhafter herzustellen vermag und zu seiner Ergänzung eines basischen Ofens bedarf.

Der Nachteil der größeren Kostspieligkeit des Einsatzes wird beim sauren Verfahren mehr oder weniger vollständig durch einen anderen Umstand ausgeglichen, nämlich die geringere Höhe der Schmelzkosten. Der niedrigere Preis des Silikasandes im Vergleich zu Dolomit oder gar zu Magnesit, ferner die bessere Gewölbehaltbarkeit bringen es mit sich, daß die Zustellungs- und Ausbesserungskosten des sauren Ofens weniger als die Hälfte derjenigen des basischen Ofens betragen. Ferner ist die Feinungsdauer kürzer als bei der Herstellung eines gleichwertigen Erzeugnisses mit basischer Schmelzungsführung, und zwar kann man die Verkürzung überschlägig auf etwa eine Stunde je Schmelzung beziffern. In dem gleichen Verhältnis verringern sich dann auch die Aufwendungen für die elektrische Energie, die Elektroden, die Löhne und den Ofenverschleiß.

An Hand dieser Angaben wird es möglich sein, für den Einzelfall die Wirtschaftlichkeit des sauer und des basisch erschmolzenen Erzeugnisses gegeneinander abzuwägen.

J. Die Metallurgie des kernlosen Induktionsofens.

Das Einschmelzen.

In ähnlicher Weise wie beim Lichtbogenofen durch eine Reihe von Maßnahmen für eine möglichst günstige Leistungsaufnahme vom Schmelzbeginn ab gesorgt werden muß, so müssen auch für den Hochfrequenzofen elektrische und schmelztechnische Gesichtspunkte beachtet werden, um das Einschmelzen weitgehend zu beschleunigen. Die Energieaufnahme hängt im Hochfrequenzofen hauptsächlich vom Füllfaktor ab, also dem Quotienten des im Tiegel eingesetzten Gewichtes zum Fassungsgewicht. Je größer der Füllfaktor ist, um so günstiger wird die Leistungsaufnahme. Da das Schmelzen bzw. die Leistungsaufnahme vornehmlich an der Tiegelwand stattfindet und im Interesse günstiger Kopplungsverhältnisse muß für eine gute Ausfüllung gerade dieses Teiles des Tiegels gesorgt werden. Aus dem gleichen Grunde muß besonders zu Beginn des Schmelzens das Nachstoßen und Nach-

füllen des Schrottes am Tiegelrand beachtet werden. Über den Einfluß
der Dicke des eingesetzten Schrottes wurde bei den theoretischen Erörterungen bereits das Wesentliche gesagt. Aus diesen Zusammenhängen
ergeben sich auch Gesichtspunkte, in welcher Weise die einzelnen
Schrottstücke hinsichtlich der Form nach Möglichkeit eingesetzt werden sollen. So werden zum Beispiel Bleche oder Platinenenden, deren
Stärke weit unterhalb der Eindringungstiefe liegt, am besten waagerecht eingesetzt; am ungünstigsten ist das Einsetzen an der Zylinder-
fläche des Tiegels, weil dann eine abschirmende Wirkung eintritt. Es
ist an dieser Stelle erwähnenswert, daß in der ersten Zeit der Einführung
dieses Ofentyps gern mit einem Sumpf gearbeitet wurde, wodurch die
Schmelzzeiten stark abgekürzt wurden. Heute ist man von dieser Arbeitsweise ganz abgekommen und erblickt im Gegenteil in der Vermeidbarkeit
des Sumpfes einen wesentlichen Vorteil des Hochfrequenzofens gegenüber dem Niederfrequenzofen. Die elektrischen Gesichtspunkte finden
eine Grenze in schmelztechnischen Schwierigkeiten. Wird nämlich der
Tiegel einem günstigen Füllfaktor zuliebe in unzweckmäßiger Weise
vollgepackt, so kann der Fall eintreten, daß der Schrott nicht in gleichem
Maße nachrutscht, wie er wegschmilzt und sich Brücken bilden. Der
bereits verflüssigte Teil wird rasch überhitzt und nimmt, sofern er nicht
genügend abgedeckt ist, infolge der Badbewegung in hohem Maße
Sauerstoff auf. Die Folge ist, daß nach dem Einschmelzen das Bad
überfrischt ist. Die Übertemperatur des verflüssigten Teiles und der
hohe Sauerstoffgehalt können zu starken Anfressungen des Tiegels
führen. Vermeiden lassen sich solche Fehler durch Sorgfalt und Aufmerksamkeit beim Einschmelzen und vor allem durch die richtige Lage
des Tiegels in bezug auf die Spule. Liegt nämlich der Tiegel zu hoch
und liegt der Badspiegel über der obersten Spulenwindung, so wird die
Beheizung des noch festen Einsatzes erheblich erschwert, wodurch der
Brückenbildung Vorschub geleistet wird. In solchen Fällen muß der
Tiegel niedriger gesetzt werden.

Über die Schaltvorgänge ist das Grundsätzliche schon gesagt worden. Da die Blindleistung mit dem allmählich ansteigenden Ofenstrom
zunimmt, wird zu Beginn mit geringer Kapazität gearbeitet und werden
dann, je nach den Erfordernissen, laufend Kondensatoren zugeschaltet.
Die Stromstärke bzw. die Höhe der Leistung wird mittels der Erregung
reguliert. Umschaltungen dürfen natürlich erst vorgenommen werden,
wenn die Erregung zurückgenommen worden ist.

Die metallurgischen Grundlagen.

Die metallurgische Arbeitsweise muß sich stets nach den physikalischen und chemischen Eigenschaften des jeweiligen Ofentyps richten.
So wie der Lichtbogenofen auf Grund seiner besonderen Eigenschaften

weitgehende Fortschritte gegenüber dem Siemens-Martin-Ofen bei der Herstellung hochwertiger Stähle ermöglichte, so gestattet auch der Hochfrequenzofen, wenn auch auf wesentlich anderer Grundlage, in einwandfreier Weise die Erzeugung höchster Qualitäten, wobei allerdings einschränkend bemerkt werden muß, daß der Umfang seiner metallurgischen Möglichkeiten im Vergleich zu denen des Lichtbogenofens ein wesentlich geringerer ist. Beide Elektroofentypen erreichen die höchste Gütestufe, die seinerzeit ohne Zuhilfenahme elektrischer Beheizung erzielt werden konnte, nämlich die des Tiegelstahles. Damit ist auch schon zum Ausdruck gebracht, daß beide Öfen über hervorragende Feinungseigenschaften verfügen. Die Unterschiede beziehen sich hauptsächlich auf die verschiedenen Arbeitsmöglichkeiten für das Entphosphoren und Entschwefeln.

Die grundlegenden physikalischen und chemischen Bedingungen des Lichtbogenofens ergeben sich aus der Beheizung durch den Lichtbogen mit seiner hohen Temperatur und der Beheizung des Bades durch die Schlacke hindurch. Die Schlacke hat also in jedem Fall eine höhere Temperatur als das Bad. Wenn auch diese Unterschiede sich gegen Ende einer Schlackenarbeit ausgleichen, so spielen diese Temperaturunterschiede für den Ablauf der Reaktionen doch eine Rolle. Andererseits ist der allmähliche Temperaturausgleich von fast ebenso großer Bedeutung für das Abklingen der Umsetzungen. Es lassen sich daher hochbasische Schlacken unter Anwendung verhältnismäßig geringer Mengen an Flußmitteln einwandfrei verflüssigen, so daß der Angriff der Zustellung durch die Schlacken selbst bei Verwendung von Dolomit in erträglichen Grenzen bleibt. Die besonderen Vorzüge dieser Schlackenarten sind bei der Beschreibung der Metallurgie des Lichtbogenofens eingehend dargelegt worden. Im Hochfrequenzofen dagegen wird die Wärme im Bad selbst erzeugt. Das Bad hat also im Ofen die höchste Temperatur, und die Schlacke wird vom Bad beheizt. Daher muß die Schlacke stets kälter sein als das Bad. Dieser Umstand tritt um so unangenehmer in Erscheinung, als die Anwendung größerer Flußmittelmengen wegen des verhältnismäßig dünnwandigen und äußerst schwierig zu flickenden Tiegels nicht ohne weiteres statthaft ist. Aber nicht nur der Schmelzpunkt der Schlacke macht einen wesentlichen Unterschied in der Arbeitsweise zwischen Lichtbogen- und Hochfrequenzofen aus, sondern auch die zu verflüssigende Schlackenmenge. Während im Lichtbogenofen mit seiner günstigen Herdform ohne Schwierigkeit eine Schlackenmenge von 6 bis 7% des Badgewichtes verflüssigt werden kann, muß dieser Betrag beim Hochfrequenzofen infolge seiner Tiegelform auf etwa ein Drittel heruntergesetzt werden. Das bedeutet aber, daß ein mehrfacher Schlackenwechsel erforderlich wird, soweit es sich um Umsetzungen handelt, bei denen Stahlschädlinge, wie z. B. Phosphor und Schwefel, aus dem Bad in die Schlacke überzuführen sind, in dem das in jedem Fall beschränkte Lösungsvermögen der Schlacke das Ausmaß der Umsetzung begrenzt. Eine weitere unangenehme Eigenschaft des Hochfrequenzofens liegt darin, daß, bedingt durch die Eigenart der Badbewegung, die Schlacke zum Tiegelrand geschoben und bei genügend starker Badbewegung sogar an der Tiegelwand herabgezogen wird. Dadurch kann sich der Tiegel mit Schlacke vollsaugen, die beim Abschlacken nicht mit entfernt wird und die weitere metallurgische Arbeiten durch Rückphosphorung und ähnliche Vorgänge stören kann. Ein einfaches Hilfsmittel ist in Form einer Spülschlacke vorgeschlagen worden, in dem durch Aufgeben einer hochbasischen Kalksilikatschlacke der Tiegel nachgespült wird. Bleibt aber hochbasische Schlacke in der Tiegelwand zurück und kühlt der Tiegel auf Raumtemperatur ab, so kann auch der Tiegel in ähnlicher Weise zu Pulver zerfallen wie die weiße Schlacke. Im Interesse der Tiegelhaltbarkeit und der raschen und sicheren Durchführung der metallurgischen Arbeiten wird häufig die Badbewegung an der Oberfläche durch Abschaltung der oberen Spulenwindungen verringert, so daß keine nennenswerten Schlackenmengen herabgezogen werden können und der Angriff auf die Tiegelwand in der Schlackenzone verringert wird. Die in der Badbewegung begründete Hoffnung auf eine besonders rasche Durchführbarkeit von Schlackenarbeiten hat dazu geführt, daß immer von neuem dieses Problem versucht wurde. Bis heute konnten allerdings noch keine restlos befriedigenden schlackenbeständigen Tiegel hergestellt werden. Bei großen Öfen wurde in manchen Betrieben gern so verfahren, daß der Rand der Stahloberfläche mit Kalk bedeckt wurde, der von der Schlacke erst aufgelöst werden muß, bevor die Tiegelwand angegriffen werden kann.

Es ist noch erwähnenswert, daß auch schon versucht worden ist, in Hochfrequenzöfen Badbewegung und Beheizung dadurch voneinander unabhängig zu machen, daß nach dem Einschmelzen mit geringerer Frequenz gearbeitet wird.

Das saure Verfahren.

Infolge der besonderen Eigenarten des Hochfrequenzofens ist die Durchführung der Schlackenarbeiten auch für das saure Verfahren in mancher Hinsicht etwas abweichend von demjenigen im Lichtbogenofen. Es wird im Hochfrequenzofen grundsätzlich nicht mit Schlacken gearbeitet, die an FeO und MnO gesättigt sind, sondern an die Stelle des Sandes tritt Glas, ein überwiegend saures Natriumsilikat. Dieses Silikat nimmt die Schwermetalloxyde aus dem Bade auf, so daß nach 2- bis 3maligem Schlackenwechsel bereits ein sehr sauerstoffarmes Bad erzielt wird. Die Schlacke, die immer mehr an Schwermetalloxyden verarmt, wird heller in der Farbe und glasiger in ihrer Struktur. Die

Anwendung des Glases empfiehlt sich schon beim Einschmelzen, um durch gute Abdeckung unnötige Oxydationen zu vermeiden, die infolge der Badbewegung bei ungehindertem Luftzutritt sehr rasch einen stärkeren Umfang annehmen können. Es handelt sich hier also nicht um Gleichgewichte zwischen gesättigten Silikaten und der Schmelze, sondern um schwermetalloxydularme saure Schlacken, die außerdem keine oder nur wenig feste Kieselsäure enthalten. Diese ist aber an der Tiegelwand stets vorhanden und muß bei den Umsetzungsmöglichkeiten stets berücksichtigt werden. Schon aus diesem Grunde müssen alle Gesichtspunkte beachtet werden, wie sie beim sauren Lichtbogenofenverfahren bereits eingehend behandelt worden sind und wobei immer wieder auf die wichtige Rolle der Temperatur hingewiesen wurde. Aber auch die im Glas gelöste als flüssige freie Kieselsäure vorhandene Säure reagiert im gleichen Sinne, es ist sogar mit höherer Reaktionsgeschwindigkeit zu rechnen, weshalb die Temperaturfrage von ganz besonderer Wichtigkeit wird. Außerdem verschieben sich in der alkalihaltigen, stark sauren und eisenarmen Schlacke die Siliziumisothermen zu höheren Siliziumgehalten, wodurch der Einfluß der Temperatur noch ganz besonders unterstrichen wird. Die verhältnismäßig kalte Schlacke wirkt daher für den Reaktionsverlauf durchaus günstig. Viele Stahlwerker streben daher erst kurz vor dem Abstich eine schnelle Aufheizung an, um zu vermeiden, daß die Schlacke Zeit genug hat, eine höhere Temperatur anzunehmen.

Das basische Verfahren.

Die Durchführung des basischen Verfahrens beruht auf ähnlichen Gesichtspunkten, wie sie bei der Beschreibung des Rohn-Ofens bereits angedeutet worden sind. Die Entphosphorung wird in Anlehnung an die im Lichtbogenofen und Martinofen übliche Arbeitsweise durchgeführt, also unter Verwendung einer hochbasischen Schlacke aus Kalk und Erz, der im Hochfrequenzofen noch geringe Mengen Soda zugefügt werden können zur Verbesserung der Entphosphorung, zur Erniedrigung des Schmelzpunktes und zum schnelleren Ablauf der Umsetzung. Wegen der geringen Tiegelwandstärke müssen die Schlackenarbeiten im Hochfrequenzofen so rasch als möglich zu Ende geführt werden. Die bei einer solchen Arbeitsweise erreichbaren Phosphorgehalte entsprechen den im Lichtbogenofen erzielten Ergebnissen. Es muß allerdings betont werden, daß es zweckmäßig ist, den Phosphorgehalt im Hochfrequenzofen von vornherein so gering als möglich zu halten. Es gibt Werke, die an Stelle der Verwendung von Soda auch heute noch mit Flußspat arbeiten. Leider löst jedoch der Flußspat die Magnesitzustellung fast ebenso schnell auf wie den zugesetzten Kalk. Selbstverständlich muß die Verwendung von Alkalien ebenfalls vorsichtig vorgenommen werden, da auch der Angriff der Alkalien auf die Magnesitzustellung noch sehr stark ist.

Für die Entschwefelung wird eine Kalkflußspatschlacke vorgesehen, der entsprechende Desoxydationsmittel zugesetzt werden müssen. Eine Verwendung von Soda kommt hier weniger in Frage, da sie kein eigentliches Lösungsmittel vorfindet und zu rasch verdampft. Außerdem hat die Soda eine ausgesprochen frischende Wirkung, die der Entschwefelung entgegenwirkt. Es läßt sich jedoch eine gute und gründliche Entschwefelung erzielen, wenn auf das Bad zunächst eine Schlacke aus neutralen Alkalisilikaten aufgetragen wird, zu der ein Gemisch aus Soda und Reduktionsmitteln hinzugefügt wird. In der Praxis ist aber auch heute noch die erstgenannte Arbeitsweise die häufigere. Hierbei ist besonders darauf zu sehen, daß die verwendeten Desoxydationsmittel Oxydationsprodukte liefern, die den Kalk verflüssigen, wie beispielsweise Ferrosilizium, Kalziumsilizium, Aluminium-Silizium und dergleichen mehr. Bei beiden genannten Arbeitsweisen lassen sich reinweiße Schlakken erzielen, die eine gute entschwefelnde Wirkung und hervorragende Desoxydation gewährleisten.

Es soll aber nochmals und nachdrücklichst darauf verwiesen werden, daß die großen Hoffnungen auf eine beschleunigte Durchführung von Schlackenarbeiten beim basischen Verfahren infolge der Badbewegung heute aufgegeben worden sind. Die Durchführung von Schlackenarbeiten stellt bestenfalls einen Notbehelf dar, den man sich, wenn irgend möglich, erspart. Lediglich eine Desoxydationsschlacke bei sparsamster Verwendung von Flußspat ist bei basischer Zustellung üblich. Der Hochfrequenzofen hat nach wie vor seinen Hauptanwendungsbereich als reiner Umschmelzofen mit saurem Futter und für die Erzeugung manganreicher Stähle, insbesondere bei Verwendung manganreicher Abfälle, wird auf das basische Verfahren zurückgegriffen. Das Entphosphoren und Entschwefeln wird tunlichst im Lichtbogenofen durchgeführt.

K. Gegenüberstellung des Betriebes der Lichtbogenöfen und der kernlosen Induktionsöfen. Weitere Entwicklung.

Die Abbrandverhältnisse der Elektroöfen.

Als wesentlicher Vorteil der Elektroöfen werden die günstigen Abbrandverhältnisse bezeichnet, welche ihre Anwendung für legierte Stähle besonders angezeigt erscheinen lassen. Dieser Zusammenhang ist hauptsächlich auf das Fehlen oxydierender Gase wie im Siemens-Martin-Ofen zurückzuführen. Außerdem hat der Elektroofen durch die Anwesenheit der glühenden Elektroden und die Abgeschlossenheit seines Schmelzraumes keinen so stark oxydierenden Charakter wie andere Öfen. Die genauere Kenntnis der Abbrandziffern spielt aber nicht nur eine Rolle für die Beurteilung wirtschaftlicher Fragen, sondern ist von gleich großer Wichtigkeit für die Treffsicherheit der Analysenvorschrift. Die Hauptverluste treten beim Einschmelzen auf. Es muß daher unterschieden werden zwischen dem Legierungsverlust bei Aufbauschmelzen, das sind Schmelzungen, die unlegiert eingeschmolzen werden und bei denen die Legierungen erst zugeführt werden, wenn die Schmelzung bereits flüssig ist, und den sogenannten Umschmelzungen, bei denen der legierte Schrott schon vor dem Schmelzbeginn dem Einsatz zugegeben wird.

Allgemein muß vorausgeschickt werden, daß der Abbrand von einer ganzen Reihe von Faktoren abhängig ist. Zunächst spielt eine große Rolle die Sauerstoffaffinität, indem der Abbrand um so höher ist, je größer die Affinität zum Sauerstoff ist. Hierbei ist wiederum besonders zu beachten, ob diese Affinität vergleichsweise größer oder kleiner als die Sauerstoffaffinität des Eisens ist. Ist das betreffende Metall edler, wie beispielsweise Nickel, so kann es nicht in die Schlacke gehen, ist es unedler, so wird es das Eisen gewissermaßen vor dem Abbrennen schützen und zuerst verschlacken. Gemäß dem Massenwirkungsgesetz steigt der Abbrand mit der Konzentration, in der das betreffende Element anwesend ist. Außerdem ist die Zustellungsfrage von sehr wichtiger Bedeutung. So verschlackt beispielsweise Mangan bei saurer Zustellung in viel größerem Umfang als bei basischer Zustellung, während als Gegenbeispiel Vanadin und Wolfram genannt werden können, die bei saurer Zustellung in viel geringerem Umfang verschlacken als bei basischer Zustellung. Dieser Sachverhalt hängt mit der mehr oder minder starken Abbindung der entstehenden Oxydule und Oxyde zu beständigen Verbindungen mit Bestandteilen der Schlacke zusammen. Dann muß weiterhin beachtet werden, wie hoch der Gehalt der Schlacke an Schwermetalloxydulen, insbesondere an Eisenoxydul, ist. Je höher der Eisengehalt der Schlacke, um so größere Abbrandverluste sind zu erwarten. Von besonderer Wichtigkeit für den Betriebsmann ist schließlich die Beobachtung, daß der Abbrand auch von der Anwesenheit anderer Elemente im Stahl abhängig ist. So ist bereits von unlegierten Stählen her bekannt, daß der Kohlenstoffabbrand bei manganreichen Einsätzen viel geringer ist als bei manganarmen Einsätzen. Bei legierten Stählen kann bereits durch geringe Siliziumzusätze zum Einsatz der Verlust, beispielsweise von Chrom oder Wolfram, ganz wesentlich heruntergedrückt werden.

Für den Lichtbogenofen konnte durch Abfangen des aus dem Ofen entweichenden Staubes der Nachweis erbracht werden, daß praktisch alle Metalle zum Verdampfen neigen. Diese Tatsache ist an sich nicht überraschend, wenn die außerordentlich hohe Temperatur des Lichtbogens berücksichtigt wird. Für die Praxis ergibt sich daraus, daß Legierungen und hochlegierte Abfälle unter keinen Umständen beim Einschmelzen in den Bereich des Lichtbogens geraten dürfen. Dieser Vorschrift kann beim Einsetzen leicht entsprochen werden, in dem dieses **Material entweder** an den Rand oder ganz in die Mitte, am besten auf den Herd gelegt wird. In diesem Fall kann es beim Einschmelzen auch nicht an eine andere Stelle rutschen. Selbstverständlich können solche Legierungen auch mit Vorteil nach dem Einschmelzen in das bereits flüssige Bad zugesetzt werden. Diese gleichen Maßnahmen müssen übrigens auch bei Nitridbildnern, wie Chrom, Wolfram u. a., ergriffen werden, die durch die Einwirkung des Lichtbogens Nitride bilden, die so beständig sind, daß sie besonders bei fehlenden Kochvorgängen nicht mehr zerlegt werden können. Es gibt aber auch Metalle, die selbst noch unter einer Schlackendecke in merklichem Umfang laufend verdampfen, so daß ihre Abbrandzahlen auch von der Schmelzungsdauer abhängig sind. Zu diesen Metallen gehören vor allem Kobalt und Nickel. Da beide leicht Wasserstoff enthalten und daher beide am Kochprozeß teilnehmen müssen, muß der Zusatz so erfolgen, daß die ausreichende Kochdauer gewährleistet bleibt, also spätestens nach der Entphosphorung.

Es muß hier noch ein wichtiger Begriff erwähnt werden, der für die Treffsicherheit der Einschmelzanalyse von Bedeutung ist. Es handelt sich um die sogenannte „Herdberichtigung". Wenn eine legierte Schmelzung im Lichtbogenofen durchgeführt worden und der Herd trocken ausgelaufen ist, so nimmt die darauffolgende Schmelzung noch immer einen bestimmten Legierungsgehalt an, der nicht aus dem neuen Einsatz stammt, sondern nur aus dem Herd kommen kann. Der Herd ist also gewissermaßen mit Stahl der jeweiligen Schmelzung getränkt. Diese Herdberichtigung beträgt etwa 5% und fällt bei großen Öfen auf etwa 3% ab. Aus diesem Grunde können im Lichtbogenofen niemals auf hochlegierte Schmelzungen unlegierte folgen, sondern es müssen schwachlegierte Schmelzungen eingelegt werden, damit der hochlegierte Stahl aus dem Herd ausgewaschen werden kann.

Die nachstehenden Ausführungen sind in der Hauptsache den Arbeiten von E. Pakulla und K. Rudnik[1] und von H. Weitzer[2] entnommen. Die erste Arbeit befaßt sich mit den Abbrandverhältnissen im Lichtbogenofen, die zweite mit den Abbrandverhältnissen im Hochfrequenzofen. Beide Arbeiten decken sich mit den Beobachtungen und Erfahrungen der meisten Stahlwerke. Die Arbeiten befassen sich eingehend mit dem relativen Abbrand, der sich nach folgender Gleichung

---

[1] Pakulla, E., u. K. Rudnik: Stahl u. Eisen Bd. 54 (1934) S. 621 bis 629 und 676 bis 680.

[2] Weitzer, H.: Stahl u. Eisen Bd. 59 (1939) S. 1353 bis 1358.

berechnet: $R = \dfrac{E - F}{E} \cdot 100$, wobei R relativer Abbrand in Prozent, E errechnete Einsatzanalyse in Prozent und F Fertiganalyse in Prozent bedeutet. Diese Ziffer gibt einen sehr guten Einblick in die metallurgischen Verhältnisse, indem sie für jedes Legierungselement zeigt, in welcher Weise es in seinem Abbrandverhalten gegenüber den anderen Elementen vor- oder nacheilt. Für den Betriebsmann und für die Berechnung der Schmelzen ist der Metallgewichtsverlust je Tonne Einsatz von Wichtigkeit. Er ist

$$G = (E - \eta F)\, 10.$$

Dabei bedeutet η das Ausbringen, nämlich den Quotienten aus flüssigem Pfanneninhalt und Einsatzgewicht.

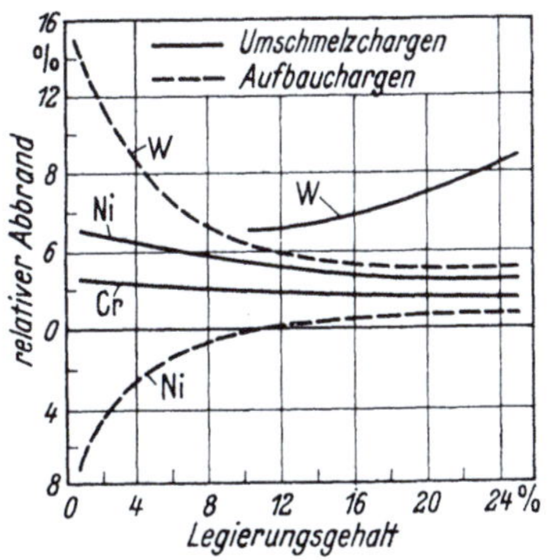

Abb. 139. Vergleichende Mittelwerte für den relativen Abbrand verschiedener Legierungsmetalle. (Nach E. Pakulla u. K. Rudnik.)

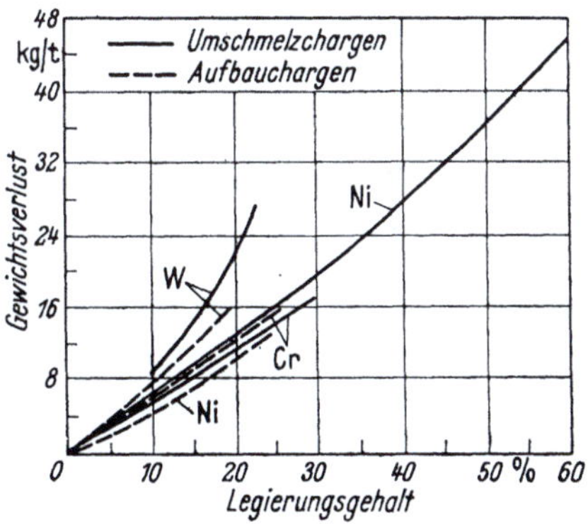

Abb. 140. Vergleichende Mittelwerte für den Gewichtsverlust bei verschiedenen Legierungsmetallen. (Nach E. Pakulla und K. Rudnik.)

Über das besondere Verhalten der verschiedenen Legierungen sind folgende Einzelheiten zu erwähnen. Die Ergebnisse von Pakulla sind in zwei Diagrammen zusammengefaßt, von denen das eine den relativen Abbrand und das andere den tatsächlichen Gewichtsverlust darstellt (Abb. 139 und 140).

Wolfram. Für Wolfram ergab sich das zunächst überraschend erscheinende Ergebnis, daß bei Aufbauschmelzungen und geringem Legierungsgehalt der relative Abbrand besonders hoch ist, während bei Umschmelzchargen der relative Abbrand des Wolframs allmählich mit dem Legierungsgehalt ansteigt. Die Ursache für die hohen Abbrandziffern bei Aufbauschmelzen mit geringem Legierungsgehalt muß darin gesucht werden, daß die Karbidschlacke auch einen gewissen Gehalt an Schwermetalloxydulen enthält, und da das Wolfram leichter als Eisen und Mangan oxydiert, so muß es sich auch in der Schlacke wiederfinden. Solche Verluste müssen naturgemäß bei geringen Gehalten am stärksten in Erscheinung treten wegen des begrenzten Aufnahmevermögens der Schlacke. Wie die Abb. 139 zeigt, sinkt der relative Abbrand in der Tat mit zunehmendem Wolframgehalt sehr rasch ab. Für den Praktiker ergibt sich die Erkenntnis, daß bei der Herstellung von Stählen mit Legierungen hoher Sauerstoffaffinität der reduzierende Charakter der Karbidschlacke sehr kräftig sein muß, um das Aufnahmevermögen der Karbidschlacke für Metalloxydule soweit wie möglich herunterzusetzen.

Molybdän. Für die Abbrandziffern von Molybdän wurden sehr schwankende Ergebnisse gefunden. Diese großen Streuungen werden auf die angewendeten Verfahren der Betriebsanalyse zurückgeführt. Es genügt zu wissen, daß bei Molybdängehalten, wie sie beispielsweise bei Vergütungsstählen vorkommen und die nur wenige zehntel Prozent betragen, mit einem relativen Zubrand gerechnet werden muß. Bei hohen Molybdängehalten, wie sie beispielsweise bei Schnelldrehstählen vorkommen, kann mit einem relativen Abbrand von 10 bis 12% gerechnet werden. Molybdän zeigt in noch stärkerem Maße als Wolfram das Bestreben, sehr leicht zu verdampfen und zu oxydieren. Schon bei Rotglut tritt ein deutliches Verdampfen ein, so daß ein Vorwärmen auf noch höhere Temperaturen leicht zu Verlusten führen kann. Es ist daher zweckmäßig, das Molybdän nur auf schwache Rotglut vorzuwärmen und dann in das flüssige Bad zu geben.

Vanadin. Ähnlich wie bei Molybdän zeigt auch das Vanadin eine sehr starke Streuung hinsichtlich seiner Abbrandverhältnisse. Diese Erscheinung muß darauf zurückgeführt werden, daß das Vanadin außerordentlich leicht oxydiert und sich in seinem Verhalten dem des Siliziums stark nähert. Ist durch fehlerhafte Schlackenführung einmal das Vanadin oxydiert worden, so ist es schwierig wieder in das Bad zurückzuführen. Im Gegensatz zu Molybdän muß man daher auch bei geringen Gehalten mit einem ausgeprägten absoluten Abbrand rechnen. Im übrigen macht auch hier die Genauigkeit des Verfahrens der Betriebsanalyse Schwierigkeiten, um gleichmäßige Ergebnisse bei Abbranduntersuchungen zu erzielen.

Chrom. Im Gegensatz zu den vorhergehenden Metallen zeigt das Chrom eine außerordentlich große Gleichmäßigkeit hinsichtlich seiner Abbrandverhältnisse. Darüber hinaus ist der Unterschied des Abbrandes zwischen Umschmelzchargen und Aufbauchargen nur geringfügig. Aus hochbasischen Schlacken läßt sich das Chrom verhältnismäßig leicht reduzieren. Sobald aber die Schlacke etwas stärker angesäuert ist, bilden sich leicht Chromsilikate, deren Reduktion größere Schwierigkeiten bereitet. Dieser Umstand muß wieder bei der Herstellung weicher nichtrostender Stähle beachtet werden. In diesem Fall darf Kohlenstoff als Reduktionsmittel für die Schlacke nur in beschränktem Umfang Verwendung finden, und an seine Stelle muß Silizium treten.

Kobalt und Nickel. Diese beiden Elemente zeigen ein weitgehend ähnliches Verhalten. Da beide Metalle edler als Eisen sind, ist der relative Abbrand negativ. Da beide Metalle noch unter der Schlackendecke verdampfen, weisen sie Verluste in Abhängigkeit von Koch- und Feinungsdauer auf.

Die Darstellung des Gewichtsverlustes der verschiedenen Legierungsmetalle zeigt einen ähnlichen Verlauf der einzelnen Kurven. Es kann daher bei der Berechnung des Einsatzes in einfacher Weise verfahren werden.

Bei den Abbrandverhältnissen im Hochfrequenzofen ist zu beachten, daß durch den Fortfall des Lichtbogens und durch die geringere Schlakkenmenge die Abbrandziffern wesentlich tiefer liegen, und zwar betragen sie nur noch rund die Hälfte.

Wolfram. Bei Gehalten über 8% beträgt der relative Abbrand nur etwa 1%, bei tieferen Gehalten steigt er auf etwa 7% bei 0,5% Wolfram.

Molybdän. Der relative Abbrand des Molybdäns steigt von etwa 3% bei 1% Molybdän auf etwa 9% Abbrand bei 20% Molybdän an.

Vanadin. Der Vanadinabbrand beträgt 2% bei etwa 0,2% Vanadin und fällt bei 2% Vanadin auf etwa 1% ab.

Chrom. Der relative Abbrand des Chroms ist im sauren kernlosen Induktionsofen sehr gering. Er wird von etwa 5% Chrom an merklich und steigt bei 20% Chrom auf etwa 4% an.

Nickel. Der durchschnittliche relative Abbrand beträgt bei Nickel etwa 2% und fällt bei geringen Nickelgehalten unter 10% noch weiter ab.

Kobalt. Im Gegensatz zu Nickel steigt der relative Abbrand für Kobalt von null bei geringen Kobaltgehalten allmählich auf 2% bei etwa 50% Kobalt an.

Der Abbrand im basischen kernlosen Induktionsofen unterscheidet sich nur unwesentlich von den Abbrandverhältnissen im sauren Ofen. Es ist lediglich erwähnenswert, daß hochprozentige Manganstähle, die bekanntlich nur auf basischem Futter erschmolzen werden dürfen, praktisch im basischen kernlosen Induktionsofen keinen relativen Abbrand zeigen, während die entsprechende Abbrandziffer für den basischen Lichtbogenofen bei 5% liegt.

Auf weitere und seltenere Metalle kann an dieser Stelle nicht eingegangen werden, und es muß auf die Originalarbeiten verwiesen werden.

Anwendungsgebiete des Lichtbogenofens und des kernlosen Induktionsofens.

Der Anwendungsbereich nach qualitätsmäßigen Gesichtspunkten ist für Lichtbogenöfen eigentlich unbeschränkt. Hinsichtlich der Einsatzverhältnisse gilt wegen seiner umfassenden metallurgischen Möglichkeiten das gleiche. Schwierigkeiten bestehen allein zu einem geringen Umfang bei der Herstellung weichster Qualitäten, indem die Einhaltung des Kohlenstoffgehaltes durch die Anwesenheit der Kohleelektroden bei

Gehalten unter 0,12 bis 0,10% Kohlenstoff gewisse Vorsichtsmaßregeln erforderlich macht. Da die Elektroden beim Hochfrequenzofen entfallen, ist die Herstellung der besonders weichen Stahlmarken ein bevorzugtes Anwendungsgebiet des Hochfrequenzofens geworden. Infolge des Fehlens des Lichtbogens sind die Legierungsverluste im Hochfrequenzofen bedeutend geringer als im Lichtbogenofen, so daß auch das Einschmelzen hochlegierter Abfälle einen hervorragenden Verwendungszweck des Hochfrequenzofens darstellt. Aber auch sonst ist das Einschmelzen phosphor- und schwefelarmer Abfälle im Hochfrequenzofen sehr vorteilhaft, so daß Edelstahlwerke, die vorwiegend mit Lichtbogenöfen arbeiten, zur Ergänzung gern Hochfrequenzöfen aufstellen. Andererseits sind kleine Edelstahlwerke, die früher nur Tiegelöfen betrieben haben, aus wirtschaftlichen Gründen zur Anwendung von Hochfrequenzöfen übergegangen. Die Zustellung der Hochfrequenzöfen ist meist sauer, nur für die Herstellung manganreicher Qualitäten, insbesondere bei Verwendung manganreicher Abfälle, muß auf die basische Zustellung übergegangen werden. Sind besonders hohe Gießtemperaturen erforderlich, wie z. B. bei der Herstellung dünnwandigen Gusses, so wird ebenfalls häufig von der basischen Zustellung Gebrauch gemacht. Der Lichtbogenofen dagegen wird zur Ausnutzung seiner hervorragenden Eigenheiten vorzugsweise basisch zugestellt, und nur für Stahlguß und für die Erzeugung niedrig legierter nicht zu weicher Stähle aus guten Abfällen kommt die saure Zustellung in Betracht.

Diese metallurgischen Betrachtungen müssen noch durch wirtschaftliche Erwägungen ergänzt werden. Streng genommen ist aber ein Vergleich zwischen zwei Ofentypen nur möglich, wenn beide Öfen im gleichen Sinne arbeiten, im vorliegenden Falle Lichtbogenofen und Hochfrequenzofen als Umschmelzofen Verwendung finden, oder beide mit Entphosphorung und Entschwefelung arbeiten. Aber auch dann spielt die zu erzeugende Stahlmarke eine Rolle, indem außer Unterschieden in der metallurgischen Arbeit auch analytische Vorproben die gesamte Schmelzzeit fühlbar beeinflussen können. In der Praxis wird daher kaum die Möglichkeit bestehen, unter Ausschaltung aller solcher Fehlerquellen über einen längeren Zeitraum Vergleiche anstellen zu können. Hinzu kommt, daß beim Vergleich die beiden Ofengrößen so abgestimmt sein müßten, daß die Erzeugung im gleichen Zeitabschnitt gleich ist, ein Umstand, dem ebenfalls im praktischen Betrieb nicht Rechnung getragen werden kann. An dieser Stelle soll daher die Kostenfrage nur in grundsätzlichen Zügen behandelt werden.

Die Schmelzenergie, besonders der Energieverbrauch beim Einschmelzen, ist für den Hochfrequenzofen etwas höher als beim Lichtbogenofen. Der Grund ist ein geringerer Wirkungsgrad des rotierenden gegenüber dem ruhenden Transformator, wodurch ein Mehrverbrauch von rund 12 bis 15% bedingt ist. Dazu kommen noch die Spulen-, Kondensatoren- und Gehäuseverluste im Betrage von 8 bis 12%. Damit ist erklärt, weshalb der Stromverbrauch zum Einschmelzen für den Hochfrequenzofen etwa ein knappes Drittel höher liegt als beim Lichtbogenofen. Hierbei darf nicht außer acht gelassen werden, daß der Hochfrequenzofen sowohl im Hinblick auf Einschmelzzeit und auch Stromverbrauch stark vom Füllfaktor, also der Schrottbeschaffenheit abhängig ist. So kann bei günstigen Verhältnissen mit einer Verbesserung des Stromverbrauchs bis zu 10% gerechnet werden. Der Fehlbetrag wird aber bereits reichlich gedeckt durch den gänzlichen Fortfall der Elektrodenkosten. Werden aber die gesamten Stromkosten beurteilt, so liegen diese günstiger als beim Lichtbogenofen, weil sie im ersten Fall mit 10 bis 15% über dem Einschmelzbedarf liegen, während sie im zweiten Fall 50% und mehr des Einschmelzverbrauchs ausmachen. Wird auf den Kochprozeß verzichtet, so beträgt der Stromverbrauch für das Feinen noch immer 20 bis 30% des Einschmelzbedarfes. Dafür sind dann aber die Einsatzkosten die gleichen wie beim Hochfrequenzofen. Es sind also bei gleicher Fassung die Stromentnahmekosten im Hochfrequenzofen etwas geringer. Dieser Unterschied verringert sich mit zunehmender Ofengröße. Weiter hat der Hochfrequenzofen wegen der Einfachheit der Tiegelherstellung und ihrem billigen Rohmaterial im Vergleich zu den verhältnismäßig teuren Silikasteinen und der mit mindestens jedem zweiten Deckelwechsel erforderlichen Erneuerung der Seitenwände den Vorteil der Verringerung der Zustellungskosten um rund ein Drittel derjenigen des Lichtbogenofens. Um mindestens den gleichen Betrag sinken die Löhne wegen der wesentlich einfacheren Bedienung. Dagegen liegen für betriebliche Ofeneinheiten die Anschaffungskosten bei gleicher Fassung fast doppelt so hoch wie beim Lichtbogenofen.

Heutiger Stand im Ausland.

Nachdem im Vorstehenden die Entwicklung und ihre Ergebnisse, wie sie sich hauptsächlich in Deutschland ergeben haben, dargestellt worden sind, ist es von Interesse zu erfahren, inwiefern diese auch im Ausland eine ähnliche Richtung genommen haben. Über die Ofengröße wurde bereits gesagt, daß in USA der 60-t-Ofen sich für Baustähle, insbesondere solche für die Luftfahrt und für Kugellager, und zwar für festen sowie für flüssigen Einsatz bewährt haben. In Schweden, einem den Qualitätsstandpunkt besonders pflegendem Land, wird der 20- bis 25-t-Lichtbogenofen als Höchstmaß für die Herstellung hochwertiger Werkzeugstähle angesehen (S. v. Hofsten[1]). Für hochlegierte Werkzeugstähle wird die untere Grenze schon aus legierungstechnischen Gründen wohl zweckmäßig auf etwa 12 bis 15 t beschränkt.

[1] Hofsten, S. v.: Jernkont. Ann. 123 (1939) S. 353 bis 385.

Auch hinsichtlich der Arbeitsweise sind ähnliche Entwicklungen zu verzeichnen. Nach den bisher zugänglichen Veröffentlichungen zu urteilen, scheint zwischen den Bestrebungen in Deutschland und USA ein allerdings nur gradmäßiger Unterschied in der Hinsicht vorzuliegen, daß in Deutschland größere Anstrengungen gemacht wurden, höchste Qualitäten bei großen Mengen zu erzielen, während in USA der größte Wert auf die Menge und dann auf die Qualität gelegt wurde. Die Schwierigkeiten der Legierungsbeschaffung und die scharfen Abnahmebedingungen zwangen den deutschen Stahlwerker zur Pflege des Qualitätsgedankens, während in Amerika die reichlicher zur Verfügung stehenden Legierungen den Weg zur Erzeugungssteigerung wesentlich erleichterten. Sollte doch nach H. F. Walther[1] schon 1943 eine Erzeugung von 5500000 t Elektrostahl erreicht werden. Diese großen Mengen wurden einmal durch die Aufstellung neuer Öfen — eine Firma hat allein 1941 78 Öfen verkauft — und zum anderen durch die restlose Ausnutzung der vorhandenen Anlagen erreicht. Besonders die Aufstellung großer Ofeneinheiten führte in beiden Ländern zu den verschiedenen Duplexverfahren nach dem Gesichtspunkt, den Elektroofen nach Möglichkeit nur zum Feinen zu benutzen. Während in Deutschland diese Anstrengungen während der ganzen Kriegszeit anhielten und zum Beschreiten neuartiger metallurgischer Wege und selbst zur Entwicklung einer Reihe von Verfahren führten, aus dem SM-Ofen Qualitäten herzustellen, die dem Elektrostahl nahe kommen, wurde in USA alles daran gesetzt, die bestehenden allgemein gültigen Arbeitsweisen bei der Großerzeugung im vollen Umfang zu berücksichtigen. Damit war die Grundlage gelegt, hochwertige Baustähle in ausreichender Beschaffenheit in großen Mengen herzustellen. In Deutschland war schon aus Gründen der Legierungseinsparung die metallurgische Weiterentwicklung der verschiedenen Verfahren in Richtung auf eine sorgfältige Feinungsarbeit eine Frage von grundsätzlicher Bedeutung, denn die Verminderung des Legierungsgehaltes wurde zum erheblichen Teil durch größere Aufmerksamkeit beim Schmelzen und in der Wärmebehandlung ermöglicht. In einem Bericht über die kriegsbedingte Erzeugungsweise in USA von Baustählen im basischen Elektroofen bringt H. W. Mc Quaid[2] eine Reihe interessanter Einzelheiten. Nachdem beim kalten Einsatz im 60-t-Ofen Stundenleistungen bis zu 10 t erzielt wurden und damit bereits weitgehend der SM-Ofen überboten war, wurde versucht, diese Ziffer durch Duplizieren noch zu verdoppeln. Da das billigste flüssige Eisen im Kupolofen erzeugt werden kann, wurde versucht, ein solches Eisen mit 3,5% C, < 0,1% P und < 0,08% S im Elektroofen zu verarbeiten. Dieses Ziel wurde tatsächlich erreicht, indem das Eisen

---

[1] Walther, H. F.: Iron Steel Bd. 17 (1944) Nr. 5 S. 226.
[2] Mc Quaid, H. W.: Iron Steel Bd. 17 (1943) Nr. 2 S. 43 bis 48.

auf im Herd eingesetztes kaltes Erz gegossen wurde, wobei angeblich ohne übermäßiges Schäumen im 60-t-Ofen die Stundenleistung von 20 t/h erreicht wurde, ein Ergebnis, das, wie der Verfasser selbst sagt, unwahrscheinlich anmutet. Weiter wird ein 80-t-Ofen erwähnt, der von einem 200-t-SM-Kippofen gespeist wird (Republic Steel, Chicago) und ist schließlich eine Werksanlage von besonderem Interesse, in der Kupolöfen über 12-t-Konverter 40-t-Elektroöfen beliefern. Vier Kupolöfen liefern je 600 t täglich vorentschwefeltes Eisen, die nach dem Verblasen mit mittleren Kohlenstoffgehalten dem Elektroofen zugeführt werden, wo sie entphosphort und gefeint werden. Da für eine Elektroschmelze vier Konverterabstiche erforderlich sind, sind die Schlackenreaktionen schneller und vollständiger. Die umfangreichen Vorteile einer solchen Arbeitsweise wurden bereits in früheren Abschnitten näher besprochen.

Aber auch bei kaltem Einsatz wird alles getan, um Leerlaufzeiten zu verringern, wie Verkürzung der Einsatzzeit durch Korbbeschickung oder Chargiermaschinen. Die letztgenannte Art wurde besonders bei größeren Öfen über 50 t in manchen Werken bevorzugt. Über die Zugabe von Erz- und Kalk zum Einsatz ist man verschiedener Meinung, bevorzugt in vielen Betrieben aber die Zugabe von etwa 3% Erz und 2% Kalk zur schnelleren Entphosphorung. Infolgedessen wird auf einen hinreichend hohen Kohlenstoffgehalt nach dem Einschmelzen besonders hoher Wert gelegt, und zwar zugleich aus Gründen schnellen Einschmelzens. Die Kochdauer wird mit zunehmendem Phosphor-, Siliziumund Ölgehalt des Einsatzes erhöht. Das Einschmelzen wurde überdies in manchen Werken teilweise durch erhöhten Roheisensatz beschleunigt. Auch der zuverlässigen und schnellstmöglichen Ausführung der analytischen Vorproben wurde im Interesse der Erzeugungssteigerung erhöhte Aufmerksamkeit gewidmet. In diesem Zusammenhang wird die Zugabe des Mangans in das heiße Bad vor dem Abschlacken empfohlen, um mit dem Auskochen bereits die Desoxydation einzuleiten und nach dem Abschlacken weitere Legierungen, ausgenommen Silizium, zuzusetzen. Der Manganzusatz wird häufig auch durch Spiegeleisen vorgenommen, um gleichzeitig ein Nachkochen zu bewirken. Dem Kochprozeß wird auch dort gerade bei größeren Öfen und erhöhten Badtiefen ganz besondere Aufmerksamkeit gewidmet, indem die Erwärmung des unteren Badteiles zusammen mit der Badbewegung selbst erfahrungsgemäß die Voraussetzung der Reinigung des Bades von Einschlüssen und Gasen darstellen. Zur Zeit des Abschlackens wird der Kohlenstoffgehalt etwa 0,1% unter der Vorschrift und der Mangangehalt auf etwa 0,2% gehalten. Die günstige Wirkung der Kohlenstoffreaktion wurde in einem Fall mit Erfolg durch Eintauchen der abgeschalteten Elektroden genutzt, bis das eintretende Kochen nachläßt.

Schließlich scheint die weitgehende Desoxydation vor Aufgabe der Reduktionsschlacke weitverbreitet Anwendung zu finden bei gleichzeitigem Arbeiten mit einer lediglich weißen Schlacke, die nicht unbedingt auf hohen Karbidgehalt hinzielt. Mc Quaid entwickelt den Standpunkt, daß es in erster Linie auf das Gleichgewicht ankäme und daß dieses Gleichgewicht mit desoxydiertem Bad und weißer Schlacke schneller zu erreichen sei, womit gleichzeitig eine kurze Feinungsdauer ermöglicht wird. Der Aluminiumzusatz zur Regelung der Korngröße erfolgt natürlich zum Schluß. Die im vorliegenden Buch vertretenen Anschauungen unterscheiden sich hiervon wesentlich dadurch, daß hier das Gleichgewicht erst bei geringeren Sauerstoffgehalten erreicht werden soll. Alles in allem — soweit der vorliegende Bericht wirklich ein gutes Durchschnittsbild gibt — liegen gleiche Erfahrungen vor, ihre Auswertung dient in erster Linie der raschen Durchführung der Prozesse und der Leistungssteigerung und erinnern in vielem an die wesentlichen Erfahrungsergebnisse mit großen SM-Öfen. Diese Erkenntnisse sollen für eine denkbar kurze Feinungsdauer, möglichst nicht über 75 Minuten, ausgewertet werden.

Weiterentwicklung der Elektrostahlverfahren.

Die Fragen über die Möglichkeit der Weiterentwicklung der Elektrostahlverfahren sind keine rein technischen. Sie hängen in hohem Maße zusammen mit der allgemein wirtschaftlichen Entwicklung und deren Erfordernissen und auch mit den sonstigen technischen Fortschritten und der Befriedigung ihrer Ansprüche. Da im gegenwärtigen Zeitpunkt diese Fragen für europäische und insbesondere deutsche Verhältnisse ungeklärt sind, ist streng genommen eine Beantwortung dieser Fragen im vollen Umfange nicht möglich. Andererseits soll diesem Fragenkreis nicht zur Gänze ausgewichen werden. Die Beantwortung muß aber in dem Sinne eingeschränkt werden, daß nur die rein technischen Möglichkeiten erörtert werden, also ohne Rücksicht auf die tatsächlichen wirtschaftlichen Entwicklungen.

Eine dieser Fragen wird sich mit der maximalen Ofengröße zu befassen haben. Aber die Beantwortung schon dieser so einfachen Fragestellung ist sehr schwierig, hat sich doch bisher in der Geschichte des Elektrostahlverfahrens kaum etwas so laufend geändert wie die Auffassungen über die maximale Ofengröße. Es gab eine Zeit, in der die Größe des 5-t-, allenfalls noch 7-t-Ofens als Höchstwert galt. Es gab sogar namhafte Stahlwerke, die bis etwa 1940 grundsätzlich keine größeren Öfen aufstellen wollten. Inzwischen ging jedoch in anderen Werken die Entwicklung in kurzen Abständen zum 12- bis 15-t-Ofen, fast gleichzeitig zum 35- bis 40-t-Ofen und schließlich zum 60- bis 70-t-Ofen weiter, letzterer in der Hauptsache für flüssigen Einsatz. Nach eigenen Erfahrungen lassen sich auch in Öfen vom letztgenannten Fassungsvermögen bei sorgfältiger Arbeit Stähle noch so vorzüglich ausarbeiten, daß sie z. B. für Baustähle, auch bei verschärften Abnahmebedingungen, mit Sicherheit entsprechen können. Wenn schließlich in den Vereinigten Staaten während des letzten Krieges eine größere Zahl von 75-t-Öfen aufgestellt wurden, so scheint demnach diese Erfahrung auch dort gesammelt worden zu sein. — Eine Begrenzung des Fassungsvermögens könnte durch elektrotechnische, mechanische und schließlich vor allem metallurgische Faktoren bedingt sein.

Bei der Behandlung der elektrotechnischen Grundlagen war ausgeführt worden, daß für eine bestimmte Spannung die Stromstärke einen Höchstwert nicht überschreiten darf. Die Erhöhung der Spannung ist also grundlegend für die Vergrößerung der Leistung. Als höchste Spannung wird zur Zeit etwa 350 Volt angegeben. Höhere Spannungen erfordern nicht nur eine sorgfältigere Isolierung wegen der Stromverluste, sondern sie gefährden vor allen Dingen auch die Bedienungsmannschaften. Wenn auch der kernlose Induktionsofen nun schon seit zwei Jahrzehnten im Betrieb mit Spannungen arbeitet, die rund das Zehnfache betragen, so liegen die Schwierigkeiten für den Lichtbogenofen doch auf einer anderen Ebene, wenngleich sie durchaus nicht grundsätzlich anderer Natur sind. Die dann ermöglichte Erhöhung der Stromstärke macht größere Elektrodendurchmesser erforderlich. Soweit dabei die Biegefestigkeit während des Kippvorganges überschritten wird, könnte auf Konstruktionen zurückgegriffen werden, bei denen die Elektroden nicht mitgekippt werden müssen. Sonst dürften aus elektrischen und auch mechanischen Gründen der Vergrößerung des Fassungsvermögens für Lichtbogenöfen keine unüberwindlichen Schwierigkeiten entgegenstehen. Ob allerdings ein Transformator so hoher Spannung ebensogut ausgenutzt werden kann wie bei den normalen Spannungen, ist noch nicht eindeutig zu beantworten. Es muß jedenfalls damit gerechnet werden, daß die volle Leistung nur so lange genutzt werden kann, wie der Lichtbogen vom Schrott einigermaßen abgeschirmt ist.

Schließlich sei noch darauf hingewiesen, daß die Erhöhung der elektrischen Leistung und auch des Fassungsvermögens durch Vergrößerung der Anzahl der Elektroden erleichtert werden kann. Das bekannteste und durch jahrelange Praxis bewährte Beispiel ist der Ofen bei Timken in USA, der mit sechs Elektroden und einem ellipsenförmigen Herd arbeitet. Diese Lösung wird aber von vielen Stahlwerkern nicht gern gesehen. Die Verdoppelung der elektrischen und mechanischen Einrichtungen vergrößert auch deren Störungsmöglichkeiten. Der elliptische Deckel mit sechs Elektrodenöffnungen ist ebenfalls keine glückliche Lösung. Werden allerdings in der Hauptsache nur harte Stähle erzeugt, so kann ein solcher Ofen durchaus die wirtschaftliche Anwendung gewährleisten.

Daß mit steigender Badtiefe die metallurgische Durcharbeitung des Bades schwieriger wird, ist allgemein anerkannt. Auf der anderen Seite wird durch eine Vergrößerung des Baddurchmessers das saubere Abschlacken immer mehr erschwert. Durch die auch aus anderen Gründen angestrebte leichte Zugänglichkeit des Ofengefäßes von allen Seiten kann durch Anbringung von Hilfstüren oder mehreren Arbeitstüren auch das Abschlacken wieder erleichtert werden, so daß das heutige Höchstmaß des Fassungsvermögens aus diesem Grunde kein endgültiges zu sein braucht. Dies gilt um so mehr, als die neuerliche Anwendung der Möglichkeiten der elektrodynamischen Badbewegung für das Abschlacken bereits im Betrieb einwandfreie Ergebnisse erbracht hat. Allerdings müssen die heutigen technischen Lösungen noch als außerordentlich kostspielig bezeichnet werden.

Es kommt auch bei der Aufstellung größerer Öfen darauf an, durch sorgfältiges Abwägen der einzelnen Faktoren zu brauchbaren Lösungen zu gelangen. Ob es allerdings betriebsmäßig gesehen nicht klüger und vor allem wirtschaftlicher ist, an Stelle eines übergroßen Ofens zwei kleinere aufzustellen, kann nicht allgemein beantwortet werden. Jedenfalls sind kleinere Öfen leichter und angenehmer zu handhaben, was schließlich im Hinblick auf die Qualität auch sehr wichtig ist. Soweit es sich um Werke mit umfangreichem Qualitätsprogramm handelt, kann der Fall eintreten, daß sich allein aus Gründen der Lagerhaltung die Aufstellung eines großen Ofens als unzweckmäßig erweist, sofern keine kleineren Öfen vorhanden sind. Es liegt daher durchaus auf dieser Linie, wenn Pläne bekannt werden, 50-t-Öfen mit einer Einschmelzzeit von etwa einer Stunde zu betreiben. Die Trafoleistung ist mit etwa 25000 kVA und die Einschmelzspannung mit 400/450 Volt gedacht. Ein solcher Ofen könnte je nach Arbeitsweise bis zu einer Stundenleistung von 25 t/Std. gelangen, eine Schmelzleistung, die bisher mit keinem anderen Ofen bei festem Einsatz erreicht werden konnte.

Ein gerade im gegenwärtigen Zeitpunkt besonders interessantes und für die weitere Entwicklung grundlegend wichtiges Kapitel muß in den neuartigen Wegen zur Verkürzung der metallurgischen Arbeitsweise durch Anwendung der sogenannten Schlackenreaktionsverfahren nach Perrin erblickt werden. Gelegentlich der Beschreibung der verschiedenen Duplexverfahren konnte auf die auch im praktischen Betrieb bereits erzielten guten Ergebnisse bei der Entphosphorung durch feste oder vorgeschmolzene Schlacken hingewiesen werden. Weiterhin konnte die günstige Wirkung flüssiger Karbidschlacke auf SM-Stahl kurz gestreift werden. In einem im Journal Iron Steel Inst. 1939 S. 495 bis 508 veröffentlichten Gedankenaustausch wurden die Erfahrungen auf diesem Gebiete dahingehend zusammengefaßt, daß diese Schnellmetallurgie zwar für viele Qualitäten brauchbare Ergebnisse liefert, aber nicht die Reinheitsgrade erreicht, wie sie für hochwertigen Elektrostahl als charakteristisch angesehen werden. Diese Erfahrungen decken sich im wesentlichen auch mit den in Deutschland beobachteten Ergebnissen. Es ist aber sehr die Frage, ob diese neuen Erkenntnisse gerade für die Entwicklung der Elektroöfen dienlich sein werden oder ob nicht der SM-Ofen einen großen Teil der Elektrostahlerzeugung zurückgewinnen wird, eine Entwicklung, die ohnedies in Deutschland durch die Erfordernisse des Krieges erzwungen wurde und die metallurgischen Verbesserungen des Martinstahlverfahrens ermöglicht und auch tatsächlich herbeigeführt hat. Dabei ist besonders zu erwähnen, daß hierbei zunächst ohne nachträgliche Schlackenreaktionen gearbeitet wurde. Diese wurden erst sehr viel später für die sichere Erzeugung besonders beanspruchter Qualitäten mit herangezogen. Durch diese Entwicklung hat der SM-Ofen seine Stellung gegenüber dem Elektroofen festigen können, und das Elektrostahlverfahren wird darauf bedacht sein müssen, sein altes Feld wieder zurückzugewinnen und zu behalten. Die Möglichkeiten hierzu sind vorhanden. Dies um so mehr, als, wie bereits eingehend dargelegt, die Herstellung der flüssigen Schlacken im praktischen Betrieb einige Schwierigkeiten bereitet. Die bisherigen Versuche zur Abkürzung der Reaktionszeiten durch Zuhilfenahme der heftigen Badbewegung des Induktionsofens und der Verbindung von Rohn- und Lichtbogenofen oder Rohn- und kernlosen Induktionsofen haben allerdings noch keine Erfolge gebracht. Die bisherigen Konstruktionen, die z. T. auch bereits die gewünsche Unabhängigkeit von Badbewegung und Beheizung gewährleisten konnten, haben indessen noch zu keinem metallurgisch brauchbaren Ergebnis geführt. Als einer der wesentlichsten Gründe hierfür wird die geringe Haltbarkeit der Zustellung gegen die stark erodierende und verschlackende Beanspruchung angeführt. Jedenfalls sind alle diese Versuche noch nicht abgeschlossen. Es ist durchaus möglich, daß ihre Ergebnisse für den wirtschaftlichen Anwendungsbereich des Elektrostahlverfahrens vielleicht doch von Bedeutung werden können, denn noch aussichtsreiche, bisher unbeschrittene Wege sind sehr wohl vorhanden. Bei der Drucklegung erfuhr der Verfasser von der erfolgreichen Beschreitung solcher Wege im Ausland, die außer für metallurgische Zwecke auch für die Erleichterung des Abschlackens genutzt werden.

Vom wirtschaftlichen Gesichtspunkt, insbesondere vom Standpunkt der Umwandlungskosten betrachtet, ist der Gewinn bei Fassungsvermögen oberhalb 20 bis 25 t unwesentlich (W. Rohland[1]). Allein die Leistungsfähigkeit, ausgedrückt in t/Std., steigt weiter an. Auch diese Tatsache legt den Gedanken nahe, kleinere Öfen aufzustellen, was vor allem in baulicher Hinsicht, nämlich in bezug auf Hallenkonstruktion und

---

[1] Rohland, W.: Stahl u. Eisen (1941) S. 2 bis 12.

Krananlagen Vereinfachungen zuläßt. Auf die wesentlich leichtere und sicherere Bedienung der kleinen Öfen wurde schon hingewiesen. Somit sprechen sowohl metallurgische, wirtschaftliche und bauliche Gründe für die Erstellung nicht zu großer Öfen. Damit bleibt das Hauptanwendungsgebiet der großen Öfen das Duplizieren, wenn von großen Konverterfassungen oder großen Martinöfen ausgegangen werden soll.

L. Selbstkostenwesen im Elektrostahlbetrieb.

Allgemeines.

Die Güte der Erzeugnisse bildet die erste, die Wirtschaftlichkeit des Arbeitens die zweite Zielsetzung für die Tätigkeit des Edelstahlwerkers. Wenn auch bei den bisherigen Erörterungen neben den Qualitätsfragen nirgends die Rücksicht auf die Kosten außer acht gelassen wurde, so sei doch an dieser Stelle eine kurze Betrachtung der Selbstkostenelemente im Elektrostahlbetrieb angefügt.

Die Voraussetzung für eine wirtschaftliche Betriebsführung ist eine geordnete Selbstkostenrechnung, und daher findet der verantwortliche Betriebsleiter wohl stets eine solche vor, wenn er die Kosten seiner Erzeugnisse prüfen und vergleichen will; jedoch weichen seine Anforderungen an den Aufbau der Selbstkostenberechnung etwas von denen des Buchhalters ab. Diesem kommt es vor allem auf die Sichtbarmachung des wirtschaftlichen Endergebnisses an, also auf eine klare Gegenüberstellung von Gesamtausgaben und Gesamterlös; an welcher Stelle und zu welchem Zwecke die Einzelausgaben erfolgt sind und wie sie gebucht werden, ist ihm zunächst weniger wichtig, wenn er nur sämtliche Ein- und Ausgänge von Geld- und Geldwert genau erfaßt. Der Betriebsleiter jedoch muß von der Selbstkostenaufstellung mehr verlangen; er muß in ihr eine übersichtliche Gliederung der Kostenarten und Kostenstellen vorfinden, das heißt, er muß Aufschluß darüber erhalten, zu welchem Zweck und an welcher Stelle seines Betriebes die aufgelaufenen Kosten entstanden sind und in welcher Weise sie sich im Laufe der Monate verändern.

Das Erzeugnis, auf welches die Kosten bezogen werden, buchhalterisch der „Kostenträger", pflegt in Blockstahlwerken die Tonne guter Rohblöcke, in Stahlformgußwerken die Tonne flüssig ausgebrachten Stahls in der Gießpfanne zu sein. Im ersten Falle sind also die Kosten für den Gießgrubenbetrieb und den beim Gießen entstehenden Abfall mit einbegriffen, ein Umstand, der bei Kostenvergleichen nicht übersehen werden darf.

Die gegebene Zeitspanne für die Gestehungskostenermittlung in Stahlwerken ist der Kalendermonat. Berechnungen in längeren Zwischenräumen schließen die Gefahr unliebsamer Überraschungen in sich.

Die Gestehungskosten des Elektrostahls setzen sich zusammen aus den Einsatzkosten, den Verarbeitungskosten und den Kosten für Verwaltung und Kapitaldienst. Der Umfang und die Bedeutung dieser Begriffe seien nachstehend näher erläutert.

Die Einsatzkosten.

Unter Einsatzkosten werden die Kosten für den metallischen Einsatz zusammengefaßt. Es sind dies, falls der Ofen mit festem Einsatz betrieben wird, die Kosten für den Kaufschrott, die werkseigenen Abfälle und die Legierungsbestandteile (Ferromangan, Ferrochrom, Ferrosilizium usw.). Bei flüssigem Einsatz sind es die Kosten, die für den flüssigen Einsatz bis zum Eingießen in den Elektroofen entstanden sind. Als Preis werden bei Kaufgut die Kosten eingesetzt, die bis zur Einlagerung im Werk aufgelaufen sind, also die Rechnungsbeträge zuzüglich der Kosten für Fracht, Probenahme, Analyse, gegebenenfalls Zerkleinerung usw. Bei werkseigenen Abfällen wird zweckmäßigerweise als Verrechnungspreis der Betrag eingesetzt, den man bei werksfremdem Bezug anlegen müßte; er wird für längere Zeiträume im voraus festgelegt und nur dann neu berechnet, wenn erhebliche Preisänderungen am freien Markte aufgetreten sind.

In den Selbstkostenaufstellungen sind die Einsatzkosten zunächst für 1000 kg Einsatz zu ermitteln und dann auf 1000 kg Ausbringen zu beziehen. Der Wert des Mehreinsatzes, d. h. des zur Erzeugung von 1000 kg Ausbringen über 1000 kg Einsatz hinaus notwendigen Einsatzgutes, wird als Lastschrift gleichfalls dem Einsatz zugerechnet. Dafür wird der Wert der Reststoffe: Gießabfälle, unbrauchbare Restblöcke, Pfannenbären usw. den Einsatzkosten gutgeschrieben.

Bei der Berechnung der Einsatzkosten, die, wie schon gesagt, auf 1000 kg, mitunter aber auch in Edelstahlwerken auf 100 kg bezogen werden, wird im allgemeinen so verfahren, daß die verschiedenen Legierungen auf Analysenmitte gerechnet werden. Zeigt der gewichtsmäßige Abbrand starke Abweichungen, so ist das entsprechend zu berücksichtigen. Hierbei müssen selbstverständlich die Preise der jeweiligen Kohlungsstufen der einzelnen Legierungen eingesetzt werden. Für den Rest wird „hochwertiger Schrott" in Anrechnung gebracht, wie er sich entweder aus hochwertigem Einsatz oder aus entphosphortem und entschwefeltem billigeren Einsatz errechnet.

Die Kosten für die Schlackenbildner (Kalk, Koks, Erz usw.) sollen, einer Übereinkunft im Ausschuß für Betriebswirtschaft des Vereins deutscher Eisenhüttenleute folgend, nicht unter den Einsatzkosten, sondern unter den Verarbeitungskosten geführt werden. Der genannte Ausschuß, dessen wertvolle Arbeiten auch als Grundlage für den vorliegenden Abschnitt gedient haben, hat sich um die Vereinheitlichung und Vergleichbarkeit des Selbstkostenwesens in Hüttenwerken ein so unbestreitbares Verdienst erworben, daß man schon aus diesem Grunde die von ihm vorgenommene Festlegung und Abgrenzung der Begriffe allgemein einführen sollte.

Die Grundzüge sind in der Form von „Richtlinien für das betriebliche Rechnungswesen in der eisenschaffenden Industrie" von R. Kleine, H. Kreis und A. Müller (Verlag Stahleisen) zusammengefaßt worden.

Um von der buchhalterischen Abrechnung zur wirtschaftlichen Beurteilung der Einsatzkosten überzuleiten, sei auf die Erörterungen der Abschnitte über die Einsatzstoffe und über die Besonderheiten bei der Herstellung einzelner Stahlsorten verwiesen. Zum Überfluß sei wiederholt, daß eine Verringerung der Einsatzkosten durch Verwendung eines billigeren Einsatzes keinesfalls eine Senkung der Gestehungskosten verbürgt. Vielmehr kann als Folge des Übergangs auf einen anderen Einsatz der Schmelzungsgang so verteuert werden, daß die Erhöhung der Verarbeitungskosten die Ersparnis im Einsatz ausgleicht oder sogar übersteigt. Die Verknüpfung von Ursache und Wirkung ist in solchen Fällen nicht immer leicht zu erkennen; es empfiehlt sich daher stets, eine eingehende Prüfung von dem eben dargelegten Gesichtspunkt aus vorzunehmen.

Die Bedeutung eines guten Ausbringens für die Wirtschaftlichkeit der Gestehungskosten bedarf keiner weiteren Erörterung. Jede Erhöhung des Ausschusses, Abbrandes, Gießverlustes usw. kommt in der Einsatzkostenaufstellung durch eine Vergrößerung des Einsatzwertes zur Auswirkung.

Die Verarbeitungskosten.

Die Kosten, welche durch die Umwandlung des Einsatzes in 1000 kg Ausbringen entstehen, also fallweise in gute Rohblöcke oder in flüssigen Stahl zur Verfügung der Gießerei, werden mit dem Ausdruck Verarbeitungskosten bezeichnet. Die außerdem noch gebräuchlichen Benennungen Schmelzkosten, Umwandlungskosten, Erzeugungskosten und ähnliche sollten aufgegeben werden, da sie von Werk zu Werk einen verschiedenen Inhalt zu haben pflegen, während die Kostenarten, die zu den Verarbeitungskosten zusammengefaßt werden, durch Übereinkunft genau festgelegt sind.

Die Verarbeitungskosten setzen sich zusammen aus der gesamten Summe der Kostenarten der verschiedenen Kostenstellen. Die Kostenstellen eines Stahlwerks, soweit sie für den Elektrostahlbetrieb in Frage kommen, sind unter gleichzeitiger Angabe der Schlüsselung, deren Bedeutung später noch zu erörtern sein wird, meist wie folgt vorgesehen:

Schrottplatz	Gewicht des festen Einsatzes
Ofenbetrieb	Schmelzzeit
Pfannenwirtschaft	durchgesetzte Menge
Gießgrube	Gewicht der festen Erzeugung
Kokillenwirtschaft	Kokillenkosten
Blockputzerei	Fertigungslöhne
Schlackenabfuhr	Gewicht der Schlacke
Kaltverladung	Durchsatzgewicht
Lager	

Die Kostenarten der gemeinsamen Betriebskosten (Hilfskostenstelle) werden in folgender Weise aufgegliedert:

Energie	Hilfslöhne	Werksgeräte
Brennstoffe	Soziale Aufwendungen	Instanderhaltung
Gehälter	Hilfsstoffe	Instandsetzung
Fertigungslöhne	Magazin u. Elektrostoffe	

Die Kostenstellen der gemeinsamen Betriebskosten teilen sich in folgender Weise auf:

Hilfsbetriebe	Werksgemeinkosten	Werksverwaltungs-kosten
Erzeugungsanlagen für	Technische Verwaltung	Kaufmännische Verwaltung
Strom	Werksschule	Einkauf
Dampf	Unterhaltung der allge-	Kasse
Preßluft	meinen Werksplätze,	Buchhaltung
Wasserversorgung	Wege usw.	Kostenabteilungen
Instandsetzungen	Werksbeleuchtung	Betriebsbuchhaltung
Elektrowerkstätten	Pförtner und Aufsicht	Frachtenabrechnung
Baubetrieb	Feuerwehr	Rechnungsprüfstelle
Hüttenbahn	Gesundheits- und Un-	Statistik
Versuchsanstalt	falldienst	Lohnabrechnung und
Laboratorium	Verwaltung der über-	Arbeiterwesen
Wärmestelle	betrieblichen Läger	

Werksumlage	Betriebssammelkosten
Abschreibungen	
Steuern	
Zinsen	

Hierbei ist zu beachten, daß die Werksverwaltungskosten und die Werksumlage strenggenommen nicht zu den Verarbeitungskosten gehören. Da sie aber bei den Gestehungskosten berücksichtigt werden müssen, sind sie in obenstehender Übersicht mit aufgeführt.

Um die Kosten einer genauen Beurteilung und Analyse unterziehen zu können, müssen Maßgrößen geschaffen werden, die den einzelnen Kostenarten proportional sind, denn die Verteilung der Kosten einer Kostenart auf mehrere Kostenstellen ist nur unter dieser Voraussetzung möglich. Der Bezug der Kostenarten beispielsweise auf die Tonne erzeugten flüssigen Stahles weist diese Proportionalität nur unter ziemlich begrenzten Voraussetzungen auf. Sobald z. B. der Betrieb nicht gleichmäßig beschäftigt ist, muß dieser Maßstab versagen. Es sei in diesem Zusammenhang hier allein auf die großen Einflüsse des zeitlichen Beschäftigungsgrades und des Belastungsgrades der einzelnen Öfen hingewiesen. Damit kommt der besondere Einfluß der Zeit zur Geltung, die übrigens durchaus nicht auf die Stunde, sondern auch auf Laufzeiten gerechnet werden kann. Die auf die Zeit bezogenen kostenmäßigen Zusammenhänge spielen für die Wirtschaftlichkeitsbeurteilung eine hervorragende Rolle. Die auf die Maßeinheiten bezogenen Kosten führen zu den eigentlichen Betriebskennziffern, die nicht nur den aufgeführten Gesichtspunkten, sondern auch den besonderen Eigenarten des jeweiligen Betriebes gerecht werden müssen. Sind diese Voraussetzungen erfüllt, so ermöglichen die Kennziffern einen tiefen Einblick in das Betriebsgeschehen und geben infolge der klaren Durchleuchtung der Kostenfrage die Grundlage, stets nach wirtschaftlichen Gesichtspunkten handeln zu können. Solche Kennzahlen sind beispielsweise der Kilowattstundenverbrauch je Tonne Stahl für das Einschmelzen oder der Elektrodenverbrauch bzw. die Elektrodenkosten je Tonne Stahl bei verschiedenen Schmelzarten usw. Soweit die Maßeinheiten nur der Aufteilung der Kosten dienen, übernehmen diese Maßzahlen die Rolle der Schlüsselung. In der Aufstellung sind die meist angewandten Schlüsselungen bei den Kostenstellen angegeben. Es würde in diesem engen Rahmen zu weit führen, die kostenmäßige Erfassung der einzelnen Betriebsphasen auf dieser Grundlage bis ins einzelne zu behandeln, obschon gerade die Verknüpfung des technischen und kaufmännischen Denkens und Handelns von besonderem Reiz ist. Soweit nicht schon in den betreffenden technischen Abschnitten von solchen Maßgrößen Gebrauch gemacht wurde, muß hier auf das Schrifttum, insbesondere auf die Veröffentlichungen des Ausschusses für Betriebswirtschaft des Vereins deutscher Eisenhüttenleute verwiesen werden.

Die verschiedenen Kostenarten seien nachstehend im einzelnen erörtert, und zwar an Hand vereinfachender Zusammenfassungen.

Gehälter und Löhne. Auf diesem Konto werden gesammelt die Gehälter einschließlich Prämien des Elektrostahlwerkes, weiter die an die Betriebsbelegschaft (Ofenleute, Schrottfahrer, Kranführer, Gießgrubenarbeiter) unmittelbar verauslagten Bruttolöhne, die unter dem Namen Fertigungslöhne zusammengefaßt werden, dazu kommen die Hilfslöhne, nämlich die Löhne für die im Elektrostahlwerk tätigen Schlosser, Elektriker, Ofen- und Pfannenmaurer usw. und schließlich die gesetzlichen Soziallasten (Kranken-, Unfall- und Invalidenkassenbeiträge).

Die Berechnung der Löhne erfolgt in der Lohnbuchhaltung auf Grund von Betriebsaufschreibungen. Da der einzelne Arbeiter häufig seinen Arbeitsplatz wechseln muß, wird die Beschäftigungsart und -stelle am besten vom Meister auf der Stempelkarte vermerkt. Da der Urlaub bevorzugt zu bestimmten Jahreszeiten genommen wird, ist es zweckmäßig, ihn gleichmäßig über das Jahr zu verteilen, unabhängig von der tatsächlichen Bezahlung, was üblicherweise unter Verwendung eines besonderen Kontos geschieht.

Der Lohnanteil je Tonne Ausbringen hängt in den Elektrostahlwerken in sehr hohem Maße von der Größe des Betriebes, der Größe der Erzeugungseinheiten, dem Umfang des Erzeugungsprogramms und der Art der Betriebseinrichtungen ab. Er kann demgemäß auch unter den heutigen Verhältnissen berechnet auf die Tonne flüssigen Stahls zwischen den einfachsten Stahlformgußbetrieben bis zur Tonne Rohblöcke in Edelstahlbetrieben mit vielfältiger Erzeugung in sehr weiten Grenzen schwanken.

Die laufenden betrieblichen Maßnahmen zur Beeinflussung dieses Ausgabepostens haben sich vor allem auf die Vermeidung von Stillständen und auf die Beschleunigung des Einsetzens und des Einschmelzens, letzteres durch volle Transformatorausnutzung, zu erstrecken.

Betriebshilfsmittel und Betriebserhaltung. In dieser Gruppe werden sämtliche Ausgaben zusammengefaßt, die für die Hilfsmittel zur Durchführung der Erzeugung und für die Aufrechterhaltung des Betriebszustandes notwendig sind. Es gehören also dazu die Ausgaben für die Schlackenbildner (Kalkstein, gebrannter Kalk, Flußspat, Koksmehl, Eisenerz, Manganerz usw.), für die feuerfesten Ofenbaustoffe (Silika, Dolomit, Magnesit, Mörtel, Stahlwerksteer), für die Elektroden, für die Pfannen und Gießsteine, für die Kokillen und Gespannplatten, für die sogenannten Magazinstoffe (Schmieröl, Putzöl, Handsäcke, Dichtungen, Schrauben usw.), für die Ersatzteile (Elektrodenfassungen, Türgeschränk usw.) und für die Werkzeuge. Schließlich gehören dazu die Werkstattleistungen, das heißt der Lohn- und Sachaufwand der Hauptwerkstatt, Elektrowerkstatt und Bauabteilung für die Instandsetzungsarbeiten am Gebäude, am Ofen, an den Kranen und an den sonstigen maschinellen und elektrischen Einrichtungen des Elektrostahlwerkes.

Da die Notwendigkeit zu größeren Instandsetzungen stoßweise aufzutreten pflegt und die Kosten demgemäß eine einzelne Monatsabrechnung übermäßig belasten können, bedient man sich eines Mittels, um ihre Wirkung auf die Gestehungskosten gewissermaßen abzumildern; man setzt auch in den wenig belasteten Monaten erfahrungsgemäß festgelegte Raten als Rücklage für größere Instandsetzungen ein und verkürzt um deren Betrag die plötzlich eintretenden außerordentlichen Beanspruchungen.

Bei unvorhergesehenen und häufig auch bei von fremden Firmen ausgeführten großen Reparaturen wird gern von der Einrichtung von Tilgungskonten Gebrauch gemacht.

Über die Verbrauchszahlen von Schlackenbildnern, feuerfesten Baustoffen und Elektroden bei den verschiedenen Betriebsweisen sind die nötigen Anhaltspunkte in den betreffenden Abschnitten dieses Buches zu finden. Hier sei lediglich nachgetragen, daß im Blockstahlwerk der Verbrauch an Kokillen und Gießplatten etwa 1½% des Blockgewichtes zu betragen pflegt. Während des letzten Krieges mußten diese Ziffern weit unterschritten werden, was jedoch häufig schon auf Kosten der einwandfreien Blockoberflächenbeschaffenheit geschah.

Die Hilfsstoffe werden entweder magaziniert oder dem Betriebe unmittelbar zugeleitet. Im ersten Fall wird der Betrieb bei Entnahme belastet, so daß Verbrauch und Belastung weitgehend übereinstimmen. Im anderen Falle wird der Einfachheit wegen gern die Lieferung sofort voll verrechnet. Sofern dies etwa mit dem Verbrauch der Abrechnungszeit übereinstimmt, ist gegen diesen Weg nichts einzuwenden. Ist das aber nicht der Fall, so muß die Verrechnung eine zeitliche Verteilung anstreben, die am besten auf der Grundlage der Überwachung der Bestands- und Verbrauchsmengen vorzunehmen ist. Diese buchhalterische Mehrarbeit lohnt sich natürlich nur bei wirklich ins Gewicht fallenden Beträgen.

Energie und Brennstoffe. Unter diesem Titel werden angeführt die Kosten für den Schmelzstrom, für den Kraftstrom (Krane und sonstige Antriebe), für den Lichtstrom, für Preßwasser (Ofenkippvorrichtung), für Preßluft (Ofenstampfen) und für Gebrauchswasser (Kühlringe usw.); ferner die Ausgaben für Gas oder Kohle zur Beheizung der Pfannen und Kokillenaufsätze, für Holz und Koks zum Ofenwarmfahren und ähnliche Kosten. Die Entnahme aus dem Netz (Strom, Gas, Preßluft) soll durch Verbrauchszähler festgestellt werden; ist der Einbau eigener Meßinstrumente untunlich oder nicht lohnend, so sind die Gesamtkosten des betreffenden Gutes (beispielsweise Gebrauchswasser) nach Verbrauchsstellenzahl und Verbrauchsdauer schlüsselmäßig auf die einzelnen Betriebsabteilungen zu verteilen.

Der Energiekostenanteil wird ganz wesentlich durch den Verbrauch an Ofenheizstrom und dessen Preis bestimmt. Die Angaben über den durchschnittlichen Kilowattstundenverbrauch bei verschiedener Betriebsweise sind an anderer Stelle dieses Buches zu finden. Meist wird heute der Strom von auswärts bezogen. Es entstehen daher auf den Werken zusätzliche Nebenkosten durch Umformung, außerdem Leitungsverluste, die zweckmäßig durch einen Hilfsbetrieb „Stromversorgung" auf die einzelnen Betriebe verteilt werden. Bei den Verhandlungen über den Strompreis kann der Stahlwerker auf wesentliche Vorteile für den Stromversorger hinweisen. Der Lichtbogenofen besitzt nämlich zwei Vorteile, die ihn zu einem begehrenswerten Abnehmer für Kraftwerke machen: die hohe Leistungsentnahme und den ausgezeichneten Leistungsfaktor. Demgegenüber sind die Stromstöße beim Einschmelzen sowie die Verschiedenheit der Leistungsentnahme beim Einsetzen, Einschmelzen und Feinen nur bei kleinen Kraftwerken von nachteiliger Bedeutung. Beim Induktionsofen entfallen noch die Stromstöße. Auch für das von auswärts bezogene Gas und Wasser wird die Verteilung einfacherweise über einen Hilfsbetrieb vorgenommen. Die festen und flüssigen Brennstoffe pflegen entweder betriebsweise gelagert oder vom Magazin angeliefert zu werden.

Schließlich verbleibt noch ein zusammenfassender Hinweis auf die **Hilfsbetriebe, Werksgemeinkosten und Verwaltungskosten.** In diese Gruppe gehören die anteiligen Kosten an denjenigen Werksabteilungen, deren Leistungen ohne scharfe Abgrenzung sämtlichen „Erzeugungsbetrieben" zugute kommen. Die hierzu gehörigen Kostenarten werden aufgegliedert in die Kosten für die Hilfsbetriebe, Werksgemeinkosten, Werksverwaltungskosten, Werksumlage und Betriebssammelkosten, deren jeweilige Unterteilung der Übersicht zu entnehmen sind. Die Werksgemeinkosten sind streng von den Werksverwaltungskosten zu trennen, deren Kosten außerhalb der Verarbeitungskosten zu erscheinen haben. Schließlich werden unter „Betriebssammelkosten" eine Anzahl von Aufwendungen zusammengefaßt, deren Einzelbeträge zu geringfügig für eine gesonderte Abrechnung sind. Diese Kostengruppen gehören abrechnungstechnisch auch zu den Hilfsbetrieben. Es liegt in der Natur dieser Leistungen, daß sie nicht meßbar sind und daher ein Leistungsmaß dafür nicht angegeben werden kann. Zufolge des fixen Charakters aller dieser Kosten läßt sich eine Beurteilung ihrer Beträge durch Zeitvergleiche von Monat zu Monat ermöglichen. Zur Kostenüberwachung kann eine Unterteilung der Kostenstellen laut obiger Zusammenstellung vorgesehen werden. Das gleiche gilt auch für die Werksverwaltungskosten.

Die Hilfsbetriebe umfassen Erzeugungsanlagen für Strom, Dampf, Preßluft, Wasserversorgung, Instandsetzungs- und sonstige Werkstätten, Baubetrieb, Hüttenbahn, Versuchsanstalt, Chemisches Laboratorium.

Die Kosten sämtlicher gemeinsamer Werksbetriebe werden auf die Erzeugungsbetriebe nach bestimmten Schlüsseln verteilt. Da der Hauptteil der gemeinsamen Betriebskosten im allgemeinen fester Natur ist, wird die Umlage nach festen Schlüsseln empfohlen. Die Schlüsselung kann von Werk zu Werk verschieden sein; sie soll jedoch stets als Endergebnis eine möglichst gerechte Belastung der kostentragenden Betriebe bewirken. Für die Laboratoriumskosten wird als Schlüssel meist die Analysenanzahl, multipliziert mit einem Bewertungsfaktor, gewählt; beispielsweise hätte eine Siliziumbestimmung gleich zwei Kohlenstoffbestimmungen zu gelten usw. Für die Ausgaben der Versuchsanstalt und Wärmestelle wird als Verteilungsschlüssel zweckmäßig eine nach

Monatliche Verarbeitungs-

	Preis in DM	Je	Insgesamt		Je t Ausbringen	
			Menge	Wert in DM	Menge	Wert in DM
A. Lastschriften.						
Löhne und Gehälter.						
Fertigungslöhne						
Hilfslöhne						
Gesetzl. Soziallasten . . .						
Gehälter						
Betriebshilfsmittel und -erhaltung.						
Kalkstein ⎫		t				
Kalk ⎪		t				
Koksmehl ⎪ Schlacken-		t				
Flußspat ⎬ bildner		t				
Eisenerz ⎪		t				
Manganerz ⎭		t				
Silikaziegel ⎫		t				
Silikamörtel ⎪ Feuerfeste		t				
Sinterdolomit ⎬ Stoffe,		t				
Magnesitziegel ⎪ Ofen		t				
Sintermagnesit ⎭		t				
Stahlwerksteer		t				
Pfannensteine		t				
Gießsteine		t				
Elektroden		t				
Kokillen und Platten . .		t				
Magazinstoffe						
Ersatzteile						
Werkzeuge						
Hauptwerkstatt ⎫ Werk-						
Elektrowerkstatt ⎬ statt-						
Bauabteilung ⎭ leistung						
Rücklage für größere Instandsetzungen						

dem jeweiligen Arbeitsbereich festgelegte Verhältniszahl angenommen.
Das Maß für Strom, Dampf, Wasser usw. ist ohne weiteres gegeben
durch kWh, t Dampf, cbm Wasser usw. Viel schwieriger ist das Messen
der Leistungen der Werkstätten, so daß am besten eine unmittelbare
Kontierung der Leistungen nach Kostenstellen vorgenommen werden
muß. Die Kosten für die Hüttenbahn umschließen alle Beförderungen
innerhalb des Werkes meist unter Hinzunahme des Bahnanschlusses.
Die Arten der Fördermittel, wie Dampflokomotive, Benzinlokomotive,
Elektrokarren usw. werden in Kostenstellen aufgegliedert. Maßbegriffe
sind meist entweder einfacherweise das Gewicht der geförderten Güter
oder das Gewicht auf die Weglänge bezogen, der Tonnenkilometer. Es

Kostenberechnung.

	Preis in DM	Je	Insgesamt		Je t Ausbringen	
			Menge	Wert in DM	Menge	Wert in DM
A. Lastschriften.						
Energie und Brennstoffe.						
Schmelzstrom		kWh				
Kraft- und Lichtstrom . .		kWh				
Koks		t				
Gas		nm³				
Preßwasser		m³				
Preßluft		m³				
Gebrauchswasser		m³				
Kostenanteil an gemeinsamen Werksbetrieben.						
Versuchsanstalt						
Laboratorium						
Wärmestelle						
Hüttenbahn						
Allgem. Dienst						
Kleine Sammelkosten						
Summe Lastschriften . . .						
B. Gutschriften.						
Kokillenbruch		t				
Elektrodenbruch		t				
Silikabruch		t				
Betriebssammelschrott . .		t				
Summe Gutschriften . . .						
Verarbeitungskosten						

können aber auch regelrechte Beförderungstarife ausgearbeitet werden, wodurch die Abrechnung natürlich sehr verwickelt wird.

Für die Abrechnung der Versuchsanstalten werden Normwerte aufgestellt, deren Summe dann das Maß für die aufgelaufenen Kosten darstellt.

Gutschriften. Den Lastschriften aus den gesamten bisher angeführten Kostenarten: Löhne, Gehälter, Betriebshilfsmittel und Betriebserhaltung, Energie und Brennstoffe, Anteil an den gemeinsamen Werksbetrieben stehen auch einige Gutschriften gegenüber. Im Elektrostahlbetrieb setzen sie sich hauptsächlich aus dem Erlös für Elektrodenbruchstücke, Kokillenbruch und Bruchgut von feuerfesten Steinen sowie dem Wert des

Betriebssammelschrotts (unbrauchbare Ofenwerkzeuge, Ofenbauteile usw.) zusammen. Nach Abzug der Gutschriften von den Lastschriften bleiben die reinen Verarbeitungskosten übrig.

Der Übersichtlichkeit halber sei eine einfache Zusammenstellung auf S. 422—423 dargestellt.

Die Verwaltungskosten und der Kapitaldienst.

Die Summe der Einsatzkosten und der Verarbeitungskosten ergibt die „Betriebsselbstkosten" oder „Betriebsgestehungskosten" des betrachteten Erzeugnisses. Um zu den „Gesamtgestehungskosten" zu gelangen, muß man noch die Aufwendungen für die Werksverwaltung und für den Kapitaldienst, mit Werksumlage bezeichnet, hinzurechnen.

Die Auslagen für die Verwaltung wurden bisher mit den verschiedensten Namen — Generalunkosten, Allgemeines, gemeinsame Unkosten usw. — belegt; der Vielfältigkeit der Benennung entsprach eine ebensolche Vielgestaltigkeit des Inhalts. Um eine reinliche Scheidung zu fördern, ist ein genau begrenzter und aufgegliederter Teil, der sonst vielfach unter den „Generalunkosten" mitangeführten Ausgaben als Verwaltungskosten in die Gesamtgestehungskosten übernommen worden. Wenn man sich überdies vor Augen hält, daß die eigentlichen Vertriebskosten des Erzeugnisses und die Umsatzsteuern nicht in die Gesamtselbstkostenaufstellung eines Werkes hineingehören, so kommt man von selbst zu einer eindeutigen Festlegung der Kostenarten, die unter den Begriff „Werksverwaltung" fallen. Es sind vorzugsweise die folgenden: Gehälter für die Werksleitung, Lohnbüro, Rechtsbüro und Einkaufsabteilung; ferner der Unterhalt des Verwaltungsgebäudes und der Bürobedarf; weiterhin die Post- und Fernsprechgebühren, die Büchereikosten, die Patentkosten und die Versicherungen; schließlich die Reiseauslagen für den Betriebsdienst, die Kosten der Rechtsstreitigkeiten, die aus dem Bedarf des Betriebes erwachsen usw. Auch diese Kostengruppe ist in der schematischen Zusammenstellung aufgeführt.

Die Verteilung der Verwaltungskosten auf die einzelnen Betriebe erfolgt zweckmäßigerweise im Verhältnis der Verarbeitungskosten. Diese Schlüsselart ergibt meist eine gerechtere Umlage als der meist verwendete Lohnsummenschlüssel.

Die Kosten für den Kapitaldienst, das heißt die Aufwendungen für die Verzinsung, die Rückstellungsbeträge für die Anlagewertverminderung sowie schließlich die Steuern entziehen sich einer Erörterung im Rahmen dieses Buches.

Die Sortenberechnung.

Wenn ein Elektrostahlwerk nur eine bestimmte Stahlsorte, beispielsweise gewöhnlichen Stahlformguß, herstellt, läßt sich der eben geschilderte Aufbau der Gestehungskostenberechnung in seiner ganzen Einfachheit anwenden: Einsatzlastschriften minus Einsatzgutschriften plus Verarbeitungslastschriften minus Verarbeitungsgutschriften plus Verwaltungskostenanteil, das Ganze geteilt durch das Ausbringen, ergibt die Gestehungskosten je Tonne. Diese summarische Ermittlung läßt sich jedoch bei der Herstellung verschiedenartiger Stahlsorten, wie sie in den Blockstahlwerken die Regel bildet, nicht durchführen. Hier müssen vielmehr für jede Stahlsorte mindestens die Einsatzkosten getrennt aufgestellt werden: ob auch hinsichtlich der Verarbeitungskosten eine Unterscheidung nach Sorten vorzunehmen ist, ist eine nicht allgemeingültig zu beantwortende Frage. Daß, um zwei Grenzfälle herauszugreifen, eine Stahlsorte, die nach kurzer Schmelzungsdauer in großen Blöcken vergossen wird, niedrigere Verarbeitungskosten verursacht als eine solche, die nach langer Schmelzungsdauer vorzugsweise in kleinen Blöcken vergossen wird, liegt auf der Hand; ob jedoch diese Verschiedenheit in den Verarbeitungskosten auch buchhalterisch erfaßt werden soll, darüber entscheiden lediglich Zweckmäßigkeitsgründe. Werden nämlich für jede einzelne Stahlsorte die Verarbeitungskosten getrennt berechnet, so besteht die Möglichkeit, daß irgendwelche Zufälligkeiten im Schmelzungsgang oder in der Arbeitsweise eine bestimmte Stahlsorte grundlos hoch belasten. Andererseits ist nicht zu verkennen, daß in Werken mit sehr verschiedenartiger Erzeugung die Verrechnung nur eines durchschnittlichen Verarbeitungskostensatzes die höherwertigen Stahlsorten entlastet, die geringerwertigen dagegen überlastet. Gestatten die Wettbewerbsverhältnisse eine solche zusätzliche Belastung der minderen Sorten nicht, so muß man sich wohl oder übel dazu bequemen, auch die Verarbeitungskosten gesondert zu verrechnen. Es wird jedoch nur in den seltensten Fällen zweckmäßig und lohnend sein, mehr als drei „Schwierigkeitsgruppen" einzuführen und abzusondern; eine Sortenaufteilung nach Verarbeitungskosten für geringwertige, mittelwertige und hochwertige Stähle genügt wohl immer, um dem verschiedenen Geldaufwand bei der Erschmelzung gerecht zu werden.

Sachverzeichnis.

FSC
www.fsc.org
MIX
Papier aus verantwortungsvollen Quellen
Paper from responsible sources
FSC® C105338